HUAWEI

★★★
★"十三五"★
国家重点图书出版规划项目
ICT认证系列丛书

华为技术认证

华为MPLS VPN 学习指南

王 达 主编

U0377772

人民邮电出版社
北 京

图书在版编目（CIP）数据

华为MPLS VPN学习指南 / 王达主编. -- 北京：人民邮电出版社，2018.1（2022.9重印）

（ICT认证系列丛书）

ISBN 978-7-115-47159-8

Ⅰ. ①华… Ⅱ. ①王… Ⅲ. ①宽带通信系统－综合业务通信网－指南 Ⅳ. ①TN915.142-62

中国版本图书馆CIP数据核字(2017)第270503号

内 容 提 要

本书由华为技术有限公司授权编写并出版，是一本系统、深入介绍华为设备 MPLS 隧道技术在二/三层 VPN 应用配置方面的工具图书，主要包括 L3VPN 中的 BGP/MPLS IP VPN，L2VPN 中的各种 VLL、PWE3 和 VPLS 应用的配置与管理方法，同时也是华为技术有限公司指定的 ICT 认证培训教材。

全书共 9 章，第 1 章介绍了 BGP/MPLS IP VPN 的基础知识和相关技术原理；第 2～4 章分别介绍了基本 BGP/MPLS IP VPN、3 种跨域方式 BGP/MPLS IP VPN，以及 BGP/MPLS IP VPN 一些扩展功能的相关技术原理和配置与管理方法；第 5 章和第 6 章分别介绍了 VLL 通用基础知识、4 种 VLL 方式实现的配置与管理方法；第 7 章介绍了 PWE3 技术原理及相关功能配置与管理方法；第 8 章和第 9 章分别介绍了华为 S 系列交换机支持的 VPLS 技术原理及 3 种 VPLS 方式实现的配置与管理方法。

为了帮助大家理解，书中拓展介绍了许多相关的计算机网络通信原理分析，并且各章均有大量典型配置案例，并对一些典型故障排除方法进行了详细介绍。另外，本书经过华为技术有限公司多位专家指导和审核，因此，本书无论在专业性方面，还是在经验性和实用性方面均有很好的保障，是相关人员自学或者教学华为设备 MPLS 配置与管理的必选教材。

◆ 主　　编　王　达
责任编辑　李　静　王建军
责任印制　彭志环

◆ 人民邮电出版社出版发行　　北京市丰台区成寿寺路 11 号
邮编　100164　　电子邮件　315@ptpress.com.cn
网址　https://www.ptpress.com.cn
北京盛通印刷股份有限公司印刷

◆ 开本：787×1092　1/16
印张：32.5　　　　　　　　2018 年 1 月第 1 版
字数：770 千字　　　　　　2022 年 9 月北京第 11 次印刷

定价：129.00 元

读者服务热线：**(010)81055493**　印装质量热线：**(010)81055316**
反盗版热线：**(010)81055315**

序

人类社会和人类文明发展的历史也是一部科学技术发展的历史。半个多世纪以来，精彩纷呈的 ICT 技术，汇聚成了波澜壮阔的互联网，突破了时间和空间的限制，把人类社会和人类文明带入到前所未有的高度。今天，人类社会已经步入网络和信息时代，我们已经处在无处不有的网络连接中。连接已经成为一种常态，信息浪潮迅速而深刻地改变着我们的工作和生活。人们与世界连接得如此紧密，实现了随时随地自由沟通，对信息与数据的获取与分享也无处不在。这意味着，这个连接的世界，正以超乎想象的速度与力量，对人类社会的政治、经济、商业文明和生产方式等进行全面的重塑。

ICT 正在蓬勃发展，移动化、物联网、云计算和大数据等新趋势正在引领行业开拓新的格局。世界正在发生影响深远的数字化变革，互联网正在促进传统产业的升级和重构。以业务、用户和体验为中心的敏捷网络架构将深刻影响未来数字社会的基础。我们深知每个人都拥有平等的数字发展机会，这对于构建一个更加公平的现实世界至关重要。

ICT 产业的发展离不开人才的支撑，产业的变革也将为 ICT 行业人才的知识体系和综合技能带来更高的挑战。作为全球领先的信息与通信解决方案供应商，华为的产品与解决方案已广泛应用于金融、能源、交通、政府、制造等各个行业。同时，我们也非常注重对 ICT 专业人才的培养。所以，我们与行业专家、高校老师合作编写了《华为 ICT 认证系列丛书》，旨在为广大用户、ICT 从业者，以及愿意投身到 ICT 行业中的人士提供更加便利的学习帮助。

继 2014 年与王达老师合作并出版《华为交换机学习指南》《华为路由器学习指南》《华为 VPN 学习指南》以来，得到了广大读者的高度肯定和大力支持。随着读者朋友的成长，大家渴望更加专业的技术学习，其中最受关注的是 MPLS 技术。为此，我们再度与王达老师合作并出版《华为 MPLS 技术学习指南》和《华为 MPLS VPN 学习指南》这两本图书。这两本图书从学习和实用的角度，基于学习的逻辑对知识点进行了系统的组织编排，书籍由浅入深，让读者逐步掌握各种 MPLS 技术原理，以及在 L2VPN、L3VPN、MPLS TE、MPLS DS-TE 和 QoS 应用方面的配置与管理方法。这两本图书中配备了大量不同场景下的各种 MPLS 应用方案的配置示例及典型故障排除方法，让读者能够真正学以致用。希望本书能够帮助读者快速地学习华为设备的 MPLS 技术，不断提升，在 ICT 行业大展身手。

自　　序

本书与配套的《华为 MPLS 技术学习指南》同时创作并完成，建议先学配套的《华为 MPLS 技术学习指南》。本书专门就 MPLS 隧道在二/三层 VPN 应用方面的各种 VPN 方案的技术原理及相关功能的配置与管理方法进行了全面、深入地介绍。

本书出版背景

本书出版的原始动力主要还是来自于读者的需求。笔者自 2014 年出版了《华为交换机学习指南》和《华为路由器学习指南》这两部图书后，在众多读者群中，经常见到有读者问笔者是否打算出版其他方面的华为图书，其中最受关注的就是华为 VPN、MPLS、WLAN 等这几方面相对高端的 HCIE 技术图书。因为技术图书有一个特点，那就是越是高端的，图书越少，网上的专业资源也越少。但随着读者朋友的成长，他们越来越渴望学到更高级的技能，因此在 2017 年初诞生了出版《华为 VPN 学习指南》《华为 MPLS 技术学习指南》和《华为 MPLS VPN 学习指南》这三本图书的想法。在得到华为技术有限公司和人民邮电出版社的认可和支持后就开始了新的创作征程。《华为 VPN 学习指南》一书已于 2017 年 9 月正式出版上市。

经过近四年的时间以及几十位国内通信领域专家学者和华为技术有限公司各级领导的共同努力，截至目前，华为 ICT 认证系列教材已出版了十余部，HCNA 和 HCNP 级别的培训教材基本上已成体系，目前主要缺少的是 HCIE 级别的培训教材。已出版的这十余部图书，经过几年的市场检验，得到了读者朋友们广泛的认可和赞赏。为了完善教材体系，帮助广大用户掌握各高级设备功能应用，也有必要继续编写 HCIE 级别的教材。十分荣幸，也非常感谢华为公司的信任，再次把 HCIE 培训教材的开篇创作任务交给了笔者。

本书与笔者前面出版的几本华为图书一样，也得到了华为技术有限公司许多产品专家的严格审核和技术把关，他们提供了许多宝贵的技术指导和修订意见。本书还得到了人民邮电出版社许多编辑老师的多次编辑、审核，所以本书无论从专业性、实用性，还是从图书编排、出版质量上，都有着非一般图书可比的全线保障，敬请大家放心选购。希望这两本书能继续得到大家的喜爱，更希望这两本书能给大家带来一些实实在在的帮助。同时也衷心地感谢华为技术有限公司和人民邮电出版社多位领导的大力支持，感谢参与本书编审的技术专家和编辑老师们的辛勤付出，你们辛苦了！

服务与支持

为了加强与读者朋友们的交流与沟通，同时也方便读者朋友们相互交流与学习，及时了解图书配套视频课程、在线培训资讯，笔者向大家提供了全方位的交流平台。

■ 超级读者、学员交流 QQ 群

读者交流 QQ 群：516844263

视频课程学员 QQ 群：398772643

■ 两个专家博客

51CTO 博客：http://winda.blog.51cto.com

CSDN 博客：http://blog.csdn.net/lycb_gz

■ 两个认证微博

新浪微博：weibo.com/winda

腾讯微博：t.qq.com/winda2010

■ 两个视频课程中心

CSDN 学院课程中心：http://edu.csdn.net/lecturer/74

51CTO 学院课程中心：http://edu.51cto.com/lecturer/user_id-55153.html

■ 微信及公众号

微信：windanet

微信公众号：windanetclass

鸣谢

本书由王达主编并统稿，经过数十位编委、技术专家数月夜以继日地工作，一次次地严格审校、修改和完善，本书终于完成，并顺利高质量地出版上市。在此感谢华为技术有限公司各位专家缜密的技术审校和大力支持，感谢人民邮电出版社各位编辑老师，以及各位编委的辛勤工作！以下是参与本书编写和技术审校人员名单。

编委人员（排名不分先后）：何艳辉、周健辉、何江林、卢翠环、王传寿、谭文凤、李峰、郑小建、余志坚、曾育文、刘云根、谢桂安、罗广平、朱碧霞、胡海侨、黄丽君、王爽、陈玉生、蔡学军、李想、夏强、刘胜华、罗巧芬

技术审校（排名不分先后）：蓝鹏、史晓健、管超、江永红

前　言

每部图书的创作都是一次艰难的历程，都是一次严峻的挑战。HCIE 级别图书的创作难度要远大于以前 HCNA 和 HCNP 图书的创作难度。就本书而言，MPLS 历来是数据通信方面最复杂、最难懂的技术领域，其中涉及到许许多多深奥且复杂的技术原理。

本书特色

■ 华为官方授权、审核

华为技术有限公司官方直接授权创作本书，并对整个图书创作、出版的各个阶段进行跟踪、审核，所以无论在图书质量和内容专业性方面均有很好的保障。这也是本书能作为华为 ICT 认证培训教材之一的前提与基础。

■ 系统、深入、不泛泛而谈

这是笔者一直坚持的著书特色，也长期得到了广大读者的认可。一本书，如果读者不能从中得到系统、全面、深入的学习，那还不如直接在网上搜索。本书对华为设备 MPLS 隧道在各种 L2VPN 和 L3VPN 方案应用中的相关技术原理和功能配置与管理方法都做了系统、深入的介绍，真正可以做到"一册在手，别无所求"。

■ 细致、通俗且富有经验性

本书所涉及的技术原理比较复杂、难懂，所以笔者在编写本书时充分结合了笔者近二十年专门研究计算机网络通信原理方面的经验，尽可能地从应用的角度把各项技术原理进行细化及通俗的剖析。

■ 细节入微、层次分明、重点突出

有句俗话"细节决定一切"，其实对于一本图书来说也是非常适用的，因为没有细节就等于没有"肉"。一部图书，洋洋洒洒几十万字，甚至上百万字。如果只是平铺直叙，没有清晰的架构，没有主次之分，读者也很难看得懂，很难有兴趣坚持看下去，也很难抓住重点。笔者在长期的创作中，对图书的这几个方面都有非常高的要求。

在细节方面，笔者坚持尽可能多问自己一个"Why"，自己都不懂的，要通过各种手段寻找答案（而不是直接跳过），这样读者在看书时就会少一个"Why"。在层次方面，笔者在写书时都严格遵循渐进式的学习规律，尽可能做到条理清晰、架构明确、没有知识点的跳跃。在重点描述方面，对于需要引起读者格外注意的地方，笔者都会在内容上以加黑方式显示，这样更方便读者把握重点。

■ 典型配置示例和故障排除方法的结合

为了增强本书的实用性，在介绍完每一种相关功能配置后都列举了大量的不同场景下的配置示例，以加深大家对前面所学技术原理和具体配置与管理方法的理解。许多配置示例可直接应用于不同的现实场景。另外，为了能对大家在部署 MPLS 方案时所遇到的各种故障迅速地进行排除，在大部分章的最后都介绍了针对一些经典故障现象的排除方法，使得本书具有非常高的专业性和实用性。

适用读者对象

本书具备极高的系统性、专业性和实用性，适合的读者对象如下：

- 参加华为 R&S HCIE 认证的朋友；
- 希望从零开始系统学习华为设备 MPLS 技术的朋友；
- 华为培训合作伙伴、华为网络学院的学员；
- 使用华为 S 系列交换机、AR 系列路由器产品的用户；
- 高等院校的计算机网络专业学生。

本书主要内容

本书共 9 章，对华为设备 MPLS 隧道在各种 L2VPN 和 L3VPN 方案应用中的相关技术原理及功能配置与管理方法均做了详细、深入的介绍，并在每章给出了大量的典型配置示例。下面是各章的主要内容介绍。

第 1 章　BGP/MPLS IP VPN 基础

本章作为本书的开篇，首先介绍的是 MPLS 隧道应用最广的 BGP/MPLS IP VPN 网络的相关基础知识和基本的技术原理，包括 BGP/MPLS IP VPN 网络的基本组成、基本概念、典型组网结构、主要应用，以及 PE 间 VPN 路由发布、VPN 报文发送原理。

第 2 章　基本 BGP/MPLS IP VPN 配置与管理

本章专门介绍了各 CE 连接位于同一 AS 域情形下的基本 BGP/MPLS IP VPN 的配置与管理方法，以及基本 BGP/MPLS IP VPN 网络不通的故障排除方法。在基本 BGP/MPLS IP VPN 配置中主要包括 PE 间的 MP-BGP 对等体建立、PE 上的 VPN 实例创建、PE 的 AC 接口与 VPN 实例的绑定、PE 和 CE 间的路由交换等几方面功能。另外，还介绍了 Hub and Spoke 结构的 BGP/MPLS IP VPN、路由反射器优化两方面的功能配置与管理方法。

第 3 章　跨域 BGP/MPLS IP VPN 配置与管理

本章专门介绍了 OptionA/B/C 三种跨域方式的 BGP/MPLS IP VPN 网络配置与管理方法。每种跨域方式中涉及了许多复杂的技术原理，主要包括 VPN 路由发布、VPN 报文转发和跨域公网隧道建立这几个方面。

第 4 章　BGP/MPLS IP VPN 扩展功能配置与管理

本章专门介绍了 BGP/MPLS IP VPN 一些可选扩展功能的配置与管理方法，主要包括 MCE（多实例 CE）、HoVPN（分层 VPN）和隧道策略等几个方面。

第 5 章　VLL 基础及 CCC 和 Martini 方式 VLL 配置与管理

本章首先介绍了各种 VLL 方式通用的一些基础知识和基本技术原理，然后重点介绍了 CCC 方式和 Martini 方式 VLL 相关的技术原理和 VLL 建立配置与管理方法。

第 6 章　SVC、Kompella 方式 VLL 配置与管理

本章首先介绍了 SVC 和 Kompella 方式 VLL 相关的技术原理和 VLL 建立配置与管理方法，最后介绍了各种方式 VLL 建立中典型的故障排除方法。

第 7 章　PWE3 配置与管理

本章首先介绍了 PWE3 相关的技术原理和 Ethernet PWE3 和 TDM PWE3 中 PW 建立

的配置与管理方法，最后介绍了 PWE3 中 PW 建立的故障检测和排除方法。

第 8 章　VPLS 基础及 Martini 方式 VPLS 配置与管理

本章首先重点介绍了华为 S 系列交换机中所支持的各种 VPLS 方式通用的一些基础知识和基本技术原理，然后介绍了 Martini 方式 VPLS 配置与管理方法。

第 9 章　Kompella 和 BGP AD 方式 VPLS 配置与管理

本章先重点介绍了华为 S 系列交换机中所支持的 Kompella 和 BGP AD 这两种方式的 VPLS 配置与管理方法，然后介绍了 HVPLS（分层 VPLS）技术原理及相关功能配置与管理，以及各种 VPLS 方式典型故障的排除方法。

阅读注意地方

在阅读本书时，请注意以下几个地方。

■　在学习华为 MPLS 时，建议先学配套的《华为 MPLS 技术学习指南》一书，然后学习本书。

■　书中是以 V200R010 及以上版本华为 S 系列交换机、V200R008 及以上版本 AR G3 系列路由器为主线进行介绍的。

■　在配置命令代码介绍中，**粗体**字部分是命令本身或关键字选项部分，是不可变的；斜体字部分是命令或者关键字的参数部分，是可变的。

■　在介绍各种 VPN 技术及功能配置说明过程中，对于一些需要特别注意的地方均以**粗体**字格式加以强调，以便读者在阅读学习时引起特别注意。

目　　录

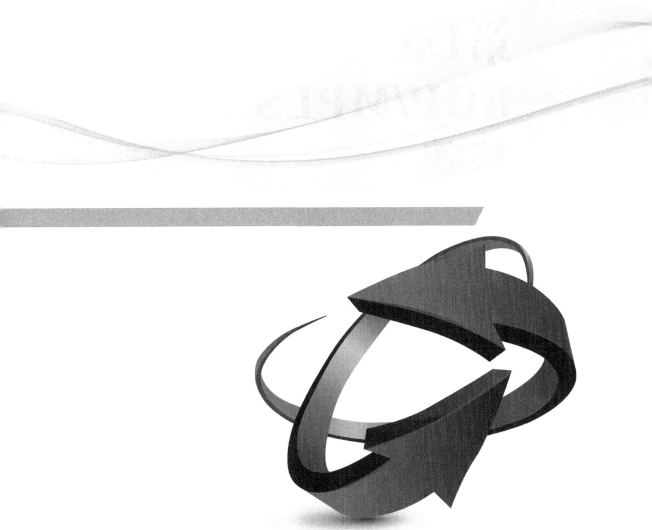

第1章
BGP/MPLS IP VPN
基础

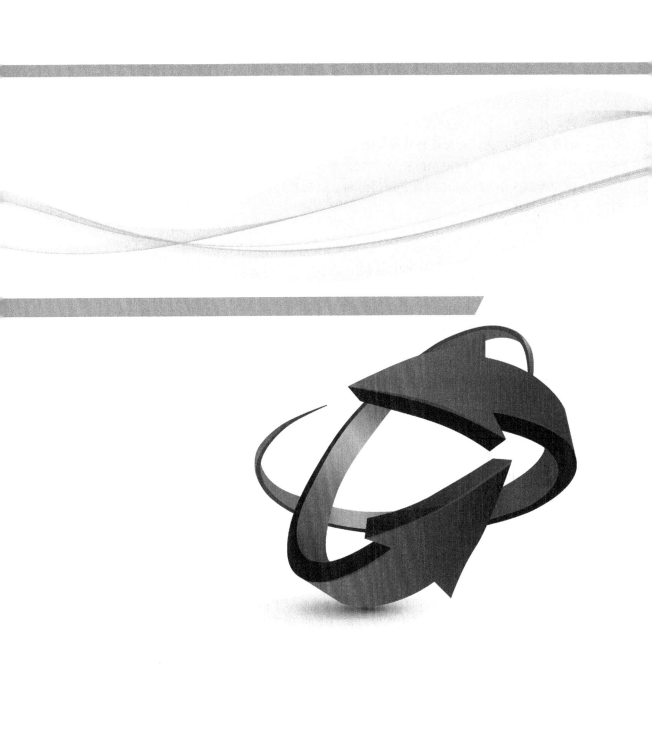

在学习完《华为 MPLS 技术学习指南》一书后，对各种 MPLS 隧道有了全面、深入的掌握，本书则是全面介绍 MPLS 隧道在 L3VPN 和 L2VPN 方面的各种应用方案的配置与管理方法。本章及后面的 3 章，首先介绍的是 MPLS 隧道最主要应用的 L3VPN 方案——BGP/MPLS IP VPN 各方面的技术原理和相关功能的配置与管理方法。

BGP/MPLS IP VPN 是一种 MPLS L3VPN（三层 VPN），用于通过 MPLS 隧道连接两个处于不同 IP 网段的用户内网，属于三层的网络连接应用。因为 BGP/MPLS IP VPN 的应用非常广泛，所涉及的功能非常多，所以本书用多章的篇幅来分别予以介绍。本章首先来介绍一下 BGP/MPLS IP VPN 所涉及的基础知识和基本的技术原理，包括 BGP/MPLS IP VPN 基本组成、组网结构，以及 PE 间 VPN 路由的发布原理和 VPN 报文的转发原理。

1.1　BGP/MPLS IP VPN 基础

BGP/MPLS IP VPN 是一种 MPLS L3VPN（Layer 3 Virtual Private Network，三层 VPN）。它使用 BGP 在服务提供商骨干网上发布用户的私网 VPN 路由，并在服务提供商骨干网上转发 VPN 报文。这里的 IP 是指 VPN 承载的是 IP 报文。

1.1.1　理解 BGP/MPLS IP VPN

BGP/MPLS IP VPN 这个名称有些长，且包括了多个部分，许多朋友对这个名称的由来都感到难以理解，下面进行具体剖析。

1. 理解 BGP 部分

在 BGP/MPLS IP VPN 这个名称中其实每个部分都代表一些特定的含义，其中特别要针对 BGP 的理解，为什么不是其他路由协议呢？

"BGP"表示在 BGP/MPLS IP VPN 方案中使用了 BGP 协议，其实更准确地说是使用 MP-BGP（Multi-Protocol BGP，多协议 BGP）在 MPLS/IP 骨干网上发布用户站点的私网 IPv4 路由。之所以要用到 BGP，原因有以下两点。

一是因为 BGP/MPLS IP VPN 是一种三层 VPN，连接的是不同的 IP 网络，所以必须要有对应的路由解决方案。而在 MPLS IP VPN 方案中，骨干网的作用仅是用来建立 MPLS VPN 隧道，其中的 P 节点是无需保存客户端的 IP 路由信息，只是直接根据隧道标签进行转发，最终要实现的是隧道两端逻辑的点对点连接，否则就不是 VPN。这样就涉及到一个问题，如何使隧道两端的 PE 能相互学习到对方所连接的用户网络路由信息呢？我们在《华为 VPN 学习指南》一书中也介绍了多种三层 VPN 方案，如 IPSec VPN、GRE VPN 和 DSVPN，其实它们基本上都是通过 IP 重封装来解决路由信息在隧道中传输的，但是在 MPLS 网络中无需进行 IP 重封装，且 P 节点不保存用户网络路由信息（仅保存骨干网路由信息），所以不能采取 IP VPN 方案中的方法。

如果 PE 是直接连接的，可以通过学习直连路由了解，但大多数情况下 PE 之间不是直接连接的，而 P 节点又不保存用户 IP 路由信息，这就给 PE 间相互学习对端所连接用户网络路由信息带来困难。幸好，BGP 协议中的 IBGP 就可以在非直连的设备间建立对等体（邻居）关系，无需直接连接就可以相互学习对方的路由，而其他像 RIP、OSPF、IS-IS 动态路由协议的邻居关系建立只能是直连的，所以在 BGP/MPLS IP VPN 中要使用 BGP。

二是 MP-BGP 不仅可以支持单播 IPv4 地址族，还支持 IPv4 组播、VPN-IPv4（简称 VPNv4），以及 IPv6 单/组播、L2VPN 和 VPLS 等地址族，而在 BGP/MPLS IP VPN 就要用到 VPNv4 地址族。在 VPNv4 地址族中，VPN 路由有一个特点，它是在标准的 IPv4 路由前缀的基础上增加了一个用于标识 VPN 实例的 RD（路由区分符），而这正好解决了不同 VPN 实例中 IP 地址空间重叠的问题，因为通过加上这样一个代表不同 VPN 实例的 RD 后，原来相同的 IPv4 路由也不同了。

2. 其他部分的理解

至于 BGP/MPLS IP VPN 其他三部分的理解如下。

■ MPLS：表示要使用 MPLS 协议建立隧道，利用 MPLS 标签（而不是依据 IP 路由表）指导用户数据包在运营商网络中的转发，这是 MPLS 网络的基本特征。

■ IP：指在 VPN 隧道中承载的是 IP 报文，所连接的用户网络也是 IP 网络。

■ VPN：表示这是一个 VPN 解决方案，可以实现通过服务运营商网络连接属于同一个 VPN、位于不同地理位置的用户站点。

1.1.2 BGP/MPLS IP VPN 基本组成

BGP/MPLS IP VPN 基于 BGP 对等体模型，这种模型使得服务提供商和用户可以交换路由，但服务提供商转发用户站点间的数据时却不需要用户的参与，直接根据 MPLS 标签进行。相比较传统的 VPN，BGP/MPLS IP VPN 更容易扩展和管理，新增一个站点时，**只需要修改提供该站点业务的边缘节点的配置**。

BGP/MPLS IP VPN 通过 MG-BGP 支持的 VPNv4 地址族支持地址空间重叠的多个 VPN、组网方式灵活、可扩展性好，并能够方便地支持 MPLS TE（参见《华为 MPLS 技术学习指南》），得到越来越多的应用。

BGP/MPLS IP VPN 网络的基本组成如图 1-1 所示，其中包括三个主要组成部分：CE、PE 和 P。

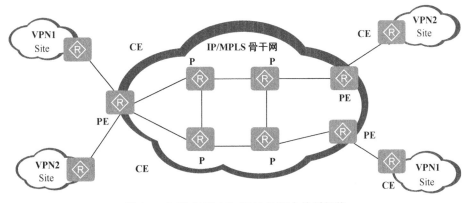

图 1-1　BGP/MPLS IP VPN 的基本体系架构

■ CE（Customer Edge）：用户网络边缘设备，有接口直接与服务提供商 PE 相连。

CE 可以是路由器或交换机，也可以是一台主机。通常情况下，CE"感知"不到 VPN 的存在，也不需要支持 MPLS。

■ PE（Provider Edge）：服务提供商网络的边缘设备，与 CE 直接相连。在 MPLS 网络中，对 VPN 的所有处理都发生在 PE 上，所以对 PE 性能要求较高。

■ P（Provider）：服务提供商网络中的骨干设备，不与 CE 直接相连。P 设备只需要具备基本 MPLS 转发能力，不维护 VPN 信息。

PE 和 P 设备仅由服务提供商管理，CE 设备仅由用户管理，除非用户把管理权委托给服务提供商。一台 PE 设备可以接入多台 CE 设备，一台 CE 设备也可以连接属于相同或不同服务提供商的多台 PE 设备。

1.1.3　BGP/MPLS IP VPN 的基本概念

在 BGP/MPLS IP VPN 中涉及一些重要的基本概念，在此先进行介绍，以便理解本节后面将介绍的 BGP/MPLS IP VPN 基本工作原理。

1. Site

Site（站点）通俗地讲就是用户内部网络，可以从下述几个方面理解其含义。

■ Site 是指**相互之间具备 IP 连通性**的一组 IP 系统，而且这种 IP 连通性是不需通过运营商网络来实现。

如图 1-2 所示左半边的网络中，"A 市 X 公司总部网络"是一个 Site，"B 市 X 公司分支机构网络"是另一个 Site。这两个网络内部各自的任何 IP 设备之间不需要通过运营商网络就可以实现互通，且这两个网络之间并没有不经过运营商就可实现的 IP 连通性（没有直接连接），所以他们彼此属于独立的 Site。

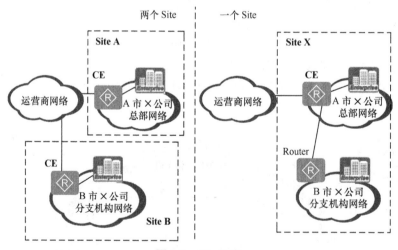

图 1-2　Site 示意

■ Site 的划分依据是设备的拓扑关系，而不是地理位置，尽管在大多数情况下一个 Site 中的设备地理位置相邻。但地理位置隔离的两组 IP 系统，如果他们使用专线互联，也是不需要通过运营商网络就可以 IP 互通，此时这两组 IP 系统也属于一个 Site。

如图 1-2 右半边网络中，"B 市的分支机构网络"不通过运营商网络，而是通过专线直接与"A 市的总部网络"相连，则"A 市的总部网络"与"B 市的分支机构网络"就同属一个 Site。

■　一个 Site 可以属于多个 VPN。

一个 VPN（也即 VPN 网络）可以看成是多个要相互通信的 Site 的集合，但一个 Site 可能需要通过相同或不同的运营商连接多个彼此不需要互通的 Site，所以一个 Site 中的设备可以属于多个 VPN，也就是一个 Site 可以属于多个 VPN。

如图 1-3 所示，X 公司位于 A 市的决策部网络（Site A）要同时与位于 B 市的研发部网络（Site B）和位于 C 市的财务部网络（Site C）互通，但 Site B 与 Site C 之间没有建立 VPN 连接。这种情况下，可以构建两个 VPN（VPN1 和 VPN2）网络来实现，Site A 和 Site B 的连接属于 VPN1，Site A 和 Site C 的连接属于 VPN2，这样才能使 Site B 与 Site C 之间不能互通。很显然，此时 Site A 就同时属于 VPN1 和 VPN2 了。

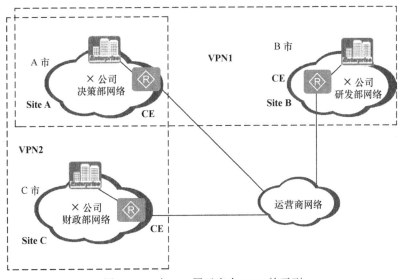

图 1-3　一个 Site 属于多个 VPN 的示列

【经验提示】MPLS VPN 隧道是点对点的隧道，如果不是采用 Hub and Spoke 方案（第 2 章介绍），一条 MPLS 隧道只有两个端点，只能连接两个 Site。要实现两个以上 Site 间的相互通信，要么每两个 Site 间独立配置 MPLS VPN，要么采用 Hub and Spoke 方案。

■　Site 通过 CE 连接到运营商网络，一个 Site 可以包含多个 CE（用于连接多个运营商），**但一个 CE 只属于一个 Site。**一个 CE 可以构建多个 VPN，如图 1-3 中的 Site A 上的 CE。

根据 Site 的情况，建议 CE 设备选择方案如下：

■　如果 Site 只是一台主机，则这台主机就作为 CE 设备；

■　如果 Site 是单个 IP 子网，则使用三层交换机作为 CE 设备；

■　如果 Site 是多个 IP 子网，则使用路由器作为 CE 设备，因为路由器所支持的路由能力更强。

对于连接到同一运营商网络的多个 Site（通常是连接的不同的 PE 上），通过制定策略，可以将他们划分为不同的集合（set），只有属于相同集合的 Site 之间才能通过运营商网络互访，这种集合就代表一个 VPN。

如图 1-3 中的 Site A、Site B、Site C 连接到同一运营商网络，但却划分了两个不同的 VPN 网络，即 VPN1 和 VPN2。

2. VPN 实例

我们以前在学习各种路由配置时，经常会看到一个名为"**vpn-instance** *vpn-instance-name*"参数，以前只知道它是配置 VPN 实例（VPN-instance）中的路由，但一般不会用到它。其实 VPN 实例路由就是应用在 BGP/MPLS IP VPN 网络中 PE 上配置到达指定 Site 的路由。如果不指定这个 VPN 实例参数，则表示所配置的是公网（骨干网）路由，用于公网数据包转发。

VPN 实例也称为 VRF（VPN Routing and Forwarding table，VPN 路由转发表），是 PE 为直接相连的 Site 建立并维护的一个专门实体。PE 上的各个 VPN 实例之间相互独立，并与公网路由转发表相互独立。可以将每个 VPN 实例看成一台虚拟的路由器，维护独立的地址空间，并有连接到对应 Site 私网的接口。

【经验提示】同一 PE 上为所连接的各 Site 配置的 VPN 实例名必须唯一，但不同 PE 上配置的 VPN 实例名可以相同，也可以不同，但为了便于识别，同一 VPN 网络中各 PE 为其所连接的 Site 配置的 VPN 实例名通常保持一致。在各 PE 间通过 MP-BGP 构建 IBGP 对等体后，每个 VPN 实例中的路由将包括同一 VPN 中各 Site 中的路由。

PE 上存在多个路由转发表，其中包括一个公网（骨干网）路由转发表，以及一个或多个为所连接的各 Site 配置的 VPN 路由转发表，如图 1-4 所示。

公网路由转发表与 VPN 实例存在以下不同。

■ 公网路由表包括所有 PE 和 P 设备的 IPv4 路由，由骨干网的路由协议或静态路由产生。公网转发表则是根据路由管理策略，从公网路由表提取出来的转发信息，用于骨干网设备的三层连通。

■ VPN 路由表包括属于该 VPN 实例的 Site 的所有路由，通过 CE 与 PE 之间，以及两端 PE 之间的 VPN 路由信息交互获得。而 VPN 转发表是根据路由管理策略，从对应的 VPN 路由表提取出来的转发信息。

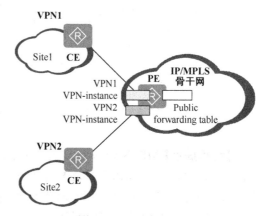

图 1-4　VPN 实例示意

PE 通过将与 Site 连接的接口与 VPN 实例关联，来实现该 Site 与 VPN 实例的关联。同一 PE 上不同 VPN 之间的路由隔离是通过 VPN 实例实现的。总体来说，VPN、Site、VPN 实例之间有如下关系。

■ VPN 是多个要相互通信的 Site 的组合（至少包括两个 Site），而一个 Site 可以属于一个或多个 VPN。

■ 每个 Site 在 PE 上都会关联一个 VPN 实例，VPN 实例综合了他所关联的 Site 的 VPN 成员关系和路由规则，多个 Site 根据 VPN 实例的配置规则可组合成一个 VPN。

■ VPN 实例与 VPN 没有一一对应的关系，因为一个 VPN 中连接不同 PE 的各 Site

所配置的 VPN 实例名可以相同，也可以不同，**但在同一 PE 上，VPN 实例与 Site 之间是一一对应关系。**

VPN 实例中包含了对应的 Site 的 VPN 成员关系和路由规则等信息。具体来说，VPN 实例中的信息包括：IP 路由表、标签转发表、与 VPN 实例绑定的 PE 接口以及 VPN 实例的管理信息。VPN 实例的管理信息包括 RD（Route Distinguisher，路由标识符）、路由过滤策略、成员接口列表（一个 CE 可以双线甚至多线连接一个或多个 PE，对应有多个 CE 连接 PE 的接口）等。

3. 地址空间重叠

VPN 是一种私有网络，即是通过私有 IP 地址段进行路由通信的。不同的 VPN 独立管理自己所使用的网络地址范围，也称为地址空间（Address Space），也是指 VPN 隧道两端 PE 所连接的用户 Site 内网的 IP 地址空间。不同 VPN 的地址空间可能会在一定范围内重叠。

如图 1-5 所示，vpna 中的 PE1 连接 CE1 的链路上与 vpnb 中 PE1 连接 CE3 都使用了 14.1.1.0/24 网段地址，vpna 中的 PE2 连接 CE2 的链路上与 vpnb 中 PE2 连接 CE4 都使用了 34.1.1.0/24 网段地址，这就发生了地址空间的重叠。

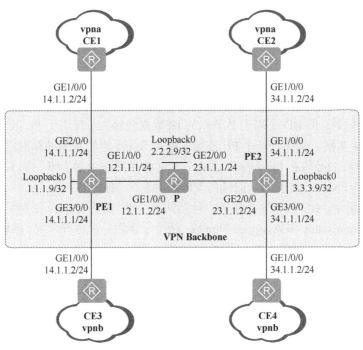

图 1-5　地址空间重叠示例

正常情况下，在同一设备上的两个端口上是不能配置同一个 IP 网段的地址的，但是通过与不同 VPN 实例的绑定，就可以这样配置，因为来自 CE 的普通 IPv4 路由会在 IPv4 路由前缀前面加上一特定的 RD，具体在本节后面介绍。

以下两种情况允许 VPN 使用重叠的地址空间。

■ 两个 VPN 没有共同的 Site，如图 1-5 中 vpna 与 vpnb 所连接的 Site 是完全不一样的。

■ 两个 VPN 有共同的 Site，但此 Site 中的设备不与两个 VPN 中使用重叠地址空间的设备互访。

4. RD 和 VPN-IPv4 地址

传统 BGP 无法正确处理地址空间重叠的 VPN 的路由，因为传统 BGP 所采用的是标准的 IP 地址。假设 VPN1 和 VPN2 中 CE 和 PE 连接的接口上都使用了 10.110.10.0/24 网段的地址，并各自发布了一条去往此网段的路由。虽然本端 PE 通过不同的 VPN 实例可以区分地址空间重叠的 VPN 的路由，但是这些路由发往对端 PE 后，由于不同 VPN 的路由之间不进行负载分担，因此对端 PE 将根据 BGP 选路规则只选择其中一条 VPN 路由，从而导致去往另一个 VPN 的路由丢失。

在 BGP/MPLS IP VPN 中，PE 之间使用 MP-BGP（Multiprotocol Extensions for BGP-4，BGP-4 的多协议扩展）发布 VPN 路由，并使用 VPN-IPv4（简称 VPNv4）地址来解决地址空间重叠的问题。VPN-IPv4 地址是在标准 IPv4 地址前缀前面加上一个特定的标识符，即 8 字节的 RD（Route Distinguisher，路由标识符），如图 1-6 所示。

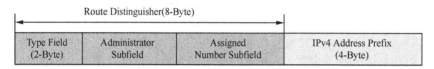

图 1-6　VPNv4 地址结构

因为在原来的 IPv4 地址前缀前面加了一个唯一的 RD，所以 RD 可用于区分使用相同地址空间的 IPv4 前缀，使各 Site 的 VPN-IPv4 路由前缀全局唯一，解决多个 VPN 的地址空间重叠问题。但 RD 不用于 P 节点的 IP 数据包转发，仅用于 PE 区分一个 IP 数据包所属的 VPN 实例。例如，一个 PE 连接了两个 Site，他们发布的私网路由的前缀都是 10.0.0.0，此时我们必须在 PE 为来自这两个 Site 的私网路由加上唯一的 RD。由此可见，RD 并不是与 VPN 一一对应的，而是与 VPN 实例一一对应的。

如图 1-6 所示，RD 一共 8 个字节，包括两个主要部分：Type（类型）子字段 2 个字节，后面的 Administator 和 Assigned Number 两个子字段一共 6 个字节，都属于 Value（值）部分，即是 RD 的真正赋值。Type 子字段的值（只有 0、1、2 三个取值）决定了 RD 的格式和取值。

■ Type 为 0 时，Administrator 子字段占 2 字节（16 位），必须包含一个公网 AS 号；Assigned number 子字段占 4 字节（32 位），包含由服务提供商分配的一个数字。即 RD 的最终格式为：16 位自治系统号:32 位用户自定义数字，例如：100:1。这是缺省的格式。

■ Type 为 1 时，Administrator 子字段占 4 字节，必须包含一个公网 IPv4 地址；Assigned number 子字段占 2 字节，包含由服务提供商分配的一个数字。即 RD 的最终格式为：32 位 IPv4 地址:16 位用户自定义数字，例如：172.1.1.1:1。

■ Type 为 2 时，Administrator 子字段占 4 字节，必须包含一个 4 字节的公网 AS 号；Assigned number 子字段占 2 字节，包含由服务提供商分配的一个数字。即 RD 的最终格式为：32 位自治系统号:16 位用户自定义数字，其中的自治系统号最小值为 65536，例如：65536:1。

说明　为了保证 VPN-IPv4 地址全局唯一，建议不要将 Administrator 子字段的值设置为私网 AS 号或私网 IPv4 地址。但这些 AS 号和 IPv4 地址没有强制要求，没有规定一定要与哪个 AS 或接口关联，只要能使为各 Site 分配的 RD 在全局保持唯一即可。

　　VPN-IPv4 地址对客户端设备来说是不可见的，因为 VPN-IPv4 路由只在公网中可见，只用于公网上路由信息的分发。启用了 MP-BGP 协议后，PE 从 CE 接收到标准的 IPv4 路由后会通过添加 RD 转换为全局唯一的 VPN-IPv4 路由，然后再在公网上发布。RD 的结构使得每个服务供应商可以独立地为每个 Site 分配唯一的 RD，但为了在 CE 双归属（同时连接两个 PE）的情况下保证路由正常，就要必须保证 PE 上的 RD 全局唯一。

　　如图 1-7 所示，CE 以双归属方式接入到 PE1 和 PE2。PE1 同时作为 BGP RR（Route Reflector，路由反射器）。

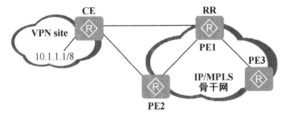

图 1-7　CE 双归属组网示意

　　在该组网中，PE1 作为骨干网边界设备发布一条 IPv4 前缀为 10.1.1.1/8 的 VPN-IPv4 路由给 PE3。因为 PE1 同时又作为 RR，会反射 PE2 发布的 IPv4 前缀为 10.1.1.1/8 的 VPN-IPv4 路由给 PE3。如果该 VPN 在 PE1 和 PE2 上的 RD 一样，则到 10.1.1.1/8 两条 VPN-IPv4 路由的地址相同，因此 PE3 从 PE1 只收到一条到 10.1.1.1/8 的 VPN-IPv4 路由，其路径为：CE→PE1→PE3。当 PE1 与 CE 之间的直连链路出现故障时，PE3 删除到 10.1.1.1/8 的 VPN-IPv4 路由，无法正确转发到该目的地址的 VPN 数据。而实际上 PE3 应该还有一条到 10.1.1.1/8 的路由，其路径为：PE3→PE1→PE2→CE。

　　此时，如果该 VPN 在 PE1 和 PE2 上所分配的 RD 不同，则到 10.1.1.1/8 两条 VPN-IPv4 路由的地址不同，因此 PE3 从 PE1 收到两条到 10.1.1.1/8 的 VPN-IPv4 路由。当 PE1 与 CE 之间的任何一条链路出现故障时，PE3 将删除其中对应的一条，仍保留另一条，使得到 10.1.1.1/8 的数据能正确转发。

　　5. VPN Target

　　BGP/MPLS IP VPN 使用 BGP 扩展团体属性—VPN Target（也称为 Route Target，路由目标）来控制 VPN 路由信息的发布和接收。每个 VPN 实例可配置一个或多个 VPN Target 属性。VPN Target 属性有以下两类。

　　■　Export Target（导出目标）：本地 PE 从直连 Site 学到 IPv4 路由后，转换为 VPN-IPv4 路由，并为这些路由设置 Export Target 属性并发布给其他 PE。Export Target 属性作为 BGP 的扩展团体属性随 BGP 路由信息发布。当从 VRF 表中导出 VPN 路由时，要用 Export Target 对 VPN 路由进行标记。

　　■　Import Target（导入目标）：PE 收到其他 PE 发布的 VPN-IPv4 路由时，检查其 Export Target 属性，仅当该 Export Target 属性值与某 VPN 实例中配置的 Import Target 属

性值一致时方可把该 VPN-IPv4 路由加入到对应的 VRF 中。

通过 VPN Target 属性的匹配检查，最终使得 VPN 所连接的两 Site 间可相互学习对端的私网 VPN-IPv4 路由，通过 BGP/MPLS IP VPN 实现三层互通。

与 RD 类似，VPN Target 也有三种表示形式。

- 16 位 AS 号:32 位用户自定义数字，例如：100:1。
- 32 位 IPv4 地址:16 位用户自定义数字，例如：172.1.1.1:1。
- 32 位 AS 号:16 位用户自定义数字，其中的 AS 号最小值为 65536，例如：65536:1。

根据不同的应用场景，不同 VPN 的 VPN Target 在唯一性要求方面不一样，具体在 1.1.4 节介绍 BGP/MPLS IP VPN 基本组网结构中再介绍。

在 BGP/MPLS IP VPN 网络中，通过 VPN Target 属性来控制 VPN 路由信息在各 Site 之间的发布和接收。VPN Export Target 和 Import Target 的设置相互独立，并且都可以设置多个值，能够实现灵活的 VPN 访问控制，从而实现多种 VPN 组网方案。例如：某 VPN 实例的 Import Target 包含 100:1，200:1 和 300:1，当收到的路由信息的 Export Target 为 100:1、200:1、300:1 中的任意值时，都可以被注入到该 VPN 实例中。通常情况下，为了方便设置，是把同一 VPN 实例的 Export Target 和 Import Target 属性值设置成相同值。

表 1-1 综合了以上所介绍的 Site、VPN 实例、RD 和 VPN Target 的主要用途和特性，可以方便大家更好地区分这几个概念。

表 1-1　　　　　　　　　　几个基本概念的比较

概念	用途说明	主要特性	唯一性要求
Site	标识 PE 所连接的一个用户网络	• 根据设备的拓扑关系划分的，而不是根据地理位置划分。 • 一个 Site 可以包含多个 CE，但一个 CE 只属于一个 Site。 • 一个 Site 可以属于多个 VPN	• 一个 Site 与一个 VPN 实例一一对应。 • 一个 Site 分配一个唯一的 RD（路由标识符）
VPN 实例	VPN 实例也称为 VRF（VPN 路由转发表），用于在同一 PE 上隔离不同 VPN 的路由	• 每个 Site 在 PE 上都关联一个 VPN 实例。 • 在同一 PE 上，同一 VPN 中相关联的所有 Site 的路由都将加入了同一个 VRF 中	• 同一 PE 上连接的不同 Site 的 VPN 实例名必须唯一。 • 不同 PE 上连接的 Site 所配置的 VPN 实例名可相同，也可不同。 • 同一 VPN 中，不同 PE 上连接的 Site 配置的 VPN 实例名可相同，也可不同
RD	在原有普通 IPv4 路由前缀前面加一个唯一的 8 字节 RD（路由标识符），用于解决不同 VPN 地址空间重叠问题	有以下三种表示形式。 • 16 位 AS 号：32 位用户自定义数字。 • 32 位 IPv4 地址：16 位用户自定义数字。 • 32 位 AS 号：16 位用户自定义数字 以上 AS 号、IPv4 地址和自定义数字通常情况下可随便分配，但要确保每个 VPN 实例上配置的 RD 全局（整个 MPLS 网络）唯一，建议采用公网 AS 号	每个 PE 上连接的每个 Site（或 VPN 实例）要分配一个全局唯一的 RD

（续表）

概念	用途说明	主要特性	唯一性要求
VPN Target	BGP 扩展团体属性，分为 Export Target 和 Import Target 两种属性，用于控制 VPN 路由在各 Site 间的发布和接收，仅当所接收的 VPN 路由所带有 Export Target 属性与本地 PE 上某 VPN 实例配置的 Import Target 属性一致时才会把该 VPN 路由加入到此 VPN 实例中	也有以下三种表示形式。 • 16 位自治系统号：32 位用户自定义数字。 • 32 位 IPv4 地址：16 位用户自定义数字。 • 32 位自治系统号：16 位用户自定义数字。 以上 AS 号、IPv4 地址和自定义数字可随便分配	无统一的唯一性要求，但在具体场景下，有时要求不同 VPN 实例所配置的 VPN Target 属性唯一，如要想隔离不同 VPN 实例的通信时

1.1.4　BGP/MPLS IP VPN 典型组网结构

BGP/MPLS IP VPN 的应用比较广泛，也对应有多种不同的组网结构，本节介绍一些典型组网结构供大家在实际部署中应用。

1. Intranet VPN

典型情况下，一个 VPN 中的用户相互之间能够进行流量转发，但 VPN 中的用户不能与任何本 VPN 以外的用户通信。这种组网方式的 VPN 叫做 Intranet VPN，其站点通常是属于同一个组织。

对于这种组网，需要为每个 VPN 分配一个 VPN Target，同时作为该 VPN 的 Export Target 和 Import Target，**并且各 VPN 的 VPN Target 唯一**。

如图 1-8 所示，PE 上为 VPN1 分配的 VPN Target 值为 100:1，为 VPN2 分配的 VPN Target 值为 200:1。VPN1 的两个 Site 之间可以互访，VPN2 的两个 Site 之间也可以互访，但 VPN1 和 VPN2 的 Site 之间不能互访。

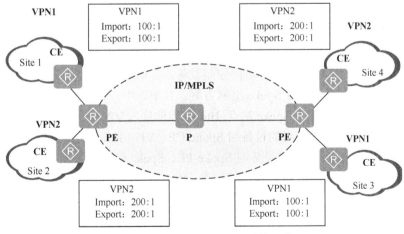

图 1-8　Intranet VPN 组网结构示意

2. Extranet VPN

如果一个 VPN 用户希望访问其他 VPN 中的某些站点，可以使用 Extranet 组网方案。对于这种组网，如果某个 VPN 需要访问共享站点，则该 VPN 的 Export Target 必须包含在共享站点的 VPN 实例的 Import Target 中，其 Import Target 必须包含在共享站点 VPN 实例的 Export Target 中。在这种情形下，不同 VPN 实例的 VPN Target 没有唯一性要求。

如图 1-9 所示，VPN1 的 Site3 能够同时被 VPN1 和 VPN2 访问，因为 Site3 所连接的 PE3 的 Import Target 同时包含了 VPN1 的 PE1 中的 Export Target 100:1 和 VPN2 的 PE2 中的 Export Target 200:1。

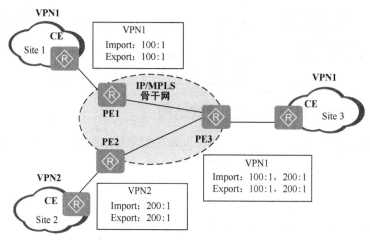

图 1-9　Extranet 组网示意

另外，Site3 也可同时访问 VPN1 的 Site1 和 VPN2 的 Site2，因为 Site3 所连接的 PE3 的 Export Target 同时包含了 VPN1 的 PE1 中的 Import Target 100:1 和 VPN2 的 PE2 中的 Import Target 200:1。但 VPN1 的 Site1 和 VPN2 的 Site1 之间不能够互访，因为他们中一端的 Export Target 与另一端的 Import Target 没有任何包含关系。

这样一来，PE3 能够同时接收 PE1 和 PE2 发布的 VPN-IPv4 路由；PE3 发布的 VPN-IPv4 路由也能够同时被 PE1 和 PE2 接收。但 PE3 不把从 PE1 接收的 VPN-IPv4 路由发布给 PE2，也不把从 PE2 接收的 VPN-IPv4 路由发布给 PE1。

3. Hub and Spoke

如果希望在 VPN 中设置中心访问控制设备，其他用户的互访都通过中心访问控制设备进行，可以使用 Hub and Spoke 组网方案。其中，中心访问控制设备所在站点称为 Hub 站点，其他用户站点称为 Spoke 站点。Hub 站点侧接入 VPN 骨干网的设备叫 Hub-CE，Spoke 站点侧接入 VPN 骨干网的设备叫 Spoke-CE。VPN 骨干网侧接入 Hub 站点的设备叫 Hub-PE，接入 Spoke 站点的设备叫 Spoke-PE。Spoke 站点需要把路由发布给 Hub 站点，再通过 Hub 站点发布给其他 Spoke 站点。Spoke 站点之间不直接发布路由。Hub 站点对 Spoke 站点之间的通讯进行集中控制。

对于这种组网情况，需要在各 PE 上设置两个 VPN Target，一个表示 "Hub"，另一个表示 "Spoke"，如图 1-10 所示。各 PE 上的 VPN 实例的 VPN Target 设置规则如下。

■　Spoke-PE：Export Target 为 "Spoke"（代表 VPN 路由从 Spoke 发出），Import Target 为 "Hub"（代表 VPN 路由来自 Hub）。任意 Spoke-PE 的 Import Route Target 属性不与其他 Spoke-PE 的 Export Route Target 属性相同，其目的是使任意两个 Spoke-PE 之间不直

接发布 VPN 路由，不让这些 Spoke 间直接互通。

　　■ Hub-PE：Hub-PE 上需要使用两个接口或子接口分别属于不同的 VPN 实例，一个用于接收 Spoke-PE 发来的路由，其 VPN 实例的 Import Target 为 "Spoke"（代表 VPN 路由来自 Spoke）；另一个用于向 Spoke-PE 发布路由，其 VPN 实例的 Export Target 为 "Hub"（代表 VPN 路由从 Hub 发出）。

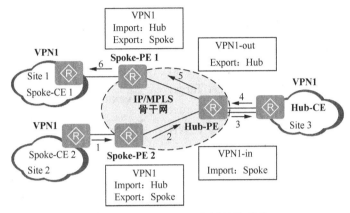

图 1-10　Hub&Spoke 组网结构示意

　　在 Hub-and-Spoke 组网方案中，最终实现的结果如下。

　　■ Hub-PE 能够接收所有 Spoke-PE 发布的 VPN-IPv4 路由。

　　■ Hub-PE 发布的 VPN-IPv4 路由能够为所有 Spoke-PE 接收。

　　■ Hub-PE 将从 Spoke-PE 学到的路由发布给 Hub-CE，并将从 Hub-CE 学到的路由发布给所有 Spoke-PE。因此，Spoke 站点之间可以通过 Hub 站点互访。

　　■ 任意 Spoke-PE 的 Import Target 属性不与其他 Spoke-PE 的 Export Target 属性相同。因此，任意两个 Spoke-PE 之间不直接发布 VPN-IPv4 路由，Spoke 站点之间不能直接互访。

　　下面以图 1-10 中的 Site1 向 Site2 发布路由为例介绍 Spoke 站点之间的路由发布过程（步骤对应图中的序号）。

　　（1）Site1 中的 Spoke-CE 1 将站点内的私网路由发布给 Spoke-PE 1。

　　（2）Spoke-PE 1 将该路由转变为 VPN-IPv4 路由后通过 MP-BGP 发布给 Hub-PE。

　　（3）Hub-PE 将该路由学习到 VPN 1-in 的路由表中，并将其转变为普通 IPv4 路由发布给 Hub-CE。

　　（4）Hub-CE 通过 VPN 实例路由再将该路由返回发布给 Hub-PE，Hub-PE 将其学习到 VPN 1-out 的路由表中。

　　（5）Hub-PE 将 VPN 1-out 路由表中的私网路由转变为 VPN-IPv4 路由，通过 MP-BGP 发布给 Spoke-PE 2。

　　（6）Spoke-PE 2 将 VPN-IPv4 路由转变为普通 IPv4 路由发布到站点 2。

　　4. 本地 VPN 互访

　　因业务需求，连接在同一个 PE 设备上不同 VPN 的 Site 站点需要进行数据互通时，可以采用本地 VPN 互访组网方案。目前只有 S 系列交换机部分机型支持，具体参见产品手册说明。

通过 VPN Target 属性来控制 VPN 路由信息在各 Site 之间的发布和接收，可以实现本地 VPN 互访需求。一般来说，每个 VPN 都各自规划了属于自己的 VPN Target 属性。如图 1-11 的组网为例进行介绍。

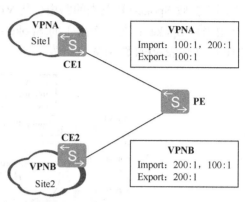

假设最初图 1-11 中 VPNA 的 Import Target 和 Export Target 都为 100:1，VPNB 的 Import Target 和 Export Target 都为 200:1。如果需要 VPNA 用户和 VPNB 用户实现互通，可以配置本地 VPN 互访，将 VPNA 的 Import Target 属性增加一条 200:1，VPNB 的 Import Target 属性增加一条 100:1。这样，VPNA 和 VPNB 的用户就可以互相访问了。

图 1-11　本地 VPN 互访组网结构示意

1.1.5　BGP/MPLS IP VPN 主要应用

BGP/MPLS IP VPN 的应用比较广泛，而且针对不同的应用需求和应用场景，又出现许多不同的组网方式。但总体来说，BGP/MPLS IP VPN 的应用主要体现在：基本的 BGP/MPLS IP VPN 的组网应用、Hub and Spoke 组网应用，以及 VPN 与 Internet 互联这三个方面。本节会做具体介绍。

1．基本的 BGP/MPLS IP VPN 应用

基本的 BGP/MPLS IP VPN 组网应用主要用于企业用户通过运营商的 MPLS/IP 骨干网连接两个 IP Site。如图 1-12 所示为此类应用的典型组网，Site1 和 Site2 代表处于不同城市的用户网络，这两个网络可能属于同一家企业的不同分公司，或者属于两个城市各自政府部门的网络。

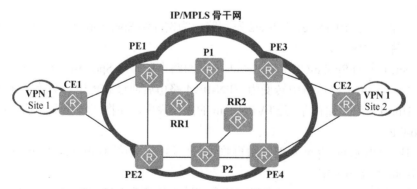

图 1-12　BGP/MPLS IP VPN 的组网应用示例

如果这样两个网络之间要相互通信，必须满足安全性的要求，不仅 Site 的网络需要与其他网络隔离，还要报文在运营商骨干网传输过程中也要对骨干网透明。此时可以使用 BGP/MPLS IP VPN 技术达到这个目的，即通过 MP-BGP 协议分发私网标签使报文到达对端 PE 时能进入正确的 VPN Site，使用 MPLS 协议通过隧道在骨干网上透传报文，

实现数据传输的安全性。

为了实现 Site1 和 Site2 相互通信，则需要依靠运营商骨干网的 PE 和 P 设备为 Site1 和 Site2 传输路由和报文。CE 是用户网络边缘设备，PE 是运营商网络的边缘设备，P 是运营商网络中的骨干设备，多数情况下的 CE 与 PE 组成 CE 双归属网络，以保证网络的高可用性。有时运营商还会在网络中部署路由反射器（RR）实现对 VPNv4/v6 路由进行反射。

在 BGP/MPLS IP VPN 组网中需要进行如下部署。

■ CE 与 PE 之间需要实现路由信息交换，所以要根据实际需要部署静态路由、RIP、OSPF、IS-IS 或 BGP 路由协议。

■ 所有 PE 分别与 RR1 和 RR2 建立 MP-BGP 邻居关系，然后 RR1 和 RR2 指定所有 PE 作为客户机，RR1 和 RR2 互为备份，以保证网络的可靠性。

■ PE 和 P 上配置 IGP 和 MPLS，建立 MPLS 隧道用于流量转发。

调整链路间的 IGP cost 值，实现如下目的。

■ 确保 CE1 通往 CE2 的链路形成主备关系，即确保网络中一条链路故障，网络可以及时调整切换到其他链路。

■ 调整 RR 与骨干网相连的链路的 cost 值，确保 RR 只用于路由反射，不进行流量转发。

■ 对于实时性要求较高的业务，可以配置 VPN FRR 功能，提高网络可靠性。

2. Hub and Spoke 的组网应用

对于银行等金融企业，为了有效地保证了金融数据的安全，可以通过部署 Hub and Spoke 组网，使所有支行间必须通过总行才能进行数据交换，从而使支行间的数据传输得到有效监控。

在 Hub and Spoke 组网中，总行的中心访问控制设备所在站点称为 Hub 站点，其他支行的站点称为 Spoke 站点。Hub 站点侧接入 VPN 骨干网的设备叫 Hub-CE；Spoke 站点侧接入 VPN 骨干网的设备叫 Spoke-CE。VPN 骨干网侧接入 Hub 站点的设备叫 Hub-PE，接入 Spoke 站点的设备叫 Spoke-PE。

Spoke 站点需要把路由发布给 Hub 站点，再通过 Hub 站点发布给其他 Spoke 站点。Spoke 站点之间不直接发布路由。Hub 站点对 Spoke 站点之间的通讯进行集中控制。

Hub and Spoke 有以下组网方案。

■ Hub-CE 与 Hub-PE、Spoke-PE 与 Spoke-CE 使用 EBGP，即使用 BGP 路由。

■ Hub-CE 与 Hub-PE、Spoke-PE 与 Spoke-CE 使用 IGP。这时原 IGP 可以是多种方式了，如静态路由、RIP 路由、OSPF 路由和 IS-IS 路由。

■ Hub-CE 与 Hub-PE 使用 EBGP，Spoke-PE 与 Spoke-CE 使用 IGP。

下面详细介绍这几种组网方案。

（1）Hub-CE 与 Hub-PE 间，Spoke-PE 与 Spoke-CE 间使用 EBGP

如图 1-13 所示的 Hub-and-Spoke 中，来自 Spoke-CE 的路由需要在 Hub-CE 和 Hub-PE 上往返一圈再发给其他 Spoke-PE。如果 Hub-PE 与 Hub-CE 之间使用 EBGP，Hub-PE 会对该路由进行 AS-Loop（AS 环路）检查，这样缺省情况下 Hub-PE 发现返回的路由已包含自己的 AS 号会直接丢弃的。所以，如果 Hub-PE 与 Hub-CE 之间使用 EBGP，为了实现 Hub-and-Spoke，在 Hub-PE 上必须手工配置允许返回的路由信息中包括本地 AS 编号。

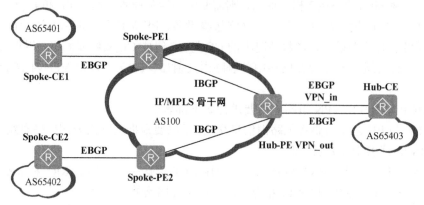

图 1-13　Hub-CE 与 Hub-PE，Spoke-PE 与 Spoke-CE 使用 EBGP 组网示意

（2）Hub-CE 与 Hub-PE 间，Spoke-PE 与 Spoke-CE 间使用 IGP

如图 1-14 所示，由于所有的 PE-CE 之间都使用 IGP 交换路由信息，IGP 路由不携带 AS_PATH 属性，所以 BGP VPNv4 路由的 AS_PATH 都为空，这时就不会出现返回路由被丢弃的现象。其他与 Hub-CE 与 Hub-PE，Spoke-PE 与 Spoke-CE 使用 EBGP 组网方案一样。

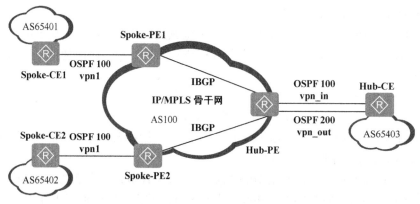

图 1-14　Hub-CE 与 Hub-PE，Spoke-PE 与 Spoke-CE 使用 IGP 组网示意

（3）Hub-CE 与 Hub-PE 间使用 EBGP、Spoke-PE 与 Spoke-CE 间使用 IGP

如图 1-15 所示，与图 1-13 组网的实现类似，Hub-PE 从 Hub-CE 接收来自 Spoke-CE 的路由的 AS_PATH 属性已包含该 Hub-PE 所在 AS 的编号。因此，也必须在 Hub-PE 上手工配置允许返回的路由信息中包括本地 AS 编号。

3. VPN 与 Internet 互联

一般 VPN 内的用户只能相互通信，不能与 Internet 用户通信，也不能接入 Internet。但 VPN 的各个 Site 可能有访问 Internet 的需要。为了实现 VPN 与 Internet 互联，需要满足以下条件。

■ 要访问 Internet 的用户设备必须有到达 Internet 目的地址的路由。

■ 有从 Internet 返回的路由。

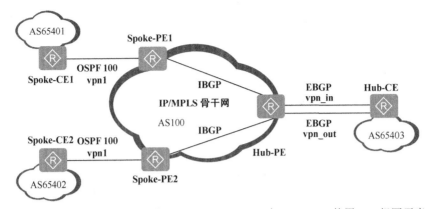

图 1-15　Hub-CE 与 Hub-PE 使用 EBGP、Spoke-PE 与 Spoke-CE 使用 IGP 组网示意

■　与非 VPN 用户与 Internet 互联方式相同，必须采用一定的安全机制（如使用防火墙）。

要达到同时访问 Internet 的目的，有以下三种实现方法。

■　在骨干网边缘设备 PE 侧实现。该 PE 负责区别两种不同的数据流，并分别转发至 VPN 及 Internet。同时，在 VPN 与 Internet 两个域之间提供防火墙功能。

■　在 Internet 网关侧实现。这里的 Internet 网关是指接入 Internet 的运营商设备，必须具备 VPN 路由管理功能。例如：Internet 网关可以是不接入任何 VPN 用户的 PE 设备。

■　在用户侧实现。此时，由私网边缘设备 CE 区分两种不同的数据流，并分别引到两个不同的域：一个通过 PE 边缘设备接入 VPN，一个通过不包含在 VPN 内的 ISP 设备接入 Internet。同时，CE 设备提供防火墙功能。

下面分别简单介绍这三种实现方法的基本部署。

（1）在骨干网边缘设备 PE 侧实现

在 PE 侧实现 VPN 与 Internet 互联的典型网络结构如图 1-16 所示，一般采用静态缺省路由的方式来实现，具体如下。

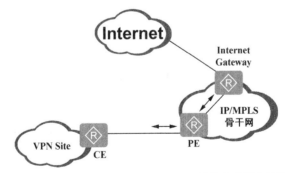

图 1-16　PE 侧实现 VPN 与 Internet 互联的典型网络结构

■　PE 设备向 CE 发出一条去往 Internet 的缺省路由。

■　在 VPN 实例路由表添加一条缺省路由，指向 Internet 网关。

■　要实现从 Internet 返回的路由，则需要将去往 CE 接口的静态路由加入到公网路由表中，并发布到 Internet。这可以通过在 PE 公网路由表中添加一条静态路由来实现，其目的地址为 VPN 用户地址，出接口为 PE 上连接 CE 侧的接口；并将该路由通过 IGP 发布到 Internet 上。

（2）在 Internet 网关侧实现

在 Internet 网关侧实现与 Internet 互联的典型网络结构如图 1-17 所示。具体方法是在 Internet 网关上为每个 VPN 配置一个 VPN 实例，且使用单独的接口接入 Internet，在该接口上关联 VPN 实例，就像接入 CE 设备一样。

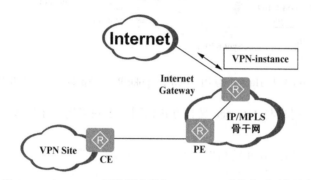

图 1-17　在 Internet 网关侧实现与 Internet 互联的典型网络结构

（3）在用户侧实现

在用户侧实现与 Internet 互联有两种方法。

■　直接将 CE 接入 Internet，如图 1-18 所示。

直接将 CE 接入 Internet 又可分为两种方式：

●　将用户其中一个站点（如中心站点）接入 Internet。在中心站点的 CE 上配置到 Internet 的缺省路由；然后使用 VPN 骨干网将该缺省路由发布给其他站点。只在中心站点部署防火墙。这种方式中，除中心站点的用户外，其他用户访问 Internet 的流量都经过 VPN 骨干。典型的应用是在 Hub-and-Spoke 组网中，将 Hub 站点接入 Internet。

●　将每个用户站点单独接入 Internet，即每个站点的 CE 都配置到 Internet 的缺省路由。在每个站点都部署防火墙进行安全保护。所有用户访问 Internet 的流量都不需要经过 VPN 骨干网。

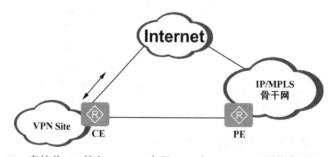

图 1-18　直接将 CE 接入 Internet 实现 VPN 与 Internet 互联的典型网络结构

■　使用单独的接口或子接口接入 PE，由 PE 将 CE 上的路由注入到公网路由表中，并发布到 Internet，并将缺省路由或者 Internet 路由发布到 CE。此时这个接口不属于任何 VPN，即不关联任何 VPN 实例。也就是说，该用户既以 VPN 用户的角色接入 PE，又以普通非 VPN 用户接入 PE，如图 1-19 所示。

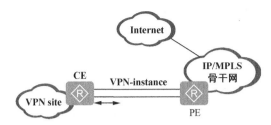

图 1-19　使用独立接口接入 PE 实现 VPN 与 Internet 互联的典型网络结构

建议在接入 Internet 的 VPN 骨干网设备与接入 CE 的 PE 之间建立隧道，使 Internet 路由通过隧道传递，P 节点不接收 Internet 路由。

以上介绍的三种与 Internet 互联的方法中，采用在 PE 侧实现时的优点是，与 VPN 接入使用同一个接口，节约接口资源，并且不同的 VPN 可以共享一个公网 IP 地址；缺点是在 PE 上实现复杂，且存在安全隐患：PE 设备可能受到 Internet 的 DoS（Denial of Service）攻击，来自 Internet 的恶意的大流量攻击会使得 PE-CE 链路饱和，从而使得正常的 VPN 数据包无法传输。

采用在 Internet 网关处实现时的优点是，比在 PE 侧实现安全性高，但 Internet 网关要创建多个 VPN 实例，负担重。且 Internet 网关要使用多个接口接入 Internet，每个接口占用一个公网 IP 地址，每个 VPN 使用一个接口和一个公网 IP 地址。

采用在用户侧实现时的优点是，实现方法简单，公网和私网路由隔离，安全可靠；缺点是需使用单独的接口，占用接口资源，并且每个 VPN 都需要单独使用一个公网 IP 地址。表 1-2 是以上三种方法的综合比较。

表 1-2　　　　　　　　　三种 VPN 与 Internet 互联的实现方法比较

实现方法	安全性	使用接口	使用公网 IP 地址	实现难易程度
在 PE 侧实现	相对较低	Internet 接入与 VPN 接入使用同一个接口，节约接口资源	PE 上多个 VPN 共用一个公网 IP 地址	实现复杂
在 Internet 网关侧实现	相对较高	每个 VPN 单独使用一个接口，占用 Internet 网关的接口资源	每个 VPN 单独使用一个公网 IP 地址	实现复杂
在用户侧实现	相对较高	每个 VPN 单独使用一个接口，占用用户接口资源	每个 VPN 单独使用一个公网 IP 地址	实现简单

1.2　BGP/MPLS IP VPN 工作原理

本节要介绍 BGP/MPLS IP VPN 的私网 VPN-IPv4 路由发布原理以及利用 VPN-IPv4 路由进行报文转发的工作原理。

在基本的 BGP/MPLS IP VPN 组网中，VPN 路由信息的发布只涉及 CE 和 PE（第 3 章将要介绍的跨域 BGP/MPLS IP VPN 组网，还涉及到 ASBR），P 设备只维护骨干网的路由，不需要了解任何 VPN 路由信息。PE 设备一般维护所有 VPN 路由。

VPN 路由信息的发布过程包括三部分：（1）源端 CE 把普通 IPv4 路由发布到直连的 PE 上，然后转换成 VPN-IPv4 路由；（2）源端 PE 把 VPN-IPv4 路由发布到目的端 PE 上，以使 MPLS 隧道两端的 PE 相互学习对端的私网路由；（3）目的端 PE 把所学习的源端 VPN-IPv4 路由转换成普通的 IPv4 路由发布到直连的 CE 上，使 MPLS 隧道两端的 Site 间相互学习对方的私网路由。

第（1）和（3）部分涉及的都是 CE 与 PE 间的路由发布和接收。在 BGP/MPLS IP VPN 中，CE 与 PE 之间可以通过各种路由方式连接，包括静态路由、RIP、OSPF、IS-IS 或 BGP 路由。CE 与直接相连的 PE 建立邻居或对等体关系后，把本 Site 的普通 IPv4 路由发布给直接连接的 PE。相反，PE 也可以向直连的 CE 发布转换后的另一端 Site 的 IPv4 私网路由。

在 BGP/MPLS IP VPN 中，关键的是就是第（2）部分，是 PE 间相互学习私网 VPN-IPv4 的过程。具体将在 1.2.1 节介绍

1.2.1 PE 间 VPN-IPv4 路由发布原理

在 BGP/MPLS IP VPN 中，同一个 VPN 的各 PE 间要建立 MP-IBGP 对等体关系，通过 MP-BGP Update 消息发布本端的 VPN-IPv4 路由，以便相互学习对端所连接的用户网络 VPN-IPv4 私网路由，加入到自己对应的 VPN 实例中。

在 PE 间整个私网路由的发布和学习过程中涉及到几个重要的步骤：私网标签分配、私网路由交叉、公网隧道迭代、私网路由的选择。下面分别予以介绍。

1. 私网路由标签分配

BGP/MPLS IP VPN 中的 PE 设备在收到用户报文后要进行 MPLS 标签封装，这个 MPSL 标签是插入在二层协议头和三层协议头之间。但在 BGP/MPLS IP VPN 中，PE 对用户报文所封装的不是仅一层公网隧道 MPLS 标签，还要封装用来代表用户网络路由的一层私网 MPLS 标签，即要封装两层 MPLS 标签，私网 MPLS 标签在里层，公网 MPLS 标签在外层。

PE 在利用 MP-BGP 向对端 PE 发布私网路由时，会通过 MP-BGP 的 Update 报文携带该私网标签（还携带对应 VPN 实例配置的 RD、VPN-Target 属性），其目的是使对端 PE 连接的 Site 中的用户通过该 VPN-IPv4 路由访问本端所连接的对应 Site 中的目的用户时，VPN 报文中会带上这层 MPLS 标签（作为内层标签），到达本端 PE 时，就可以直接根据报文中所携带的私网标签找到对应的路由表项，然后转发给对应的 Site 中的目的用户。

说明 BGP 的 Update 消息在发布时仍然会在外面加上一层 MPLS 骨干网各设备间建立的本地 LDP LSP 标签，报文中的源 IP 地址是本端 PE 上代表 MPLS LSR-ID 的 Loopback 接口 IP 地址，目的地址就是与本端 PE 建立了 MP-IBGP 对等体关系的其他 PE 上代表 MPLS MSR-ID 的 Loopback 接口 IP 地址。

私网路由标签、RD 和 VPN-IPv4 路由信息都在 MP-BGP Update 消息中的 NLRI

（Network Layer Reachability Information，网络层可通达性信息）字段中，而 VPN-Target 属性是在 Update 消息 Extended_Communities（扩展团体）属性字段中。**设备是否接收所收到的路由更新的唯一依据是 Update 消息中所携带的 VPN-Target 属性是否与本所配置的 VPN 实例的 VPN-Target 属性匹配**，匹配到哪个 VPN 实例，该路由就会加入到哪个 VPN 实例的 VRF 中。

另外，RD、VPN-Target 属性仅在 MP-BGP Update 消息中，用于路由更新，在 VPN 报文中是不携带的，但私网路由标签会在 VPN 报文的帧头后添加，用于 MP-BGP 对等体区分 VPN 报文所属的 VPN 实例。

PE 上为私网路由分配私网标签的方法有如下两种。

■ 基于路由的 MPLS 标签分配：为 VPN 路由表的每一条路由分配一个标签（one label per route）。这种方式的缺点是：当路由数量比较多时，设备入标签映射表 ILM（Incoming Label Map）需要维护的表项也会增多，从而提高了对设备容量的要求，因为每个 LSP 都会对应一条 ILM 表项。

■ 基于 VPN 实例的 MPLS 标签分配：为整个 VPN 实例分配一个标签，该 VPN 实例里的所有路由都共享一个标签。使用这种分配方法的好处是节约了标签。

【经验提示】私网路由标签是由 MP-BGP 分配的，用于在 MP-BGP 对等体间唯一标识一条路由或一个 VPN 实例。该私网路由标签是在本端 PE 设备接收到私网路由更新、加入到对应的 VPN 实例 VRF，并引入到本地 BGP 路由表中后由 BGP 分配的，**仅在本地 MP-BGP 对等体间有意义**，即不同 MP-BGP 对等体对于同一私网 VPN-IPv4 路由的私网标签分配是独立的，即所分配的私网标签可以一样，也可以不一样。MP-BGP 对等体学习到该私网路由后，也会在 VPN 路由表中的对应路由表项中映射相同的私网路由标签，使得通过该 VPN-IPv4 路由访问的 VPN 报文能带上对应的私网标签。

为每个 VPN 实例中每个路由所分配的 MP-BGP LSP 可以通过执行 **display mpls lsp** 命令查看到。如下所示上面显示的"LSP Information: BGP　LSP"部分所列出的就是 PE 为所学习的各用户私网路由分配的 LSP 标签（参见输出信息中的粗体字部分）。

```
<PE1>display mpls lsp
--------------------------------------------------------------------------------
                LSP Information: BGP   LSP
--------------------------------------------------------------------------------
FEC               In/Out Label   In/Out IF              Vrf Name
14.1.1.0/24       1026/NULL      -/-                    vpna
14.1.1.0/24       1027/NULL      -/-                    vpnb
10.137.1.0/24     1028/NULL      -/-                    vpna
10.137.3.0/24     1029/NULL      -/-                    vpnb
--------------------------------------------------------------------------------
                LSP Information: LDP LSP
--------------------------------------------------------------------------------
FEC               In/Out Label   In/Out IF              Vrf Name
2.2.2.9/32        NULL/3         -/GE0/0/0
2.2.2.9/32        1024/3         -/GE0/0/0
3.3.3.9/32        NULL/1024      -/GE0/0/0
3.3.3.9/32        1025/1024      -/GE0/0/0
1.1.1.9/32        3/NULL         -/-
```

2. 私网路由交叉

当 PE 通过 MP-BGP 的 Update 消息接收到其他 PE 发来的 VPN-IPv4 路由时，并不一定会把这些所有学习到的路由都加入自己的对应 VPN 实例中，而是要先经过一定规则检查，只有通过检查的 VPN-IPv4 路由才可进行下一步的 VPN-Target 属性匹配。

两台 PE 之间通过 MP-BGP 传播的路由是 VPNv4 路由。当接收到来自对端 PE 或 RR（路由反射器）发来的 VPNv4 路由后，本端 PE 先进行如下处理。

■ 检查其下一跳（是与本端 PE 建立了 iBGP 对等体关系的对端 PE，或 RR）是否可达。如果下一跳不可达，该路由被丢弃。

■ 对于 RR 发送过来的 VPNv4 路由，如果收到的路由中 Cluster_List 包含自己的 Cluster ID，则丢弃这条路由，因为这是一条环回路由。

说明 在路由反射器（Route Reflector，RR）技术中规定，同一集群内的客户机只需要与该集群的 RR 直接交换路由信息，因此客户机只需要与 RR 之间建立 IBGP 连接，不需要与其他客户机建立 IBGP 连接，从而减少了 IBGP 连接数量。在 BGP/MPLS IP VPN 方案中，通常 MPLS 骨干网中各节点都在同一个 AS 中（也有经过多个 AS 的），一个 VPN 中的各 PE 之间是 iBGP 对等体关系。

有关 RR 原理请参见《华为路由器学习指南》。

■ 进行 BGP 的路由策略过滤，如果不通过，则丢弃该路由。

经过上述处理之后，PE 把没有丢弃的路由与本地的各个 VPN 实例所配置的 Import Target 属性进行匹配，这个匹配的过程就称为"私网路由交叉"。也就是"私网路由交叉"就是把所接收到的私网 VPN 路由所携带的 Export Target 属性与本地 PE 上 VPN 实例的 Import Target 属性进行匹配，一致的话就认为交叉成功，可以作为候选（**还不能最后决定**）加入到该 VPN 实例的 VPN 路由。最终可执行 **display ip routing-table vpn-instance** 命令要查看某 VPN 实例中已学习的 VPN-IPv4 路由，如下是在一个 BGP/MPLS IP VPN 实际应用中查看名为 vpna 中的 VPN-IPv4 路由，都是用户私网路由。

```
<PE1>display ip routing-table vpn-instance vpna
Route Flags: R - relay, D - download to fib
-----------------------------------------------------------------------------
Routing Tables: vpna
        Destinations : 7          Routes : 7

Destination/Mask    Proto   Pre  Cost    Flags NextHop      Interface

     10.137.1.0/24  Static  60   0       RD    14.1.1.2     GigabitEthernet0/0/1
     10.137.2.0/24  IBGP    255  0       RD    3.3.3.9      GigabitEthernet0/0/0
      14.1.1.0/24   Direct  0    0       D     14.1.1.1     GigabitEthernet0/0/1
      14.1.1.1/32   Direct  0    0       D     127.0.0.1    GigabitEthernet0/0/1
     14.1.1.255/32  Direct  0    0       D     127.0.0.1    GigabitEthernet0/0/1
      34.1.1.0/24   IBGP    255  0       RD    3.3.3.9      GigabitEthernet0/0/0
255.255.255.255/32  Direct  0    0       D     127.0.0.1    InLoopBack0
```

PE 上有种特殊的路由，即来自本地 CE、属于不同 VPN 的路由。对于这种路由，如果其下一跳直接可达或可迭代成功，PE 也将其与本地的其他 VPN 实例的 Import Target 属性匹配，该过程称之为"本地交叉"（对来自其他 PE 的 VPN 路由进行的路由交叉可称之为"远端交叉")。例如：CE1 所在的 Site 属于 VPN1，CE2 所在的 Site 属于 VPN2，且 CE1 和 CE2 同时接入 PE1。当 PE1 收到来自 CE1 的 VPN1 的路由时，也会与 VPN2 对应的 VPN 实例的 Import Target 属性匹配，因为在 BGP/MPLS IP VPN 方案中，一个 Site 可以加入多个 VPN，并连接多个远程站点。

3. 公网隧道迭代

经过前面的私网路由交叉完成后，需要根据 VPN-IPv4 路由的目的 IPv4 前缀进行路由迭代，查找合适的隧道，以便确定到达该目的网络的报文所用的 VPN 隧道。在一个 PE 上每个隧道都有一个唯一的 Tunnel ID。只有隧道迭代成功，该路由才可能（**也不是最后的决定**）被放入对应的 VPN 实例路由表。将路由迭代到相应的隧道的过程叫做"隧道迭代"。

私网 VPN 路由隧道迭代成功（即找到对应的隧道）后，保留该隧道的标识符 Tunnel ID，供后续转发报文时使用。VPN 报文转发时会 VPN 实例中对应的路由表项的 Tunnel ID 查找对应的隧道，然后从隧道上发送出去。

4. 私网路由的选择规则

经过路由交叉和隧道迭代成功，来自其他 PE 的私网 VPN 路由仍有可能不能被放入 VPN 实例路由表中，从本地 CE 收到的普通 IPv4 路由和本地交叉成功的路由也不是全部被放入 VPN 实例路由表，还要进行私网路由的选择。

对于到同一目的地址的多条路由，如果不进行路由的负载分担，按如下规则选择其中的一条。

■ 同时存在直接从 CE 收到的路由和交叉（包括本地交叉和远端交叉）成功后的同一目的地址路由，则优选从 CE 收到的路由。

■ 同时存在本地交叉路由和从其他 PE 接收并远端交叉成功后的同一目的地址路由，则优选本地交叉路由。

对于到同一目的地址的多条路由，如果进行路由的负载分担，则：

■ 优先选择从本地 CE 收到的路由。只有一条从本地 CE 收到的路由而有多条交叉路由的情况下，也只选择从本地 CE 收到的路由。

■ 只在从本地 CE 收到的路由之间分担或只在交叉路由之间分担，不会在本地 CE 收到的路由和交叉路由之间分担。

■ 负载分担的 AS_PATH 属性必须完全相同。

以上从入口 PE 到出口 PE 之间的私网 VPN 路由发布的四大流程，可用图 1-20 简单描述。

1.2.2　VPN-IPv4 路由发布示例

下面以图 1-21 为例（PE-CE 之间使用 BGP，公网隧道为 LSP），说明将 CE2 的一条路由发布到 CE1 的整个过程。

（1）在 CE2 的 BGP IPv4 单播地址族下引入 CE2 下面所连接网段的 IGP 路由。

（2）CE2 将该路由随 EBGP 的 Update 消息一起发布给 Egress PE。Egress PE 从连接 CE2 的接口收到 Update 消息，根据入接口所绑定的 VPN 实例，把该路由转化为 VPN-IPv4 路由，加入对应的 VPN 实例对应的 VRF 中。

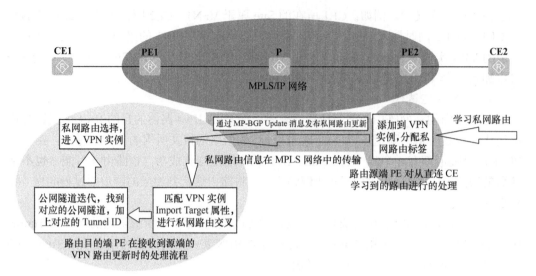

图 1-20　从入口 PE 到出口 PE 之间的私网 VPN 路由发布的流程

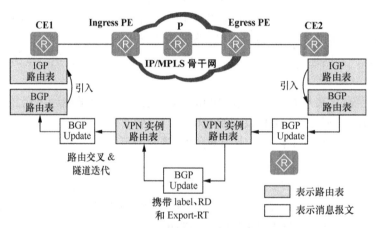

图 1-21　VPN-IPv4 路由发布示例

（3）Egress PE 为该路由分配 MPLS 标签（是内层标签），并将标签和 VPN-IPv4 路由信息加入 MP-IBGP 的 Update 消息中的 NLRI 字段中，Export Target 属性加入 MP-BGP Update 消息的扩展团体属性字段中，将 Update 消息发送给其 MP-IBGP 对等体的 Ingress PE。

（4）Ingress PE 对收到来自 Egress PE 的路由进行路由交叉。交叉成功则根据路由目的的 IPv4 地址进行隧道迭代，查找合适的隧道。如果迭代成功，则保留该隧道的 Tunnel ID 和 MPLS 标签（内层标签），然后再进行 VPN-Target 属性匹配，匹配成功后将该 VPN 路由加入到对应 VPN 实例 VRF 中。

（5）Ingress PE 根据对应 VPN 实例所绑定的接口，把该路由通过 BGP Update 消息（本示例中 PE 与 CE 之间也采用 BGP 路由）发布给 CE1。此时发布的路由是普通 IPv4 路由。

（6）CE1 收到该路由后，把该路由加入 BGP 路由表。通过在 IGP 中引入 BGP 路由的方法可使 CE1 把该路由加入 IGP 路由表。

通过以上步骤就把 CE2 端的私网路由依次成功发布到了直连的 PE2、远端的 PE1，以及远端 Site CE2 上，完成整个 VPN 路由的发布过程。当然，以上过程只是将 CE2 的路由发布给 CE1。要实现 CE1 与 CE2 的互通，还需要将 CE1 的路由发布给 CE2，其过程与上面的步骤类似，在此不再赘述。

1.2.3　BGP/MPLS IP VPN 的报文转发

在基本 BGP/MPLS IP VPN 应用中（不包括跨域的情况），VPN 报文转发采用两层标签方式。

■　外层（公网）标签在骨干网内部进行交换，指示从本端 PE 到对端 PE 的一条 LSP。VPN 报文利用这层 LSP 标签可以沿 LSP 到达对端 PE。

公网隧道可以是 LSP 隧道、MPLS TE 隧道和 GRE 隧道。当公网隧道为 LSP 隧道或 MPLS TE 隧道时，公网标签为 MPLS LSP 标签（MPLS TE 隧道的 CR-LSP 也是采用 LSP 标签）；当公网隧道为 GRE 隧道时，公网标签为 GRE 封装。

■　内层（私网）标签在从对端 PE 到达对端 CE 时使用，指示报文应被送到哪个 Site，这就是为不同路由或不同 VPN 实例所分配的私网路由标签。

当 PE 之间已在通过 MP-BGP 相互发布 VPN-IPv4 路由时，会将本端所学习的每个私网 VPN-IPv4 路由所分配的私网标签通告给了对端 PE，这样对端 PE 根据报文中所携带的私网标签可以找确定报文所属的 VPN 实例，通过查找该 VPN 实例的路由表，将报文正确地转发到相应的 Site。

说明 　特殊情况下，属于同一个 VPN 的两个 Site 连接到同一个 PE 时，PE 不需要为 VPN 报文封装内、外层标签，只需查找对应 VPN 实例的路由表，然后再找到报文的出接口即可将报文转发至相应的 Site。

下面以图 1-22 为例说明 BGP/MPLS IP VPN 报文的转发过程。图中是 CE1 发送报文给 CE2 的过程，其中，I-L 表示内层标签，O-L 表示外层标签。本示例中内、外层标签均为 MPLS LSP 标签。

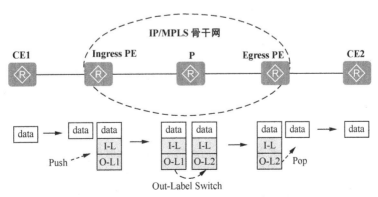

图 1-22　BGP/MPLS IP VPN 报文转发示例

（1）CE1 向 Ingress PE 发送一个要访问远端 CE2 所连接 Site 中目标主机的 VPN

报文。

（2）Ingress PE 从绑定了 VPN 实例的接口上接收 VPN 数据包后进行如下操作。

■ 先根据绑定的 VPN 实例的 RD 查找对应 VPN 的转发表（VRF）。

■ 匹配 VPN 报文中的目的 IPv4 前缀，查找对应的 Tunnel ID，然后将报文打上对应的私网（内层）标签（I-L），根据 Tunnel ID 找到隧道。

■ 将 VPN 报文从找到的隧道发送出去，发出之前 VPN 报文要加装一层公网（外层）MPLS 标签（O-L1）。此时 VPN 报文中携带有两层 MPLS 标签。

接着，该报文携带两层 MPLS 标签穿越骨干网。骨干网的每台 P 设备都仅对该 VPN 报文的外层标签进行交换，内层私网路由标签保持不变。

如图 1-23 是 Ingress PE 向 Egress PE 发送的一个 ICMP 请求报文的报文结构示例，它包括了两层 MPLS 标签，其中外层标签为 1025（MPLS Bottom os label stack:0，表示后面还有 MPLS 标签，非栈底标签），内层标签为 1026（MPLS Bottom os label stack:1，表示此为 MPLS 栈底标签）。

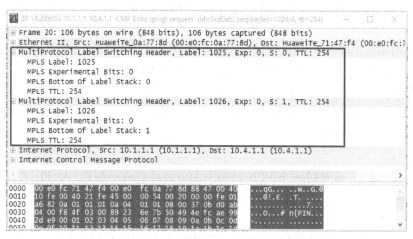

图 1-23　PE 接口发送的报文的二层 MPLS 标签结构

【经验提示】因为 Egress 节点为倒数第二跳分配的标签，通常是支持 PHP 特性的，所以在倒数第二跳把报文传输 Egress 节点时会先弹出外层标签。这样一来，Egress 接收到的报文往往只带有一层标签。如图 1-24 是 Ingress PE 连接 P 的接口上接收到来自对端的响应 ICMP 报文的报文结构示例，其中显示只有一层 MPSL 标签（MPLS Bottom os label stack:1，表示此为 MPLS 栈底标签）。在 Egress PE 连接 P 的接口接收 ICMP 请求报文的报文结构一样，也只有一层 MPLS 标签，也是因为外层标签在倒数第二跳（P）弹出了。

这样一来，可以想象，如果是两 PE 相连，则报文在 PE 间直连链路上传输时均只带一层 MPLS 标签，这层标签就是内层私网标签，因为此时两 PE 互相为对方的倒数第二跳，在发送报文时会弹出外层的 MPLS 标签。但在这种 PE 直连情况下，我们一般配置不支持 PHP，这样两个直连的 PE 在发送报文时就不会弹出外层标签了。

（3）Egress PE 收到该携带两层标签的报文后，交给 MPLS 协议模块处理。MPLS 协议将去掉外层标签（本示例最后的外层标签是 O-L2，但如果应用了 PHP 特性，则此标签会在到达 Egress PE 之前的一跳 P 弹出，Egress PE 只能收到带有内层标签的报文，参见图 1-24）。

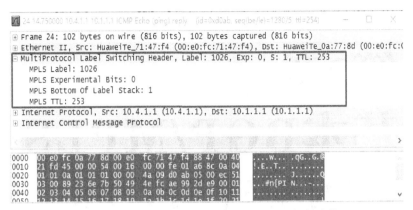

图 1-24　PE 接口接收的报文的一层 MPLS 标签结构

（4）剥离了外层 LSP 标签后，Egress PE 就可以看见内层标签 I-L，先根据内层私网路由标签查找到 VPN 实例，然后通过查找该 VPN 实例的路由表，可确定报文要转发的目的 Site 和出接口。

同时，Egress PE 发现报文中的内层标签处于栈底，于是将内层标签剥离，根据对应的 VPN 实例路由表项将报文发送给 CE2。此时报文是个纯 IP 报文。

这样，报文就成功地从 CE1 传到 CE2 了，CE2 再按照普通的 IPv4 报文转发过程将报文传送到目的主机。以上报文转发的流程可用图 1-25 进行描述。

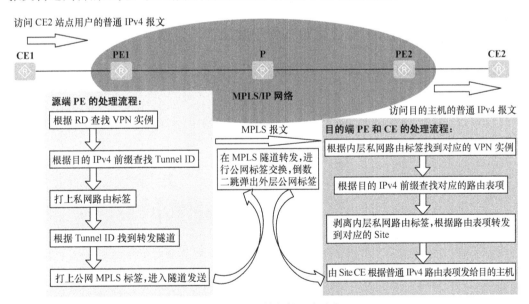

图 1-25　报文转发的基本流程

第2章
基本BGP/MPLS IP VPN配置与管理

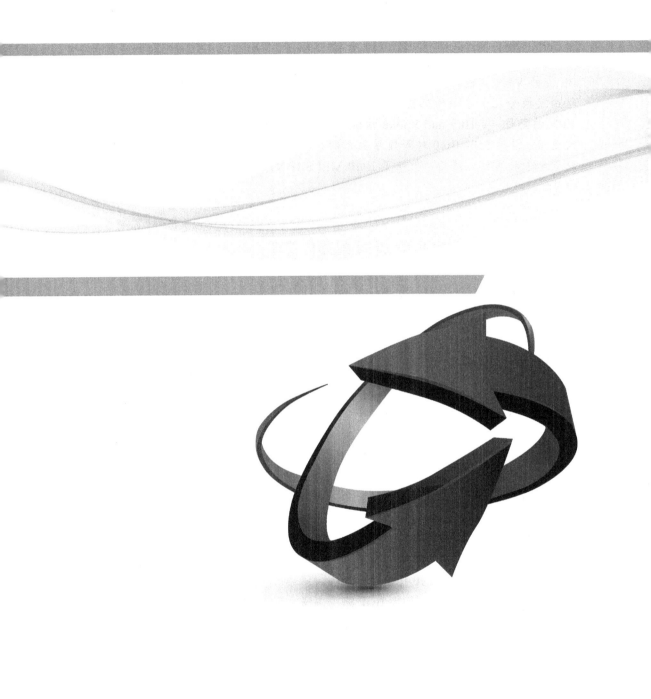

　　第 1 章已对 BGP/MPLS IP VPN 的基础知识和基本技术原理进行了全面介绍。本章则对基本的 BGP/MPLS IP VPN 网络（各 Site 连接在同一运营商）的配置与管理方法进行全面介绍。

　　在基本 BGP/MPLS IP VPN 网络配置中，主要涉及到 PE 间的 MP-IBGP 会话、PE 上的 VPN 实例、PE 上的 AC 接口与 VPN 实例的绑定，以及 PE 与 CE 之间的路由交换等几个方面的配置与管理。另外，本章还介绍了一种基本 BGP/MPLS IP VPN 的变种——Hub and Spoke 结构的 BGP/MPLS IP VPN，以及当骨干网中存在大量 PE 间的 MP-IBGP 对等体系关系时，为优化骨干层结构而进行的路由反射器配置与管理方法。最后，介绍了 BGP/MPLS IP VPN 网络中的一些典型故障的排除方法。

2.1　基本 BGP/MPLS IP VPN 配置与管理

　　基本 BGP/MPLS IP VPN 是指：只包括一个运营商，MPLS 骨干网不跨域，PE、P、CE 设备不兼任其他功能（没有一台设备既是 PE，又是 CE）。配置基本的 BGP/MPLS IP VPN 之后，将可以实现属于同一 VPN 的不同 Site 间相互通信功能。

2.1.1　基本 BGP/MPLS IP VPN 配置任务

　　要实现 BGP/MPLS IP VPN 功能，首先要完成 MPLS 基本功能的配置（参见配套的《华为 MPLS 技术学习指南》一书），使能建立公网 MPLS 隧道。其主要配置任务包括以下两个方面。

　　■　配置骨干网设备间的路由：对 MPLS 骨干网（PE、P）配置 IGP，实现骨干网的 IP 连通性。

　　■　在骨干网设备上使能 MPLS 功能：使能 MPLS 功能，并配置标签分发协议以建立公网隧道。

　　完成以上 MPLS 基本功能配置后，就可以进行基本 BGP/MPLS IP VPN 的功能配置了，具体包括以下配置任务。

　　（1）配置 PE 间使用 MP-IBGP

　　在每个 VPN 的各 PE 间使能 BGP 路由协议，使能 VPN-IPv4 功能，建立 IBGP 对等体关系，分配私网路由标签，使 PE 间能直接交互 Update 消息，通告彼此所连接的内部私网 VPN-IPv4 路由。

　　（2）配置 PE 上的 VPN 实例

　　为每个 Site 创建 VPN 实例，由 MP-BGP 协议动态为每个 VPN 实例分配私网路由标签，并通过 MP-BGP 的 Update 消息发布给同一 VPN 中的其他 PE。

　　（3）配置接口与 VPN 实例绑定

　　将前面创建的 VPN 实例绑定在 PE 连接对应 CE 的接口上。

　　（4）配置 PE 和 CE 间路由交换

　　通过路由协议配置 PE 和 CE 间的三层网络连接，可以是静态路由、各种 IGP 或者

BGP 路由方式。

说明 因为以上第（4）项配置任务中的 PE 和 CE 间路由交换涉及的方式和配置比较多，所以放在 2.2 节单独介绍。

在正式配置 BGP/MPLS IP VPN 之前，需要先确定 VPN 用户需求，包括：需要支持多少用户；每个用户有多少 VPN；每个 VPN 有多少 VPN 实例；确定骨干网上使用的路由协议。

2.1.2 配置 PE 间使用 MP-IBGP

在基本 BGP/MPLS IP VPN 中，PE 之间要建立 MP-IBGP 对等体关系（两端在同一AS 中），以使两端 PE 之间可以直接相互学习对方的私网 VPN-IPv4 路由。

PE 间 MP-IBGP 对等体的配置步骤见表 2-1，需要在一个 VPN 网络中的各 PE 上分别配置。总体来说，MP-IBGP 对等体的配置方法与普通的 IBGP 对等体的配置方法基本一样，唯一不同的是，MP-IBGP 对等体的配置中最后还需要在 VPN-IPv4 地址族视图下使能 MP-IBGP 对等体的 VPN-IPv4 路由信息的交换能力。

表 2-1　　　　　　　　　　　　　PE 间 MP-IBGP 对等体的配置步骤

步骤	命令	说明
1	**system-view** 例如：<Huawei> **system-view**	进入系统视图
2	**bgp** { *as-number-plain* | *as-number-dot* } 例如：[Huawei] **bgp** 100	使能 BGP，进入 BGP 视图。命令的参数说明如下。 • *as-number-plain*：二选一参数，以整数形式的 AS 号指定 PE 所在 AS，取值范围是 1～4294967295。 • *as-number-dot*：二选一参数，以点分形式的 AS 号指定 PE 所在的 AS，格式为 *x.y*，*x* 和 *y* 都是整数形式，*x* 的取值范围是 1～65535，*y* 的取值范围是 0～65535。 缺省情况下，BGP 是关闭的，可用 **undo bgp** [*as-number-plain* | *as-number-dot*] 命令关闭 BGP
3	**peer** *ipv4-address* **as-number** *as-number* 例如：[Huawei-bgp] **peer** 10.1.1.1 **as-number** 100	将对端 PE 配置为 IBGP 对等体，命令中的参数说明如下。 • *ipv4-address*：指定对等体的 IPv4 地址。可以是直连对等体的接口 IP 地址（**仅适用于 PE 直连情形**），也可以是路由可达的对等体的 Loopback 接口地址（必须要事先在各 PE 上配置好至少一个 Loopback 接口及 IP 地址）。 • *as-number*：指定对等体所在的 AS 号。而且此处的 AS 号要与本端 PE 所在的 AS 号一致，因为他们是在同一 AS 中，是 IBGP 对等体关系。 缺省情况下，没有创建 BGP 对等体，可用 **undo peer** *ipv4-address* **as-number** *as-number* 命令删除指定对等体
4	**peer** *ipv4-address* **connect-interface loopback** *interface- number* 例如：[Huawei-bgp] **peer** 10.1.1.1 **connect-interface loopback** 0	指定本端 PE 与对等体 PE 间建立 BGP TCP 连接的源接口。命令中的参数说明如下。 • *ipv4-address*：指定对等体的 IPv4 地址。可以是直连对等体的接口 IP 地址，也可以是路由可达的对等体的 Loopback 接口地址。 • *interface-number*：指定与 BGP 对等体间建立 TCP 连接的本端 Loopback 接口编号。

（续表）

步骤	命令	说明
4	**peer** *ipv4-address* **connect-interface loopback** *interface- number* 例如：[Huawei-bgp] **peer** 10.1.1.1 **connect-interface loopback** 0	【注意】PE 之间必须使用 **32** 位掩码的 **Loopback** 接口地址来建立 **MP-IBGP** 对等体关系，以便能够迭代到隧道。以 Loopback 接口地址为目的地址的路由通过 MPLS 骨干网上的 IGP 路由发布给对端 PE。缺省情况下，BGP 使用报文的出接口作为 BGP 报文的源接口，可用 **undo peer** *ipv4-address* **connect-interface** 命令恢复缺省设置
5	**ipv4-family vpnv4** [**unicast**] 例如：[Huawei-bgp] **ipv4-family vpnv4**	进入 BGP-VPNv4 地址族视图。可选项 **unicast** 表示同时进入单播 BGP-IPv4 地址族视图。缺省情况下，进入 BGP-IPv4 单播地址族视图，可用 **undo ipv4-family vpnv4** 命令删除 BGP 的相应 IPv4 地址族视图下的所有配置
6	**peer** *ipv4-address* **enable** 例如：[Huawei-bgp-af-vpnv4] **peer** 10.1.1.1 **enable**	使能与指定 IPv4 地址的对等体交换 VPN-IPv4 路由信息的能力。缺省情况下，只有 BGP-IPv4 单播地址族的对等体是自动使能的，可用 **undo peer** *ipv4-address* **enable** 命令禁止与指定对等体交换路由信息

说明　当 VPN 骨干网存在大量的 PE 需要建立 MP-IBGP 对等体以交互 VPN 路由时，可以通过配置路由反射器 RR 来减少 PE 之间的 MP-IBGP 连接的数量，各 PE 只需和 RR 建立 MP-IBGP 邻居。相关的配置请参见本章 2.4 节介绍的"路由反射器优化 MPLS 骨干网"功能配置。

2.1.3　配置 PE 上的 VPN 实例

VPN 实例也称为 VPN 路由转发表（VRF），用于将 VPN 私网路由与公网路由隔离，不同 VPN 实例的路由之间也是相互隔离的。但要注意，**VPN 实例是一个本地概念**，即仅要求**在本地 PE 上为各 Site 所创建的 VPN 实例的名称唯一**，不同 PE 上创建的 VPN 实例名可以相同，但通常为了便于 VPN 的区分，把同一 VPN 中各 Site 的 VPN 实例配置相同。

创建 VPN 实例后，还要配置与 VPN 实例密切相关的其他配置，包括 RD、VPN-Target 和私网路由标签分发方式。RD 与 VPN 实例也是一一对应的关系，即在同一 PE 上每个 VPN 实例的 RD 必须唯一（最好全网唯一），用于区分每个 VPN 实例的 VPN 路由。VPN-Target 是一种 MP-BGP 扩展团体属性，包括入方向 Import Target 属性和出方向 Export Target 属性，分别用于控制 PE 对 VPN-IPv4 路由的接收和发布。私网路由标签分发方式有两种：一种是基于 VPN 实例的统一标签分配方式；另一种是基于路由为每条私网路由分配一个标签。

在所有 BGP/MPLS IP VPN 组网方案中，都需要在 PE 上配置 VPN 实例，具体配置步骤见表 2-2。

表 2-2　　　　　　　　　　　　　　　　**VPN 实例的配置步骤**

步骤	命令	说明
1	**system-view** 例如：<Huawei> **system-view**	进入系统视图

（续表）

步骤	命令	说明
2	**ip vpn-instance** *vpn-instance-name* 例如：[Huawei] **ip vpn-instance** vrf1	创建 VPN 实例，并进入 VPN 实例视图。参数 *vpn-instance-name* 用来指定所创建的 VPN 实例名称，字符串形式，区分大小写，不支持空格，长度范围是 1～31。当输入的字符串两端使用双引号时，可在字符串中输入空格。**在同一 PE 上所创建的 VPN 实例必须唯一。** 执行本命令创建 VPN 实例，相当于在 PE 上创建了一个虚拟的路由转发表，**最终将包括与本 VPN 实例对应的 Site 在同一 VPN 中的所有 Site 的私网路由。** 缺省情况下，未配置 VPN 实例，可用 **undo ip vpn-instance** *vpn-instance-name* 命令删除指定的 VPN 实例，则该 VPN 实例里的所有配置都会被清除
3	**description** *description-information* 例如：[Huawei-vpn-instance-vrf1] **description** Only For SiteA&B	（可选）配置 VPN 实例的描述信息，为方便用户记忆 VPN 实例的创建信息，可以为 VPN 实例配置本命令。参数 *description-information* 用来指定 VPN 实例的描述信息，字符串形式，支持空格，区分大小写，长度范围是 1～242。 缺省情况下，没有为 VPN 实例配置描述信息，可用 **undo description** 命令删除当前 VPN 实例的描述信息
4	**service-id** *service-id* 例如：[Huawei-vpn-instance-vrf1] **service-id** 123	（可选）配置 VPN 实例的业务标识值，整数形式，取值范围是 1～4294967295。 业务标识值用来区别网络上不同的 VPN 服务，方便网管查询该服务。**业务标识值在同一台设备上也必须唯一，**要与同一 PE 上的不同 VPN 实例一一对应。在一个 VPN 实例下多次执行本命令，以最后配置为准。 缺省情况下，没有设置 VPN 实例的业务标识值，可用 **undo service-id** 命令删除 VPN 实例的业务标识值
5	**ipv4-family** 例如：[Huawei-vpn-instance-vrf1] **ipv4-family**	使能以上 VPN 实例的 IPv4 地址族，并进入 VPN 实例 IPv4 地址族视图。后续的 RD 和 VPN-target 扩展团体属性等都必须在 VPN 实例 IPv4 地址族视图下配置。 【说明】VPN 实例下支持双栈，即 IPv4 地址族和 IPv6 地址族。根据通告路由和转发数据的类型使能相应的地址族后，才能进行 VPN 的相关配置。 缺省情况下，未使能 VPN 实例的 IPv4 地址族，可用 **undo ipv4-family** 命令去使能 VPN 实例的 IPv4 地址族
6	**route-distinguisher** *route-distinguisher* 例如：[Huawei-vpn-instance-vrf1-af-ipv4] **route-distinguisher** 22:1	为以上 VPN 实例 IPv4 地址族配置 RD，如果执行本命令前还未使能 IPv4 地址族，则执行本命令时会同时使能 IPv4 地址族。 不同的 VPN 实例中可能存在相同的路由前缀，为便于 PE 设备区别，对 VPN 实例地址族配置 RD 后，从 VPN 实例收到的路由会添加 RD 属性，使之成为全局唯一的 VPN-IPv4 或者 VPN IPv6 路由前缀，解决了重叠地址空间的问题。 参数 *route-distinguisher* 用来指定 RD，有以下 4 种格式。 ● 2 字节自治系统号：4 字节用户自定义数——如 101:3。自治系统号的取值范围是 0～65535；用户自定义数的取值范围是 0～4294967295。其中，自治系统号和用户自定义数不能同时为 0，即 RD 的值不能是 0:0。 ● 整数形式 4 字节自治系统号：2 字节用户自定义数——自治系统号的取值范围是 65536～4294967295，用户自定义数的取值范围是 0～65535，例如 0:3 或者 65537:3。其中，自治系统号和用户自定义数不能同时为 0，即 RD 的值不能是 0:0。

（续表）

步骤	命令	说明
6	**route-distinguisher** *route-distinguisher* 例如：[Huawei-vpn-instance-vrf1-af-ipv4] **route-distinguisher** 22:1	• 点分形式 4 字节自治系统号：2 字节用户自定义数——点分形式自治系统号通常写成 *x.y* 的形式，*x* 和 *y* 的取值范围都是 0~65535，用户自定义数的取值范围是 0~65535，例如 0.0:3 或者 0.1:0。其中，自治系统号和用户自定义数不能同时为 0，即 RD 的值不能是 0.0:0。 • IPv4 地址：2 字节用户自定义数——如 192.168.122.15:1。IP 地址的取值范围是 0.0.0.0~255.255.255.255；用户自定义数的取值范围是 0~65535。 **【说明】VPN 实例 IPv4 地址族只有配置了 RD 后才生效。同一 PE 上的不同 VPN 实例 IPv4 地址族下的 RD 不能相同。在 CE 双归属的情况下，为了保证路由正常，PE 上的 RD 要求全局唯一，RD 配置后不能被修改或删除。如果要修改 RD 或删除 RD，需要先删除对应的 VPN 实例或者去使能 VPN 实例 IPv4 地址族**
7	**vpn-target** *vpn-target* &<1-8> [**both** | **export-extcommunity** | **import-extcommunity**] 例如：[Huawei-vpn-instance-vrf1-af-ipv4] **vpn-target** 3:3 **export-extcommunity**	为以上 VPN 实例 IPv4 地址族配置 VPN-target 扩展团体属性，用来控制 VPN 路由信息的接收和发布。对 VPN 实例地址族配置了 VPN Target 后，VPN 实例相应地址族只会接收通过 VPN Target 过滤的路由。命令中的参数和选项说明如下。 • *vpn-target*：指定将本参数添加到以上 VPN 实例地址族的 VPN-Target 扩展团体列表，一条命令最多可配置 8 个，如果希望在 VPN 实例里配置更多的 VPN Target，则可多次执行本命令。vpn-target 有以下形式。 　• 2 字节自治系统号：4 字节用户自定义数——如 1:3。自治系统号的取值范围是 0~65535；用户自定义数的取值范围是 0~4294967295。其中，自治系统号和用户自定义数不能同时为 0，即 VPN Target 的值不能是 0:0 　• IPv4 地址：2 字节用户自定义数——如 192.168.122.15:1。IP 地址的取值范围是 0.0.0.0~255.255.255.255；用户自定义数的取值范围是 0~65535。 　• 整数形式 4 字节自治系统号：2 字节用户自定义数——自治系统号的取值范围是 65536~4294967295，用户自定义数的取值范围是 0~65535，例如 65537:3。其中，自治系统号和用户自定义数不能同时为 0，即 VPN Target 的值不能是 0:0。 　• 点分形式 4 字节自治系统号：2 字节用户自定义数——点分形式自治系统号通常写成 *x.y* 的形式，*x* 和 *y* 的取值范围都是 0~65535，用户自定义数的取值范围是 0~65535，例如 0.0:3 或者 0.1:0。其中，自治系统号和用户自定义数不能同时为 0，即 VPN Target 的值不能是 0.0:0。 • **both**：多选一选项，指定将参数 *vpn-target* 同时作为入方向 Import Target 和出方向 Export Target 扩展团体属性值，同时作用于 VPNv4 路由的发布和接收过滤，这是缺省选项。 • **export-extcommunity**：多选一选项，指定将参数 *vpn-target* 仅作为出方向 Export Target 扩展团体属性，仅作用于 VPNv4 路由的发布过滤。 • **import-extcommunity**：多选一选项，指定将参数 *vpn-target* 仅作为 Import Target 扩展团体属性，仅作用于 VPNv4 路由的接收过滤

（续表）

步骤	命令	说明	
7	**vpn-target** *vpn-target* &<1-8> [**both** | **export-extcommunity** | **import-extcommunity**] 例如：[Huawei-vpn-instance-vrf1-af-ipv4] **vpn-target** 3:3 **export-extcommunity**	【注意】配置该命令不会覆盖之前配置的 VPN Target，但之前配置的 VPN Target 数达到最大值时，之后添加的 VPN Target 将不会成功。进行 VPN 路由交叉时，VPNv4 或 VPNv6 路由中携带的 VPN Target 属性中如果有一个与本地 VPN 实例相应地址族下的配置的入方向 VPN Target 一致，即可交叉成功。 缺省情况下，未配置 VPN 实例地址族入方向和出方向的 VPN-Target 扩展团体属性，可用 **undo vpn-target** { **all** | *vpn-target* &<1-8> [**both** | **export-extcommunity** | **import-extcommunity**] } 命令删除 VPN 实例地址族中指定的 VPN-Target 扩展团体属性	
8	**routing-table limit** *number* { *alert-percent* | **simply-alert** } 例如：[Huawei-vpn-instance-vrf1-af-ipv4] **routing-table limit** 1000 **simply-alert**	（可选）限制 VPN 路由转发表规模，一般不配置 为防止 PE 设备从 CE 和对端 PE 引入的路由数量过多，可配置一个 VPN 实例能够支持的最大路由数或最大路由前缀数 缺省情况下无限制，路由数不超过设备支持的单播路由总数即可	（二选一）配置 VPN 实例 IPv4 地址族的最大路由数。命令中的参数和选项说明如下。 ● *number*：指定 VPN 实例地址族下可以支持的最大路由表项数，整数形式，最小值是 1，最大值由产品的许可证文件决定。 ● *alert-percent*：二选一参数，指定最大路由数的百分比，整数形式，取值范围是 1～100。当加入 VPN 实例地址族的路由数到达（*number*×*alert-percent*）÷100 时，系统开始产生告警信息。此时 VPN 实例地址族的路由表可以继续加入路由。但路由数到达 *number* 后，后来的路由将被丢弃。 ● **simply-alert**：二选一选项，指定当 VPN 路由数超过 *number* 时，允许系统将 VPN 路由继续添加到该 VPN 实例地址族的路由表中，只是产生告警信息。但设备的私网路由和公网路由的总数到达规格文件限制的单播路由总数后，后来的 VPN 路由也将被丢弃。 【说明】配置了本命令后，当注入到 VPN 实例 IPv4 地址族路由表的路由超限时，系统会给出提示信息。当执行本命令增大 VPN 实例 IPv4 地址族下支持的最大路由数，或者执行 **undo routing-table limit** 命令取消路由表限制后，对于原来超限的路由，系统将重新从各个协议路由表接收路由，构建私网 IP 路由表。 缺省情况下，VPN 实例地址族所能容纳的路由数没有限制，但同一设备上所有的私网路由和公网路由的总和不能超过设备支持的单播路由总数，可用 **undo routing-table limit** 命令恢复当前 VPN 实例地址族下所能容纳的路由数为缺省配置	

（续表）

步骤	命令		说明
8	**prefix limit** *number* { *alert-percent* [**route-unchanged**] | **simply-alert** } 例如：[Huawei-vpn-instance-vrf1-af-ipv4] **prefix limit** 1000 **simply-alert**		（二选一）配置 VPN 实例 IPv4 地址族的最大路由前缀数。命令中的参数和选项说明如下。 • *number*：指定一个 VPN 实例地址族最多可以支持的路由前缀数，整数形式，最小值是 1，最大值由产品的许可证文件决定。 • *alert-percent*：二选一参数，指定最大路由前缀数的百分比。当加入 VPN 实例地址族的路由前缀数超过（*number*×*alert-percent*）÷100 时，系统开始产生警告信息。此时 VPN 实例地址族的路由表可以继续加入 VPN 路由。但路由前缀数到达 *number* 后，后来的路由前缀将被丢弃。 • **route-unchanged**：可选项，指定路由超限后路由表不变化。如果不选择此可选项，则在路由超限后删除路由表中所有路由，再重新添加。 • **simply-alert**：二选一选项，指定当 VPN 路由前缀数超过 *number* 时，允许系统将 VPN 路由前缀继续添加到该 VPN 实例地址族的路由表中，只是产生告警。但设备的私网路由前缀和公网路由前缀的总数超限后，后来的 VPN 路由前缀也将被丢弃。 【注意】当路由前缀超限时，直连路由和静态路由依然可以被添加到 VPN 实例 IPv4 地址族路由表中。 缺省情况下，不限制 VPN 实例地址族的最大路由前缀数，可用 **undo prefix limit** 命令恢复缺省配置
9	**limit-log-interval** *interval* 例如：[Huawei-vpn-instance-vrf1-af-ipv4] **limit-log-interval** 8		（可选）配置 VPN 实例 IPv4 地址族的路由超出限制后输出日志的频率，整数形式，取值范围为 1～60，单位是 s。 VPN 实例相应地址族下的路由或者前缀数超出了该地址族所能容纳的最大值后，系统每间隔一段时间（默认值为 5s）就会打出一条路由超限的日志。当不希望日志频繁输出时，执行该步骤调整日志输出的频率。 缺省情况下，路由超限输出日志的频率为 5s，可用 **undo limit-log-interval** 命令恢复缺省配置
10	**import route-policy** *policy-name* 例如：[Huawei-vpn-instance-vrf1-af-ipv4] **import route-policy** poly-1	（可选）配置 VPN 实例的路由策略。为 VPN 实例配置路由策略之前必须已经创建了对应的路由策略	配置 VPN 实例 IPv4 地址族入方向路由策略，过滤允许从其他 PE 引入的 VPN 路由信息，可限制同一 VPN 中不同 Site 间的通信

（续表）

步骤	命令	说明	
10	**export route-policy** *policy-name* 例如：[Huawei-vpn-instance-vrf1-af-ipv4] **export route-policy** poly-1		配置 VPN 实例 IPv4 地址族出方向路由策略，过滤允许从本地 PE 发布给其他 PE 的 VPN 路由，可限制同一 VPN 中不同 Site 间的通信
11	**apply-label per-instance** 例如：[Huawei-vpn-instance-vrf1-af-ipv4] **apply-label per-instance**	（可选）配置 VPN 实例 IPv4 地址族下的私网路由标签的分发方式。缺省情况下，同一 VPN 实例 IPv4 地址族下所有发往对端 PE 的路由都使用同一个标签值。 【说明】改变标签分配方式将导致 VPN 实例地址族路由重发，会导致业务的短暂中断，请慎重使用	（二选一）配置基于 VPN 实例 IPv4 地址族分配 MPLS 标签，使同一个 VPN 实例中的所有路由都使用同一个标签，可以节省 PE 上的标签资源，降低对 PE 设备容量的要求
	apply-label per-route 例如：[Huawei-vpn-instance-vrf1-af-ipv4] **apply-label per-route**		（二选一）配置当前 VPN 实例地址族下的所有发往对端 PE 的每条路由使用单独的标签值。 当 PE 上的 VPN 路由数量不多且 MPLS 标签资源足够时，每路由每标签的标签分配方式可以提高设备的安全性，并且便于下游设备基于报文的内层标签负载分担 VPN 流量

2.1.4　配置 PE 接口与 VPN 实例绑定

已创建 VPN 实例，并且在 VPN 实例下使能了 IPv4 地址族后，就要把所配置的 VPN 实例与对应 Site CE 连接的 PE 接口（**不一定是直接连接的物理接口，但必须是三层的**）进行绑定，使配置的 VPN 实例得到应用。

如果 PE 设备连接 CE 的接口不与 VPN 实例进行绑定，则该接口将属于公网接口，无法转发 VPN 报文。绑定 VPN 实例的 PE 接口将属于私网接口，需重新配置 IP 地址，以实现 PE-CE 间的路由交互。接口与 VPN 实例绑定后，将删除接口上已经配置的 IP 地址、路由协议等三层特性（包括 IPv4 和 IPv6）。记住：**要绑定 VPN 实例的私网接口的 IP 地址须在绑定了 VPN 实例后再配置，否则即使配置了也将被删除**。

PE 接口与 VPN 实例绑定的配置步骤见表 2-3。

表 2-3　　　　　　　　　　　　　　PE 接口与 VPN 实例绑定的配置步骤

步骤	命令	说明
1	**system-view** 例如：<Huawei> **system-view**	进入系统视图
2	**interface** *interface-type interface-number* 例如：[Huawei] **interface** vlanif 10	进入需要绑定 VPN 实例接口的接口视图，必须是三层接口
3	**ip binding vpn-instance** *vpn-instance-name* 例如：[Huawei-Vlanif10] **ip binding vpn-instance** vrf1	将当前接口与指定 VPN 实例进行绑定。所绑定的 VPN 实例是在上节已创建好，并且使能了 VPN-IPv4 地址族。 缺省情况下，接口不与任何 VPN 实例绑定，属于公网接口，可用 **undo ip binding vpn-instance** *vpn-instance-name* 命令取消接口与 VPN 实例的绑定。

（续表）

步骤	命令	说明
3	**ip binding vpn-instance** *vpn-instance-name* 例如：[Huawei-Vlanif10] **ip binding vpn-instance** vrf1	【注意】接口不能与未使能任何地址族的 VPN 实例绑定。去使能 VPN 下的某个地址族（IPv4 或 IPv6）时，将清理接口下该类地址的配置；当 VPN 实例下没有地址族配置时，将解除接口与 VPN 实例的绑定关系
4	**ip address** *ip-address* { *mask* | *mask-length* } 例如：[Huawei-Vlanif10] **ip address** 10.1.1.1 24	重新配置接口的 IP 地址，配置的 IP 地址是私网 IP 地址。 【注意】配置接口与 VPN 实例绑定或取消接口与 VPN 实例的绑定，都会清除该接口的 IP 地址、三层特性和 IP 相关的路由协议；如果需要则应重新配置

说明　本来接下来要介绍 PE 与 CE 间的路由配置方法，但由于其中涉及了多种方案，故放在 2.2 节进行单独介绍。下面先介绍有关基本 BGP/MPLS IP VPN 的配置和维护过程中所要用到的一些管理命令。

2.1.5　基本 BGP/MPLS IP VPN 管理命令

已经完成基本 BGP/MPLS IP VPN 功能的所有配置后，在 PE 设备上执行以下 **display** 命令可以看到创建的 VPN 实例 IPv4 地址族的信息，包括 RD 值及其相关属性。

■ **display ip vpn-instance** [**verbose**] [*vpn-instance-name*]：查看指定或所有 VPN 实例的简要或详细信息。

■ **display default-parameter l3vpn**：查看 L3VPN 初始化时的各项缺省配置信息。

■ **display ip vpn-instance import-vt** *ivt-value*：查看所有具备指定入口 vpn-target 属性的 VPN 实例信息。

■ **display ip routing-table vpn-instance** *vpn-instance-name*：在 PE 上查看指定 VPN 实例 IPv4 地址族的路由信息。

■ **display bgp vpnv4** { **all** \| **vpn-instance** *vpn-instance-name* } **routing-table** [**statistics**] **label**：查看 BGP 路由表中的标签路由信息。

■ **display ip vpn-instance** [*vpn-instance-name*] **interface**：查看指定 VPN 实例所绑定的接口信息。

■ **display bgp vpnv4** { **all** \| **route-distinguisher** *route-distinguisher* \| **vpn-instance** *vpn-instance-name* } **routing-table** *ipv4-address* [*mask* \| *mask-length*]：查看指定或所有 BGP VPNv4 具体路由表项。

■ **display bgp vpnv4** { **all** \| **route-distinguisher** *route-distinguisher* \| **vpn-instance** *vpn-instance-name* } **routing-table statistics**：查看指定或所有 BGP VPNv4 路由表的统计信息。

- **display bgp vpnv4** { **all** | **route-distinguisher** *route-distinguisher* | **vpn-instance** *vpn-instance-name* } **routing-table**：查看指定或所有 BGP VPNv4 路由表信息。
- **display bgp vpnv4** { **all** | **vpn-instance** *vpn-instance-name* } **group** [*group-name*]：查看指定或所有 VPNv4 的 BGP 对等体组信息。
- **display bgp vpnv4** { **all** | **vpn-instance** *vpn-instance-name* } **peer** [[*ipv4-address*] **verbose**]：查看指定或所有 VPNv4 的 BGP 对等体信息。
- **display bgp vpnv4** { **all** | **vpn-instance** *vpn-instance-name* } **network**：查看指定或所有 BGP 通过 network 方式发布的 VPNv4 路由信息。
- **display bgp vpnv4** { **all** | **vpn-instance** *vpn-instance-name* } **paths** [*as-regular-expression*]：查看指定或所有 BGP VPNv4 的 AS 路径信息。
- **display bgp vpnv4 vpn-instance** *vpn-instance-name* **peer** { *group-name* | *ipv4-address* } **log-info**：查看指定或所有 VPN 实例的 BGP 对等体日志信息。
- **display ip routing-table vpn-instance** *vpn-instance-name* **statistics**：查看某个 IPv4 VPN 实例的综合路由统计信息。
- **display ip routing-table all-vpn-instance statistics**：查看所有 IPv4 VPN 实例的综合路由统计信息。
- **display interface tunnel** *interface-number*：查看隧道接口信息。
- **display tunnel-info tunnel-id** *tunnel-id*：查看指定隧道的详细信息。
- **display tunnel-info all**：查看系统中所有隧道的信息。
- **display ip vpn-instance verbose** [*vpn-instance-name*]：查看指定或所有 VPN 实例应用的隧道策略。
- **display ip routing-table vpn-instance** *vpn-instance-name* [*ip-address*] **verbose**：查看 VPN 路由使用的隧道信息。

2.2　配置 PE 和 CE 间路由交换

　　PE 与 CE 之间的路由配置可以有多种，既可以采用各种 IGP 路由协议，也可以采用 BGP 协议，因此本节要分别介绍不同路由方案下的具体配置方法。

　　在 CE 和 PE 上配置路由协议时，会存在以下差异。

- CE 属于客户端设备，不能感知到 VPN 的存在，所以在 CE 上配置路由协议时，不会带 VPN 的相关参数。
- PE 属于运营商网络的边缘设备，用来与 CE 设备连接，交换路由信息。PE 可以与不同 VPN 的 CE 相连接，因此 PE 上需要维护不同的 VRF，在 PE 上配置路由协议时，需要指定该路由协议属于的 VPN 实例名称，即携带 VPN 的相关参数。在 PE 上配置路由协议时，需要在 MP-BGP 和路由协议间引入对方的路由。

2.2.1　配置 PE 和 CE 间使用 EBGP

　　如果 PE 与 CE 间采用 BGP 协议，建立 EBGP 对等体关系，则需要在两端同时配置

BGP 路由协议，以实现他们之间的路由交换。

　　PE 上的配置步骤见表 2-4，CE 上的配置步骤见表 2-5。

表 2-4　　　　　　　　　　　　PE 和 CE 间使用 EBGP 时的 PE 配置步骤

步骤	命令	说明
1	**system-view** 例如：\<Huawei\> **system-view**	进入系统视图
2	**bgp** { *as-number-plain* | *as-number-dot* } 例如：[Huawei] **bgp** 100	进入 PE 所在 AS 的 BGP 视图，参数说明参见 2.1.2 节表 2-1 的第 2 步
3	**ipv4-family vpn-instance** *vpn-instance-name* 例如：[Huawei-bgp] **ipv4-family** vpn-instance vrf1	进入连接对应 Site 的接口所绑定的 VPN 实例的 IPv4 地址族视图，表明以下配置仅作用于对应的 VPN 实例，属于对应 VPN 实例的私网路由配置。参数 *vpn-instance-name* 为 2.1.3 节所创建的 VPN 实例。 当 PE 连接多个 CE 时要分别执行本命令进行相应配置
4	**as-number** *as-number* 例如：[Huawei-bgp-vrf1] **as-number** 6500	（可选）为以上 VPN 实例的 IPv4 地址族配置单独的 AS 号（相当于 PE 的 AS 号下面为每个 VPN 实例所分配的子 AS 号），**不可以与 BGP 视图下配置的 AS 号相同**。 当进行网络迁移或业务标识时，如果需要将一台物理设备在逻辑上模拟为多台 BGP 设备，可通过该命令为每个 VPN 实例 IPv4 地址族配置不同的 AS 号。一般无需配置。 【注意】当 VPN 实例已经配置单独的 AS 号时，不可以再配置联盟。当配置联盟时，不可以在 VPN 实例下再配置单独的 AS 号。 缺省情况下，VPN 实例采用 BGP 协议的 AS 号，可用 **undo as-number** 命令恢复缺省配置
5	**peer** *ipv4-address* **as-number** *as-number* 例如：[Huawei-bgp-vrf1] **peer** 10.1.1.2 **as-number** 200	将 CE 配置为 VPN 私网 EBGP 对等体。命令中的参数说明如下。 ● *ipv4-address*：指定对等体 CE 的 IPv4 地址。可以是直连对等体的接口 IP 地址，也可以是路由可达的对等体的 Loopback 接口地址。 ● *as-number*：指定 CE 所在的 AS 号，要与 PE 的 AS 号不一样，因为他们是在不同 AS 中，建立的是 EBGP 对等体系关系。 缺省情况下，没有创建 BGP 对等体，可用 **undo peer** *ipv4-address* 命令删除指定的对等体
6	**peer** *ipv4-address* **ebgp-max-hop** [*hop-count*] 例如：[Huawei-bgp-vrf1] **peer** 10.1.1.2 **ebgp-max-hop**	（可选）配置 EBGP 连接的最大跳数。通常情况下，EBGP 对等体之间必须具有直连的物理链路，故不用配置本步。如果不满足这一要求，则必须使用该命令允许他们之间经过多跳建立 TCP 连接。命令中的参数说明如下。 ● *ipv4-address*：指定对等体 CE 的 IPv4 地址，同样可以是直连对等体的接口 IP 地址，也可以是路由可达的对等体的 Loopback 接口地址。 ● *hop-count*：可选参数，指定最大跳数，整数形式，范围为 1~255，缺省值为 255。如果指定的最大跳数为 1，则不能同非直连网络上的对等体建立 EBGP 连接。 缺省情况下，只能在物理直连链路上建立 EBGP 连接，可用 **undo peer ebgp-max-hop** *ipv4-address* **ebgp-max-hop** 命令恢复缺省配置

（续表）

步骤	命令	说明
7	**import-route direct** [**med** *med* | **route-policy** *route-policy-name*][*] 例如：[Huawei-bgp-vrf1] **import-route direct** **network** *ipv4-address* [*mask* | *mask-length*] [**route-policy** *route-policy-name*] 例如：[Huawei-bgp-vrf1] **network** 10.1.1.0 24	引入与本端 CE 直连的路由，两个命令选择其中一个。两命令中的参数说明如下。 • **med** *med*：可多选参数，指定引入路由的 MED（Multi-Exit Discriminators，多出口区分）度量值，整数形式，取值范围是 0～4294967295。MED 属性用于 EBGP 对等体判断流量进入其他 AS 时的最优路由，具体参见《华为路由器学习指南》。 • **route-policy** *route-policy-name*：可多选参数，使用指定的 Route-Policy 过滤器过滤路由和修改路由属性，该路由策略必须已配置。 • *ipv4-address* [*mask* | *mask-length*]：指定要引入与本端 CE 直连的路由的网络地址和子网掩码或子网掩码长度。 【注意】PE 会自动学习到与本地 CE 直连的路由，该路由优于本地 CE 通过 EBGP 发布过来的直连路由，如果不配置此步骤，**PE 不会将该直连路由通过 MP-BGP 发布给对端 PE**。 缺省情况下，BGP 未引入任何路由信息，可用 **undo import-route direct** 或 **undo network** *ipv4-address* 命令删除引入的与本端 CE 直连的路由
8	**peer** { *group-name* | *ipv4-address* } **soo** *site-of-origin* 例如：[Huawei-bgp-vrf1] **peer** 10.1.1.2 **soo** 10.2.2.2:45	（可选）配置 CE 的 Site-of-Origin（SoO）属性。**VPN 某站点有多个采用相同 AS 号的 CE 通过 BGP 协议接入不同的 PE 时**，如果 PE 上配置了下一步的 AS 号替换功能，则此 VPN 站点的私网路由在 PE 上将会被替换 AS 号，从 CE 发往 PE 的 VPN 路由可能经过骨干网又回到了该站点，这样很可能会引起 VPN 站点内路由环路。应用 SoO 特性后，当 PE 收到 CE 发来的路由后，会为该路由添加 SoO 属性并发布给其他的 PE 对等体。其他 PE 对等体向接入的 CE 发布路由时会检查 VPN 路由携带的 SoO 属性，如果与本地配置的 SoO 属性相同，PE 则不会向 CE 发布该路由。 命令中的参数说明如下。 • *group-name*：二选一参数，指定要启用 SoO 属性的 BGP 对等体组（事先要配置好），字符串形式，**区分大小写**，不支持空格，长度范围是 1～47。当输入的字符串两端使用双引号时，可在字符串中输入空格。 • *ipv4-address*：二选一参数，指定 BGP 对等体 CE 的 IP 地址。 • *site-of-origin*：指定 SoO 扩展团体属性，SoO 属性取值可以使用以下形式之一来表示。 ★ 2 字节自治系统号：4 字节用户自定义数——如 1:3。自治系统号的取值范围是 0～65535；用户自定义数的取值范围是 0～4294967295。其中，自治系统号和用户自定义数不能同时为 0，即 SoO 的值不能是 0:0。 ★ IPv4 地址:2 字节用户自定义数——如 192.168.122.15:1。IP 地址的取值范围是 0.0.0.0～255.255.255.255；用户自定义数的取值范围是 0～65535。

（续表）

步骤	命令	说明
8	peer { group-name | ipv4-address } soo site-of-origin 例如：[Huawei-bgp-vrf1] peer 10.1.1.2 soo 10.2.2.2:45	★ 整数形式 4 字节自治系统号：2 字节用户自定义数——自治系统号的取值范围是 65536～4294967295，用户自定义数的取值范围是 0～65535，例如 65537:3。其中，自治系统号和用户自定义数不能同时为 0，即 SoO 的值不能是 0:0。 ★ 点分形式 4 字节自治系统号：2 字节用户自定义数——点分形式自治系统号通常写成 x.y 的形式，x 和 y 的取值范围都是 0～65535，用户自定义数的取值范围是 0～65535，例如 0.0:3 或者 0.1:0。其中，自治系统号和用户自定义数不能同时为 0，即 SoO 的值不能是 0.0:0。 缺省情况下，没有为 BGP VPN 实例下的 EBGP 对等体配置 BGP SoO，可用 undo peer { group-name | ipv4-address | ipv6-address } soo 命令删除配置的 SoO
9	peer ipv4-address substitute-as 例如：[Huawei-bgp-vrf1] peer 10.1.1.2 substitute-as	（可选）使能指定对等体的 AS 号替换功能。如果物理分散的 CE 复用相同的 AS 号，则需要在 PE 上配置 BGP 的 AS 号替换功能。 由于 BGP 使用 AS 号检测路由环路，为保证路由信息的正确发送，需要为物理位置不同的站点分配不同的 AS 号。但使能 AS 号替换功能后，在 CE 多归属的情况下可能引起路由环路。 缺省情况下，没有使能 AS 号替换功能，可用 undo peer ipv4-address substitute-as 命令对指定 BGP 对等体去使能 AS 号替换功能
10	routing-table rib-only [route-policy route-policy-name] 例如：[Huawei-bgp-vrf1] routing-table rib-only	（可选）禁止 BGP 私网路由下发到私网 VPN 路由表。 当 BGP 路由表中私网路由数量较多时，这些路由全部下发到 PE 私网 VPN 路由表，会占用很多内存。如果这些私网路由不需要用于指导流量转发，此时可以配置 routing-table rib-only 命令禁止所有 BGP 私网路由下发到私网 VPN 路由表。如果部分路由不需要指导流量转发，此时可以配置 routing-table rib-only route-policy 命令禁止这部分路由下发到私网 IP 路由表。 【注意】CE 下面所连接的各内网网段路由完全可由 CE 上配置的路由进行转发，不用下发到 PE 上，**通常只需要把 PE 与 CE 间直连的 BGP 路由下发到 PE 的私网 VPN 路由表中即可。如果配置了 routing-table rib-only 命令，导致流量中断。此时，可以通过配置静态路由或缺省路由指导流量转发。** 缺省情况下，BGP 优选的路由下发到 IP 路由表，可用 undo routing-table rib-only 命令恢复缺省配置

表 2-5　　　　　　　PE 和 CE 间使用 EBGP 时的 CE 配置步骤

步骤	命令	说明
1	system-view 例如：<Huawei> system-view	进入系统视图
2	bgp { as-number-plain | as-number-dot } 例如：[Huawei] bgp 200	进入 CE 所在 AS 的 BGP 视图

（续表）

步骤	命令	说明
3	peer *ipv4-address* **as-number** *as-number* 例如：[Huawei-bgp] **peer** 10.1.1.1 **as-number** 100	将 PE 配置为 EBGP 对等体，参见表 2-4 的第 5 步
4	**peer** { *ipv4-address* | *group-name* } **ebgp-max-hop** [*hop-count*] 例如：[Huawei-bgp] **peer** 10.1.1.1 **ebgp-max-hop**	（可选）配置 EBGP 连接的最大跳数，参见表 2-4 中的第 6 步
5	**import-route** *protocol* [*process-id*] [**med** *med* | **route-policy** *route-policy-name*] * 例如：[Huawei-bgp] **import-route rip** 1	引入本站点的 IGP 路由到 BGP 路由表中。CE 将所连接的 VPN 网段路由发布给接入的 PE，通过 PE 发布给对端 CE，但通常也仅需引入与 PE 的直连路由进 BGP 路由表中即可。 命令中的参数说明如下。 • *protocol*：指定可引入的路由协议和路由类型，支持 direct、isis、ospf、rip、static、unr。通常只需引入直连路由 direct 即可。 • *process-id*：可选参数，指定当引入动态路由协议时，必须指定其进程号，整数形式，取值范围是 1～65535。 • **med** *med*：可多选参数，指定引入后的 BGP 路由的 MED 度量值，整数形式，取值范围是 0～4294967295。 • **route-policy** *route-policy-name*：可多选参数，从其他路由协议引入路由时，可以使用该参数指定的 Route-Policy（路由策略）过滤器过滤路由和修改路由属性。 缺省情况下，BGP 未引入任何路由信息，可用 **undo import-route** *protocol* [*process-id*] 命令恢复缺省配置

2.2.2　PE 和 CE 间使用 BGP 路由的 BGP/MPLS IP VPN 的配置示例

如图 2-1 所示，CE1 连接公司总部研发区、CE3 连接分支机构研发区，CE1 和 CE3 属于 vpna（采用相同的 VPN 实例名）；CE2 连接公司总部非研发区、CE4 连接分支机构非研发区，CE2 和 CE4 属于 vpnb（也采用相同的 VPN 实例名）。

现公司要求在 PE 与 CE 间采用 BGP 建立 EBGP 对等体，通过部署 BGP/MPLS IP VPN 实现总部与分支机构间的安全互通，但研发区与非研发区间数据隔离，即 CE1 可与 CE3 互通，C2 可与 CE4 互通，但 CE1、CE3 不能与 CE2 和 CE4 互通。

1. 基本配置思路分析

本示例中有两个 VPN 网络要部署（即 CE1 与 CE3 的 vpna，CE2 与 CE4 的 vpnb）。为了使同一 VPN 中两 Site 的用户三层互通，不同 VPN 间隔离，可为不同 VPN 网络使用不同的 VPN-target 属性值，本示例假设 vpna 使用的 VPN-target 属性为 111:1，vpnb 使用的 VPN-target 属性为 222:2，且都同时赋给 Export Target 和 Import Target 属性。

根据 2.1 节介绍的基本 BGP/MPLS IP VPN 配置任务，再结合本示例的实际要求可得出本示例基本配置思路如下。

（1）配置 PE1、P、PE2 的公网接口（不包括 PE 连接 CE 的接口）IP 地址以及 OSPF

路由，以实现骨干网的三层互通。

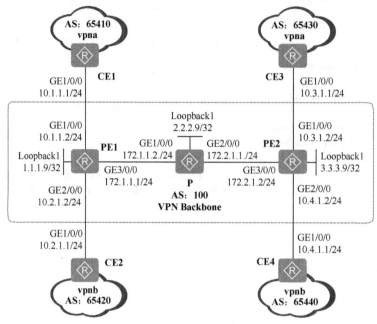

图 2-1　PE 和 CE 间使用 BGP 路由的 BGP/MPLS IP VPN 配置示例的拓扑结构

（2）在 PE1、P、PE2 上全局和公网接口上使能 MPLS 和 LDP 能力，构建公网 MPLS 隧道。

（3）配置 PE1 和 PE2 间的 MP-BGP 对等体关系。

（4）在 PE1 和 PE2 上为所连接的 Site 创建 VPN 实例（同一 VPN 中的两 Site 的 VPN 实例名一致），配置连接 CE 接口的 IP 地址，并与连接对应 CE 的接口进行绑定。

（5）在 PE1、PE2 的各 VPN 实例中指定所连接的 CE 为 EBGP 对等体关系，引入 VPN 实例所绑定的 PE 接口的直连路由。

（6）在各 CE 上配置接口 IP 地址，并分别配置所直连的 PE 为其 EBGP 对等体，引入给 PE 连接的直连路由。

2．具体配置步骤

（1）配置 PE1、P、PE2 的公网接口（不包括 PE 连接 CE 的接口）IP 地址以及 OSPF 路由（包括 Loopback 接口主机路由），以实现骨干网的三层互通。

　#　PE1 上的配置。

```
<Huawei> system-view
[Huawei] sysname PE1
[PE1] interface loopback 1
[PE1-LoopBack1] ip address 1.1.1.9 32
[PE1-LoopBack1] quit
[PE1] interface gigabitethernet 3/0/0
[PE1-GigabitEthernet3/0/0] ip address 172.1.1.1 24
[PE1-GigabitEthernet3/0/0] quit
[PE1] ospf
[PE1-ospf-1] area 0
```

```
[PE1-ospf-1-area-0.0.0.0] network 172.1.1.0 0.0.0.255
[PE1-ospf-1-area-0.0.0.0] network 1.1.1.9 0.0.0.0
[PE1-ospf-1-area-0.0.0.0] quit
[PE1-ospf-1] quit
```

\#   P 上的配置。

```
<Huawei> system-view
[Huawei] sysname P
[P] interface loopback 1
[P-LoopBack1] ip address 2.2.2.9 32
[P-LoopBack1] quit
[P] interface gigabitethernet 1/0/0
[P-GigabitEthernet1/0/0] ip address 172.1.1.2 24
[P-GigabitEthernet1/0/0] quit
[P] interface gigabitethernet 2/0/0
[P-GigabitEthernet2/0/0] ip address 172.2.1.1 24
[P-GigabitEthernet2/0/0] quit
[P] ospf
[P-ospf-1] area 0
[P-ospf-1-area-0.0.0.0] network 172.1.1.0 0.0.0.255
[P-ospf-1-area-0.0.0.0] network 172.2.1.0 0.0.0.255
[P-ospf-1-area-0.0.0.0] network 2.2.2.9 0.0.0.0
[P-ospf-1-area-0.0.0.0] quit
[P-ospf-1] quit
```

\#   PE2 上的配置。

```
<Huawei> system-view
[Huawei] sysname PE2
[PE2] interface loopback 1
[PE2-LoopBack1] ip address 3.3.3.9 32
[PE2-LoopBack1] quit
[PE2] interface gigabitethernet 3/0/0
[PE2-GigabitEthernet3/0/0]   ip address 172.2.1.2 24
[PE2-GigabitEthernet3/0/0] quit
[PE2] ospf
[PE2-ospf-1] area 0
[PE2-ospf-1-area-0.0.0.0] network 172.2.1.0 0.0.0.255
[PE2-ospf-1-area-0.0.0.0] network 3.3.3.9 0.0.0.0
[PE2-ospf-1-area-0.0.0.0] quit
[PE2-ospf-1] quit
```

配置完成后，PE1、P、PE2 之间应能建立 OSPF 邻居关系，执行 **display ospf peer** 命令可以看到邻居状态为 Full。执行 **display ip routing-table** 命令可以看到 PE 之间学习到对方的 Loopback1 路由。以下是在 PE1 上执行这两条命令的输出，从中看到 PE1 与 P (2.2.2.9) 之间建立 OSPF 邻居关系，状态为 Full，也已通过 MP-BGP 学习到了 PE 的 OSPF 路由（3.3.3.9/32），参见输出信息中的粗体字部分。

```
<PE1> display ospf peer

          OSPF Process 1 with Router ID 1.1.1.9
                  Neighbors

 Area 0.0.0.0 interface 172.1.1.1(GigabitEthernet3/0/0)'s neighbors
 Router ID: 2.2.2.9          Address: 172.1.1.2
   State: Full   Mode:Nbr is  Master  Priority: 1
   DR: 172.1.1.1   BDR: 172.1.1.2   MTU: 0
```

```
            Dead timer due in 37  sec
            Retrans timer interval: 5
            Neighbor is Up for 00:16:21
            Authentication Sequence: [ 0 ]

<PE1> display ip routing-table
Route Flags: R - relay, D - download to fib
-----------------------------------------------------------------------

Routing Tables: Public
            Destinations : 11      Routes : 11

    Destination/Mask    Proto  Pre  Cost      Flags NextHop        Interface

          1.1.1.9/32    Direct 0    0          D   127.0.0.1       LoopBack1
          2.2.2.9/32    OSPF   10   1          D   172.1.1.2       GigabitEthernet3/0/0
          3.3.3.9/32    OSPF   10   2          D   172.1.1.2       GigabitEthernet3/0/0
        127.0.0.0/8     Direct 0    0          D   127.0.0.1       InLoopBack0
        127.0.0.1/32    Direct 0    0          D   127.0.0.1       InLoopBack0
   127.255.255.255/32   Direct 0    0          D   127.0.0.1       InLoopBack0
        172.1.1.0/24    Direct 0    0          D   172.1.1.1       GigabitEthernet3/0/0
        172.1.1.1/32    Direct 0    0          D   127.0.0.1       GigabitEthernet3/0/0
      172.1.1.255/32    Direct 0    0          D   127.0.0.1       GigabitEthernet3/0/0
        172.2.1.0/24    OSPF   10   2          D   172.1.1.2       GigabitEthernet3/0/0
   255.255.255.255/32   Direct 0    0          D   127.0.0.1       InLoopBack0
```

（2）在 MPLS 骨干网上配置 MPLS 基本能力和 MPLS LDP，建立 LDP LSP。
PE1 上的配置。

```
[PE1] mpls lsr-id 1.1.1.9
[PE1] mpls
[PE1-mpls] quit
[PE1] mpls ldp
[PE1-mpls-ldp] quit
[PE1] interface gigabitethernet 3/0/0
[PE1-GigabitEthernet3/0/0] mpls
[PE1-GigabitEthernet3/0/0] mpls ldp
[PE1-GigabitEthernet3/0/0] quit
```

P 上的配置。

```
[P] mpls lsr-id 2.2.2.9
[P] mpls
[P-mpls] quit
[P] mpls ldp
[P-mpls-ldp] quit
[P] interface gigabitethernet 1/0/0
[P-GigabitEthernet1/0/0] mpls
[P-GigabitEthernet1/0/0] mpls ldp
[P-GigabitEthernet1/0/0] quit
[P] interface gigabitethernet 2/0/0
[P-GigabitEthernet2/0/0] mpls
[P-GigabitEthernet2/0/0] mpls ldp
[P-GigabitEthernet2/0/0] quit
```

PE2 上的配置。

```
[PE2] mpls lsr-id 3.3.3.9
[PE2] mpls
[PE2-mpls] quit
```

```
[PE2] mpls ldp
[PE2-mpls-ldp] quit
[PE2] interface gigabitethernet 3/0/0
[PE2-GigabitEthernet3/0/0] mpls
[PE2-GigabitEthernet3/0/0] mpls ldp
[PE2-GigabitEthernet3/0/0] quit
```

上述配置完成后，PE1 与 P、P 与 PE2 之间应能建立 LDP 会话，执行 **display mpls ldp session** 命令可以看到显示结果中 Status 项为 "Operational"。执行 **display mpls ldp lsp** 命令可以看到 LDP LSP 的建立情况。以下是在 PE1 上执行这两条命令的输出。

```
<PE1> display mpls ldp session

LDP Session(s) in Public Network
Codes: LAM(Label Advertisement Mode), SsnAge Unit(DDDD:HH:MM)
A '*' before a session means the session is being deleted.
-----------------------------------------------------------------------------
PeerID              Status       LAM   SsnRole   SsnAge        KASent/Rcv
-----------------------------------------------------------------------------
2.2.2.9:0           Operational  DU    Active    0000:00:01    6/6
-----------------------------------------------------------------------------
TOTAL: 1 session(s) Found.


[PE1] display mpls ldp lsp

LDP LSP Information
-----------------------------------------------------------------------------
DestAddress/Mask    In/OutLabel    UpstreamPeer    NextHop       OutInterface
-----------------------------------------------------------------------------
1.1.1.9/32          3/NULL         2.2.2.9         127.0.0.1     InLoop0
*1.1.1.9/32         Liberal/1024                   DS/2.2.2.9
2.2.2.9/32          NULL/3         -               172.1.1.2     GE3/0/0
2.2.2.9/32          1024/3         2.2.2.9         172.1.1.2     GE3/0/0
3.3.3.9/32          NULL/1025      -               172.1.1.2     GE3/0/0
3.3.3.9/32          1025/1025      2.2.2.9         172.1.1.2     GE3/0/0
-----------------------------------------------------------------------------
TOTAL: 5 Normal LSP(s) Found.
TOTAL: 1 Liberal LSP(s) Found.
TOTAL: 0 Frr LSP(s) Found.
A '*' before an LSP means the LSP is not established
A '*' before a Label means the USCB or DSCB is stale
A '*' before a UpstreamPeer means the session is stale
A '*' before a DS means the session is stale
A '*' before a NextHop means the LSP is FRR LSP
```

（3）在 PE 之间建立 MP-IBGP 对等体关系。因为 PE1 与 PE2 不是直接连接的，所以在配置与对端 PE 建立 IBGP 对等体时的 TCP 连接源接口不能是物理接口，要用各自的 Loopback 接口。

　# 　PE1 上的配置。

```
[PE1] bgp 100
[PE1-bgp] peer 3.3.3.9 as-number 100
[PE1-bgp] peer 3.3.3.9 connect-interface loopback 1
[PE1-bgp] ipv4-family vpnv4
[PE1-bgp-af-vpnv4] peer 3.3.3.9 enable
[PE1-bgp-af-vpnv4] quit
```

```
[PE1-bgp] quit
#   PE2 上的配置。
[PE2] bgp 100
[PE2-bgp] peer 1.1.1.9 as-number 100
[PE2-bgp] peer 1.1.1.9 connect-interface loopback 1
[PE2-bgp] ipv4-family vpnv4
[PE2-bgp-af-vpnv4] peer 1.1.1.9 enable
[PE2-bgp-af-vpnv4] quit
[PE2-bgp] quit
```

以上配置完成后，在 PE 设备上执行 **display bgp peer** 或 **display bgp vpnv4 all peer** 命令可以看到，PE 之间的 BGP 对等体关系已建立并达到 Established 状态。以下是在 PE1 上执行这两条命令的输出，参见输出信息中的粗体字部分。

```
<PE1> display bgp peer

BGP local router ID : 1.1.1.9
Local AS number : 100
Total number of peers : 1                    Peers in established state : 1

  Peer       V   AS   MsgRcvd  MsgSent  OutQ  Up/Down      State          PrefRcv

  3.3.3.9    4   100    12        6      0  00:02:21    Established          0

[PE1] display bgp vpnv4 all peer

BGP local router ID : 1.1.1.9
Local AS number : 100
Total number of peers : 1                    Peers in established state : 1

  Peer       V   AS   MsgRcvd  MsgSent  OutQ  Up/Down      State          PrefRcv

  3.3.3.9    4   100    12       18      0   00:09:38    Established          0
```

（4）在两 PE 设备上为所连接的两个 Site 分别配置 VPN 实例，绑定连接对应 CE 的 PE 接口，并为所绑定的 PE 接口配置 IP 地址。

在本示例中，为了区分两条个同的 VPN 网络，将 PE1 连接的 CE1 对应的 Site 和 PE2 上连接的 CE3 对应的 Site 配置相同 VPN 实例 vpna，配置相同的 VPN-Target 属性 111:1；将 PE1 连接的 CE2 对应的 Site 和 PE2 上连接的 CE4 对应的 Site 配置相同 VPN 实例 vpnb，配置相同的 VPN-Target 属性 222:2，以实现总部和分支机构的安全互通，但研发区和非研发区间数据隔离。在非重叠私网地址空间情况下，RD 方面只需确保同一 PE 上连接的 VPN 实例所配置的值唯一即可。

PE1 上的配置。

```
[PE1] ip vpn-instance vpna
[PE1-vpn-instance-vpna] ipv4-family
[PE1-vpn-instance-vpna-af-ipv4] route-distinguisher 100:1    #---为 vpna 实例配置 RD 为 100:1
[PE1-vpn-instance-vpna-af-ipv4] vpn-target 111:1 both   #---为 vpna 实例配置 export-target 和 import-target 相同的属性值 111:1
[PE1-vpn-instance-vpna-af-ipv4] quit
[PE1-vpn-instance-vpna] quit
[PE1] ip vpn-instance vpnb
[PE1-vpn-instance-vpnb] ipv4-family
[PE1-vpn-instance-vpnb-af-ipv4] route-distinguisher 100:2
```

[PE1-vpn-instance-vpnb-af-ipv4] **vpn-target** 222:2 **both**
[PE1-vpn-instance-vpna-af-ipv4] **quit**
[PE1-vpn-instance-vpnb] **quit**
[PE1] **interface** gigabitethernet 1/0/0
[PE1-GigabitEthernet1/0/0] **ip binding vpn-instance** vpna
[PE1-GigabitEthernet1/0/0] **ip address** 10.1.1.2 24
[PE1-GigabitEthernet1/0/0] **quit**
[PE1] **interface** gigabitethernet 2/0/0
[PE1-GigabitEthernet2/0/0] **ip binding vpn-instance** vpnb
[PE1-GigabitEthernet2/0/0] **ip address** 10.2.1.2 24
[PE1-GigabitEthernet2/0/0] **quit**

\#　PE2 上的配置。

[PE2] **ip vpn-instance** vpna
[PE2-vpn-instance-vpna] **ipv4-family**
[PE2-vpn-instance-vpna-af-ipv4] **route-distinguisher** 200:1
[PE2-vpn-instance-vpna-af-ipv4] **vpn-target** 111:1 **both**
[PE2-vpn-instance-vpna-af-ipv4] **quit**
[PE2-vpn-instance-vpna] **quit**
[PE2] **ip vpn-instance** vpnb
[PE2-vpn-instance-vpnb] **ipv4-family**
[PE2-vpn-instance-vpnb-af-ipv4] **route-distinguisher** 200:2
[PE2-vpn-instance-vpnb-af-ipv4] **vpn-target** 222:2 **both**
[PE2-vpn-instance-vpnb-af-ipv4] **quit**
[PE2-vpn-instance-vpnb] **quit**
[PE2] **interface** gigabitethernet 1/0/0
[PE2-GigabitEthernet1/0/0] **ip binding vpn-instance** vpna
[PE2-GigabitEthernet1/0/0] **ip address** 10.3.1.2 24
[PE2-GigabitEthernet1/0/0] **quit**
[PE2] **interface** gigabitethernet 2/0/0
[PE2-GigabitEthernet2/0/0] **ip binding vpn-instance** vpnb
[PE2-GigabitEthernet2/0/0] **ip address** 10.4.1.2 24
[PE2-GigabitEthernet2/0/0] **quit**

配置完成后，在 PE 设备上执行 **display ip vpn-instance verbose** 命令可以看到 VPN
实例的配置情况。以下是在 PE1 上执行该命令的输出，显示创建了两个 VPN 实例，并
且分别显示这两个 VPN 实例的名称、RD 和 VPN-Target 属性值。

<PE1> **display ip vpn-instance verbose**
Total VPN-Instances configured : 2
Total IPv4 VPN-Instances configured : 2
Total IPv6 VPN-Instances configured : 0

VPN-Instance Name and ID : vpna, 1
 Interfaces : GigabitEthernet1/0/0
 Address family ipv4
 Create date : 2012/07/25 00:58:17
 Up time : 0 days, 22 hours, 24 minutes and 53 seconds
 Route Distinguisher : 100:1
 Export VPN Targets :　111:1
 Import VPN Targets :　111:1
 Label Policy : label per route
 Log Interval : 5

VPN-Instance Name and ID : vpnb, 2
 Interfaces : GigabitEthernet2/0/0

```
Address family ipv4
  Create date : 2012/07/25 00:58:17
  Up time : 0 days, 22 hours, 24 minutes and 53 seconds
  Route Distinguisher : 100:2
  Export VPN Targets :   222:2
  Import VPN Targets :   222:2
  Label Policy : label per route
  Log Interval : 5
```

（5）在 PE1、PE2 的各 VPN 实例中指定所连接的 CE 为 EBGP 对等体，并引入 VPN
实例所绑定的 PE 接口的直连路由。直连路由无需配置，可直接引入。

　　# 　PE1 上的配置。

```
[PE1] bgp 100
[PE1-bgp] ipv4-family vpn-instance vpna
[PE1-bgp-vpna] peer 10.1.1.1 as-number 65410    #---指定 CE1 为 EBGP 对等体
[PE1-bgp-vpna] import-route direct    #---引入直连路由
[PE1-bgp-vpna] quit
[PE1-bgp] ipv4-family vpn-instance vpnb
[PE1-bgp-vpnb] peer 10.2.1.1 as-number 65420
[PE1-bgp-vpnb] import-route direct
[PE1-bgp-vpnb] quit
[PE1-bgp] quit
```

　　# 　PE2 上的配置。

```
[PE2] bgp 100
[PE2-bgp] ipv4-family vpn-instance vpna
[PE2-bgp-vpna] peer 10.3.1.1 as-number 65430
[PE2-bgp-vpna] import-route direct
[PE2-bgp-vpna] quit
[PE2-bgp] ipv4-family vpn-instance vpnb
[PE2-bgp-vpnb] peer 10.4.1.1 as-number 65440
[PE2-bgp-vpnb] import-route direct
[PE2-bgp-vpnb] quit
[PE2-bgp] quit
```

（6）在各 CE 上配置接口 IP 地址，并分别配置所直连的 PE 为其 EBGP 对等体，然
后引入所有直连路由。在 EBGP 对等体关系中，CE 和 PE 的 AS 是不同的。

　　# 　CE1 上的配置。

```
<Huawei> system-view
[Huawei] sysname CE1
[CE1] interface gigabitethernet 1/0/0
[CE1-GigabitEthernet1/0/0] ip address 10.1.1.1 24
[CE1-GigabitEthernet1/0/0] quit
[CE1] bgp 65410
[CE1-bgp] peer 10.1.1.2 as-number 100    #---指定 PE1 为 EBGP 对等体
[CE1-bgp] import-route direct    #---引入所有直连路由
[CE1-bgp] quit
```

　　# 　CE2 上的配置。

```
<Huawei> system-view
[Huawei] sysname CE2
[CE2] interface gigabitethernet 1/0/0
[CE2-GigabitEthernet1/0/0] ip address 10.2.1.1 24
[CE2-GigabitEthernet1/0/0] quit
[CE2] bgp 65420
[CE2-bgp] peer 10.2.1.2 as-number 100
```

```
[CE2-bgp] import-route direct
[CE2-bgp] quit
```

\#　CE3 上的配置。

```
<Huawei> system-view
[Huawei] sysname CE3
[CE3] interface gigabitethernet 1/0/0
[CE3-GigabitEthernet1/0/0] ip address 10.3.1.1 24
[CE3-GigabitEthernet1/0/0] quit
[CE3] bgp 65430
[CE3-bgp] peer 10.3.1.2 as-number 100
[CE3-bgp] import-route direct
[CE3-bgp] quit
```

\#　CE4 上的配置。

```
<Huawei> system-view
[Huawei] sysname CE4
[CE4] interface gigabitethernet 1/0/0
[CE4-GigabitEthernet1/0/0] ip address 10.4.1.1 24
[CE4-GigabitEthernet1/0/0] quit
[CE4] bgp 65440
[CE4-bgp] peer 10.4.1.2 as-number 100
[CE4-bgp] import-route direct
[CE4-bgp] quit
```

配置完成后，在 PE 设备上执行 **display bgp vpnv4 vpn-instance peer** 命令可以看到，PE 与 CE 之间的 BGP 对等体关系已建立并达到 Established 状态。以下是在 PE1 上执行该命令的输出，显示了在 vpna 实例中 PE1 与 CE1 的对等体关系，参见输出信息中的粗体字部分。

```
<PE1> display bgp vpnv4 vpn-instance vpna peer

 BGP local router ID : 1.1.1.9
 Local AS number : 100

 VPN-Instance vpna, Router ID 1.1.1.9:
 Total number of peers : 1            Peers in established state : 1

  Peer          V    AS  MsgRcvd  MsgSent  OutQ  Up/Down    State        PrefRcv

  10.1.1.1      4  65410     6        3       0   00:00:02   Established       4
```

3. 配置结果验证

以上配置完成后，在 PE 设备上执行 **display ip routing-table vpn-instance** 命令，可以看到去往对端 CE 的路由。以下是在 PE1 上执行该命令的输出，分别查看 vpna、vpnb 实例中去往 CE3、CE4 的路由（IBGP 路由，参见输出信息中的粗体字部分）。

```
<PE1> display ip routing-table vpn-instance vpna
Route Flags: R - relay, D - download to fib
------------------------------------------------------------------------------
Routing Tables: vpna
         Destinations : 5       Routes : 5

Destination/Mask   Proto   Pre  Cost   Flags NextHop        Interface

     10.1.1.0/24   Direct   0    0       D   10.1.1.2       GigabitEthernet1/0/0
     10.1.1.2/32   Direct   0    0       D   127.0.0.1      GigabitEthernet1/0/0
```

```
      10.1.1.255/32  Direct  0    0           D    127.0.0.1    GigabitEthernet1/0/0
       10.3.1.0/24   IBGP   255  0          RD   3.3.3.9      GigabitEthernet3/0/0
   255.255.255.255/32  Direct  0    0           D    127.0.0.1    InLoopBack0
```

[PE1] **display ip routing-table vpn-instance vpnb**
Route Flags: R - relay, D - download to fib

Routing Tables: vpnb
      Destinations : 5   Routes : 5

```
Destination/Mask    Proto   Pre  Cost    Flags NextHop     Interface
   10.2.1.0/24      Direct  0    0        D    10.2.1.2    GigabitEthernet2/0/0
   10.2.1.2/32      Direct  0    0        D    127.0.0.1   GigabitEthernet2/0/0
  10.2.1.255/32     Direct  0    0        D    127.0.0.1   GigabitEthernet2/0/0
   10.4.1.0/24      IBGP   255  0        RD   3.3.3.9     GigabitEthernet3/0/0
255.255.255.255/32   Direct  0    0        D    127.0.0.1   InLoopBack0
```

此时同一 VPN 的 CE 能够相互 Ping 通，不同 VPN 的 CE 不能相互 Ping 通。如 CE1 能够 Ping 通 CE3（10.3.1.1），但不能 Ping 通 CE4（10.4.1.1），从而达到了预期目的。

```
[CE1] ping 10.3.1.1
   PING 10.3.1.1: 56   data bytes, press CTRL_C to break
     Reply from 10.3.1.1: bytes=56 Sequence=1 ttl=253 time=72 ms
     Reply from 10.3.1.1: bytes=56 Sequence=2 ttl=253 time=34 ms
     Reply from 10.3.1.1: bytes=56 Sequence=3 ttl=253 time=50 ms
     Reply from 10.3.1.1: bytes=56 Sequence=4 ttl=253 time=50 ms
     Reply from 10.3.1.1: bytes=56 Sequence=5 ttl=253 time=34 ms
   --- 10.3.1.1 ping statistics ---
     5 packet(s) transmitted
     5 packet(s) received
     0.00% packet loss
     round-trip min/avg/max = 34/48/72 ms

[CE1] ping 10.4.1.1
   PING 10.4.1.1: 56   data bytes, press CTRL_C to break
     Request time out
     Request time out
     Request time out
     Request time out
     Request time out
   --- 10.4.1.1 ping statistics ---
     5 packet(s) transmitted
     0 packet(s) received
     100.00% packet loss
```

2.2.3 配置 PE 和 CE 间使用 IBGP

如果要把 PE 和 CE 配置成 IBGP 对等体关系，则 PE 和 CE 需要分别按表 2-6 和表 2-7 所示进行配置。

表 2-6   **PE 和 CE 间使用 IBGP 时的 PE 配置步骤**

步骤	命令	说明
1	**system-view** 例如：\<Huawei\> **system-view**	进入系统视图

（续表）

步骤	命令	说明
2	**bgp** { *as-number-plain* | *as-number-dot* } 例如：[Huawei] **bgp** 100	进入 PE 所在 AS 的 BGP 视图
3	**ipv4-family vpn-instance** *vpn-instance-name* 例如：[Huawei-bgp] **ipv4-family** vpn-instance vrf1	进入连接对应 Site 的接口所绑定的 VPN 实例 的 IPv4 地址族视图。参数 *vpn-instance-name* 为 2.1.3 节所创建的 VPN 实例
4	**as-number** *as-number* 例如：[Huawei-bgp-vrf1] **as-number** 6500	（可选）为 VPN 实例 IPv4 地址族配置单独 的 AS 号，**不能与本 BGP 视图下配置的 AS 号相同**
5	**peer** *ipv4-address* **as-number** *as-number* 例如：[Huawei-bgp-vrf1] **peer** 10.1.1.2 **as-number** 100	将 CE 配置为 VPN 私网 IBGP 对等体，这时所 配置的对等体 AS 号与 PE 的相同，其他说明 参见表 2-4 中的第 5 步
6	**import-route direct** [**med** *med* | **route-policy** *route-policy-name*] * 例如：[Huawei-bgp-vrf1] **import-route direct** **network** *ipv4-address* [*mask* | *mask-length*] [**route-policy** *route-policy-name*] 例如：[Huawei-bgp-vrf1] **network** 10.1.1.0 24	（可选）引入与本端 CE 直连的路由，两个命 令选择其中一个。当需要时，将到本端 CE 的 直连路由引入 VPN 路由表中，以发布给对端 PE 时配置。其他说明参见表 2-4 中的第 7 步
7	**routing-table rib-only** [**route-policy** *route- policy-name*] 例如：[Huawei-bgp-vrf1] **routing-table rib- only**	（可选）禁止 BGP 私网路由下发到私网 VPN 路由表。其他说明参见表 2-4 中的第 10 步

表 2-7　　　　　　　　　　　PE 和 CE 间使用 **IBGP** 时的 CE 配置步骤

步骤	命令	说明
1	**system-view** 例如：\<Huawei> **system-view**	进入系统视图
2	**bgp** { *as-number-plain* | *as-number-dot* } 例如：[Huawei] **bgp** 100	进入 CE 所在 AS 的 BGP 视图
3	**peer** *ipv4-address* **as-number** *as-number* 例如：[Huawei-bgp] **peer** 10.1.1.1 **as-number** 100	将 PE 配置为 IBGP 对等体，对等体 AS 号要与自己 的一样，其他说明参见表 2-4 的第 5 步
4	**import-route** *protocol* [*process-id*] [**med** *med* | **route-policy** *route- policy-name*] * 例如：[Huawei-bgp] **import-route rip** 1	引入本站点的 IGP 路由。CE 将所连接的 VPN 网段地址发布给接入的 PE，通过 PE 发布给对 端 CE，**通常也仅需引入与 PE 的直连路由进 BGP 路由表中即可**。其他说明参见表 2-5 中的 第 5 步

2.2.4　配置 PE 和 CE 间使用静态路由

如果要把 PE 与 CE 通过静态路由连接，则可按表 2-8 所示步骤对 PE 进行配置。主
要配置的任务包括以下两个方面。

- 配置从 PE 到达 CE 内网的 VPN 实例静态路由。
- 在相同 VPN 实例中引入前面配置的 VPN 实例静态路由。

CE 上的配置方法与普通静态路由的配置方法相同，参见《华为路由器学习指南》。

表 2-8　　　　　　　　　　　PE 和 CE 间使用静态路由时的 PE 配置步骤

步骤	命令	说明
1	**system-view** 例如：\<Huawei> **system-view**	进入系统视图
2	**ip route-static vpn-instance** *vpn-source-name destination-address* { *mask* | *mask-length* } *interface-type interface-number* [*nexthop-address*] [**preference** *preference* | **tag** *tag*] * 例如：[Huawei] **ip route-static vpn-instance** vrf1 10.1.1.0 24	为指定 VPN 实例配置静态路由。命令中的参数说明如下。 ● *vpn-source-name*：指定源 VPN 实例的名称，配置的静态路由将被引入到指定 VPN 实例的路由表中。这个 VPN 实例需先按 2.1.3 节介绍的步骤配置好。 ● *destination-address* { *mask* | *mask-length* }：指定静态路由的目的地址及掩码。 ● *interface-type interface-number*：指定静态路由的出接口。 ● *nexthop-address*：可选参数，指定静态路由的下一跳 IP 地址。以太网链路中必须指定下一跳 IP 地址。 ● **preference** *preference*：可多选参数，指定静态路由的优先级，整数形式，取值范围是 1～255。不配置该参数，静态路由优先级默认为 60。 ● **tag** *tag*：可多选参数，指定静态路由的 tag 属性值，整数形式，取值范围是 1～4294967295，缺省值是 0。配置不同的 tag 属性值，可对静态路由进行分类，以实现不同的路由管理策略。例如，其他协议引入静态路由时，可通过路由策略引入具有特定 tag 属性值的路由。 缺省情况下，没有为 VPN 实例配置静态路由，可用 **undo ip route-static vpn-instance** *vpn-source-name destination-address* { *mask* | *mask-length* } [*nexthop-address* | *interface-type interface-number* [*nexthop-address*]] [**preference** *preference* | **tag** *tag*] *命令删除指定的 VPN 实例静态路由
3	**bgp** { *as-number-plain* | *as-number-dot* } 例如：[Huawei] **bgp** 100	进入 PE 所在 AS 的 BGP 视图
4	**ip v4-family vpn-instance** *vpn-instance-name* 例如：[Huawei-bgp] **ip v4-family vpn-instance** vrf1	进入 BGP-VPN 实例 IPv4 地址族视图
5	**import-route static** [**med** *med* | **route-policy** *route-policy-name*] * 例如：[Huawei-bgp-vrf1] **import-route static**	将以上配置的 VPN 实例的静态路由引入到 BGP-VPN 实例 IPv4 地址族路由表。 在 BGP-VPN 实例 IPv4 地址族视图下执行该命令后，PE 把从本端 CE 学到的 VPN 路由引入 BGP 中，形成 VPNv4 路由发布给对端 PE。其他说明参见表 2-5 中的第 5 步

2.2.5　PE 和 CE 间使用静态路由的 BGP/MPLS IP VPN 的配置示例

如图 2-2 所示，CE1 和 CE2 分别代表一个公司的两个分支机构内部网络，PE1 连接 CE1，PE2 连接 CE2，现要求在 PE 与 CE 之间配置静态路由，以实现 CE1 和 CE2 所连接的用户网络三层互通。

【经验提示】因为本示例是两 PE 直连，在支持 PHP 特性的情况下，在 PE 直连链路上传输的 VPN 报文中均只带有一层 MPLS 标签，这层标签仅是内层的私网路由标签，外层隧道标签在 PE 发出报文时就已被弹出了。所以，此时携带有两层 MPLS 标签的 VPN 报文仅在 PE 内部从出端口转发前存在。

1. 基本配置思路分析

在本示例中，PE 与 CE 间要采用静态路由方式实现他们的路由连接，根据 2.1 节及 2.2.4 节介绍的配置方法可得出本示例的基本配置思路如下。

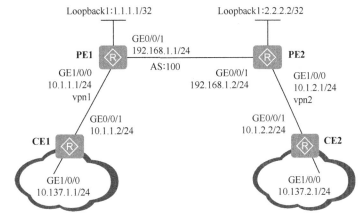

图 2-2　PE 和 CE 间采用静态路由的 BGP/MPLS IP VPN 配置示例的拓扑结构

（1）配置 PE1、PE2 的公网接口（不包括 PE 连接 CE 的接口）IP 地址以及 OSPF 路由（当然也可以是其他路由方式，但 OSPF 路由方式配置最简单、最常用），以实现骨干网的三层互通。

（2）在 PE1、PE2 上全局和公网接口上使能 MPLS 和 LDP 能力。

（3）配置 PE1 和 PE2 间的 MP-BGP 对等体关系。

（4）在 PE1 和 PE2 上为所连接的 Site 创建 VPN 实例，并与连接对应 CE 的接口进行绑定，然后配置连接 CE 接口的 IP 地址。

（5）在 PE1、PE2 上分别到达所连 Site 内网的 VPN 实例静态路由，然后在对应的 VPN 实例中引入该静态路由。

（6）在 CE1、CE2 上配置接口 IP 地址，并分别配置以所连接的 PE 接口 IP 地址为下一跳的缺省路由。

2. 具体配置步骤

（1）配置 PE1、PE2 公网接口 IP 地址和骨干网 OSPF 路由，要同时通告作为 MPLS LSR-ID 的 Loopback1 接口的主机路由。

  # PE1 上的配置。

```
<Huawei> system-view
[Huawei] sysname PE1
[PE1] interface loopback 1
[PE1-LoopBack1] ip address 1.1.1.1 32
[PE1-LoopBack1] quit
[PE1] interface gigabitethernet 0/0/1
[PE1-GigabitEthernet0/0/1] ip address 192.168.1.1 24
[PE1-GigabitEthernet0/0/1] quit
[PE1] ospf 1
```

```
[PE1-ospf-1] area 0
[PE1-ospf-1-area-0.0.0.0] network 1.1.1.1 0.0.0.0
[PE1-ospf-1-area-0.0.0.0] network 192.168.1.0 0.0.0.255
[PE1-ospf-1-area-0.0.0.0] quit
[PE1-ospf-1] quit
```

\#　PE2 上的配置。

```
<Huawei> system-view
[Huawei] sysname PE2
[PE2] interface loopback 1
[PE2-LoopBack1] ip address 2.2.2.2 32
[PE2-LoopBack1] quit
[PE2] interface gigabitethernet 0/0/1
[PE2-GigabitEthernet0/0/1] ip address 192.168.1.2 24
[PE2-GigabitEthernet0/0/1] quit
[PE2] ospf 1
[PE2-ospf-1] area 0
[PE2-ospf-1-area-0.0.0.0] network 2.2.2.2 0.0.0.0
[PE2-ospf-1-area-0.0.0.0] network 192.168.1.0 0.0.0.255
[PE2-ospf-1-area-0.0.0.0] quit
[PE2-ospf-1] quit
```

配置完成后，PE1 和 PE2 之间应能建立 OSPF 邻居关系，执行 **display ospf peer** 命令可以看到邻居状态为 Full。执行 **display ip routing-table** 命令可以看到 PE 之间学习到对方的 Loopback1 路由。以下是在 PE1 上执行这两条命令的输出结果，参见输出信息中的粗体字部分。

```
<PE1>display ospf peer

   OSPF Process 1 with Router ID 192.168.1.1
        Neighbors

   Area 0.0.0.0 interface 192.168.1.1(GigabitEthernet0/0/0)'s neighbors
   Router ID: 192.168.1.2        Address: 192.168.1.2
     State: Full   Mode:Nbr is   Master   Priority: 1
     DR: 192.168.1.2   BDR: 192.168.1.1   MTU: 0
     Dead timer due in 29   sec
     Retrans timer interval: 5
     Neighbor is Up for 00:44:02
     Authentication Sequence: [ 0 ]


<PE1>display ip routing-table
Route Flags: R - relay, D - download to fib
------------------------------------------------------------------------------
Routing Tables: Public
          Destinations : 9         Routes : 9

Destination/Mask      Proto   Pre  Cost     Flags NextHop        Interface

        1.1.1.1/32    Direct  0    0          D   127.0.0.1      LoopBack1
        2.2.2.2/32    OSPF    10   1          D   192.168.1.2    GigabitEthernet0/0/1
      127.0.0.0/8     Direct  0    0          D   127.0.0.1      InLoopBack0
      127.0.0.1/32    Direct  0    0          D   127.0.0.1      InLoopBack0
127.255.255.255/32    Direct  0    0          D   127.0.0.1      InLoopBack0
    192.168.1.0/24    Direct  0    0          D   192.168.1.1    GigabitEthernet0/0/1
    192.168.1.1/32    Direct  0    0          D   127.0.0.1      GigabitEthernet0/0/1
```

| 192.168.1.255/32 | Direct | 0 | 0 | | D | 127.0.0.1 | GigabitEthernet0/0/1 |
| 255.255.255.255/32 | Direct | 0 | 0 | | D | 127.0.0.1 | InLoopBack0 |

（2）在 PE1、PE2 全局和公网接口上使能 MPLS 和 LDP 能力。

\#　PE1 上的配置。

[PE1] **mpls lsr-id** 1.1.1.1
[PE1] **mpls**
[PE1-mpls] **quit**
[PE1] **mpls ldp**
[PE1-mpls-ldp] **quit**
[PE1] **interface gigabitethernet** 0/0/1
[PE1-GigabitEthernet0/0/1] **mpls**
[PE1-GigabitEthernet0/0/1] **mpls ldp**
[PE1-GigabitEthernet0/0/1] **quit**

\#　PE2 上的配置。

[PE2] **mpls lsr-id** 2.2.2.2
[PE2] **mpls**
[PE2-mpls] **quit**
[PE2] **mpls ldp**
[PE2-mpls-ldp] **quit**
[PE2] **interface gigabitethernet** 0/0/1
[PE2-GigabitEthernet0/0/1] **mpls**
[PE2-GigabitEthernet0/0/1] **mpls ldp**
[PE2-GigabitEthernet0/0/1] **quit**

上述配置完成后，PE1 与 PE2 之间应能建立 LDP 会话，执行 **display mpls ldp session** 命令可以看到显示结果中 Status 项为 "Operational"。执行 **display mpls ldp lsp** 命令可以看到 LDP LSP 的建立情况。以下是在 PE1 上执行以上两条命令的输出结果，参见输出信息中的粗体字部分。

```
<PE1>display mpls ldp session

LDP Session(s) in Public Network
Codes: LAM(Label Advertisement Mode), SsnAge Unit(DDDD:HH:MM)
A '*' before a session means the session is being deleted.
------------------------------------------------------------------
PeerID          Status      LAM  SsnRole  SsnAge      KASent/Rcv
------------------------------------------------------------------
2.2.2.2:0       Operational DU   Passive  0000:00:49  197/197
------------------------------------------------------------------
TOTAL: 1 session(s) Found.


<PE1>display mpls ldp lsp

 LDP LSP Information
------------------------------------------------------------------------
DestAddress/Mask  In/OutLabel   UpstreamPeer   NextHop      OutInterface
------------------------------------------------------------------------

 1.1.1.1/32        3/NULL        2.2.2.2        127.0.0.1    InLoop0
*1.1.1.1/32        Liberal/1024                 DS/2.2.2.2
 2.2.2.2/32        NULL/3        -              192.168.1.2  GE0/0/1
 2.2.2.2/32        1024/3        2.2.2.2        192.168.1.2  GE0/0/1
------------------------------------------------------------------------
TOTAL: 3 Normal LSP(s) Found.
```

```
TOTAL: 1 Liberal LSP(s) Found.
TOTAL: 0 Frr LSP(s) Found.
A '*' before an LSP means the LSP is not established
A '*' before a Label means the USCB or DSCB is stale
A '*' before a UpstreamPeer means the session is stale
A '*' before a DS means the session is stale
A '*' before a NextHop means the LSP is FRR LSP
```

（3）配置 PE1 和 PE2 间的 MP-BGP 对等体关系。假设公网中的 AS 号为 100，他们的对等体类型为 IBGP，同在 AS 100 中。

\# PE1 上的配置。

```
[PE1] bgp 100
[PE1-bgp] peer 2.2.2.2 as-number 100    #---指定 PE2 为 PE1 的 IBGP 对等体
[PE1-bgp] peer 2.2.2.2 connect-interface loopback 1    #---指定与 PE2 建立 TCP 连接的源接口为 Loopback1。因为 PE1
与 PE2 是直连的，所以也可用直连接口作为源接口
[PE1-bgp] ipv4-family vpnv4    #---进入 VPN-IPv4 地址族
[PE1-bgp-af-vpnv4] peer 2.2.2.2 enable    #---使能对等体 PE2 交换 VPN-IPv4 路由信息的能力
[PE1-bgp-af-vpnv4] quit
[PE1-bgp] quit
```

\# PE2 上的配置。

```
[PE2] bgp 100
[PE2-bgp] peer 1.1.1.1 as-number 100
[PE2-bgp] peer 1.1.1.1 connect-interface loopback 1
[PE2-bgp] ipv4-family vpnv4
[PE2-bgp-af-vpnv4] peer 1.1.1.1 enable
[PE2-bgp-af-vpnv4] quit
[PE2-bgp] quit
```

配置完成后，在 PE 设备上执行 **display bgp peer** 或 **display bgp vpnv4 all peer** 命令，可以看到 PE1 和 PE2 之间的 BGP 对等体关系已建立，并达到 Established 状态。以下是在 PE1 上执行这两条命令的输出结果（参见输出信息中的粗体字部分）。

```
<PE1>display bgp peer

 BGP local router ID : 1.1.1.1
 Local AS number : 100
 Total number of peers : 1        Peers in established state : 1


  Peer        V     AS  MsgRcvd MsgSent  OutQ  Up/Down     State Pre   fRcv

  2.2.2.2     4     100      2       3     0   00:00:11    Established     0

<PE1>display bgp vpnv4 all peer

 BGP local router ID : 192.168.1.1
 Local AS number : 100
 Total number of peers : 1        Peers in established state : 1


  Peer        V     AS  MsgRcvd MsgSent  OutQ  Up/Down     State Pre   fRcv

  2.2.2.2     4     100     56      56     0   00:51:39    Established     1
```

（4）在 PE1 和 PE2 上为所连接的 Site 创建 VPN 实例，并与连接对应 CE 的接口进行绑定，然后再为绑定 VPN 实例的 PE 接口配置对应的 IP 地址（以太网接口通常是与对端 CE 接口的 IP 地址在同一 IP 网段）。

说明　本章前面已有介绍，同一 VPN 中不同 Site 上所配置的 VPN 实例名可以一致，也可以不一致。本示例采用不一致（分别用 vpn1 和 vpn2）的 VPN 实例名配置方式来验证这个说法。但建议在一个 VPN 中各 PE 上所连接的 Site 的 VPN 实例名保持一致。

另外，为 CE1 对应的 vpn1 实例、CE2 对应的 vpn2 实例分别分配 100:1、200:1 的 RD，为了实现 CE1 和 CE2 所连接的内网互通，为这两个 VPN 实例配置入、出方向均相同的 VPN Target 111:1。

\# 　 PE1 上的配置。

```
[PE1] ip vpn-instance vpn1
[PE1-vpn-instance-vpn1] ipv4-family    #---进入 VPN 实例的 IPv4 地址族
[PE1-vpn-instance-vpn1-af-ipv4] route-distinguisher 100:1  #---为 vpn1 实例分配 100:1 的 RD
[PE1-vpn-instance-vpn1-af-ipv4] vpn-target 111:1 both   #---为 vpn1 实例分配入/出方向相同的 vpn-taget 111:1，要实现
两 VPN 实例对应的站点间互访，则至少要确保一端的入方向 VPN Target 与另一端的出方向 VPN Target 一致
[PE1-vpn-instance-vpn1-af-ipv4] quit
[PE1-vpn-instance-vpn1] quit
[PE1] interface gigabitethernet 1/0/0
[PE1-GigabitEthernet1/0/0] ip binding vpn-instance vpn1   #---将连接 CE 的 PE 接口绑定名为 vpn1 的 VPN 实例
[PE1-GigabitEthernet1/0/0] ip address 10.1.1.1 24   #---在绑定 VPN 实例后再配置连接 CE 的 PE 接口的 IP 地址
[PE1-GigabitEthernet1/0/0] quit
```

\# 　 PE2 上的配置。

```
[PE2] ip vpn-instance vpn2
[PE2-vpn-instance-vpn2] ipv4-family
[PE2-vpn-instance-vpn2-af-ipv4] route-distinguisher 200:1
[PE2-vpn-instance-vpn2-af-ipv4] vpn-target 111:1 both
[PE2-vpn-instance-vpn2-af-ipv4] quit
[PE2-vpn-instance-vpn2] quit
[PE2] interface gigabitethernet 1/0/0
[PE2-GigabitEthernet1/0/0] ip binding vpn-instance vpn2
[PE2-GigabitEthernet1/0/0] ip address 10.1.2.1 24
[PE2-GigabitEthernet1/0/0] quit
```

配置完成后，在 PE 设备上执行 **display ip vpn-instance verbose** 命令可以看到 VPN 实例的配置情况。以下是在 PE1 上执行该命令的输出结果，包括所配置的 VPN 实例名、RD、Export Targets、Import Targets、绑定的 PE 接口等。

```
<PE1>display ip vpn-instance verbose
  Total VPN-Instances configured        : 1
  Total IPv4 VPN-Instances configured : 1
  Total IPv6 VPN-Instances configured : 0

  VPN-Instance Name and ID : vpn1, 1
    Interfaces : GigabitEthernet1/0/0
  Address family ipv4
    Create date : 2017/05/20 17:50:56 UTC-08:00
    Up time : 0 days, 00 hours, 02 minutes and 59 seconds
    Route Distinguisher : 100:1
    Export VPN Targets :    111:1
    Import VPN Targets :    111:1
    Label Policy : label per route
    Log Interval : 5
```

（5）在 PE1、PE2 上分别配置到达所连 Site 的内网的 VPN 实例静态路由，然后在对

应的 VPN 实例中引入该静态路由。

　　# 　PE1 上的配置。

```
[PE1] ip route-static vpn-instance vpn1 10.137.1.0 255.255.255.0 10.1.1.2    #---配置到达 CE1 站点所在内网，属于 vpn1
实例的私网静态路由
[PE1] bgp 100
[PE1-bgp] ipv4-family vpn-instance vpn1
[PE1-bgp-af-ipv4] import-route static   /#---在 vpn1 实例中引入以上私网静态路由
```

　　# 　PE2 上的配置。

```
[PE2] ip route-static vpn-instance vpn2 10.137.2.0 255.255.255.0 10.1.2.2    #---配置到达 CE2 站点所在内网，属于 vpn2
实例的私网静态路由
[PE2] bgp 100
[PE2-bgp] ipv4-family vpn-instance vpn2
[PE2-bgp-af-ipv4] import-route static   /#---在 vpn2 实例中引入以上私网静态路由
```

　　（6）在 CE1、CE2 上配置接口 IP 地址，并分别配置以所连接的 PE 接口 IP 地址为下一跳，到达外网的缺省路由。

　　# 　CE1 上的配置。

```
<Huawei> system-view
[Huawei] sysname CE1
[CE1]interface GigabitEthernet0/0/1
[CE1-GigabitEthernet0/0/1] ip address 10.1.1.2 255.255.255.0
[CE1-GigabitEthernet0/0/1] quit
[CE1]interface GigabitEthernet1/0/0
[CE1-GigabitEthernet1/0/0] ip address 10.137.1.1 255.255.255.0
[CE1-GigabitEthernet1/0/0] quit
[CE1]ip route-static 0.0.0.0 0.0.0.0 10.1.1.1
```

　　# 　CE2 上的配置。

```
<Huawei> system-view
[Huawei] sysname CE2
[CE2]interface GigabitEthernet0/0/1
[CE2-GigabitEthernet0/0/1] ip address 10.1.2.2 255.255.255.0
[CE2-GigabitEthernet0/0/1] quit
[CE2]interface GigabitEthernet1/0/0
[CE2-GigabitEthernet1/0/0] ip address 10.137.2.1 255.255.255.0
[CE2-GigabitEthernet1/0/0] quit
[CE2]ip route-static 0.0.0.0 0.0.0.0 10.1.2.1
```

3．配置结果验证

　　在 PE 上执行 **display ip routing-table vpn-instance** 命令，本端 PE 的 VPN 路由表中有到达对端 PE 私网的路由。以下是在 PE1 上执行该命令的输出结果，有到达对端私网 10.137.2.0/24 的 IBGP 路由（参见输出信息的粗体字部分）。

```
<PE1>display ip routing-table vpn-instance vpn1
Route Flags: R - relay, D - download to fib
----------------------------------------------------------------------
Routing Tables: vpn1
         Destinations : 6        Routes : 6

Destination/Mask    Proto   Pre  Cost      Flags NextHop          Interface

      10.1.1.0/24   Direct  0    0          D    10.1.1.1         GigabitEthernet0/0/1
      10.1.1.1/32   Direct  0    0          D    127.0.0.1        GigabitEthernet0/0/1
    10.1.1.255/32   Direct  0    0          D    127.0.0.1        GigabitEthernet0/0/1
```

10.137.1.0/24	Static	60	0	RD	10.1.1.2	GigabitEthernet0/0/1
10.137.2.0/24	**IBGP**	**255**	**0**	**RD**	**2.2.2.2**	**GigabitEthernet0/0/1**
255.255.255.255/32	Direct	0	0	D	127.0.0.1	InLoopBack0

此时，CE1 和 CE2 下面所连接的内网主机之间可以相互 Ping 通了。证明在同一 VPN 中不同 Site 配置不同 VPN 实例名是可行的。

【经验提示】此时，虽然 CE1 和 CE2 下面连接的主机（要配置好网关）之间可以相互 Ping 通，但 CE1 和 CE2 之间不能直接 ping 通，因为本示例 PE 和 CE 间采用的是静态路由配置，在没有 VPN 实例下引入 PE 与 CE 间的 10.1.1.0/24 和 10.1.2.0/24 直连路由的情形下，这两个网段的路由并不能通过 MP-BGP 传输到对端 PE 所连接的 VPN 实例中，CE1 和 CE2 之间直接进行 ping 操作时就没有可选择的路由来到达对端。解决方法：可在两 PE 上配置的 VPN 实例下用 **import-route direct** 命令同时引入连接对应 CE 接口的直连路由。

2.2.6　配置 PE 和 CE 间使用 RIP

如果要把 PE 与 CE 通过 RIP 路由连接，则可按表 2-9 所示步骤对 PE 进行配置。主要的配置任务包括以下三个方面。

■　创建 VPN 实例的 RIP 路由进程，通告 PE 连接 CE 的接口所在网段。

■　在以上的 VPN 实例的 RIP 路由进程中，引入来自对端 PE 的 VPN-IPv4 路由。通常是仅引入同一 VPN 网络中其他 PE 所连接的 Site 的私网路由。

■　在相同 VPN 实例中引入前面创建的 VPN 实例的 RIP 进程路由。

CE 上的配置方法与普通 RIP 路由的配置方法相同，参见《华为路由器学习指南》。

说明　采用 RIP、OSPF 和 IS-IS 等动态路由协议进行 PE 与 CE 连接时，在 PE 上均要把所配置协议的动态路由与 VPN 实例中的 BGP 路由相互引入。

表 2-9　　PE 和 CE 间使用 RIP 路由时的 PE 配置步骤

步骤	命令	说明
1	**system-view** 例如：\<Huawei\> **system-view**	进入系统视图
2	**rip** *process-id* **vpn-instance** *vpn-instance-name* 例如：[Huawei] **rip 1 vpn-instance** vrf1	创建 PE 和 CE 间的 RIP 实例，并进入 RIP 视图。 一个 RIP 进程只属于一个 VPN 实例。如果在启动 RIP 进程时不绑定到 VPN 实例，则该进程属于公网进程。属于公网的 RIP 进程不能再绑定到 VPN 实例
3	**network** *network-address* 例如：[Huawei-rip-1] **network** 10.0.0.0	通告 VPN 实例绑定的 PE 接口所在网段的 RIP 路由。参数 *network-address* 用来指定使能 RIP 的网络地址，**该地址必须是自然网段的地址**。 缺省情况下，对指定网段没有使能 RIP 路由，可用 **undo network** *network-address* 命令对指定网段接口去使能 RIP 路由
4	**import-route bgp** [**cost** { *cost* | **transparent** } | **route-policy** *route-policy-name*][*] 例如：[Huawei-rip-1] **import-route bgp cost** 2	在以上 RIP 进程下引入 BGP-VPNv4 路由，使 PE 把从对端 PE 学到的 VPNv4 路由引入到 RIP 中，进而发布给本端 CE。命令中的参数和选项说明如下。 ● *cost*：二选一可选参数，指定 BGP 路由被引入后的开销值，整数形式，取值范围是 0～15。

（续表）

步骤	命令	说明
4	**import-route bgp** [**cost** { *cost* | **transparent** } | **route-policy** *route-policy-name*] [*] 例如：[Huawei-rip-1] **import-route bgp cost** 2	• **transparent**：二选一可选项，指定保持原有开销不变。 • **route-policy** *route-policy-name*：可多选参数，指定引入路由时用于过滤路由的路由策略名称，使得仅引入符合条件的 BGP 路由。 缺省情况下，不从其他路由协议引入路由，可用 undo **import-route bgp** 命令取消从 BGP 路由协议引入路由
5	**quit** 例如：[Huawei-rip-1] **quit**	返回系统视图
6	**bgp** { *as-number-plain* | *as-number-dot* } 例如：[Huawei] **bgp** 100	进入 BGP 视图
7	**ip v4-family vpn-instance** *vpn-instance-name* 例如：[Huawei-bgp] **ip v4-family vpn-instance** vrf1	进入 BGP-VPN 实例 IPv4 地址族视图
8	**import-route rip** *process-id* [**med** *med* | **route-policy** *route-policy-name*] [*] 例如：[Huawei-bgp-vrf1] **import-route rip** 1	将以上配置的 VPN 实例的 RIP 路由引入 BGP-VPN 实例 IPv4 地址族路由表。 在 BGP-VPN 实例 IPv4 地址族视图下执行该命令后，PE 把从本端 CE 学到的 VPN 路由引入 BGP 中，形成 VPNv4 路由发布给对端 PE。其他说明参见表 2-5 中的第 5 步

2.2.7 PE 和 CE 间使用 RIP 路由的 BGP/MPLS IP VPN 的配置示例

本示例的拓扑结构与 2.2.5 节所介绍的示例的拓扑结构完全一样，参见图 2-2。本示例的要求也与 2.2.5 节基本一样，唯一不同的是本示例要求在 PE 与 CE 间采用 RIP 路由进行三层互连。

因为已经在 2.2.5 节证明了在同一 VPN 网络不同 Site 所配置的 VPN 实例名称可以不同，故本示例就无需再验证了，采用通常的配置方法，在 PE1、PE2 上分别把连接的 CE1 和 CE2 对应的站点的 VPN 实例名均配置为 vpn1。

1. 基本配置思路分析

因为本示例的拓扑结构和接口 IP 地址均与 2.2.5 节的完全一样，只是本示例中 PE 与 CE 的三层互连需通过 RIP 路由完成，所以本示例的大部分配置与 2.2.5 节完全一样，具体配置思路如下。

（1）配置 PE1、PE2 的公网接口（不包括 PE 连接 CE 的接口）IP 地址以及 OSPF 路由，以实现骨干网的三层互通。

（2）在 PE1、PE2 全局和公网接口上使能 MPLS 和 LDP 能力。

（3）配置 PE1 和 PE2 间的 MP-BGP 对等体关系。

（4）在 PE1 和 PE2 上为所连接的 Site 创建 VPN 实例（**本示例中的两站点所配置的 VPN 实例名均为 vpn1**），并与连接对应 CE 的接口进行绑定，然后配置连接 CE 接口的 IP 地址。

（5）在 PE1、PE2 上分别配置 VPN 实例 RIP 路由，通告与 VPN 实例所绑定的对应 PE 接口所在网段路由，同时引入来自对端 PE 的 BGP-VPN 路由，以便发给对端 CE，然后在本端 PE 的 BGP-VPN 实例中引入该 RIP 路由，以便把本端的 VPN 路由发给对端 PE，即要双向相互引入。

（6）在 CE1、CE2 上配置接口 IP 地址，并分别配置 RIP 路由，通告两 Site 的内部网段路由。

2．具体配置步骤

本示例以上配置思路中的第（1）～（3）的配置与 2.2.5 节介绍的配置完全一样，参见即可。下面仅介绍以上配置任务中的第（4）～（6）项配置任务。

（4）在 PE1 和 PE2 上为所连接的 Site 创建 VPN 实例，并与连接对应 CE 的接口进行绑定，然后配置绑定了 VPN 实例的 PE 接口的 IP 地址。本示例中为两 Site 所配置的 VPN 实例名均为 vpn1。

另外，为两端 Site 对应的 VPN 实例分别分配 100:1、200:1 的 RD，为了实现 CE1 和 CE2 所连接的内网互通，为两 VPN 实例配置入、出方向均相同的 VPN Target 111:1。

#　PE1 上的配置。

```
[PE1] ip vpn-instance vpn1
[PE1-vpn-instance-vpn1] ipv4-family
[PE1-vpn-instance-vpn1-af-ipv4] route-distinguisher 100:1
[PE1-vpn-instance-vpn1-af-ipv4] vpn-target 111:1 both
[PE1-vpn-instance-vpn1-af-ipv4] quit
[PE1-vpn-instance-vpn1] quit
[PE1] interface gigabitethernet 1/0/0
[PE1-GigabitEthernet1/0/0] ip binding vpn-instance vpn1
[PE1-GigabitEthernet1/0/0] ip address 10.1.1.1 24
[PE1-GigabitEthernet1/0/0] quit
```

#　PE2 上的配置。

```
[PE2] ip vpn-instance vpn1
[PE2-vpn-instance-vpn1] ipv4-family
[PE2-vpn-instance-vpn1-af-ipv4] route-distinguisher 200:1
[PE2-vpn-instance-vpn1-af-ipv4] vpn-target 111:1 both
[PE2-vpn-instance-vpn1-af-ipv4] quit
[PE2-vpn-instance-vpn1] quit
[PE2] interface gigabitethernet 1/0/0
[PE2-GigabitEthernet1/0/0] ip binding vpn-instance vpn1
[PE2-GigabitEthernet1/0/0] ip address 10.1.2.1 24
[PE2-GigabitEthernet1/0/0] quit
```

配置完成后，在 PE 设备上执行 **display ip vpn-instance verbose** 命令可以看到 VPN 实例的配置情况。以下是在 PE1 上执行该命令的输出结果，包括所配置的 VPN 实例名、RD、Export Targets、Import Targets、绑定的 PE 接口等。

```
<PE1>display ip vpn-instance verbose
  Total VPN-Instances configured         : 1
  Total IPv4 VPN-Instances configured : 1
  Total IPv6 VPN-Instances configured : 0

  VPN-Instance Name and ID : vpn1, 1
   Interfaces : GigabitEthernet1/0/0
  Address family ipv4
   Create date : 2017/05/20 17:50:56 UTC-08:00
   Up time : 0 days, 00 hours, 02 minutes and 59 seconds
   Route Distinguisher : 100:1
```

```
    Export VPN Targets :   111:1
    Import VPN Targets :   111:1
    Label Policy : label per route
    Log Interval : 5
```

（5）在 PE1、PE2 上配置 VPN 实例 RIP 路由，通告 VPN 实例所绑定的 PE 接口所在网段，引入来自对端的 BGP VPN 路由，然后将本端的 VPN 实例 RIP 路由引入到 BGP VPN 路由表中。假设采用 1 号 RIP 路由进程，v2 版本 RIP 协议。

　　# 　PE1 上的配置。

```
[ PE1] rip 1 vpn-instance vpn1   #--- 创建 VPN1 实例 RIP 进程
[ PE1-rip-1] import-route bgp   #--- 把从对端 PE 学到的 VPN 路由引入到 VPN 实例的 RIP 路由表中
[ PE1-rip-1] version 2
[ PE1-rip-1] network 10.0.0.0   #---以自然网段方式通告连接 CE1 的 PE1 接口所在网段
[ PE1-rip-1] quit
[ PE1] bgp 100
[ PE1-bgp] ipv4-family vpn-instance vpn1
[ PE1-bgp-af-vpnv4] import-route rip 1   #---将 VPN1 实例 RIP 私网路由引入到 VPN 实例的 BGP 路由表中
[ PE1-bgp-af-vpnv4] quit
[ PE1-bgp] quit
```

　　# 　PE2 上的配置。

```
[ PE2] rip 1 vpn-instance vpn1
[ PE2-rip-1] import-route bgp
[ PE2-rip-1] version 2
[ PE2-rip-1] network 10.0.0.0
[ PE2-rip-1] quit
[ PE2] bgp 100
[ PE2-bgp] ipv4-family vpn-instance vpn1
[ PE2-bgp-af-vpnv4] import-route rip 1
[ PE2-bgp-af-vpnv4] quit
[ PE2-bgp] quit
```

（6）在 CE1、CE2 上配置接口 IP 地址，并分别配置 RIP 路由，通告内部网段的路由。CE 上所配置采用的 RIP 路由进程号与 PE 端配置的私网路由 RIP 进程号可相同或不同（路由进程只有本地意义），但所采用的 RIP 协议版本建议相同，此处均为 v2 版本。

　　# 　CE1 上的配置。

```
<Huawei>sysname CE1
[CE1] interface GigabitEthernet0/0/1
[CE1- GigabitEthernet0/0/1] ip address 10.1.1.2 255.255.255.0
[CE1- GigabitEthernet0/0/1] quit
[CE1]interface GigabitEthernet1/0/0
[CE1- GigabitEthernet1/0/0] ip address 10.137.1.1 255.255.255.0
[CE1- GigabitEthernet1/0/0] quit
[CE1]rip 1
[CE1-rip-1] version 2
[CE1-rip-1] network 10.0.0.0
[CE1-rip-1] quit
```

　　# 　CE2 上的配置。

```
<Huawei>sysname CE2
[CE2] interface GigabitEthernet0/0/1
[CE2- GigabitEthernet0/0/1 ip address 10.1.2.2 255.255.255.0
[CE2- GigabitEthernet0/0/1] quit
[CE2] interface GigabitEthernet1/0/0
[CE2- GigabitEthernet1/0/0 ] ip address 10.137.2.1 255.255.255.0
```

```
[CE2- GigabitEthernet1/0/0 ] quit
[CE2] rip 1
[CE2-rip-1] version 2
[CE2-rip-1] network 10.0.0.0
[CE2-rip-1] quit
```

3．配置结果验证

以上配置完成后，在 PE 上执行 **display ip routing-table vpn-instance** vpn1 命令，可以查看本端 PE 的 VPN 路由表中是否有达到对端 PE 私网的路由。以下是在 PE1 上执行该命令的输出，发现已有对端私网的路由（参见输出信息中的粗体字部分），证明已通过 MP-BGP 协议学习到了对端的 VPN 私网路由。

```
<PE1>display ip routing-table vpn-instance vpn1
Route Flags: R - relay, D - download to fib
-------------------------------------------------------------------
Routing Tables: vpn1
        Destinations : 7        Routes : 7

Destination/Mask    Proto   Pre  Cost      Flags NextHop        Interface

     10.1.1.0/24    Direct  0    0         D     10.1.1.1       GigabitEthernet1/0/0
     10.1.1.1/32    Direct  0    0         D     127.0.0.1      GigabitEthernet1/0/0
   10.1.1.255/32    Direct  0    0         D     127.0.0.1      GigabitEthernet1/0/0
     10.1.2.0/24    IBGP    255  0         RD    2.2.2.2        GigabitEthernet0/0/1
   10.137.1.0/24    RIP     100  1         D     10.1.1.2       GigabitEthernet1/0/0
   10.137.2.0/24    IBGP    255  1         RD    2.2.2.2        GigabitEthernet0/0/1
255.255.255.255/32  Direct  0    0         D     127.0.0.1      InLoopBack0
```

在 CE 上执行 **display ip routing-table protocol rip** 命令，查看 CE1、CE2 是否已学习对端的路由。以下是在 CE1 上执行该命令的输出，从中也可看到 CE1 已学习到了 CE2 上两个私网网段路由（参见输出信息中的粗体部分），这是通过与所连 PE 上的对应 VPN 实例 RIP 路由表中学习到的。

```
<CE1>display ip routing-table protocol rip
Route Flags: R - relay, D - download to fib
-------------------------------------------------------------------
Public routing table : RIP
        Destinations : 2        Routes : 2

RIP routing table status : <Active>
        Destinations : 2        Routes : 2

Destination/Mask    Proto   Pre  Cost      Flags NextHop        Interface

    10.1.2.0/24     RIP     100  1         D     10.1.1.1       GigabitEthernet0/0/1
  10.137.2.0/24     RIP     100  1         D     10.1.1.1       GigabitEthernet0/0/1

RIP routing table status : <Inactive>
        Destinations : 0        Routes : 0
```

此时，CE2 上可以 Ping 通 10.137.1.1，CE1 上可以 Ping 通 10.137.2.1，以下是在 CE1 上 Ping 10.137.2.1 的结果，可成功 Ping 通。

```
<CE1>ping 10.137.2.1
  PING 10.137.2.1: 56   data bytes, press CTRL_C to break
    Reply from 10.137.2.1: bytes=56 Sequence=1 ttl=253 time=30 ms
```

Reply from 10.137.2.1: bytes=56 Sequence=2 ttl=253 time=50 ms
Reply from 10.137.2.1: bytes=56 Sequence=3 ttl=253 time=40 ms
Reply from 10.137.2.1: bytes=56 Sequence=4 ttl=253 time=30 ms
Reply from 10.137.2.1: bytes=56 Sequence=5 ttl=253 time=30 ms

--- 10.137.2.1 ping statistics ---
5 packet(s) transmitted
5 packet(s) received
0.00% packet loss
round-trip min/avg/max = 30/36/50 ms

2.2.8 配置 PE 和 CE 间使用 OSPF

如果要把 PE 与 CE 通过 OSPF 路由连接，则可按表 2-10 所示步骤对 PE 进行配置。主要的配置任务包括以下几个方面。

■ 创建 VPN 实例 OSPF 路由进程和 OSPF 区域（与 CE 连接 PE 的接口在同一个区域中），通告 PE 连接 CE 的接口所在网段。

■ 在以上 VPN 实例的 OSPF 路由进程中，引入来自对端 PE 的 VPN-IPv4 路由。通常是仅引入同一 VPN 网络中其他 PE 所连接的 Site 的私网路由。

■ 在相同 VPN 实例中引入前面创建的 VPN 实例的 OSPF 进程路由。

CE 上的配置方法与普通 OSPF 路由的配置方法相同，参见《华为路由器学习指南》。

表 2-10　　　　　　　　PE 和 CE 间使用 OSPF 路由时的 PE 配置步骤

步骤	命令	说明
1	**system-view** 例如：<Huawei> **system-view**	进入系统视图
2	**ospf** *process-id* [**router-id** *router-id*] **vpn-instance** *vpn-instance-name* 例如：[Huawei] **ospf** 1 **router-id** 1.1.1.1 **vpn-instance** vrf1	创建 PE-CE 间的 OSPF 实例，并进入 OSPF 视图。命令中的参数说明如下。 • *process-id*：指定 OSPF 进程号，整数形式，取值范围是 1～65535，缺省值是 1。 • **router-id** *router-id*：可选参数，指定 OSPF Router ID，点分十进制格式。 • *vpn-instance-name*：指定此 OSPF 进程所属的 VPN 实例，必须已创建。 【注意】一个 OSPF 进程只能属于一个 VPN 实例。如果在启动 OSPF 进程时不绑定到 VPN 实例，则该进程属于公网进程。属于公网的 OSPF 进程不能再绑定到 VPN 实例。 绑定到 VPN 实例的 OSPF 进程不使用系统视图下配置的公网 Router ID，用户需要在启动进程时指定 Router ID。如果不指定 Router ID，则 OSPF 会根据 Router ID 选取规则在所有绑定了该 VPN 实例的接口 IP 地址中选取一个作为 Router ID。 缺省情况下，系统不运行 OSPF 协议，即不运行 OSPF 进程，可用 **undo ospf** *process-id* 命令关闭指定的 OSPF 进程
3	**domain-id** *domain-id* [**secondary**] 例如：[Huawei-ospf-1] **domain-id** 10	（可选）配置域 ID，一般不用配置。OSPF 进程的域 ID 包含在此进程生成的路由中，在将 OSPF 路由引入 BGP 中时，域 ID 被附加到 BGP VPN 路由上，作为 BGP 的扩展团体属性传递。每个 OSPF 进程可以配置两个域 ID，不同进程的

（续表）

步骤	命令	说明
3	**domain-id** *domain-id* [**secondary**] 例如：[Huawei-ospf-1] **domain-id** 10	域 ID 相互没有影响。PE 上不同 VPN 的 OSPF 进程域 ID 配置没有限制，但同一 VPN 的所有 OSPF 进程应配置相同的域 ID，以保证路由发布的正确性。 命令中的参数和选项说明如下。 ● *domain-id*：指定 OSPF 域标识符，可以采用整数形式或点分十进制形式。如果采用整数形式，取值范围是 0～4294967295，输出时会转化成点分十进制显示；如果采用点分十进制形式，则按输入的内容显示。 ● **secondary**：可选项，指定所配置的域 ID 为从域标识符，每个 OSPF 进程上从域标识符的最大条目数是 1000 条。 缺省情况下，域标识符的值为 NULL，可用 **undo domain-id** [*domain-id*] 命令恢复缺省值
4	**route-tag** *tag* 例如：[Huawei-ospf-1] **route-tag** 100	（可选）配置 VPN 路由标记，整数形式，取值范围是 0～4294967295。仅用于当一个 CE 与两个 PE 直接连接的组网中防止发生环路。 【说明】VPN 路由标记用于防止 CE 双归属时，Type-5 LSA 发生环路。因为在一个 CE 与两个 PE 直接连接的组网中，PE1 根据引入的 BGP 路由产生 Type5 LSA 发送给 CE，CE 又发送给 PE2。由于 OSPF 的路由比 BGP 的路由优先级高，在 PE2 中就会将 BGP 路由替换为 OSPF 路由，产生环路。执行本命令后，当 PE 发现 LSA 的标记与自己的一样时，就会忽略此条 LSA，避免了环路 VPN 的路由标记只在收到 BGP 路由并且产生 OSPF LSA 的 PE 路由器上配置并起作用。**同一个区域的 PE 建议配置相同的 VPN 的路由标记，不同 OSPF 进程可配置相同的 VPN 路由标记。** 缺省情况下，VPN 路由标记值的前面两个字节为固定的 0xD000，后面的两个字节为本端 BGP 的 AS 号，可用 **undo route-tag** 命令恢复 VPN 路由标记为缺省值
5	**import-route bgp** [**permit-ibgp**] [**cost** *cost* | **route-policy** *route-policy-name* | **tag** *tag* | **type** *type*]* 例如：[Huawei-ospf-1] **import-route bgp**	在以上 OSPF 进程下引入 BGP-VPNv4 路由，使 PE 把从对端 PE 学到的 VPN-IPv4 路由引入到 OSPF 中，进而发布给本端 CE。命令中的参数和选项说明如下。 ● **permit-ibgp**：可选项，指定允许引入 IBGP 路由，可能导致路由环路。 ● **cost** *cost*：可多选参数，指定引入后的路由开销值，整数形式，取值范围是 0～16777214，缺省值是 1。 ● **route-policy** *route-policy-name*：可多选参数，指定用于过滤被引入 BGP 路由的路由策略。 ● **tag** *tag*：可多选参数，指定引入后的路由的外部 LSA 中的标记，整数形式，取值范围是 0～4294967295，缺省值是 1。 ● **type** *type*：可多选参数，指定引入路由的外部路由的类型，整数形式，取值为 1 或 2，缺省值是 2。 缺省情况下，不引入其他协议的路由信息，可用 **undo import-route bgp** 命令用来删除引入的 BGP 路由信息

（续表）

步骤	命令	说明
6	**area** *area-id* 例如：[Huawei-ospf-1] **area** 1	进入 OSPF 区域视图。参数 *area-id* 用来指定区域的标识。其中区域号 0 的称为骨干区域，可以是十进制整数或点分十进制格式。采取整数形式时，取值范围是 0～4294967295。单区域 OSPF 网络时，区域 ID 可任意。 缺省情况下，系统未创建 OSPF 区域，可用 **undo area** *area-id* 命令删除指定区域。删除区域后，该区域下的所有配置都将被删除
7	**network** *ip-address wildcard-mask* 例如：[Huawei-ospf-1-area-0.0.0.1] network 10.1.1.0 0.0.0.255	在 VPN 实例绑定的 PE 接口所在网段运行 OSPF。命令中的参数说明如下。 ● *network-address*：指定所通告的网络地址，可以是子网地址。 ● *wildcard-mask*：指定通配符掩码，与参数 *network-address* 一起确定要加入以上区域的接口。 缺省情况下，此接口不属于任何区域，可用 **undo network** *network-address wildcard-mask* 命令删除运行 OSPF 协议的接口
8	**quit** 例如：[Huawei-ospf-1-area-0.0.0.1] **quit**	返回 OSPF 路由进程视图
9	**quit** 例如：[Huawei-ospf-1] **quit**	返回系统视图
10	**bgp** { *as-number-plain* | *as-number-dot* } 例如：[Huawei] **bgp** 100	进入 PE 所在 AS 的 BGP 视图
11	**ip v4-family vpn-instance** *vpn-instance-name* 例如：[Huawei-bgp] **ip v4-family vpn-instance** vrf1	进入 BGP-VPN 实例 IPv4 地址族视图
12	**import-route ospf** *process-id* [**med** *med* | **route-policy** *route-policy-name*] * 例如：[Huawei-bgp-vrf1] **import-route ospf** 1	将以上配置的 VPN 实例的 OSPF 路由引入 BGP-VPN 实例 IPv4 地址族路由表中。 在 BGP-VPN 实例 IPv4 地址族视图下执行该命令后，PE 把从本端 CE 学到的 VPN 路由引入 BGP 中，形成 VPNv4 路由发布给对端 PE。其他说明参见表 2-5 中的第 5 步

2.2.9　PE 和 CE 间使用 OSPF 路由的 BGP/MPLS IP VPN 的配置示例

　　本示例拓扑结构与 2.2.5 节所介绍的示例的拓扑结构一样，参见图 2-2，配置要求也相同，不同的是，在本示例中要求 PE 与 CE 间采用 OSPF 协议进行路由配置。

　　1. 基本配置思路分析

　　因为本示例与 2.2.5 节所介绍的示例在拓扑结构、IP 地址方面完全相同，故本示例的基本配置思路也与 2.2.5 节介绍的配置示例的配置思路基本相同，具体如下。

　　（1）配置 PE1、PE2 的公网接口（不包括 PE 连接 CE 的接口）IP 地址，以及 OSPF 路由，以实现骨干网的三层互通。

　　（2）在 PE1、PE2 全局和公网接口上使能 MPLS 和 LDP 能力。

　　（3）配置 PE1 和 PE2 间的 MP-BGP 对等体关系。

（4）在 PE1 和 PE2 上为所连接的 Site 创建 VPN 实例（本示例中的两站点所配置的 VPN 实例名均为 vpn1），配置连接 CE 接口的 IP 地址，并与连接对应 CE 的接口进行绑定。

（5）在 PE1、PE2 上分别配置 VPN 实例 OSPF 路由，通告与 VPN 实例所绑定的对应 PE 接口所在网段路由，同时引入来自对端 PE 的 BGP VPN 路由，以便发给对端 CE，然后在本端 PE 的 BGP VPN 实例中引入该 OSPF 路由，以便把本端的 VPN 路由发给对端 PE，双向相互引入。

（6）在 CE1、CE2 上配置接口 IP 地址，并分别配置 OSPF 路由，通告内网网段。

2.　具体配置步骤

本示例以上配置思路中的第（1）～（3）的配置与 2.2.5 节的配置完全一样，第（4）项的配置方法与 2.2.7 节完全一样，均可参见。在此仅介绍以上第（5）和第（6）项配置任务的具体配置方法。

（5）在 PE1、PE2 上分别配置 VPN 实例 OSPF 路由，并与 BGP VPN 路由表中的路由双向引入。私网 OSPF 路由进程号要与公网 OSPF 路由进程号不同，此处采用 OSPF 2 进程，区域 0（单区域 OSPF 环境下，区域 ID 任意）。

    #　PE1 上的配置。

```
[PE1]ospf 2 vpn-instance vpn1   #---创建 OSPF 进程，并于 VPN 实例绑定
[PE1-ospf-2] import-route bgp   #---本端 PE 把从对端 PE 学到的 BGP VPN 路由引入到 VPN 实例的 OSPF 路由表
[PE1-ospf-2] area 0.0.0.0
[PE1-ospf-2-area-0.0.0.0] network 10.1.1.0 0.0.0.255
[PE1-ospf-2-area-0.0.0.0] quit
[PE1-ospf-2] quit
[PE1] bgp 100
[PE1-bgp] ipv4-family vpn-instance vpn1
[PE1-bgp-af-vpnv4] import-route ospf 2   #---将本端 OSPF 私网路由引入到 VPN 实例 BGP 路由表
[PE1-bgp-af-vpnv4] quit
[PE1-bgp] quit
```

    #　PE2 上的配置。

```
[PE2]ospf 2 vpn-instance vpn1
[PE2-ospf-2] import-route bgp
[PE2-ospf-2] area 0.0.0.0
[PE2-ospf-2-area-0.0.0.0] network 10.1.2.0 0.0.0.255
[PE2-ospf-2-area-0.0.0.0] quit
[PE2-ospf-2] quit
[PE2] bgp 100
[PE2-bgp] ipv4-family vpn-instance vpn1
[PE2-bgp-af-vpnv4] import-route ospf 2
[PE2-bgp-af-vpnv4] quit
[PE2-bgp] quit
```

（6）在 CE1、CE2 上配置接口 IP 地址，并分别配置 OSPF 路由，通告内网网段。CE 端所配置采用的 OSPF 路由进程与所连接的 PE 端配置的私网 OSPF 路由进程号可相同或不同（路由进程号只有本地意义），但所加入的区域必须相同。

    #　CE1 上的配置。

```
<Huawei>sysname CE1
[CE1] interface GigabitEthernet0/0/1
[CE1-GigabitEthernet0/0/1] ip address 10.1.1.2 255.255.255.0
```

```
[CE1-GigabitEthernet0/0/1] quit
[CE1] interface GigabitEthernet1/0/0
[CE1- GigabitEthernet1/0/0] ip address 10.137.1.1 255.255.255.0
[CE1- GigabitEthernet1/0/0] quit
[CE1]ospf 1
[CE1-ospf-1] area 0.0.0.0
[CE1-ospf-1-area-0.0.0.0] network 10.1.1.0 0.0.0.255
[CE1-ospf-1-area-0.0.0.0] network 10.137.1.0 0.0.0.255
[CE1-ospf-1-area-0.0.0.0] quit
[CE1-ospf-1] quit
```

CE2 上的配置。

```
<Huawei> sysname CE2
[CE2] interface GigabitEthernet0/0/1
[CE2-GigabitEthernet0/0/1] ip address 10.1.2.2 255.255.255.0
[CE2-GigabitEthernet0/0/1] quit
[CE2] interface GigabitEthernet1/0/0
[CE2-GigabitEthernet1/0/0] ip address 10.137.2.1 255.255.255.0
[CE2-GigabitEthernet1/0/0] quit
[CE2]ospf 1
[CE2-ospf-1] area 0.0.0.0
[CE2-ospf-1-area-0.0.0.0] network 10.1.2.0 0.0.0.255
[CE2-ospf-1-area-0.0.0.0] network 10.137.2.0 0.0.0.255
[CE2-ospf-1-area-0.0.0.0] quit
[CE2-ospf-1] quit
```

3. 配置结果验证

在 PE 上执行 **display ip routing-table vpn-instance vpn1** 命令，可以看到本端 PE 的 VPN 路由表中有达到对端 PE 私网的路由。以下是在 PE1 上执行该命令的输出结果，有到达 PE2 下面所连接的 CE2 上连接的两个私网网段的路由（参见输出信息中的粗体字部分）。

```
<PE1>display ip routing-table vpn-instance vpn1
Route Flags: R - relay, D - download to fib
------------------------------------------------------------------------
Routing Tables: vpn1
        Destinations : 7        Routes : 7

Destination/Mask    Proto   Pre  Cost      Flags NextHop        Interface

      10.1.1.0/24   Direct  0    0          D   10.1.1.1       GigabitEthernet1/0/0
      10.1.1.1/32   Direct  0    0          D   127.0.0.1      GigabitEthernet1/0/0
    10.1.1.255/32   Direct  0    0          D   127.0.0.1      GigabitEthernet1/0/0
      10.1.2.0/24   IBGP    255  0          RD  2.2.2.2        GigabitEthernet0/0/1
    10.137.1.0/24   OSPF    10   2          D   10.1.1.2       GigabitEthernet1/0/0
    10.137.2.0/24   IBGP    255  3          RD  2.2.2.2        GigabitEthernet0/0/1
255.255.255.255/32  Direct  0    0          D   127.0.0.1      InLoopBack0
```

在 CE 上执行 **display ip routing-table protocol ospf** 命令，也可看到 CE1、CE2 学习到彼此的路由。以下是在 CE1 上执行该命令的输出结果，已有 CE2 上连接的两个私网网段的路由（参见输出信息中的粗体字部分）。

```
<CE1>display ip routing-table protocol ospf
Route Flags: R - relay, D - download to fib
------------------------------------------------------------------------
Public routing table : OSPF
        Destinations : 2        Routes : 2
```

```
OSPF routing table status : <Active>
        Destinations : 2        Routes : 2

Destination/Mask    Proto    Pre   Cost     Flags NextHop         Interface

     10.1.2.0/24   O_ASE     150    1         D     10.1.1.1       GigabitEthernet0/0/1
     10.137.2.0/24  OSPF      10    4         D     10.1.1.1       GigabitEthernet0/0/1

OSPF routing table status : <Inactive>
        Destinations : 0        Routes : 0
```

此时，CE2 上可以 Ping 通 10.137.1.1，CE1 上可以 Ping 通 10.137.2.1 了。以下是在 CE1 上 Ping 10.137.2.1 的结果，可成功 Ping 通。

```
<CE1>ping 10.137.2.1
    PING 10.137.2.1: 56   data bytes, press CTRL_C to break
      Reply from 10.137.2.1: bytes=56 Sequence=1 ttl=253 time=150 ms
      Reply from 10.137.2.1: bytes=56 Sequence=2 ttl=253 time=50 ms
      Reply from 10.137.2.1: bytes=56 Sequence=3 ttl=253 time=30 ms
      Reply from 10.137.2.1: bytes=56 Sequence=4 ttl=253 time=40 ms
      Reply from 10.137.2.1: bytes=56 Sequence=5 ttl=253 time=40 ms

    --- 10.137.2.1 ping statistics ---
      5 packet(s) transmitted
      5 packet(s) received
      0.00% packet loss
      round-trip min/avg/max = 30/62/150 ms
```

2.2.10　配置 PE 和 CE 间使用 IS-IS

如果要把 PE 与 CE 通过 IS-IS 路由连接，则可按表 2-11 所示步骤对 PE 进行配置，主要的配置任务包括以下几个方面。

■ 创建 VPN 实例 IS-IS 路由进程和 IS-IS 区域（与 CE 连接 PE 的接口在同一个区域中），在 PE 连接 CE 的接口上使能对应的 IS-IS 路由进程，通告所在网段。

■ 在以上 VPN 实例的 IS-IS 路由进程中，引入来自对端 PE 的 VPN-IPv4 路由。通常是仅引入同一 VPN 网络中其他 PE 所连接的 Site 的私网路由。

■ 在相同 VPN 实例中引入前面创建的 VPN 实例的 IS-IS 进程路由。

CE 上的配置方法与普通 IS-IS 路由的配置方法相同，参见《华为路由器学习指南》。

表 2-11　　　　　　　　　　PE 和 CE 间使用 IS-IS 路由时的 PE 配置步骤

步骤	命令	说明
1	**system-view** 例如：<Huawei> **system-view**	进入系统视图
2	**isis** *process-id* **vpn-instance** *vpn-instance-name* 例如：[Huawei] **isis** 1 **vpn-instance** vrf1	创建 PE-CE 间的 IS-IS 实例，并进入 IS-IS 视图。参数 *process-id* 用来指定所创建的 IS-IS 进程号，整数形式，取值范围是 1～65535，缺省值是 1。 一个 IS-IS 进程只能属于一个 VPN 实例。如果在启动 IS-IS 进程时不绑定到 VPN 实例，则该进程属于公网进程。属于公网的 IS-IS 进程不能再绑定到 VPN 实例。 缺省情况下，未使能 IS-IS 协议，可用 **undo isis** *process-id* 命令去使能指定进程的 IS-IS 协议

（续表）

步骤	命令	说明
3	**network-entity** *net* 例如：[Huawei-isis-1] **network-entity** 10.0001.1010. 1020.1030.00	设置网络实体名称，格式为 X…X.XXXX.XXXX.XXXX.00，前面的 "X…X" 是区域地址，中间的 12 个 "X" 是路由器的 System ID，最后的 "00" 是 SEL。 【说明】网络实体名称 NET（Network Entity Title）同时定义了当前 IS-IS 的区域地址和路由器的系统 ID。在一台路由器的一个进程中最多可以配置 3 个 NET。 缺省情况下，IS-IS 进程没有配置 NET，可用 **undo network-entity** *net* 命令删除 IS-IS 进程中指定的 NET
4	**is-level** { **level-1** | **level-1-2** | **level-2** } 例如：[Huawei-isis-1] **is-level** 1	（可选）设置 Level 级别。命令中的选项说明如下。 ● **level-1**：多选一选项，指定路由器的级别为 Level-1，只计算区域内路由，维护 Level-1 的 LSDB。 ● **evel-1-2**：多选一选项，指定路由器的级别为 Level-1-2，同时参与 Level-1 和 Level-2 的路由计算，维护 Level-1 和 Level-2 两个 LSDB。 ● **level-2**：多选一选项，指定路由器的级别为 Level-2，只参与 Level-2 的路由计算，维护 Level-2 的 LSDB。 缺省情况下，路由器的 Level 级别为 level-1-2，可用 **undo is-level** 命令恢复为缺省配置
5	**import-route bgp** [**cost-type** { **external** | **internal** } | **cost** *cost* | **tag** *tag* | **route-policy** *route-policy-name* | [**level-1** | **level-2** | **level-1-2**]]* 例如：[Huawei-isis-1] **import-route bgp** **import-route bgp inherit-cost** [{ **level-1** | **level-2** | **level-1-2** } | **tag** *tag* | **route-policy** *route-policy-name*]* 例如：[Huawei-isis-1] **import-route ospf inherit-cost**	在以上 IS-IS 路由进程下引入 BGP-VPNv4 路由，使 PE 把从对端 PE 学到的 VPNv4 路由引入到 IS-IS 中，进而发布给本端 CE。两条命令选其中一个。两命令中的参数和选项说明如下。 ● **cost-type** { **external** | **internal** }：可多选参数，指定引入外部路由的开销类型，缺省情况下为 external。此参数的配置会影响引入路由的 cost 值：当引入的路由开销类型配置为 **external** 时，路由 cost 值=指定引入路由的开销值（参数 cost 的值，缺省值为 0）+64；当引入的路由开销类型配置为 **internal** 时，路由 cost 值=指定引入路由的开销值（参数 cost 的值，缺省值为 0）。 ● **cost** *cost*：可多选参数，指定引入后的路由的开销值，当路由器的 cost-style 为 **external** 或 **internal** 时，引入路由的开销值取值范围是 0~63，缺省值是 0。 ● **tag** *tag*：可多选参数，指定引入后的路由的标记号，整数形式，取值范围是 1~4294967295。 ● **route-policy** *route-policy-name*：可多选参数，指定用于过滤引入的 BGP 的路由策略。 ● [**level-1** | **level-2** | **level-1-2**]：可多选选项，指定将 BGP 路由引入到 Level-1、level-2，或同时引入到 Level-1、level-2 的路由表中。默认为 **level-2** 的路由表中。 ● **inherit-cost**：表示引入外部路由时保留路由的原有开销值。当配置 IS-IS 保留引入路由的原有开销值时，将不能配置引入路由的开销类型和开销值。 缺省情况下，IS-IS 不引入其他路由协议的路由信息，可用 **undo import-route bgp**[**cost-type** { **external** | **internal** } | **cost** *cost* | **tag** *tag* | **route-policy** *route-policy-name* | [**level-1** | **level-2** | **level-1-2**]]*或 **undo import-route bgp inherit-cost** [{ **level-1** | **level-2** | **level-1-2** } | **tag** *tag* | **route-policy** *route-policy-name*]*取消指定 BGP 路由的引入

（续表）

步骤	命令	说明
6	**quit** 例如：[Huawei-isis-1] **quit**	返回系统视图
7	**interface** *interface-type interface-number* 例如：[Huawei] **interface** gigabitethernet 1/0/0	进入绑定 VPN 实例的 PE 接口的接口视图
8	**isis enable** [*process-id*] 例如：[Huawei-GigabitEthernet 1/0/0] **isis enable** 1	在以上接口上运行指定的 IS-IS 进程
9	**quit** 例如：[Huawei-GigabitEthernet 1/0/0] **quit**	退回系统视图
10	**bgp** { *as-number-plain* | *as-number-dot* } 例如：[Huawei] **bgp** 100	进入 PE 所在 AS 的 BGP 视图
11	**ip v4-family vpn-instance** *vpn-instance-name* 例如：[Huawei-bgp] **ip v4-family vpn-instance** vrf1	进入 BGP-VPN 实例 IPv4 地址族视图
12	**import-route isis** *process-id* [**med** *med* | **route-policy** *route-policy-name*] * 例如：[Huawei-bgp-vrf1] **import-route** isis 1	将前面配置的 IS-IS 路由引入 BGP-VPN 实例 IPv4 地址族路由表，使 PE 把从本端 CE 学到的 VPN 路由引入 BGP 路由表中，形成 VPNv4 路由发布给对端 PE。其他说明参见表 2-5 中的第 5 步

2.2.11　BGP/MPLS IP VPN 地址空间重叠的配置示例

如图 2-3 所示，CE1 连接公司总部研发区、CE2 连接分支机构研发区，CE1 和 CE2 属于 vpna；CE3 连接公司总部非研发区、CE4 连接分支机构非研发区，CE3 和 CE4 属于 vpnb；总部和分支机构间存在地址空间重叠，即 PE1 与 CE1 直连链路与 PE1 与 CE3 直连链路的 IP 地址在同一网段；PE2 与 CE2 直连链路与 PE2 与 CE4 直连链路的 IP 地址也在同一网段。

企业希望在不改变网络部署的情况下，实现总部和分支机构间的安全互访、研发区和非研发区间的隔离。

1. 基本配置思路分析

本示例相对于前面所介绍的配置示例来说，一个主要区别就是不同 Site 间使用了相同的私网地址空间，同一 PE 与多个 CE 连接的接口 IP 地址配置存在重叠。但这对于 BGP/MPLS IP VPN 来说没什么难解决的，只需为每个 VPN 实例分配不同的 RD 即可。

本示例假设在 PE 和 CE 之间采用静态路由配置方式，基本的配置思路如下。

（1）配置 PE1、P、PE2 的公网接口（不包括 PE 连接 CE 的接口）IP 地址以及 OSPF 路由，以实现骨干网的三层互通。

（2）在 PE1、P、PE2 全局和公网接口上使能 MPLS 和 LDP 能力。

（3）配置 PE1 和 PE2 间的 MP-BGP 对等休关系。

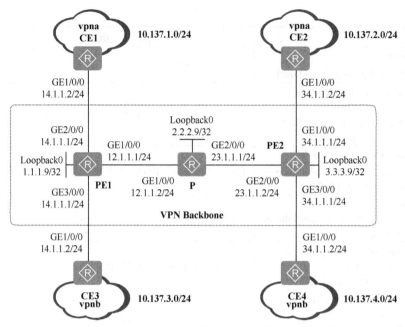

图 2-3　BGP/MPLS IP VPN 地址空间重叠配置示例的拓扑结构

（4）在 PE1 和 PE2 上为所连接的 Site 创建 VPN 实例，每个实例配置不同的 RD，同一 VPN 中的两个实例的 VPN-target 属性相同，并与连接对应 CE 的接口进行绑定，然后配置连接 CE 的接口的 IP 地址。

（5）在 PE1、PE2 上为各 VPN 实例配置到达所连 CE 对应 Site 内网的静态路由。

（6）在各 CE 上配置接口 IP 地址，并分别配置到达外部网络的缺省路由。

2. 具体配置步骤

（1）配置 PE1、P、PE2 的公网接口（不包括 PE 连接 CE 的接口）IP 地址，以及 OSPF 路由，以实现骨干网的三层互通。

＃　PE1 上的配置。

```
<Huawei> system-view
[Huawei] sysname PE1
[PE1] interface loopback 0
[PE1-LoopBack0] ip address 1.1.1.9 32
[PE1-LoopBack0] quit
[PE1] interface gigabitethernet 1/0/0
[PE1-GigabitEthernet1/0/0] ip address 12.1.1.1 24
[PE1-GigabitEthernet1/0/0] quit
[PE1] ospf
[PE1-ospf-1] area 0
[PE1-ospf-1-area-0.0.0.0] network 1.1.1.9 0.0.0.0
[PE1-ospf-1-area-0.0.0.0] network 12.1.1.0 0.0.0.255
[PE1-ospf-1-area-0.0.0.0] quit
[PE1-ospf-1] quit
```

＃　P 上的配置。

```
<Huawei> system-view
[Huawei] sysname P
[P] interface loopback 0
```

```
[P-LoopBack0] ip address 2.2.2.9 32
[P-LoopBack0] quit
[P] interface gigabitethernet 1/0/0
[P-GigabitEthernet1/0/0] ip address 12.1.1.2 24
[P-GigabitEthernet1/0/0] quit
[P] interface gigabitethernet 2/0/0
[P-GigabitEthernet2/0/0] ip address 23.1.1.2 24
[P-GigabitEthernet2/0/0] quit
[P] ospf
[P-ospf-1] area 0
[P-ospf-1-area-0.0.0.0] network 2.2.2.9 0.0.0.0
[P-ospf-1-area-0.0.0.0] network 12.1.1.0 0.0.0.255
[P-ospf-1-area-0.0.0.0] network 23.1.1.0 0.0.0.255
[P-ospf-1-area-0.0.0.0] quit
[P-ospf-1] quit
```

\#　PE2 上的配置。

```
<Huawei> system-view
[Huawei] sysname PE2
[PE2] interface loopback 0
[PE2-LoopBack0] ip address 3.3.3.9 32
[PE2-LoopBack0] quit
[PE2] interface gigabitethernet 1/0/0
[PE2-GigabitEthernet1/0/0] ip address 23.1.1.2 24
[PE2-GigabitEthernet1/0/0] quit
[PE2] ospf
[PE2-ospf-1] area 0
[PE2-ospf-1-area-0.0.0.0] network 3.3.3.9 0.0.0.0
[PE2-ospf-1-area-0.0.0.0] network 23.1.1.0 0.0.0.255
[PE2-ospf-1-area-0.0.0.0] quit
[PE2-ospf-1] quit
```

以上配置完成后，PE1、P、PE2 之间应能建立 OSPF 邻居关系，执行 **display ospf peer** 命令可以看到邻居状态为 Full。执行 **display ip routing-table** 命令可以看到 PE 之间学习到对方的 Loopback0 主机路由。以下是在 PE1 上执行 **display ip routing-table** 命令的输出结果，可以看到 PE1 学习到了 P 和 PE2 的 Loopback0 主机路由，参见输出信息中的粗体字部分。

```
<PE1> display ip routing-table
Route Flags: R - relay, D - download to fib
------------------------------------------------------------------------------

Routing Tables: Public
        Destinations : 11        Routes : 11

Destination/Mask    Proto   Pre  Cost    Flags NextHop        Interface

      1.1.1.9/32    Direct 0    0        D   127.0.0.1        LoopBack0
      2.2.2.9/32    OSPF   10   1        D   12.1.1.2         GigabitEthernet1/0/0
      3.3.3.9/32    OSPF   10   2        D   12.1.1.2         GigabitEthernet1/0/0
     12.1.1.0/24    Direct 0    0        D   12.1.1.1         GigabitEthernet1/0/0
     12.1.1.1/32    Direct 0    0        D   127.0.0.1        GigabitEthernet1/0/0
   12.1.1.255/32    Direct 0    0        D   127.0.0.1        GigabitEthernet1/0/0
     23.1.1.0/24    OSPF   10   2        D   12.1.1.2         GigabitEthernet1/0/0
    127.0.0.0/8     Direct 0    0        D   127.0.0.1        InLoopBack0
    127.0.0.1/32    Direct 0    0        D   127.0.0.1        InLoopBack0
```

| 127.255.255.255/32 | Direct 0 | 0 | | D | 127.0.0.1 | InLoopBack0 |
| 255.255.255.255/32 | Direct 0 | 0 | | D | 127.0.0.1 | InLoopBack0 |

（2）在 MPLS 骨干网上配置 MPLS 基本能力和 MPLS LDP，建立 LDP LSP。

\#　PE1 上的配置。

```
[PE1] mpls lsr-id 1.1.1.9
[PE1] mpls
[PE1-mpls] quit
[PE1] mpls ldp
[PE1-mpls-ldp] quit
[PE1] interface gigabitethernet 1/0/0
[PE1-GigabitEthernet1/0/0] mpls
[PE1-GigabitEthernet1/0/0] mpls ldp
[PE1-GigabitEthernet1/0/0] quit
```

\#　P 上的配置。

```
[P] mpls lsr-id 2.2.2.9
[P] mpls
[P-mpls] quit
[P] mpls ldp
[P-mpls-ldp] quit
[P] interface gigabitethernet 1/0/0
[P-GigabitEthernet1/0/0] mpls
[P-GigabitEthernet1/0/0] mpls ldp
[P-GigabitEthernet1/0/0] quit
[P] interface gigabitethernet 2/0/0
[P-GigabitEthernet2/0/0] mpls
[P-GigabitEthernet2/0/0] mpls ldp
[P-GigabitEthernet2/0/0] quit
```

\#　PE2 上的配置。

```
[PE2] mpls lsr-id 3.3.3.9
[PE2] mpls
[PE2-mpls] quit
[PE2] mpls ldp
[PE2-mpls-ldp] quit
[PE2] interface gigabitethernet 2/0/0
[PE2-GigabitEthernet2/0/0] mpls
[PE2-GigabitEthernet2/0/0] mpls ldp
[PE2-GigabitEthernet2/0/0] quit
```

上述配置完成后，PE1 与 P、P 与 PE2 之间应能建立 LDP 会话，执行 **display mpls ldp session** 命令可以看到显示结果中 Status 项为 "Operational"。执行 **display mpls ldp lsp** 命令可以看到 LDP LSP 的建立情况。以下是在 PE1 上执行这两条命令的输出结果。

```
<PE1> display mpls ldp session

LDP Session(s) in Public Network
Codes: LAM(Label Advertisement Mode), SsnAge Unit(DDDD:HH:MM)
A '*' before a session means the session is being deleted.
-----------------------------------------------------------------
PeerID            Status       LAM  SsnRole  SsnAge       KASent/Rcv
-----------------------------------------------------------------
2.2.2.9:0         Operational DU   Active   0000:00:01   6/6
-----------------------------------------------------------------
TOTAL: 1 session(s) Found.
```

```
<PE1> display mpls ldp lsp

LDP LSP Information
------------------------------------------------------------------------------
DestAddress/Mask    In/OutLabel    UpstreamPeer    NextHop      OutInterface
------------------------------------------------------------------------------
1.1.1.9/32          3/NULL         2.2.2.9         127.0.0.1    InLoop0
*1.1.1.9/32         Liberal/1024                   DS/2.2.2.9
2.2.2.9/32          NULL/3         -               12.1.1.2     GE1/0/0
2.2.2.9/32          1024/3         2.2.2.9         12.1.1.2     GE1/0/0
3.3.3.9/32          NULL/1025      -               12.1.1.2     GE1/0/0
3.3.3.9/32          1025/1025      2.2.2.9         12.1.1.2     GE1/0/0
------------------------------------------------------------------------------
TOTAL: 5 Normal LSP(s) Found.
TOTAL: 1 Liberal LSP(s) Found.
TOTAL: 0 Frr LSP(s) Found.
A '*' before an LSP means the LSP is not established
A '*' before a Label means the USCB or DSCB is stale
A '*' before a UpstreamPeer means the session is stale
A '*' before a DS means the session is stale
A '*' before a NextHop means the LSP is FRR LSP
```

（3）配置 PE1 和 PE2 间的 MP-BGP 对等体关系。

\#　PE1 上的配置。

```
[PE1] bgp 100
[PE1-bgp] peer 3.3.3.9 as-number 100
[PE1-bgp] peer 3.3.3.9 connect-interface loopback 0
[PE1-bgp] ipv4-family vpnv4
[PE1-bgp-af-vpnv4] peer 3.3.3.9 enable
[PE1-bgp-af-vpnv4] quit
```

\#　PE2 上的配置。

```
[PE2] bgp 100
[PE2-bgp] peer 1.1.1.9 as-number 100
[PE2-bgp] peer 1.1.1.9 connect-interface loopback 0
[PE2-bgp] ipv4-family vpnv4
[PE2-bgp-af-vpnv4] peer 1.1.1.9 enable
[PE2-bgp-af-vpnv4] quit
```

配置完成后，在 PE 设备上执行 **display bgp peer** 命令，可以看到 PE 之间的 BGP 对等体关系已建立，并达到 Established 状态。以下是在 PE1 上执行该命令的输出结果，从中可以看到其与 PE2（3.3.3.9）成功建立了 BGP 对等体关系（参见输出信息中的粗体字部分）。

```
<PE1> display bgp peer
 BGP local router ID : 1.1.1.9
 Local AS number : 100
 Total number of peers : 1              Peers in established state : 1


 Peer            V    AS   MsgRcvd   MsgSent   OutQ   Up/Down     State         PrefRcv

 3.3.3.9         4    100       3         3      0 00:01:08     Established        0
```

（4）在 PE1 和 PE2 上为所连接的 Site 创建 VPN 实例，为每个 VPN 实例配置不同的 RD（CE1、CE2、CE3 和 CE4 分别配置 100:100、200:200、300:300 和 400:400 的 RD 值），为同一 VPN 中的两个 Site 配置相同的 VPN 实例名（CE1 和 CE3 的实例名为 vpna，CE2

和 CE4 的实例名为 vpnb），相同的 VPN-Target 属性（CE1 和 CE3 的 VPN-Target 属性为 100:100，CE2 和 CE4 的 VPN-Target 属性为 200:200），并绑定连接对应 CE 的 PE 接口。

   #   PE1 上的配置。

```
[PE1] ip vpn-instance vpna
[PE1-vpn-instance-vpna] ipv4-family
[PE1-vpn-instance-vpna-af-ipv4] route-distinguisher 100:100
[PE1-vpn-instance-vpna-af-ipv4] vpn-target 100:100 both
[PE1-vpn-instance-vpna-af-ipv4] quit
[PE1-vpn-instance-vpna] quit
[PE1] ip vpn-instance vpnb
[PE1-vpn-instance-vpnb] ipv4-family
[PE1-vpn-instance-vpnb-af-ipv4] route-distinguisher 300:300
[PE1-vpn-instance-vpnb-af-ipv4] vpn-target 200:200 both
[PE1-vpn-instance-vpnb-af-ipv4] quit
[PE1-vpn-instance-vpnb] quit
[PE1] interface gigabitethernet 2/0/0
[PE1-GigabitEthernet2/0/0] ip binding vpn-instance vpna
[PE1-GigabitEthernet2/0/0] ip address 14.1.1.1 255.255.255.0
[PE1-GigabitEthernet2/0/0] quit
[PE1] interface gigabitethernet 3/0/0
[PE1-GigabitEthernet3/0/0] ip binding vpn-instance vpnb
[PE1-GigabitEthernet3/0/0] ip address 14.1.1.1 255.255.255.0
[PE1-GigabitEthernet3/0/0] quit
```

   #   PE2 上的配置。

```
[PE2] ip vpn-instance vpna
[PE2-vpn-instance-vpna] ipv4-family
[PE2-vpn-instance-vpna-af-ipv4] route-distinguisher 200:200
[PE2-vpn-instance-vpna-af-ipv4] vpn-target 100:100 both
[PE2-vpn-instance-vpna-af-ipv4] quit
[PE2-vpn-instance-vpna] quit
[PE2] ip vpn-instance vpnb
[PE2-vpn-instance-vpnb] ipv4-family
[PE2-vpn-instance-vpnb-af-ipv4] route-distinguisher 400:400
[PE2-vpn-instance-vpnb-af-ipv4] vpn-target 200:200 both
[PE2-vpn-instance-vpnb-af-ipv4] quit
[PE2-vpn-instance-vpnb] quit
[PE2] interface gigabitethernet 1/0/0
[PE2-GigabitEthernet1/0/0] ip binding vpn-instance vpna
[PE2-GigabitEthernet1/0/0] ip address 34.1.1.1 255.255.255.0
[PE2-GigabitEthernet1/0/0] quit
[PE2] interface gigabitethernet 3/0/0
[PE2-GigabitEthernet3/0/0] ip binding vpn-instance vpnb
[PE2-GigabitEthernet3/0/0] ip address 34.1.1.1 255.255.255.0
[PE2-GigabitEthernet3/0/0] quit
```

以上配置完成后，在 PE 设备上执行 **display ip vpn-instance verbose** 命令可以看到 VPN 实例的配置情况。以下是在 PE1 上执行该命令的输出，从中可以看到 PE1 上创建了两个 VPN 实例，实例名分别为 vpna 和 vpnb，而且可以看到这两个 VPN 实例各自所分配的 RD 和 VPN-Target 属性值。

```
<PE1>display ip vpn-instance verbose
  Total VPN-Instances configured      : 2
  Total IPv4 VPN-Instances configured : 2
  Total IPv6 VPN-Instances configured : 0
```

```
VPN-Instance Name and ID : vpna, 1
  Interfaces : GigabitEthernet2/0/0
Address family ipv4
  Create date : 2017/05/22 14:44:42 UTC-08:00
  Up time : 0 days, 00 hours, 28 minutes and 26 seconds
  Route Distinguisher : 100:100
  Export VPN Targets :  100:100
  Import VPN Targets :  100:100
  Label Policy : label per route
  Log Interval : 5

VPN-Instance Name and ID : vpnb, 2
  Interfaces : GigabitEthernet3/0/0
Address family ipv4
  Create date : 2017/05/22 14:52:05 UTC-08:00
  Up time : 0 days, 00 hours, 21 minutes and 03 seconds
  Route Distinguisher : 300:300
  Export VPN Targets :  200:200
  Import VPN Targets :  200:200
  Label Policy : label per route
  Log Interval : 5
```

（5）在 PE1、PE2 的两 VPN 实例中分别配置到达本端 CE 所连接的内网的静态路由，然后在 VPNv4 路由表中引入对应的 VPN 实例静态路由，同时引入 PE 与 CE 连接的直连路由。

　　#　　PE1 上的配置。

[PE1] **ip route-static vpn-instance** vpna 10.137.1.0 24 14.1.1.2 #---在 vpna 实例中配置到达 CE1 所连接内网的静态路由
[PE1] **ip route-static vpn-instance** vpnb 10.137.3.0 24 14.1.1.2　#---在 vpnb 实例中配置到达 CE3 所连接内网的静态路由
[PE1]**bgp** 100
[PE1-bgp] **ipv4-family vpn-instance** vpna
[PE1-bgp-vpna] **import-route static**　#---引入 vpna 中配置的静态路由
[PE1-bgp-vpna] **import-route direct**　#---引入直连路由，使同一 VPN 的 CE 间通过 BGP VPN 路由可直接互通
[PE1-bgp-vpna] **quit**
[PE1-bgp] **ipv4-family vpn-instance** vpnb
[PE1-bgp-vpnb] **import-route static**
[PE1-bgp-vpnb] **import-route direct**
[PE1-bgp-vpnb] **quit**
[PE1-bgp] **quit**

　　#　　PE2 上的配置。

[PE2] **ip route-static vpn-instance** vpna 10.137.2.0 24 34.1.1.2　#---在 vpna 实例中配置到达 CE2 所连接内网的静态路由
[PE2] **ip route-static vpn-instance** vpnb 10.137.4.0 24 34.1.1.2　#---在 vpnb 实例中配置到达 CE4 所连接内网的静态路由
[PE2]**bgp** 100
[PE2-bgp] **ipv4-family vpn-instance** vpna
[PE2-bgp-vpna] **import-route static**
[PE2-bgp-vpna] **import-route direct**
[PE2-bgp-vpna] **quit**
[PE2-bgp] **ipv4-family vpn-instance** vpnb
[PE2-bgp-vpnb] **import-route static**
[PE2-bgp-vpnb] **import-route direct**
[PE2-bgp-vpnb] **quit**
[PE2-bgp] **quit**

（6）在各 CE 上配置接口 IP 地址，并分别配置到达对端 CE 内网的静态路由。

\#   CE1 上的配置。

```
<Huawei> system-view
[Huawei] sysname CE1
[CE1] interface gigabitethernet 1/0/0
[CE1-GigabitEthernet1/0/0] ip address 14.1.1.2 24
[CE1-GigabitEthernet1/0/0] quit
[CE1] ip route-static 10.137.2.0 24    14.1.1.1
[CE1] ip route-static 34.1.1.0 24    14.1.1.1
```

\#   CE2 上的配置。

```
<Huawei> system-view
[Huawei] sysname CE2
[CE2] interface gigabitethernet 1/0/0
[CE2-GigabitEthernet1/0/0] ip address 34.1.1.2 24
[CE2-GigabitEthernet1/0/0] quit
[CE2] ip route-static 10.137.1.0 24    34.1.1.1
[CE2] ip route-static 14.1.1.0 24    34.1.1.1
```

\#   CE3 上的配置。

```
<Huawei> system-view
[Huawei] sysname CE3
[CE3] interface gigabitethernet 1/0/0
[CE3-GigabitEthernet1/0/0] ip address 14.1.1.2 24
[CE3-GigabitEthernet1/0/0] quit
[CE3] ip route-static 10.137.4.0 24    14.1.1.1
[CE3] ip route-static 34.1.1.0 24    14.1.1.1
```

\#   CE4 上的配置。

```
<Huawei> system-view
[Huawei] sysname CE4
[CE4] interface gigabitethernet 1/0/0
[CE4-GigabitEthernet1/0/0] ip address 34.1.1.2 24
 [CE4-GigabitEthernet1/0/0] quit
[CE4] ip route-static 10.137.3.0 24    34.1.1.1
[CE4] ip route-static 14.1.1.0 24    34.1.1.1
```

3. 配置结果验证

在 PE 设备上执行 **display ip routing-table vpn-instance** 命令，均可看到两 VPN 实例中去往对端 CE 内网的路由，而且 IPv4 前缀是相同的（因为地址空间重叠原因）。以下是在 PE1 上执行该命令分别查看 vpna 和 vpnb 实例的输出结果（为 IBGP 路由，参见输出信息中的粗体字部分）。

```
<PE1>display ip routing-table vpn-instance vpna
Route Flags: R - relay, D - download to fib
--------------------------------------------------------------------------
Routing Tables: vpna
          Destinations : 6          Routes : 6

Destination/Mask     Proto    Pre  Cost      Flags NextHop         Interface

     10.137.1.0/24   Static   60   0         RD    14.1.1.2        GigabitEthernet2/0/0
     10.137.2.0/24   IBGP     255  0         RD    3.3.3.9         GigabitEthernet1/0/0
      14.1.1.0/24    Direct   0    0         D     14.1.1.1        GigabitEthernet2/0/0
      14.1.1.1/32    Direct   0    0         D     127.0.0.1       GigabitEthernet2/0/0
    14.1.1.255/32    Direct   0    0         D     127.0.0.1       GigabitEthernet2/0/0
      34.1.1.0/24    IBGP     255  0         RD    3.3.3.9         GigabitEthernet1/0/0
```

```
    255.255.255.255/32  Direct  0    0         D   127.0.0.1      InLoopBack0

<PE1>display ip routing-table vpn-instance vpnb
Route Flags: R - relay, D - download to fib
----------------------------------------------------------------------
Routing Tables: vpnb
        Destinations : 6        Routes : 6

Destination/Mask    Proto   Pre  Cost      Flags NextHop        Interface

    10.137.3.0/24   Static  60   0         RD   14.1.1.2       GigabitEthernet3/0/0
    10.137.4.0/24   IBGP    255  0         RD   3.3.3.9        GigabitEthernet1/0/0
    14.1.1.0/24     Direct  0    0         D    14.1.1.1       GigabitEthernet3/0/0
    14.1.1.1/32     Direct  0    0         D    127.0.0.1      GigabitEthernet3/0/0
    14.1.1.255/32   Direct  0    0         D    127.0.0.1      GigabitEthernet3/0/0
    34.1.1.0/24     IBGP    255  0         RD   3.3.3.9        GigabitEthernet1/0/0
    255.255.255.255/32 Direct 0   0        D    127.0.0.1      InLoopBack0
```

在 CE1 上执行先 ping 命令，Ping 34.1.1.2 可以 Ping 通，执行 **display interface** 命令查看 PE2 上 GE1/0/0 和 GE3/0/0 的报文计数，可以看到 GE1/0/0 下有报文通过，GE3/0/0 下没有报文通过，这说明虽然两接口的 IP 地址重叠，但两个 VPN 不互通。

```
<CE1>ping 34.1.1.2
  PING 34.1.1.2: 56   data bytes, press CTRL_C to break
    Reply from 34.1.1.2: bytes=56 Sequence=1 ttl=252 time=90 ms
    Reply from 34.1.1.2: bytes=56 Sequence=2 ttl=252 time=100 ms
    Reply from 34.1.1.2: bytes=56 Sequence=3 ttl=252 time=70 ms
    Reply from 34.1.1.2: bytes=56 Sequence=4 ttl=252 time=100 ms
    Reply from 34.1.1.2: bytes=56 Sequence=5 ttl=252 time=100 ms

  --- 34.1.1.2 ping statistics ---
    5 packet(s) transmitted
    5 packet(s) received
    0.00% packet loss
    round-trip min/avg/max = 70/92/100 ms
```

2.3　配置 Hub and Spoke

Hub and Spoke 组网是基本 BGP/MPLS IP VPN 的一种，其通过在 VPN 中设置中心站点，要求其他站点的互访都通过中心站点进行，以实现对站点间通信的集中控制。

2.3.1　Hub and Spoke 配置任务

Hub and Spoke 其实只是 BGP/MPLS IP VPN 中的一种比较特殊的组网方式（在其他应用中也可采用这种组网方式，如在《华为 VPN 学习指南》中介绍的 DSVPN），在配置方面与前面介绍的基本 BGP/MPLS IP VPN 配置任务及配置方法基本相同，具体包括以下几项配置任务。

（1）配置 Hub-PE 与 Spoke-PE 间使用 MP-IBGP

Hub-PE 与所有的 Spoke-PE 都需要建立 MP-IBGP 对等体，但 Spoke-PE 间无需建立 MP-IBGP 对等体关系。在 Hub-PE 与 Spoke-PE 间建立 MP-IBGP 对等体的方法与 2.1.2

节介绍的 PE 间的 IBGP 对等配置方法相同，只是需分别在 Hub-PE 和 Spoke-PE 上进行配置，参见即可。

（2）配置 PE 上的 VPN 实例

此处配置是 Hub and Spoke 方案中最核心的，也是与普通基本 BGP/MPLS IP VPN 在配置方法上最主要的区别。不同的 PE 的 VPN 实例配置要求有所不同。

■ 在 Hub-PE 上需配置两个 VPN 实例：一个仅需配置 Import-Target 扩展团体属性，仅用于接收所有 Spoke-PE 发布的 VPNv4 路由，另一个仅需配置 Export-Target 扩展团体属性，仅用于向其他 Spoke-PE 发布 Hub 站点以及所有 Spoke 站点的私网 VPN 路由。

■ 在 Spoke-PE 中，只需配置一个 VPN 实例，但在 VPN-Target 属性配置中要分别配置 Import-Target、Export-Target 扩展团体属性。

Spoke-PE 上配置的 VPN 实例的 Import-Target 属性可使得该实例可以接收 Hub-PE 发布的私网 VPN 路由，要与 Hub-PE 上仅配置了 Export-Target 属性的 VPN 实例的 VPN-Target 属性值一致；Spoke-PE 上配置的 VPN 实例的 Export-Target 属性用于向 Hub-PE 发布本 Spoke-PE 所接入的站点的私网 VPN 路由，要与 Hub-PE 上仅配置了 Import-Target 属性的 VPN 实例的 VPN-Target 属性值一致。

有关 Hub-PE 和 Spoke-PE 上的 VPN 实例的具体配置方法与 2.1.3 节介绍的相同，参见即可，只需要注意在 Hub-PE 和 Spoke-PE 上 VPN 实例的配置区别即可。

（3）配置接口与 VPN 实例绑定

在 Hub-PE 连接 Hub-CE 方向上，Hub-PE 要使用两个物理接口，或者一个物理接口下划分两个子接口与 Hub-CE 连接，分别绑定在 Hub-PE 上所创建的两个 VPN 实例上。具体配置方法与 2.1.4 节介绍的配置方法完全相同，参见即可，但需要注意以下几点。

■ 配置 VPN 实例后，需要将本设备上属于该 VPN 的接口与该 VPN 实例绑定，否则该接口将属于公网接口，无法转发 VPN 数据。

■ 绑定 VPN 实例的接口属于私网接口，需重新配置 IP 地址，以实现 PE-CE 间的路由交互。

■ 接口与 VPN 实例绑定后，将删除接口上已经配置的 IP 地址、路由协议等三层特性（包括 IPv4 和 IPv6）。

■ 去使能 VPN 下的某个地址族（如 IPv4 或 IPv6）时，将清理接口下该类地址的配置；当 VPN 实例下没有地址族配置时，将解除接口与 VPN 实例的绑定关系。

（4）配置 PE 与 CE 间路由交换

这方面与基本 BGP/MPLS IP VPN 中 PE 与 CE 间的路由配置方法也是相同的，也可根据实际需要，随意采用静态路由、各种 IGP 路由和 BGP 路由连接。但在 Hub-PE 与 Hub-CE 间的配置方面上还是存在一些区别的，2.3.2 节具体介绍。

在配置 Hub and Spoke 之前，需完成如下任务。

■ 对 MPLS 骨干网（PE、P）配置 IGP，实现骨干网的 IP 连通性。

■ 对 MPLS 骨干网（PE、P）配置 MPLS 基本能力和 MPLS LDP（或 RSVP-TE）。本章仅介绍 MPLS LDP 方式。

■ 在 CE 上配置接入 PE 接口的 IP 地址。

2.3.2　配置 PE 与 CE 间的路由交换

在 BGP/MPLS IP VPN 的 Hub and Spoke 组网方式下，Hub-PE 与 Hub-CE 间可以使用 IGP 或 EBGP，但当 **Hub-PE 与 Hub-CE 使用 EBGP 时，Hub-PE 上必须手工配置允许本地 AS 编号重复。**

如图 2-4 所示，在 Hub and Spoke 中，来自 Spoke-CE 的路由需要在 Hub-CE 和 Hub-PE 上转一圈再通过其他接口或子接口绑定的 VPN 实例发给其他 Spoke-PE。如果 Hub-PE 与 Hub-CE 之间使用 EBGP，此时，Hub-PE 会对该路由进行 AS-Loop 检查；如果 Hub-PE 发现该路由已包含自己的 AS 号就会丢弃该路由。因此，如果 Hub-PE 与 Hub-CE 之间使用 EBGP，为了实现 Hub and Spoke，Hub-PE 上必须手工配置允许本地 AS 编号重复。

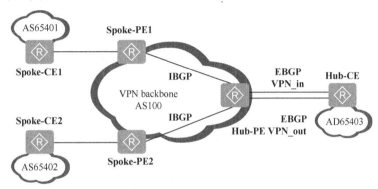

图 2-4　Hub-CE 与 Hub-PE 使用 EBGP 组网示意图

在 Hub and Spoke 组网方式中，各 Spoke-PE 和 Spoke-CE 间也可采用包括静态路由、RIP 路由、OSPF 路由、IS-IS 路由 BGP 路由任意方式配置，具体的配置方法与 2.2 节对应小节所介绍的配置方法完全相同，参见即可。

在 Hub-PE 和 Hub-CE 之间，可以采用以下配置方式。

（1）Hub-PE 与 Hub-CE 间使用 EBGP

在这种方式中，Spoke-PE 与 Spoke-CE 间可使用 EBGP、IGP 或静态路由。当 Spoke-PE 与 Spoke-CE 间，以及 Hub-PE 与 Hub-CE 都使用 EBGP 时，需要在 Hub-PE 上进行表 2-12 所示的配置。

表 2-12　　　　　　　　各 PE 与 CE 间均使用 EBGP 时 Hub-PE 的配置步骤

步骤	命令	说明
1	**system-view** 例如：\<Huawei> **system-view**	进入系统视图
2	**bgp** { *as-number-plain* | *as-number-dot* } 例如：[Huawei] **bgp** 100	进入 Hub-PE 所在 AS 的 BGP 视图
3	**ipv4-family vpn-instance** *vpn-instance-name* 例如：[Huawei-bgp] **ipv4-family** **vpn-instance** vrf1	进入 BGP-VPN 实例 IPv4 地址族视图。参数 *vpn-instance-name* 用来指定 Hub-PE 上配置的 VPN-out VPN 实例

（续表）

步骤	命令	说明
4	**peer** *ip-address* **allow-as-loop** [*number*] 例如：[Huawei-bgp-af-ipv4-vrf1] **peer** 10.1.1.2 **allow-as-loop** 1	允许路由环路。命令中的参数说明如下。 ● *ip-address*：指定 Hub-PE 对等体（Hub-CE）的 IP 地址，通常为 Loopback 接口 IP 地址。 ● *number*：可选参数，指定本地 AS 号的重复次数，整数形式，取值范围为 1～10，这里仅需取 1，允许 AS 重复 1 次的路由通过。 本命令需要为所有 Spoke-PE 对等体都配置一次。 缺省情况下，不允许本地 AS 号重复，可用 **undo peer** *ip-address* **allow-as-loop** 命令恢复缺省情况

（2）Hub-PE 与 Hub-CE 间使用 IGP

如果 Hub-PE 与 Hub-CE 间指定使用 IGP 路由，则 Spoke-PE 与 Spoke-CE 间只能使用 IGP 或静态路由，不能使用 BGP。

因为如果在 Spoke-PE 与 Spoke-CE 间使用 BGP，在 Spoke-PE 侧会同时收到来自 Spoke-CE 的源 BGP 路由，以及经过 Hub-PE 回发的不带 AS 号的相同前缀的路由，这样就会使得源 Spoke-CE 发给 Spoke-PE 的路由由于带有 AS 号而不被优选，不再为最优路由，所以会发送撤销路由。当路由被撤销后，Spoke-PE 侧收到来自 Spoke-CE 的路由再次成为最优路由并发布，然后重复这个过程，从而造成路由震荡。

此时各 PE 与 CE 之间的静态路由或 IGP 路由的配置方法参见 2.2 节对应小节。

（3）Hub-PE 与 Hub-CE 间使用静态路由

如果 Hub-PE 和 Hub-CE 间使用静态路由，则 Spoke-PE 与 Spoke-CE 间可使用 EBGP、IGP 或静态路由。

如果 Hub-CE 使用缺省路由接入 Hub-PE，为了将此缺省路由发布给所有 Spoke-PE，需要在 Hub-PE 上进行表 2-13 所示的配置。

表 2-13　　　　Hub-CE 使用缺省路由时，Hub-PE 的静态路由配置步骤

步骤	命令	说明
1	**system-view** 例如：<Huawei> **system-view**	进入系统视图
2	**ip route-static vpn-instance** *vpn-source-name* 0.0.0.0 0.0.0.0 *nexthop-address* [**preference** *preference* | **tag** *tag*]* [**description** *text*] 例如：[Huawei] **ip route-static vpn-instance** vpn1 0.0.0.0 0.0.0.0 192.168.1.1	配置到达 Hub-CE 内网的 VPN 实例静态缺省路由。命令中的参数说明如下。 ● *vpn-source-name*：VPN-out 的 VPN 实例名。 ● *nexthop-address*：绑定 VPN-out 的接口所在链路的 Hub-CE 接口 IP 地址。 ● **preference** *preference*：可多选参数，配置静态路由的优先级，缺省为 60。 ● **tag** *tag*：可多选参数，指定静态路由的 tag 属性值，整数形式，取值范围是 1～4294967295，缺省值是 0。配置不同的 tag 属性值，可对静态路由进行分类，以实现不同的路由管理策略。例如，其他协议引入静态路由时，可通过路由策略引入具有特定 tag 属性值的路由。 ● **description** *text*：可选参数，指定静态路由的描述信息。 缺省情况下，没有为 VPN 实例配置静态缺省路由，可用 **undo ip route-static vpn-instance** *vpn-source-name* 0.0.0.0 0.0.0.0 *nexthop-address* 命令删除指定的静态缺省路由

（续表）

步骤	命令	说明
3	**bgp** { *as-number-plain* | *as-number-dot* } 例如：[Huawei] **bgp** 100	进入 Hub-PE 所在 AS 的 BGP 视图
4	**ipv4-family vpn-instance** *vpn-instance-name* 例如：[Huawei-bgp] **ipv4-family vpn-instance** vpn1	进入 BGP-VPN 实例 IPv4 地址族视图。参数 *vpn-instance-name* 是 VPN-out 的 VPN 实例名
5	**network 0.0.0.0 0** 例如：[Huawei-bgp-af-ipv4-vp1] **network 0.0.0.0 0**	通过 MP-BGP 发布缺省路由给所有 Spoke-PE

2.3.3　Hub and Spoke BGP/MPLS IP VPN 的配置示例

如图 2-5 所示，某银行希望通过 MPLS VPN 实现总行和各分行的安全互访，同时要求分行的 VPN 流量必须通过总行转发，以实现对流量的监控。Spoke-CE 连接分支机构，Hub-CE 连接公司总部，实现 Spoke-CE 之间的流量经过 Hub-CE 转发。

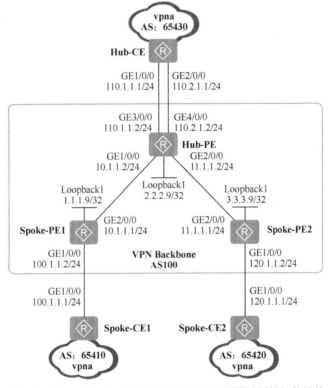

图 2-5　Hub and Spoke BGP/MPLS IP VPN 配置示例的拓扑结构

1. 基本配置思路分析

根据本章前面介绍的基本 BGP/MPLS IP VPN 的配置方法以及 2.3.1 节介绍的配置任务，可得出本例如下的基本配置思路。

（1）配置骨干网各接口（包括 Loopback 接口，但不包括连接 CE 的接口）IP 地址以及 OSPF 路由，实现骨干网 Hub-PE 和 Spoke-PE 的互通。

（2）骨干网上配置 MPLS 基本能力和 MPLS LDP，建立 LDP LSP 公网隧道。

（3）在 Hub-PE 与 Spoke-PE 间建立 MP-IBGP 对等体关系；Spoke-PE 之间不建立 MP-IBGP 对等体关系，不交换 VPN 路由信息。

（4）在 Hub-PE 上创建两个 VPN 实例，一个用于接收 Spoke-PE 发来的路由，其 Import Target 为 100:1；另一个用于向 Spoke-PE 发布路由，其 VPN 实例的 Export Target 为 200:1。各 Spoke-PE 上只创建一个 VPN 实例，其 Export Target 为 100:1，Import Target 为 200:1。

（5）在各 CE、PE 之间使用 EBGP 交换 VPN 路由信息。Hub-PE 上配置允许接收 AS 重复一次的路由，以接收 Hub-CE 发布的路由。

2. 具体配置步骤

（1）配置骨干网各接口（包括 Loopback 接口，但不包括连接 CE 的接口）IP 地址以及 OSPF 路由，实现骨干网 Hub-PE 和 Spoke-PE 的互通。

Spoke-PE1 上的配置。

```
<Huawei> system-view
[Huawei] sysname Spoke-PE1
[Spoke-PE1] interface loopback 1
[Spoke-PE1-LoopBack1] ip address 1.1.1.9 32
[Spoke-PE1-LoopBack1] quit
[Spoke-PE1] interface gigabitethernet 2/0/0
[Spoke-PE1-GigabitEthernet2/0/0] ip address 10.1.1.1 24
[Spoke-PE1-GigabitEthernet2/0/0] quit
[Spoke-PE1] ospf 1
[Spoke-PE1-ospf-1] area 0
[Spoke-PE1-ospf-1-area-0.0.0.0] network 10.1.1.0 0.0.0.255
[Spoke-PE1-ospf-1-area-0.0.0.0] network 1.1.1.9 0.0.0.0
[Spoke-PE1-ospf-1-area-0.0.0.0] quit
[Spoke-PE1-ospf-1] quit
```

Spoke-PE2 上的配置。

```
<Huawei> system-view
[Huawei] sysname Spoke-PE2
[Spoke-PE2] interface loopback 1
[Spoke-PE2-LoopBack1] ip address 3.3.3.9 32
[Spoke-PE2-LoopBack1] quit
[Spoke-PE2] interface gigabitethernet 2/0/0
[Spoke-PE2-GigabitEthernet2/0/0] ip address 11.1.1.1 24
[Spoke-PE2-GigabitEthernet2/0/0] quit
[Spoke-PE2] ospf 1
[Spoke-PE2-ospf-1] area 0
[Spoke-PE2-ospf-1-area-0.0.0.0] network 11.1.1.0 0.0.0.255
[Spoke-PE2-ospf-1-area-0.0.0.0] network 3.3.3.9 0.0.0.0
[Spoke-PE2-ospf-1-area-0.0.0.0] quit
[Spoke-PE2-ospf-1] quit
```

Hub-PE 上的配置。

```
<Huawei> system-view
[Huawei] sysname Hub-PE
[Hub-PE] interface loopback 1
[Hub-PELoopBack1] ip address 2.2.2.9 322
[Hub-PE-LoopBack1] quit
[Hub-PE] interface gigabitethernet 1/0/0
[Hub-PE-GigabitEthernet1/0/0] ip address 10.1.1.2 24
```

```
[Hub-PE-GigabitEthernet1/0/0] quit
[Hub-PE] interface gigabitethernet 2/0/0
[Hub-PE-GigabitEthernet2/0/0] ip address 11.1.1.2 24
[Hub-PE-GigabitEthernet2/0/0] quit
[Hub-PE] ospf 1
[Hub-PE-ospf-1] area 0
[Hub-PE-ospf-1-area-0.0.0.0] network 10.1.1.0 0.0.0.255
[Hub-PE-ospf-1-area-0.0.0.0] network 11.1.1.0 0.0.0.255
[Hub-PE-ospf-1-area-0.0.0.0] network 3.3.3.9 0.0.0.0
[Hub-PE-ospf-1-area-0.0.0.0] quit
[Hub-PE-ospf-1] quit
```

以上配置完成后，Hub-PE 和 Spoke-PE 之间就可建立 OSPF 邻居关系了，执行 **display ospf peer** 命令可以看到他们的邻居状态为 Full。执行 **display ip routing-table** 命令可以看到 Hub-PE 和 Spoke-PE 之间学习到对方的 Loopback 路由。

（2）在骨干网上配置 MPLS 基本能力和 MPLS LDP，建立 LDP LSP。

\#　Hub-PE 上的配置。

因为 Hub-PE 上连接了两个 Spoke-PE，所以为了针对不同 FEC 所分配的标签保持唯一，必须在 Hub-PE 上配置采用非空标签分配方式，不支持 PHP，不使 Hub-PE 为不同 FEC 分配相同的 0 或 3 的空标签。

```
[Hub-PE] mpls lsr-id 2.2.2.9
[Hub-PE] mpls
[Hub-PE-mpls] label advertise non-null    #---指定不为倒数第二跳分配空标签
[Hub-PE-mpls] quit
[Hub-PE] mpls ldp
[Hub-PE-mpls-ldp] quit
[Hub-PE] interface gigabitethernet 1/0/0
[Hub-PE-GigabitEthernet1/0/0] mpls
[Hub-PE-GigabitEthernet1/0/0] mpls ldp
[Hub-PE-GigabitEthernet1/0/0] quit
[Hub-PE] interface gigabitethernet 2/0/0
[Hub-PE-GigabitEthernet2/0/0] mpls
[Hub-PE-GigabitEthernet2/0/0] mpls ldp
[Hub-PE-GigabitEthernet2/0/0] quit
```

\#　Spoke-PE1 上的配置。

```
[Spoke-PE1] mpls lsr-id 1.1.1.9
[Spoke-PE1] mpls
[Spoke-PE1-mpls] quit
[Spoke-PE1] mpls ldp
[Spoke-PE1-mpls-ldp] quit
[Spoke-PE1] interface gigabitethernet 2/0/0
[Spoke-PE1-GigabitEthernet2/0/0] mpls
[Spoke-PE1-GigabitEthernet2/0/0] mpls ldp
[Spoke-PE1-GigabitEthernet2/0/0] quit
```

\#　Spoke-PE2 上的配置。

```
[Spoke-PE2] mpls lsr-id 3.3.3.9
[Spoke-PE2] mpls
[Spoke-PE2-mpls] quit
[Spoke-PE2] mpls ldp
[Spoke-PE2-mpls-ldp] quit
[Spoke-PE2] interface gigabitethernet 2/0/0
[Spoke-PE2-GigabitEthernet2/0/0] mpls
```

```
[Spoke-PE2-GigabitEthernet2/0/0] mpls ldp
[Spoke-PE2-GigabitEthernet2/0/0] quit
```

以上配置完成后，Hub-PE 和 Spoke-PE 之间应该建立起 LDP 对等体关系，执行 **display mpls ldp session** 命令可以看到显示结果中 State 项为 "Operational"。执行 **display mpls ldp lsp** 命令，可以看到 LDP LSP 的建立情况。

（3）在 Spoke-PE 与 Hub-PE 之间建立 MP-IBGP 对等体关系。

Spoke-PE 上不需要配置允许 AS 号重复一次，因为路由器接收 IBGP 对等体发布的路由时并不检查其中的 AS-PATH 属性。

Spoke-PE1 上的配置。

```
[Spoke-PE1] bgp 100
[Spoke-PE1-bgp] peer 2.2.2.9 as-number 100
[Spoke-PE1-bgp] peer 2.2.2.9 connect-interface loopback 1
[Spoke-PE1-bgp] ipv4-family vpnv4
[Spoke-PE1-bgp-af-vpnv4] peer 2.2.2.9 enable
[Spoke-PE1-bgp-af-vpnv4] quit
```

Spoke-PE2 上的配置。

```
[Spoke-PE2] bgp 100
[Spoke-PE2-bgp] peer 2.2.2.9 as-number 100
[Spoke-PE2-bgp] peer 2.2.2.9 connect-interface loopback 1
[Spoke-PE2-bgp] ipv4-family vpnv4
[Spoke-PE2-bgp-af-vpnv4] peer 2.2.2.9 enable
[Spoke-PE2-bgp-af-vpnv4] quit
```

配置 Hub-PE。

```
[Hub-PE] bgp 100
[Hub-PE-bgp] peer 1.1.1.9 as-number 100
[Hub-PE-bgp] peer 1.1.1.9 connect-interface loopback 1
[Hub-PE-bgp] peer 3.3.3.9 as-number 100
[Hub-PE-bgp] peer 3.3.3.9 connect-interface loopback 1
[Hub-PE-bgp] ipv4-family vpnv4
[Hub-PE-bgp-af-vpnv4] peer 1.1.1.9 enable
[Hub-PE-bgp-af-vpnv4] peer 3.3.3.9 enable
[Hub-PE-bgp-af-vpnv4] quit
```

配置完成后，在各 PE 设备上执行 **display bgp peer** 或 **display bgp vpnv4 all peer** 命令可以看到，Spoke-PE 与 Hub-PE 之间的 BGP 对等体关系已建立，并达到 Established 状态。

（4）在各 PE 设备上配置 VPN 实例，绑定 PE 连接 CE 的接口，将 CE 接入 PE。

Hub-PE 的两个 VPN 实例接收的 VPN-target 分别为两个 Spoke-PE 发布的 VPN-target，且发布的 VPN-target 与接收的 VPN-target 不同。Spoke-PE 的 VPN 实例引入的 VPN-target 为 Hub-PE 发布的 VPN-target。

Spoke-PE1 上的配置。

```
[Spoke-PE1] ip vpn-instance vpna
[Spoke-PE1-vpn-instance-vpna] ipv4-family
[Spoke-PE1-vpn-instance-vpna-af-ipv4] route-distinguisher 100:1
[Spoke-PE1-vpn-instance-vpna-af-ipv4] vpn-target 100:1 export-extcommunity
[Spoke-PE1-vpn-instance-vpna-af-ipv4] vpn-target 200:1 import-extcommunity
[Spoke-PE1-vpn-instance-vpna-af-ipv4] quit
[Spoke-PE1-vpn-instance-vpna] quit
[Spoke-PE1] interface gigabitethernet 1/0/0
[Spoke-PE1-GigabitEthernet1/0/0] ip binding vpn-instance vpna
```

[Spoke-PE1-GigabitEthernet1/0/0] **ip address** 100.1.1.2 24
[Spoke-PE1-GigabitEthernet1/0/0] **quit**

\#　Spoke-PE2 上的配置。

[Spoke-PE2] **ip vpn-instance** vpna
[Spoke-PE2-vpn-instance-vpna] **ipv4-family**
[Spoke-PE2-vpn-instance-vpna-af-ipv4] **route-distinguisher** 100:3
[Spoke-PE2-vpn-instance-vpna-af-ipv4] **vpn-target** 100:1 **export-extcommunity**
[Spoke-PE2-vpn-instance-vpna-af-ipv4] **vpn-target** 200:1 **import-extcommunity**
[Spoke-PE2-vpn-instance-vpna-af-ipv4] **quit**
[Spoke-PE2-vpn-instance-vpna] **quit**
[Spoke-PE2] **interface** gigabitethernet 1/0/0
[Spoke-PE2-GigabitEthernet1/0/0] **ip binding vpn-instance** vpna
[Spoke-PE2-GigabitEthernet1/0/0] **ip address** 120.1.1.2 24
[Spoke-PE2-GigabitEthernet1/0/0] **quit**

\#　Hub-PE 上的配置。

[Hub-PE] **ip vpn-instance** vpn_in
[Hub-PE-vpn-instance-vpn_in] **ipv4-family**
[Hub-PE-vpn-instance-vpn_in-af-ipv4] **route-distinguisher** 100:21
[Hub-PE-vpn-instance-vpn_in-af-ipv4] **vpn-target** 100:1 **import-extcommunity**
[Hub-PE-vpn-instance-vpn_in-af-ipv4] **quit**
[Hub-PE-vpn-instance-vpn_in] **quit**
[Hub-PE] **ip vpn-instance** vpn_out
[Hub-PE-vpn-instance-vpn_out] **ipv4-family**
[Hub-PE-vpn-instance-vpn_out-af-ipv4] **route-distinguisher** 100:22
[Hub-PE-vpn-instance-vpn_out-af-ipv4] **vpn-target** 200:1 **export-extcommunity**
[Hub-PE-vpn-instance-vpn_out-af-ipv4] **quit**
[Hub-PE-vpn-instance-vpn_out] **quit**
[Hub-PE] **interface** gigabitethernet 3/0/0
[Hub-PE-GigabitEthernet3/0/0] **ip binding vpn-instance** vpn_in
[Hub-PE-GigabitEthernet3/0/0] **ip address** 110.1.1.2 24
[Hub-PE-GigabitEthernet3/0/0] **quit**
[Hub-PE] **interface** gigabitethernet 4/0/0
[Hub-PE-GigabitEthernet4/0/0] **ip binding vpn-instance** vpn_out
[Hub-PE-GigabitEthernet4/0/0] **ip address** 110.2.1.2 24
[Hub-PE-GigabitEthernet4/0/0] **quit**

（5）在 PE 与 CE 之间建立 EBGP 对等体关系，引入 VPN 路由。
Hub-PE 上需要配置允许 AS 号重复一次，以接收 Hub-CE 发布的路由。

\#　Spoke-CE1 上的配置。

<Huawei> **system-view**
[Huawei] **sysname** Spoke-CE1
[Spoke-CE1] **interface** gigabitethernet 1/0/0
[Spoke-CE1-GigabitEthernet1/0/0] **ip address** 100.1.1.1 24
[Spoke-CE1-GigabitEthernet1/0/0] **quit**
[Spoke-CE1] **bgp** 65410
[Spoke-CE1-bgp] **peer** 100.1.1.2 **as-number** 100
[Spoke-CE1-bgp] **import-route direct**
[Spoke-CE1-bgp] **quit**

\#　Spoke-PE1 上的配置。

[Spoke-PE1] **bgp** 100
[Spoke-PE1-bgp] **ipv4-family vpn-instance** vpna
[Spoke-PE1-bgp-vpna] **peer** 100.1.1.1 **as-number** 65410
[Spoke-PE1-bgp-vpna] **import-route direct**

```
[Spoke-PE1-bgp-vpna] quit
[Spoke-PE1-bgp] quit
```

Spoke-CE2 上的配置。

```
<Huawei> system-view
[Huawei] sysname Spoke-CE2
[Spoke-CE2] interface gigabitethernet 1/0/0
[Spoke-CE2-GigabitEthernet1/0/0] ip address 120.1.1.1 24
[Spoke-CE2-GigabitEthernet1/0/0] quit
[Spoke-CE2] bgp 65420
[Spoke-CE2-bgp] peer 120.1.1.2 as-number 100
[Spoke-CE2-bgp] import-route direct
[Spoke-CE2-bgp] quit
```

Spoke-PE2 上的配置。

```
[Spoke-PE2] bgp 100
[Spoke-PE2-bgp] ipv4-family vpn-instance vpna
[Spoke-PE2-bgp-vpna] peer 120.1.1.1 as-number 65420
[Spoke-PE2-bgp-vpna] import-route direct
[Spoke-PE2-bgp-vpna] quit
[Spoke-PE2-bgp] quit
```

Hub-CE 上的配置。

```
<Huawei> system-view
[Huawei] sysname Hub-CE
[Hub-CE] interface gigabitethernet 1/0/0
[Hub-CE-GigabitEthernet1/0/0] ip address 110.1.1.1 24
[Hub-CE-GigabitEthernet1/0/0] quit
[Hub-CE] interface gigabitethernet 2/0/0
[Hub-CE-GigabitEthernet2/0/0] ip address 110.2.1.1 24
[Hub-CE-GigabitEthernet2/0/0] quit
[Hub-CE] bgp 65430
[Hub-CE-bgp] peer 110.1.1.2 as-number 100
[Hub-CE-bgp] peer 110.2.1.2 as-number 100
[Hub-CE-bgp] import-route direct
[Hub-CE-bgp] quit
```

Hub-PE 上的配置。

```
[Hub-PE] bgp 100
[Hub-PE-bgp] ipv4-family vpn-instance vpn_in
[Hub-PE-bgp-vpn_in] peer 110.1.1.1 as-number 65430
[Hub-PE-bgp-vpn_in] import-route direct
[Hub-PE-bgp-vpn_in] quit
[Hub-PE-bgp] ipv4-family vpn-instance vpn_out
[Hub-PE-bgp-vpn_out] peer 110.2.1.1 as-number 65430
[Hub-PE-bgp-vpn_out] peer 110.2.1.1 allow-as-loop 1   #---允许在与对等体 Hub-CE 的 BGP 交互报文中出现一次 AS 号重复
[Hub-PE-bgp-vpn_out] import-route direct
[Hub-PE-bgp-vpn_out] quit
[Hub-PE-bgp] quit
```

以上配置完成后，在各 PE 设备上执行 **display bgp vpnv4 all peer** 命令可以看到，PE
与 CE 之间的 BGP 对等体关系已建立，并达到 Established 状态。

在 PE 设备上执行 **display ip vpn-instance verbose** 命令可以看到 VPN 实例的配置情
况。各 PE 能用命令 **ping-vpn-instance** *vpn-name ip-address* ping 通自己接入的 CE。

3. 配置结果验证

全部配置完成后，Spoke-CE 之间可以相互 Ping 通，使用 Tracert 可以看到 Spoke-CE

之间的流量经过 Hub-CE 转发。以下是在 Spoke-CE1 上操作的输出示例。

```
<Spoke-CE1> ping 120.1.1.1
   PING 120.1.1.1: 56   data bytes, press CTRL_C to break
     Reply from 120.1.1.1: bytes=56 Sequence=1 ttl=250 time=80 ms
     Reply from 120.1.1.1: bytes=56 Sequence=2 ttl=250 time=129 ms
     Reply from 120.1.1.1: bytes=56 Sequence=3 ttl=250 time=132 ms
     Reply from 120.1.1.1: bytes=56 Sequence=4 ttl=250 time=92 ms
     Reply from 120.1.1.1: bytes=56 Sequence=5 ttl=250 time=126 ms
   --- 120.1.1.1 ping statistics ---
     5 packet(s) transmitted
     5 packet(s) received
     0.00% packet loss
     round-trip min/avg/max = 80/111/132 ms

<Spoke-CE1> tracert 120.1.1.1
   traceroute to  120.1.1.1(120.1.1.1), max hops: 30 ,packet length: 40,press CTRL
_C to break
   1 100.1.1.2 10 ms   2 ms   1 ms
   2 110.2.1.2 < AS=100 > 10 ms   2 ms   2 ms
   3 110.2.1.1 < AS=100 > 10 ms   2 ms   2 ms
   4 110.1.1.2 < AS=65430 > 10 ms   2 ms   2 ms
   5 120.1.1.2 < AS=100 > 10 ms   2 ms   2 ms
   6 120.1.1.1 < AS=100 > 10 ms   2 ms   5 ms
```

在 Spoke-CE 上执行 **display bgp routing-table** 命令可以看到，去往对端 Spoke-CE 的 BGP 路由的 AS 路径中存在重复的 AS 号。以下是在 Spoke-CE1 上执行该命令的输出示例（参见输出信息中的粗体字部分）。

```
[Spoke-CE1] display bgp routing-table

   BGP Local router ID is 100.1.1.1
   Status codes: * - valid, > - best, d - damped,
                 h - history,   i - internal, s - suppressed, S - Stale
                 Origin : i - IGP, e - EGP, ? - incomplete


   Total Number of Routes: 8
       Network          NextHop        MED      LocPrf   PrefVal Path/Ogn

    *>   100.1.1.0/24    0.0.0.0        0                 0       ?
                         100.1.1.2      0                 0       100?
    *>   100.1.1.1/32    0.0.0.0        0                 0       ?
    *>   110.1.1.0/24    100.1.1.2                        0       100 65430?
    *>   110.2.1.0/24    100.1.1.2                        0       100?
    *>   120.1.1.0/24    100.1.1.2                        0       100 65430 100?
    *>   127.0.0.0       0.0.0.0        0                 0       ?
    *>   127.0.0.1/32    0.0.0.0        0                 0       ?
```

2.4　路由反射器优化 VPN 骨干层配置与管理

这是一项可选配置任务。当 MPLS 骨干网存在大量的 PE 之间需要建立 MP-IBGP 对等体以交互 VPN 私网路由时，可以通过配置路由反射器 RR 来减少 PE 之间的 MP-IBGP

连接的数量，因为此时各 PE 只需和 RR（路由反射器）建立 MP-IBGP 对等体关系，无需在各 PE 间彼此建立 IBGP 对等体关系，这样既减轻了 PE 的负担，也给维护和管理带来方便。

以上解决方案就是本节将要介绍的"路由反射器优化 VPN 骨干层"方案，包括以下必选配置任务。其中，RR 可以是 P 设备、PE 设备、ASBR 设备或者其他设备。

（1）配置客户机 PE 与 RR 建立 MP-IBGP 连接。

这项任务的具体配置方法与 2.1.2 节介绍的 PE 间 MP-IBGP 对等体关系的配置方法完全相同，参见即可，只不过此处是 PE 与 RR 之间建立 MP-IBGP 对等体关系。

（2）配置 RR 与其所有客户机 PE 建立 MP-IBGP 连接。

（3）配置 BGP-VPNv4 路由反射功能。

下面仅介绍后面两项配置任务的具体配置方法。

在配置路由反射优化 VPN 骨干层之前，需完成以下任务：

■ 在 MPLS 骨干网上配置路由协议，实现骨干网设备的 IP 互通；

■ 在 RR 与所有作为客户机的 PE 之间建立隧道（LSP、GRE 或者 MPLS TE）。

2.4.1　配置 RR 与其所有客户机 PE 建立 MP-IBGP 连接

当要配置 PE 与 RR 建立 IBGP 对等体关系时，这些 PE 就成了 RR 的客户机。当有多个 PE 要与 RR 建立 IBGP 对等体关系时，可以有两种配置方式。

（1）配置与对等体组建立 MP-IBGP 连接

在 RR 上将所有担当客户机的 PE 都加入一个对等体组，然后配置 RR 与这个对等体组建立 MP-IBGP 关系，具体配置步骤见表 2-14。

（2）配置与每个对等体建立 MP-IBGP 连接

这种配置方式是在 RR 上把各个担当客户机的 PE 分别与 RR 建立 MP-IBGP 对等体关系，这与 2.1.2 节表 2-1 介绍的配置方法完全相同，参见即可，不同只是此处是 RR 与各 PE 间的 MP-IBGP 对等体关系。

表 2-14　　　　　　　　　　配置与对等体组建立 **MP-IBGP** 连接的步骤

步骤	命令	说明
1	**system-view** 例如：<Huawei> **system-view**	进入系统视图
2	**bgp** { *as-number-plain* | *as-number-dot* } 例如：[Huawei] **bgp** 100	在 RR 上使能 BGP，进入客户机 PE 的 AS 的 BGP 视图
3	**group** *group-name* [**internal**] 例如：[Huawei-bgp] **group** pegroup **internal**	在 RR 上创建 IBGP 对等体组。命令中的参数和选项说明如下： • *group-name* 用来指定所创建的对等体组的名称，字符串形式，区分大小写，不支持空格，长度范围是 1～47。当输入的字符串两端使用双引号时，可在字符串中输入空格。 • **internal**：可选项，表示创建的是 IBGP 对等体组，不选择本可选项，则缺省为创建 IBGP 对等体组。 缺省情况下，系统中未创建对等体组，可用 **undo group** *group-name* 命令删除指定对等体组

（续表）

步骤	命令	说明
4	**peer** *group-name* **connect-interface loopback** *interface-number* 例如：[Huawei-bgp] **peer** 10.1.1.1 **connect-interface loopback** 0	指定 RR 与对等体 PE 间建立 BGP TCP 连接的源接口。命令中的参数说明如下。 ● *group-name*：上一步创建的、包括多个客户机 PE 的对等体组。 ● *interface-number*：指定与 BGP 对等体组间建立 TCP 连接的本端 Loopback 接口编号。 缺省情况下，BGP 使用报文的出接口作为 BGP 报文的源接口，可用 **undo peer** *ipv4-address* **connect-interface** 命令恢复缺省设置
5	**ipv4-family vpnv4** 例如：[Huawei-bgp] **ipv4-family vpnv4**	进入 RR 的 BGP-VPNv4 地址族视图。 缺省情况下，进入 BGP-IPv4 单播地址族视图，可用 **undo ipv4-family vpnv4** 命令删除 BGP 的相应 IPv4 地址族视图下的所有配置
6	**peer** *group-name* **enable** 例如：[Huawei-bgp-af-vpnv4] **peer** pegroup **enable**	使能与本表第 3 步创建的对等体组交换 BGP VPN 路由信息的能力。 缺省情况下，只有 BGP-IPv4 单播地址族的对等体是自动使能的，其他地址族下的对等体是需要手动使能的，可用 **undo peer** *group-name* **enable** 命令禁止与指定对等体交换路由信息
7	**peer** *ip-address* **group** *group-name* 例如：[Huawei-bgp-af-vpnv4] **peer** 10.1.1.1 **group** pegroup	向对等体组中加入对等体。**需要对每个 PE 客户机重复执行本命令。**命令中的参数说明如下。 ● *ip-address*：指定要加入对等体组的 PE 的 IP 地址。 ● *group-name*：指定在本表第 3 步创建的对等体。 缺省情况下，系统中没有加入对等体组，可用 **undo peer** *ipv4-address* **group** *group-name* 命令用来从提定对等体组中移除指定的对等体，并删除针对此对等体的所有配置

2.4.2　配置 BGP-VPNv4 路由反射功能

使能 BGP-VPNv4 路由反射功能后，RR 则会向其客户机发布其他客户机发来的 BGP-VPNv4 路由，而无需各客户机间相互发布 BGP 路由，减少了客户机间建立 IBGP 对等体的数量，也减轻了网络和路由器 CPU 的负担。RR 向 IBGP 邻居发布路由规则如下。

■ 从非客户机学到的路由，发布给所有客户机。

■ 从客户机学到的路由，发布给所有非客户机和客户机（发起此路由的客户机除外）。

■ 从 EBGP 对等体学到的路由，发布给所有的非客户机和客户机。

配置 BGP-VPNv4 路由反射功能的步骤见表 2-15。

表 2-15　　　　　　　　　　　BGP-VPNv4 路由反射功能的配置步骤

步骤	命令	说明
1	**system-view** 例如：<Huawei> **system-view**	进入系统视图
2	**bgp** { *as-number-plain* | *as-number-dot* } 例如：[Huawei] **bgp** 100	在 RR 上使能 BGP，进入客户机 PE 的 AS 的 BGP 视图

（续表）

步骤	命令	说明
3	**ipv4-family vpnv4** 例如：[Huawei-bgp] **ipv4-family vpnv4**	进入 RR 的 BGP-VPNv4 地址族视图。 缺省情况下，进入 BGP-IPv4 单播地址族视图，可用 **undo ipv4-family vpnv4** 命令删除 BGP 的相应 IPv4 地址族视图下的所有配置
4	**peer** *group-name* **reflect-client** 例如：[Huawei-bgp-af-vpnv4] **peer pegroup reflect-client**	（二选一）当 RR 与其所有客户机 PE 通过对等体组建立 MP-IBGP 连接时，将本机作为路由反射器，并将对等体组作为路由反射器的客户机，使能 RR 的 BGP-VPNv4 路由反射功能。参数用来指定 IBGP 对等体组的名称
4	**peer** *ipv4-address* **reflect-client** 例如：[Huawei-bgp-af-vpnv4] **peer 10.1.1.1 reflect-client**	（二选一）当 RR 与其所有客户机 PE 单独建立 MP-IBGP 连接时，将本机作为路由反射器，并将对等体作为路由反射器的客户机，使能 RR 的 BGP-VPNv4 路由反射功能。参数 *ipv4-address* 用来指定 IBGP 对等本 PE 的 IP 地址，**需要为每个客户机 PE 重复执行本命令**
5	**undo policy vpn-target** 例如：[Huawei-bgp-af-vpnv4] **undo policy vpn-target**	不对接收的 VPNv4 路由使能 VPN-Target 进行过滤，因为在 RR（或者在第 3 章将要介绍的 BGP/MPLS IP VPN 跨域 OptionB 方式中不兼做 PE 的 ASBR）上通常无需配置 VPN 实例，也就没有 VPN-Target 配置。 缺省情况下，如果不配置 VPN-Target，则 RR 或 ASBR 会丢弃接收到的 VPN 路由或者标签块。但 RR 或者 ASBR 又需要保存所有 PE 发来的 VPN 路由或者标签块，为解决这个问题，需要在 RR 或者 ASBR 上配置本命令，不对 VPN 路由或者标签块进行 VPN-Target 过滤 缺省情况下，对接收到的 VPN 路由或者标签块进行 VPN-Target 过滤，可用 **undo policy vpn-target** 命令取消对接收的 VPN 路由或者标签块进行 VPN-Target 过滤
6	**rr-filter** { *extcomm-filter-number* | *extcomm-filter-name* } 例如：[Huawei-bgp-af-vpnv4] **rr-filter** 10	（可选）配置路由反射器的反射策略，只有路由目标扩展团体属性满足匹配条件的 IBGP 路由才被反射，通过这种方式，可以在存在多个 RR 时，实现路由反射器之间的负载分担。命令中的 *extcomm-filter-number* 或 *extcomm-filter-name* 参数是已存在的扩展团体属性过滤器编号或名称，通过 **ip extcommunity-filter** { *extcomm-filter-num* | *extcomm-filter-name* } { **deny** | **permit** } { **rt** { *as-number:nn* | *4as-number:nn* | *ipv4-address:nn* } } &<1-16>命令设置
7	**undo reflect between-clients** 例如：[Huawei-bgp-af-vpnv4] **undo reflect between-clients**	（可选）禁止客户机之间的路由反射。**当路由反射器的客户机之间已经建立了全连接**，他们可以直接交换路由信息，此时 RR 针对这些客户机到客户机之间的路由反射就没有必要了，因为这样既浪费了 RR 的系统资源，还占用了网络宝贵的带宽资源。 缺省情况下，使能客户机之间的路由反射，可用 **reflect between-clients** 命令使能各客户机之间的路由反射

（续表）

步骤	命令	说明
8	**reflector cluster-id** *cluster-id* 例如：[Huawei-bgp-af-vpnv4] **reflector cluster-id** 10	（可选）配置路由反射器的集群 ID，可以用取值范围为 1～4294967295 的整数，也可以用 IPv4 地址形式标识。 当一个集群里有多个路由反射器时，可以使用此命令给所有位于同一个集群内的路由反射器配置相同的集群 ID，以避免路由环路。 缺省情况下，使用 Router ID 作为集群 ID，可用 **undo reflector cluster-id** 命令恢复缺省配置

2.4.3 路由反射器优化 VPN 骨干层的配置管理

已经完成路由反射器优化 VPN 骨干层功能的所有配置后，可用以下 **display** 命令查看相关配置，验证配置效果。

（1）**display bgp vpnv4 all peer** [[*ipv4-address*] **verbose**]：在 RR 上或客户机 PE 上查看 BGP VPNv4 对等体信息，可看到 RR 与所有客户机的 MP-IBGP 连接状态为"Established"。

（2）**display bgp vpnv4 all routing-table peer** *ipv4-address* { **advertised-routes** | **received-routes** }或者 **display bgp vpnv4 all routing-table statistics**：在 RR 上或客户机 PE 上查看从对等体接收的路由或发布给对等体的 VPNv4 路由信息，可看到 RR 和客户机之间能互相收发 VPNv4 路由信息。

（3）**display bgp vpnv4 all group** [*group-name*]：在 RR 上查看 VPNv4 对等体组信息，可查看对等体组的成员，且 RR 与对等体成员之间的 BGP 连接状态都为"Established"。

2.4.4 双反射器优化 VPN 骨干层配置示例

部署 VPN 时，为了提高可靠性，可配置带双反射器的 VPN，即在骨干网相同 AS 内的 P 设备中选择两个作为路由反射器，互为备份，反射公网及 VPNv4 的路由。

如图 2-6 所示，PE1、PE2、RR1 及 RR2 都在骨干网 AS100 内。CE1 和 CE2 属于 vpna，骨干网各设备的三层以太网接口 IP 地址见表 2-16。要求选择 RR1 和 RR2 作为反射器，配置带双反射器的 BGP/MPLS IP VPN。

【经验提示】带双反射器的 VPN 环境中，反射器到 PE 设备之间必须有至少两条不共用网段和节点的路径（如 PE1 既可以通过 GE1/0/0 接口连接的 RR1 到达，又可以通过 GE3/0/0 接口连接的 RR2 到达），否则双反射器之间起不到互为备份的作用，配置双反射器也就失去了意义。

1. 基本配置思路分析

本示例最基础的配置是要实现骨干网的三层互通，并在各节点设备间建立 MPLS 隧道，各 PE 要连接 CE，把 CE 的私网路由引入到 PE 的 BGP VPN 路由表中，所以有关骨干网的 IGP 路由配置和 MPLS、LDP 的配置，以及 PE 与 CE 连接的配置与普通的基本 BGP/MPLS IP VPN 的配置是相同的，不同主要体现在以下几个方面：

■ PE 之间不需要建立 MP-IBGP 对等体连接；

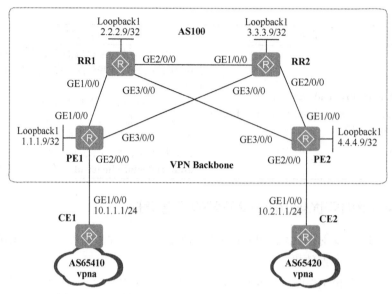

图 2-6 双反射器优化 VPN 骨干层配置示例的拓扑结构

表 2-16   骨干网各设备以太网接口 IP 地址

设备	接口	IP 地址	设备	接口	IP 地址
PE1	GE1/0/0	100.1.2.1/24	RR1	GE1/0/0	100.1.2.2/24
	GE2/0/0	100.1.1.2/24		GE2/0/0	100.2.3.1/24
	GE3/0/0	100.1.3.1/24		GE3/0/0	100.2.4.1/24
PE2	GE1/0/0	100.3.4.2/24	RR2	GE1/0/0	100.2.3.2/24
	GE2/0/0	100.2.1.2/24		GE2/0/0	100.3.4.1/24
	GE3/0/0	100.2.4.2/24		GE3/0/0	100.1.3.2/24

- PE 要与各 RR 建立 MP-IBGP 对等体连接；
- 在 RR1、RR2 上配置路由反射器功能；
- 在 RR1、RR2 上配置不进行 VPN-Target 过滤，以接收所有 VPN 路由信息。

下面是本示例的基本配置思路。

（1）在 MPLS 骨干网上配置各接口（包括 Loopback 接口）IP 地址及 IGP，实现骨干网设备间的 IP 连通性。

（2）在 MPLS 骨干网上配置 MPLS 基本能力和 MPLS LDP，建立 MPLS LSP 公网隧道。

（3）在 PE1 和 PE2 上配置 VPN 实例，接入 CE。VPN 实例配置相同的 VPN-target 属性，以实现 VPN 的互通。

（4）在 PE 与 CE 之间建立 EBGP 连接，引入 VPN 路由。

（5）在 PE 与 RR 之间建立 MP-IBGP 连接，PE 之间不再建立 MP-IBGP 连接。

（6）在 RR1、RR2 上配置相同的反射器 ID，实现相互备份。

（7）在 RR1、RR2 上配置不进行 VPN-Target 过滤，因为他们需要接收并保存所有 VPNv4 路由信息，以通告给 PE。

2. 具体配置步骤

（1）在 MPLS 骨干网上配置各接口 IP 地址和 OSPF 路由。

\#　PE1 上的配置。

```
<Huawei> system-view
[Huawei] sysname PE1
[PE1] interface loopback 1
[PE1-LoopBack1] ip address 1.1.1.9 32
[PE1-LoopBack1] quit
[PE1] interface gigabitethernet 1/0/0
[PE1-GigabitEthernet1/0/0] ip address 100.1.2.1 24
[PE1-GigabitEthernet1/0/0] quit
[PE1] interface gigabitethernet 3/0/0
[PE1-GigabitEthernet3/0/0] ip address 100.1.3.1 24
[PE1-GigabitEthernet3/0/0] quit
[PE1] ospf
[PE1-ospf-1] area 0
[PE1-ospf-1-area-0.0.0.0] network 1.1.1.9 0.0.0.0
[PE1-ospf-1-area-0.0.0.0] network 100.1.2.0 0.0.0.255
[PE1-ospf-1-area-0.0.0.0] network 100.1.3.0 0.0.0.255
[PE1-ospf-1-area-0.0.0.0] quit
[PE1-ospf-1] quit
```

\#　RR1 上的配置。

```
<Huawei> system-view
[Huawei] sysname RR1
[RR1] interface loopback 1
[RR1-LoopBack1] ip address 2.2.2.9 32
[RR1-LoopBack1] quit
[RR1] interface gigabitethernet 1/0/0
[RR1-GigabitEthernet1/0/0] ip address 100.1.2.2 24
[RR1-GigabitEthernet1/0/0] quit
[RR1] interface gigabitethernet 2/0/0
[RR1-GigabitEthernet2/0/0] ip address 100.2.3.1 24
[RR1-GigabitEthernet2/0/0] quit
[RR1] interface gigabitethernet 3/0/0
[RR1-GigabitEthernet3/0/0] ip address 100.2.4.1 24
[RR1-GigabitEthernet3/0/0] quit
[RR1] ospf
[RR1-ospf-1] area 0
[RR1-ospf-1-area-0.0.0.0] network 2.2.2.9 0.0.0.0
[RR1-ospf-1-area-0.0.0.0] network 100.1.2.0 0.0.0.255
[RR1-ospf-1-area-0.0.0.0] network 100.2.3.0 0.0.0.255
[RR1-ospf-1-area-0.0.0.0] network 100.2.4.0 0.0.0.255
[RR1-ospf-1-area-0.0.0.0] quit
[RR1-ospf-1] quit
```

\#　RR2 上的配置。

```
<Huawei> system-view
[Huawei] sysname RR2
[RR2] interface loopback 1
[RR2-LoopBack1] ip address 3.3.3.9 32
[RR2-LoopBack1] quit
[RR2] interface gigabitethernet 1/0/0
[RR2-GigabitEthernet1/0/0] ip address 100.2.3.2 24
[RR2-GigabitEthernet1/0/0] quit
[RR2] interface gigabitethernet 2/0/0
[RR2-GigabitEthernet2/0/0] ip address 100.3.4.1 24
[RR2-GigabitEthernet2/0/0] quit
```

```
[RR2] interface gigabitethernet 3/0/0
[RR2-GigabitEthernet3/0/0] ip address 100.1.3.2 24
[RR2-GigabitEthernet3/0/0] quit
[RR2] ospf
[RR2-ospf-1] area 0
[RR2-ospf-1-area-0.0.0.0] network 3.3.3.9 0.0.0.0
[RR2-ospf-1-area-0.0.0.0] network 100.2.3.0 0.0.0.255
[RR2-ospf-1-area-0.0.0.0] network 100.3.4.0 0.0.0.255
[RR2-ospf-1-area-0.0.0.0] network 100.1.3.0 0.0.0.255
[RR2-ospf-1-area-0.0.0.0] quit
[RR2-ospf-1] quit
```

\# PE2 上的配置。

```
<Huawei> system-view
[Huawei] sysname PE2
[PE2] interface loopback 1
[PE2-LoopBack1] ip address 4.4.4.9 32
[PE2-LoopBack1] quit
[PE2] interface gigabitethernet 1/0/0
[PE2-GigabitEthernet1/0/0] ip address 100.3.4.2 24
[PE2-GigabitEthernet1/0/0] quit
[PE2] interface gigabitethernet 3/0/0
[PE2-GigabitEthernet3/0/0] ip address 100.2.4.2 24
[PE2-GigabitEthernet3/0/0] quit
[PE2] ospf
[PE2-ospf-1] area 0
[PE2-ospf-1-area-0.0.0.0] network 4.4.4.9 0.0.0.0
[PE2-ospf-1-area-0.0.0.0] network 100.3.4.0 0.0.0.255
[PE2-ospf-1-area-0.0.0.0] network 100.2.4.0 0.0.0.255
[PE2-ospf-1-area-0.0.0.0] quit
[PE2-ospf-1] quit
```

以上配置完成后，通过执行 **display ip routing-table** 命令可查看到骨干网设备应能相互学到对方的 Loopback 接口地址。以下是在 PE1 上执行该命令的输出示例（参见输出信息中的粗体字部分）。

```
[PE1] display ip routing-table
Route Flags: R - relay, D - download to fib
```

Routing Tables: Public
    Destinations : 17   Routes : 19

Destination/Mask	Proto	Pre	Cost	Flags	NextHop	Interface
1.1.1.9/32	Direct	0	0	D	127.0.0.1	LoopBack1
2.2.2.9/32	**OSPF**	**10**	**1**	**D**	**100.1.2.2**	**GigabitEthernet1/0/0**
3.3.3.9/32	**OSPF**	**10**	**1**	**D**	**100.1.3.2**	**GigabitEthernet3/0/0**
4.4.4.9/32	**OSPF**	**10**	**2**	**D**	**100.1.3.2**	**GigabitEthernet1/0/0**
	OSPF	**10**	**2**	**D**	**100.1.2.2**	**GigabitEthernet3/0/0**
100.1.2.0/24	Direct	0	0	D	100.1.2.1	GigabitEthernet1/0/0
100.1.2.1/32	Direct	0	0	D	127.0.0.1	GigabitEthernet1/0/0
100.1.2.255/32	Direct	0	0	D	127.0.0.1	GigabitEthernet1/0/0
100.1.3.0/24	Direct	0	0	D	100.1.3.1	GigabitEthernet3/0/0
100.1.3.1/32	Direct	0	0	D	127.0.0.1	GigabitEthernet3/0/0
100.1.3.255/32	Direct	0	0	D	127.0.0.1	GigabitEthernet3/0/0
100.2.3.0/24	OSPF	10	2	D	100.1.3.2	GigabitEthernet3/0/0

	OSPF	10	2	D	100.1.2.2	GigabitEthernet1/0/0
100.2.4.0/24	OSPF	10	2	D	100.1.2.2	GigabitEthernet1/0/0
100.3.4.0/24	OSPF	10	2	D	100.1.3.2	GigabitEthernet3/0/0
127.0.0.0/8	Direct 0		0	D	127.0.0.1	InLoopBack0
127.0.0.1/32	Direct 0		0	D	127.0.0.1	InLoopBack0
127.255.255.255/32	Direct 0		0	D	127.0.0.1	InLoopBack0
255.255.255.255/32	Direct 0		0	D	127.0.0.1	InLoopBack0

（2）在 MPLS 骨干网上配置 MPLS 基本能力和 MPLS LDP，建立 LDP LSP。

\#　PE1 上的配置。

[PE1] **mpls lsr-id** 1.1.1.9
[PE1] **mpls**
[PE1-mpls] **quit**
[PE1] **mpls ldp**
[PE1-mpls-ldp] **quit**
[PE1] **interface** gigabitethernet 1/0/0
[PE1-GigabitEthernet1/0/0] **mpls**
[PE1-GigabitEthernet1/0/0] **mpls ldp**
[PE1-GigabitEthernet1/0/0] **quit**
[PE1] **interface** gigabitethernet 3/0/0
[PE1-GigabitEthernet3/0/0] **mpls**
[PE1-GigabitEthernet3/0/0] **mpls ldp**
[PE1-GigabitEthernet3/0/0] **quit**

\#　RR1 上的配置。

[RR1] **mpls lsr-id** 2.2.2.9
[RR1] **mpls**
[RR1-mpls] **quit**
[RR1] **mpls ldp**
[RR1-mpls-ldp] **quit**
[RR1] **interface** gigabitethernet 1/0/0
[RR1-GigabitEthernet1/0/0] **mpls**
[RR1-GigabitEthernet1/0/0] **mpls ldp**
[RR1-GigabitEthernet1/0/0] **quit**
[RR1] **interface** gigabitethernet 2/0/0
[RR1-GigabitEthernet2/0/0] **mpls**
[RR1-GigabitEthernet2/0/0] **mpls ldp**
[RR1-GigabitEthernet2/0/0] **quit**
[RR1] **interface** gigabitethernet 3/0/0
[RR1-GigabitEthernet3/0/0] **mpls**
[RR1-GigabitEthernet3/0/0] **mpls ldp**
[RR1-GigabitEthernet3/0/0] **quit**

\#　RR2 上的配置。

[RR2] **mpls lsr-id** 3.3.3.9
[RR2] **mpls**
[RR2-mpls] **quit**
[RR2] **mpls ldp**
[RR2-mpls-ldp] **quit**
[RR2] **interface** gigabitethernet 1/0/0
[RR2-GigabitEthernet1/0/0] **mpls**
[RR2-GigabitEthernet1/0/0] **mpls ldp**
[RR2-GigabitEthernet1/0/0] **quit**
[RR2] **interface** gigabitethernet 2/0/0
[RR2-GigabitEthernet2/0/0] **mpls**
[RR2-GigabitEthernet2/0/0] **mpls ldp**

```
[RR2-GigabitEthernet2/0/0] quit
[RR2] interface gigabitethernet 3/0/0
[RR2-GigabitEthernet3/0/0] mpls
[RR2-GigabitEthernet3/0/0] mpls ldp
[RR2-GigabitEthernet3/0/0] quit
```

　PE2 上的配置。

```
[PE2] mpls lsr-id 4.4.4.9
[PE2] mpls
[PE2-mpls] quit
[PE2] mpls ldp
[PE2-mpls-ldp] quit
[PE2] interface gigabitethernet 1/0/0
[PE2-GigabitEthernet1/0/0] mpls
[PE2-GigabitEthernet1/0/0] mpls ldp
[PE2-GigabitEthernet1/0/0] quit
[PE2] interface gigabitethernet 3/0/0
[PE2-GigabitEthernet3/0/0] mpls
[PE2-GigabitEthernet3/0/0] mpls ldp
[PE2-GigabitEthernet3/0/0] quit
```

以上配置完成后，在各 PE 和 RR 设备上执行 **display mpls ldp session** 命令可以看到显示结果中 State 项为 "Operational"。以下是在 PE1 和 RR1 上执行该命令的输出示例，PE1 没有与 PE2 建立 MP-IBGP 对等体关系（参见输出信息中的粗体字部分）。

```
[PE1] display mpls ldp session

 LDP Session(s) in Public Network
 Codes: LAM(Label Advertisement Mode), SsnAge Unit(DDDD:HH:MM)
 A '*' before a session means the session is being deleted.
 ------------------------------------------------------------
 PeerID          Status       LAM  SsnRole  SsnAge       KASent/Rcv
 ------------------------------------------------------------
 2.2.2.9:0       Operational DU   Passive  0000:00:01   8/8
 3.3.3.9:0       Operational DU   Passive  0000:00:00   4/4
 ------------------------------------------------------------
 TOTAL: 2 session(s) Found.

[RR1] display mpls ldp session

 LDP Session(s) in Public Network
 Codes: LAM(Label Advertisement Mode), SsnAge Unit(DDDD:HH:MM)
 A '*' before a session means the session is being deleted.
 ------------------------------------------------------------
 PeerID          Status       LAM  SsnRole  SsnAge       KASent/Rcv
 ------------------------------------------------------------
 1.1.1.9:0       Operational DU   Active   000:00:02    11/11
 3.3.3.9:0       Operational DU   Passive  000:00:01    8/8
 4.4.4.9:0       Operational DU   Passive  000:00:00    4/4
 ------------------------------------------------------------
 TOTAL: 3 session(s) Found.
```

（3）在 PE1、PE2 上配置 VPN 实例，并配置绑定 VPN 实例接口的 IP 地址。每个 VPN 实例分配不同的 RD，同一 VPN 实例的 VPN-Target 属性要能匹配。

　PE1 上的配置。

```
[PE1] ip vpn-instance vpna
```

```
[PE1-vpn-instance-vpna] ipv4-family
[PE1-vpn-instance-vpna-af-ipv4] route-distinguisher 100:1
[PE1-vpn-instance-vpna-af-ipv4] vpn-target 1:1 both
[PE1-vpn-instance-vpna-af-ipv4] quit
[PE1-vpn-instance-vpna] quit
[PE1] interface gigabitethernet 2/0/0
[PE1-GigabitEthernet2/0/0] ip binding vpn-instance vpna
[PE1-GigabitEthernet2/0/0] ip address 10.1.1.2 24
[PE1-GigabitEthernet2/0/0] quit
```

\#　PE2 上的配置。

```
[PE2] ip vpn-instance vpna
[PE2-vpn-instance-vpna] ipv4-family
[PE2-vpn-instance-vpna-af-ipv4] route-distinguisher 200:1
[PE2-vpn-instance-vpna-af-ipv4] vpn-target 1:1 both
[PE2-vpn-instance-vpna-af-ipv4] quit
[PE2-vpn-instance-vpna] quit
[PE2] interface gigabitethernet 2/0/0
[PE2-GigabitEthernet2/0/0] ip binding vpn-instance vpna
[PE2-GigabitEthernet2/0/0] ip address 10.2.1.2 24
[PE2-GigabitEthernet2/0/0] quit
```

（4）在 PE 与 CE 之间建立 EBGP 对等体关系，引入 Site 的私网 VPN 路由。

\#　CE1 上的配置。

```
<Huawei> system-view
[Huawei] sysname CE1
[CE1] bgp 65410
[CE1-bgp] peer 10.1.1.2 as-number 100
[CE1-bgp] quit
```

\#　CE2 上的配置。

```
<Huawei> system-view
[Huawei] sysname CE2
[CE2] bgp 65420
[CE2-bgp] peer 10.2.1.2 as-number 100
[CE2-bgp] quit
```

\#　PE1 上的配置，引入直连路由。

```
[PE1] bgp 100
[PE1-bgp] ipv4-family vpn-instance vpna
[PE1-bgp-vpna] peer 10.1.1.1 as-number 65410
[PE1-bgp-vpna] import-route direct
[PE1-bgp-vpna] quit
[PE1-bgp] quit
```

\#　PE2 上的配置，引入直连路由。

```
[PE2] bgp 100
[PE2-bgp] ipv4-family vpn-instance vpna
[PE2-bgp-vpna] peer 10.2.1.1 as-number 65420
[PE2-bgp-vpna] import-route direct
[PE2-bgp-vpna] quit
[PE2-bgp] quit
```

（5）建立 PE1、PE2 与两反射器间的 MP-IBGP 对等体关系。

在路由反射器上配置与客户机之间建立 MP-IBGP 对等体时，本示例采用对等体组方式配置，把担当 RR 客户机的 PE 加入到 RR 上创建的对等体组中。需要特别注意，要在 RR1、RR2 上分别创建对等体组，并且分别加入对方的对等体组中作为对方的客户机，以实现两反射器之间的热备份。

　　# PE1 上的配置。

```
[PE1] bgp 100
[PE1-bgp] peer 2.2.2.9 as-number 100
[PE1-bgp] peer 2.2.2.9 connect-interface loopback 1
[PE1-bgp] peer 3.3.3.9 as-number 100
[PE1-bgp] peer 3.3.3.9 connect-interface loopback 1
[PE1-bgp] ipv4-family vpnv4
[PE1-bgp-af-vpnv4] peer 2.2.2.9 enable
[PE1-bgp-af-vpnv4] peer 3.3.3.9 enable
[PE1-bgp-af-vpnv4] quit
[PE1-bgp] quit
```

　　# RR1 上的配置。

```
[RR1] bgp 100
[RR1-bgp] group rr1 internal    #---创建名为 rr1 的 IBGP 对等体组
[RR1-bgp] peer rr1 connect-interface loopback 1
[RR1-bgp] ipv4-family vpnv4
[RR1-bgp-af-vpnv4] peer rr1 enable
[RR1-bgp-af-vpnv4] peer 1.1.1.9 group rr1    #---把 PE1 加入对等体组中，作为 RR1 的客户机
[RR1-bgp-af-vpnv4] peer 3.3.3.9 group rr1    #---把 RR2 加入对等体组中，作为 RR1 的客户机
[RR1-bgp-af-vpnv4] peer 4.4.4.9 group rr1    #---把 PE2 加入对等体组中，作为 RR1 的客户机
[RR1-bgp-af-vpnv4] quit
[RR1-bgp] quit
```

　　# RR2 上的配置。

```
[RR2] bgp 100
[RR2-bgp] group rr2 internal
[RR2-bgp] peer rr2 connect-interface loopback 1
[RR2-bgp] ipv4-family vpnv4
[RR2-bgp-af-vpnv4] peer rr2 enable
[RR2-bgp-af-vpnv4] peer 1.1.1.9 group rr2
[RR2-bgp-af-vpnv4] peer 2.2.2.9 group rr2
[RR2-bgp-af-vpnv4] peer 4.4.4.9 group rr2
[RR2-bgp-af-vpnv4] quit
[RR2-bgp] quit
```

　　# PE2 上的配置。

```
[PE2] bgp 100
[PE2-bgp] peer 2.2.2.9 as-number 100
[PE2-bgp] peer 2.2.2.9 connect-interface loopback 1
[PE2-bgp] peer 3.3.3.9 as-number 100
[PE2-bgp] peer 3.3.3.9 connect-interface loopback 1
[PE2-bgp] ipv4-family vpnv4
[PE2-bgp-af-vpnv4] peer 2.2.2.9 enable
[PE2-bgp-af-vpnv4] peer 3.3.3.9 enable
[PE2-bgp-af-vpnv4] quit
[PE2-bgp] quit
```

　　以上配置完成后，在 PE 设备上执行 **display bgp vpnv4 all peer** 命令可以看到，PE 与反射器之间的 IBGP 对等体关系已建立，并达到"Established"状态；PE 与 CE 之间的 EBGP 对等体关系也已建立。以下是在 PE1 上执行该命令的输出示例（参见输出信息中的粗体字部分）。

```
[PE1] display bgp vpnv4 all peer
```

```
BGP local router ID : 1.1.1.9
Local AS number : 100
Total number of peers : 3                    Peers in established state : 3
    Peer        V    AS    MsgRcvd  MsgSent  OutQ  Up/Down      State PrefRcv
    2.2.2.9     4    100   2        4        0     00:00:31     Established    0
    3.3.3.9     4    100   3        5        0     00:01:23     Established    0

    Peer of IPv4-family for vpn instance :

    VPN-Instance vpna, Router ID 1.1.1.9:
    10.1.1.1    4    65410 79       82       0     01:13:29     Established    0
```

（6）在 RR1 和 RR2 上配置反射功能。RR1 和 RR2 同时加入到群 ID 为 100 的集群中，禁止 VPN-target 属性过滤功能，因为 RR 上不配置 VPN 实例，不能进行 VPN-target 属性匹配。

    #   RR1 上的配置。

[RR1] **bgp** 100
[RR1-bgp] **ipv4-family vpnv4**
[RR1-bgp-af-vpnv4] **reflector cluster-id** 100
[RR1-bgp-af-vpnv4] **peer rr1 reflect-client** #---配置将 RR1 作为路由反射器，并将对等体组 rr1 作为路由反射器的客户机
[RR1-bgp-af-vpnv4] **undo policy vpn-target** #---配置不对所接收的 VPNv4 路由进行 VPN-Target 属性匹配过滤
[RR1-bgp-af-vpnv4] **quit**
[RR1-bgp] **quit**

    #   RR2 上的配置。

[RR2] **bgp** 100
[RR2-bgp] **ipv4-family vpnv4**
[RR2-bgp-af-vpnv4] **reflector cluster-id** 100
[RR2-bgp-af-vpnv4] **peer rr2 reflect-client**
[RR2-bgp-af-vpnv4] **undo policy vpn-target**
[RR2-bgp-af-vpnv4] **quit**
[RR2-bgp] **quit**

以上配置完成后，在 PE 上执行 **display ip routing-table vpn-instance** 命令查看 VPN 路由表，可发现有到远端 CE 的路由，证明通过路由反射器反射了 Site 用户的私网路由到了 PE 上。以下是在 PE1 上执行该命令的输出示例（参见输出信息中的粗体字部分）。

```
[PE1] display ip routing-table vpn-instance vpna
Route Flags: R - relay, D - download to fib
------------------------------------------------------------------------------
Routing Tables: vpna
       Destinations : 8          Routes : 8

   Destination/Mask   Proto  Pre  Cost   Flags  NextHop       Interface

        10.1.1.0/24   Direct 0    0             D  10.1.1.2    GigabitEthernet2/0/0
        10.1.1.2/32   Direct 0    0             D  127.0.0.1   GigabitEthernet2/0/0
      10.1.1.255/32   Direct 0    0             D  127.0.0.1   GigabitEthernet2/0/0
        10.2.1.0/24   IBGP   255  0             RD 4.4.4.9     GigabitEthernet3/0/0
       127.0.0.0/8    Direct 0    0             D  127.0.0.1   InLoopBack0
       127.0.0.1/32   Direct 0    0             D  127.0.0.1   InLoopBack0
 127.255.255.255/32   Direct 0    0             D  127.0.0.1   InLoopBack0
 255.255.255.255/32   Direct 0    0             D  127.0.0.1   InLoopBack0
```

3．配置结果验证

以上配置全部完成后，CE1 与 CE2 可以相互 ping 通，说明反射器配置成功。在 PE1

上的 GigabitEthernet3/0/0 和 PE2 的 GigabitEthernet3/0/0 接口视图下执行 shutdown 命令后，CE1 与 CE2 仍然可以相互 ping 通，说明双反射器配置成功。

2.5 BGP/MPLS IP VPN 网络不通的故障排除

如果在配置基本的 BGP/MPLS IP VPN 网络中发现两个 Site 的用户不通，则可以按照以下思路进行排除。

（1）首先在 PE 之间 ping 对方的 Loopback 接口 IP 地址，检查 MPLS/IP 骨干网三层是否互通，以确定是骨干公网的配置原因还是 VPN 私网的配置原因。

（2）如果确认 PE 之间 ping 不通，则表明骨干公网没有三层互通。在 PE 上执行 **display ip routing-table** 命令，检查 PE 之间是否已学习到对端 PE Loopback 接口的主机路由。

（3）如果在 PE 上查看不到对端 PE Loopback 接口的主机路由，检查骨干网的 IGP 路由配置。骨干网上通常采用 OSPF 路由配置，主要是看各节点上是否通告了公网接口以及 Loopback 接口所在网段的路由，要注意 IP 地址的输入，只要一个地方输入错误就可能导致网络不通。

（4）如果在 PE 上可以看到对端 PE Loopback 接口的主机路由，但两端 Site 用户网络仍不通，则再在 PE 上执行 **display bgp peer** 命令，看是否与同一 VPN 中的对端 PE 建立了 MP-IBGP 对等体关系，因为在 BGP/MPLS IP VPN 中，VPN 路由信息需要通过 MP-BGP 在 PE 间进行交换（采用路由反射器情形除外）。

在这里需要注意的是，PE 之间建立的是 IBGP 对等体关系，所以在指定对等体时，对等体所在的 AS 号要与本端 PE 的 AS 号一致。另外，最后要通过 **peer** *ipv4-address* **enable** 命令使能对等体交换 VPN-IPv4 路由信息的能力。

（5）如果在 PE 之间没有建立 MP-IBGP 对等体，则在 PE 上执行 **display mpls ldp session** 命令，检查是否与对端 PE 成功建立了 LDP 会话。成功的话，在 Status（状态）列中会显示 "Operational"。还可执行 **display mpls ldp lsp** 命令检查 PE 之间是否已建立了 LSP，只有在 PE 间建立 LSP，才可能为每个 VPN 实例分配私网 MPLS 标签，通过 MP-BGP 的 Update 消息向对端 PE 进行通告。

（6）如果 PE 间已建立了 LDP 会话，则在 PE 上执行 **display ip vpn-instance verbose** 命令，检查同一 VPN 网络中各 VPN 实例的 Import Target 属性值是否与对端的 Export Target 属性值相等，通常是把同一 VPN 中的各 VPN 实例的 Import Target 和 Export Target 属性值都设为相同。否则，即使骨干网的其他配置均正常也不能使同一 VPN 中的两个 Site 互通。如果多个 VPN 中有重叠地址现象，则要确保重叠地址的 VPN 实例上分配的 RD 不一致，通常要求各 VPN 实例的 RD 全局唯一。

（7）经过以上排查后，骨干网的配置基本没问题了，这时如果两端 Site 仍不能互通，则要看私网 VPN 路由的配置问题了。先在 PE 上执行 **display ip routing-table vpn-instance** 命令，查看 VPN 实例中是否有到对端 Site 内网的 VPNv4 路由和本端 PE 上为该 VPN 实例配置到达本端 Site 内网的 VPNv4 路由。

（8）如果在本端 VPN 实例中没有同时包含到达本端 Site 内网和对端 Site 内网的

VPNv4 路由，则要检查 PE 上的 VPN 实例私网路由配置与 BGP VPN 路由的相互引入，因为，如果 PE 与 CE 间采用的是 IGP 动态路由互连，则要在 PE 上的 IGP 路由表和 BGP VPN 路由表之间相互引入。

（9）如果在 PE 上能查看到所需要的 VPNv4 私网路由，而两端 Site 间仍不能互通，则最后要检查 CE 端的路由配置和用户主机网关的配置了。

通过以上排查就可以最终将网络不通的故障彻底排除。

第3章
跨域BGP/MPLS IP VPN配置与管理

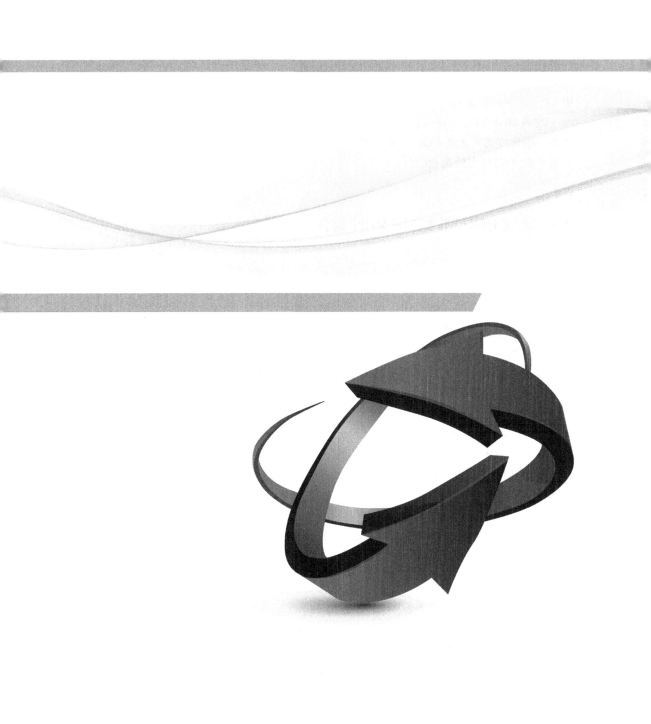

第 2 章介绍的基本 BGP/MPLS IP VPN 网络具有一些基本特征，包括：各 Site 都连接到同一个运营商网络中，每个 Site 都通过单独一个 CE 与骨干网 PE 连接，每个 PE 也是独立工作的，骨干网上所使用的隧道是单一的，且通常是 LSP 隧道，不能进行多隧道负载分担等。第 3 章专门介绍跨 AS 系统场景下的三种（OptionA/B/C）跨域 BGP/MPLS IP VPN 方案的配置与管理方法。

跨域 BGP/MPLS IP VPN 方案中涉及到比较复杂的技术原理，包括三种不同的实现方案，每种方案所采用的公网隧道建立、私网 VPN 路由发布、私网路由标签分配和报文转发原理都有很大的区别。

3.1　跨域 BGP/MPLS IP VPN 简介

第 2 章所介绍的所有基本 BGP/MPLS IP VPN 配置示例中，各节点设备都在同一运营商网络、同一 AS 系统，这就同时要求 VPN 网络所连接的各个客户站点（如公司总部和分支机构）都在同一城市中。因为不同城市的运营商，即使是同一品牌的也是各自独立管理的，不可能在同一个 AS 中。但事实上，随着终端用户的网络规模和分布应用范围的不断拓展，其在一个企业内部的站点数目越来越多、分布的范围也越来越广，不同站点连接不同服务提供商已非常普遍。这时第 2 章介绍的基本 BGP/MPLS IP VPN 方案显然满足不了用户的需求。

为此，需要扩展 BGP/MPLS IP VPN 现有的协议并修改其原有体系框架，推出一个可跨域（Inter-AS）连接的 BGP/MPLS IP VPN 方案，以便骨干网可以穿过多个运营商间的链路来发布 VPN-IPv4 路由信息和私网路由标签信息。这就是在 RFC4364 中所介绍的跨域 BGP/MPLS IP VPN 方案。

跨域 BGP/MPLS IP VPN 中的"跨域"是指 VPN 通信中所穿越的 MPLS/IP 骨干网跨越多个 AS 域，骨干网中的 PE 和 P 节点设备不在同一个运营商网络，即位于不同 AS（因为不同运营商网络采用不同公网 AS），如图 3-1 所示。

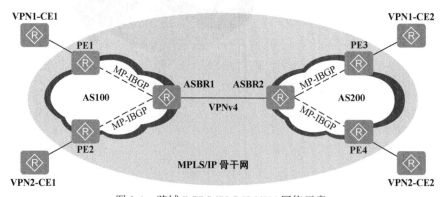

图 3-1　跨域 BGP/MPLS IP VPN 网络示意

这种结构不仅涉及到不同 AS 互联，还涉及 VPN 路由和私网路由标签的跨 AS 域传播，这些都是基本 BGP/MPLS IP VPN 所不支持的。

RFC4364 中提出了三种跨域 VPN 解决方案，分别是。

■ 跨域 VPN-OptionA（Inter-Provider Backbones Option A）方式：需要跨域的 VPN 在 ASBR（AS Boundary Router，AS 边界路由器）间通过专用的接口管理自己的 VPN 路由，建立 VRF-to-VRF 连接。

■ 跨域 VPN-OptionB（Inter-Provider Backbones Option B）方式：ASBR 间通过 MP-EBGP 发布带标签的 VPN-IPv4 路由，也称为 ASBR 间的标签 VPN-IPv4 路由 EBGP 重发布。

■ 跨域 VPN-OptionC（Inter-Provider Backbones Option C）方式：不同 AS 域的 PE 间通过 Multi-hop（多跳）MP-EBGP 发布带标签的 VPN-IPv4 路由，也称为 PE 间的标签 VPN-IPv4 路由多跳 EBGP 重发布。

下面要对以上三种方案的基本工作原理及各自的配置方法分别予以介绍。

3.2　跨域 VPN-OptionA 方式配置与管理

3.1 节已经介绍到，跨域 BGP/MPLS IP VPN 有三种解决方案，分别称之为：跨域 VPN-OptionA、跨域 VPN-OptionB 和跨域 VPN-OptionC。本节首先介绍跨域 VPN-OptionA 方案的工作原理及配置与管理方法。

3.2.1　跨域 VPN-OptionA 方式简介

跨域 VPN-OptionA 是第 2 章所介绍的基本 BGP/MPLS IP VPN 在跨域环境下的应用，是一种最简单的跨域 VPN 解决方案，相当于把多个独立的运营商 AS 域通过普通的 IP 路由方式连接起来。各 AS 域内的 MPLS 配置独立进行，AS 域间的 ASBR 不需要运行 MPLS（所传输的报文也不带 MPLS 标签），也不需要为跨域进行特殊配置。

在跨域 VPN-OptionA 方式下，一个 AS 的 ASBR 既是本地 AS 域的 PE，又是直接相连的远端 AS 域中 ASBR（同时担当 PE 角色）所连接的 CE。在各 AS 域中的 ASBR 上为每一个 VPN 创建一个 VPN 实例，并分别与一个物理接口或子接口进行绑定，然后使用普通的 IGP 或 BGP 路由方式（建议采用 EBGP 方式）向对端发布普通的单播 IPv4 路由，以实现 ASBR 间的三层互连。此时，可把 ASBR 间的连接看成每个 VPN 实例绑定一个物理接口或子接口后的 VPN 实例间的连接，所以跨域 VPN-OptionA 也称之为 "VRF-to-VRF connections between ASBRs"（ASBR 间的 VRF 与 VRF 连接）方式。每一个子接口连接的虚拟链路对应一个 VPN 实例的专用隧道。

如图 3-2 所示，对于 AS100 的 ASBR1 来说，AS200 的 ASBR2 只是他的一台接入 CE 设备；同样，对于 ASBR2，ASBR1 也只是一台接入的 CE 设备。AS100 和 AS200 域内各自独立建立自己的公网 LSP 隧道（如图中的 LSP1 和 LSP2）和 VPN 实例，然后按照公网隧道的 MPLS 标签进行 MPLS 报文转发，同时在 PE 和 ASBR 之间建立 MP-IBGP 对等体关系，并为所连接的私网 VPN-IPv4 路由分配标签，建立私网 VPN

隧道（如图 3-2 中的 VPN LSP1 和 VPN LSP2）；ASBR1 与 ASBR2 之间采用普通的 IGP 或 BGP IP 转发。

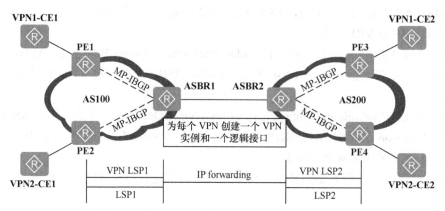

图 3-2　跨域 VPN-OptionA 方式的基本组网示意

目前中高端华为 AR 系列路由器、S 系列交换机都支持跨域 VPN-OptionA 方式。

3.2.2　跨域 VPN-OptionA 方式路由发布原理

在跨域 VPN-OptionA 方式中，因为不同 AS 域的 MPLS VPN 是独立配置的，理论上来讲，不同 AS 中的 VPN 配置可以互不干涉、互不相同，但为了便于区分和管理，建议对同一 VPN 中的各 Site 中的 VPN 配置保持一致。不同 AS 的 ASBR 间是通过单播 IPv4 路由连接的，所以在整个跨域 VPN-OptionA 方式下涉及到 AS 域内 VPN-IPv4 路由发布和 AS 间 VPN 实例的单播 IPv4 路由发布两方面。

同一 AS 内的 PE 和 ASBR 之间独立运行 MP-IBGP 协议交换 VPN-IPv4 路由信息。不同 AS 的 ASBR 之间可以运行普通 PE-CE 间的 BGP 或 IGP 多实例路由协议或静态路由来交互 VPN-IPv4 路由信息，与第 2 章介绍的 PE 与 CE 路由信息交换方式一样。但因为是在不同 AS 之间的路由信息交互，建议使用 EBGP。

如图 3-3 所示，假设 CE1 要将目的地址为 10.1.1.1/24 的路由（其实最终发布是 10.1.1.0/24 网段的路由）发布给 CE2，具体发布流程如下。其中，D 表示目的地址，NH 表示下一跳，L1 和 L2 分别表示 PE1 向 ASBR1 发布 BGP VPN-IPv4 私网路由 Update 消息、ASBR2 向 PE3 发布 BGP VPN-IPv4 私网路由 Update 消息时所携带的 VPN-IPv4 私网路由标签。图中省略了两 AS 域内的公网 IGP 路由和两 AS 域内的公网隧道标签的分配，ASBR 间采用 EBGP 连接。

（1）CE1 把所学习到的私网路由 10.1.1.1/24 以对应的路由更新消息（具体要视 PE 与 CE 间所采用的路由协议类型）通告给 PE1，此时路由更新消息的 NH=CE1，因为路由消息的通告是与通信访问的方向相反的，这个 NH 使得接收路由更新消息的设备（如 PE1）获知从本地开始访问目的地址的下一跳（CE1）。

（2）PE 1 从 CE 1 学习到 10.1.1.1/24 的私网路由后，根据学习该路由的 VPN 实例（在 PE 设备上会为每个 VPN 实例绑定一个连接 CE 的物理接口或子接口），把该私网路由加入到对应 VPN 实例的 VRF 中。学习到的 VPN 实例路由会引入到 BGP 路由表中（通过配置实现），转换成对应的 VPN-IPv4 路由，并根据私网路由标签分配方式的配置（缺省是基于 VPN 实例方式分配）为该私网 VPN-IPv4 路由分配一个私网标签（如图 3-3 中的 L1）。

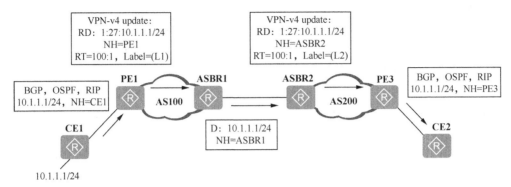

图 3-3　跨域 VPN-OptionA 的路由信息发布示意

（3）然后 PE1 继续向其 MP-IBGP 对等体 ASBR1 以 MP-IBGP Update 消息进行路由信息通告，此时 Update 消息中的 NH 又变为 PE1，原理与前文介绍的相同。发布的 Update 消息中包括了前面 MP-BGP 已为该 VPN-IPv4 私网路由分配的私网标签及为对应 VPN 实例配置的 RD 属性（如图 3-3 中的 1:27:10.1.1.1/24）和 VPN-Target 扩展团体属性（如图 3-3 中的 100:1）。同时，Update 消息还带有 ASBR1 与 PE1 间建立 LSP 所分配的外层公网 LSP 隧道标签，当然 Update 消息中是否带有这层标签还要看节点设备在 MPLS 网络中的位置，以及是否支持 PHP（倒数第二跳弹出）特性。

【经验提示】 MP-BGP 协议只会为私网路由分配私网标签，不会为骨干网的公网路由分配标签。各 AS 域内的骨干网公网路由（如各节点设备上创建的、代表 MPLS LSR-ID 的 Loopback 接口 IP 地址的主机路由）LSP 标签只能由 LDP 或其他标签发布协议分配。

（4）通过外层标签交换，ASBR1 在收到 10.1.1.1/24 的私网路由的 MP-BGP Update 消息（此时 NH 仍为 PE1，因为 PE1 与 ASBR1 是 IBGP 对等体关系，Update 消息中包括的是外部路由，不是 PE1 直连的）后，先进行 VPN-Target 属性比较，如果 Update 消息中携带 Export-Target 属性值与本地某 VPN 实例分配的 Import-Target 属性匹配，则将该 VPN-IPv4 路由加入到 ASBR1 的相应 VRF 中，同时将其引入到 ASBR1 的 BGP 路由表中。

（5）然后，ASBR1 又要继续向其 EBGP 对等体 ASBR2 通告所学习的 10.1.1.1/24 的私网路由。因为 ASBR2 可以看作是 ASBR1 的 CE，所以此时会以普通 IPv4 单播路由更新消息进行通告，NH 改变为 ASBR1 自身。但为了实现不同 VPN 路由的隔离，在 ASBR1 和 ASBR2 上也要创建对应的 VPN 实例，每个 VPN 实例绑定一个连接对端 ASBR2 的物理接口或子接口，然后以基于 VPN 实例的 IPv4 单播路由方式通告通给 ASBR2。本示例在 ASBR1 和 ASBR2 之间建立 EBGP 对等体关系，故是以 EBGP Upadate 消息（不再带有 VPN-IPv4 路由属性，如私网标签、RD 和 VPN-Target 属性）发布给其 CE 设备——ASBR2。

（6）ASBR2 从其 CE（ASBR1）接收到 10.1.1.1/24 的普通 IPv4 单播路由后，将其加

入与接收该路由的物理或子接口所绑定的 VPN 实例的 VRF 中，然后再引入到 ASBR2 的 BGP 路由表中，转换成 VPN-IPv4 路由，并根据私网路由标签分配方式的配置为该 VPN-IPv4 路由分配私网标签（如图 3-3 中的 L2）。

【经验提示】在 AS 的 ASBR 上可同时配置多个 VPN 的 VPN 实例（同一 VPN 中的各 Site 通常配置相同的 VPN 实例名），因为这些 ASBR 同时担当 PE 角色。每个 VPN 实例绑定一个连接对端 ASBR 的物理接口或子接口，然后配置基于 VPN 实例的 IPv4 单播路由进行路由信息通告。

（7）ASBR2 继续以 MP-IBGP Update 消息向其 MP-IBGP 对等体 PE3 通告所学习到的 10.1.1.1/24 的私网路由，NH 为 ASBR2 自身。在这个 Update 消息会包括在 AS200 内 MP-BGP 已为该 VPN-IPv4 路由分配的私网标签，以及配置 RD（如图中的 1:27:10.1.1.1/24）和 VPN-Target 属性（如图中的 100:1）。同时，Update 消息还带有 AS200 中所分配的外层公网 LSP 隧道标签。同样，Update 消息中是否带有这层标签还要看节点设备在 MPLS 网络中的位置，以及是否支持 PHP（倒数第二跳弹出）特性。

（8）PE3 在接收到路由更新 Update 消息（NH 保持不变，仍为 ASBR2）后，根据 VPN-Target 属性值的匹配，把所学习的私网路由 10.1.1.1/24 加入到对应的 VPN 实例的 VRF 中，这相当于 PE3 已成功从 PE1 学习到了 CE1 上的这条私网路由。然后从该私网路由所属的 VPN 实例所绑定的接口，以 PE3 和 C2 间配置的对应路由方式将路由更新发布给 CE2，NH 为 PE3。

至此，从 AS100 学习到的 10.1.1.1/24 私网路由已成功被另一个 AS200 中的 PE3，以及 PE3 所连接的 CE2 学习到，这样 CE2 中的用户要访问这台主机时就有了正确的路由路径。当然要实现通信，还需要把 CE2 下面所连接的私网路由向 PE1 及 CE1 进行发布，其流程与上述 CE1 到 CE2 的私网路由发布过程一样，以确保有双向通信路由。

从以上 VPN-IPv4 私网路由的整个发布过程可以看出，每个 AS 的 ASBR 都需要学习并在 VRF 和 BGP 路由表保存所有的私网 VPN-IPv4 路由，并且要为每个 VPN 创建一个 VPN 实例，绑定一个与对端 ASBR 连接的物理接口或子接口，这对 ASBR 的性能和内存容量要求都会比较高。

3.2.3　跨域 VPN-OptionA 的报文转发原理

不同 AS 域间的私网路由发布完成，相互学习了对端 Site 的私网路由后，就可以在连接不同 AS 域的 Site 用户间进行直接通信访问。

跨域 VPN-OptionA 方式中的报文转发过程比较简单：在 AS 内部作为 VPN MPLS 报文，采用两层标签方式进行 MPLS 转发，内层标签为对应的私网路由标签，外层标签为 AS 域内各节点设备间建立 LSP 时所分配的公网隧道 LSP 标签；在 ASBR 之间作为普通 IPv4 报文，则采用 IP 方式转发。

下面以 LDP 协议建立的 LSP 公网隧道为例进行报文转发流程的介绍，如图 3-4 所示。其中，L1 和 L2 表示私网路由标签，Lx 和 Ly 表示公网 LSP 隧道标签。（此时各设备已通过 3.2.2 小节介绍的步骤学习到了 10.1.1./24 私网路由）。

（1）当 CE2 下面连接的用户要访问 10.1.1.1/24 主机时，目的地址为 10.1.1.1/24 的普通 IPv4 单播报文通过相应路由到达 PE3 后，通过查找入接口与 VPN 实例的绑定即可找到对应的 VRF，因为一个接口唯一绑定一个 VPN 实例。然后在 BGP VPN 路由表中匹配目的 IPv4 前缀 10.1.1.0/24，将报文打上对应的私网（内层）标签（L2），然后再根据目的 IPv4 前缀 10.1.1.0/24 查找对应的 Tunnel ID 及对应的隧道，在 VPN-IPv4 报文打上 AS200 中的外层公网 LSP 标签（Lx）后以 VPN-IPv4 报文方式从此隧道中发送出去。

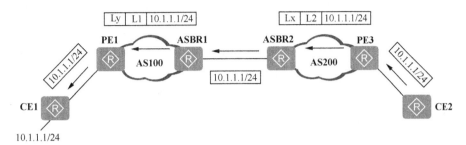

图 3-4　跨域 VPN-OptionA 的报文转发示意

（2）VPN-IPv4 报文在 AS 200 内以外层 LSP 隧道标签交换方式将访问 10.1.1./24 的 VPN 报文传输到 ASBR2。如果 PE3 与 ASBR2 是非直连的，则从 PE3 接口发出去的 VPN 报文中会同时携带以上两层 MPLS 标签；如果 PE3 与 ASBR2 是直连的，且支持 PHP 特性，则从 PE3 接口发出去的 VPN 报文中会先去掉外层 LSP 隧道标签，仅携带内层私网路由标签。

（3）ASBR2 在收到访问 10.1.1.1/24 主机的 VPN 报文后，根据该报文所携带的内层私网标签确定所属的 VPN 实例（因为 ASBR2 与 PE3 之间建立了 MP-IBGP 对等体关系，在路由更新时已共同获知了每个私网标签所对应的 VPN 实例），然后在其对应的 VRF 中找到对应的路由表项，获知对应的出接口，即 ASBR2 上对应 VPN 实例所绑定的对应物理接口或子接口（同时去掉 VPN 报文的内/外层标签），以普通的 IPv4 单播报文方式通过 EBGP 路由传输到 ASBR1。

（4）ASBR1 在收到访问 10.1.1.1/24 主机的普通 IPv4 单播报文后，要根据入接口所绑定的 VPN 实例，在 BGP VPN 路由表中根据目的 IPv4 前缀找到对应的路由表项、出接口和 Tunnel ID，为报文添加 ASBR1 与 PE1 之间已为该 VPN-IPv4 路由所分配的私网路由标签（L1），再加装 AS100 中的外层公网隧道标签 Ly，转换成 VPN-IPv4 报文，从对应的隧道（根据 Tunnel ID 确定）发送出去。

（5）VPN-IPv4 报文在 AS 100 内以外层 LSP 隧道标签交换方式传输到 PE1。如果 ASBR1 与 PE1 是非直连的，则从 ASBR1 接口发出去的 VPN 报文中会同时携带以上两层 MPLS 标签；如果 ASBR1 与 PE1 是直连的，且支持 PHP 特性，则从 ASBR1 接口发出去的 VPN 报文中会先去掉外层 LSP 隧道标签，仅携带内层私网路由标签。

（6）PE1 收到访问 10.1.1.1/24 主机的 VPN 报文后，根据 VPN 报文中的私网标签确定对应的 VPN 实例，然后找到对应 VRF 中的路由表项（同时去掉 VPN 报文的内/外层标签），以普通的 IPv4 单播报文方式通过相应路由传输到 CE1。

从以上报文的转发方式可以看出，报文在进入 AS 域时要进行 MPLS 标签封装（添加双层 MPLS 标签），离开 AS 域时要进行 MPLS 标签解封装（剥离两层 MPLS 标签），报文在连接两个 AS 的中间链路上以基于 VPN 实例的普通 IPv4 报文方式传输。也就是说，在跨域 VPN-OptionA 中，各个 AS 系统内部都是独立进行 MPLS 转发的，而 AS 之间要通过普通 IP 路由方式转发。

3.2.4 跨域 VPN-OptionA 的特点

跨域 VPN-OptionA 方式是跨域 BGP/MPLS IP VPN 中最简单的一种方式。其优点是配置简单，只需要各个 AS 域独立按照第 2 章介绍的基本 BGP/MPLS IP VPN 配置方法进行 L3VPN 配置，把所连接的对端 AS 的 ASBR 看作本端 ASBR 的 CE 设备，然后把不同 ASBR 设备通过对应的路由方式（通常采用 EBGP 路由方式，但也可采用多 VPN 实例的静态路由或 IGP 路由方式）连接即可。

跨域 VPN-OptionA 方式的缺点是可扩展性差。由于各 ASBR 需要管理所有 VPN-IPv4 路由，为每个 VPN 创建 VPN 实例，学习每个 Site 所连接的私网路由，导致 ASBR 上的 VPN-IPv4 路由数量过大。并且，由于 ASBR 间是普通的 IP 转发，要求为每个跨域的 VPN 使用不同的接口，从而提高了对 PE 设备的要求。如果跨越多个自治域，中间域必须支持 VPN 业务，不仅配置量大，而且对中间域影响大。

基于以上优缺点的分析可以看出，在需要跨域的 VPN 数量比较少的情况下，可以优先考虑使用跨域 VPN-OptionA 方式，而如果跨域的 VPN 数量或 VPN 路由数量比较多时，就不建议采用这种方式，可以采用第 3 章后续将要介绍的跨域 VPN-OptionB 方式或跨域 VPN-OptionC 方式。

3.2.5 配置跨域 VPN-OptionA

PE 上接入的 VPN 数量及 VPN 路由数量都比较少时可以采用跨域 VPN-OptionA 方案。跨域 VPN-OptionA 的配置思路很简单，所涉及的配置基本方法与第 2 章介绍的基本 BGP/MPLS IP VPN 的配置方法相同。总体来说，跨域 VPN-OptionA 的配置可以描述为以下两点。

■ 对各 AS 分别进行基本 BGP/MPLS IP VPN 的配置。对于 ASBR，要将对端 ASBR 看作自己的 CE 进行配置。即跨域 VPN-OptionA 方式需要在 PE 和 ASBR 上分别配置 VPN 实例，前者用于接入 CE，后者用于接入对端 ASBR。具体配置方法可参见第 2 章的 2.1.3 节介绍。

■ ASBR 之间通过配置各 VPN 实例，绑定相互之间连接的接口或子接口，然后以普通单播 IPv4 方式为各 VPN 实例配置 IP 路由，两端的 ASBR 的 IPv4 单播路由的具体配置方法均可参见第 2 章的 2.2 节对应小节。

> 说明　在跨域 VPN-OptionA 方式中，因为 ASBR 之间传输的是单播 IPv4 报文，所以对于同一个 VPN，仅需要同一 AS 内的 ASBR 与 PE 的 VPN 实例的 VPN-Target 属性匹配，不同 AS 的 PE 的 VPN 实例的 VPN-Target 属性则不需要匹配，即不同 AS 域中为同一 VPN 实例各自配置的 VPN-Target 属性可以不一样。

3.2.6 跨域 VPN-OptionA 配置管理

跨域 VPN-OptionA 完成配置后，可以使用以下 **display** 命令检查配置结果。

■ 在 PE 或 ASBR 上执行 **display bgp vpnv4 all peer** 命令，可以看到同一 AS 的 PE 和 ASBR 之间 MP-IBGP 对等体关系的状态为"Established"。

■ 在 PE 或 ASBR 上执行 **display bgp vpnv4 all routing-table** 命令，可以看到 VPN 路由。

■ 在 PE 或 ASBR 上执行 **display ip routing-table vpn-instance** *vpn-instance-name* 命令，可以看到 PE 和 ASBR 上的 VPN 路由表中有所有相关 VPN 的路由。

3.2.7　OptionA 方式跨域 VPN 配置示例

如图 3-5 所示，某公司总部和分部跨域不同的运营商，需实现跨域的 BGP/MPLS IP VPN 业务的互通。CE1 连接公司总部，通过 AS100 的 PE1 接入；CE2 连接公司分部，通过 AS200 的 PE2 接入，CE1 和 CE2 同属于 vpn1。

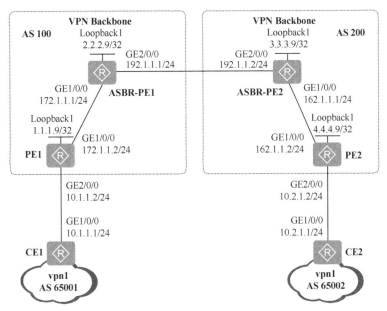

图 3-5　OptionA 方式跨域 VPN 配置示例的拓扑结构

1. 基本配置思路分析

根据 3.2.5 小节介绍的配置方法，可以得出本示例在采用 OptionA 方式时的总体配置思路：先在 AS 100 和 AS 200 域内按照基本 BGP/MPLS IP VPN 中介绍的配置方法独立进行配置，然后在 ASBR-PE1 和 ASBR-PE2 之间配置 VPN1 实例的 EBGP 路由，以实现两个 AS 间的连接，相互学习对端的私网 VPN-IPv4 路由。具体的配置思路如下。

（1）在 AS100、AS200 内的 MPLS 骨干网上分别配置 IGP 协议（本示例采用 OSPF 协议），实现各自骨干网 ASBR-PE 和 PE 之间的互通。

（2）在 AS100、AS200 内的 MPLS 骨干网上分别配置 MPLS 基本能力和 MPLS LDP，建立 LDP LSP。

（3）在 AS100、AS200 内的 PE 与 ASBR-PE 之间建立 MP-IBGP 对等体关系，交换 VPN-IPv4 路由信息。

（4）在 AS100、AS200 内与 CE 相连的 PE 上需配置 VPN 实例，并把与 CE 相连的接口和相应的 VPN 实例绑定，并在 PE 与 CE 之间建立 EBGP 对等体关系，交换 VPN 路由信息。

（5）在 ASBR-PE1 和 ASBR-PE2 上创建 VPN 实例，并将此实例绑定到连接对端 ASBR-PE 的接口（把对端 ASBR-PE 当作自己的 CE），并在 ASBR-PE 之间建立 EBGP 对等体关系传递 VPN 路由信息。

2. 具体操作步骤

（1）在 AS100 和 AS200 内配置各接口（除 PE 和 ASBR-PE 设备上绑定 VPN 实例的接口外）IP 地址和公网 OSPF 路由，均采用 OSPF 1 号进程，区域 0。

\# PE1 上的配置。G2/0/0 接口需要绑定 VPN 实例，不能先配置 IP 地址。

```
<Huawei> system-view
[Huawei] sysname PE1
[PE1] interface loopback 1
[PE1-LoopBack1] ip address 1.1.1.9 32
[PE1-LoopBack1] quit
[PE1] interface gigabitethernet 1/0/0
[PE1-GigabitEthernet1/0/0] ip address 172.1.1.2 24
[PE1-GigabitEthernet1/0/0] quit
[PE1] ospf
[PE1-ospf-1] area 0
[PE1-ospf-1-area-0.0.0.0] network 1.1.1.9 0.0.0.0
[PE1-ospf-1-area-0.0.0.0] network 172.1.1.0 0.0.0.255
[PE1-ospf-1-area-0.0.0.0] quit
[PE1-ospf-1] quit
```

\# ASBR-PE1 上的配置。GE2/0/0 接口需要绑定 VPN 实例，不能先配置 IP 地址。

```
<Huawei> system-view
[Huawei] sysname ASBR-PE1
[ASBR-PE1] interface loopback 1
[ASBR-PE1-LoopBack1] ip address 2.2.2.9 32
[ASBR-PE1-LoopBack1] quit
[ASBR-PE1] interface gigabitethernet 1/0/0
[ASBR-PE1-GigabitEthernet1/0/0] ip address 172.1.1.2 24
[ASBR-PE1-GigabitEthernet1/0/0] quit
[ASBR-PE1] ospf
[ASBR-PE1-ospf-1] area 0
[ASBR-PE1-ospf-1-area-0.0.0.0] network 2.2.2.9 0.0.0.0
[ASBR-PE1-ospf-1-area-0.0.0.0] network 172.1.1.0 0.0.0.255
[ASBR-PE1-ospf-1-area-0.0.0.0] quit
[ASBR-PE1-ospf-1] quit
```

\# PE2 上的配置。G2/0/0 接口需要绑定 VPN 实例，不能先配置 IP 地址。

```
<Huawei> system-view
[Huawei] sysname PE2
[PE2] interface loopback 1
[PE2-LoopBack1] ip address 4.4.4.9 32
[PE2-LoopBack1] quit
[PE] interface gigabitethernet 1/0/0
[PE2-GigabitEthernet1/0/0] ip address 162.1.1.2 24
[PE2-GigabitEthernet1/0/0] quit
[PE2] ospf
[PE2-ospf-1] area 0
```

```
[PE2-ospf-1-area-0.0.0.0] network 4.4.4.9 0.0.0.0
[PE2-ospf-1-area-0.0.0.0] network 162.1.1.0 0.0.0.255
[PE2-ospf-1-area-0.0.0.0] quit
[PE2-ospf-1] quit
```

\#   ASBR-PE2 上的配置。GE2/0/0 接口需要绑定 VPN 实例，不能先配置 IP 地址。

```
<Huawei> system-view
[Huawei] sysname ASBR-PE2
[ASBR-PE2] interface loopback 1
[ASBR-PE2-LoopBack1] ip address 3.3.3.9 32
[ASBR-PE2-LoopBack1] quit
[ASBR-PE2] interface gigabitethernet 1/0/0
[ASBR-PE2-GigabitEthernet1/0/0] ip address 162.1.1.1 24
[ASBR-PE2-GigabitEthernet1/0/0] quit
[ASBR-PE2] ospf
[ASBR-PE2-ospf-1] area 0
[ASBR-PE2-ospf-1-area-0.0.0.0] network 3.3.3.9 0.0.0.0
[ASBR-PE2-ospf-1-area-0.0.0.0] network 162.1.1.0 0.0.0.255
[ASBR-PE2-ospf-1-area-0.0.0.0] quit
[ASBR-PE2-ospf-1] quit
```

以上配置完成后，同一 AS 的 ASBR-PE 与 PE 之间应能建立 OSPF 邻居关系，执行 **display ospf peer** 命令可以看到邻居状态为 Full。执行 **display ip routing-table** 命令可以看到同一 AS 的 ASBR-PE 和 PE 能学习到对方的 Loopback1 路由。

（2）在 AS100 和 AS200 的 MPLS 骨干网上分别配置 MPLS 基本能力和 MPLS LDP，建立 LDP LSP。

说明 因为本示例中，PE 与 ASBR-PE 是直接连接的，如果采用 PHP 特性，PE 和 ASBR-PE 间发送的 MPLS 报文就会因在倒数第二跳弹出外层标签，而致使两者都不携带外层公网 LSP 标签。为了不出现这种现象，在各 PE 和 ASBR 上配置分配 LSP 标签时不分配空标签，只分配非空标签，即执行了 **label advertise non-null** 命令。

\#   PE1 上的配置。

```
[PE1] mpls lsr-id 1.1.1.9
[PE1] mpls
[PE1-mpls] label advertise non-null    #---分配非空标签
[PE1-mpls] quit
[PE1] mpls ldp
[PE1-mpls-ldp] quit
[PE1] interface gigabitethernet 1/0/0
[PE1-GigabitEthernet1/0/0] mpls
[PE1-GigabitEthernet1/0/0] mpls ldp
[PE1-GigabitEthernet1/0/0] quit
```

\#   ASBR-PE1 上的配置。

```
[ASBR-PE1] mpls lsr-id 2.2.2.9
[ASBR-PE1] mpls
[ASBR-PE1-mpls] label advertise non-null
[ASBR-PE1-mpls] quit
[ASBR-PE1] mpls ldp
[ASBR-PE1-mpls-ldp] quit
[ASBR-PE1] interface gigabitethernet 1/0/0
[ASBR-PE1-GigabitEthernet1/0/0] mpls
```

```
[ASBR-PE1-GigabitEthernet1/0/0] mpls ldp
[ASBR-PE1-GigabitEthernet1/0/0] quit
```

\# ASBR-PE2 上的配置。

```
[ASBR-PE2] mpls lsr-id 3.3.3.9
[ASBR-PE2] mpls
[ASBR-PE2-mpls] label advertise non-null
[ASBR-PE2-mpls] quit
[ASBR-PE2] mpls ldp
[ASBR-PE2-mpls-ldp] quit
[ASBR-PE2] interface gigabitethernet 1/0/0
[ASBR-PE2-GigabitEthernet1/0/0] mpls
[ASBR-PE2-GigabitEthernet1/0/0] mpls ldp
[ASBR-PE2-GigabitEthernet1/0/0] quit
```

\# PE2 上的配置。

```
[PE2] mpls lsr-id 4.4.4.9
[PE2] mpls
[PE2-mpls] label advertise non-null
[PE2-mpls] quit
[PE2] mpls ldp
[PE2-mpls-ldp] quit
[PE2] interface gigabitethernet 1/0/0
[PE2-GigabitEthernet1/0/0] mpls
[PE2-GigabitEthernet1/0/0] mpls ldp
[PE2-GigabitEthernet1/0/0] quit
```

上述配置完成后，同一 AS 的 PE 和 ASBR-PE 之间应该建立起 LDP 对等体，执行 display mpls ldp session 命令可以看到显示结果中 State 项为"Operational"。以下是在 PE1 上执行该命令的输出示例（参见输出信息的粗体字部分）。

```
[PE1] display mpls ldp session
LDP Session(s) in Public Network
Codes: LAM(Label Advertisement Mode), SsnAge Unit(DDDD:HH:MM)
A '*' before a session means the session is being deleted.
------------------------------------------------------------------------
PeerID            Status      LAM  SsnRole  SsnAge      KASent/Rcv
------------------------------------------------------------------------
2.2.2.9:0         Operational DU   Active   0002:23:46  17225/17224
------------------------------------------------------------------------
TOTAL: 1 session(s) Found.
```

（3）在 PE 与 ASBR-PE 之间建立 MP-IBGP 对等体关系，交换 VPN 路由信息。因为本示例 PE 与 ASBR-PE 是直接连接的，所以建立 IBGP 对等体连接时的 TCP 源端口也可为直连的物理接口。

\# PE1 上的配置。

```
[PE1] bgp 100
[PE1-bgp] peer 2.2.2.9 as-number 100
[PE1-bgp] peer 2.2.2.9 connect-interface loopback 1
[PE1-bgp] ipv4-family vpnv4
[PE1-bgp-af-vpnv4] peer 2.2.2.9 enable   #---使能与对等体 2.2.2.9 交换 VPN-IPv4 路由的能力
[PE1-bgp-af-vpnv4] quit
[PE1-bgp] quit
```

\# ASBR-PE1 上的配置。

```
[ASBR-PE1] bgp 100
[ASBR-PE1-bgp] peer 1.1.1.9 as-number 100
```

```
[ASBR-PE1-bgp] peer 1.1.1.9 connect-interface loopback 1
[ASBR-PE1-bgp] ipv4-family vpnv4
[ASBR-PE1-bgp-af-vpnv4] peer 1.1.1.9 enable
[ASBR-PE1-bgp-af-vpnv4] quit
[ASBR-PE1-bgp] quit
```

\#　PE2 上的配置。

```
[PE2] bgp 200
[PE2-bgp] peer 3.3.3.9 as-number 200
[PE2-bgp] peer 3.3.3.9 connect-interface loopback 1
[PE2-bgp] ipv4-family vpnv4
[PE2-bgp-af-vpnv4] peer 3.3.3.9 enable
[PE2-bgp-af-vpnv4] quit
[PE2-bgp] quit
```

\#　ASBR-PE2 上的配置。

```
[ASBR-PE2] bgp 200
[ASBR-PE2-bgp] peer 4.4.4.9 as-number 200
[ASBR-PE2-bgp] peer 4.4.4.9 connect-interface loopback 1
[ASBR-PE2-bgp] ipv4-family vpnv4
[ASBR-PE2-bgp-af-vpnv4] peer 4.4.4.9 enable
[ASBR-PE2-bgp-af-vpnv4] quit
[ASBR-PE2-bgp] quit
```

（4）在 AS100 的 PE1 和 AS200 的 PE2 上配置 IPv4 地址族的 VPN 实例，将 CE 接入 PE，并分别配置他们与 CE1、CE2 之间的 EBGP 对等体关系（本示例采用 EBGP 路由进行 PE 与 CE 的连接）。

说明　同一 AS 内的 ASBR-PE 与 PE 的 VPN 实例的 VPN-Target 属性应配置匹配，不同 AS 的 ASBR-PE 与 PE 的 VPN 实例的 VPN-Target 则不强制匹配。

\#　PE1 上的配置。

```
[PE1] ip vpn-instance vpn1
[PE1-vpn-instance-vpn1] ipv4-family
[PE1-vpn-instance-vpn1-af-ipv4] route-distinguisher 100:1
[PE1-vpn-instance-vpn1-af-ipv4] vpn-target 1:1 both     #---要与后面在 ASBR-PE1 上配置的 VPN-Target 属性一致
[PE1-vpn-instance-vpn1-af-ipv4] quit
[PE1-vpn-instance-vpn1] quit
[PE1] interface gigabitethernet 2/0/0
[PE1-GigabitEthernet2/0/0] ip binding vpn-instance vpn1     #---将 PE1 的 GE2/0/0 接口绑定 vpn1 实例
[PE1-GigabitEthernet2/0/0] ip address 10.1.1.2 24
[PE1-GigabitEthernet2/0/0] quit
[PE1] bgp 100
[PE1-bgp] ipv4-family vpn-instance vpn1
[PE1-bgp-vpn1] peer 10.1.1.1 as-number 65001     #---指定与 CE1 建立 EBGP 对等体
[PE1-bgp-vpn1] import-route direct     #---引入直连路由
[PE1-bgp-vpn1] quit
[PE1-bgp] quit
```

\#　PE2 上的配置。

```
[PE2] ip vpn-instance vpn1
[PE2-vpn-instance-vpn1] ipv4-family
[PE2-vpn-instance-vpn1-af-ipv4] route-distinguisher 200:1
[PE2-vpn-instance-vpn1-af-ipv4] vpn-target 2:2 both     #---要与后面在 ASBR-PE2 上配置的 VPN-Target 属性一致
[PE2-vpn-instance-vpn1-af-ipv4] quit
```

```
[PE2-vpn-instance-vpn1] quit
[PE2] interface gigabitethernet 2/0/0
[PE2-GigabitEthernet2/0/0] ip binding vpn-instance vpn1
[PE2-GigabitEthernet2/0/0] ip address 10.2.1.2 24
[PE2-GigabitEthernet2/0/0] quit
[PE2] bgp 200
[PE2-bgp] ipv4-family vpn-instance vpn1
[PE2-bgp-vpn1] peer 10.2.1.1 as-number 65002
[PE2-bgp-vpn1] import-route direct
[PE2-bgp-vpn1] quit
[PE2-bgp] quit
```

\#　CE1 上的配置。

```
[CE1] interface gigabitethernet 1/0/0
[CE1-GigabitEthernet1/0/0] ip address 10.1.1.1 24
[CE1-GigabitEthernet1/0/0] quit
[CE1] bgp 65001
[CE1-bgp] peer 10.1.1.2 as-number 100
[CE1-bgp] import-route direct
[CE1-bgp] quit
```

\#　CE2 上的配置。

```
[CE2] interface gigabitethernet 1/0/0
[CE2-GigabitEthernet1/0/0] ip address 10.2.1.1 24
[CE2-GigabitEthernet1/0/0] quit
[CE2] bgp 65002
[CE2-bgp] peer 10.2.1.1 as-number 200
[CE2-bgp] import-route direct
[CE2-bgp] quit
```

以上配置完成后，在 PE 设备上执行 **display bgp vpnv4 vpn-instance** *vpn-instance-name*
peer 可以看到 PE 与 CE 之间的 BGP 对等体关系已建立，并达到 Established 状态。执行
display bgp vpnv4 all peer 命令，可以看到 PE 与 CE 之间、PE 与 ASBR-PE 之间的 BGP
对等体关系已建立，并达到 Established 状态。以下是在 PE1 上执行这两条命令的输出示
例（参见输出信息中的粗体字部分）。

```
[PE1] display bgp vpnv4 vpn-instance vpn1 peer

 BGP local router ID : 1.1.1.9
 Local AS number : 100

 VPN-Instance vpn1, Router ID 1.1.1.9:
 Total number of peers : 1              Peers in established state : 1

  Peer       V    AS  MsgRcvd  MsgSent  OutQ  Up/Down       State     PrefRcv

  10.1.1.1   4  65001   5         4      0    00:00:01    Established    3

[PE1] display bgp vpnv4 all peer

 BGP local router ID : 1.1.1.9
 Local AS number : 100
 Total number of peers : 2              Peers in established state : 2

  Peer       V    AS  MsgRcvd  MsgSent  OutQ  Up/Down       State      PrefRcv
```

```
2.2.2.9    4    100    11    11    0    00:07:09    Established    0

Peer of IPv4-family for vpn instance :

VPN-Instance vpn1, Router ID 1.1.1.9:
  10.1.1.1    4    65001    5    4    0    00:00:12    Established    3
```

（5）在 ASBR-PE1 和 ASBR-PE2 上创建 VPN 实例，并将此实例绑定到连接到对端 ASBR-PE 的接口（本示例因为仅一个 VPN，所以直接使用物理接口，如果有多个 VPN，可使用子接口），并在 ASBR-PE 之间建立 EBGP 对等体关系传递 VPN 路由信息。

\# 在 ASBR-PE1 上创建 VPN 实例，并将此实例绑定到连接 ASBR-PE2 的接口（ASBR-PE1 认为 ASBR-PE2 是自己的 CE）。

```
[ASBR-PE1] ip vpn-instance vpn1
[ASBR-PE1-vpn-instance-vpn1] ipv4-family
[ASBR-PE1-vpn-instance-vpn1-af-ipv4] route-distinguisher 100:2
[ASBR-PE1-vpn-instance-vpn1-af-ipv4] vpn-target 1:1 both    #---要与前面在 PE1 上配置的 VPN-Target 属性一致
[ASBR-PE1-vpn-instance-vpn1-af-ipv4] quit
[ASBR-PE1-vpn-instance-vpn1] quit
[ASBR-PE1] interface gigabitethernet 2/0/0
[ASBR-PE1-GigabitEthernet2/0/0] ip binding vpn-instance vpn1    #---将 ASBR-PE1 的 GE2/0/0 接口绑定 vpn1 实例
[ASBR-PE1-GigabitEthernet2/0/0] ip address 192.1.1.1 24
[ASBR-PE1-GigabitEthernet2/0/0] quit
```

\# 在 ASBR-PE2 上创建 VPN 实例，并将此实例绑定到连接 ASBR-PE1 的接口（ASBR-PE2 认为 ASBR-PE1 是自己的 CE）。

```
[ASBR-PE2] ip vpn-instance vpn1
[ASBR-PE2-vpn-instance-vpn1] ipv4-family
[ASBR-PE2-vpn-instance-vpn1-af-ipv4] route-distinguisher 200:2
[ASBR-PE2-vpn-instance-vpn1-af-ipv4] vpn-target 2:2 both    #---要与前面在 PE2 上配置的 VPN-Target 属性一致
[ASBR-PE2-vpn-instance-vpn1-af-ipv4] quit
[ASBR-PE2-vpn-instance-vpn1] quit
[ASBR-PE2] interface gigabitethernet 2/0/0
[ASBR-PE2-GigabitEthernet2/0/0] ip binding vpn-instance vpn1
[ASBR-PE2-GigabitEthernet2/0/0] ip address 192.1.1.2 24
[ASBR-PE2-GigabitEthernet2/0/0] quit
```

\# 配置 ASBR-PE1 与 ASBR-PE2 建立 EBGP 对等体关系。

```
[ASBR-PE1] bgp 100
[ASBR-PE1-bgp] ipv4-family vpn-instance vpn1
[ASBR-PE1-bgp-vpn1] peer 192.1.1.2 as-number 200
[ASBR-PE1-bgp-vpn1] import-route direct
[ASBR-PE1-bgp-vpn1] quit
[ASBR-PE1-bgp] quit
```

\# 配置 ASBR-PE2 与 ASBR-PE1 建立 EBGP 对等体关系。

```
[ASBR-PE2] bgp 200
[ASBR-PE2-bgp] ipv4-family vpn-instance vpn1
[ASBR-PE2-bgp-vpn1] peer 192.1.1.1 as-number 100
[ASBR-PE2-bgp-vpn1] import-route direct
[ASBR-PE2-bgp-vpn1] quit
[ASBR-PE2-bgp] quit
```

以上配置完成后，在 ASBR PE 上执行 **display bgp vpnv4 vpn-instance vpn1 peer** 命令，可以看到 ASBR PE 间的 BGP 对等体关系已建立，并达到 Established 状态。

3. 配置结果验证

上述配置完成后，执行 **display ip routing-table** 命令可查看 CE 之间能学习到对方的接口路由，CE1 和 CE2 能够相互 ping 通。以下是在 CE1 上执行该命令和 Ping 测试的输出示例（参见输出信息的粗体字部分）。

```
[CE1] display ip routing-table
Route Flags: R - relay, D - download to fib
------------------------------------------------------------------------
Routing Tables: Public
          Destinations : 9        Routes : 9
Destination/Mask    Proto  Pre  Cost      Flags  NextHop         Interface
     10.1.1.0/24    Direct 0    0             D  10.1.1.1        GigabitEthernet1/0/0
     10.1.1.1/32    Direct 0    0             D  127.0.0.1       GigabitEthernet1/0/0
   10.1.1.255/32    Direct 0    0             D  127.0.0.1       GigabitEthernet1/0/0
     10.2.1.0/24    EBGP   255  0             D  10.1.1.2        GigabitEthernet1/0/0
    127.0.0.0/8     Direct 0    0             D  127.0.0.1       InLoopBack0
    127.0.0.1/32    Direct 0    0             D  127.0.0.1       InLoopBack0
127.255.255.255/32  Direct 0    0             D  127.0.0.1       InLoopBack0
    192.1.1.0/24    EBGP   255  0             D  10.1.1.2        GigabitEthernet1/0/0
255.255.255.255/32  Direct 0    0             D  127.0.0.1       InLoopBack0

[CE1] ping 10.2.1.1
   PING 10.2.1.1: 56  data bytes, press CTRL_C to break
     Reply from 10.2.1.1: bytes=56 Sequence=1 ttl=251 time=119 ms
     Reply from 10.2.1.1: bytes=56 Sequence=2 ttl=251 time=141 ms
     Reply from 10.2.1.1: bytes=56 Sequence=3 ttl=251 time=136 ms
     Reply from 10.2.1.1: bytes=56 Sequence=4 ttl=251 time=113 ms
     Reply from 10.2.1.1: bytes=56 Sequence=5 ttl=251 time=78 ms
   --- 10.2.1.1 ping statistics ---
     5 packet(s) transmitted
     5 packet(s) received
     0.00% packet loss
     round-trip min/avg/max = 78/117/141 ms
```

在 ASBR-PE 上执行 **display ip routing-table vpn-instance** 命令，可以看到 ASBR-PE 上为 VPN 实例维护的 IP 路由表。以下是在 ASBR-PE1 上执行该命令的输出示例。

```
[ASBR-PE1] display ip routing-table vpn-instance vpn1
Route Flags: R - relay, D - download to fib
------------------------------------------------------------------------
Routing Tables: vpn1
          Destinations : 6        Routes : 6
Destination/Mask    Proto  Pre  Cost     Flags NextHop         Interface
     10.1.1.0/24    IBGP   255  0           RD  1.1.1.9        GigabitEthernet1/0/0
     10.2.1.0/24    EBGP   255  0            D  192.1.1.2      GigabitEthernet2/0/0
    192.1.1.0/24    Direct 0    0            D  192.1.1.1      GigabitEthernet2/0/0
    192.1.1.1/32    Direct 0    0            D  127.0.0.1      GigabitEthernet2/0/0
  192.1.1.255/32    Direct 0    0            D  127.0.0.1      GigabitEthernet2/0/0
255.255.255.255/32  Direct 0    0            D  127.0.0.1      InLoopBack0
```

在 ASBR-PE 上执行 **display bgp vpnv4 all routing-table** 命令，可以看到 ASBR-PE 上维护的所有 BGP VPNv4 路由。以下是在 ASBR-PE1 上执行该命令的输出示例。

```
[ASBR-PE1] display bgp vpnv4 all routing-table
  BGP Local router ID is 2.2.2.9
  Status codes: * - valid, > - best, d - damped,
```

h - history,　i - internal, s - suppressed, S - Stale

Origin : i - IGP, e - EGP, ? - incomplete

Total number of routes from all PE: 5

Route Distinguisher: 100:1　　#---以下是通过 PE1 学习到 BGP 路由

	Network	NextHop	MED	LocPrf	PrefVal Path/Ogn
*>i	10.1.1.0/24	1.1.1.9	0	100	0 ?

Route Distinguisher: 100:2　　#---以下是通过 ASBR1 学习到的 BGP 路由

	Network	NextHop	MED	LocPrf	PrefVal Path/Ogn
*>	10.2.1.0/24	192.1.1.2			0 200?
*>	192.1.1.0	0.0.0.0	0		0 ?
*		192.1.1.2	0		0 200?
*>	192.1.1.1/32	0.0.0.0	0		0 ?

VPN-Instance vpn1, Router ID 2.2.2.9:　　　#----以下是在 VPN1 实例中的 BGP 路由

Total Number of Routes: 5

	Network	NextHop	MED	LocPrf	PrefVal Path/Ogn
*>i	10.1.1.0/24	1.1.1.9	0	100	0 ?
*>	10.2.1.0/24	192.1.1.2			0 200?
*>	192.1.1.0	0.0.0.0	0		0 ?
		192.1.1.2	0		0 200?
*>	192.1.1.1/32	0.0.0.0	0		0 ?

3.3　跨域 VPN-OptionB 方式配置与管理

在 3.2 节介绍的跨域 VPN-OptionA 方式中，ASBR 间通常通过普通的 EBGP（不支持 VPN-IPv4 路由，也可以采用其他多实例 IGP 路由或静态路由）来向对端 ASBR 发布普通的单播 IPv4 路由，需要为每个 VPN 实例绑定一个物理接口或子接口来把普通的 IP 报文传输到对端 ASBR，所以仅适用于 VPN 数量较少的场景。3.3 节将介绍一种可适用于更多 VPN 数量应用场景下的解决方案——跨域 VPN-OptionB 方式。

3.3.1　跨域 VPN-OptionB 方式简介

在跨域 VPN-OptionB 方式中，ASBR 间通过单跳 MP-EBGP（支持 VPN-IPv4 路由）来向对端 ASBR 发布携带有私网路由标签、RD 等属性的 VPN-IPv4 路由，这时，通过 VPN 报文中的私网路由标签就可以隔离不同的 VPN 实例，而不是每个 VPN 实例绑定一个物理接口或子接口。

跨域 VPN-OptionB 方式与跨域 VPN-OptionA 方式的主要区别就在于 ASBR 间所使用的路由协议，VPN-OptionA 方式通常使用普通的 EBGP 路由协议，需要为每个 VPN

实例绑定一条子接口对应的逻辑链路以进行普通 IP 报文的传输，而 VPN-OptionB 方式使用的是单跳 MP-EBGP 路由协议，各 VPN 实例共享同一条物理链路来传输 IP 报文，不同实例以私网路由标签进行隔离。在 VPN-OptionB 方式中，**ASBR 上不需要创建 VPN 实例**，也就不需要为每个 VPN 实例绑定接口，此时的 ASBR 不再担当 PE 角色（也可以配置同时担当 PE 角色）。但也正因为 ABSR 上不再创建 VPN 实例，所以需要在 ASBR 上配置不进行 VPN-Target 属性过滤，配置接收路由策略许可的所有 VPN 路由，否则 ASBR 上将不接受任何 VPN 路由。

如图 3-6 所示，跨域 VPN-OptionB 中，各 AS 域内的 PE 与 ASBR 之间建立的也是 MP-IBGP 对等体关系，ASBR 之间建立 MP-EBGP 对等体关系，通过 MP-EBGP 协议交换其从各自 AS 的 PE 设备接收的携带有私网路由标签的 VPN-IPv4 路由，其在 ASBR 之间传播的也是 VPN-IPv4。图中的 VPN LSP 表示私网隧道（通过私网路由标签进行区分），横跨多个 AS 域中的 PE 设备，LSP 是各 AS 域内部 PE 与 ASBR 设备之间建立的公网隧道。

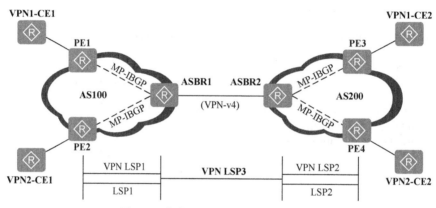

图 3-6　跨域 VPN-OptionB 的组网示意

目前中高端华为 AR 系列路由器和高端 S 系列交换机（如 S7700、9700 和 12700 系列）都支持跨域 VPN-OptionB 方式，S6700 及以下系列交换机不支持跨域 VPN-OptionB 方式。

3.3.2　跨域 VPN-OptionB 的路由发布原理

下面以图 3-7 为例说明跨域 VPN-OptionB 方式中路由的发布过程。本示例中，CE1 将 10.1.1.1/24 的私网路由发布给 CE2。NH 表示下一跳，L1、L2 和 L3 表示所携带的私网标签。图中省略了公网 IGP 路由和标签的分配。具体过程如下。

（1）CE1 把所学习到的私网路由 10.1.1.1/24 以对应的路由更新消息（具体要视 PE 与 CE 间所采用的路由协议类型）通告给 PE1，此时 NH 为 CE1 自身。

（2）PE1 根据私网路由所绑定的 VPN 实例，把所接收的 10.1.1.1/24 的私网路由加入到对应的 VRF 中，同时会引入到 BGP 路由表中（通过配置实现），转换成对应的 VPN-IPv4 路由，然后为该 VPN-IPv4 路由分配私网标签（如图中的 L1）。

（3）然后，PE1 继续以 MP-IBGP Update 消息向其 MP-IBGP 对等体 ASBR1 进行路

由信息通告，NH 为 PE1 自身。在发布的 Update 消息中包括了 MP-BGP 已为该 VPN-IPv4
私网路由分配的私网标签及所配置的 RD 属性（如图中的 1:27:10.1.1.1/24）和 VPN-Target
扩展团体属性（如图中的 100:1）。同时，Update 消息帧头部分还封装了 AS100 域中建立
LSP 隧道时所分配的外层公网 LSP 隧道标签，当然 Update 消息中是否带有这层标签还
要看节点设备在 MPLS 网络中的位置，以及是否支持 PHP（倒数第二跳弹出）特性。

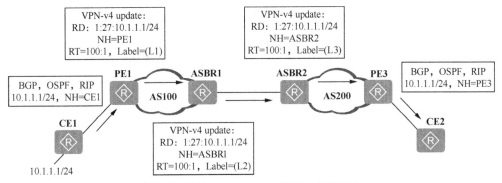

图 3-7　跨域 VPN-OptionB 的路由信息发布

（4）通过外层标签交换，ASBR1 在收到 10.1.1.1/24 私网路由的 MP-BGP Update 消
息（NH 仍为 PE1）后，根据 VPN-IPv4 路由接收策略的配置把所有学习到的 VPN-IPv4
保存到 BGP 路由表中（**不进行 VPN-Taget 属性匹配，因为在 VPN-OptionB 方式中，ASBR
上不创建 VPN 实例**），重新为该 VPN-IPv4 路由分配私网标签（如图中的 L2）。

（5）然后，ASBR1 以 MP-BGP Update 消息向其 MP-EBGP 对等体 ABSR2 进行
VPN-IPv4 路由通告，此时 NH 为 ASBR1 自身。在发布 Update 消息时仍然保留原来所接
收的对应 VPN 实例私网路由中的大部分属性，如 RD 和 VPN-Target，但会用新分配的私
网标签（L2）。

（6）ASBR2 在收到 VPN-IPv4 路由更新后，同样不进行 VPN-Target 属性匹配，根据
VPN-IPv4 路由接收策略的配置把所有学习到的私网路由 10.1.1.1/24 保存到 BGP 路由表
中，再重新该 VPN-IPv4 路由分配私网标签（如图中的 L3）。在继续通过 Update 消息向
其 MP-IBGP 对等体 PE3 发布该路由更新时，NH 变为 ASBR2，并带上新分配的私网路
由标签，RD、VPN-Target 属性值仍保持不变。

（7）PE3 在收到路由 VPN-IPv4 更新后，通过 VPN-Target 属性匹配后找到对应 VPN
实例所绑定的出接口，通过 BGP、OSPF 或 RIP 等方式将路由发布给 CE2。

在以上的路由发布过程中，每经过一个 MP-BGP 对等体（包括 PE 与 ASBR 之间的
MP-IBGP 对等体和和 ASBR 之间的 MP-EBGP 对等体）上都会为 VPN-IPv4 路由重新分
配私网标签。由于域间的私网路由标签是由 MP-BGP 分配的，因此 ASBR 之间不需要运
行 LDP 或 RSVP 等协议。

3.3.3　跨域 VPN-OptionB 的报文转发原理

跨域 VPN-OptionB 方式的报文转发中，在两个 ASBR 上都要对 VPN 的私网路由标
签做一次交换。以 LSP 为公网隧道的报文转发流程如图 3-8 所示。其中，L1、L2 和 L3

表示私网标签，Lx 和 Ly 表示公网外层隧道标签。

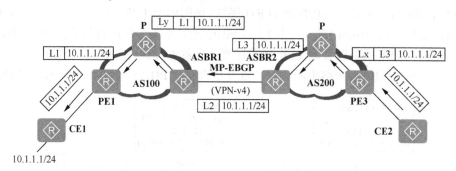

图 3-8　跨域 VPN-OptionB 的报文转发示意

　　跨域 VPN-OptionB 方式的报文转发过程与跨域 VPN-OptionA 方式的报文转发过程类似，主要区别体现在 ABSR 之间的报文转发，具体过程如下。

　　（1）CE2 要访问 10.1.1./24 主机时，目的地址为 10.1.1.1/24 的普通 IPv4 单播报文通过相应路由到达 PE3 后，通过查找入接口可找到对应的 VRF。然后在 BGP VPN 路由表中匹配目的 IPv4 前缀 10.1.1.0/24，查找对应的 Tunnel ID，然后将报文打上对应的私网（内层）标签（L3），根据 Tunnel ID 找到隧道，加装外层 AS200 中的公网隧道标签（Lx）后，以 VPN-IPv4 报文方式从此隧道中发送出去。

　　（2）PE3 在 AS200 内以外层 LSP 隧道标签交换方式先传输到 AS200 中的 P，然后再传输到 ASBR2。在由 P 传输到 ASBR2 的过程中，如果 P 支持 PHP 特性，则会先去掉报文中的外层隧道 LSP 标签（Lx）再发给 ASBR2。

　　（3）ASBR2 收到访问 10.1.1.1/24 主机的 VPN 报文（仅携带一层内层私网路由标签 L3）后，根据 VPN-IPv4 报文目的 IPv4 地址前缀，在 BGP VPN 路由表中找到对应的路由表项，并用 ASBR2 和 PE3 之间原来已为该 VPN-IPv4 路由分配的私网标签替换 VPN 报文中携带的私网标签（由原来的 L3 换成 L2），再通过 MP-EBGP 路由传输给 ASBR1。

　　（4）ASBR1 收到访问 10.1.1.1/24 主机的 VPN 报文后，同样根据 VPN-IPv4 报文目的 IPv4 地址前缀在 BGP VPN 路由表中找到对应的路由表项，查找对应的 Tunnel ID，用 ASBR1 与 PE1 之间原来为该 VPN-IPv4 路由分配的标签对 VPN 报文中所携带的私网标签进行再次替换后（由原来的 L2 替换成 L1），根据 Tunnel ID 找到隧道，在加装 AS100 域中公网隧道标签（Ly）后根据公网标签先传输给 AS100 中的 P，然后再传输给 PE1。在由 P 传输到 PE1 的过程中，如果 P 支持 PHP 特性，则会先去掉报文中的外层隧道 LSP 标签（Ly）再发给 PE1。

　　（5）PE1 收到访问 10.1.1.1/24 主机的 VPN 报文后，根据 VPN 报文中的私网标签查找对应的 VRF 路由表项，获得对应的出接口，去掉 VPN 报文的内层私网标签，以普通的 IPv4 单播报文方式通过相应路由表项传输到 CE1。

3.3.4　跨域 VPN-OptionB 的主要特点

　　根据上文的介绍，跨域 VPN-OptionB 与跨域 VPN-OptionA 相比，主要区别在于 ASBR 间的私网路由信息和报文转发，这两方面具有以下几方面的特点。

（1）ASBR 上无需创建 VPN 实例

在跨域 VPN-OptionB 方式的 VPN-IPv4 报文转发中，由于 ASBR 上无需创建 VPN 实例，所以不能根据私网标签查找对应的 VPN 实例，而要根据 VPN-IPv4 报文中目的 IPv4 地址前缀在 BGP VPN 路由表中查找对应的路由表项进行转发。

（2）不能根据 VPN 实例分配私网标签

同样是因为 ASBR 上不创建 VPN 实例，故不能再按照 PE 设备那样基于 VPN 实例来进行私网标签的分配。这时可采用其他分配策略，如按路由下一跳进行分配，以尽可能减少分配私网标签数量，具体将在 3.3.6 小节介绍。

（3）ASBR 间的链路连接数不受限制

因为在跨域 VPN-OptionB 方式中 ASBR 之间无需多链路连接，直接通过在路由信息或者 IPv4 报文中携带私网标签，所以可以直接进行 VPN 实例区分，这样使得 VPN-OptionB 方式不受 ASBR 之间互连链路数目的限制。

（4）ASBR 负担仍比较重，容易形成单点故障

在 VPN-OptionB 方式中，VPN-IPv4 的路由信息仍需要通过 AS 之间的 ASBR 来保存和发布，当 VPN 路由较多时，ASBR 负担仍比较重，容易成为故障点。因此在 VPN-OptionB 方案中，需要维护 VPN 路由信息的 ASBR 一般不再负责公网 IP 转发。

3.3.5　跨域 VPN-OptionB 的配置任务

当 PE 上的 VPN 数量相对较多且 ASBR 没有足够的接口为每个跨域 VPN 专用时，可以选择跨域 VPN-OptionB。

跨域 VPN-OptionB 方式的配置任务与跨域 VPN-OptionB 方式相比，主要区别是在 ASBR 的配置上，其无需配置 VPN 实例，但需要配置 MP-EBGP 对等体。具体配置任务如下。

（1）配置 PE 和域内 ASBR 间使用 MP-IBGP。

这部分的配置方法与跨域 VPN-OptionA 方式的对应配置方法完全一样，参见第 2 章 2.1.2 小节。

（2）配置不同 AS 的 ASBR 间使用 MP-EBGP。

（3）配置 ASBR 不对 VPNv4 路由进行 VPN-target 过滤。

（4）（可选）使用策略控制 ASBR 的 VPN 路由收发。

（5）（可选）配置 ASBR 按下一跳分配标签。

3.3.6 小节将具体介绍后面四项配置任务的具体配置方法。

在配置跨域 VPN-OptionB 之前，需完成如下任务。

■ 为各 AS 的 MPLS 骨干网配置 IGP，实现同一 AS 内骨干网的 IP 连通性。

■ 在各 AS 的 MPLS 骨干网配置 MPLS 基本能力和 MPLS LDP（或 RSVP-TE）。

■ 在 AS 内与 CE 相连的 PE 上配置 VPN 实例，并配置接口与 VPN 实例的绑定。

■ 各 AS 内，配置 PE 和 CE 间的路由交换。

3.3.6　配置跨域 VPN-OptionB

本小节要对 3.3.5 节所介绍的配置任务中的第（2）~第（5）项配置任务的具体配置

方法进行介绍。

　1. 配置不同 AS 的 ASBR 间使用 MP-EBGP

　　在跨域 VPN-OptionB 中，ASBR 上不需要创建 VPN 实例，仅需要配置 ASBR 间的 MP-EBGP 对等体关系。对于从本 AS 域中的 PE 上收到的 VPNv4 路由不进行 VPN-Target 过滤，而是全部通过 MP-EBGP Update 消息发给对端 AS 域中的 ASBR。

　　在这里要注意的是，因为 ASBR 间所传输的是携带 MPLS 标签的 VPN-IPv4 报文，所以在 ASBR 间连接的接口上要使能 MPLS 功能，具体配置步骤见表 3-1。

表 3-1　　　　　　　　　　　　　　　ASBR 的配置步骤

步骤	命令	说明
1	**system-view** 例如：<Huawei> **system-view**	进入系统视图
2	**interface** *interface-type interface-number* 例如：[Huawei] **interface** gigabitethernet 1/0/0	进入连接对端 ASBR 的接口视图
3	**ip address** *ip-address* { *mask* | *mask-length* } 例如：[Huawei-GigabitEthernet1/0/0] **ip address** 10.1.1.2 24	配置以上接口 IP 地址
4	**mpls** 例如：[Huawei-GigabitEthernet1/0/0] **mpls**	在以上接口上使能 MPLS 能力，因为该接口上所传输的 VPN-IPv4 报文会携带 MPLS 标签
5	**quit** 例如：[Huawei-GigabitEthernet1/0/0] **quit**	退回系统视图
6	**bgp** { *as-number-plain* | *as-number-dot* } 例如：[Huawei] **bgp** 100	全局使能 BGP，进入 ASBR 所在 AS 的 BGP 视图
7	**peer** *ipv4-address* **as-number** *as-number* 例如：[Huawei-bgp] **peer** 10.1.1.1 **as-number** 200	将对端 ASBR 配置为 EBGP 对等体。命令中的参数说明如下。 ● *ipv4-address*：指定对等体的 IPv4 地址。可以是直连对等体的接口 IP 地址（仅适用于 ASBR 直连情形），也可以是路由可达的对等体的 Loopback 接口地址（必须要事先在各 ASBR 上配置好至少一个 Loopback 接口及 IP 地址）。 ● *as-number*：指定对等体所在的 AS 号。而且此处的 AS 号要与本端 PE 所在的 AS 号不一样，因为他们在不同 AS 中，是 EBGP 对等体关系。 缺省情况下，没有创建 EBGP 对等体，可用 **undo peer** *ipv4-address* **as-number** *as-number* 命令删除指定对等体
8	**peer** *ipv4-address* **ebgp-max-hop** [*hop-count*] 例如：[Huawei-bgp] **peer** 10.1.1.1 **ebgp-max-hop** 2	（可选）配置 EBGP 连接的最大跳数。命令中的参数说明如下。 ● *ipv4-address*：指定对等体的 IPv4 地址。 ● *hop-count*：可选参数，指定最大跳数，整数形式，范围为 1～255，缺省值为 255。如果指定的最大跳数为 1，则不能同非直连网络上的对等体建立 EBGP 连接。

（续表）

步骤	命令	说明
8	**peer** *ipv4-address* **ebgp-max-hop** [*hop-count*] 例如：[Huawei-bgp] **peer** 10.1.1.1 **ebgp-max-hop** 2	【说明】通常情况下，EBGP 对等体之间必须具有直连的物理链路，如果不满足这一要求，则必须使用该命令允许他们之间经过多跳建立 TCP 连接。 缺省情况下，只能在物理直连链路上建立 EBGP 连接，可用 **undo peer** *ipv4-address* **ebgp-max-hop** 命令恢复缺省配置
9	**ipv4-family vpnv4** [**unicast**] 例如：[Huawei-bgp] **ipv4-family vpnv4**	进入 BGP-VPNv4 地址族视图
10	**peer** *ipv4-address* **enable** 例如：[Huawei-bgp-af-vpnv4] **peer** 10.1.1.1 **enable**	使能与指定 IPv4 地址的对等体交换 VPN-IPv4 路由信息的能力。 缺省情况下，只有 BGP-IPv4 单播地址族的对等体是自动使能的，可用 **undo peer** *ipv4-address* **enable** 命令禁止与指定对等体交换路由信息

2. 配置 ASBR 不对 VPNv4 路由进行 VPN-target 过滤

缺省情况下，PE 对收到的 VPN-IPv4 路由进行 VPN-target 过滤，通过过滤的路由会被加入到路由表中，没有通过过滤的路由将被丢弃。因此，如果 PE 没有配置 VPN 实例，或者 VPN 实例没有配置 VPN-Target，则 PE 丢弃所有收到的 VPN-IPv4 路由。

在跨域 VPN-OptionB 方式中，ASBR 可以不配置 VPN 实例，但是 ASBR 需要保存所有收到的 VPN-IPv4 路由信息，以通告给对端 ASBR。所以在 ASBR 上不应进行 VPN-Target 过滤。具体的配置步骤见表 3-2。

表 3-2　　**ASBR 不对 VPN-IPv4 路由进行 VPN-target 过滤的配置步骤**

步骤	命令	说明
1	**system-view** 例如：<Huawei> **system-view**	进入系统视图
2	**bgp** { *as-number-plain* | *as-number-dot* } 例如：[Huawei] **bgp** 100	进入 ASBR 所在 AS 的 BGP 视图
3	**ipv4-family vpnv4** [**unicast**] 例如：[Huawei-bgp] **ipv4-family vpnv4**	进入 BGP-VPNv4 地址族视图
4	**undo policy vpn-target** 例如：[Huawei-bgp-af-vpnv4] **undo policy vpn-target**	不对 VPN-IPv4 路由进行 VPN-Target 过滤。 缺省情况下，对接收到的 VPN-IPv4 路由进行 VPN-Target 过滤，可用 **policy vpn-target** 命令恢复缺省配置

3. 使用策略控制 VPN 路由收发

由于在 ASBR 上配置不对 VPN-IPv4 路由进行 VPN-Target 过滤，ASBR 会接收所有的 VPN-IPv4 路由信息，这样当 VPN 路由较多时，ASBR 负担会很重。如果只有部分的 VPN 或部分站点需要跨域通信，可以配置路由策略实现 ASBR 上仅接收部分 VPN-IPv4 路由，这样也减轻了 ASBR 的负担。

可以通过以下两种方式对 ASBR 上的 VPNv4 路由收发进行过滤：（1）基于 VPN-Target 进行过滤，（2）基于 RD 属性进行过滤，具体的配置步骤如表 3-3 所示。

表 3-3　　　　　　　　　　　　　使用策略控制 **VPN** 路由收发的配置步骤

步骤	命令	说明
1	**system-view** 例如：<Huawei> **system-view**	进入系统视图
2	**ip extcommunity-filter** *extcomm-filter-number* { **permit** | **deny** } { **rt** { *as-number:nn* | *ipv4-address:nn* } } &<1-16> 例如：[Huawei] **ip extcommunity-filter** 1 **deny rt** 200:200	（二选一）配置采用扩展团体属性过滤器方式对所收到的 VPN-IPv4 路由进行过滤。命令中的参数和选项说明如下。 • *extcomm-filter-number*：指定所创建的扩展团体属性过滤器的编号，整数形式，取值范围是 1~399，其中基本扩展团体属性过滤器号的取值范围为 1~199，高级扩展团体属性过滤器号的取值范围为 200~399。 • **permit**：二选一选项，指定扩展团体属性过滤器的匹配模式为允许。 • **deny**：二选一选项，指定扩展团体属性过滤器的匹配模式为拒绝。 • **rt**：指定扩展团体属性过滤器为 RT（Route Target，也即 VPN-Target）属性过滤器。 • *as-number:nn*：二选一参数，指定允许或拒绝的"AS 号：整数"格式的 RT 属性值。这是在 PE 上配置的 VPN 实例的 VPN-Target 属性，最多可配置 10 个 RT 属性值。 • *ipv4-address:nn*：二选一参数，指定允许或拒绝的"IPv4 地址：整数"格式的 RT 属性值。这是在 PE 上配置的 VPN 实例的 VPN-Target 属性，最多可配置 10 个 RT 属性值。 缺省情况下，系统中无扩展团体属性过滤器，可用 **undo ip extcommunity-filter** *extcomm-filter-number* { **permit** | **deny** } { **rt** { *as-number:nn* | *ipv4-address:nn* } } &<1-16>删除指定的扩展团体属性过滤器
	ip rd-filter *rd-filter-number* { **deny** | **permit** } *route-distinguisher* &<1-10> 例如：[Huawei] **ip rd-filter** 1 **permit** 100:1	（二选一）配置采用 RD 属性过滤器方式对所收到的 VPN-IPv4 路由进行过滤。命令中的参数和选项说明如下。 • *rd-filter-number*：指定所创建的 RD 过滤器的编号，整数形式，取值范围是 1~255。 • **deny**：二选一选项，指定 RD 过滤器的匹配模式为拒绝。 • **permit**：二选一选项，指定 RD 过滤器的匹配模式为允许。 • *route-distinguisher*：指定允许或拒绝的 RD 属性值，最多可配置 10 个 RD 属性。有 6 种配置格式。 　★ *ipv4-address*：*nn*，如 10.1.1.1：200，nn 是整数形式，取值范围是 0~65535。 　★ *aa*：*nn*，如 100：1。aa 是整数形式，取值范围是 0~65535；nn 是整数形式，取值范围是 0~4294967295。 　★ *aa.aa:nn*，如 100.100：1，参见取值范围同上。 　★ *ipv4-address*：*，通配格式。如 10.1.1.1：*表示匹配所有以 10.1.1.1 开头的 RD。 　★ *aa*：*，通配格式。如 100：*表示匹配所有以 100 开头的 RD。aa 和 nn 都是整数形式，取值范围是 0~65535。 　★ *aa.aa:*，通配格式。如 100.100：*表示匹配所有以 100.100 开头的 RD。aa 是整数形式，取值范围是 0~65535。 缺省情况下，系统中无 RD 属性过滤器，可用 **undo ip rd-filter** *rd-filter-number* [{ **deny** | **permit** } *route-distinguisher* &<1-10>] 命令删除指定的 RD 属性过滤器

（续表）

步骤	命令	说明
3	**route-policy** *route-policy-name* **permit node** *node* 例如：[Huawei] **route-policy** policy1 **permit node** 10	创建要应用以上 VPN-IPv4 路由过滤的路由策略，命令中的参数说明如下。 ● *route-policy-name*：指定所创建的路由策略名称，字符串形式，**区分大小写**，不支持空格，长度范围是 1～40。当输入的字符串两端使用双引号时，可在字符串中输入空格 ● *node*：指定路由策略的节点号，整数形式，取值范围是 0～65535。当使用路由策略时，节点号小的节点先进行匹配。一个节点匹配成功后，路由将不再匹配其他节点。全部节点匹配失败后，路由将被过滤 缺省情况下，系统中没有路由策略，可用 **undo route-policy** *route-policy-name* [**node** *node*]命令删除指定的路由策略
4	**if-match extcommunity-filter** { *basic-extcomm-filter-num* | *advanced-extcomm-filter-num* } &<1-16> 例如：[Huawei-route-policy] **if-match extcommunity-filter** 100	（二选一）当采用扩展团体属性过滤器方式时，为以上路由策略创建一个基于扩展团体属性过滤器（此处为 VPN-Target 属性过滤器）的匹配规则。命令中的参数说明如下。 ● *basic-extcomm-filter-num*：二选一参数，指定如果匹配在第 2 步创建的基本扩展团体属性过滤器编号，整数形式，取值范围是 1～199，最多可创建 16 个。 ● *advanced-extcomm-filter-num*：二选一参数，指定如果匹配在第 2 步创建的高级扩展团体属性过滤器编号，整数形式，取值范围是 200～399，最多可创建 16 个。 【注意】本命令的作用是根据路由的扩展团体属性进行匹配，符合条件的路由与本节点其他 **if match** 子句进行匹配，不符合条件的路由进入路由策略的下一节点，但仅支持对 BGP 路由的匹配。各扩展团体属性过滤器编号之间是逻辑"或"的关系，即只要 VPN-IPv4 路由中的 VPN-Target 属性匹配了其中一个即表示符合过滤规则条件。 缺省情况下，路由策略中无基于扩展团体属性过滤器的匹配规则，可用 **undo if-match extcommunity-filter** { *basic-extcomm-filter-num* | *advanced-extcomm-filter-num* } &<1-16> 命令删除指定的扩展团体属性过滤器的匹配规则
	if-match rd-filter *rd-filter-number* 例如：[Huawei-route-policy] **if-match rd-filter** 1	（二选一）当采用 RD 属性过滤器方式时，为以上路由策略设置一个基于 RD 属性过滤器的匹配规则。参数 *rd-filter-number* 用来指定前面在第 2 步中创建的 RD 属性过滤器的编号
5	**quit** 例如：[Huawei-route-policy] **quit**	返回系统视图
6	**bgp** { *as-number-plain* | *as-number-dot* } 例如：[Huawei] **bgp** 100	进入 ASBR 所在 AS 的 BGP 视图
7	**ipv4-family vpnv4** [**unicast**] 例如：[Huawei-bgp] **ipv4-family vpnv4**	进入 BGP-VPNv4 地址族视图

（续表）

步骤	命令	说明
8	peer *ipv4-address* **route-policy** *route-policy-name* { **export** | **import** } 例如：[Huawei-bgp-af-vpnv4] **peer** 10.1.1.2 **route-policy** policy1 **import**	在 VPNv4 地址族下应用以上创建的路由策略，控制与指定对等体之间的 VPN-IPv4 路由信息的收发，其中 **export** 二选一选项代表控制的是向对等体发送 VPN-IPv4 路由，**import** 二选一选项是用来控制接收来自指定对等体的 VPN-IPv4 路由。缺省情况下，接收来自对等体的路由或向对等体发布的路由不使用路由策略，可用 **undo peer** *ipv4-address* **route-policy** *route-policy-name* { **import** | **export** } 命令恢复缺省配置

4. ASBR 按下一跳分配标签

这里所有说的"分配标签"就是指 ASBR 如何为收到的 VPN-IPv4 私网路由分配标签，因为无论是 ASBR 向同一 AS 域内 PE 发布 VPN-IPv4 路由信息，还是向对端 AS 域的 ASBR 发布 VPN-IPv4 路由信息，都是携带 MPLS 私网路由标签的。

在 PE 上因为配置了 VPN 实例，所以可以采用缺省的每实例标签分配方式，也就是每个 VPN 实例下的所有 VPN-IPv4 路由都分配相同的标签。而在跨域 VPN-OptionB 方式中，ASBR 上通常是不需要配置 VPN 实例的（也可以配置 VPN 实例，使其作为 PE），但仍需要通过 MP-BGP 为 VPN-IPv4 私网路由分配标签，这就带来以什么标准给私网路由分配标签的问题，因为不同的标签分配方式，所需分配的标签数量相差很大，对设备系统资源的消耗也相差很大。

在跨域 VPN-OptionB 方式中，ASBR 缺省采用按路由前缀来为所收到的 VPN-IPv4 路由分配标签，即相同路由前缀（包括 RD 和 IPv4 路由前缀两部分）分配相同的标签。在大多数应用中，ASBR 都是采用这种方式来为私网路由分配标签的，但同时还提供了一种"按下一跳"分配标签的模式，其是对有相同转发行为的私网路由分配相同的标签：即为转发路径和出标签相同的 VPN 路由分配相同的标签。其比默认的按路由前缀分配标签的方式更加粗放，可进一步减少 ASBR 上要为私网 VPN-IPv4 路由分配标签的数量。

如图 3-9 所示，跨域 VPN-OptionB 场景中的 PE1 上配置了两个 VPN 实例分别为 VPN1 和 VPN2，私网路由标签是按每实例分配的。假设在 VPN1 和 VPN2 对应的 CE1 和 CE2 上分别引入 1000 条私网路由，这样，在未使能 ASBR VPN 路由按下一跳分标签特性时，则 ASBR1 向 ASBR2 发布来自 PE1 的 2000 条路由时需要消耗 2000 个标签。

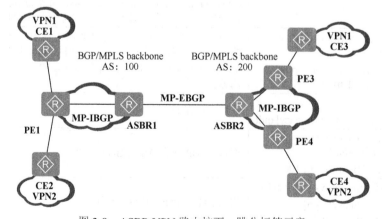

图 3-9　ASBR VPN 路由按下一跳分标签示意

如果在 ASBR1 上使能按下一跳分配标签特性时，则 ASBR1 向 ASBR2 发布来自 PE1 的 2000 路由时只需要消耗 2 个标签，分别对应 CE1 和 CE2 下所连接的私网路由。因为在 PE1 中，CE1 下连接的所有私网路由的下一跳均为 CE1 连接 PE1 的接口的 IP 地址，出标签均为 PE1 到达 ASBR1 的公网 LSP 标签，即转发行为都相同。同理，CE2 连接的所有私网路由的下一跳均为 CE2 连接 PE1 的接口的 IP 地址，出标签均也为 PE1 到达 ASBR1 的公网 LSP 标签，转发行为也都相同。从中可以看出，"按下一跳"的标签分配模式与 PE 上的按 VPN 实例的标签分配模式其实相同，因为同一 VPN 实例下的私网路由的下一跳和在公网上的出标签相同。

注意 使能或者去使能 ASBR 按下一跳分配标签时，不同私网路由所分配的标签会发生变化，导致流量丢失。

使能 ASBR 按下一跳为私网路由分配标签的配置方法很简单，具体见表 3-4。

表 3-4 　　　　　　　　　　使能 **ASBR** 按下一跳为私网路由分标签的配置步骤

步骤	命令	说明
1	**system-view** 例如：<Huawei> **system-view**	进入系统视图
2	**bgp** { *as-number-plain* | *as-number-dot* } 例如：[Huawei] **bgp** 100	进入 ASBR 所在 AS 的 BGP 视图
3	**ipv4-family vpnv4** 例如：[Huawei-bgp] **ipv4-family vpnv4**	进入 BGP-VPNv4 地址族视图
4	**apply-label per-nexthop** 例 如：[Huawei-bgp-af-ipv4] **apply-label per-nexthop**	使能 ASBR 按下一跳为 VPNv4 路由分标签。配置该命令后，ASBR 为具有相同路由下一跳和出标签的路由分配一个标签。 【注意】为使从相同下一跳学到的路由的出标签相同，本命令需要和 PE 上的 **apply-label per-instance** 命令配合使用，否则起不到节省标签资源的效果，可以通过执行 **display fib statistics** 命令查看私网 VPN 路由条数。 缺省情况下，ASBR 在向其他的 MP-BGP 对等体发布 VPNv4 路由时，为每一条路由分配一个标签，可用 **undo apply-label per-nexthop** 命令用来取消 ASBR 按下一跳为 VPNv4 路由分标签

3.3.7 跨域 VPN-OptionB 配置管理

已经完成跨域 VPN-OptionB 功能的所有配置，可通过以下 **display** 命令相关功能配置信息，验证配置效果。

■ 在 PE 或 ASBR 上执行 **display bgp vpnv4 all peer** 命令，可以看到所有同一 AS 域的 PE 与 ASBR 之间的 IBGP 对等体关系状态为 "Established"，以及所在不同 AS 域的两个直连 ASBR 之间的 EBGP 对等体关系状态也为为 "Established"。

■ 在 ASBR 执行 **display bgp vpnv4 all routing-table** 命令，可以查看到 ASBR 上有为 VPN 维护的 IPv4 路由。

■ 在 PE 上执行 **display ip routing-table vpn-instance** *vpn-instance-name* 命令，可以看到 PE 的 VPN 路由表中所有相关 VPN 的路由。

■ 在 ASBR 上执行 **display mpls lsp** 命令，可以看到 ASBR 上的 LSP 和标签信息。如果 ASBR 上使能了按下一跳分标签，可以看到对于下一跳和出标签相同的 VPN 路由，只分配一个标签。

■ 在 ASBR 上执行 **display ip extcommunity-filter** 命令，可以查看已配置的扩展团体属性过滤器。

■ 在 ASBR 上执行 **display ip rd-filter** 命令，可以查看已配置的 RD 属性过滤器。

3.3.8 OptionB 方式跨域 VPN 配置示例

如图 3-10 所示，某公司总部和分部跨域不同的运营商，CE1 连接公司总部，通过 AS100 的 PE1 接入，CE2 连接公司分部，通过 AS200 的 PE2 接入。CE1 和 CE2 同属于 vpn1。现要求采用 OptionB 方式实现，实现公司总部和分部之间跨域的 BGP/MPLS IP VPN 业务的互通。

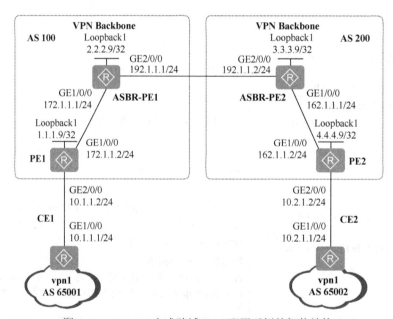

图 3-10　OptionB 方式跨域 VPN 配置示例的拓扑结构

1. 基本配置思路分析

根据前面的介绍，跨域 VPN-OptionB 方式中的 ASBR 通常是不需要配置 VPN 实例的，仅需在 ASBR 间配置 MP-EBGP 对等体关系，其他必选的配置任务的配置方法与跨域 VPN-OptionA 方式的相应配置任务的配置方法相同。由此可得出本示例的如下基本配置思路。

（1）在各 AS 的 MPLS 骨干网上分别配置设备接口（包括 Loopback 接口，但不包括需要绑定 VPN 实例的接口）IP 地址、配置 IGP 协议，实现各自骨干网 ASBR-PE 和 PE 之间的互通。

（2）在各 AS 内的 MPLS 骨干网上分别配置 MPLS 基本能力和 MPLS LDP，建立 LDP LSP。

（3）在各 AS 内，配置 PE 与 ASBR-PE 之间建立 MP-IBGP 对等体关系，交换 VPN 路由信息。

（4）在各 AS 内与 CE 相连的 PE 上需配置 VPN 实例，并把与 CE 相连的接口和相应的 VPN 实例绑定。

（5）在各 PE 与 CE 之间建立 EBGP 对等体关系，交换 VPN 路由信息。

（6）在 ASBR 上与另一 ASBR 相连接口上分别使能 MPLS，且 ASBR 之间建立 MP-EBGP 对等体关系，并且不对接收的 VPNv4 路由进行 VPN-target 过滤。

2. 具体配置步骤

（1）配置各 AS 内 MPLS 骨干网中各接口（不包括 PE 上要绑定 VPN 实例的接口）的 IP 地址和 IGP 路由。本示例采用 OSPF 路由进程 1，区域 0。

   # PE1 上的配置。

```
<Huawei> system-view
[Huawei] sysname PE1
[PE1] interface loopback 1
[PE1-LoopBack1] ip address 1.1.1.9 32
[PE1-LoopBack1] quit
[PE1] interface gigabitethernet 1/0/0
[PE1-GigabitEthernet1/0/0] ip address 172.1.1.2 24
[PE1-GigabitEthernet1/0/0] quit
[PE1] ospf
[PE1-ospf-1] area 0
[PE1-ospf-1-area-0.0.0.0] network 1.1.1.9 0.0.0.0
[PE1-ospf-1-area-0.0.0.0] network 172.1.1.0 0.0.0.255
[PE1-ospf-1-area-0.0.0.0] quit
[PE1-ospf-1] quit
```

   # ASBR-PE1 上的配置。因为 GE2/0/0 接口不需要绑定 VPN 实例，所以也可以先配置 IP 地址。

```
<Huawei> system-view
[Huawei] sysname ASBR-PE1
[ASBR-PE1] interface loopback 1
[ASBR-PE1-LoopBack1] ip address 2.2.2.9 32
[ASBR-PE1-LoopBack1] quit
[ASBR-PE1] interface gigabitethernet 1/0/0
[ASBR-PE1-GigabitEthernet1/0/0] ip address 172.1.1.2 24
[ASBR-PE1-GigabitEthernet1/0/0] quit
[ASBR-PE1] interface gigabitethernet 2/0/0
[ASBR-PE1-GigabitEthernet2/0/0] ip address 192.1.1.1 24
[ASBR-PE1-GigabitEthernet2/0/0] quit
[ASBR-PE1] ospf
[ASBR-PE1-ospf-1] area 0
[ASBR-PE1-ospf-1-area-0.0.0.0] network 2.2.2.9 0.0.0.0
[ASBR-PE1-ospf-1-area-0.0.0.0] network 172.1.1.0 0.0.0.255
[ASBR-PE1-ospf-1-area-0.0.0.0] quit
[ASBR-PE1-ospf-1] quit
```

   # PE2 上的配置。

```
<Huawei> system-view
```

```
[Huawei] sysname PE2
[PE2] interface loopback 1
[PE2-LoopBack1] ip address 4.4.4.9 32
[PE2-LoopBack1] quit
[PE] interface gigabitethernet 1/0/0
[PE2-GigabitEthernet1/0/0] ip address 162.1.1.2 24
[PE2-GigabitEthernet1/0/0] quit
[PE2] ospf
[PE2-ospf-1] area 0
[PE2-ospf-1-area-0.0.0.0] network 4.4.4.9 0.0.0.0
[PE2-ospf-1-area-0.0.0.0] network 162.1.1.0 0.0.0.255
[PE2-ospf-1-area-0.0.0.0] quit
[PE2-ospf-1] quit
```

　　# 　ASBR-PE2 上的配置。同样因为 GE2/0/0 接口不需要绑定 VPN 实例，所以也可以先配置 IP 地址。

```
<Huawei> system-view
[Huawei] sysname ASBR-PE2
[ASBR-PE2] interface loopback 1
[ASBR-PE2-LoopBack1] ip address 3.3.3.9 32
[ASBR-PE2-LoopBack1] quit
[ASBR-PE2] interface gigabitethernet 1/0/0
[ASBR-PE2-GigabitEthernet1/0/0] ip address 162.1.1.1 24
[ASBR-PE2-GigabitEthernet1/0/0] quit
[ASBR-PE2] interface gigabitethernet 2/0/0
[ASBR-PE2-GigabitEthernet2/0/0] ip address 162.1.1.2 24
[ASBR-PE2-GigabitEthernet2/0/0] quit
[ASBR-PE2] ospf
[ASBR-PE2-ospf-1] area 0
[ASBR-PE2-ospf-1-area-0.0.0.0] network 3.3.3.9 0.0.0.0
[ASBR-PE2-ospf-1-area-0.0.0.0] network 162.1.1.0 0.0.0.255
[ASBR-PE2-ospf-1-area-0.0.0.0] quit
[ASBR-PE2-ospf-1] quit
```

　　以上配置完成后，同一 AS 的 ASBR-PE 与 PE 之间应能建立 OSPF 邻居关系，执行 **display ospf peer** 命令可以看到邻居状态为 Full。执行 **display ip routing-table** 命令可以看到同一 AS 的 ASBR-PE 及 PE 能学习到对方的 Loopback1 路由。

　　（2）在 AS100 和 AS200 的 MPLS 骨干网上分别配置 MPLS 基本能力和 MPLS LDP，建立 LDP LSP。

　　# 　PE1 上的配置。

```
[PE1] mpls lsr-id 1.1.1.9
[PE1] mpls
[PE1-mpls] quit
[PE1] mpls ldp
[PE1-mpls-ldp] quit
[PE1] interface gigabitethernet 1/0/0
[PE1-GigabitEthernet1/0/0] mpls
[PE1-GigabitEthernet1/0/0] mpls ldp
[PE1-GigabitEthernet1/0/0] quit
```

　　# 　ASBR-PE1 上的配置。

```
[ASBR-PE1] mpls lsr-id 2.2.2.9
[ASBR-PE1] mpls
[ASBR-PE1-mpls] quit
```

```
[ASBR-PE1] mpls ldp
[ASBR-PE1-mpls-ldp] quit
[ASBR-PE1] interface gigabitethernet 1/0/0
[ASBR-PE1-GigabitEthernet1/0/0] mpls
[ASBR-PE1-GigabitEthernet1/0/0] mpls ldp
[ASBR-PE1-GigabitEthernet1/0/0] quit
```

\#　ASBR-PE2 上的配置。

```
[ASBR-PE2] mpls lsr-id 3.3.3.9
[ASBR-PE2] mpls
[ASBR-PE2-mpls] quit
[ASBR-PE2] mpls ldp
[ASBR-PE2-mpls-ldp] quit
[ASBR-PE2] interface gigabitethernet 1/0/0
[ASBR-PE2-GigabitEthernet1/0/0] mpls
[ASBR-PE2-GigabitEthernet1/0/0] mpls ldp
[ASBR-PE2-GigabitEthernet1/0/0] quit
```

\#　PE2 上的配置。

```
[PE2] mpls lsr-id 4.4.4.9
[PE2] mpls
[PE2-mpls] quit
[PE2] mpls ldp
[PE2-mpls-ldp] quit
[PE2] interface gigabitethernet 1/0/0
[PE2-GigabitEthernet1/0/0] mpls
[PE2-GigabitEthernet1/0/0] mpls ldp
[PE2-GigabitEthernet1/0/0] quit
```

以上配置完成后，同一 AS 的 PE 和 ASBR-PE 之间应该建立起 LDP 对等体，执行 **display mpls ldp session** 命令可以看到显示结果中 State 项为"Operational"。以下是在 PE1 上执行该命令的输出示例（参见输出信息中的粗体字部分）。

```
[PE1] display mpls ldp session
 LDP Session(s) in Public Network
 Codes: LAM(Label Advertisement Mode), SsnAge Unit(DDDD:HH:MM)
 A '*' before a session means the session is being deleted.
 ------------------------------------------------------------------
 PeerID          Status      LAM  SsnRole  SsnAge       KASent/Rcv
 ------------------------------------------------------------------
 2.2.2.9:0       Operational DU   Active   0002:23:46   17225/17224
 ------------------------------------------------------------------
 TOTAL: 1 session(s) Found.
```

（3）配置 PE 与 ASBR-PE 之间建立 MP-IBGP 对等体关系，使能与对等体交换 VPN-IPv4 路由信息的能力。

\#　PE1 上的配置。

```
[PE1] bgp 100
[PE1-bgp] peer 2.2.2.9 as-number 100
[PE1-bgp] peer 2.2.2.9 connect-interface loopback 1 #---此处因为 PE1 与 ASBR-PE1 是直接连接的，故可用他们连接的
物理接口作为建立 TCP 连接的源接口，下同
[PE1-bgp] ipv4-family vpnv4
[PE1-bgp-af-vpnv4] peer 2.2.2.9 enable   #---使能与 MP-IBGP 对等体 ASBR-PE1 的 VPN-IPv4 路由信息交换能力
[PE1-bgp-af-vpnv4] quit
[PE1-bgp] quit
```

\#　ASBR-PE1 上的配置。

```
[ASBR-PE1] bgp 100
[ASBR-PE1-bgp] peer 1.1.1.9 as-number 100
[ASBR-PE1-bgp] peer 1.1.1.9 connect-interface loopback 1
[ASBR-PE1-bgp] ipv4-family vpnv4
[ASBR-PE1-bgp-af-vpnv4] peer 1.1.1.9 enable
[ASBR-PE1-bgp-af-vpnv4] quit
[ASBR-PE1-bgp] quit
```

  # PE2 上的配置。

```
[PE2] bgp 200
[PE2-bgp] peer 3.3.3.9 as-number 200
[PE2-bgp] peer 3.3.3.9 connect-interface loopback 1
[PE2-bgp] ipv4-family vpnv4
[PE2-bgp-af-vpnv4] peer 3.3.3.9 enable
[PE2-bgp-af-vpnv4] quit
[PE2-bgp] quit
```

  # ASBR-PE2 上的配置。

```
[ASBR-PE2] bgp 200
[ASBR-PE2-bgp] peer 4.4.4.9 as-number 200
[ASBR-PE2-bgp] peer 4.4.4.9 connect-interface loopback 1
[ASBR-PE2-bgp] ipv4-family vpnv4
[ASBR-PE2-bgp-af-vpnv4] peer 4.4.4.9 enable
[ASBR-PE2-bgp-af-vpnv4] quit
[ASBR-PE2-bgp] quit
```

  （4）在 PE 设备上配置使能 IPv4 地址族的 VPN 实例（采用缺省的按 VPN 实例为私网路由分配标签），将 CE 接入 PE。在跨域 VPN-OprionB 中，ASBR 通常不配置 VPN 实例。不同 AS 的 PE 的 VPN 实例的 VPN-Target 属性值不需要匹配，但可以一致。

  # PE1 上的配置。

```
[PE1] ip vpn-instance vpn1
[PE1-vpn-instance-vpn1] ipv4-family
[PE1-vpn-instance-vpn1-af-ipv4] route-distinguisher 100:1
[PE1-vpn-instance-vpn1-af-ipv4] vpn-target 1:1 both
[PE1-vpn-instance-vpn1-af-ipv4] quit
[PE1-vpn-instance-vpn1] quit
[PE1] interface gigabitethernet 2/0/0
[PE1-GigabitEthernet2/0/0] ip binding vpn-instance vpn1
[PE1-GigabitEthernet2/0/0] ip address 10.1.1.2 24
[PE1-GigabitEthernet2/0/0] quit
```

  # PE2 上的配置。

```
[PE2] ip vpn-instance vpn1
[PE2-vpn-instance-vpn1] ipv4-family
[PE2-vpn-instance-vpn1-af-ipv4] route-distinguisher 200:1
[PE2-vpn-instance-vpn1-af-ipv4] vpn-target 2:2 both
[PE2-vpn-instance-vpn1-af-ipv4] quit
[PE2-vpn-instance-vpn1] quit
[PE2] interface gigabitethernet 2/0/0
[PE2-GigabitEthernet2/0/0] ip binding vpn-instance vpn1
[PE2-GigabitEthernet2/0/0] ip address 10.2.1.2 24
[PE2-GigabitEthernet2/0/0] quit
```

  （5）配置 PE 与 CE 间建立 EBGP 对等体关系，引入直连路由，交换 VPN 路由。

  # CE1 上的配置。要引入与 PE1 直连链路的直连路由。

```
[CE1] interface gigabitethernet 1/0/0
```

[CE1-GigabitEthernet1/0/0] **ip address** 10.1.1.1 24
[CE1-GigabitEthernet1/0/0] **quit**
[CE1] **bgp** 65001
[CE1-bgp] **peer** 10.1.1.2 **as-number** 100
[CE1-bgp] **import-route direct**
[CE1-bgp] **quit**

#　PE1 上的配置。要引入与 CE1 直连链路的直连路由。

[PE1] **bgp** 100
[PE1-bgp] **ipv4-family vpn-instance** vpn1
[PE1-bgp-vpn1] **peer** 10.1.1.1 **as-number** 65001
[PE1-bgp-vpn1] **import-route direct**
[PE1-bgp-vpn1] **quit**
[PE1-bgp] **quit**

#　CE2 上的配置。要引入与 PE2 直连链路的直连路由。

[CE12 **interface** gigabitethernet 1/0/0
[CE2-GigabitEthernet1/0/0] **ip address** 10.2.1.1 24
[CE2-GigabitEthernet1/0/0] **quit**
[CE2] **bgp** 65002
[CE2-bgp] **peer** 10.2.1.2 **as-number** 200
[CE2-bgp] **import-route direct**
[CE2-bgp] **quit**

#　PE2 上的配置。要引入与 CE2 直连链路的直连路由。

[PE2] **bgp** 200
[PE2-bgp] **ipv4-family vpn-instance** vpn1
[PE2-bgp-vpn1] **peer** 10.2.1.1 **as-number** 65002
[PE2-bgp-vpn1] **import-route direct**
[PE2-bgp-vpn1] **quit**
[PE2-bgp] **quit**

以上配置完成后，在 PE 设备上执行 **display bgp vpnv4 vpn-instance** *vpn-instancename*
peer 可以看到 PE 与 CE 之间的 BGP 对等体关系已建立，并达到 Established 状态。执行
display bgp vpnv4 all peer 命令，可以看到 PE 与 CE 之间、PE 与 ASBR-PE 之间的 BGP
对等体关系已建立，并达到 Established 状态。以下是在 PE1 上执行这两条命令的输出示
例（参见输出信息的粗体字部分）。

[PE1] **display bgp vpnv4 vpn-instance** vpn1 **peer**

BGP local router ID : 1.1.1.9
Local AS number : 100

VPN-Instance vpn1, Router ID 1.1.1.9:
Total number of peers : 1　　　　　　　　Peers in established state : 1

Peer	V	AS	MsgRcvd	MsgSent	OutQ	Up/Down	State PrefRcv
10.1.1.1	**4**	**65001**	**965**	**967**	**0 16:00:58 Established**		**3**

[PE1] **display bgp vpnv4 all peer**

BGP local router ID : 1.1.1.9
Local AS number : 100
Total number of peers : 2　　　　　　　　Peers in established state : 2

Peer	V	AS	MsgRcvd	MsgSent	OutQ	Up/Down	State PrefRcv

| 2.2.2.9 | 4 | 100 | 979 | 974 | 0 16:08:16 Established | 0 |

Peer of IPv4-family for vpn instance :

VPN-Instance vpn1, Router ID 1.1.1.9:

| 10.1.1.1 | 4 | 65001 | 966 | 968 | 0 16:01:19 Established | 3 |

（6）在 ASBR 上与另一 ASBR 相连接口上分别使能 MPLS，且 ASBR 之间建立 MP-EBGP 对等体关系，并且不对接收的 VPNv4 路由进行 VPN-target 过滤，并且使能 ASBR-PE 按下一跳分标签。

配置 ASBR-PE1 在与 ASBR-PE2 相连的接口上使能 MPLS。

```
[ASBR-PE1] interface gigabitethernet 2/0/0
[ASBR-PE1-GigabitEthernet2/0/0] ip address 192.1.1.1 24
[ASBR-PE1-GigabitEthernet2/0/0] mpls
[ASBR-PE1-GigabitEthernet2/0/0] quit
```

配置 ASBR-PE1 与 ASBR-PE2 建立 MP-EBGP 对等体关系，并且不对接收的 VPNv4 路由进行 VPN-target 过滤，并且使能 ASBR-PE1 按下一跳分标签。

```
[ASBR-PE1] bgp 100
[ASBR-PE1-bgp] peer 192.1.1.2 as-number 200
[ASBR-PE1-bgp] ipv4-family vpnv4
[ASBR-PE1-bgp-af-vpnv4] peer 192.1.1.2 enable    #---使能与对等体交换 VPN-IPv4 路由的能力
[ASBR-PE1-bgp-af-vpnv4] undo policy vpn-target    #---对所收到的 VPN-IPv4 路由不进行 VPN-Target 属性匹配，全部
接收并保存下来
[ASBR-PE1-bgp-af-vpnv4] apply-label per-nexthop    #---使能按下一跳分配私网路由标签
[ASBR-PE1-bgp-af-vpnv4] quit
[ASBR-PE1-bgp] quit
```

配置 ASBR-PE2 在与 ASBR-PE1 相连的接口上使能 MPLS。

```
[ASBR-PE2] interface gigabitethernet 2/0/0
[ASBR-PE2-GigabitEthernet2/0/0] ip address 192.1.1.2 24
[ASBR-PE2-GigabitEthernet2/0/0] mpls
[ASBR-PE2-GigabitEthernet2/0/0] quit
```

配置 ASBR-PE1 与 ASBR-PE2 建立 MP-EBGP 对等体关系，并且不对接收的 VPNv4 路由进行 VPN-target 过滤，并且使能 ASBR-PE1 按下一跳分标签。

```
[ASBR-PE2] bgp 100
[ASBR-PE2-bgp] peer 192.1.1.1 as-number 100
[ASBR-PE2-bgp] ipv4-family vpnv4
[ASBR-PE2-bgp-af-vpnv4] peer 192.1.1.1 enable
[ASBR-PE2-bgp-af-vpnv4] undo policy vpn-target
[ASBR-PE2-bgp-af-vpnv4] apply-label per-nexthop
[ASBR-PE2-bgp-af-vpnv4] quit
[ASBR-PE2-bgp] quit
```

3．配置结果验证

上述配置完成后，执行 **display ip routing-table** 命令可查看 CE 之间能学习到对方的接口路由，CE1 和 CE2 能够相互 ping 通。以下是在 CE1 上执行 **display ip routing-table**、Ping 命令的输出示例（参见输出信息中的粗体字部分）。

```
[CE1] display ip routing-table
Route Flags: R - relay, D - download to fib
------------------------------------------------------------------
Routing Tables: Public
        Destinations : 8        Routes : 8
```

Destination/Mask	Proto	Pre	Cost	Flags	NextHop	Interface
10.1.1.0/24	Direct	0	0	D	10.1.1.1	GigabitEthernet1/0/0
10.1.1.1/32	Direct	0	0	D	127.0.0.1	GigabitEthernet1/0/0
10.1.1.255/32	Direct	0	0	D	127.0.0.1	GigabitEthernet1/0/0
10.2.1.0/24	**EBGP**	**255**	**0**	**D**	**10.1.1.2**	**GigabitEthernet1/0/0**
127.0.0.0/8	Direct	0	0	D	127.0.0.1	InLoopBack0
127.0.0.1/32	Direct	0	0	D	127.0.0.1	InLoopBack0
127.255.255.255/32	Direct	0	0	D	127.0.0.1	InLoopBack0
255.255.255.255/32	Direct	0	0	D	127.0.0.1	InLoopBack0

```
[CE1] ping 10.2.1.1
  PING 10.2.1.1: 56    data bytes, press CTRL_C to break
    Reply from 10.2.1.1: bytes=56 Sequence=1 ttl=251 time=119 ms
    Reply from 10.2.1.1: bytes=56 Sequence=2 ttl=251 time=141 ms
    Reply from 10.2.1.1: bytes=56 Sequence=3 ttl=251 time=136 ms
    Reply from 10.2.1.1: bytes=56 Sequence=4 ttl=251 time=113 ms
    Reply from 10.2.1.1: bytes=56 Sequence=5 ttl=251 time=78 ms
  --- 10.2.1.1 ping statistics ---
    5 packet(s) transmitted
    5 packet(s) received
    0.00% packet loss
    round-trip min/avg/max = 78/117/141 ms
```

在 ASBR-PE 上执行 **display bgp vpnv4 all routing-table** 命令，可以看到 ASBR-PE 上维护的所有 VPN-IPv4 路由。以下是在 ASBR-PE1 上执行该命令的输出示例。

```
[ASBR-PE1] display bgp vpnv4 all routing-table

BGP Local router ID is 110.1.1.2
Status codes: * - valid, > - best, d - damped,
              h - history,   i - internal, s - suppressed, S - Stale
              Origin : i - IGP, e - EGP, ? - incomplete


Total number of routes from all PE: 2
Route Distinguisher: 100:1
```

	Network	NextHop	MED	LocPrf	PrefVal	Path/Ogn
*>i	10.1.1.0/24	1.1.1.9	0	100	0	?

```
Route Distinguisher: 200:1
```

	Network	NextHop	MED	LocPrf	PrefVal	Path/Ogn
*>	10.2.1.0/24	192.1.1.2			0	200?

3.4　跨域 VPN-OptionC 方式配置与管理

前面介绍的两种方式都能够满足跨域 VPN 的组网需求，但这两种方式也都需要

ASBR 参与 VPN-IPv4 路由的维护和发布。当每个 AS 都有大量的 VPN 路由需要交换时，ASBR 就很可能阻碍网络的进一步扩展。解决方法当然是希望 ASBR 不维护或发布 VPN-IPv4 路由，PE 之间直接交换 VPN-IPv4 路由，这就是 3.4 节所要介绍的跨域 VPN-OptionC 方式。目前华为 S 系列交换机不支持 VPN-OptionC 方式。

3.4.1　跨域 VPN-OptionC 方式的基本工作机制

如希望不同 AS 域中的 PE 间直接交换 VPN-IPv4 路由，就需要使跨域的 PE 之间仍然可以像域内那样直接建立 BGP 邻居，交换 VPNv4 路由信息，这样就不需要中间设备 ASBR 再保存、维护和扩散 VPN-IPv4 路由信息。ASBR 之间传播的是带标签的单播 IPv4 路由信息和普通的 IPv4 单播报文。

跨域 VPN-Option C 方式是通过不同 AS 域中的 PE 之间建立多跳 MP-EBGP 会话（**在跨域 VPN-Option B 方式中采用的是单跳 MP-EBGP**）方式来实现跨域建立 BGP 对等体的。通过该会话可直接在 PE 之间发布标签 VPN-IPv4 路由，这与前面的跨域 VPN-Option A、B 方式均不同。此时，一端 PE 上需要具有到达远端 PE 的路由（指远程 PE 上的路由，通常是指其 Loopback 接口地址的主机路由）以及为该路由所分配的对应的 LSP 标签，以便在两个 PE 之间建立跨越 AS 的公网隧道。

跨域 VPN-Option C 方式的基本实现机制如下。

（1）利用 LDP 等标签分发协议在 AS 域内建立公网隧道，ASBR 通过 MP-BGP 发布带标签的 IPv4 单播路由，实现跨域 AS 域建立公网隧道。

（2）ASBR 通过 MP-IBGP 向各自 AS 内的 PE 设备发布带私网标签的普通 IPv4 路由（注意，**不是标签 VPN-IPv4 路由**），并将到达本 AS 内 PE 的标签 IPv4 单播路由通告给其在对端 AS 的 ASBR 对等体，过渡 AS 中的 ASBR 也通告带标签的 IPv4 单播路由。这样一来，同一个 AS 域中的 PE 与 ASBR 之间发布的都是带标签的普通单播 IPv4 路由，而不是 VPN-IPv4 路由。

说明 带标签的 IPv4 单播路由是指分配了私网路由标签的 IPv4 单播路由，以便将私网路由和私网路由标签进行关联。ASBR 只需通告带标签 IPv4 单播路由，证明其不需要支持 VPN-IPv4 地址族，但又需要为单播 IPv4 单播路由分配标签。但 MP-BGP 默认只会为 VPN-IPv4 路由分配标签，不会为单播 IPv4 路由分配标签，所以这个功能需要手动使能，具体将在第 3 章后文介绍。

（3）不同 AS 的 PE 之间直接建立 Multihop（多跳）方式的 MP-EBGP 连接，相互交换 VPN-IPv4 路由。此时 ASBR 上不保存 VPN-IPv4 路由，ASBR 之间也不相互通告 VPN-IPv4 路由，**ASBR 也就不需要使能 VPN-IPv4 地址族**。

图 3-11 为跨域 VPN-OptionC 的基本组网图，其中 VPN LSP 表示私网隧道，LSP 表示公网隧道。

LSP 公网隧道包括两部分：一是各 AS 域内的公网 LSP 隧道，如图中的 LSP1 和 LSP2；另一部分是从一个 AS 域的 ASBR 到达另一 AS 域 PE 之间建立的 BGP LSP 隧道，如图中的 BGP LSP1 和 BGP LSP2。两个相反方向的 BGP LSP 构建的公网隧道的主要作用是为两个 PE 之间相互交换 Loopback 接口主机路由信息。

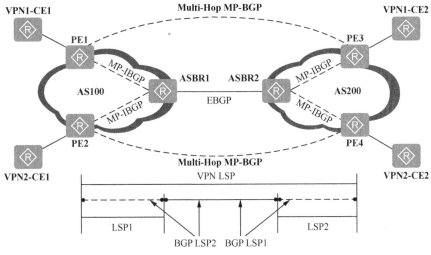

图 3-11　跨域 VPN-OptionC 方式组网示意

为提高可扩展性，可以在每个 AS 中指定一个路由反射器 RR，由 RR 保存所有 VPN-IPv4 路由，与本 AS 内的 PE 交换 VPN-IPv4 路由信息。两个 AS 的 RR 之间建立多跳 MP-EBGP 连接，相互通告 VPN-IPv4 路由，如图 3-12 所示。

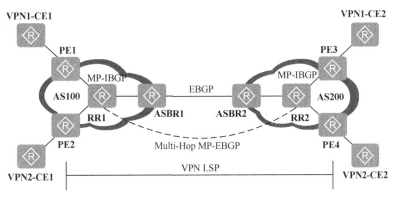

图 3-12　采用 RR 的跨域 VPN OptionC 方式组网示意

3.4.2　跨域 VPN-OptionC 的公网隧道建立

跨域 VPN-OptionC 的关键是公网跨域隧道的建立。3.4.1 小节已介绍到，在跨域 VPN-OptionC 方式中，公网隧道由两大部分组成。

- 通过 LDP 等标签分发协议在 AS 域内建立 AS 域内的公网隧道。
- ASBR 通过 BGP 发布带标签的 IPv4 单播路由，建立跨 AS 域的公网隧道。

在建立公网隧道之前，各段公网路由必须已畅通，包括各 AS 内部的公网路由和 ASBR 间的 BGP 路由。

下面以图 3-11 中的 PE3 到 PE1 公网隧道建立过程为例进行介绍，整体来说是分段进行的，具体如下。

（1）在 AS100 内，通过 LDP 等标签分发协议建立从 ASBR1 到 PE1（其实是到 PE1 的 Loopback 接口地址，相当于一个 FEC）的公网隧道（如图中的 LSP1）。假设此时，ASBR1 上为该公网隧道分配的出标签为 L1（也即 PE1 为其 Loopback 地址分配的入标签）。

（2）ASBR1 通过 MP-EBGP 为到达 PE1 的公网隧道分配一个入标签（假设为 L2，必须先在 ASBR1 上使能标签 IPv4 路由交换功能），然后通过 MP-EBGP Update 消息向 ASBR2 发布携带该公网 MPLS 标签（此时携带的是新分配的入标签 L2）的 PE1 地址对应的单播 IPv4 路由给 ASBR2，路由的下一跳地址为 ASBR1。这样，就建立了从 ASBR2 到 ASBR1 的公网隧道（加上 **AS100 域内已建立好的公网隧道，就相当于建立好了从 ASBR2 到 PE1 的公网隧道**），ASBR2 上为该公网隧道分配的出标签为 L2。

（3）ASBR 2 通过 MP-IBGP 为到达 PE1 的公网隧道分配一个入标签（假设为 L3，也必须先在 ASBR2 上使能标签 IPv4 路由交换功能），然后通过 MP-IBGP Update 消息向 PE3 发布携带该公网 MPLS 标签（此时为 L3）的 PE1 地址的 IPv4 单播路由给 PE3，路由的下一跳地址为 ASBR2。这样，就建立了从 PE3 直接到 ASBR2 的公网隧道（加上前面已建立好的两段公网隧道，就相当于已建立好从 **PE3 到 PE1 的整条公网隧道**），ASBR2 上公网隧道的入标签为 L3，出标签为 L2。这段公网隧道可以看作是第（2）步建立的 ABSR2 到 ASBR1 这段公网隧道的延伸（所在图 3-11 中是以虚线标识的）。

以上第（2）步和第（3）步建立的两段公网隧道就相当于图 3-11 中的 BGP LSP1。同理，对于从 PE1 到 PE3 方向的公网隧道，在 AS100 内也需要通过 MP-BGP 协议在 PE1 和 ASBR1 之间另外建立一条到达 PE3 的公网隧道。加之 ASBR1 到达 ASBR2 的这段公网隧道，就构成了图 3-11 中所示的 BGP LSP2。

说明 在 PE3 和 ASBR2 之间建立了到达 PE1 的公网隧道后，MPLS 报文还不能直接从 PE3 转发给 ASBR2，因为前面创建的公网隧道是基于 PE1 Loopback 接口地址这个 FEC 建立的，并不是基于 ASBR2 Loopback 接口地址这个 FEC 建立的，而且是通过 MP-BGP 协议建立的，不是通过 LDP 等标签分发协议建立的，所以还需要在 AS200 内通过 LDP 等标签分发协议逐跳建立另一条从 PE3 到 ASBR2 的公网隧道（如图中的 LSP2）。

综上所述，在跨域 VPN-OptionC 方式中，AS 域内有两条公网隧道，还有一条私网隧道 VPN LSP，而在 ASBR 间只有一条公网隧道和一条私网隧道。

3.4.3 跨域 VPN-OptionC 的路由发布原理

公网隧道建立好后，在跨域 VPN-OptionC 方式中，跨域的 PE 间可以通过他们之间建立的那条 BGP LSP 公网隧道通过 MP-EBGP 的 Update 消息相互发布自己学习到的 VPN-IPv4 路由。

例如，在 CE1 中有一条 10.1.1.1/24 的私网路由信息，其发布流程如图 3-13 所示。D 表示目的地址，NH 表示下一跳，L3 表示所携带的私网标签，L9、L10 表示 BGP LSP 的标签。图中省略了公网 IGP 路由和标签的分配。

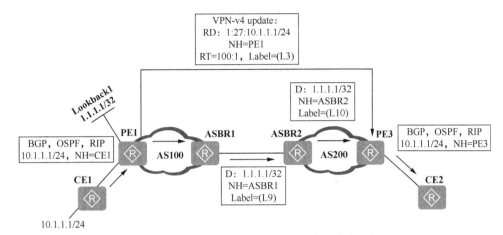

图 3-13　跨域 VPN-OptionC 的路由信息发布示例

（1）PE1 从 CE1 学习到 10.1.1.1/24 私网路由后，将其作为 VPN-IPv4 路由，通过多跳 MP-EBGP Update 消息发布给 PE3（假设 PE1 为 CE1 对应的 VPN 实例分配的私网路由标签为 Lx，同时还携带有 RD、VPN-Target 属性），消息中将封装两层公网隧道标签，内层为 PE3 到 PE1 的公网 BGP LSP 隧道标签（假设为 L3），外层为 ASBR1 到 PE1 的公网隧道标签。

（2）EBGP Update 消息按照 MPLS 标签交换方式到了 ASBR1 后，会去掉外层的标签（因为这层标签仅适用于 AS100 域），然后把 Update 消息中携带的私网路由标签用 ASBR1 与 10.1.1.1/24 私网路由分配的标签进行替换（替换为 L9）。

（3）ASBR1 通过 EBGP 路由方式把发布带标签的 10.1.1.1/24 私网路由的 EBGP Update 消息传输到 ASBR2，NH 为 ASBR1。在 ASBR2 继续转发给 PE3 之前，要对 EBGP Update 消息再加装一层 AS200 域内从 ABSR2 到 PE3 的公网隧道标签（内层标签仍为从 PE3 到 PE1 的公网 BGP LSP 隧道标签 L3），同时要把 EBGP Update 消息中携带的私网路由标签替换为 ASBR2 为 10.1.1.1/24 私网路由分配的标签（替换为 L10）。

（4）然后，ASBR2 再通过 AS200 域内的标签交换方式把发布 10.1.1.1/24 私网路由的 EBGP Update 消息传输到 PE3。PE3 在收到 10.1.1.1/24 VPN-IPv4 路由更新后，根据 Update 消息中的 VPN-Target 属性匹配找到对应的 VPN 实例，然后从该 VPN 实例所绑定的接口上将该私网路由以普通的 IPv4 路由方式发布给 CE2。

3.4.4　跨域 VPN-OptionC 的报文转发原理

在跨域 VPN-OptionC 方式中进行报文转发时，目的端 AS 域内使用两层标签转发，其他 AS 域内均使用三层标签转发，ASBR 之间采用两层标签转发。图 3-14 所示是以 LSP 为公网隧道，CE2 下面的主机访问 CE1 下面的 10.1.1.1/24 主机的报文转发流程。其中，L3 表示私网标签，L10 和 L9 表示公网 BGP LSP 的标签，Lx 和 Ly 表示域内公网隧道 LSP 标签。

报文从 PE3 向 PE1 转发时，需要在 PE3 上打上三层标签，从内到外分别为 VPN 路由的私网标签、PE3 到 PE1 的 BGP LSP 公网隧道标签和 AS200 内 PE3 到 ASBR2 的公网 LSP 标签。到 ASBR2 时，只剩下两层标签，由内到外分别是 VPN 的私网路由标签和

PE3 到 PE1 的 BGP LSP 公网隧道标签；进入 ASBR1 后，BGP LSP 终结，之后就是普通的 MPLS VPN 的转发流程。具体流程如下。

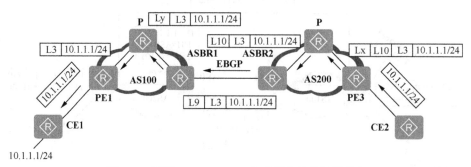

图 3-14　跨域 VPN-OptionC 方式报文转发流程示意

（1）PE3 接收到 CE2 发送的访问 10.1.1.1/24 主机的单播 IPv4 报文后，根据入口找到对应的 VRF，在 BGP VPN 路由表中找到对应地址前缀，先为报文打上对应的私网路由标签（如 L3），转换成 VPN 报文，然后发现到达 10.1.1.0/24 网段的下一跳地址为 PE1（因为 PE3 与 PE1 已建立了多跳 MP-EBGP 对等体关系），于是再为 VPN 报文打上 PE3 到 PE1 方向的 BGP LSP 公网隧道出标签（L10）。但在 AS200 域内转发时，单播 IPv4 报文仍然会根据 AS200 域内的 LDP LSP 标签进行转发，打上最外层的 LDP LSP 标签（Lx）后，转换成 MPLS 报文；

（2）在 AS200 域内，访问 10.1.1.1/24 主机的 MPLS 报文按照最外层的 AS200 域内的公网隧标签把 MPLS 报文转发到 ASBR2。如果中间节点 P 支持 PHP 特性，则在向 ASBR2 转发时会去掉最外层的 AS200 域内公网隧道标签（Lx），在继续向 ASBR1 发送前，会用 ASBR2 上为 PE3 到达 PE1 公网隧道分配的入标签（L9）替换原来的出标签（L10），以带标签的单播 IPv4 方式发送。

（3）ASBR2 以普通的 BGP IPv4 路由转发访问 10.1.1.1/24 主机的单播 IPv4 报文到 ASBR1。此时要终结 BGP LSP 标签，因为在由 ASBR1 到 PE1 的转发过程中不是通过 MP-BGP 建立公网隧道，而是直接依据 AS100 域内由 LDP 等标签分发协议建立的公网隧道标签进行转发。于是在去掉原来 IPv4 报文中最外层的 PE3 到 PE1 的 BGP LSP 公网隧道标签后，再在外层加上 AS100 域内的 LDP LSP 公网隧道标签（Ly），把普通单播 IPv4 报文转换成 MPLS 报文。

（4）ASBR1 按照 AS100 域内的公网隧道 LSP 标签把访问 10.1.1.1/24 主机的普通 IPv4 单播 MPLS 报文转发到 PE1。如果中间节点 P 支持 PHP 特性，则 P 向 PE1 进行 MPLS 报文转发时会去掉外层的 AS100 域内的公网隧道标签（Ly）。

（5）PE1 收到访问 10.1.1.1/24 主机的 MPLS 报文后，根据私网路由标签找到对应的 VPN 实例，然后在剥离掉底层的私网路由标签（L3）后，根据对应 VPN 实例所绑定的接口，以普通 IPv4 报文的方式发给 CE1。

3.4.5　跨域 VPN-OptionC 的主要特点

通过前文分析可以得出跨域 VPN-OptionC 的以下主要特点。

■ 跨域 PE 间通过多跳 MP-EBGP 直接交换各自所学习到的私网 VPN-IPv4 路由，不需要中间设备的保存和转发。

■ ASBR 间通过使能标签单播 IPv4 路由交换能力，可使相关 PE、ASBR 之间发布公网路由时携带公网 MPLS 标签，实现跨域的公网隧道建立。

■ VPN-IPv4 私网路由信息只出现在 PE 设备上，而 P 和 ASBR 只负责报文的转发，因此中间域的设备可以不支持 MPLS VPN 业务，只支持 MPLS 转发，这使得 ASBR 设备不再成为性能瓶颈。因此跨域 VPN-OptionC 更适合在跨越多个 AS 时使用。

■ 在跨域的报文转发中，报文在目的 AS 域内转发时仅需要打上两层标签（内层为私网路由标签，外层为目的 AS 域的 LSP 公网隧道标签），在其他各 AS 域内转发时均需要打上三层标签（多了中间的一层 BGP LSP 公网隧道标签），而报文在 ASBR 间传输时也仅带两层标签（内层为私网路由标签，外层为 BGP LSP 公网隧道标签）。

■ 缺点是维护一条端到端的 PE 连接代价较大，需要另外建立一条端到端的公网隧道，使得报文在除目的 AS 域外的其他各 AS 域内传输，以及在 ASBR 间传输时均需要多带上一层 BGP LSP 公网隧道标签，而这层标签是非有效载荷。

3.4.6 跨域 VPN-OptionC 配置任务

当每个 AS 都有大量的 VPN 路由需要交换时，可选择跨域 VPN-OptionC 方式，防止 ASBR 成为网络进一步扩展的阻碍。

根据跨域的 PE 间公网隧道的建立方式，跨域 VPN-OptionC 有以下两种实现方式。

方案一：本端 ASBR 从对端的 ASBR 学到对端 AS 域内的带标签 BGP 公网路由（指对端 PE 的 Loopback 接口地址路由）后，通过策略为该路由分配标签，然后发布给本 AS 域内支持标签 IPv4 路由交换能力的 IBGP 邻居 PE，从而建立一条完整的公网 LSP。3.4.2 小节介绍的公网隧道就是按照这种方式建立的。

方案二：在 PE 和 ASBR 之间不用配置 IBGP 邻居。当 ASBR 从对端的 ASBR 学到对端 AS 域的带标签 BGP 公网路由（指对端 PE 的 Loopback 接口地址路由）后，通过将本端 ASBR 上的这条 BGP 公网路由引入到 MPLS/IP 骨干网中的 IGP 协议中，使本端 ASBR 为带标签的公网 BGP 路由建立 LDP LSP，这样也可以建立一条跨域的完整公网 LSP。

在配置跨域 VPN-OptionC 之前，需先完成如下配置任务。

（1）在各 AS 的 MPLS 骨干网上分别配置 IGP，实现同一 AS 内三层互通。

（2）在各 AS 的 MPLS 骨干网配置 MPLS 基本能力、MPLS LDP（或 RSVP-TE）。

（3）在各 AS 内 PE 上配置 VPN 实例，并配置接口与 VPN 实例绑定。

（4）在各 AS 内配置 PE 和 CE 间的路由交换。

（5）如果选择的是方案一，则还需在各 AS 内配置 PE 与 ASBR 之间的 MP-IBGP 对等体关系，如果选择的是方案二，则不需要。

1. 跨域 VPN-OptionC 方案一的配置任务

根据前面对跨域 VPN-OptionC 方案一的介绍可得出其主要的配置任务如下。

（1）使能标签 IPv4 路由交换。

（2）配置路由策略控制标签分配。

（3）PE 间建立 MP-EBGP 对等体关系。

2. 跨域 VPN-OptionC 方案二的配置任务

当 ASBR 上需要接入大量的 PE 设备时，推荐采用 VPN-OptionC 方案二，该方式能够简化用户的配置，所包括的配置任务如下。

（1）ASBR 间建立 EBGP 对等体关系。

（2）将域内 PE 的路由发布给远端 PE。

（3）使能标签 IPv4 路由交换能力。

（4）为带标签的公网 BGP 路由建立 LDP LSP。

（5）PE 间建立 MP-EBGP 对等体关系。

3.4.7 配置跨域 VPN-OptionC 方案一

3.4.7 小节介绍 3.4.6 小节介绍的跨域 VPN-OptionC 方案一中三项配置任务的具体配置方法。

1. 使能标签 IPv4 路由交换

在 OptionC 方案一中，需要在 AS 域内 PE 与 ASBR 之间建立 MP-IBGP 对等体，不同 AS 域内的 ASBR 之间建立 MP-EBGP 对等体的情形下，建立一条跨域的公网 BGP LSP，这就要求相关的 PE、ASBR 之间在通过 MP-BGP 发布公网 IPv4 路由时携带对应的公网 MPLS 标签信息。根据 RFC3107 中的描述，BGP Update 消息可以携带路由的标签映射信，但需要使用 BGP 的扩展属性以实现，且要求 BGP 对等体能够处理标签 IPv4 单播路由。缺省情况下，BGP 对等体仅处理标签 VPN-IPv4 路由，不处理标签 IPv4 单播路由。

在 PE 上使能标签 IPv4 路由交换的配置方法见表 3-5，ASBR 上使能标签 IPv4 路由交换的配置方法见表 3-6，分别配置了 AS 域内 PE 与 ASBR 之间建立 MP-IBGP 对等体，不同 AS 域内 ASBR 间建立 MP-EBGP 对等体，并且在他们之间相连的接口上均使能处理标签 IPv4 单播路由的能力。

表 3-5   PE 上使能标签 IPv4 路由交换的配置步骤

步骤	命令	说明
1	**system-view** 例如：\<Huawei\> **system-view**	进入系统视图
2	**bgp** { *as-number-plain* | *as-number-dot* } 例如：[Huawei] **bgp** 100	进入 PE 所在 AS 的 BGP 视图
3	**peer** *ipv4-address* **as-number** *as-number* 例如：[Huawei-bgp] **peer** 2.2.2.9 **as-number** 100	配置与本地 AS 的 ASBR 之间建立 IBGP 对等体
4	**peer** *ipv4-address* **connect-interface loopback** *interface-number* 例如：[Huawei-bgp] **peer** 2.2.2.9 **connect-interface** loopback0	指定本地 Loopback 接口为 BGP 会话的出接口，非直接连接时必须采用 PE 上的 Loopback 接口。 缺省情况下，BGP 使用报文的出接口作为 BGP 报文的源接口，可用 **undo peer** *ipv4-address* **connect-interface** 命令恢复缺省设置
5	**peer** *ipv4-address* **label-route-capability** 例如：[Huawei-bgp] **peer** 2.2.2.9 **label-route-capability**	配置与本 AS 的 ASBR 之间能够交换带标签的 IPv4 路由缺省情况下，未使能发送标签路由能力，可用 **undo peer** *ipv4-address* **label-route-capability** 命令去使能发送标签路由能力

表 3-6   **ASBR 上使能标签 IPv4 路由交换的配置步骤**

步骤	命令	说明
1	**system-view** 例如：\<Huawei\> **system-view**	进入系统视图
2	**interface** *interface-type interface-number* 例如：[Huawei] **interface** gigabitethernet 1/0/0	进入连接对端 ASBR 的接口视图
3	**ip address** *ip-address* { *mask* | *mask-length* } 例如：[Huawei-GigabitEthernet1/0/0] **ip address** 192.168.1.2 24	配置以上接口 IP 地址
4	**mpls** 例如：[Huawei-GigabitEthernet1/0/0] **mpls**	在以上接口上使能 MPLS 能力，这样才能使该接口在发送 MP-BGP Update 消息时携带 MPLS 标签
5	**quit** 例如：[Huawei-GigabitEthernet1/0/0] **quit**	退回系统视图
6	**bgp** { *as-number-plain* | *as-number-dot* } 例如：[Huawei] **bgp** 100	进入 ASBR 所在 AS 的 BGP 视图
7	**peer** *ipv4-address* **as-number** *as-number* 例如：[Huawei-bgp] **peer** 1.1.1.9 **as-number** 100	配置与本地 AS 的 PE 建立 IBGP 对等体
8	**peer** *ipv4-address* **connect-interface loopback** *interface-number* 例如：[Huawei-bgp] **peer** 1.1.1.9 **connect-interface** loopback0	指定本地 Loopback 接口为 BGP 会话的出接口
9	**peer** *ipv4-address* **label-route-capability** 例如：[Huawei-bgp] **peer** 1.1.1.9 **label-route-capability**	配置能够与本地 AS 的 PE 交换带标签的 IPv4 路由
10	**peer** *ipv4-address* **as-number** *as-number* 例如：[Huawei-bgp] **peer** 192.168.1.1 **as-number** 200	将对端 ASBR 配置为 EBGP 对等体
11	**peer** *ipv4-address* **ebgp-max-hop** [*hop-count*] 例如：[Huawei-bgp] **peer** 192.168.1.1 **ebgp-max-hop**	（可选）配置与对端 ASBR 建立 EBGP 连接的最大跳数
12	**peer** *ipv4-address* **label-route-capability** [**check-tunnel-reachable**] 例如：[Huawei-bgp] **peer** 192.168.1.1 **label-route-capability**	配置与对端 ASBR 之间能够交换带标签的 IPv4 路由。可选项 **check-tunnel-reachable** 用来指定当引入路由作为标签路由转发时，检查路由隧道的可达性。 • 如果使能 check-tunnel-reachable 功能，则当路由隧道不可达时向邻居发布 IPv4 单播路由，当隧道可达时发布标签路由。在 VPN 场景下，这样可以防止出现 PE 间建立 MP-EBGP 对等体成功而其中一段 LSP 建立失败，造成数据转发失败的情况。 • 如果不使能 check-tunnel-reachable 功能，则不论引入路由隧道是否可达均发布标签路由。 如果已经使能了 check-tunnel-reachable 功能，现在需要去使能 check-tunnel-reachable 功能，可通过重新配置 **peer** *ipv4-address* **label-route-capability** 命令取代之前的配置来实现。 缺省情况下，未使能发送标签路由能力，可用 **undo peer** *ipv4-address* **label-route-capability** 命令去使能发送标签路由能力

2. 配置路由策略控制标签分配

　　跨域 BGP LSP 需要配置路由策略来控制标签的分配，对于向本 AS 的 PE 发布的路由，如果是带标签的 IPv4 路由，为其重新分配 MPLS 标签；对于从本 AS 的 PE 接收的路由，在向对端 ASBR 发布时，分配 MPLS 标签。

　　在 ASBR 上创建和应用控制标签分配的路由策略的方法见表 3-7，另外可选在 PE 上设置基于路由策略为 BGP 标签路由创建 Ingress LSP 的功能，其主要是为了减少中间陈点创建大量无意义的 Ingress LSP，具体配置方法见表 3-8。

表 3-7　　　　　　　在 ASBR 上创建和应用控制标签分配的路由策略的配置步骤

步骤	命令	说明
1	**system-view** 例如：\<Huawei\> **system-view**	进入系统视图
2	**route-policy** *policy-name1* **permit node** *node* 例如：[Huawei] **route-policy** policy1 **permit node** 10	创建用于向本端 PE 发布公网 IPv4 路由时的路由策略，使从对端的 ASBR 接收的带标签的公网 IPv4 路由，在向本 AS 的 PE 发布时，为其可获得重新分配的 MPLS 标签。命令中的参数说明如下。 • *policy-name1*：指定 Route-Policy 名称。 • *node*：指定 Route-Policy 的节点号，整数形式，取值范围是 0~65535。 缺省情况下，系统中没有路由策略，可用 **undo route-policy** *route-policy-name* [**node** *node*]命令删除指定的路由策略
3	**if-match mpls-label** 例如：[Huawei-route-policy1] **if-match mpls-label**	创建基于 MPLS 标签的匹配规则，即如果公网 IPv4 路由信息中带有 MPLS 标签，即表示与本节点路由策略匹配，不符合条件的路由进入路由策略的下一节点。 缺省情况下，路由策略中无基于 MPLS 标签的匹配规则，可用 **undo if-match mpls-label** 命令删除基于 MPLS 标签的匹配规则
4	**apply mpls-label** 例如：[Huawei-route-policy1] **apply mpls-label**	在路由策略中配置给公网 IPv4 路由重新分配 MPLS 标签（此标签是本地 AS 域内的公网隧道标签，取代公网 IPv4 路由原来携带的 BGP LSP 标签）的动作。 缺省情况下，在路由策略中未配置给公网路由分配 MPLS 标签的动作，可用 **undo apply mpls-label** 命令恢复缺省配置
5	**quit** 例如：[Huawei-route-policy1] **quit**	返回系统视图
6	**route-policy** *policy-name2* **permit node** *node* 例如：[Huawei] **route-policy** policy2 **permit node** 10	创建用于向对端 ASBR 发布公网 IPv4 路由时的路由策略，使从本地 AS 的 PE 接收的公网 IPv4 路由，在向对端 ASBR 发布时，分配 MPLS 标签。参数说明参见第 2 步。 缺省情况下，系统中没有路由策略，可用 **undo route-policy** *route-policy-name* [**node** *node*]命令删除指定的路由策略
7	**apply mpls-label** 例如：[Huawei-route-policy2] **apply mpls-label**	在路由策略中配置给公网 IPv4 路由分配 MPLS 标签（此为 BGP LSP 标签，作为入标签）的动作。 缺省情况下，在路由策略中未配置给公网路由分配 MPLS 标签的动作，可用 **undo apply mpls-label** 命令恢复缺省配置
8	**quit** 例如：[Huawei-route-policy2] **quit**	返回系统视图

（续表）

步骤	命令	说明
9	**bgp** { *as-number-plain* | *as-number-dot* } 例如：[Huawei] **bgp** 100	进入 ASBR 所在 AS 的 BGP 视图
10	**peer** *ipv4-address* **route-policy** *policy-name1* **export** 例如：[Huawei-bgp-af-ipv4] **peer** 1.1.1.9 **route-policy** policy1 **export**	配置向本端 PE 发布公网 IPv4 路由时所应用的路由策略。命令中的参数说明如下。 ● *ipv4-address*：本端 PE 的 IP 地址。 ● *policy-name1*：在本表第 2 步创建的路由策略。 缺省情况下，向对等体发布的路由不使用路由策略，可用 **undo peer** *ipv4-address* **route-policy** *policy-name1* **export** 恢复缺省配置
11	**peer** *ipv4-address* **route-policy** *policy-name2* **export** 例如：[Huawei-bgp-af-ipv4] **peer** 192.168.1.1 **route-policy** policy2 **export**	配置向对端 ASBR 发布公网 IPv4 路由时应用的路由策略。命令中的参数说明如下。 ● *ipv4-address*：对端 ASBR 的 IP 地址。 ● *policy-name2*：在本表第 6 步创建的路由策略。 缺省情况下，向对等体发布的路由不使用路由策略，可用 **undo peer** *ipv4-address* **route-policy** *policy-name2* **export** 恢复缺省配置

表 3-8　在 PE 上设置基于路由策略为 BGP 标签路由创建 Ingress LSP 的功能的配置步骤

步骤	命令	说明
1	**system-view** 例如：\<Huawei> **system-view**	进入系统视图
2	**bgp** { *as-number-plain* | *as-number-dot* } 例如：[Huawei] **bgp** 100	进入 BGP 视图
3	**ingress-lsp trigger route-policy** *route-policy-name* 例如：[Huawei-bgp-af-ipv4] **ingress-lsp trigger route-policy** test-policy	使能基于路由策略为 BGP 标签 IPv4 路由创建 Ingress LSP 的功能。需要事先创建对应的路由策略，仅允许需要建立跨域的端到端公网隧道的公网 IPv4 路由在 PE 上建立 Ingress LSP。 在某些城域接入混合组网环境中，大量的 BGP 标签路由被用来建立端到端的 LSP。但是在某些中间节点上，虽然不需要承载 VPN 业务，依然会创建许多多余的 Ingress LSP，造成网络资源的浪费，此时可以使用该命令，按路由策略只为符合条件的 BGP 标签路由创建 Ingress LSP，节约系统的网络资源。 缺省情况下，设备为收到的所有 BGP 标签路由创建 Ingress LSP，可用 **undo ingress-lsp trigger** 命令恢复缺省配置

3．PE 间建立 MP-EBGP 对等体关系

（1）在 ASBR 或 PE 上配置

将域内 PE 上用于 BGP 会话的 Loopback 接口地址发布给其他 AS 的 ASBR，进而发布给对端 PE，具体配置步骤见表 3-9，需在 PE 和 ASBR 上同时配置。

说明 在跨域 VPN-OptionC 组网中，如果需要使用跨域的 TE 隧道传输流量，则必须在 PE 上执行表 3-9 所示的配置，将用于 BGP 会话的 Loopback 接口地址发布给对端 PE。

表 3-9　　将域内 PE 用于 BGP 会话的 Loopback 接口地址发布给其他 AS 的 ASBR 的配置步骤

步骤	命令	说明
1	**system-view** 例如：<Huawei> **system-view**	进入系统视图
2	**bgp** { *as-number-plain* | *as-number-dot* } 例如：[Huawei] **bgp** 100	进入 BGP 视图
3	**network** *ip-address* [*mask* | *mask-length*] [**route-policy** *route-policy-name*] 例如：[Huawei-bgp] **network** 1.1.1.9 255.255.255.255	配置 BGP 将 IP 路由表中 PE 上用于 BGP 会话的 Loopback 接口地址的主机路由以静态方式加入到 BGP 路由表中，并发布给对等体。可选参数 **route-policy** *route-policy-name* 用来过滤要引入的 Loopback 接口地址主机路由。 缺省情况下，BGP 不将 IP 路由表中的路由以静态方式加入到 BGP 路由表中，可用 **undo network** *ipv4-address* [*mask* | *mask-length*]命令删除指定的以静态方式加入到 BGP 路由表中的路由

（2）（可选）在 ASBR 上配置禁止发布超网标签路由功能

在跨域 VPN-OptionC 组网中，PE 将本地的 Loopback 地址的路由发布为 BGP 路由后，ASBR 上收到的该路由将是一条超网标签路由，即路由目的地址与下一跳地址相同（如都是 PE 上配置的 Loopback 接口地址 1.1.1.1/32），或者路由目的地址比下一跳地址更精确（如目的地址为 1.1.1.1/32，下一跳为 1.1.1.10/24）。在 V2R3C00 及之前软件版本上，ASBR 收到超网标签路由是不发布的，但是升级到 V2R3C00 之后的版本时，这些超网标签路由可以发布给其他对等体，这样可能导致升级前后网络中流量方向发生变化。为了保证升级前后流量方向一致，可以通过表 3-10 所示的配置禁止发布超网标签路由功能。

表 3-10　　　　　　　　在 ASBR 上禁止发布超网标签路由的配置步骤

步骤	命令	说明
1	**system-view** 例如：<Huawei> **system-view**	进入系统视图
2	**bgp** { *as-number-plain* | *as-number-dot* } 例如：[Huawei] **bgp** 100	进入 ASBR 所在 AS 域的 BGP 视图
3	**supernet label-route advertise disable** 例如：[Huawei-bgp] **supernet label-route advertise disable**	配置禁止发布超网标签路由功能。 【注意】在 ASBR 上配置禁止发布超网标签路由功能后，为了本 AS 域内的 PE 设备的 Loopback 地址可以发布给另一个 AS 域的 PE 设备，则需要在 ASBR 上通过表 3-9 中的 **network** 命令发布域内 PE 设备的 Loopback 地址的 BGP 路由。 缺省情况下，BGP 超网标签路由可以被优选发布，可用 **undo supernet label-route advertise disable** 或 **supernet label-route advertise enable** 命令恢复缺省配置

（3）PE 间建立 MP-EBGP 对等体关系

在接入 CE 的 PE 上进行表 3-11 所示的配置。

表 3-11　　　　　　　　　在 PE 间建立 MP-EBGP 对等体的配置步骤

步骤	命令	说明
1	**system-view** 例如：<Huawei> **system-view**	进入系统视图
2	**bgp** { *as-number-plain* | *as-number-dot* } 例如：[Huawei] **bgp** 100	进入 PE 所在 AS 的 BGP 视图
3	**peer** *ipv4-address* **as-number** { *as-number-plain* | *as-number-dot* } 例如：[Huawei-bgp] **peer** 4.4.4.9 **as-number** 200	指定对端 PE 为自己的 EBGP 对等体
4	**peer** *ipv4-address* **connect-interface** **loopback** *interface-number* 例如：[Huawei-bgp] **peer** 4.4.4.9 **connect-interface loopback**　0	指定发送 BGP 报文的源接口。因为跨域 PE 间是非直连的，所以必须将本地 PE 的 Loopback 接口作为发送 BGP 报文的源接口
5	**peer** *ipv4-address* **ebgp-max-hop** [*hop-count*] 例如：[Huawei-bgp] **peer** 4.4.4.9 **ebgp-max-hop** 10	配置建立 EBGP 对等体允许的最大跳数
6	**peer** *ipv4-address* **mpls-local-ifnet disable** 例如：[Huawei-bgp] **peer** 4.4.4.9 **mpls-local-ifnet disable**	（可选）配置在特定条件下的 EBGP 对等体间不创建 MPLS Local IFNET 隧道。 【说明】在 Option C 场景中，PE 间会建立 MP-EBGP 对等体关系，因此 PE 间会自动创建 MPLS Local IFNET 隧道。但由于 MPLS Local IFNET 隧道只在两台设备直连时才能转发流量，所以在 Option C 场景中，PE 间的 MPLS Local IFNET 隧道是不能指导流量转发的。但如果 PE 间建立 MPLS Local IFNET 隧道，当 BGP LSP 公网隧道出现故障时，设备会迭代到这个没有指导非直连 PE 间流量转发的 MPLS Local IFNET 隧道中，而不会通过 FRR（快速重路由）功能将流量切换至备份 BGP LSP 上，这样会导致流量中断。为了解决这个问题，可以使用该命令用来控制 PE 间不创建 MPLS Local IFNET 隧道。 缺省情况下，在如下类型的 EBGP 对等体间会自动创建 MPLS Local IFNET 隧道。 ● EBGP 对等体间使能了标签路由交换能力。 ● BGP-VPNv4 地址族下的 EBGP 对等体。 可用 **undo peer** *ipv4-address* **mpls-local-ifnet disable** 命令恢复缺省配置
7	**ipv4-family vpnv4** [**unicast**] 例如：[Huawei-bgp] **ipv4-family vpnv4**	进入 BGP-VPNv4 地址族视图
8	**peer** *ipv4-address* **enable** 例如：[Huawei-bgp-af-vpnv4] **peer** 4.4.4.9 **enable**	使能与对端 PE 交换 VPNv4 路由的能力。 缺省情况下，只有 BGP-IPv4 单播地址族的对等体是自动使能的，可用 **undo peer** *ipv4-address* **enable** 命令禁止与指定对等体交换 VPNv4 路由信息

3.4.8 配置跨域 VPN-OptionC 方案二

在跨域 VPN-OptionC 方案二中,在 PE 和 ASBR 之间不用配置 IBGP 邻居。当 ASBR 从对端的 ASBR 学到对端 AS 域的带标签 BGP 公网路由后,通过将本端 ASBR 上的 BGP 路由引入公网 IGP 路由中,并为带标签的公网 BGP 路由建立 LDP LSP,从而建立一条完整的公网 LSP。

在 3.4.6 小节介绍的跨域 VPN-OptionC 方案二的 5 项配置任务中,最后一项 "PE 间建立 MP-EBGP 对等体关系" 配置任务与方案一的该项配置任务的配置方法完全相同,参见表 3-11 即可。下面仅介绍前面 4 项配置任务的具体配置方法。

1. ASBR 间建立 EBGP 对等体关系

ASBR 间建立 EBGP 对等体关系用于发布 PE 的 Loopback 接口路由。这项配置任务在方案一中同样存在,只是其具体包括在方案一 "使能标签 IPv4 路由交换" 这项配置任务中(参见上节的表 3-6),具体配置方法见表 3-12。

表 3-12　　　　　　　　　在 **ASBR** 间建立 **EBGP** 对等体的配置步骤

步骤	命令	说明
1	**system-view** 例如: <Huawei> **system-view**	进入系统视图
2	**interface** *interface-type interface-number* 例如: [Huawei] **interface** gigabitethernet 1/0/0	进入连接对端 ASBR 的接口视图
3	**ip address** *ip-address* { *mask* | *mask-length* } 例如: [Huawei-GigabitEthernet1/0/0] **ip address** 192.168.1.2 24	配置接口 IP 地址
4	**quit** 例如: [Huawei-GigabitEthernet1/0/0] **quit**	返回系统视图
5	**bgp** { *as-number-plain* | *as-number-dot* } 例如: [Huawei] **bgp** 100	进入本地 AS 的 BGP 视图
6	**peer** *ipv4-address* **as-number** *as-number* 例如: [Huawei-bgp] **peer** 192.168.1.1 **as-number** 200	将对端 ASBR 配置为 EBGP 对等体
7	**peer** { *ipv4-address* | *group-name* } **ebgp-max-hop** [*hop-count*] 例如: [Huawei-bgp] **peer** 192.168.1.1 **ebgp-max-hop** 1	(可选)配置 EBGP 连接的最大跳数

2. 将域内 PE 的路由发布给远端 PE

将域内 PE 的 Loopback 接口路由发布给远端 PE,用以建立 PE 之间的 MP-EBGP 关系。这需要分别在本端 ASBR 和对端 ASBR 上进行表 3-13 所示的配置。

表 3-13　　　　　　　　将域内 **PE** 的路由发布给远端 **PE** 的配置步骤

步骤	命令	说明
1	**system-view** 例如: <Huawei> **system-view**	进入系统视图
	在本端 ASBR 上将域内 PE 的 Loopback 地址发布给对端的 ASBR	
2	**bgp** { *as-number-plain* | *as-number-dot* } 例如: [Huawei] **bgp** 100	进入本端 ASBR 所在 AS 域的 BGP 视图

（续表）

步骤	命令	说明
3	**network** *ip-address* [*mask* | *mask-length*] 例如：[Huawei-bgp] **network** 1.1.1.9 255.255.255.255	将域内 PE 的 Loopback 地址发布给对端的 ASBR
	在对端 ASBR 上将 BGP 路由引入到 IGP（以 OSPF 为例）	
2	**ospf** *process-id* 例如：[Huawei] **ospf** 1	进入 OSPF 视图
3	**import-route bgp** [**cost** *cost*] [**route-policy** *route-policy-name*] 例如：[Huawei-ospf-1] **import-route bgp route-policy** peloopback	将 BGP 路由引入到公网 OSPF 路由表中，以触发对远端 PE 的 Loopback 接口地址公网 BGP IPv4 路由分配标签。可选参数 **route-policy** *route-policy-name* 指定用来过滤被引入到 OSPF 路由表的 BGP 路由，可以通过该路由策略（需要先创建）仅指导将远端 PE 的 Loopback 接口地址公网 BGP IPv4 路由引入到公网 OSPF 路由表中，而不将其他公网路由引入到公网 OSPF 路由表中

3. 使能标签 IPv4 路由交换能力

为了建立跨域的 BGP LSP，ASBR 之间需要使能交换标签 IPv4 路由，具体配置步骤如表 3-14 所示。方案二中这项配置任务的具体配置与方案一有所区别，这里不需要在 PE 上进行配置，因为方案二中 PE 与 ASBR 不需要建立 MP-IBGP 对等体，自然他们之间不会发送 BGP IPv4 路由。

表 3-14　　　　　ASBR 上使能标签 IPv4 路由交换的配置步骤

步骤	命令	说明
1	**system-view** 例如：<Huawei> **system-view**	进入系统视图
2	**route-policy** *route-policy-name* **permit node** *node* 例如：[Huawei] **route-policy** policy1 **permit node** 10	创建用于向对端 ASBR 发布路由时应用的路由策略
3	**apply mpls-label** 例如：[Huawei-route-policy] **apply mpls-label**	指定以上路由策略的动作是为所发布的 IPv4 路由分配标签，为所发布的单播 IPv4 路由分配 MPLS 标签。 缺省情况下，在路由策略中未配置分配 MPLS 标签给公网路由的动作，可用 **undo apply mpls-label** 命令恢复缺省配置
4	**quit** 例如：[Huawei-route-policy] **quit**	返回系统视图
5	**bgp** { *as-number-plain* | *as-number-dot* } 例如：[Huawei] **bgp** 100	进入 ASBR 所在 AS 的 BGP 视图
6	**peer** *ipv4-address* **route-policy** *route-policy-name* **export** 例如：[Huawei-bgp] **peer** 192.168.1.2 **route-policy** policy1 **export**	配置向对端 ASBR 发布路由时应用的路由策略，该路由策略就是第 2 步所创建的路由策略。 缺省情况下，对向对等体发布的路由不使用路由策略，可用 **undo peer** *ipv4-address* **route-policy** *route-policy-name* **export** 命令来恢复缺省配置

（续表）

步骤	命令	说明
7	**quit** 例如：[Huawei-bgp] **quit**	返回系统视图
8	**interface** *interface-type interface-number* 例如：[Huawei] **interface** gigabitethernet 1/0/0	进入连接对端 ASBR 的接口视图
9	**ip address** *ip-address* { *mask* | *mask-length* } 例如：[Huawei-GigabitEthernet1/0/0] **ip address** 192.168.1.2 24	配置以上接口的 IP 地址
10	**mpls** 例如：[Huawei-GigabitEthernet1/0/0] **mpls**	在以上接口上使能 MPLS 能力，这样才能使该接口在发布 MP-BGP Update 消息时携带 MPLS 标签
11	**quit** 例如：[Huawei-GigabitEthernet1/0/0] **quit**	退回系统视图
12	**bgp** { *as-number-plain* | *as-number-dot* } 例如：[Huawei] **bgp** 100	进入 ASBR 所在的 AS 域 BGP 视图
13	**peer** *ipv4-address* **label-route-capability** [**check-tunnel-reachable**] 例如：[Huawei-bgp] **peer** 1.1.1.9 **label-route-capability**	使能向指定 BGP 对等体发送标签路由能力。如果选择 **check-tunnel-reachable** 可选项，则当路由隧道不可达时向邻居发布 IPv4 单播路由，当隧道可达时发布标签路由。在 VPN 场景下，这样可以防止出现 PE 间建立 MP-EBGP 对等体成功而其中一段 LSP 建立失败，造成数据转发失败的情况。如果不使能 **check-tunnel-reachable** 功能，则不论引入路由隧道是否可达均发布标签路由。 缺省情况下，未使能发送标签路由能力，可用 **undo peer** *ipv4-address* **label-route-capability** 命令用来去使能发送标签路由能力

4. 为带标签的公网 BGP 路由建立 LDP LSP

在方案二中，ASBR 与 PE 之间不建立 MP-IBGP 对等体关系，不会相互发送带标签的 BGP IPv4 路由，但是他们之间所发送的 IPv4 路由要带上 LDP LSP 标签，所以需要在 ASBR 上配置在向本 AS 内的 PE 发送的单播 IPv4 路由时分配 LDP LSP 标签。

通过在 ASBR 上使能 LDP 为 BGP 分标签，可以为通过 IP 前缀列表过滤的带标签的公网 BGP 路由建立 LDP LSP。具体配置方法很简单，只需在 MPSL 视图下通过 **lsp-trigger bgp-label-route** [**ip-prefix** *ip-prefix-name*]命令配置即可。

3.4.9　跨域 VPN-OptionC 方案配置管理

已经完成跨域 VPN-OptionC 功能的所有配置后，可通过以下 **display** 命令查看相关配置，验证配置结果。

■ **display bgp vpnv4 all peer**：在 PE 上检查 BGP 对等体关系的建立情况，可以查看到 PE 间的 EBGP 对等体关系状态均为"Established"。

■ **display bgp vpnv4 all routing-table**：在 PE 或 ASBR 上检查 VPN-IPv4 路由表，可以看到 PE 有 BGP VPNv4 路由和 BGP VPN 实例路由，ASBR 上没有。

■ **display bgp routing-table label**：在 ASBR 上查看 IPv4 路由的标签信息。

■ **display ip routing-table vpn-instance** *vpn-instance-name*：在 PE 上检查 VPN 路由表，可以看到 PE 的 VPN 路由表中有到所有相关 CE 的 VPN 路由。

■ 使用 **display mpls route-state** [{ **exclude** | **include** } { **idle** | **ready** | **settingup** } [*] | *destination-address mask-length*] [**verbose**]：在 ASBR 上检查路由和 LSP 的对应情况，可以看到路由类型为 "L"，即带标签的公网 BGP 路由。

■ **display ip routing-table**：在 ASBR 上检查路由表，可以看到远端 PE 的路由为带标签的公网 BGP 路由：Routing Table 为 "Public"，协议类型为 "BGP"，标签值不为零。

■ **display mpls lsp** [**vpn-instance** *vpn-instance-name*] [**protocol ldp**] [{ **exclude** | **include** } *ip-address mask-length*] [**outgoing-interface** *interface-type interface-number*] [**in-label** *in-label-value*] [**out-label** *out-lable-value*] [**lsr-role** { **egress** | **ingress** | **transit** }] [**verbose**]：在 ASBR 上检查 LSP 的建立情况，可以看到 ASBR 和远端 PE 之间建立了一条 BGP LSP，并且在 PE 上可以看到到达对端 PE 的 Ingress LSP。

3.4.10　OptionC 方案一跨域 VPN 配置示例

如图 3-15 所示，某公司总部和分部跨域不同的运营商，需实现跨域的 BGP/MPLS IP VPN 业务的互通。CE1 连接公司总部，通过 AS100 的 PE1 接入。CE2 连接公司分部，通过 AS200 的 PE2 接入，CE1 和 CE2 同属于 vpn1。

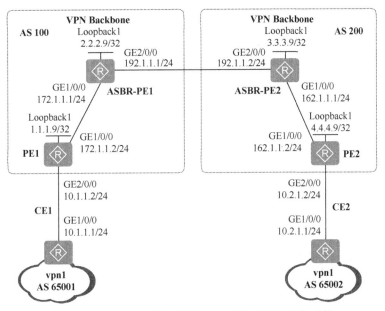

图 3-15　OptionC 方案一跨域 VPN 配置示例的拓扑结构

1. 基本配置思路分析

像本示例这种拓扑结构其实同样可以采用第 3 章前面介绍的 OptionA 或 OptionB 方式来配置，本示例采用 OptionC 方案一来进行配置。

根据 3.4.6 小节介绍的 OptionC 方案一的配置任务，可得出本示例的基本配置思路。

（1）在各 AS 内的 MPLS 骨干网上配置各接口 IP 地址和 IGP 协议，实现各自骨干网 ASBR-PE 和 PE 之间的互通。

（2）在各 AS 内的 MPLS 骨干网上分别配置 MPLS 基本能力和 MPLS LDP，建立 LDP LSP。

（3）各 AS 内，PE 与 ASBR-PE 之间建立 MP-IBGP 对等体关系。

（4）在各 AS 内与 CE 相连的 PE 上需配置 VPN 实例，并把与 CE 相连的接口和相应的 VPN 实例绑定。

（5）各 AS 内，PE 与 CE 之间建立 EBGP 对等体关系，交换 VPN 路由信息。

（6）在不同 AS 间的 PE 间建立 MP-EBGP 对等体关系，在 PE、ASBR 上使能标签 IPv4 路由交换能力。

（7）在 ASBR-PE 上配置路由策略：对于向对端 ASBR-PE 发布的 BGP 路由，为其分配私网路由标签；对于向本 AS 的 PE 发布的路由，如果是带标签的 IPv4 路由，为其分配新的私网路由标签。

2．具体配置步骤

（1）在各 AS 内的 MPLS 骨干网上配置各接口 IP 地址和 IGP 协议，此处采用 OSPF 1 号路由进程，加入区域 0 中。

\#　PE1 上的配置。

```
<Huawei> system-view
[Huawei] sysname PE1
[PE1] interface loopback 1
[PE1-LoopBack1] ip address 1.1.1.9 32
[PE1-LoopBack1] quit
[PE1] interface gigabitethernet 1/0/0
[PE1-GigabitEthernet1/0/0] ip address 172.1.1.2 24
[PE1-GigabitEthernet1/0/0] quit
[PE1] ospf
[PE1-ospf-1] area 0
[PE1-ospf-1-area-0.0.0.0] network 1.1.1.9 0.0.0.0
[PE1-ospf-1-area-0.0.0.0] network 172.1.1.0 0.0.0.255
[PE1-ospf-1-area-0.0.0.0] quit
[PE1-ospf-1] quit
```

\#　ASBR-PE1 上的配置。因为 GE2/0/0 接口不需要绑定 VPN 实例，所以也可以先配置 IP 地址。

```
<Huawei> system-view
[Huawei] sysname ASBR-PE1
[ASBR-PE1] interface loopback 1
[ASBR-PE1-LoopBack1] ip address 2.2.2.9 32
[ASBR-PE1-LoopBack1] quit
[ASBR-PE1] interface gigabitethernet 1/0/0
[ASBR-PE1-GigabitEthernet1/0/0] ip address 172.1.1.2 24
[ASBR-PE1-GigabitEthernet1/0/0] quit
[ASBR-PE1] interface gigabitethernet 2/0/0
[ASBR-PE1-GigabitEthernet2/0/0] ip address 192.1.1.1 24
[ASBR-PE1-GigabitEthernet2/0/0] quit
[ASBR-PE1] ospf
[ASBR-PE1-ospf-1] area 0
```

```
[ASBR-PE1-ospf-1-area-0.0.0.0] network 2.2.2.9 0.0.0.0
[ASBR-PE1-ospf-1-area-0.0.0.0] network 172.1.1.0 0.0.0.255
[ASBR-PE1-ospf-1-area-0.0.0.0] quit
[ASBR-PE1-ospf-1] quit
```

  \# PE2 上的配置。

```
<Huawei> system-view
[Huawei] sysname PE2
[PE2] interface loopback 1
[PE2-LoopBack1] ip address 4.4.4.9 32
[PE2-LoopBack1] quit
[PE] interface gigabitethernet 1/0/0
[PE2-GigabitEthernet1/0/0] ip address 162.1.1.2 24
[PE2-GigabitEthernet1/0/0] quit
[PE2] ospf
[PE2-ospf-1] area 0
[PE2-ospf-1-area-0.0.0.0] network 4.4.4.9 0.0.0.0
[PE2-ospf-1-area-0.0.0.0] network 162.1.1.0 0.0.0.255
[PE2-ospf-1-area-0.0.0.0] quit
[PE2-ospf-1] quit
```

  \# ASBR-PE2 上的配置。同样因为 GE2/0/0 接口不需要绑定 VPN 实例，所以也可以先配置 IP 地址。

```
<Huawei> system-view
[Huawei] sysname ASBR-PE2
[ASBR-PE2] interface loopback 1
[ASBR-PE2-LoopBack1] ip address 3.3.3.9 32
[ASBR-PE2-LoopBack1] quit
[ASBR-PE2] interface gigabitethernet 1/0/0
[ASBR-PE2-GigabitEthernet1/0/0] ip address 162.1.1.1 24
[ASBR-PE2-GigabitEthernet1/0/0] quit
[ASBR-PE2] interface gigabitethernet 2/0/0
[ASBR-PE2-GigabitEthernet2/0/0] ip address 162.1.1.2 24
[ASBR-PE2-GigabitEthernet2/0/0] quit
[ASBR-PE2] ospf
[ASBR-PE2-ospf-1] area 0
[ASBR-PE2-ospf-1-area-0.0.0.0] network 3.3.3.9 0.0.0.0
[ASBR-PE2-ospf-1-area-0.0.0.0] network 162.1.1.0 0.0.0.255
[ASBR-PE2-ospf-1-area-0.0.0.0] quit
[ASBR-PE2-ospf-1] quit
```

  以上配置完成后，同一 AS 的 ASBR-PE 与 PE 之间应能建立 OSPF 邻居关系，执行 **display ospf peer** 命令可以看到邻居状态为 Full。执行 **display ip routing-table** 命令可以看到同一 AS 的 ASBR-PE 和 PE 能学习到对方的 Loopback1 路由。

  （2）在 AS100 和 AS200 的 MPLS 骨干网上分别配置 MPLS 基本能力和 MPLS LDP，建立 LDP LSP。

  \# PE1 上的配置。

```
[PE1] mpls lsr-id 1.1.1.9
[PE1] mpls
[PE1-mpls] quit
[PE1] mpls ldp
[PE1-mpls-ldp] quit
[PE1] interface gigabitethernet 1/0/0
[PE1-GigabitEthernet1/0/0] mpls
```

```
[PE1-GigabitEthernet1/0/0] mpls ldp
[PE1-GigabitEthernet1/0/0] quit
```

ASBR-PE1 上的配置。

```
[ASBR-PE1] mpls lsr-id 2.2.2.9
[ASBR-PE1] mpls
[ASBR-PE1-mpls] quit
[ASBR-PE1] mpls ldp
[ASBR-PE1-mpls-ldp] quit
[ASBR-PE1] interface gigabitethernet 1/0/0
[ASBR-PE1-GigabitEthernet1/0/0] mpls
[ASBR-PE1-GigabitEthernet1/0/0] mpls ldp
[ASBR-PE1-GigabitEthernet1/0/0] quit
```

ASBR-PE2 上的配置。

```
[ASBR-PE2] mpls lsr-id 3.3.3.9
[ASBR-PE2] mpls
[ASBR-PE2-mpls] quit
[ASBR-PE2] mpls ldp
[ASBR-PE2-mpls-ldp] quit
[ASBR-PE2] interface gigabitethernet 1/0/0
[ASBR-PE2-GigabitEthernet1/0/0] mpls
[ASBR-PE2-GigabitEthernet1/0/0] mpls ldp
[ASBR-PE2-GigabitEthernet1/0/0] quit
```

PE2 上的配置。

```
[PE2] mpls lsr-id 4.4.4.9
[PE2] mpls
[PE2-mpls] quit
[PE2] mpls ldp
[PE2-mpls-ldp] quit
[PE2] interface gigabitethernet 1/0/0
[PE2-GigabitEthernet1/0/0] mpls
[PE2-GigabitEthernet1/0/0] mpls ldp
[PE2-GigabitEthernet1/0/0] quit
```

以上配置完成后，同一 AS 的 PE 和 ASBR-PE 之间应该建立起 LDP 对等体，执行 **display mpls ldp session** 命令可以看到显示结果中 State 项为"Operational"。以下是在 PE1 上执行该命令的输出示例（参见输出信息中的粗体字部分）。

```
[PE1] display mpls ldp session
LDP Session(s) in Public Network
Codes: LAM(Label Advertisement Mode), SsnAge Unit(DDDD:HH:MM)
A '*' before a session means the session is being deleted.
------------------------------------------------------------------------
PeerID            Status       LAM  SsnRole  SsnAge       KASent/Rcv
------------------------------------------------------------------------
2.2.2.9:0         Operational DU   Active   0002:23:46   17225/17224
------------------------------------------------------------------------
TOTAL: 1 session(s) Found.
```

（3）配置 PE 与 ASBR-PE 之间建立 MP-IBGP 对等体关系，使能与对等体交换 VPN-IPv4 路由信息的能力。

PE1 上的配置。

```
[PE1] bgp 100
[PE1-bgp] peer 2.2.2.9 as-number 100
[PE1-bgp] peer 2.2.2.9 connect-interface loopback 1 #---此处因为 PE1 与 ASBR-PE1 是直接连接的，故可用他们连接的
```

物理接口作为建立 TCP 连接的源接口，下同

[PE1-bgp] **ipv4-family vpnv4**

[PE1-bgp-af-vpnv4] **peer** 2.2.2.9 **enable**　#---使能与 MP-IBGP 对等体 ASBR-PE1 的 VPN-IPv4 路由信息交换能力

[PE1-bgp-af-vpnv4] **quit**

[PE1-bgp] **quit**

#　ASBR-PE1 上的配置。

[ASBR-PE1] **bgp** 100

[ASBR-PE1-bgp] **peer** 1.1.1.9 **as-number** 100

[ASBR-PE1-bgp] **peer** 1.1.1.9 **connect-interface** loopback 1

[ASBR-PE1-bgp] **ipv4-family vpnv4**

[ASBR-PE1-bgp-af-vpnv4] **peer** 1.1.1.9 **enable**

[ASBR-PE1-bgp-af-vpnv4] **quit**

[ASBR-PE1-bgp] **quit**

#　PE2 上的配置。

[PE2] **bgp** 200

[PE2-bgp] **peer** 3.3.3.9 **as-number** 200

[PE2-bgp] **peer** 3.3.3.9 **connect-interface** loopback 1

[PE2-bgp] **ipv4-family vpnv4**

[PE2-bgp-af-vpnv4] **peer** 3.3.3.9 **enable**

[PE2-bgp-af-vpnv4] **quit**

[PE2-bgp] **quit**

#　ASBR-PE2 上的配置。

[ASBR-PE2] **bgp** 200

[ASBR-PE2-bgp] **peer** 4.4.4.9 **as-number** 200

[ASBR-PE2-bgp] **peer** 4.4.4.9 **connect-interface** loopback 1

[ASBR-PE2-bgp] **ipv4-family vpnv4**

[ASBR-PE2-bgp-af-vpnv4] **peer** 4.4.4.9 **enable**

[ASBR-PE2-bgp-af-vpnv4] **quit**

[ASBR-PE2-bgp] **quit**

（4）在 PE 设备上配置使能 IPv4 地址族的 VPN 实例（采用缺省的按 VPN 实例为私网路由分配标签），将 CE 接入 PE。在跨域 VPN-OptionC 中，ASBR 通常不配置 VPN 实例，不同 AS 的 PE 的 VPN 实例的 VPN-Target 属性值无需匹配。

#　PE1 上的配置。

[PE1] **ip vpn-instance** vpn1

[PE1-vpn-instance-vpn1] **ipv4-family**

[PE1-vpn-instance-vpn1-af-ipv4] **route-distinguisher** 100:1

[PE1-vpn-instance-vpn1-af-ipv4] **vpn-target** 1:1 **both**

[PE1-vpn-instance-vpn1-af-ipv4] **quit**

[PE1-vpn-instance-vpn1] **quit**

[PE1] interface gigabitethernet 2/0/0

[PE1-GigabitEthernet2/0/0] **ip binding vpn-instance** vpn1

[PE1-GigabitEthernet2/0/0] **ip address** 10.1.1.2 24

[PE1-GigabitEthernet2/0/0] **quit**

#　PE2 上的配置。

[PE2] **ip vpn-instance** vpn1

[PE2-vpn-instance-vpn1] **ipv4-family**

[PE2-vpn-instance-vpn1-af-ipv4] **route-distinguisher** 200:1

[PE2-vpn-instance-vpn1-af-ipv4] **vpn-target** 2:2 **both**

[PE2-vpn-instance-vpn1-af-ipv4] **quit**

[PE2-vpn-instance-vpn1] **quit**

[PE2] **interface** gigabitethernet 2/0/0

[PE2-GigabitEthernet2/0/0] **ip binding vpn-instance** vpn1

```
[PE2-GigabitEthernet2/0/0] ip address 10.2.1.2 24
[PE2-GigabitEthernet2/0/0] quit
```

（5）配置 PE 与 CE 间建立 EBGP 对等体关系，引入直连路由，交换 VPN 路由。

CE1 上的配置。要引入与 PE1 直连链路的直连路由。

```
<Huawei> system-view
[Huawei] sysname CE1
[CE1] interface gigabitethernet 1/0/0
[CE1-GigabitEthernet1/0/0] ip address 10.1.1.1 24
[CE1-GigabitEthernet1/0/0] quit
[CE1] bgp 65001
[CE1-bgp] peer 10.1.1.2 as-number 100
[CE1-bgp] import-route direct
[CE1-bgp] quit
```

PE1 上的配置。要引入与 CE1 直连链路的直连路由。

```
[PE1] bgp 100
[PE1-bgp] ipv4-family vpn-instance vpn1
[PE1-bgp-vpn1] peer 10.1.1.1 as-number 65001
[PE1-bgp-vpn1] import-route direct
[PE1-bgp-vpn1] quit
[PE1-bgp] quit
```

CE2 上的配置。要引入与 PE2 直连链路的直连路由。

```
<Huawei> system-view
[Huawei] sysname CE2
[CE2] interface gigabitethernet 1/0/0
[CE2-GigabitEthernet1/0/0] ip address 10.2.1.1 24
[CE2-GigabitEthernet1/0/0] quit
[CE2] bgp 65002
[CE2-bgp] peer 10.2.1.2 as-number 200
[CE2-bgp] import-route direct
[CE2-bgp] quit
```

PE2 上的配置。要引入与 CE2 直连链路的直连路由。

```
[PE2] bgp 200
[PE2-bgp] ipv4-family vpn-instance vpn1
[PE2-bgp-vpn1] peer 10.2.1.1 as-number 65002
[PE2-bgp-vpn1] import-route direct
[PE2-bgp-vpn1] quit
[PE2-bgp] quit
```

以上配置完成后，在 PE 设备上执行 **display bgp vpnv4 vpn-instance** *vpn-instancename*
peer 可以看到 PE 与 CE 之间的 BGP 对等体关系已建立，并达到 Established 状态。执行
display bgp vpnv4 all peer 命令，可以看到 PE 与 CE 之间、PE 与 ASBR-PE 之间的 BGP
对等体关系已建立，并达到 Established 状态。以下是在 PE1 上执行这两条命令的输出示
例（参见输出信息的粗体字部分）。

```
[PE1] display bgp vpnv4 vpn-instance vpn1 peer

BGP local router ID : 1.1.1.9
Local AS number : 100

VPN-Instance vpn1, Router ID 1.1.1.9:
Total number of peers : 1          Peers in established state : 1

  Peer            V      AS  MsgRcvd  MsgSent  OutQ  Up/Down   State   PrefRcv
```

```
    10.1.1.1          4          65001          965          967          0 16:00:58    Established        3
```

[PE1] **display bgp vpnv4 all peer**

BGP local router ID : 1.1.1.9
Local AS number : 100
Total number of peers : 2　　　　　　　　Peers in established state : 2

```
    Peer        V        AS    MsgRcvd   MsgSent   OutQ   Up/Down        State      PrefRcv

    2.2.2.9      4        100      979       974      0 16:08:16        Established        0
```

Peer of IPv4-family for vpn instance :

VPN-Instance vpn1, Router ID 1.1.1.9:
```
    10.1.1.1          4          65001          966          968          0 16:01:19    Established        3
```

（6）在不同 AS 间的 PE 间建立 MP-EBGP 对等体关系，在 PE、ASBR 上使能标签 IPv4 路由交换能力。

\#　在 PE1 上建立与 P2 的 MP-EBGP 对等体关系，使能与 ASBR-PE1 交换标签 IPv4 路由的能力。

[PE1] **bgp** 100
[PE1-bgp] **peer** 4.4.4.9 **as-number** 200
[PE1-bgp] **peer** 4.4.4.9 **connect-interface** LoopBack 1
[PE1-bgp] **peer** 4.4.4.9 **ebgp-max-hop** 10
[PE1-bgp] **peer** 2.2.2.9 **label-route-capability**　\#---使能与 ASBR-PE1 的标签 IPv4 路由交换能力
[PE1-bgp] **ipv4-family vpnv4**
[PE1-bgp-af-vpnv4] **peer** 4.4.4.9 **enable**　\#---使能与 P2 的 VPN 路由交换能力
[PE1-bgp-af-vpnv4] **quit**
[PE1-bgp] **quit**

\#　在 ASBR-PE1 与 ASBR-PE2 相连的接口上使能 MPLS。

[ASBR-PE1] **interface** gigabitethernet 2/0/0
[ASBR-PE1-GigabitEthernet2/0/0] **ip address** 192.1.1.1 24
[ASBR-PE1-GigabitEthernet2/0/0] **mpls**
[ASBR-PE1-GigabitEthernet2/0/0] **quit**

\#　在 PE2 上建立与 PE1 的 MP-EBGP 对等体关系，使能与 ASBR-PE2 交换标签 IPv4 路由的能力。

[PE2] **bgp** 200
[PE2-bgp] **peer** 3.3.3.9 **label-route-capability**
[PE2-bgp] **peer** 1.1.1.9 **as-number** 100
[PE2-bgp] **peer** 1.1.1.9 **connect-interface** LoopBack 1
[PE2-bgp] **peer** 1.1.1.9 **ebgp-max-hop** 10
[PE2-bgp] **ipv4-family vpnv4**
[PE2-bgp-af-vpnv4] **peer** 1.1.1.9 **enable**
[PE2-bgp-af-vpnv4] **quit**
[PE2-bgp] **quit**

\#　在 ASBR-PE2 与 ASBR-PE1 相连的接口上使能 MPLS。

[ASBR-PE2] **interface** gigabitethernet 2/0/0
[ASBR-PE2-GigabitEthernet2/0/0] **ip address** 192.1.1.2 24
[ASBR-PE2-GigabitEthernet2/0/0] **mpls**
[ASBR-PE2-GigabitEthernet2/0/0] **quit**

（7）在 ASBR-PE 上配置路由策略。

在 ASBR-PE1 上配置并应用当向 ASBR-PE2 发布 BGP IPv4 路由时，为 IPv4 路由分配 MPSL 标签的路由策略，并使能与 ASBR-PE2 交换标签 IPv4 路由的能力。

```
[ASBR-PE1] route-policy policy1 permit node 1
[ASBR-PE1-route-policy] apply mpls-label    #---为以上策略配置分配 MPLS 标签的动作
[ASBR-PE1-route-policy] quit
[ASBR-PE1] bgp 100
[ASBR-PE1-bgp] peer 192.1.1.2 as-number 200
[ASBR-PE1-bgp] peer 192.1.1.2 route-policy policy1 export   #---向对等体 192.1.1.2 发布路由时应用名为 policy1 的路
由策略，分配 MPLS 标签
[ASBR-PE1-bgp] peer 192.1.1.2 label-route-capability  #---使能 ASBR-PE1 与 ASBR-PE2 交换带标签的 IPv4 路由的能力
[ASBR-PE1-bgp] quit
```

在 ASBR-PE1 上创建并应用当向 PE1 发布 BGP IPv4 路由时，如果 IPv4 路由带有标签，则重新为该 IPv4 路由分配 MPLS 标签的路由策略，并使能与 PE1 交换标签 IPv4 路由的能力。

```
[ASBR-PE1] route-policy policy2 permit node 1
[ASBR-PE1-route-policy] if-match mpls-label
[ASBR-PE1-route-policy] apply mpls-label
[ASBR-PE1-route-policy] quit
[ASBR-PE1] bgp 100
[ASBR-PE1-bgp] peer 1.1.1.9 route-policy policy2 export
[ASBR-PE1-bgp] peer 1.1.1.9 label-route-capability
```

在 ASBR-PE2 上配置并应用当向 ASBR-PE1 发布 BGP IPv4 路由时，为 IPv4 路由分配 MPSL 标签的路由策略，并使能与 ASBR-PE1 交换标签 IPv4 路由的能力。

```
[ASBR-PE2] route-policy policy1 permit node 1
[ASBR-PE2-route-policy] apply mpls-label
[ASBR-PE2-route-policy] quit
[ASBR-PE2] bgp 200
[ASBR-PE2-bgp] peer 192.1.1.1 as-number 100
[ASBR-PE2-bgp] peer 192.1.1.1 route-policy policy1 export
[ASBR-PE2-bgp] peer 192.1.1.1 label-route-capability
[ASBR-PE2-bgp] quit
```

在 ASBR-PE2 上创建并应用当向 PE2 发布 BGP IPv4 路由时，如果 IPv4 路由带有标签，则重新为该 IPv4 路由分配 MPLS 标签的路由策略，并使能与 PE2 交换标签 IPv4 路由的能力。

```
[ASBR-PE2] route-policy policy2 permit node 1
[ASBR-PE2-route-policy] if-match mpls-label
[ASBR-PE2-route-policy] apply mpls-label
[ASBR-PE2-route-policy] quit
[ASBR-PE2] bgp 200
[ASBR-PE2-bgp] peer 4.4.4.9 route-policy policy2 export
[ASBR-PE2-bgp] peer 4.4.4.9 label-route-capability
```

在 ASBR-PE1 上将 PE1 的 Loopback 路由发布给 ASBR-PE2，进而发布给 PE2。

```
[ASBR-PE1] bgp 100
[ASBR-PE1-bgp] network 1.1.1.9 32
[ASBR-PE1-bgp] quit
```

在 ASBR-PE2 上将 PE2 的 Loopback 路由发布给 ASBR-PE1，进而发布给 PE1。

```
[ASBR-PE2] bgp 200
[ASBR-PE2-bgp] network 4.4.4.9 32
[ASBR-PE2-bgp] quit
```

3. 配置结果验证

上述配置完成后，在 CE 上执行 **display ip routing-table** 命令可以看到 CE 之间能学习到对方的接口路由，CE1 和 CE2 能够相互 ping 通。以下是在 CE1 上执行该命令及 Ping 测试操作的输出示例。

```
[CE1] display ip routing-table
Route Flags: R - relay, D - download to fib
-------------------------------------------------------------------------
Routing Tables: Public
          Destinations : 8        Routes : 8
Destination/Mask    Proto  Pre  Cost      Flags NextHop         Interface
       10.1.1.0/24  Direct 0    0           D   10.1.1.1        GigabitEthernet1/0/0
       10.1.1.1/32  Direct 0    0           D   127.0.0.1       GigabitEthernet1/0/0
     10.1.1.255/32  Direct 0    0           D   127.0.0.1       GigabitEthernet1/0/0
       10.2.1.0/24  EBGP   255  0           D   10.1.1.2        GigabitEthernet1/0/0
      127.0.0.0/8   Direct 0    0           D   127.0.0.1       InLoopBack0
      127.0.0.1/32  Direct 0    0           D   127.0.0.1       InLoopBack0
127.255.255.255/32  Direct 0    0           D   127.0.0.1       InLoopBack0
255.255.255.255/32  Direct 0    0           D   127.0.0.1       InLoopBack0


[CE1] ping 10.2.1.1
    PING 10.2.1.1: 56    data bytes, press CTRL_C to break
      Reply from 10.2.1.1: bytes=56 Sequence=1 ttl=251 time=119 ms
      Reply from 10.2.1.1: bytes=56 Sequence=2 ttl=251 time=141 ms
      Reply from 10.2.1.1: bytes=56 Sequence=3 ttl=251 time=136 ms
      Reply from 10.2.1.1: bytes=56 Sequence=4 ttl=251 time=113 ms
      Reply from 10.2.1.1: bytes=56 Sequence=5 ttl=251 time=78 ms
    --- 10.2.1.1 ping statistics ---
      5 packet(s) transmitted
      5 packet(s) received
      0.00% packet loss
      round-trip min/avg/max = 78/117/141 ms
```

在 ASBR-PE 上执行 **display bgp routing-table label** 命令，可以看到路由的标签信息。以下是在 ASBR-PE1 上执行该命令的输出示例。

```
[ASBR-PE1] display bgp routing-table label

BGP Local router ID is 2.2.2.9
Status codes: * - valid, > - best, d - damped,
              h - history,   i - internal, s - suppressed, S - Stale
              Origin : i - IGP, e - EGP, ? - incomplete


Total Number of Routes: 2


      Network         NextHop         In/Out Label
 *>   1.1.1.9         172.1.1.2       1098/NULL
 *>   4.4.4.9         192.1.1.2       1099/1067
```

3.4.11　OptionC 方案二跨域 VPN 配置示例

如图 3-16 所示，某公司总部和分部跨域不同的运营商，需实现跨域的 BGP/MPLS IP

VPN 业务的互通。CE1 连接公司总部，通过 AS100 的 PE1 接入。CE2 连接公司分部，通过 AS200 的 PE2 接入，CE1 和 CE2 同属于 vpn1。

1. 基本配置思路分析

本示例我们采用 OptionC 方案二的配置方法进行配置。在 OptionC 方案二中，PE 和 ASBR-PE 之间不用配置 IBGP 邻居关系，当 ASBR-PE 从对端的 ASBR-PE 学到对端 AS 域内的带标签 BGP 公网路由后，LDP 通过在 ASBR-PE 上将 BGP 路由引入骨干网 IGP 协议之中，为这些路由分配标签，并触发建立跨域的 LDP LSP。这样就能实现 OptionC 方式跨域的 BGP/MPLS IP VPN。

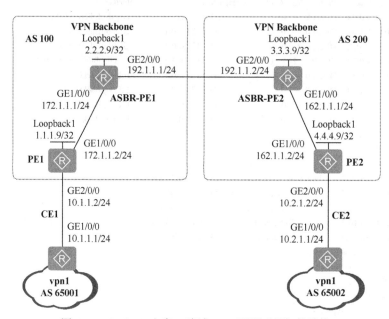

图 3-16   OptionC 方案二跨域 VPN 配置示例拓扑结构

本示例的基本配置思路由如下。

（1）在各 AS 内的 MPLS 骨干网上分别配置 IGP 协议，实现各骨干网 ASBR-PE 和 PE 之间的互通。

（2）在各 AS 内的 MPLS 骨干网上分别配置 MPLS 基本能力和 MPLS LDP，建立 LDP LSP。

（3）在各 AS 内与 CE 相连的 PE 上配置 VPN 实例，并把与 CE 相连的接口和相应的 VPN 实例绑定。

（4）在各 AS 内，PE 与 CE 之间建立 EBGP 对等体关系，交换 VPN 路由信息。本示例 PE 与 CE 间采用 EBGP 路由连接。

（5）将域内 PE 的路由发布给对端 PE。先配置 ASBR-PE 间的 MP-EBGP 对等体关系，然后在本端 ASBR-PE 上通过 BGP 将本域内 PE 的路由发布给对端 ASBR-PE，在远端 ASBR-PE 上将 BGP 路由引入到骨干网的 IGP 路由表中，则远端 PE 依靠 IGP 路由表学习到了本端 AS 域内 PE 的路由。

（6）在 ASBR-PE 上配置路由策略：对于向对端 ASBR-PE 发布的路由，分配 MPLS

标签，使能 ASBR-PE 之间的标签 IPv4 路由交换能力。

（7）在 ASBR-PE 上配置为带标签的公网 BGP 路由建立 LDP LSP。

（8）在不同 AS 间的 PE 间建立 MP-EBGP 对等体关系。因为不同 AS 间的 PE 通常不是直连的，为了在他们之间建立 EBGP 连接，需要配置 PE 之间允许的最大跳数。

2. 具体配置步骤

（1）在各 AS 内的 MPLS 骨干网上配置各接口 IP 地址和 IGP 协议，此处采用 OSPF 1 号路由进程，加入区域 0 中。

\# PE1 上的配置。

```
<Huawei> system-view
[Huawei] sysname PE1
[PE1] interface loopback 1
[PE1-LoopBack1] ip address 1.1.1.9 32
[PE1-LoopBack1] quit
[PE1] interface gigabitethernet 1/0/0
[PE1-GigabitEthernet1/0/0] ip address 172.1.1.2 24
[PE1-GigabitEthernet1/0/0] quit
[PE1] ospf
[PE1-ospf-1] area 0
[PE1-ospf-1-area-0.0.0.0] network 1.1.1.9 0.0.0.0
[PE1-ospf-1-area-0.0.0.0] network 172.1.1.0 0.0.0.255
[PE1-ospf-1-area-0.0.0.0] quit
[PE1-ospf-1] quit
```

\# ASBR-PE1 上的配置。因为 GE2/0/0 接口不需要绑定 VPN 实例，所以也可以先配置 IP 地址。

```
<Huawei> system-view
[Huawei] sysname ASBR-PE1
[ASBR-PE1] interface loopback 1
[ASBR-PE1-LoopBack1] ip address 2.2.2.9 32
[ASBR-PE1-LoopBack1] quit
[ASBR-PE1] interface gigabitethernet 1/0/0
[ASBR-PE1-GigabitEthernet1/0/0] ip address 172.1.1.2 24
[ASBR-PE1-GigabitEthernet1/0/0] quit
[ASBR-PE1] interface gigabitethernet 2/0/0
[ASBR-PE1-GigabitEthernet2/0/0] ip address 192.1.1.1 24
[ASBR-PE1-GigabitEthernet2/0/0] quit
[ASBR-PE1] ospf
[ASBR-PE1-ospf-1] area 0
[ASBR-PE1-ospf-1-area-0.0.0.0] network 2.2.2.9 0.0.0.0
[ASBR-PE1-ospf-1-area-0.0.0.0] network 172.1.1.0 0.0.0.255
[ASBR-PE1-ospf-1-area-0.0.0.0] quit
[ASBR-PE1-ospf-1] quit
```

\# PE2 上的配置。

```
<Huawei> system-view
[Huawei] sysname PE2
[PE2] interface loopback 1
[PE2-LoopBack1] ip address 4.4.4.9 32
[PE2-LoopBack1] quit
[PE] interface gigabitethernet 1/0/0
[PE2-GigabitEthernet1/0/0] ip address 162.1.1.2 24
[PE2-GigabitEthernet1/0/0] quit
```

```
[PE2] ospf
[PE2-ospf-1] area 0
[PE2-ospf-1-area-0.0.0.0] network 4.4.4.9 0.0.0.0
[PE2-ospf-1-area-0.0.0.0] network 162.1.1.0 0.0.0.255
[PE2-ospf-1-area-0.0.0.0] quit
[PE2-ospf-1] quit
```

\# ASBR-PE2 上的配置。同样因为 GE2/0/0 接口不需要绑定 VPN 实例，所以也可以先配置 IP 地址。

```
<Huawei> system-view
[Huawei] sysname ASBR-PE2
[ASBR-PE2] interface loopback 1
[ASBR-PE2-LoopBack1] ip address 3.3.3.9 32
[ASBR-PE2-LoopBack1] quit
[ASBR-PE2] interface gigabitethernet 1/0/0
[ASBR-PE2-GigabitEthernet1/0/0] ip address 162.1.1.1 24
[ASBR-PE2-GigabitEthernet1/0/0] quit
[ASBR-PE2] interface gigabitethernet 2/0/0
[ASBR-PE2-GigabitEthernet2/0/0] ip address 162.1.1.2 24
[ASBR-PE2-GigabitEthernet2/0/0] quit
[ASBR-PE2] ospf
[ASBR-PE2-ospf-1] area 0
[ASBR-PE2-ospf-1-area-0.0.0.0] network 3.3.3.9 0.0.0.0
[ASBR-PE2-ospf-1-area-0.0.0.0] network 162.1.1.0 0.0.0.255
[ASBR-PE2-ospf-1-area-0.0.0.0] quit
[ASBR-PE2-ospf-1] quit
```

以上配置完成后，同一 AS 的 ASBR-PE 与 PE 之间应能建立 OSPF 邻居关系，执行 **display ospf peer** 命令可以看到邻居状态为 Full。执行 **display ip routing-table** 命令可以看到同一 AS 的 ASBR-PE 和 PE 能学习到对方的 Loopback1 路由。

（2）在 AS100 和 AS200 的 MPLS 骨干网上分别配置 MPLS 基本能力和 MPLS LDP，建立 LDP LSP。

\# PE1 上的配置。

```
[PE1] mpls lsr-id 1.1.1.9
[PE1] mpls
[PE1-mpls] quit
[PE1] mpls ldp
[PE1-mpls-ldp] quit
[PE1] interface gigabitethernet 1/0/0
[PE1-GigabitEthernet1/0/0] mpls
[PE1-GigabitEthernet1/0/0] mpls ldp
[PE1-GigabitEthernet1/0/0] quit
```

\# ASBR-PE1 上的配置。

```
[ASBR-PE1] mpls lsr-id 2.2.2.9
[ASBR-PE1] mpls
[ASBR-PE1-mpls] quit
[ASBR-PE1] mpls ldp
[ASBR-PE1-mpls-ldp] quit
[ASBR-PE1] interface gigabitethernet 1/0/0
[ASBR-PE1-GigabitEthernet1/0/0] mpls
[ASBR-PE1-GigabitEthernet1/0/0] mpls ldp
[ASBR-PE1-GigabitEthernet1/0/0] quit
```

\# ASBR-PE2 上的配置。

```
[ASBR-PE2] mpls lsr-id 3.3.3.9
[ASBR-PE2] mpls
[ASBR-PE2-mpls] quit
[ASBR-PE2] mpls ldp
[ASBR-PE2-mpls-ldp] quit
[ASBR-PE2] interface gigabitethernet 1/0/0
[ASBR-PE2-GigabitEthernet1/0/0] mpls
[ASBR-PE2-GigabitEthernet1/0/0] mpls ldp
[ASBR-PE2-GigabitEthernet1/0/0] quit
```

\#　PE2 上的配置。

```
[PE2] mpls lsr-id 4.4.4.9
[PE2] mpls
[PE2-mpls] quit
[PE2] mpls ldp
[PE2-mpls-ldp] quit
[PE2] interface gigabitethernet 1/0/0
[PE2-GigabitEthernet1/0/0] mpls
[PE2-GigabitEthernet1/0/0] mpls ldp
[PE2-GigabitEthernet1/0/0] quit
```

以上配置完成后，同一 AS 的 PE 和 ASBR-PE 之间应该建立起 LDP 对等体，执行 **display mpls ldp session** 命令可以看到显示结果中 State 项为 "Operational"。以下是在 PE1 上执行该命令的输出示例（参见输出信息中的粗体字部分）。

```
[PE1] display mpls ldp session
 LDP Session(s) in Public Network
 Codes: LAM(Label Advertisement Mode), SsnAge Unit(DDDD:HH:MM)
 A '*' before a session means the session is being deleted.
 ------------------------------------------------------------------

 PeerID          Status      LAM  SsnRole  SsnAge        KASent/Rcv
 ------------------------------------------------------------------

 2.2.2.9:0       Operational DU   Active   0002:23:46    17225/17224
 ------------------------------------------------------------------

 TOTAL: 1 session(s) Found.
```

执行 **display mpls ldp lsp** 命令，可以看到 LDP LSP 的建立情况。以下是在 PE1 上执行该命令的输出示例。

```
[PE1] display mpls ldp lsp
 LDP LSP Information
 ------------------------------------------------------------------

 DestAddress/Mask   In/OutLabel   UpstreamPeer   NextHop      OutInterface
 ------------------------------------------------------------------

 1.1.1.9/32         3/NULL        2.2.2.9        127.0.0.1    InLoop0
 *1.1.1.9/32        Liberal/1024                 DS/2.2.2.9
 2.2.2.9/32         NULL/3        -              172.1.1.1    GE1/0/0
 2.2.2.9/32         1024/3        2.2.2.9        172.1.1.1    GE1/0/0
 ------------------------------------------------------------------

 TOTAL: 3 Normal LSP(s) Found.
 TOTAL: 1 Liberal LSP(s) Found.
 TOTAL: 0 Frr LSP(s) Found.
 A '*' before an LSP means the LSP is not established
 A '*' before a Label means the USCB or DSCB is stale
 A '*' before a UpstreamPeer means the session is stale
 A '*' before a DS means the session is stale
 A '*' before a NextHop means the LSP is FRR LSP
```

（3）在各 AS 内与 CE 相连的 PE 上需配置 VPN 实例，并把与 CE 相连的接口和相应的 VPN 实例绑定。

PE1 上的配置。

```
[PE1] ip vpn-instance vpn1
[PE1-vpn-instance-vpn1] ipv4-family
[PE1-vpn-instance-vpn1-af-ipv4] route-distinguisher 100:1
[PE1-vpn-instance-vpn1-af-ipv4] vpn-target 1:1 both
[PE1-vpn-instance-vpn1-af-ipv4] quit
[PE1-vpn-instance-vpn1] quit
[PE1] interface gigabitethernet 2/0/0
[PE1-GigabitEthernet2/0/0] ip binding vpn-instance vpn1
[PE1-GigabitEthernet2/0/0] ip address 10.1.1.2 24
[PE1-GigabitEthernet2/0/0] quit
```

配置 PE2。

```
[PE2] ip vpn-instance vpn1
[PE2-vpn-instance-vpn1] ipv4-family
[PE2-vpn-instance-vpn1-af-ipv4] route-distinguisher 200:1
[PE2-vpn-instance-vpn1-af-ipv4] vpn-target 1:1 both
[PE2-vpn-instance-vpn1-af-ipv4] quit
[PE2-vpn-instance-vpn1] quit
[PE2] interface gigabitethernet 2/0/0
[PE2-GigabitEthernet2/0/0] ip binding vpn-instance vpn1
[PE2-GigabitEthernet2/0/0] ip address 10.2.1.2 24
[PE2-GigabitEthernet2/0/0] quit
```

以上配置完成后，在 PE 设备上执行 **display ip vpn-instance verbose** 命令可以看到 VPN 实例的配置情况。以下是在 PE1 上执行该命令的输出示例。

```
[PE1] display ip vpn-instance verbose
 Total VPN-Instances configured : 1
 Total IPv4 VPN-Instances configured : 1
 Total IPv6 VPN-Instances configured : 0

 VPN-Instance Name and ID : vpn1, 1
  Interfaces : GigabitEthernet2/0/0
 Address family ipv4
  Create date : 2008/02/27 09:53:47
  Up time : 0 days, 00 hours, 35 minutes and 43 seconds
  Route Distinguisher : 100:1
  Export VPN Targets :   1:1
  Import VPN Targets :   1:1
  Label Policy : label per route
  Log Interval : 5
```

（4）在 PE 与 CE 之间建立 EBGP 对等体关系，引入直连路由，交换路由信息。

PE1 上的配置。

```
[PE1] bgp 100
[PE1-bgp] ipv4-family vpn-instance vpn1
[PE1-bgp-vpn1] peer 10.1.1.1 as-number 65001
[PE1-bgp-vpn1] import-route direct
[PE1-bgp-vpn1] quit
[PE1-bgp] quit
```

PE2 上的配置。

```
[PE2] bgp 200
```

```
[PE2-bgp] ipv4-family vpn-instance vpn1
[PE2-bgp-vpn1] peer 10.2.1.1 as-number 65002
[PE2-bgp-vpn1] import-route direct
[PE2-bgp-vpn1] quit
[PE2-bgp] quit
```

CE1 上配置。

```
<Huawei> system-view
[Huawei] sysname CE1
[CE1] interface gigabitethernet 1/0/0
[CE1-GigabitEthernet1/0/0] ip address 10.1.1.1 24
[CE1-GigabitEthernet1/0/0] quit
[CE1] bgp 65001
[CE1-bgp] peer 10.1.1.2 as-number 100
[CE1-bgp] import-route direct
[CE1-bgp] quit
```

CE2 上的配置。

```
<Huawei> system-view
[Huawei] sysname CE2
[CE2] interface gigabitethernet 1/0/0
[CE2-GigabitEthernet1/0/0] ip address 10.2.1.1 24
[CE2-GigabitEthernet1/0/0] quit
[CE2] bgp 65002
[CE2-bgp] peer 10.2.1.2 as-number 200
[CE2-bgp] import-route direct
[CE2-bgp] quit
```

以上配置完成后，在 PE 设备上执行 **display bgp vpnv4 vpn-instance peer** 命令，可以看到 PE 与 CE 之间的 BGP 对等体关系已建立，并达到 Established 状态。以下是在 PE1 上执行该命令的输出示例，从可以看出 PE1 与 CE1 已成功建立 EBGP 对等体关系（状态为 Established）。

```
[PE1] display bgp vpnv4 vpn-instance vpn1 peer

 BGP local router ID : 1.1.1.9
 Local AS number : 100


 VPN-Instance vpn1, router ID 1.1.1.9:
  Total number of peers : 1          Peers in established state : 1

  Peer            V    AS  MsgRcvd  MsgSent  OutQ  Up/Down      State PrefRcv
  10.1.1.1        4 65001       3        3     0 00:00:52 Established        1
```

（5）建立 ASBR-PE 间的 MP-EBGP 对等体关系，将域内 PE 的 Loopback 接口路由发送给对端 PE。

在 ASBR-PE 间建立 EBGP 对等体。

```
[ASBR-PE1] bgp 100
[ASBR-PE1-bgp] peer 192.1.1.2 as-number 200
[ASBR-PE1-bgp] quit
[ASBR-PE2] bgp 200
[ASBR-PE2-bgp] peer 192.1.1.1 as-number 100
[ASBR-PE2-bgp] quit
```

以上配置完成后，在 ASBR-PE 上执行 **display bgp peer** 命令可以看到邻居状态为"**Established**"。以下是在 ASBR-PE1 上执行该命令的输出示例（参见输出信息中的粗体字部分）。

```
[ASBR-PE1] display bgp peer

BGP local router ID : 2.2.2.9
Local AS number : 100
Total number of peers : 1          Peers in established state : 1


Peer       V AS     MsgRcvd MsgSent OutQ Up/Down      State       PrefRcv

192.1.1.2  4 200      129      134    0 01:39:21 Established               1
```

    # 在 ASBR-PE1 上将 PE1 的 Loopback 路由发布给 ASBR-PE2。

```
[ASBR-PE1] bgp 100
[ASBR-PE1-bgp] network 1.1.1.9 32
[ASBR-PE1-bgp] quit
```

    # 在 ASBR-PE2 上将 PE2 的 Loopback 路由发布给 ASBR-PE1。

```
[ASBR-PE2] bgp 200
[ASBR-PE2-bgp] network 4.4.4.9 32
[ASBR-PE2-bgp] quit
```

    # 在 ASBR-PE1 上将 BGP 路由引入到骨干网 OSPF 进程中，通过 OSPF 将 PE2 的路由发布给 PE1。

```
[ASBR-PE1] ospf 1
[ASBR-PE1-ospf-1] import-route bgp
```

    # 在 ASBR-PE2 上将 BGP 路由引入到骨干网 OSPF 进程中，通过 OSPF 将 PE1 的路由发布给 PE2。

```
[ASBR-PE2] ospf 1
[ASBR-PE2-ospf-1] import-route bgp
```

以上配置完成后，在 PE 上执行 **display ip routing-table** 命令查看路由表，可以看到所引入的远端 PE 上的 Loopback 接口路由。以下是在 PE1 上执行该命令的输出示例（参见输出信息中的粗体字部分）。

```
[PE1] display ip routing-table
Route Flags: R - relay, D - download to fib
------------------------------------------------------------------------
Routing Tables: Public
         Destinations : 10        Routes : 10


Destination/Mask    Proto  Pre  Cost    Flags NextHop       Interface

      1.1.1.9/32    Direct 0    0          D   127.0.0.1     LoopBack1
      2.2.2.9/32    OSPF   10   1          D   172.1.1.1     GigabitEthernet1/0/0
      4.4.4.9/32    O_ASE  150  1          D   172.1.1.1     GigabitEthernet1/0/0
    127.0.0.0/8     Direct 0    0          D   127.0.0.1     InLoopBack0
    127.0.0.1/32    Direct 0    0          D   127.0.0.1     InLoopBack0
127.255.255.255/32  Direct 0    0          D   127.0.0.1     InLoopBack0
    172.1.1.0/24    Direct 0    0          D   172.1.1.2     GigabitEthernet1/0/0
    172.1.1.2/32    Direct 0    0          D   127.0.0.1     GigabitEthernet1/0/0
  172.1.1.255/32    Direct 0    0          D   127.0.0.1     GigabitEthernet1/0/0
255.255.255.255/32  Direct 0    0          D   127.0.0.1     InLoopBack0
```

    （6）在 ASBR-PE 上配置路由策略：对于向对端 ASBR-PE 发布的路由，分配 MPLS 标签，使能标签 IPv4 路由交换能力。

    # 在 ASBR-PE1 与 ASBR-PE2 相连的接口上使能 MPLS。

```
[ASBR-PE1] interface gigabitethernet 2/0/0
[ASBR-PE1-GigabitEthernet2/0/0] ip address 192.1.1.1 24
[ASBR-PE1-GigabitEthernet2/0/0] mpls
[ASBR-PE1-GigabitEthernet2/0/0] quit
```

\#　在 ASBR-PE2 与 ASBR-PE1 相连的接口上使能 MPLS。

```
[ASBR-PE2] interface gigabitethernet 2/0/0
[ASBR-PE2-GigabitEthernet2/0/0] ip address 192.1.1.2 24
[ASBR-PE2-GigabitEthernet2/0/0] mpls
[ASBR-PE2-GigabitEthernet2/0/0] quit
```

\#　在 ASBR-PE1 上创建路由策略，为发布的 BGP IPv4 路由分配 MPLS 标签。

```
[ASBR-PE1] route-policy policy1 permit node 1
[ASBR-PE1-route-policy] apply mpls-label
[ASBR-PE1-route-policy] quit
```

\#　在 ASBR-PE1 上对向 ASBR-PE2 发布的 IPv4 路由应用以上路由策略，并使能与 ASBR-PE2 交换标签 IPv4 路由的能力。

```
[ASBR-PE1] bgp 100
[ASBR-PE1-bgp] peer 192.1.1.2 route-policy policy1 export   #---应用前面创建的向对端 ASBR 发布 IPv4 路由时分配
MPLS 标签的路由策略
[ASBR-PE1-bgp] peer 192.1.1.2 label-route-capability   #---使能标签 IPv4 路由交换能力
[ASBR-PE1-bgp] quit
```

\#　在 ASBR-PE2 上创建路由策略，为发布的 BGP IPv4 路由分配 MPLS 标签。

```
[ASBR-PE2] route-policy policy1 permit node 1
[ASBR-PE2-route-policy] apply mpls-label
[ASBR-PE2-route-policy] quit
```

\#　在 ASBR-PE2 上对向 ASBR-PE1 发布的 IPv4 路由应用以上路由策略，并使能与 ASBR-PE1 交换标签 IPv4 路由的能力。

```
[ASBR-PE2] bgp 200
[ASBR-PE2-bgp] peer 192.1.1.1 route-policy policy1 export
[ASBR-PE2-bgp] peer 192.1.1.1 label-route-capability
[ASBR-PE2-bgp] quit
```

（7）在 ASBR-PE 上配置为带标签的公网 BGP 路由建立 LDP LSP。

\#　ASBR-PE1 上的配置。

```
[ASBR-PE1] mpls
[ASBR-PE1-mpls] lsp-trigger bgp-label-route
[ASBR-PE1-mpls] quit
```

\#　ASBR-PE2 上的配置。

```
[ASBR-PE2] mpls
[ASBR-PE2-mpls] lsp-trigger bgp-label-route
[ASBR-PE2-mpls] quit
```

（8）在 PE1 与 PE2 之间建立 MP-EBGP 对等体关系。

\#　PE1 上的配置。

```
[PE1] bgp 100
[PE1-bgp] peer 4.4.4.9 as-number 200
[PE1-bgp] peer 4.4.4.9 connect-interface LoopBack 1
[PE1-bgp] peer 4.4.4.9 ebgp-max-hop 10
[PE1-bgp] ipv4-family vpnv4
[PE1-bgp-af-vpnv4] peer 4.4.4.9 enable
[PE1-bgp-af-vpnv4] quit
[PE1-bgp] quit
```

\#　PE2 上的配置。

```
[PE2] bgp 200
[PE2-bgp] peer 1.1.1.9 as-number 100
[PE2-bgp] peer 1.1.1.9 connect-interface LoopBack 1
[PE2-bgp] peer 1.1.1.9 ebgp-max-hop 10
[PE2-bgp] ipv4-family vpnv4
[PE2-bgp-af-vpnv4] peer 1.1.1.9 enable
[PE2-bgp-af-vpnv4] quit
[PE2-bgp] quit
```

3. 配置结果验证

上述配置完成后，通过执行 **display ip routing-table** 命令可查看 CE 间路由的学习情况，可以在 CE 间执行 ping 测试他们是否可以相互 ping 通。以下是在 CE1 上执行该命令的输出示例，示例显示是可以 ping 通的，证明配置是成功的。

```
[CE1] display ip routing-table
Route Flags: R - relay, D - download to fib
------------------------------------------------------------------------
Routing Tables: Public
        Destinations : 8          Routes : 8
Destination/Mask    Proto   Pre  Cost      Flags NextHop        Interface
      10.1.1.0/24   Direct  0    0          D    10.1.1.1       GigabitEthernet1/0/0
      10.1.1.1/32   Direct  0    0          D    127.0.0.1      GigabitEthernet1/0/0
    10.1.1.255/32   Direct  0    0          D    127.0.0.1      GigabitEthernet1/0/0
      10.2.1.0/24   EBGP    255  0          D    10.1.1.2       GigabitEthernet1/0/0
     127.0.0.0/8    Direct  0    0          D    127.0.0.1      InLoopBack0
     127.0.0.1/32   Direct  0    0          D    127.0.0.1      InLoopBack0
127.255.255.255/32  Direct  0    0          D    127.0.0.1      InLoopBack0
255.255.255.255/32  Direct  0    0          D    127.0.0.1      InLoopBack0
```

以上配置完成后，在 ASBR-PE1 上执行 **display ip routing-table** *dest-ip-address* **verbose** 命令，可以看到 ASBR-PE1 到 PE2 的路由为带标签的公网 BGP 路由：Routing Table 为 "Public"，协议类型为 "BGP"，标签值不为零。以下是在 ASBR-PE1 上执行该命令的输出示例（参见输出信息中的粗体字部分）。

```
[ASBR-PE1] display ip routing-table 4.4.4.9 verbose
Route Flags: R - relay, D - download to fib
------------------------------------------------------------------------
Routing Table : Public
Summary Count : 1

  Destination  : 4.4.4.9/32
     Protocol  : BGP            Process ID   : 0
    Preference : 255            Cost    : 1
      NextHop  : 192.1.1.2      Neighbour    : 192.1.1.2
      State : Active Adv        Age    : 00h12m53s
        Tag   : 0               Priority     : 0
        Label  : 15360          QoSInfo      : 0x0
   IndirectID : 0x0
  RelayNextHop : 192.1.1.2      Interface    : GigabitEthernet2/0/0
     TunnelID  : 0x6002006      Flags    : D
```

在 ASBR-PE1 和 PE2 上分别执行 **display mpls lsp protocol ldp include** *dest-ip-address* **verbose** 命令，可以看到在 ASBR-PE1 到 PE2 之间建立了一条 LDP LSP，并且在 PE 上可以看到到达对端 PE 的 LDP Ingress LSP。

```
[ASBR-PE1] display mpls lsp protocol ldp include 4.4.4.9 32 verbose
```

```
-----------------------------------------------------------------
                  LSP Information: LDP LSP
-----------------------------------------------------------------
    No               :  1
    VrfIndex         :
    Fec              :  4.4.4.9/32
    Nexthop          :  192.1.1.2
    In-Label         :  1024
    Out-Label        :  NULL
    In-Interface     :  ----------
    Out-Interface    :  ----------
    LspIndex         :  13313
    Token            :  0x0
    FrrToken         :  0x0
    LsrType          :  Egress
    Outgoing token   :  0x6002006
    Label Operation  :  SWAPPUSH
    Mpls-Mtu         :  ------
    TimeStamp        :  15829sec
    Bfd-State        :  ---
    BGPKey           :  0x24
```

第4章
BGP/MPLS IP VPN 扩展功能配置与管理

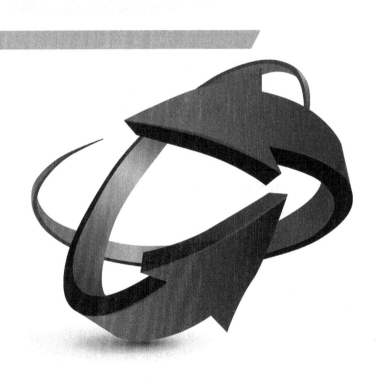

　　本章继续介绍 BGP/MPLS IP VPN 应用场景的一些扩展功能技术原理及配置与管理方法。这些 BGP/MPLS IP VPN 扩展功能主要包括 MCE（Multi-VPN-Instance CE，多实例 CE）、HoVPN（Hierarchy of VPN，分层 VPN）和隧道策略。其中隧道策略不仅应用于 BGP/MPLS IP VPN 场景，还可应用于各种 L2VPN 方案中，具体将在本书后介绍对应 MPLS L2VPN 方案时体现。

　　具备 MCE 功能的设备可以连接多个 Site，然后把所接入的多个 Site 集中连接在一个 PE 上，这样用户无需为每个 VPN 实例都配备一个 CE，减少用户网络设备的投入。HoVPN 是将 PE 功能分布到多个 PE 设备上，由多个 PE 承担不同的角色，并形成层次结构，共同完成一个 PE 的功能，以减轻单个 PE 设备的压力。而隧道策略可以实现选择使用非 LSP 类型的 MPLS 隧道（如 TE、DS-TE 类型隧道），或者使用多条 MPLS 隧道进行负载分担。

4.1　MCE 配置与管理

　　MCE（Multi-VPN-Instance CE，多实例 CE）是一种可承担多个 VPN 实例的路由器角色。具备 MCE 功能的设备可以连接多个 Site，然后把所接入的多个 Site 集中连接在一个 PE 上，这样用户无需为每个 VPN 实例都配备一个 CE，从而减少用户网络设备的投入。

4.1.1　MCE 的产生背景

　　传统的 BGP/MPLS IP VPN 架构要求每个 VPN 实例单独使用一个 CE 与 PE 相连。但随着用户业务的不断细化和安全需求的提高，很多情况下一个用户网络内的用户需要建立多个 VPN，且不同 VPN 用户间的业务需要完全隔离。此时，为每个 VPN 单独配置一台 CE 将增加用户的设备开支和维护成本；而多个 VPN 共用一台 CE，使用同一个路由转发表（在 CE 上无需配置 VPN 实例的，所有路由均在同一个 IP 路由表中），又无法保证数据的安全性。使用 MCE 技术后，就可以有效解决前面所提到的多 VPN 网络带来的数据安全与网络成本之间的矛盾。

　　图 4-1 是在没有采用 MCE 前，用户网络中每个 VPN 实例分别通过一台独立的 CE 与 PE 连接，而图 4-2 是在采用 MCE 后，各用户 VPN 无需配备独立的 CE，只需部署一台 MCE 设备即可实现多 VPN 的集中连接。

　　MCE 与普通 CE 最多的区别就是，MCE 上是需要配置 VPN 实例的，可以做到不同 VPN 的 VRF 相互隔离，而 CE 是不能创建 VPN 实例的，无法做到不同 VPN 的路由表隔离。

　　MCE 是将 PE 的部分功能扩展到 CE 设备，通过将不同的接口与 VPN 实例进行绑定，并为每个 VPN 实例创建和维护独立的路由转发表（VRF）。这样不但能够隔离私网内不同 VPN 的报文转发路径，而且通过与 PE 间的配合，也能够将每个 VPN 的路由正确发布至对端 PE，保证 VPN 报文在公网内的传输。

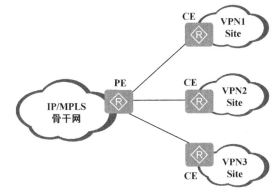

图 4-1　部署 MCE 前的组网结构

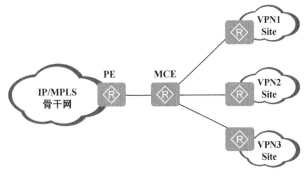

图 4-2　部署 MCE 后的组网结构

4.1.2　MCE 实现原理

MCE 的实现原理其实很简单，就是在 MCE 设备上为不同的 VPN 创建各自的路由转发表，并绑定到对应的接口。在接收路由信息时，MCE 设备根据接收报文的接口（也是定对应 VPN 实例的接口），即可判断该路由信息的来源，然后可将其添加到对应 VPN 的路由转发表中。

同时，在 PE 上也需要将连接 MCE 的接口（通常是为每个 VPN 划分一个子接口）与 VPN 进行绑定，绑定的方式与 MCE 设备一致。PE 根据接收报文的子接口判断报文所属的 VPN，将报文在指定的隧道内传输。

MCE 的路由信息交换包括以下两个方面。

（1）MCE 与 Site 间的路由交换

MCE 与 Site 间的的路由交换配置与基本 BGP/MLPS IP VPN 中的 PE 与 CE 间的路由交换配置一样，也可以是静态路由，以及 RIP、OSPF、IS-IS 或 BGP 等动态路由。

（2）MCE 与 PE 间的路由交换

由于在 MCE 设备上已经将路由信息与 VPN 实例进行了绑定，而且在 MCE—PE 之间，也通过子接口对 VPN 实例的报文进行了区分。因此，MCE 与 PE 之间只需要进行简单的路由配置，并将 MCE 的 VPN 路由表项引入到 MCE-PE 间的路由协议中，即可以实现私网 VPN 路由信息的传播。

MCE 与 PE 之间可以使用静态路由、RIP、OSPF、IS-IS 或 BGP 交换路由信息。

4.1.3 配置 MCE 与 Site 间的路由

通过配置 MCE，可以使一台 CE 同时连接多个 VPN，既可实现不同 VPN 用户间的业务完全隔离，又降低了网络设备的投入成本。

MCE 的配置与第 2 章介绍的基本 BGP/MPLS IP VPN 配置基本一样，在 MCE 中主要多了 MCE 与 Site，以及 MCE 和 PE 间的路由配置。本节先介绍 MCE 与 Site 之间的路由配置。在配置 MCE 之前，需完成以下任务。

■ 在 MCE 及其接入的 PE 上配置 VPN 实例（每个业务配置一个 VPN 实例）。

■ 配置局域网相关接口的链路层协议和网络层协议，将局域网接入到 MCE 上。每个业务使用一个接口接入 MCE。

■ 在 MCE 的每个接口及 PE 接入 MCE 的子接口上都绑定相应的 VPN 实例，并配置 IP 地址。

MCE 与 Site 之间的路由协议可以是：静态路由、RIP、OSPF、IS-IS 或 BGP。根据实际情况选择其一，在 Site 设备上只需要正常配置路由协议即可，无须特殊配置。

1. 配置 MCE 和 Site 间使用静态路由

如果 MCE 与 Site 间使用静态路由连接，则在 MCE 上通过 **ip route-static vpn-instance** *vpn-source-name destination-address* { *mask* | *mask-length* } {*nexthop-address* [**public**] | *interface-type interface-number* [*nexthop-address*] } [**preference** *preference* | **tag** *tag*] * 命令为每个 VPN 实例配置一条**去往 Site** 的静态路由。Site 端进行普通的静态路由配置即可。

2. 配置 MCE 和 Site 间使用 RIP

如果 MCE 与 Site 间决定采用 RIP 动态路由协议，则在 MCE 上要按表 4-1 所示步骤为每个 VPN 实例进行配置，而在 Site 上进行普通的 RIP 路由配置即可。

表 4-1　　　　　　　　　　　MCE 上的 RIP 路由的配置步骤

步骤	命令	说明
1	**system-view** 例如：\<Huawei\> **system-view**	进入系统视图
2	**rip** *process-id* **vpn-instance** *vpn-instance-name* 例如：[Huawei] **rip** 100 **vpn-instance** vpna	创建 MCE 与 Site 间的 RIP 实例，并进入 RIP 视图。命令中的参数说明如下。 ● *process-id*：指定 RIP 进程号，整数形式，取值范围是 1～65535。缺省值是 1。 ● *vpn-instance-name*：指定 VPN 实例名，字符串形式，区分大小写，不支持空格，长度范围是 1～31。当输入的字符串两端使用双引号时，可在字符串中输入空格。必须与 MCE 上创建的 VPN 实例名对应。 【注意】一个 RIP 进程只能属于一个 VPN 实例，不同 VPN 实例所使用的 RIP 进程号必须不同。如果在启动 RIP 进程时不绑定到 VPN 实例，则该进程属于公网进程。属于公网的 RIP 进程不能再绑定到 VPN 实例。 缺省情况下，不使能 RIP 进程，可用 **undo rip** *process-id* 命令命令去使能指定的 RIP 进程

（续表）

步骤	命令	说明
3	**network** *network-address* 例如：[Huawei-rip-100] **network** 10.0.0.0	在 VPN 实例绑定的接口所在网段运行 RIP。参数 *network-address* 用来指定使能 RIP 的网络地址，即绑定对应的 VPN 实例的接口 IP 地址对应的自然网段地址。 缺省情况下，对指定网段没有使能 RIP 路由，可用 **undo network** *network-address* 命令对指定网段接口去使能 RIP 路由
4	**import-route** { { **static** | **direct** | **unr** } | { **rip** | **ospf** | **isis** } [*process-id*] } [**cost** *cost* | **route-policy***route-policy-name*]* 例如：[Huawei-rip-100] **import-route isis** 7 **cost** 7 或 **import-route bgp** [**cost** { *cost* | **transparent** } | **route-policy** *route-policy-name*]* 例如：[Huawei-rip-100] **import-route bgp cost** 7	（可选）引入由 PE 发布的远端 Site 的路由。在本 VPN 中，如果 MCE 和 PE 之间使用的是其他路由协议或其他进程 RIP 路由，则都需要执行本步骤，否则本端 Site 无法学习到远端 Site 的私网路由。 上面这条命令用来引入由 PE 发布的远端 Site 的静态路由 Static、直连路由 direct、用户网络路由 unr、其他进程 RIP 路由、OSPF 路由和 IS-IS 路由到本地 RIP 进程中，下一条命令用来引入由 PE 发布的远端 Site 的 BGP 路由到本 RIP 路由进程中。两条命令的其他参数说明如下： ● *process-id*：可选参数，指定要引入的 RIP、OSPF 或 IS-IS 路由的进程号，整数形式，取值范围是 1～65535，缺省为 1。 ● **cost** *cost*：可多选参数，指定引入为 RIP 路由后的开销值，整数形式，取值范围是 0～15。 ● **transparent**：二选一选项，引入路由的开销值为 BGP 路由的 MED 值，只在引入 BGP 路由时有效。 ● **route-policy***route-policy-name*：可多选参数，指定引入路由时指定路由策略名称，用来根据路由策略为引入的 RIP 路由分配开销。 缺省情况下，不从其他路由协议引入路由，可用 **undo import-route** { { **static** | **direct** | **bgp** | **unr** } | { { **rip** | **ospf** | **isis** } [*process-id*] } } 命令取消从其他路由协议引入路由

3. 配置 MCE 和 Site 间使用 OSPF

如果 MCE 与 Site 间决定采用 OSPF 动态路由协议，则在 MCE 上要按表 4-2 所示步骤为每个 VPN 实例进行配置，而在 Site 上进行普通的 OSPF 路由配置即可。

表 4-2　　　　　　　　　　　　**MCE 上的 OSPF 路由的配置步骤**

步骤	命令	说明
1	**system-view** 例如：<Huawei> **system-view**	进入系统视图
2	**ospf** [*process-id* | **router-id** *router-id*]* **vpn-instance** *vpn-instance-name* 例如：[Huawei] **ospf** 100 **router-id** 10.10.10.1 **vpn-instance** vpna	创建 MCE 与 Site 间的 OSPF 实例，并进入 OSPF 视图 命令中的参数说明如下。 ● *process-id*：可多选参数，指定创建的 OSPF 路由进程号，整数形式，取值范围是 1～65535。缺省值是 1。 ● **router-id** *router-id*：可多选参数，指定路由器的 Router ID，点分十进制格式。如果没有通过命令指定 Router ID，系统会从当前接口的 IP 地址中自动选取一个作为设备的 Router ID。其选择顺序是：优先从 Loopback 地址中选择最大的 IP 地址作为设备的 Router ID，如果没有配置 Loopback 接口，则在接口地址中选取最大的 IP 地址作为设备的 Router ID。

（续表）

步骤	命令	说明
2	**ospf** [*process-id* | **router-id** *router-id*] * **vpn-instance** *vpn-instance-name* 例如：[Huawei] **ospf** 100 **router-id** 10.10.10.1 **vpn-instance** vpna	• **vpn-instance** *vpn-instance-name*：指定 VPN 实例名，字符串形式，区分大小写，不支持空格，长度范围是 1～31。当输入的字符串两端使用双引号时，可在字符串中输入空格。必须与 MCE 上创建的 VPN 实例名对应。 【注意】一个 OSPF 进程只能属于一个 VPN 实例，不同 VPN 实例所使用的 OSPF 进程号必须不同。如果在启动 OSPF 进程时不绑定到 VPN 实例，则该进程属于公网进程。属于公网的 OSPF 进程不能再绑定到 VPN 实例。 缺省情况下，系统不运行 OSPF 协议，即不运行 OSPF 进程，可用 **undo ospf** *process-id* 命令关闭 OSPF 进程
3	**import-route** { **bgp** [**permit-ibgp**] | **direct** | **unr** | **rip** [*process-id-rip*] | **static** | **isis** [*process-id-isis*] | **ospf** [*process-id-ospf*] } [**cost** *cost* | **type** *type* | **tag** *tag* | **route-policy** *route-policy-name*] * 例如：[Huawei-ospf-100] **import-route rip** 40 **type** 2 **tag** 33 **cost** 50	（可选）引入由 PE 发布的远端 Site 的静态路由 Static、直连路由 direct、用户网络路由 unr、RIP、其他进程 OSPF、IS-IS 或 BGP 路由到本地 OSPF 进程中。在本 VPN 中，如果 MCE 和 PE 之间使用的是其他路由协议或其他进程 OSPF 路由，则都需要执行本步骤，否则本端 Site 无法学习到远端 Site 的私网路由。命令中的其他参数说明如下。 • *process-id-rip*：可选参数，当引入的是 RIP、OSPF 或 IS-IS 路由，可指定所引入的这些路由对应的进程号，整数形式，取值范围是 1～65535。缺省值是 1。 • **cost** *cost*：可多选参数，指定引入后的 OSPF 路由的开销，整数形式，取值范围是 0～16777214。缺省值是 1。 • **type** *type*：可多选参数：指定引入后的 OSPF 路由的外部路由的类型，整数形式，取值为 1（第一类外部路由）或 2（第二类外部路由）。缺省值是 2。 • **tag** *tag*：可多选参数，指定引入后的 OSPF 路由的路由标记，整数形式，取值范围是 0～4294967295。缺省值是 1。 • **route-policy** *route-policy-name*：可多选参数，指定用于过滤被引入路由的路由策略名，使仅符合条件路由才能被引入到本地 OSPF 路由进程中。 缺省情况下，不引入其他协议的路由信息，可用 **undo import-route** { **limit** | **bgp** | **direct** | **unr** | **rip** [*process-id-rip*] | **static** | **isis** [*process-id-isis*] | **ospf** [*process-id-ospf*] } 命令删除引入的外部路由信息
4	**area** *area-id* 例如：[Huawei-ospf-100] **area** 0	创建 OSPF 区域，进入 OSPF 区域视图。参数 *area-id* 用来指定区域 ID。其中区域号 area-id 是 0 的称为骨干区域，可以是十进制整数或点分十进制格式。采取整数形式时，取值范围是 0～4294967295。单区域的 OSPF 网络，区域 ID 任意。 缺省情况下，系统未创建 OSPF 区域，可用 **undo area** *area-id* 命令删除指定区域，删除一个区域后，其下面的所有配置都将同时删除
5	**network** *ip-address wildcard-mask* 例如：[Huawei-ospf-100-area-0.0.0.0] **network** 10.1.1.0 0.0.0.255	在 VPN 实例绑定的接口所在网段运行 OSPF。命令中的参数说明如下。 • *ip-address*：接口所在的网络地址。 • *wildcard-mask*：指定通配符掩码，不完全等于反掩码，具体说明参见《华为路由器学习指南》。

（续表）

步骤	命令	说明
5	**network** *ip-address wildcard-mask* 例如：[Huawei-ospf-100-area-0.0.0.0] **network** 10.1.1.0 0.0.0.255	凡是 IP 地址在以上两参数指定的范围的接口都将加入以上所创建的 OSPF 区域。 缺省情况下，此接口不属于任何区域，可用 **undo network** *network-address wildcard-mask* 命令删除运行 OSPF 协议的接口

4. 配置 MCE 和 Site 间使用 IS-IS

如果 MCE 与 Site 间决定采用 IS-IS 动态路由协议，则在 MCE 上要按表 4-3 所示步骤为每个 VPN 实例进行配置，而在 Site 上进行普通的 IS-IS 路由配置即可。

表 4-3　　　　　　　　　　　　　　　　**MCE 上的 IS-IS 路由的配置步骤**

步骤	命令	说明
1	**system-view** 例如：<Huawei> **system-view**	进入系统视图
2	**isis** *process-id* **vpn-instance** *vpn-instance-name* 例如：[Huawei] **isis** 1 **vpn-instance** vrf1	创建 MCE 与 Site 间的 IS-IS 实例，并进入 IS-IS 视图。参数 *process-id* 用来指定所创建的 IS-IS 进程号，整数形式，取值范围是 1～65535。缺省值是 1。 一个 IS-IS 进程只能属于一个 VPN 实例。如果在启动 IS-IS 进程时不绑定到 VPN 实例，则该进程属于公网进程。属于公网的 IS-IS 进程不能再绑定到 VPN 实例。 缺省情况下，未使能 IS-IS 协议，可用 **undo isis** *process-id* 命令去使能指定进程的 IS-IS 协议
3	**network-entity** *net* 例如：[Huawei-isis-1] **network-entity** 10.0001.1010.1020.1030.00	设置网络实体名称，格式为 X...X.XXXX.XXXX.XXXX.00，前面的 "X...X" 是区域地址，中间的 12 个 "X" 是路由器的 System ID，最后的 "00" 是 SEL。 缺省情况下，IS-IS 进程没有配置 NET，可用 **undo network-entity** *net* 命令删除 IS-IS 进程中指定的 NET
4	**import-route** { **direct** | **static** | **unr** | { **ospf** | **rip** | **isis** } [*process-id*] | **bgp** } [**cost-type** { **external** | **internal** } | **cost** *cost* | **tag** *tag* | **route-policy** *route-policy-name* | [**level-1** | **level-2** | **level-1-2**]] * 或 **import-route** { { **ospf** | **rip** | **isis** } [*process-id*] | **bgp** | **direct** | **unr** } **inherit-cost** [{ **level-1** | **level-2** | **level-1-2** } | **tag** *tag* | **route-policy** *route-policy-name*] * 例如：[Huawei-isis-1] **import-route ospf** 1 **level-1**	（可选）引入由 PE 发布的远端 Site 的静态路由 Static、直连路由 direct、用户网络路由 unr、RIP、OSPF、其他进程 IS-IS 或 BGP 路由到本地 OSPF 进程中。在本 VPN 中，如果 MCE 和 PE 之间使用的是其他路由协议或其他进程 IS-IS 路由，则都需要执行本步骤，否则本端 Site 无法学习到远端 Site 的私网路由。命令中的其他参数说明如下。 ● **cost-type** { **external** | **internal** }：可多选参数，指定引入外部路由的开销类型。缺省情况下为 external。此参数的配置会影响引入路由的 cost 值：当引入的路由开销类型配置为 **external** 时，路由 cost 值=指定引入路由的开销值（参数 cost 的值，缺省值为 0）+64；当引入的路由开销类型配置为 **internal** 时，路由 cost 值=指定引入路由的开销值（参数 cost 的值，缺省值为 0）。 ● **cost** *cost*：可多选参数，指定引入后的路由的开销值，当路由器的 cost-style 为 wide 或 wide-compatible 时，引入路由的开销值取值范围是 0～4261412864，否则取值范围是 0～63。缺省值是 0。 ● **tag** *tag*：可多选参数，指定引入后的路由的标记号，整数形式，取值范围是 1～4294967295。

（续表）

步骤	命令	说明
4	**import-route** { **direct** | **static** | **unr** | { **ospf** | **rip** | **isis** } [*process-id*] | **bgp** } [**cost-type** { **external** | **internal** } | **cost** *cost* | **tag** *tag* | **route-policy** *route-policy-name* | [**level-1** | **level-2** | **level-1-2**]][*] 或 **import-route** { { **ospf** | **rip** | **isis** } [*process-id*] | **bgp** | **direct** | **unr** }**inherit-cost** [{ **level-1** | **level-2** | **level-1-2** } | **tag** *tag* | **route-policy** *route-policy-name*] * 例如：[Huawei-isis-1] **import-route ospf** 1 **level-1**	• **route-policy** *route-policy-name*：可多选参数，指定用于过滤引入其他路由的路由策略。 • [**level-1** | **level-2** | **level-1-2**]：可多选选项，指定将 BGP 路由引入到 Level-1、level-2，或同时引入到 Level-1、level-2 的路由表中。默认为 level-2 的路由表中。 • **inherit-cost**：表示引入外部路由时保留路由的原有开销值。当配置 IS-IS 保留引入路由的原有开销值时，将不能配置引入路由的开销类型和开销值。 缺省情况下，IS-IS 不引入其他路由协议的路由信息，可分别用 **undo import-route** { { **rip** | **isis** | **ospf** } [*process-id*] | **static** | **direct** | **unr** | **bgp** [**permit-ibgp**] } [**cost-type** { **external** | **internal** } | **cost** *cost* | **tag** *tag* | **route-policy** *route-policy-name* | [**level-1** | **level-2** | **level-1-2**]] [*]或 **undo import-route** { { **rip** | **isis** | **ospf** } [*process-id*] | **direct** | **unr** | **bgp** [**permit-ibgp**] } **inherit-cost** [**tag** *tag* | **route-policy** *route-policy-name* | [**level-1** | **level-2** | **level-1-2**]] [*]命令恢复为缺省情况
5	**quit** 例如：[Huawei-isis-1] **quit**	返回系统视图
6	**interface** *interface-type interface-number* 例如：[Huawei] **interface** gigabitethernet 1/0/0	进入绑定 VPN 实例的 MCE 接口的接口视图
7	**isis enable** [*process-id*] 例如：[Huawei-GigabitEthernet1/0/0] **isis enable** 1	在以上接口上运行指定的 IS-IS 进程

5. 配置 MCE 和 Site 间使用 BGP

如果 MCE 与 Site 间决定采用 BGP 动态路由协议，则在 MCE 上要按表 4-4 所示步骤为每个 VPN 实例进行配置，在 Site 上按表 4-5 所示步骤配置 BGP 路由。

表 4-4　　　　　　　　　　　　　MCE 上的 BGP 路由的配置步骤

步骤	命令	说明
1	**system-view** 例如：\<Huawei\> **system-view**	进入系统视图
2	**bgp** { *as-number-plain* | *as-number-dot* } 例如：[Huawei] **bgp** 200	进入 MCE 所在 AS 域的 BGP 视图
3	**ipv4-family vpn-instance** *vpn-instance-name* 例如：[Huawei-bgp] **ipv4-family vpn-instance** vpna	进入 BGP-VPN 实例 IPv4 地址族视图
4	**peer** *ipv4-address* **as-number** *as-number* 例如：[Huawei-bgp] **peer** 10.1.1.1 **as-number** 65510	将 Site 中和 MCE 相连的设备配置为 VPN 私网 EBGP 对等体

（续表）

步骤	命令	说明
5	**import-route** *protocol* [*process-id*] [**med** *med* | **route-policy** *route-policy-name*] * 例如：[Huawei-bgp] **import-route rip** 1	（可选）引入由 PE 发布的远端 CE 的路由。 在本 VPN 中，如果 MCE 和 PE 之间使用的是其他路由协议，则需要执行本步骤。命令中的参数说明如下。 • *protocol*：指定可引入的路由协议和路由类型，支持 direct、isis、ospf、rip、static、unr。通常只需引入直连路由 direct 即可。 • *process-id*：可选参数，指定当引入动态路由协议时，必须指定其进程号，整数形式，取值范围是 1~65535。 • **med** *med*：可多选参数，指定引入后的 BGP 路由的 MED 度量值，整数形式，取值范围是 0~4294967295。 • **route-policy** *route-policy-name*：可多选参数，从其他路由协议引入路由时，可以使用该参数指定的 Route-Policy（路由策略）过滤器过滤路由和修改路由属性。 缺省情况下，BGP 未引入任何路由信息，可用 **undo import-route** *protocol* [*process-id*] 命令恢复缺省配置

表 4-5　　　　　　　　　　　　　　　Site 上的 **BGP** 路由的配置步骤

步骤	命令	说明
1	**system-view** 例如：<Huawei> **system-view**	进入系统视图
2	**bgp** { *as-number-plain* | *as-number-dot* } 例如：[Huawei] **bgp** 65510	进入 Site 所在 AS 域的 BGP 视图
3	**peer** *ipv4-address* **as-number** *as-number* 例如：[Huawei-bgp] **peer** 10.1.1.2 **as-number** 200	将 Site 中和 MCE 相连的设备配置为 VPN 私网 EBGP 对等体
4	**import-route** *protocol* [*process-id*] [**med** *med* | **route-policy** *route-policy-name*] * 例如：[Huawei-bgp] **import-route rip** 1	配置引入 VPN 内的 IGP 路由。Site 需要将自己所能到达的 VPN 网段地址发布给接入的 MCE。其他说明参见表 4-19

4.1.4　配置 MCE 与 PE 间的路由

MCE 与 PE 之间的路由协议也可以是：静态路由、RIP、OSPF、IS-IS 和 BGP，根据实际需要选择其中一。PE 上的路由配置与基本 BGP/MPLS IP VPN 组网中 PE 上的路由配置相同，参见第 2 章 2.2 节。MCE 上的配置其实与上节介绍的 MCE 与 Site 间的路由交换中对应路由方式的配置方法是一样，只存在细微的差别，下面具体介绍。

1. 配置 MCE 和 PE 间使用静态路由

如果 MCE 与 PE 间使用静态路由连接，则在 MCE 上通过 **ip route-static vpn-instance** *vpn-source-name destination-address* { *mask* \| *mask-length* } {*nexthop-address* [**public**] \| *interface-type interface-number* [*nexthop-address*] } [**preference** *preference* \| **tag** *tag*] * 命令为每个 VPN 实例配置一条去往 **PE** 的静态路由。

2. 配置 MCE 和 PE 间使用 RIP

如果 MCE 与 PE 间决定采用 RIP 动态路由协议，则在 MCE 上要按表 4-6 所示步骤为每个 VPN 实例进行配置。

表 4-6   MCE 上的 **RIP** 路由的配置步骤

步骤	命令	说明
1	**system-view** 例如：<Huawei> **system-view**	进入系统视图
2	**rip** *process-id* **vpn-instance** *vpn-instance-name* 例如：[Huawei] **rip** 100 **vpn-instance** vpna	创建 MCE 与 PE 间的 RIP 实例，并进入 RIP 视图。其他说明参见上节表 4-1 中的第 2 步
3	**network** *network-address* 例如：[Huawei-rip-100] **network** 10.0.0.0	在 VPN 实例绑定的接口所在网段运行 RIP。其他说明参见上节表 4-1 中的第 3 步
4	**import-route** { { **static** | **direct** | **unr** } | { **rip** | **ospf** | **isis** } [*process-id*] } [**cost** *cost* | **route-policy** *route-policy-name*] * 例如：[Huawei-rip-100] **import-route isis** 7 **cost** 7 或 **import-route bgp** [**cost** { *cost* | **transparent** } | **route-policy** *route-policy-name*] * 例如：[Huawei-rip-100] **import-route** bgp **cost** 7	（可选）引入 Site 内的 VPN 路由。在本 VPN 中，如果 MCE 和 Site 之间使用的是其他路由协议，以发布给 PE，则需要执行本步骤，否则远端 Site 无法学习到本端 Site 的私网路由。其他说明参见上节表 4-1 中的第 4 步

3. 配置 MCE 和 PE 间使用 OSPF

如果 MCE 与 PE 间决定采用 OSPF 动态路由协议，则在 MCE 上要按表 4-7 所示步骤为每个 VPN 实例进行配置。

表 4-7   MCE 上的 **OSPF** 路由的配置步骤

步骤	命令	说明
1	**system-view** 例如：<Huawei> **system-view**	进入系统视图
2	**ospf** [*process-id* | **router-id** *router-id*] * **vpn-instance** *vpn-instance-name* 例如：[Huawei] **ospf** 100 **router-id** 10.10.10.1 **vpn-instance** vpna	创建 MCE 与 PE 间的 OSPF 实例，并进入 OSPF 视图。其他说明参见表 4-2 中的第 2 步
3	**import-route** { **bgp** [**permit-ibgp**] | **direct** | **unr** | **rip** [*process-id-rip*] | **static** | **isis** [*process-id-isis*] | **ospf** [*process-id-ospf*] } [**cost** *cost* | **type** *type* | **tag** *tag* | **route-policy** *route-policy-name*] * 例如：[Huawei-ospf-100] **import-route rip** 40 **type** 2 **tag** 33 **cost** 50	（可选）引入 Site 内的静态路由 Static、直连路由 direct、用户网络路由 unr、RIP、其他进程 OSPF、IS-IS 或 BGP 路由到本地 OSPF 进程中。在本 VPN 中，如果 MCE 和 Site 之间使用的是其他路由协议或其他进程 OSPF 路由，则都需要执行本步骤，否则远端 Site 无法学习到本端 Site 的私网路由。 其他说明参见表 4-2 中的第 3 步
4	**vpn-instance-capability simple** 例如：[Huawei-ospf-100] **vpn-instance-capability simple**	关闭 OSPF 实例的路由环路检测功能。 在 MCE 设备上部署 OSPF VPN 多实例时，在跨越了 MPLS/IP 骨干网之后一般都是 Type3、Type5 或 Type7 类型的 LSA（这些 LSA 对应的路由都属于汇聚类的路由），而在 Type3、Type5 或 Type7 LSA 中的 DN Bit

（续表）

步骤	命令	说明
4	**vpn-instance-capability simple** 例如：[Huawei-ospf-100] **vpn-instance-capability simple**	缺省置 1（其他 LSA 缺省置 0），为了避免生成环路，OSPF 在进行路由计算时会忽略这部分 DN Bit 置 1 的 Type3、Type5 或 Type7 类 LSA，这样一来 MCE 不会接收 PE 发来的到达远端 Site 的私网路由。所以，这种情况下需要通过本命令配置取消 OSPF 路由环路检测功能，不检查 DN Bit 和 Route-tag 而直接计算出所有 OSPF 路由，Route-tag 恢复为缺省值 1。 【注意】配置本命令将会带来以下影响。 ● 在 MCE 上配置本命令后，如果 OSPF 没有配置骨干区域 0，则该 MCE 不会成为 ABR。 ● 配置本命令后，OSPF 进程不可以引入 IBGP 路由。 ● 配置本命令后，BGP 引入的 OSPF 路由中不会携带 OSPF Domain ID、OSPF Route-tag 和 OSPF Router ID。 ● 缺省情况下，当 BGP 引入 OSPF 路由时，MED 值（MED 属性相当于 IGP 使用的度量值）为 OSPF 的 Cost 值加 1。配置本命令后，Cost 值不会加 1，即 MED 值变为 OSPF 的 Cost 值。因此，会引起 BGP 引入 OSPF 路由的 MED 值变化，影响 BGP 选路。 缺省情况下，OSPF 实例的路由环路检测功能处于开启状态，可用 **undo vpn-instance-capability** 命令使能 DN 位检查，以防止发生路由环路
5	**area** *area-id* 例如：[Huawei-ospf-100] **area 0**	创建 OSPF 区域，进入 OSPF 区域视图。其他说明参见表 4-2 中的第 4 步
6	**network** *ip-address wildcard-mask* 例如：[Huawei-ospf-100-area-0.0.0.0] **network** 10.1.1.0 0.0.0.255	在 VPN 实例绑定的接口所在网段运行 OSPF。其他说明参见表 4-2 中的第 5 步

4. 配置 MCE 和 PE 间使用 IS-IS

如果 MCE 与 PE 间决定采用 IS-IS 动态路由协议，则在 MCE 上要按表 4-8 所示步骤为每个 VPN 实例进行配置。

表 4-8　　　　　　　　　　　MCE 上的 IS-IS 路由的配置步骤

步骤	命令	说明
1	**system-view** 例如：<Huawei> **system-view**	进入系统视图
2	**isis** *process-id* **vpn-instance** *vpn-instance-name* 例如：[Huawei] **isis 1 vpn-instance** vrf1	创建 MCE 与 PE 间的 IS-IS 实例，并进入 IS-IS 视图。其他说明参见表 4-3 中的第 2 步
3	**network-entity** *net* 例如：[Huawei-isis-1] **network-entity** 10.0001.1010.1020.1030.00	设置网络实体名称，其他说明参见表 4-3 中的第 3 步

（续表）

步骤	命令	说明
4	**import-route** { **direct** | **static** | **unr** | { **ospf** | **rip** | **isis** } [*process-id*] | **bgp** } [**cost-type** { **external** | **internal** } | **cost** *cost* | **tag** *tag* | **route-policy** *route-policy-name* | [**level-1** | **level-2** | **level-1-2**]][*] 或 **import-route** { { **ospf** | **rip** | **isis** } [*process-id*] | **bgp** | **direct** | **unr** }**inherit-cost** [{ **level-1** | **level-2** | **level-1-2** } | **tag** *tag* | **route-policy** *route-policy-name*] * 例如：[Huawei-isis-1] **import-route ospf** 1 **level-1**	（可选）引入 Site 内的静态路由 Static、直连路由 direct、用户网络路由 unr、RIP、OSPF、其他进程 IS-IS 或 BGP 路由到本地 OSPF 进程中。在本 VPN 中，如果 MCE 和 Site 之间使用的是其他路由协议或其他进程 IS-IS 路由，则都需要执行本步骤，否则本端 Site 的私网路由无法通过 PE 发布到远端 Site。 其他说明参见表 4-3 中的第 4 步
5	**quit** 例如：[Huawei-isis-1] **quit**	返回系统视图
6	**interface** *interface-type interface-number* 例如：[Huawei] **interface gigabitethernet** 1/0/0	进入绑定 VPN 实例的 MCE 接口的接口视图
7	**isis enable** [*process-id*] 例如：[Huawei-GigabitEthernet1/0/0] **isis enable** 1	在以上接口上运行指定的 IS-IS 进程

5. 配置 MCE 和 PE 间使用 BGP

　　如果 MCE 与 PE 间决定采用 BGP 动态路由协议，则在 MCE 上要按表 4-9 所示步骤为每个 VPN 实例进行配置。

表 4-9　　　　　　　　　　　　　　　　**MCE 上的 BGP 路由的配置步骤**

步骤	命令	说明
1	**system-view** 例如：<Huawei> **system-view**	进入系统视图
2	**bgp** { *as-number-plain* | *as-number-dot* } 例如：[Huawei] **bgp** 65510	进入 MCE 所在 AS 域的 BGP 视图
3	**ipv4-family vpn-instance** *vpn-instance-name* 例如：[Huawei-bgp] **ipv4-family vpn-instance** vpna	进入 BGP-VPN 实例 IPv4 地址族视图
4	**peer** *ipv4-address* **as-number** *as-number* 例如：[Huawei-bgp] **peer** 10.1.1.1 **as-number** 200	将 PE 配置为 VPN 私网 EBGP 对等体
5	**import-route** *protocol* [*process-id*] [**med** *med* | **route-policy** *route-policy-name*][*] 例如：[Huawei-bgp] **import-route rip** 1	（可选）引入由 PE 发布的远端 Site 的路由。本 VPN 中，如果 MCE 和 Site 之间使用的是其他路由协议，则需要执行本步骤，否则本端 Site 远去学习远端 Site 的私网路由。其他说明参见表 4-4 中的第 5 步

　　以上配置完成后，使用 **display ip routing-table vpn-instance** *vpn-instance-name* [**verbose**] 命令在多实例 CE 上查看 VPN 路由表，可看到对于每一种业务，多实例 CE 上都有到局域网的路由及到远端站点的路由。

4.1.5　MCE 配置示例

如图 4-3 所示，某公司需要通过 MPLS VPN 实现总部和分支间的互通，同时需要隔离两种不同的业务。为节省开支，希望分支通过一台 CE 设备接入 PE。其中 CE1、CE2 连接企业总部，CE1 属于 vpna，CE2 属于 vpnb；MCE 连接企业分支，通过 CE3 和 CE4 分别连接 vpna 和 vpnb。

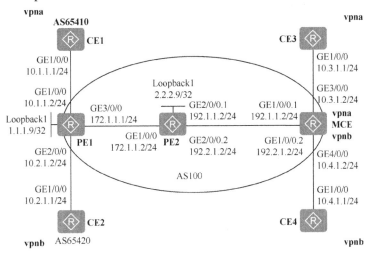

图 4-3　MCE 配置示例的拓扑结构

现要求属于相同 VPN 的用户之间能互相访问，但不同 VPN 的用户之间不能互相访问，从而实现不同业务间隔离。

1. 基本配置思路分析

本示例是非跨域的 BGP/MPLS IP VPN 网络，所以总体上可按第 2 章介绍的基本 BGP/MPLS IP VPN 来配置，唯一区别是这里在分支机构中采用 MCE 来作为两个分支的共同 CE，所以除了要按照第 2 章介绍的基本 BGP/MPLS IP VPN 来配置外，还要新增 4.1.3 和 4.1.4 节对应的配置，具体包括以下配置任务。

（1）在 MPLS/IP 骨干网 PE 间配置 OSPF 协议，实现 PE 之间的互通；配置 MP-IBGP 交换 VPN 路由信息。

（2）在 MPLS/IP 骨干网 PE 上配置 MPLS 基本能力和 MPLS LDP，建立 LDP LSP。

（3）在 PE 设备上配置 VPN 实例，将 CE1、CE2 接入 PE1，将 MCE 接入 PE2。

（4）在 MCE 设备上配置 VPN 实例，将 CE3、CE4 及 PE2 接入 MCE。

（5）在 PE 之间建立 MP-IBGP 对等体，在 PE1 与 CE1、CE2 之间建立 EBGP 对等体。

（6）在 PE2 和 MCE 之间配置 OSPF 多实例，引入 VPN 路由信息。

（7）在 MCE 与 Site 之间配置 RIP 路由，引入 VPN 路由信息。

2. 具体配置步骤

（1）在骨干网的 PE 上配置各接口 IP 地址及 OSPF 协议，实现 PE 之间的互通。

\#　PE1 上的配置。

```
<Huawei> system-view
[Huawei] sysname PE1
```

```
[PE1] interface loopback 1
[PE1-LoopBack1] ip address 1.1.1.9 32
[PE1-LoopBack1] quit
[PE1] interface gigabitethernet 3/0/0
[PE1-GigabitEthernet3/0/0] ip address 172.1.1.1 24
[PE1-GigabitEthernet3/0/0] quit
[PE1] ospf
[PE1-ospf-1] area 0
[PE1-ospf-1-area-0.0.0.0] network 1.1.1.9 0.0.0.0
[PE1-ospf-1-area-0.0.0.0] network 172.1.1.0 0.0.0.255
[PE1-ospf-1-area-0.0.0.0] quit
[PE1-ospf-1] quit
```

\#　PE2 上的配置。

```
<Huawei> system-view
[Huawei] sysname PE2
[PE2] interface loopback 1
[PE2-LoopBack1] ip address 2.2.2.9 32
[PE2-LoopBack1] quit
[PE2] interface gigabitethernet 1/0/0
[PE2-GigabitEthernet1/0/0] ip address 172.1.1.2 24
[PE2-GigabitEthernet1/0/0] quit
[PE2] ospf
[PE2-ospf-1] area 0
[PE2-ospf-1-area-0.0.0.0] network 2.2.2.9 0.0.0.0
[PE2-ospf-1-area-0.0.0.0] network 172.1.1.0 0.0.0.255
[PE2-ospf-1-area-0.0.0.0] quit
[PE2-ospf-1] quit
```

以上配置完成后，通过执行 **display ip routing-table** 命令可以查看到 PE 之间应能互相学习到对方的 Loopback1 的地址。以下是在 PE2 上执行该命令的输出示例（参见输出信息中的粗体字部分）。

```
[PE2] display ip routing-table
Route Flags: R - relay, D - download to fib
----------------------------------------------------------------------
Routing Tables: Public
         Destinations : 9        Routes : 9
Destination/Mask   Proto  Pre  Cost    Flags  NextHop      Interface
    1.1.1.9/32 OSPF    10    1            D   172.1.1.1    GigabitEthernet1/0/0
       2.2.2.9/32  Direct 0    0          D   127.0.0.1    LoopBack1
      127.0.0.0/8  Direct 0    0          D   127.0.0.1    InLoopBack0
     127.0.0.1/32  Direct 0    0          D   127.0.0.1    InLoopBack0
127.255.255.255/32 Direct 0    0          D   127.0.0.1    InLoopBack0
     172.1.1.0/24  Direct 0    0          D   172.1.1.2    GigabitEthernet1/0/0
     172.1.1.2/32  Direct 0    0          D   127.0.0.1    GigabitEthernet1/0/0
   172.1.1.255/32  Direct 0    0          D   127.0.0.1    GigabitEthernet1/0/0
255.255.255.255/32 Direct 0    0          D   127.0.0.1    InLoopBack0
```

（2）在骨干网的 PE 上配置 MPLS 基本能力和 MPLS LDP，在 PE 之间建立 LDP LSP。

\#　PE1 上的配置。

```
[PE1] mpls lsr-id 1.1.1.9
[PE1] mpls
[PE1-mpls] quit
[PE1] mpls ldp
[PE1-mpls-ldp] quit
[PE1] interface gigabitethernet 3/0/0
```

[PE1-GigabitEthernet3/0/0] **mpls**
[PE1-GigabitEthernet3/0/0] **mpls ldp**
[PE1-GigabitEthernet3/0/0] **quit**

　# 　PE2 上的配置。

[PE2] **mpls lsr-id** 1.1.1.9
[PE2] **mpls**
[PE2-mpls] **quit**
[PE2] **mpls ldp**
[PE2-mpls-ldp] **quit**
[PE2] **interface** gigabitethernet 1/0/0
[PE2-GigabitEthernet1/0/0] **mpls**
[PE2-GigabitEthernet1/0/0] **mpls ldp**
[PE2-GigabitEthernet1/0/0] **quit**

以上配置完成后，在 PE 上执行 **display mpls ldp session** 命令应能看见 PE 之间的
MPLS LDP 会话状态为 "Operational"（表示 LDP 会话建立成功）。以下是在 PE2 上执行
该命令的输出示例（参见输出信息中的粗体字部分）。

[PE2] **display mpls ldp session**

LDP Session(s) in Public Network
Codes: LAM(Label Advertisement Mode), SsnAge Unit(DDDD:HH:MM)
A '*' before a session means the session is being deleted.

PeerID　　　　　　Status　　　LAM　SsnRole　SsnAge　　　KASent/Rcv

1.1.1.9:0　　　　**Operational** DU　　Active　　0000:00:04　17/17

TOTAL: 1 session(s) Found.

（3）在 PE 设备上配置 VPN 实例，将 CE1、CE2 接入 PE1，将 MCE 接入 PE2。注
意，相同 VPN 中的 VPN-Target 属性值要匹配。

　# 　PE1 上的配置。

[PE1] **ip vpn-instance** vpna
[PE1-vpn-instance-vpna] **ipv4-family**
[PE1-vpn-instance-vpna-af-ipv4] **route-distinguisher** 100:1
[PE1-vpn-instance-vpna-af-ipv4] **vpn-target** 111:1 **both**
[PE1-vpn-instance-vpna-af-ipv4] **quit**
[PE1-vpn-instance-vpna] **quit**
[PE1] **ip vpn-instance** vpnb
[PE1-vpn-instance-vpnb] **ipv4-family**
[PE1-vpn-instance-vpnb-af-ipv4] **route-distinguisher** 100:2
[PE1-vpn-instance-vpnb-af-ipv4] **vpn-target** 222:2 **both**
[PE1-vpn-instance-vpnb-af-ipv4] **quit**
[PE1-vpn-instance-vpnb] **quit**
[PE1] **interface** gigabitethernet 1/0/0
[PE1-GigabitEthernet1/0/0] **ip binding vpn-instance** vpna
[PE1-GigabitEthernet1/0/0] **ip address** 10.1.1.2 24
[PE1-GigabitEthernet1/0/0] **quit**
[PE1] **interface** gigabitethernet 2/0/0
[PE1-GigabitEthernet2/0/0] **ip binding vpn-instance** vpnb
[PE1-GigabitEthernet2/0/0] **ip address** 10.2.1.2 24
[PE1-GigabitEthernet2/0/0] **quit**

　# 　PE2 上的配置。在 PE2 上要划分子接口，分别用来绑定一个 VPN 实例。

[PE2] **ip vpn-instance** vpna
[PE2-vpn-instance-vpna] **ipv4-family**

```
[PE2-vpn-instance-vpna-af-ipv4] route-distinguisher 200:1
[PE2-vpn-instance-vpna-af-ipv4] vpn-target 111:1 both
[PE2-vpn-instance-vpna-af-ipv4] quit
[PE2-vpn-instance-vpna] quit
[PE2] ip vpn-instance vpnb
[PE2-vpn-instance-vpnb] ipv4-family
[PE2-vpn-instance-vpnb-af-ipv4] route-distinguisher 200:2
[PE2-vpn-instance-vpnb-af-ipv4] vpn-target 222:2 both
[PE2-vpn-instance-vpnb-af-ipv4] quit
[PE2-vpn-instance-vpnb] quit
[PE2] interface gigabitethernet 2/0/0.1
[PE2-GigabitEthernet2/0/0.1] dot1q termination vid 10   #---配置以上子接口为 Dot1q 子接口，这里的 VLAN ID 随意，
只要不同子接口终结的 VLAN 不同就行，但子接口链路两端终结的 VLAN ID 要一致
[PE2-GigabitEthernet2/0/0.1] ip binding vpn-instance vpna
[PE2-GigabitEthernet2/0/0.1] ip address 192.1.1.1 24
[PE2-GigabitEthernet2/0/0.1] quit
[PE2] interface gigabitethernet 2/0/0.2
[PE2-GigabitEthernet2/0/0.2] dot1q termination vid 20
[PE2-GigabitEthernet2/0/0.2] ip binding vpn-instance vpnb
[PE2-GigabitEthernet2/0/0.2] ip address 192.2.1.1 24
[PE2-GigabitEthernet2/0/0.2] quit
```

（4）在 MCE 设备上配置 VPN 实例，将 CE3、CE4 及 PE2 接入 MCE。这里涉及到
MCE 两个方向（PE2 和各 Site）的 VPN 实例绑定配置，因为 MCE 具有部分 PE 功能，
又要与 PE2 按 VPN 实例进行连接。相同 VPN 中的 VPN 实例上配置的 VPN-Target 属性
要与 PE2 上的配置一致。MCE 连接 PE2 的物理端口上也要划分子接口，用来分别绑定
不同 VPN 实例，所终结的 VLAN 也没有实际意义，仅要与 PE 上对应子接口终结的 VLAN
ID 一致。

```
<Huawei> system-view
[Huawei] sysname MCE
[MCE] ip vpn-instance vpna
[MCE-vpn-instance-vpna] ipv4-family
[MCE-vpn-instance-vpna-af-ipv4] route-distinguisher 300:1
[MCE-vpn-instance-vpna-af-ipv4] vpn-target 111:1 both
[MCE-vpn-instance-vpna-af-ipv4] quit
[MCE-vpn-instance-vpna] quit
[MCE] ip vpn-instance vpnb
[MCE-vpn-instance-vpnb] ipv4-family
[MCE-vpn-instance-vpnb-af-ipv4] route-distinguisher 300:2
[MCE-vpn-instance-vpnb-af-ipv4] vpn-target 222:2 both
[MCE-vpn-instance-vpnb-af-ipv4] quit
[MCE-vpn-instance-vpnb] quit
[MCE] interface gigabitethernet 3/0/0
[MCE-GigabitEthernet3/0/0] ip binding vpn-instance vpna
[MCE-GigabitEthernet3/0/0] ip address 10.3.1.2 24
[MCE-GigabitEthernet3/0/0] quit
[MCE] interface gigabitethernet 4/0/0
[MCE-GigabitEthernet4/0/0] ip binding vpn-instance vpnb
[MCE-GigabitEthernet4/0/0] ip address 10.4.1.2 24
[MCE-GigabitEthernet4/0/0] quit
[MCE] interface gigabitethernet 1/0/0.1
[MCE-GigabitEthernet1/0/0.1] dot1q termination vid 10
[MCE-GigabitEthernet1/0/0.1] ip binding vpn-instance vpna
[MCE-GigabitEthernet1/0/0.1] ip address 192.1.1.2 24
```

```
[MCE-GigabitEthernet1/0/0.1] quit
[MCE] interface gigabitethernet 1/0/0.2
[MCE-GigabitEthernet1/0/0.2] dot1q termination vid 20
[MCE-GigabitEthernet1/0/0.2] ip binding vpn-instance vpnb
[MCE-GigabitEthernet1/0/0.2] ip address 192.2.1.2 24
[MCE-GigabitEthernet1/0/0.2] quit
```

（5）在 PE 之间建立 MP-IBGP 对等体，在 PE1 与 CE1、CE2 之间建立 EBGP 对等体。引入直连路由，实现通过 BGP 路由三层互通。

\#　在 CE1 上配置与 PE1 建立 EBGP 对等体。

```
<Huawei> system-view
[Huawei] sysname CE1
[CE1] bgp 65410
[CE1-bgp] peer 10.1.1.2 as-number 100
[CE1-bgp] ipv4-family unicast
[CE1-bgp-af-ipv4] import-route direct
[CE1-bgp-af-ipv4] quit
[CE1-bgp] quit
```

\#　在 CE2 上配置与 PE1 建立 EBGP 对等体。

```
<Huawei> system-view
[Huawei] sysname CE2
[CE2] bgp 65420
[CE2-bgp] peer 10.2.1.2 as-number 100
[CE2-bgp] ipv4-family unicast
[CE2-bgp-af-ipv4] import-route direct
[CE2-bgp-af-ipv4] quit
[CE2-bgp] quit
```

\#　在 PE1 上配置与 CE1、CE2 建立 EBGP 对等体，与 PE2 建立 IBGP 对等体。

```
[PE1] bgp 100
[PE1-bgp] peer 2.2.2.9 as-number 100
[PE1-bgp] peer 2.2.2.9 connect-interface LoopBack1
[PE1-bgp] ipv4-family vpn-instance vpna
[PE1-bgp-af-vpnv4] peer 10.1.1.1 as-number 65410
[PE1-bgp-af-vpnv4] import-route direct
[PE1-bgp-af-vpnv4] quit
[PE1-bgp] ipv4-family vpn-instance vpnb
[PE1-bgp-af-vpnv4] peer 10.2.1.1 as-number 65420
[PE1-bgp-af-vpnv4] import-route direct
[PE1-bgp-af-ipv4] quit
[PE1-bgp] quit
```

\#　在 PE2 上配置与 PE1 建立 IBGP 对等体。

```
[PE1] bgp 100
[PE1-bgp] peer 1.1.1.9 as-number 100
[PE1-bgp] peer 1.1.1.9 connect-interface LoopBack1
[PE1-bgp] quit
```

以上配置完成后，在 PE1 上执行命令 **display bgp vpnv4 all peer** 可以看见 PE1 与 PE2 的 IBGP 对等体关系及 PE1 与 CE1、CE2 之间建立 EBGP 对等体关系均为"Established"，如下所示。

```
[PE1] display bgp vpnv4 all peer

 BGP local router ID : 1.1.1.9
 Local AS number : 100
```

```
Total number of peers : 3                    Peers in established state : 3

Peer          V    AS   MsgRcvd   MsgSent   OutQ   Up/Down        State PrefRcv

2.2.2.9       4    100    288       287      0 01:19:16 Established      4

Peer of IPv4-family for vpn instance :

VPN-Instance vpna, router ID 1.1.1.9:
  10.1.1.1    4 65410     9        11       0 00:04:14 Established      4

VPN-Instance vpnb, router ID 1.1.1.9:
  10.2.1.1    4 65420     9        12       0 00:04:09 Established      3
```

（6）在 PE2 和 MCE 之间配置 OSPF 多实例，为每个 VPN 实例配置 VPN 实例 OSPF 路由。不同 VPN 实例下的 OSPF 路由进程号要不一样，以便不同 VPN 实例的 OSPF 路由表相互隔离。

    #   PE2 上的配置。

在 PE2 上要将与 MCE 的 VPN 实例 OSPF 引入到对应的 VPN 实例 BGP 路由表中，以便将 MCE 连接的 Site 路由通过 PE2 发布给 PE1 及 CE1 和 CE2。同时，也要将在 PE2 的 VPN 实例 OSPF 路由表中引入 PE2 的 BGP 路由，以便 PE2 发布的来自 PE1 的 CE1、CE2 的私网路由可以通过 MCE 发布级 CE3 和 CE4。

```
[PE2] ospf 100 vpn-instance vpna
[PE2-ospf-100] area 0
[PE2-ospf-100-area-0.0.0.0] network 192.1.1.0 0.0.0.255
[PE2-ospf-100-area-0.0.0.0] quit
[PE2-ospf-100] import-route bgp   #---引入 PE2 上 vpna 实例中的 BGP 路由，该路由包括 CE1 上的私网 VPN 路由
[PE2-ospf-100] quit
[PE2] ospf 200 vpn-instance vpnb
[PE2-ospf-200] area 0
[PE2-ospf-200-area-0.0.0.0] network 192.2.1.0 0.0.0.255
[PE2-ospf-200-area-0.0.0.0] quit
[PE2-ospf-200] import-route bgp   #---引入 PE2 上 vpnb 实例的 BGP 路由，该路由包括 CE2 上的私网 VPN 路由
[PE2-ospf-200] quit
[PE2] bgp 100
[PE2-bgp] ipv4-family vpn-instance vpna
[PE2-bgp-vpna] import-route ospf 100   #---引入 PE2 上 vpna 实例的 OSPF 路由，该路由包括 CE3 上的私网 VPN 路由
[PE2-bgp-vpna] quit
[PE2-bgp] ipv4-family vpn-instance vpnb
[PE2-bgp-vpnb] import-route ospf 200   #---引入 PE2 上 vpnb 实例的 OSPF 路由，该路由包括 CE4 上的私网 VPN 路由
[PE2-bgp-vpnb] quit
[PE2-bgp] quit
```

    #   MCE 上的配置。

在 MCE 上要将 MCE 与 CE3、CE4 之间的 RIP 路由引入到 MCE 与 PE 之间对应 VPN 实例的 OSPF 路由中。另外，配置不进行环路检查。

```
[MCE] ospf 100 vpn-instance vpna
[MCE-ospf-100] vpn-instance-capability simple   #---不进行环路检查
[MCE-ospf-100] import-route rip 100
[MCE-ospf-100] area 0
[MCE-ospf-100-area-0.0.0.0] network 192.1.1.0 0.0.0.255
[MCE-ospf-100-area-0.0.0.0] quit
```

```
[MCE-ospf-100] quit
[MCE] ospf 200 vpn-instance vpnb
[MCE-ospf-200] vpn-instance-capability simple
[MCE-ospf-200] import-route rip 200
[MCE-ospf-200] area 0
[MCE-ospf-200-area-0.0.0.0] network 192.2.1.0 0.0.0.255
[MCE-ospf-200-area-0.0.0.0] quit
[MCE-ospf-200] quit
```

（7）在 MCE 和 CE3、CE4 之间配置 RIP-2，要将与 PE2 之间的 VPN 实例 OSPF 路由引入到 MCE 与 CE3、CE4 之间的对应 VPN 实例的 RIP 路由中。

\#　MCE 上的配置。

```
[MCE] rip 100 vpn-instance vpna
[MCE-rip-100] version 2
[MCE-rip-100] network 10.0.0.0
[MCE-rip-100] import-route ospf 100   #---引入 MCE 与 PE2 之间对应 VPN 实例的 OSPF 路由
[MCE-rip-100] quit
[MCE] rip 200 vpn-instance vpnb
[MCE-rip-200] version 2
[MCE-rip-200] network 10.0.0.0
[MCE-rip-200] import-route ospf 200
[MCE-rip-200] quit
```

\#　CE3 上的配置。

```
<Huawei> system-view
[Huawei] sysname CE3
[CE3] rip 100
[CE3-rip-100] version 2
[CE3-rip-100] network 10.0.0.0
[CE3-rip-100] import-route direct
```

\#　CE4 上的配置。

```
<Huawei> system-view
[Huawei] sysname CE4
[CE4] rip 200
[CE4-rip-200] version 2
[CE4-rip-200] network 10.0.0.0
[CE4-rip-200] import-route direct
```

3．配置结果验证

以上配置全部完成后，在 MCE 设备上执行 **display ip routing-table vpn-instance** 命令，可以看到去往对端 CE 的路由。以下是以 vpna 为例执行该命令的输出示例（参见输出信息中的粗体字部分）。

```
[MCE] display ip routing-table vpn-instance vpna
Route Flags: R - relay, D - download to fib
------------------------------------------------------------------
Routing Tables: vpna
         Destinations : 8        Routes : 8

Destination/Mask  Proto  Pre  Cost      Flags  NextHop       Interface
   10.1.1.0/24    O_ASE  150  1           D    192.1.1.1     GigabitEthernet1/0/0.1
   10.3.1.0/24    Direct 0    0           D    10.3.1.2      GigabitEthernet3/0/0
   10.3.1.2/32    Direct 0    0           D    127.0.0.1     GigabitEthernet3/0/0
 10.3.1.255/32    Direct 0    0           D    127.0.0.1     GigabitEthernet3/0/0
  192.1.1.0/24    Direct 0    0           D    192.1.1.2     GigabitEthernet1/0/0.1
```

```
     192.1.1.2/32    Direct 0   0              D   127.0.0.1      GigabitEthernet1/0/0.1
   192.1.1.255/32    Direct 0   0              D   127.0.0.1      GigabitEthernet1/0/0.1
255.255.255.255/32   Direct 0   0              D   127.0.0.1      InLoopBack0
```

在 PE 上执行 **display ip routing-table vpn-instance** 命令,可以看到去往对端 CE 的路由。以下是以 vpna 为例在 PE1 上执行该命令的输出示例(参见输出信息中的粗体字部分)。

```
[PE1] display ip routing-table vpn-instance vpna
Route Flags: R - relay, D - download to fib
-----------------------------------------------------------------
Routing Tables: vpna
         Destinations : 6        Routes : 6

Destination/Mask   Proto  Pre  Cost    Flags  NextHop       Interface
    10.1.1.0/24    Direct 0    0         D    10.1.1.2      GigabitEthernet1/0/0
    10.1.1.2/32    Direct 0    0         D    127.0.0.1     GigabitEthernet1/0/0
  10.1.1.255/32    Direct 0    0         D    127.0.0.1     GigabitEthernet1/0/0
    10.3.1.0/24    IBGP   255  2         RD   2.2.2.9       GigabitEthernet3/0/0
   192.1.1.0/24    IBGP   255  0         RD   2.2.2.9       GigabitEthernet3/0/0
255.255.255.255/32 Direct 0    0         D    127.0.0.1     InLoopBack0
```

此时 CE1、CE3 之间可以互通,CE2、CE4 之间可以互通,但 CE1 不能与 CE2 和 CE4 互通,CE3 也不能与 CE2 和 CE4 互通,达到了不同 VPN 的通信相互相互隔离的目的。以下分别是 CE1 Ping CE3,CE1 Ping CE4 的结果。

```
[CE1] ping 10.3.1.1
  PING 10.3.1.1: 56   data bytes, press CTRL_C to break
    Reply from 10.3.1.1: bytes=56 Sequence=1 ttl=252 time=125 ms
    Reply from 10.3.1.1: bytes=56 Sequence=2 ttl=252 time=125 ms
    Reply from 10.3.1.1: bytes=56 Sequence=3 ttl=252 time=125 ms
    Reply from 10.3.1.1: bytes=56 Sequence=4 ttl=252 time=125 ms
    Reply from 10.3.1.1: bytes=56 Sequence=5 ttl=252 time=125 ms
  --- 10.3.1.1 ping statistics ---

    5 packet(s) transmitted
    5 packet(s) received
    0.00% packet loss
    round-trip min/avg/max = 125/125/125 ms

[CE1] ping 10.4.1.1
  PING 10.4.1.1: 56   data bytes, press CTRL_C to break
  Request time out
  Request time out
  Request time out
  Request time out
  Request time out

  --- 10.4.1.1 ping statistics ---
    5 packet(s) transmitted
    0 packet(s) received
    100.00% packet loss
```

4.2 HoVPN 配置与管理

HoVPN(Hierarchy of VPN,分层 VPN)是将 PE 功能分布到多个 PE 设备上,由多

个 PE 承担不同的角色，并形成层次结构，共同完成一个 PE 的功能。因此，HoVPN 有时也被称为分层 PE（Hierarchy of PE，HoPE），主要应用在大型 BGP/MPLS IP VPN 网络，因为此时单一 PE 性能可能很难满足要求。

4.2.1　HoVPN 的产生背景

在 BGP/MPLS IP VPN 中，PE 设备最为关键，他完成两方面的功能。

■　为用户提供接入功能，这需要 PE 具有大量接口。

■　管理和发布用户私网 VPN 路由，处理 VPN 报文，这需要 PE 设备具有大容量内存和高转发能力。

目前的网络设计大多采用经典的分层结构，例如，局域网和城域网的典型结构通常都是三层模型：核心层、汇聚层、接入层。从核心层到接入层，对设备的性能要求逐渐下降，网络规模则依次扩大。而前面我们所见到的 BGP/MPLS IP VPN 是一种平面模型，对网络中所有 PE 设备的性能要求相同，当网络中某些 PE 在性能和可扩展性方面存在问题时，整个网络的性能和可扩展性将受到影响，不利于大规模部署 VPN。

为解决可扩展性问题，BGP/MPLS IP VPN 必然要从平面模型转变为分层模型。为此，提出了 HoVPN 的解决方案。HoVPN 对处于较高层次的设备的路由能力和转发性能要求较高，而对处于较低层次的设备的相应要求也较低，符合典型的分层网络模型。

4.2.2　HoVPN 工作原理

在 HoVPN 中，把原来的单个 PE 分成不同层次的多个 PE。如图 4-4 所示，直接连接用户的设备称为下层 PE（Underlayer PE）或用户侧 PE（User-end PE），简称 UPE；连接 UPE 并位于网络内部的设备称为上层 PE（Superstratum PE）或运营商侧 PE（Service Provider-end PE），简称 SPE。

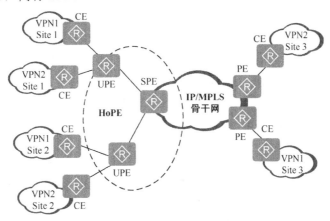

图 4-4　HoVPN 中的分层式 PE 示意

多个 UPE 与 SPE 构成分层式 PE，共同完成传统上一个 PE 的功能。我们可以把 UPE 和 SPE 看成是一个小型 MP-BGP 网络（可以是 IBGP 或 EBGP 关系）。

1．UPE 与 SPE 的关系

UPE 和 SPE 是既分工又合作的，具体表现在如下几个方面。

■ UPE 主要完成用户接入功能。UPE 维护与其直接相连的 VPN Site 的路由，但不维护远端 VPN Site 的路由或仅维护他们的聚合路由；UPE 为其直接相连 Site 的路由分配内层私网路由标签，并通过 MP-BGP 随 VPN 路由发布此标签给 SPE。

■ SPE 主要完成 VPN 路由的管理和发布。SPE 维护其通过 UPE 连接的 VPN 所有路由，包括本地和远端 Site 的路由，但 SPE 不发布远端 Site 的路由给 UPE，只发布 VPN 实例的缺省路由，并携带标签。

■ UPE 和 SPE 上都要配置 VPN 实例，并与对应的接口或子接口进行绑定。UPE 和 SPE 间是 MP-BGP 对等体关系（可以是 MP-IBGP 对等体关系，也可以是 MP-EBGP 对等体关系）。

由于分工的不同，对 SPE 和 UPE 的要求也不同：SPE 的路由表容量大，转发性能强，但接口资源较少；UPE 的路由容量和转发性能较低，但接入能力强。但分层式 PE 可以和普通 PE 共存于一个 MPLS 网络。

说明 SPE 和 UPE 是相对的。在多个层次的 PE 结构中，上层 PE 相对于下层就是 SPE，下层 PE 相对于上层就是 UPE。

2. SPE 与 UPE 连接

由于 UPE 和 SPE 之间采用标签转发方式，所以它们之间只需要一个接口连接（通过私网路由标签就可以区分不同 VPN Site），SPE 不需要使用大量接口来接入用户。UPE 和 SPE 之间的接口可以是物理接口、子接口或隧道接口。采用隧道接口时，SPE 和 UPE 之间可以相隔一个 IP 网络或 MPLS 网络，UPE 或 SPE 发出的标签报文经过隧道传递。如果是 GRE 隧道，要求 GRE 支持对 MPLS 报文的封装。

SPE 和 UPE 之间运行 MP-BGP，根据 UPE 和 SPE 是否属于同一个 AS，可以是 MP-IBGP，也可以是 MP-EBGP。采用 MP-IBGP 时，为了在 IBGP 对等体之间通告路由，SPE 可以作为多个 UPE 的 RR（路由反射器）。SPE 作为 UPE 的路由反射器时，为了减少 UPE 上的路由条数，建议 SPE 不再作为其他 PE 的路由反射器。

一个 UPE 可以连接多个 SPE，也称为 UPE 多归属。在 UPE 多归属中，多个 SPE 都向 UPE 发布 VRF 缺省路由，UPE 会选择其中一条作为优选路由，或者选择多条缺省路由进行负载分担。UPE 向多个 SPE 发布全部的 VPN 路由，也可以发布部分 VPN 路由以形成负载分担，具体可通过路由策略来控制。

3. HoVPN 的标签操作

下面以图 4-5 中 SPE 和 PE 间使用 LSP 隧道为例，介绍在 HoVPN 中两端 CE 间通信报文的标签操作过程。这里有一个重点就是：在 UPE 和 SPE 间，以及 SPE 与 PE 之间，他们分别建立了 MP-BGP 对应的对等体关系，都会为 VPN 路由分配私网标签。在 VPN 报文传输的过程中，报文中所携带的私网标签也会进行交换。

（1）CE1→CE2

在由 CE1 到 CE2 的通信方向中，用户数据报文先是由 CE1 下的用户发出，在 HoVPN 网络中报文的标签操作流程如下。

1）UPE 收到 CE1 的 IPv4 报文后，根据入接口所绑定的 VPN 实例，在 VRF 中找到对应的路由表项后为该报文打上一个私网标签，转换成 VPN 报文发送给 SPE。该私网标签是 UPE 与 SPE 间通过 MP-BGP 为该 VPN 路由分配的。

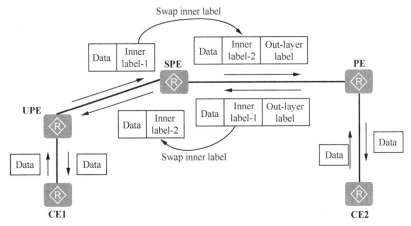

图 4-5　HoVPN 的标签传输示意

2）SPE 收到该标签 VPN 报文后，对原私网标签用 SPE 与 PE 间通过 MP-IBGP 为该 VPN 路由分配的私网标签进行交换，并在私网标签的外层打上 MPLS/IP 骨干网中 SPE 到 PE 的公网隧道 LSP 标签，然后依据外层公网 LSP 隧道标签发送给 PE。

3）PE 的上一跳收到报文后，如果支持 PHP，则会对外层公网隧道 LSP 标签进行弹出操作，然后因为此时内层的私网标签位于栈底，也要被弹出，最后从对应 VPN 实例所绑定的出接口以纯 IPv4 报文方式发给 CE2。

（2）CE2→CE1

在由 CE2 到 CE1 的通信方向中，用户数据报文先是由 CE2 下的用户发出，在 HoVPN 网络中报文的标签操作流程如下。

1）PE 收到 CE2 的 IPv4 报文，根据入接口所绑定的 VPN 实例，在 VRF 中找到对应的路由表项后为该报文打上一个私网标签，转换成 VPN 报文，同时在向下转发之前再在私网标签外面打上 MPLS/IP 骨干网中 PE 到 SPE 的公网隧道 LSP 标签，后依据外层公网 LSP 隧道标签发送给 SPE。

2）SPE 的上一跳收到报文后，如果支持 PHP，对外层公网隧道 LSP 标签进行弹出操作，然后对内层私网标签进行交换操作，去掉原来的内层标签，打上 SPE 与 UPE 之间为该 VPN 路由分配私网标签，发送给 UPE。

3）UPE 收到报文后，由于私网标签位于栈底，也进行弹出操作，再从对应 VPN 实例所绑定的出接口发给 CE1。

4. HoVPN 的嵌套与扩展

HoVPN 支持分层式 PE 的嵌套。

■　一个分层式 PE 可以作为 UPE，同另一个 SPE 组成新的分层式 PE。

■　一个分层式 PE 可以作为 SPE，同多个 UPE 组成新的分层式 PE。

以上这两种嵌套可以多次进行。

通过分层式 PE 的嵌套，理论上可以将 VPN 无限扩展。如图 4-6 是一个三层的分层式 PE，称中间的 PE 为 MPE（Middle-level PE）。SPE 和 MPE 之间，以及 MPE 和 UPE 之间，均运行 MP-BGP。

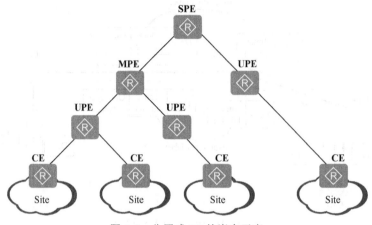

图 4-6　分层式 PE 的嵌套示意

说明　　"MPE" 这种说法只是为了表述方便，但在 HoVPN 模型中并没有 MPE。

MP-BGP 为上层 PE 发布下层 PE 上的所有 VPN 路由，但只为下层 PE 发布上层 PE 的 VPN 实例缺省路由。SPE 维护分层式 PE 接入的所有 Site 的 VPN 路由，路由数目最多；UPE 只维护其直连 Site 的 VPN 路由，路由数目最少；MPE 的路由数目介于 SPE 和 UPE 之间。

5. HoVPN 的主要优势

■ BGP/MPLS VPN 可以逐层部署。当 UPE 性能不够的时候，可以添加一个 SPE，将 UPE 的位置下移。当 SPE 的接入能力不足的时候，可以为其添加 UPE。

■ UPE 和 SPE 之间采用标签转发，因而只需要一个接口（或子接口）相互连接，节约有限的接口资源。

■ 若 UPE 和 SPE 之间相隔一个 IP/MPLS 网络，采用 GRE 或 LSP 等隧道连接。分层部署 MPLS VPN 具有良好的可扩展性。

■ UPE 上只需维护本地接入的 VPN 路由，所有远端路由都用一条缺省或聚合路由替代，减轻了 UPE 的负担。

■ SPE 和 UPE 通过动态路由协议 MP-BGP 交换路由、发布标签。每一个 UPE 只需建立一个 MP-BGP 对等体，协议开销小，配置工作量小。

4.2.3　配置 HoVPN

对于层次化比较明显的 VPN 网络，可以采用 HoVPN 方案，以降低对 PE 设备的性能要求。在配置 HoVPN 之前，需要已完成基本 BGP/MPLS IP VPN 配置。其他方面主要是需要在 SPE 上指定 UPE，并向 UPE 发布 VPN 实例的缺省路由，以实现 HoVPN 的部署，具体配置步骤如表 4-10 所示。

表 4-10　　　　　　　　　　　　　　　　SPE 上 HoVPN 的配置步骤

步骤	命令	说明
1	**system-view** 例如：<Huawei> **system-view**	进入系统视图
指定 UPE		
2	**bgp** { *as-number-plain* | *as-number-dot* } 例如：[Huawei] **bgp** 200	进入 BGP 视图
3	**Peer** *ipv4-address*　**as-number** *as-number* 例如：[Huawei-bgp] **peer** 10.1.1.1 **as-number** 200	指定 UPE 作为自己的 BGP 对等体，可以是 IBGP 对等体，也可以是 EBGP 对等体
4	**ipv4-family vpnv4** [**unicast**] 例如：[Huawei-bgp] **ipv4-family vpnv4**	进入 BGP-VPNv4 地址族视图
5	**peer** *ipv4-address* **enable** 例如：[Huawei-bgp-af-vpnv4] **peer** 10.1.1.1 **enable**	使能对等体交换 BGP-VPNv4 路由信息
6	**peer** *ipv4-address* **upe** 例如：[Huawei-bgp-af-vpnv4] **peer** 10.1.1.1 **upe**	将以上对等体指定为自己的 UPE
发布 VPN 实例的缺省路由		
7	**peer** *ipv4-address* **default-originate vpn-instance** *vpn-instance-name* 例如：[Huawei-bgp-af-vpnv4] **peer** 10.1.1.1 **default-originate vpn-instance** vpn1	向 UPE 发送指定 VPN 实例的缺省路由。执行本命令后，不论本地路由表中是否存在缺省路由，SPE 都会向 UPE 发布一条下一跳地址为本地地址的缺省路由。使 UPE 上只需维护本地接入的 VPN 路由，所有远端路由都用这条缺省路由替代，减轻了 UPE 的负担。 【说明】在 UPE 上还可通过 **import-route**（BGP）或 **network**（BGP）方式引入缺省路由。如果通过本命令配置缺省路由，将抑制以上两命令引入产生的缺省路由。 缺省情况下，BGP 不向 VPNv4 对等体发布缺省路由，可用 **undo peer default-originate vpn-instance** 命令取消此配置

当 HoVPN 业务需要选择 TE 隧道，或者在多条隧道中进行负载分担来充分利用网络资源时，还需要配置隧道策略，具体参见 4.3 节。有关 MPLS TE 隧道的配置参见配套的《华为 MPLS 技术学习指南》。

另外，在 UPE 上要配置 VPN 实例，绑定连接 CE 的接口，同时 UPE 与 SPE 之间要建立 MP-IBGP 或 MP-EBGP 对等体关系，SPE 上也要配置 VPN 实例，并与连接 UPE 的对应接口或子接口进行绑定，这些配置与第 2 章 2.1.3 节介绍的 PE 上 VPN 实例的配置方法完成一样，参见即可。

说明　根据 RFC4382 中的要求，只有当 VPN 实例绑定的接口中至少有一个是 Up 的时候，通过 MIB 和 schema 获取的 VPN 实例状态才是 Up。但是在 HoVPN 场景中，SPE

上的 VPN 实例不需要绑定到接口，这样通过 MIB 和 schema 获取的 VPN 实例状态为 DOWN，但是这与实际情况不符。此时，可以在 SPE 上 VPN 实例视图或 VPN 实例 IPv4 地址族视图下执行 **transit-vpn** 命令，使 MIB 和 schema 获取的 VPN 实例状态不考虑该 VPN 实例是否绑定接口，使该 VPN 实例状态始终为 Up。

HoVPN 完成配置后，使用 **display ip routing-table** 命令在 CE 上查看路由表，可发现本端 CE 上没有到对端 CE 接口网段的路由，但有一条下一跳为 UPE 的缺省路由。

4.2.4　HoVPN 配置示例

如图 4-7 所示，SPE 作为省网的 PE 设备，接入地市的 MPLS VPN 网络。UPE 作为下层地市网络的 PE 设备，最终接入 VPN 客户。其中，UPE 设备的路由能力和转发性能较低，SPE 和 PE 较高，采用 HoVPN 方式的组网缓解 UPE 的压力，实现 vpna 内用户间的相互访问。

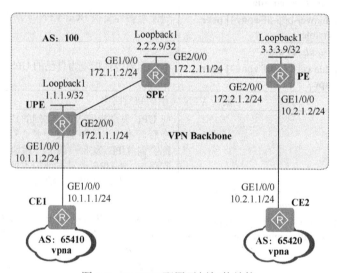

图 4-7　HoVPN 配置示例拓扑结构

1. 基本配置思路分析

本示例中各 Site 连接的是同一个运营商，所以本示例中配置总体上来说与第 2 章介绍的基本 BGP/MPLS IP VPN 的配置方法差不多，就是多了 SPE 与 UPE 之间 MP-BGP 连接、交换 VPN-IPv4 路由方面的配置。基本配置思路如下。

（1）在骨干网上配置 IGP 协议实现骨干网的 IP 连通性，UPE、SPE 和 PE 均属骨干网设备。

（2）骨干网上配置 MPLS 基本能力和 MPLS LDP，建立 LDP LSP。

（3）在 UPE 与 SPE、PE 与 SPE 之间建立 MP-IBGP 对等体关系，交换 VPN 路由信息。

（4）在 UPE 和 PE 上分别创建 VPN 实例，并与对应的接口进行绑定，配置与 CE 间的路由，接入 VPN 用户。

（5）在 SPE 上创建 VPN 实例，指定 UPE 为自己的下层 PE（或称为用户层 PE），并向 UPE 发布 VPN 实例的缺省路由，缓解 UPE 的压力。

2. 具体配置步骤

（1）在骨干网设备上配置各公网接口 IP 地址及 OSPF，实现骨干网的 IP 连通性。

\# 　UPE 上的配置。

```
<Huawei> system-view
[Huawei] sysname UPE
[UPE] interface loopback 1
[UPE-LoopBack1] ip address 1.1.1.9 32
[UPE-LoopBack1] quit
[UPE] interface gigabitethernet 2/0/0
[UPE-GigabitEthernet2/0/0] ip address 172.1.1.1 24
[UPE-GigabitEthernet2/0/0] quit
[UPE] ospf
[UPE-ospf-1] area 0
[UPE-ospf-1-area-0.0.0.0] network 1.1.1.9 0.0.0.0
[UPE-ospf-1-area-0.0.0.0] network 172.1.1.0 0.0.0.255
[UPE-ospf-1-area-0.0.0.0] quit
[UPE-ospf-1] quit
```

\# 　SPE 上的配置。

```
<Huawei> system-view
[Huawei] sysname SPE
[SPE] interface loopback 1
[SPE-LoopBack1] ip address 2.2.2.9 32
[SPE-LoopBack1] quit
[SPE] interface gigabitethernet 1/0/0
[SPE-GigabitEthernet1/0/0] ip address 172.1.1.2 24
[SPE-GigabitEthernet1/0/0] quit
[SPE] interface gigabitethernet 2/0/0
[SPE-GigabitEthernet2/0/0] ip address 172.2.1.1 24
[SPE-GigabitEthernet2/0/0] quit
[SPE] ospf
[SPE-ospf-1] area 0
[SPE-ospf-1-area-0.0.0.0] network 2.2.2.9 0.0.0.0
[SPE-ospf-1-area-0.0.0.0] network 172.1.1.0 0.0.0.255
[SPE-ospf-1-area-0.0.0.0] network 172.2.1.0 0.0.0.255
[SPE-ospf-1-area-0.0.0.0] quit
[SPE-ospf-1] quit
```

\# 　PE 上的配置。

```
<Huawei> system-view
[Huawei] sysname PE
[PE] interface loopback 1
[PE-LoopBack1] ip address 3.3.3.9 32
[PE-LoopBack1] quit
[PE] interface gigabitethernet 2/0/0
[PE-GigabitEthernet2/0/0] ip address 172.2.1.2 24
[PE-GigabitEthernet2/0/0] quit
[PE] ospf
[PE-ospf-1] area 0
[PE-ospf-1-area-0.0.0.0] network 3.3.3.9 0.0.0.0
[PE-ospf-1-area-0.0.0.0] network 172.2.1.0 0.0.0.255
[PE-ospf-1-area-0.0.0.0] quit
[PE-ospf-1] quit
```

以上配置完成后，UPE、SPE、PE 之间应能建立 OSPF 邻居关系，执行 **display ospf**

peer 命令可以看到邻居状态为 Full。执行 **display ip routing-table** 命令可以看到 PE 之间学习到对方的 Loopback 路由。

（2）在骨干网上配置 MPLS 基本能力和 MPLS LDP，建立 LDP LSP。

\# UPE 上的配置。

```
[UPE] mpls lsr-id 1.1.1.9
[UPE] mpls
[UPE-mpls] quit
[UPE] mpls ldp
[UPE-mpls-ldp] quit
[UPE] interface gigabitethernet 2/0/0
[UPE-GigabitEthernet2/0/0] mpls
[UPE-GigabitEthernet2/0/0] mpls ldp
[UPE-GigabitEthernet2/0/0] quit
```

\# SPE 上的配置。

```
[SPE] mpls lsr-id 2.2.2.9
[SPE] mpls
[SPE-mpls] quit
[SPE] mpls ldp
[SPE-mpls-ldp] quit
[SPE] interface gigabitethernet 1/0/0
[SPE-GigabitEthernet1/0/0] mpls
[SPE-GigabitEthernet1/0/0] mpls ldp
[SPE-GigabitEthernet1/0/0] quit
[SPE] interface gigabitethernet 2/0/0
[SPE-GigabitEthernet2/0/0] mpls
[SPE-GigabitEthernet2/0/0] mpls ldp
[SPE-GigabitEthernet2/0/0] quit
```

\# PE 上的配置。

```
[PE] mpls lsr-id 3.3.3.9
[PE] mpls
[PE-mpls] quit
[PE] mpls ldp
[PE-mpls-ldp] quit
[PE] interface gigabitethernet 2/0/0
[PE-GigabitEthernet2/0/0] mpls
[PE-GigabitEthernet2/0/0] mpls ldp
[PE-GigabitEthernet2/0/0] quit
```

以上配置完成后，UPE 与 SPE、SPE 与 PE 之间应能建立 LDP 会话，执行 **display mpls ldp session** 命令可以看到显示结果中 State 项为"Operational"。执行 **display mpls ldp lsp** 命令，可以看到 LDP LSP 的建立情况。

（3）配置 UPE 与 SPE、PE 与 SPE 的 MP-IBGP 对等体关系，使能交换 VPN-IPv4 路由的能力。

\# UPE 上的配置。

```
[UPE] bgp 100
[UPE-bgp] peer 2.2.2.9 as-number 100
[UPE-bgp] peer 2.2.2.9 connect-interface loopback 1
[UPE-bgp] ipv4-family vpnv4
[UPE-bgp-af-vpnv4] peer 2.2.2.9 enable
[UPE-bgp-af-vpnv4] quit
[UPE-bgp] quit
```

\#　SPE 上的配置。

```
[SPE] bgp 100
[SPE-bgp] peer 1.1.1.9 as-number 100
[SPE-bgp] peer 1.1.1.9 connect-interface loopback 1
[SPE-bgp] peer 3.3.3.9 as-number 100
[SPE-bgp] peer 3.3.3.9 connect-interface loopback 1
[SPE-bgp] ipv4-family vpnv4
[SPE-bgp-af-vpnv4] peer 1.1.1.9 enable
[SPE-bgp-af-vpnv4] peer 3.3.3.9 enable
[SPE-bgp-af-vpnv4] quit
[SPE-bgp] quit
```

\#　PE 上的配置。

```
[PE] bgp 100
[PE-bgp] peer 2.2.2.9 as-number 100
[PE-bgp] peer 2.2.2.9 connect-interface loopback 1
[PE-bgp] ipv4-family vpnv4
[PE-bgp-af-vpnv4] peer 2.2.2.9 enable
[PE-bgp-af-vpnv4] quit
[PE-bgp] quit
```

（4）在 UPE 和 PE 上创建 VPN 实例，并与 CE 间配置 EBGP，接入 VPN 用户。相同 VPN 的 VPN-Target 属性值要匹配。

\#　UPE 上的配置。

```
[UPE] ip vpn-instance vpna
[UPE-vpn-instance-vpna] ipv4-family
[UPE-vpn-instance-vpna-af-ipv4] route-distinguisher 100:1
[UPE-vpn-instance-vpna-af-ipv4] vpn-target 1:1
[UPE-vpn-instance-vpna-af-ipv4] quit
[UPE-vpn-instance-vpna] quit
[UPE] interface gigabitethernet 1/0/0
[UPE-GigabitEthernet1/0/0] ip binding vpn-instance vpna
[UPE-GigabitEthernet1/0/0] ip address 10.1.1.2 24
[UPE-GigabitEthernet1/0/0] quit
[UPE] bgp 100
[UPE-bgp] ipv4-family vpn-instance vpna
[UPE-bgp-vpna] peer 10.1.1.1 as-number 65410
[UPE-bgp-vpna] import-route direct
[UPE-bgp-vpna] quit
[UPE-bgp] quit
```

\#　CE1 上的配置。

```
<Huawei> system-view
[Huawei] sysname CE1
[CE1] interface gigabitethernet 1/0/0
[CE1-GigabitEthernet1/0/0] ip address 10.1.1.1 24
[CE1-GigabitEthernet1/0/0] quit
[CE1] bgp 65410
[CE1-bgp] peer 10.1.1.2 as-number 100
[CE1-bgp] import-route direct
[CE1-bgp] quit
```

\#　PE 上的配置。

```
[PE] ip vpn-instance vpna
[PE-vpn-instance-vpna] ipv4-family
[PE-vpn-instance-vpna-af-ipv4] route-distinguisher 100:2
```

```
[PE-vpn-instance-vpna-af-ipv4] vpn-target 1:1
[PE-vpn-instance-vpna-af-ipv4] quit
[PE-vpn-instance-vpna] quit
[PE] interface gigabitethernet 1/0/0
[PE-GigabitEthernet1/0/0] ip binding vpn-instance vpna
[PE-GigabitEthernet1/0/0] ip address 10.2.1.2 24
[PE-GigabitEthernet1/0/0] quit
[PE] bgp 100
[PE-bgp] ipv4-family vpn-instance vpna
[PE-bgp-vpna] peer 10.2.1.1 as-number 65420
[PE-bgp-vpna] import-route direct
[PE-bgp-vpna] quit
[PE-bgp] quit
```

\#　CE2 上的配置。

```
<Huawei> system-view
[Huawei] sysname CE2
[CE2] interface gigabitethernet 1/0/0
[CE2-GigabitEthernet1/0/0] ip address 10.2.1.1 24
[CE2-GigabitEthernet1/0/0] quit
[CE2] bgp 65420
[CE2-bgp] peer 10.2.1.2 as-number 100
[CE2-bgp] import-route direct
[CE2-bgp] quit
```

以上配置完成后，在 UPE 和 PE 上执行 **display ip vpn-instance verbose** 命令可以看到 VPN 实例的配置情况。UPE 和 PE 能用 **ping -vpn-instance** 命令 ping 通自己接入的 CE。以下是在 UPE 上执行 **display ip vpn-instance verbose** 命令的输出示例。

```
[UPE] display ip vpn-instance verbose
 Total VPN-Instances configured : 1
 Total IPv4 VPN-Instances configured : 1
 Total IPv6 VPN-Instances configured : 0

 VPN-Instance Name and ID : vpna, 1
  Interfaces : GigabitEthernet1/0/0
 Address family ipv4
  Create date : 2012/09/14 14:34:10
  Up time : 0 days, 00 hours, 16 minutes and 01 seconds
  Route Distinguisher : 100:1
  Export VPN Targets :   1:1
  Import VPN Targets :   1:1
  Label Policy : label per route
  Log Interval : 5
```

（5）SPE 上配置 VPN 实例，指定 UPE，并向 UPE 发布 VPN 实例的缺省路由。

```
[SPE] ip vpn-instance vpna
[SPE-vpn-instance-vpna] route-distinguisher 200:1
[SPE-vpn-instance-vpna] vpn-target 1:1
[SPE-vpn-instance-vpna] quit
[SPE] bgp 100
[SPE-bgp] ipv4-family vpnv4
[SPE-bgp-af-vpnv4] peer 1.1.1.9 upe
[SPE-bgp-af-vpnv4] peer 1.1.1.9 default-originate vpn-instance vpna
[SPE-bgp-af-vpnv4] quit
[SPE-bgp] quit
```

3. 配置结果验证

以上配置完成后，在 CE 上执行 **display ip routing-table** 命令可以查看到达对端 CE 的 IP 路由表，从中可以发现 CE1 上没有到 CE2 接口网段的路由，但有一条下一跳为 UPE 的缺省路由，CE2 上有到 CE1 接口网段的 BGP 路由（参见输出信息中的粗体字部分）。

```
[CE1] display ip routing-table
Route Flags: R - relay, D - download to fib
----------------------------------------------------------------------

Routing Tables: Public
         Destinations : 8        Routes : 8

  Destination/Mask   Proto   Pre  Cost    Flags  NextHop        Interface

        0.0.0.0/0    EBGP    255   0        D    10.1.1.2       GigabitEthernet1/0/0
       10.1.1.0/24   Direct 0   0           D    10.1.1.1       GigabitEthernet1/0/0
       10.1.1.1/32   Direct 0   0           D    127.0.0.1      GigabitEthernet1/0/0
     10.1.1.255/32   Direct 0   0           D    127.0.0.1      GigabitEthernet1/0/0
      127.0.0.0/8    Direct 0   0           D    127.0.0.1      InLoopBack0
      127.0.0.1/32   Direct 0   0           D    127.0.0.1      InLoopBack0
127.255.255.255/32   Direct 0   0           D    127.0.0.1      InLoopBack0
255.255.255.255/32   Direct 0   0           D    127.0.0.1      InLoopBack0


[CE2] display ip routing-table
Route Flags: R - relay, D - download to fib
----------------------------------------------------------------------

Routing Tables: Public
         Destinations : 8        Routes : 8

  Destination/Mask   Proto   Pre  Cost    Flags  NextHop        Interface

       10.1.1.0/24   EBGP    255   0        D    10.2.1.2       GigabitEthernet1/0/0
       10.2.1.0/24   Direct 0   0           D    10.2.1.1       GigabitEthernet1/0/0
       10.2.1.1/32   Direct 0   0           D    127.0.0.1      GigabitEthernet1/0/0
     10.2.1.255/32   Direct 0   0           D    127.0.0.1      GigabitEthernet1/0/0
      127.0.0.0/8    Direct 0   0           D    127.0.0.1      InLoopBack0
      127.0.0.1/32   Direct 0   0           D    127.0.0.1      InLoopBack0
127.255.255.255/32   Direct 0   0           D    127.0.0.1      InLoopBack0
255.255.255.255/32   Direct 0   0           D    127.0.0.1      InLoopBack0
```

在 UPE 上执行 **display bgp vpnv4 all routing-table** 命令，可以看到有一条 VPN 实例 vpna 的缺省路由，下一跳为 SPE（参见输出信息中的粗体字部分）。

```
[UPE] display bgp vpnv4 all routing-table

BGP Local router ID is 1.1.1.9
Status codes: * - valid, > - best, d - damped,
              h - history,  i - internal, s - suppressed, S - Stale
              Origin : i - IGP, e - EGP, ? - incomplete

Total number of routes from all PE: 4
Route Distinguisher: 100:1

       Network        NextHop        MED        LocPrf      PrefVal Path/Ogn
```

*>	10.1.1.0/24	0.0.0.0	0		0	?
*		10.1.1.1	0		0	65410?
*>	10.1.1.2/32	0.0.0.0	0		0	?

Route Distinguisher: 200:1

	Network	NextHop	MED	LocPrf	PrefVal Path/Ogn
*>i	0.0.0.0	2.2.2.9	0	100	0	i

VPN-Instance vpna, Router ID 1.1.1.9:

Total Number of Routes: 4

	Network	NextHop	MED	LocPrf	PrefVal Path/Ogn
*>i	0.0.0.0	2.2.2.9	0	100	0	i
*>	10.1.1.0/24	0.0.0.0	0		0	?
		10.1.1.1	0		0	65410?
*>	10.1.1.2/32	0.0.0.0	0		0	?

4.3 隧道策略配置与管理

MPLS VPN 业务的转发需要 MPLS 隧道来承载, 而 MPLS 隧道类型包括 GRE 隧道、LSP 隧道 (可以是静态 LSP、LDSP LSP 或 BGP LSP)、TE 隧道 (即 CR-LSP) 三种, 可以根据实际应用需求选择所需的隧道类型。

本节要具体介绍这三种 MPLS 隧道, 以及选择 MPLS 隧道的隧道策略的配置方法。但这是一项可选配置任务, 缺省采用的是 LDP LSP 隧道, 仅当对应的数据流需要采用其他类型隧道时才需要配置。

4.3.1 三种 VPN 隧道

前面已说到, MPLS 隧道类型包括 GRE 隧道、LSP 隧道、TE 隧道 (即 CR-LSP) 三种, 下面分别予以简单介绍。

1. GRE 隧道

如果在 MPLS/IP 骨干网中的边缘设备 PE 具备 MPLS 功能, 但骨干网核心设备 (P 设备) 只提供纯 IP 功能, 不具备 MPLS 功能。这样, 就不能使用 LSP 作为公网隧道。此时, 可以使用 GRE 隧道替代 LSP 作为 VPN 骨干网隧道。有关 GRE 隧道的配置方法请参见《华为 VPN 学习指南》。

2. LSP 隧道

LSP 使用标签转发, 是应用于 BGP/MPLS IP VPN 中常见的隧道。使用 LSP 隧道作为 BGP/MPLS IP VPN 的公网隧道, 骨干网在转发 VPN 数据转发时, 只在 PE 设备分析 IP 报文头中的目的地址前缀, 而不用在 VPN 报文经过的每一台设备都分析 IP 报文头的目的地址前缀层 LSP 标签进行转发。这样就节约了对 VPN 报文的处理时间, 可降低 VPN 报文时延。如果传输 BGP/MPLS IP VPN 报文的骨干网设备都支持 MPLS, 建议使用 LSP

或 MPLS TE 的 CR-LSP 作为公网隧道。

3. MPLS TE 隧道

MPLS TE 是 MPLS 技术与 TE 流量工程相结合的技术，通过建立到达指定路径的 LSP 隧道进行资源预留，使网络流量绕开拥塞节点，达到平衡网络流量的目的。MPLS TE 中用到的这种 LSP 隧道就称为 MPLS TE 隧道，即 CR-LSP 隧道，也是应用于 BGP/MPLS IP VPN 中常见的隧道。

除了具备 LSP 隧道的优势外，MPLS TE 隧道在解决网络拥塞问题方面有着自己的优势。利用 MPLS TE 隧道，服务提供商能够充分利用现有的网络资源，提供多样化的服务。同时可以优化网络资源，进行科学的网络管理。

在 MPLS VPN 业务中，运营商往往需要为 VPN 用户的各种业务类型（如语音业务、视频业务、关键数据业务、普通上网业务）提供端到端的 QoS 保证。为满足用户需求，可以使用 MPLS TE 隧道，为用户创建具有 QoS 保证的隧道。此外，使用 MPLS TE 隧道，运营商还可以根据 VPN 用户的不同服务要求，通过一定的策略构建各种有 QoS 保证的 VPN 服务。有关 MPLS TE 隧道及配置参见配套的《华为 MPLS 技术学习指南》。

4.3.2　隧道策略和隧道选择器

VPN 业务在选择隧道时，默认是选择 LSP 隧道，且不进行隧道负载分担，即只能选择一条 LSP 隧道。当 VPN 业务需要优先选择 TE 隧道、指定特定的 TE 隧道，或者 VPN 业务有多条隧道可供选择，需要进行负载分担来充分利用网络资源，需要对 VPN 应用隧道策略。目前，隧道策略分为"隧道类型优先级策略"和"隧道绑定策略"两种，且这两种方式不能同时配置。

1. 隧道类型优先级策略

配置隧道类型优先级策略后，可指定选择隧道的顺序及负载分担的条数。选择隧道的规则是：**排列在前面的隧道只要是 Up 的就会被选中，不管他是否已经被其他业务选中**；排列在后面的一般不会被选中，除非要求负载分担或者排在前面的隧道都是 Down 的。

例如：对于到同一目的地的隧道策略，如果隧道策略选择 CR-LSP 和 LSP，且 CR-LSP 排在 LSP 前面，且负载分担条数为 3，则选择隧道的规则为。

■　优先选择可用的 CR-LSP 隧道。如果可用的 CR-LSP 隧道超过 3 条，则直接返回前 3 条 CR-LSP 隧道。

■　如果 CR-LSP 隧道不足 3 条，则继续选择 LSP 隧道。假设已经选择 1 条可用的 CR-LSP 隧道，则此时最多可以选择 2 条 LSP 隧道，可用的 LSP 隧道不足 2 条，则根据实际情况返回找到的隧道。如果多于 2 条 LSP 隧道，则只选择前 2 条。

从以上隧道选择原则可以看出，隧道类型优先级策略的缺点是：当有多条同类型隧道时，无法保证会使用哪条隧道。

2. 隧道绑定策略

隧道绑定策略是专用于 MPLS TE 隧道（即 CR-LSP 隧道）的隧道策略，指定一条 MPLS TE 隧道所承载的相应 VPN 业务。对于同一个目的地址，支持指定多条 TE 隧道来进行负载分担。同时在指定的隧道都不可用的情况下，可以选择是否使用其他隧道，以最大程度保证流量不断。其选择隧道的规则如下。

■ 指定的 TE 隧道组中有可用的隧道，则选中指定的可用 TE 隧道，并在指定的 TE 隧道中进行负载分担。

■ **指定的 TE 隧道均不可用，缺省情况下不选择任何隧道**；可以通过配置，在未指定的其他隧道中按照 LSP、CR-LSP 的顺序选择一条可用隧道。

如果 MPLS TE 隧道使能了隧道绑定策略，该隧道不能再被优先级隧道策略选中。

通过隧道绑定策略，能精确的指定用户的 VPN 报文走哪条 TE 隧道。TE 隧道的可靠性高，且有带宽保证，所以该策略适用于对 QoS 有保证的 VPN 业务。

如图 4-8 所示，PE1 和 PE3 之间建立了两条 MPLS TE 隧道（Tunnel1 和 Tunnel2）。如果配置了 VPN 隧道绑定，将 VPNA 与 Tunnel1 绑定，将 VPNB 与 Tunnel2 绑定，VPNA 和 VPNB 将分别使用专用的 TE 隧道。即 Tunnel1 无法给 VPNB 以及其他 VPN 使用，Tunnel2 也无法给 VPNA 以及其他 VPN 使用，使 VPNA 业务和 VPNB 业务不受其他业务干扰，VPNA 业务和 VPNB 业务也互不干扰。从而可以保证 VPNA 与 VPNB 的带宽需求，方便后续部署 QoS。

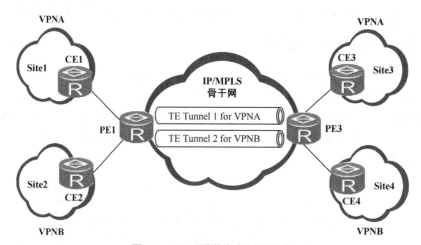

图 4-8　VPN 隧道绑定组网示意

3. 隧道选择器

在 HoVPN、跨域 OptionB 场景下，SPE 或者 ASBR 设备接收所有 UPE 或者 PE 对等体上发来的 VPNv4 路由。当前系统为 VPNv4 路由迭代 LSP 隧道，而有时为了进行带宽保证，需要为这些 VPNv4 路由迭代 TE 隧道，缺省情况下系统无法实现。

另外，在跨域 OptionC 组网中，对于 PE 收到的 BGP-IPv4 标签路由，系统选择的也是 LSP 隧道。如果需要对隧道的带宽进行保证，也需要系统为标签路由迭代 TE 隧道，缺省情况下系统也无法实现。

为解决上面的问题，引入了隧道选择器。隧道选择器可以对 VPNv4 路由或者 BGP-IPv4 标签路由进行过滤，并为通过过滤的路由应用相应的隧道策略，从而根据隧道策略选中符合用户期望的隧道。

4.3.3　隧道策略配置任务

VPN 隧道策略的配置包含"隧道策略"和"隧道选择器"两方面的配置任务。系统缺省选择 LSP 隧道来承载 VPN 业务。在 BGP/MPLS IP VPN 网络中，当 VPN 业务需要选择 TE 隧道或 GRE 隧道，或者在多条隧道中进行负载分担来充分利用网络资源时，需要在 PE 上完成配置并应用隧道策略。

在配置并应用隧道策略之前，需完成以下任务。

- 创建 VPN 需要的隧道（GRE、LSP 或 MPLS TE）。
- 搭建好各类型 VPN 的基本网络。

对于 HoVPN、跨域 OptionB、跨域 OptionC 的场景，当 VPN 业务需要选择 TE 隧道或 GRE 隧道时，还需要在 SPE、ASBR、PE 上完成配置并应用隧道选择器。在配置并应用隧道选择器之前，需完成以下任务。

- 配置好相应的隧道策略。
- 如果需要匹配路由的 RD，需要配置 RD 属性过滤器。
- 如果需要匹配路由的 IPv4 下一跳，需要配置 ACL，或者 IPv4 地址前缀列表。

4.3.4　配置并应用隧道策略

VPN 数据需要在隧道上承载，默认情况下，系统为 VPN 选择 LSP 类型隧道，且不进行隧道的负载分担。如果默认情况不能满足 VPN 的需求，需要对 VPN 应用隧道策略。目前隧道策略包含如下两种，可以根据需要选择其中一种进行配置。

- 隧道类型优先级策略：该策略可以改变 VPN 选择的隧道类型，或者进行隧道的负载分担。
- 隧道绑定策略：该策略可以为 VPN 绑定 TE 隧道以保证 QoS，**专用于 MPLS TE 隧道**。

请在需要使用隧道策略的 PE 设备上进行配置，隧道类型优先级策略的配置步骤如表 4-11 所示，隧道绑定策略的配置步骤，见表 4-12。

表 4-11　　　　　　　　　　　隧道类型优先级策略的配置步骤

步骤	命令	说明
1	**system-view** 例如：\<Huawei\> **system-view**	进入系统视图
2	**tunnel-policy** *policy-name* 例如：[Huawei] **tunnel-policy** policy1	创建隧道策略，并进入隧道策略视图。参数 *policy-name* 用来指定隧道策略名，字符串形式，**区分大小写**，不支持空格，长度范围是 1～39。当输入的字符串两端使用双引号时，可在字符串中输入空格。 缺省情况下，系统中未创建隧道策略，可用 **undo tunnel-policy** *policy-name* 命令删除指定的隧道策略
3	**description** *description-information* 例如：[Huawei-tunnel-policy-policy1] **description** two TE tunnels are used	（可选）对隧道策略配置描述信息。参数 *description-information* 用来指定隧道策略的描述信息，字符串形式，支持空格，**区分大小写**，长度范围是 1～80。 缺省情况下，没有为隧道策略配置描述信息，可用 **undo description** 命令删除已配置的隧道策略描述信息

（续表）

步骤	命令	说明
4	**Tunnel select-seq { gre	lsp	cr-lsp }** * **load-balance-number** *load-balance-number* 例如：[Huawei-tunnel-policy-policy1] **tunnel select-seq lsp load-balance-number** 2	配置隧道的优先级顺序和负载分担条数。命令中的参数和选项说明如下。 • **gre**：可多选选项，指定选择 GRE 隧道。 • **lsp**：可多选选项，指定选择 LSP 隧道。 • **cr-lsp**：可多选选项，指定选择 CR-LSP 隧道。 • *load-balance-number*：指定可进行负载分担的隧道条数，不系列产品系列的取值范围不同，具体参见产品手册。 缺省情况下，只有 LDP LSP、BGP LSP 或者静态 LSP 被选中，不进行负载分担，可用 **undo tunnel select-seq** 命令恢复缺省配置

配置并应用按优先级顺序选择方式的隧道策略后，VPN 选择隧道时将优先选择 **tunnel select-seq** 命令中排列在前的隧道。例如，隧道策略下配置了 **tunnel select-seq cr-lsp lsp load-balance-number** 2 后，VPN 应用隧道策略后将优先选择 CR-LSP 类型的隧道，具体选择规则如下。

■ 如果当前系统中有 2 条或者 2 条以上可用的 CR-LSP 隧道时，则系统随机选取其中的 2 条。

■ 如果当前系统中 CR-LSP 类型的隧道少于 2 条，则不足的隧道从 LSP 类型隧道中选取。

■ 系统中正在使用的隧道条数由 2 条以上降到 2 条以下，则触发隧道策略重新选择隧道，不足的隧道从 LSP 类型隧道中选取。

当在 **tunnel select-seq** 命令中使用 **lsp** 选项时，则有三种 LSP 类型的隧道可以作为候选隧道：LDP LSP、BGP LSP 和静态 LSP。这三种 LSP 类型隧道的优先级顺序为 LDP LSP>BGP LSP>静态 LSP。例如，隧道策略下配置了 **tunnel select-seq lsp cr-lsp load-balance-number** 3 后，则最终的选择规则如下。

■ 如果当前系统中有 3 条或者 3 条以上可用的 LDP LSP 隧道时，则系统随机选取其中的 3 条。

■ 如果当前系统中 LDP LSP 隧道少于 3 条，则不足的隧道从 BGP LSP 类型隧道中选取。

■ 如果当前系统中 LDP LSP 和 BGP LSP 隧道的总数少于 3 条，则不足的隧道从静态 LSP 类型隧道中选取。

表 4-12　　　　　　　　　　　隧道绑定策略的配置步骤

步骤	命令	说明
1	**system-view** 例如：<Huawei> **system-view**	进入系统视图
2	**interface tunnel** *interface-number* 例如：[Huawei] **interface tunnel** 0/0/1	创建 Tunnel 接口并进入 Tunnel 接口视图。参数 *interface-number* 用来指定 Tunnel 接口的编号，格式为"槽位号/卡号/端口号"，槽位号、卡号均为整数形式，取值与设备有关；端口号为整数形式。 Tunnel 接口编号只具有本地意义，隧道两端配置的 Tunnel 接口编号可以不同。创建 Tunnel 接口后，需要配置 Tunnel 接口的 IP 地址和 Tunnel 接口的封装协议。 缺省情况下，系统未创建 Tunnel 接口，可用 **undo interface tunnel** *interface-number* 命令删除指定的 Tunnel 接口

（续表）

步骤	命令	说明
3	**tunnel-protocol mpls te** 例如：[Huawei-Tunnel0/0/1] **tunnel-protocol mpls te**	配置隧道协议为 MPLS TE。 缺省情况下，Tunnel 接口的隧道协议为 **none**，即不进行任何协议封装，可用 **undo tunnel-protocol** 命令恢复缺省配置
4	**mpls te reserved-for-binding** 例如：[Huawei-Tunnel0/0/1] **mpls te reserved-for-binding**	使能 TE 隧道的隧道绑定能力。对 TE 隧道配置本命令后，该隧道只能被隧道绑定策略选中。 缺省情况下，该 TE 隧道能够被各种隧道策略选中，可用 **undo mpls te reserved-for-binding** 命令去使能该 TE 隧道只用于隧道绑定策略
5	**mpls te commit** 例如：[Huawei-Tunnel0/0/1] **mpls te commit**	提交 MPLS TE 隧道配置，使 MPLS TE 的配置生效。 在执行本命令之前，对 MPLS TE 隧道的配置不会生效。当 MPLS TE 的参数发生改变，需要使用该命令使之生效，否则，修改配置的命令虽然会保存到配置文件中，但是不能生效
6	**quit** 例如：[Huawei-Tunnel0/0/1] **quit**	退回系统视图
7	**tunnel-policy** *policy-name* 例如：[Huawei] **tunnel-policy** policy1	创建隧道策略，其他说明参见表 4-11 第 2 步
8	**description** *description-information* 例如：[Huawei-tunnel-policy-policy1] **description** two TE tunnels are used	（可选）对隧道策略配置描述信息。其他说明参见表 4-11 中的第 3 步
9	**tunnel binding destination** *dest-ip-address* te { **tunnel** *interface-number* } &<1-16> [**ignore-destination-check**] [**down-switch**] 例如：[Huawei-tunnel-policy-policy1] tunnel **binding destination** 2.2.2.9 te tunnel 0/0/1	指定隧道绑定策略中的 TE 隧道，参数和选项说明如下。 ● **destination** *dest-ip-address*：指定隧道的目的地址，通常是隧道对端设备的 Loopback 接口 IP 地址。同一隧道策略下可以配置多条不同 *dest-ip-address* 的本命令。 ● **tunnel** *interface-number*：被绑定的隧道接口的编号，即在本表第 2 步创建的 Tunel 接口编号，最多可接 16 个。 ● **ignore-destination-check**：可选项，使能不检查 TE 隧道的目的地址同隧道策略的目的地址是否一致功能。配置此可选项后，选择隧道时即使 TE 隧道的目的地址与隧道策略的目的地址不一致同样可以被选中。 ● **down-switch**：可选项，使能隧道切换功能。配置此可选项后，当绑定的 TE 隧道不可用时，按照 LSP、CR-LSP、GRE 的优先顺序切换到其他可用的隧道。 缺省情况下，隧道不与任何 IP 地址进行绑定，可用 **undo tunnel binding destination** *dest-ip-address* 命令撤销隧道与目的 IP 地址的绑定

　　配置了优先级顺序选择的隧道策略后，还需要在 VPN 中应用该隧道策略，才能使 VPN 按照优先级顺序选择承载其业务的隧道类型和参与负载分担的隧道。配置隧道绑定策略后，也需要在 VPN 中引用该策略，才能使绑定的隧道承载特定的 VPN 业务。应用隧道策略的配置方法，见表 4-13。

表 4-13 应用隧道策略的配置步骤

步骤	命令	说明
1	**system-view** 例如：<Huawei> **system-view**	进入系统视图
2	**ip vpn-instance** *vpn-instance-name* 例如：[Huawei] **ip vpn-instance** vrf1	创建 VPN 实例，并进入 VPN 实例视图，参数 *vpn-instance-name* 用来指定 VPN 实例的名称，字符串形式，区分大小写，不支持空格，长度范围是 1～31
3	**ipv4-family** 例如：[Huawei-vpn-instance-vrf1] **ipv4-family**	使能 VPN 实例的 IPv4 地址族，并进入 VPN 实例 IPv4 地址族视图
4	**tnl-policy** *policy-name* 例如：例如：[Huawei-vpn-instance-vrf1] **tnl-policy** policy1	对 VPN 实例 IPv4 地址族应用前面创建的隧道策略。 【注意】VPN 实例相应地址族下关联了隧道策略后，如果骨干网上不存在符合隧道策略的隧道，VPN 实例相应地址族下的路由还会按照默认的隧道策略去迭代隧道，如果迭代不到，则通信中断。为 VPN 实例地址族改变或者删除隧道策略时，即使骨干网上存在符合条件的隧道，也会引起 VPN 业务的短暂中断，请谨慎执行该操作。 缺省情况下，当前 VPN 实例地址族采用默认的隧道策略，即按照 LSP→CR-LSP→Local_IfNet 的顺序为 VPN 选择一条可用隧道，且不进行负载分担，可用 **undo tnl-policy** 命令取消当前 VPN 实例地址族与指定的隧道策略之间的关联

4.3.5 配置并应用隧道选择器

系统缺省选择 LSP 隧道来承载 VPN 业务，对于 HoVPN、跨域 OptionB、跨域 OptionC 的场景，当 VPN 业务需要选择 TE 隧道或 GRE 隧道时，还需要在 SPE、ASBR、PE 上完成配置并应用隧道选择器。配置隧道选择器，用户可以设定路由的过滤条件，使得符合用户预期的路由迭代到相应的隧道。隧道选择器有两部分组成。

■ **if-match** 子句可以匹配路由的属性，比如路由的 RD、路由下一跳属性。

如果不设置 **if-match** 子句，则默认所有的路由都能通过过滤。

■ **apply** 子句为通过过滤的 VPN 路由选择相应的隧道策略。

只有对 PE、ASBR 或者 SPE 上的相应路由应用了隧道选择器，系统才能按照用户的意图去过滤路由，并为通过过滤的路由迭代相应的隧道。

当前隧道选择器可以对如下两种路由生效。

■ VPNv4 路由：应用在 BGP-VPNv4 地址族下，使得 HoVPN 的 SPE 或者跨域 VPN-OptionB ASBR 设备能为 VPNv4 路由应用隧道策略，迭代到符合要求的隧道。

■ BGP-IPv4 标签路由：应用在 BGP-IPv4 单播地址族下，使得跨域 VPN-OptionC 的 PE 设备和 ASBR 设备能为 BGP-IPv4 标签路由应用隧道策略。

创建隧道选择器的配置步骤，见表 4-14 所示，对 VPNv4 路由应用隧道选择器的配置步骤，见表 4-15，对 BGP-IPv4 标签路由应用隧道选择器的配置步骤，见表 4-16。

表 4-14　　　　　　　　　　　　隧道选择器的创建并应用的配置步骤

步骤	命令	说明
1	**system-view** 例如：\<Huawei> **system-view**	进入系统视图
2	**tunnel-selector** *tunnel-selector-name* { **permit** | **deny** } **node** *node* 例如：[Huawei] **tunnel-selector** tps permit node 10	创建隧道选择器，并进入隧道选择器视图。命令中的参数和选项说明如下。 ● *tunnel-selector-name*：指定隧策略选择器名称，字符串形式，区分大小写，不支持空格，长度范围是 1～40。当输入的字符串两端使用双引号时，可在字符串中输入空格。 ● **permit**：二选一选项，指定隧道选择器的匹配模式为允许。如果路由匹配所有的 if-match 子句，该路由可通过过滤并执行此节点 apply 命令中规定的一系列动作；否则，必须进行下一节点的测试。 ● **deny**：二选一选项，指定隧道选择器的匹配模式为拒绝。如果路由匹配所有的 if-match 子句，该路由不能通过过滤从而不能进入下一节点的测试。 ● *node*：指定所创建的隧道选择器的节点索引，整数形式，取值范围是 0～65535。当进行路由信息过滤时，node 的值小的节点先进行测试。 缺省情况下，没有创建隧道选择器，可用 **undo tunnel-selector** *tunnel-selector-name* [**node** *node*] 命令删除创建的指定隧道选择器
3	**if-match rd-filter** *rd-filter-number* 例如：[Huawei-tunnel-selector] **if-match rd-filter** 1	（二选一）创建一个基于 RD 属性过滤器的匹配规则，参数 *rd-filter-number* 用来指定 RD 属性过滤器的编号，整数形式，取值范围是 1～255，需要事先通过 **ip rd-filter** *rd-filter-number* { **deny** | **permit** } *route-distinguisher* &<1-10>命令创建 RD 属性过滤器。如果指定的 RD 属性过滤器没配置，则当前路由都会被 Permit。 缺省情况下，隧道选择器中无基于 RD 属性过滤器的匹配规则，可用 **undo if-match rd-filter** 命令删除基于 RD 属性过滤器的匹配规则
	if-match ip next-hop { **acl** { *acl-number* | *acl-name* } | **ip-prefix** *ip-prefix-name* } 例如：[Huawei-tunnel-selector] **if-match ip next-hop acl** 2000	（二选一）配置隧道选择器基于路由下一跳信息的匹配规则。当并不是为所有的 VPNv4 路由或者 BGP-IPv4 标签路由应用隧道策略，而是希望只为具有特定下一跳的路由应用隧道策略时，配置本命令。命令中的参数说明如下。 ● *acl-number*：二选一参数，指定基本 ACL 号，整数形式，取值范围是 2000～2999。 ● *acl-name*：二选一参数，指定命名型 ACL 名称，字符串形式，不支持空格，区分大小写，长度范围是 1～32，以英文字母 a～z 或 A～Z 开始。 ● **ip-prefix** *ip-prefix-name*：与前面的 ACL 参数构成二选一参数，指定用于过滤的地址前缀列表名称，字符串形式，取值范围是 1～169，不支持空格，区分大小写。当输入的字符串两端使用双引号时，可在字符串中输入空格。 缺省情况下，隧道选择器中没有设置基于路由下一跳信息的匹配规则，可用 **undo if-match ip next-hop** [**acl** { *acl-number* | *acl-name* } | **ip-prefix** *ip-prefix-name*]命令取消隧道选择器基于路由下一跳信息的匹配规则

（续表）

步骤	命令	说明
4	**apply tunnel-policy** *tunnel-policy-name* 例如：[Huawei-tunnel-selector] **apply tunnel-policy** policy1	指定为通过 **if-match** 子句过滤的路由选择相应的隧道策略，即在上节所创建的隧道。 缺省情况下，没有为通过 if-match 子句过滤的路由选择隧道策略，可用 **undo apply tunnel-policy** 命令取消对路由应用隧道策略

表 **4-15**　　　　　　　　对 **VPNv4** 路由应用隧道选择器的配置步骤

步骤	命令	说明
1	**system-view** 例如：<Huawei> **system-view**	进入系统视图
2	**bgp** { *as-number-plain* | *as-number-dot* } 例如：[Huawei-bgp] **bgp** 100	进入设备对应的 AS 域 BGP 视图
3	**ipv4-family vpnv4** 例如：[Huawei-bgp] **ipv4-family** vpnv4	使能 BGP 的 IPv4 地址族并进入 BGP 的 IPv4 地址族视图。 缺省情况下，进入 BGP-IPv4 单播地址族视图
4	**tunnel-selector** *tunnel-selector-name* 例如：[Huawei-bgp-af-vpnv4] **tunnel-selector** tps	对本设备上的 VPNv4 路由应用隧道选择器，即表 4-28 中所创建的隧道选择器。对 VPNv4 路由应用隧道选择器后，通过 **if-match** 子句过滤的 VPNv4 路由会迭代到 apply 子句中的隧道策略。对于不能通过过滤的 VPNv4 路由，缺省迭代的是 LSP 类型的隧道。 缺省情况下，没有对 BGP-VPNv4 路由应用隧道选择器，BGP-VPNv4 路由只迭代 LSP 类型的隧道，可用 **undo tunnel-selector** 命令取消应用的隧道选择器

表 **4-16**　　　　　　　　对 **BGP-IPv4** 标签路由应用隧道选择器的配置步骤

步骤	命令	说明
1	**system-view** 例如：<Huawei> **system-view**	进入系统视图
2	**bgp** { *as-number-plain* | *as-number-dot* } 例如：[Huawei-bgp] **bgp** 100	进入设备对应的 AS 域 BGP 视图
3	**tunnel-selector** *tunnel-selector-name* 例如：[Huawei-bgp-af-vpnv4] **tunnel-selector** tps	对本设备上的 BGP-IPv4 标签路由应用隧道选择器，即表 4-28 中所创建的隧道选择器。对 BGP-IPv4 标签路由应用隧道选择器后，通过 **if-match** 子句过滤的标签路由会迭代到 **apply** 子句中的隧道策略。对于不能通过过滤的标签路由，缺省迭代的是 LSP 类型隧道。 缺省情况下，没有对 BGP 标签路由应用隧道选择器，BGP 标签路由只迭代 LSP 类型的隧道，可用 **undo tunnel-selector** 命令取消应用的隧道选择器

4.3.6　隧道策略配置管理命令

配置隧道策略并对 VPN 应用后，可以查看当前 VPN 应用的隧道策略，以及当前系统中的隧道信息。

- **display tunnel-info** { **tunnel-id** *tunnel-id* | **all** | **statistics** [**slots**] }：查看当前系统中的隧道信息。
    - **display interface tunnel** *interface-number*：查看指定 Tunnel 接口的详细信息。
    - **display tunnel-policy** [*tunnel-policy-name*]：查看当前系统中存在的隧道策略信息。
    - **display ip vpn-instance verbose** [*vpn-instance-name*]：查看 VPN 实例应用的隧道策略。

配置并应用了隧道选择器，可执行如下命令查看当前系统中的隧道选择器信息，隧道策略信息等。

- **display tunnel-selector** *tunnel-selector-name*：查看隧道选择器的详细配置信息。
- **display tunnel-policy** *tunnel-policy-name*：查看隧道选择器 **apply** 子句中的隧道策略信息。
- **display bgp vpnv4 all routing-table** *ipv4-address* [*mask* [**longer-prefixes**] | *mask-length* [**longer-prefixes**]]：查看 ASBR 或者 SPE 上对应的 VPNv4 路由迭代到的隧道信息。
- **display ip routing-table** *ip-address* [*mask* | *mask-length*] [**longer-match**] **verbose**：查看 PE 上的 BGP-IPv4 标签路由迭代到的隧道信息。
- **display tunnel-info** { **tunnel-id** *tunnel-id* | **all** | **statistics** [**slots**] }：查看当前系统中的隧道信息。

4.3.7　应用于 L3VPN 的隧道策略配置示例

如图 4-9 所示，CE1、CE3 属于 vpna，CE2、CE4 属于 vpnb。PE1 和 PE2 之间建立了两条 MPLS TE 隧道和一条 LSP。为了充分利用隧道资源，vpnb 使用隧道负载分担，且优先选择 TE 隧道。

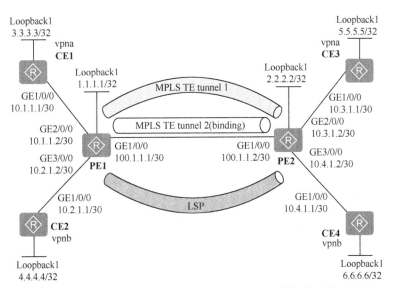

图 4-9　应用于 L3VPN 的隧道策略配置示例的拓扑结构

1. 基本配置思路分析

本示例中 PE 之间有不同的隧道，但根据需求要优先选择 MPLS TE 隧道，所以需要配置并应用隧道策略，因为缺省是采用 LSP 隧道。其他方面，因为本示例中各 Site 连接在是在同一运营商网络上，所以仍可按第 2 章介绍的基本 BGP/MPLS IP VPN 的配置方法进行配置。

本示例的基本配置思路如下。

（1）在骨干上配置 PE1、PE2 各公网接口 IP 地址及路由协议实现 PE 之间的互通，本示例采用 OSPF 协议。

（2）在骨干网 PE1、PE2 上配置 MPLS 基本能力，并在 PE 之间建立 LSP 和两条 MPLS TE 隧道。

（3）在 PE1、PE2 上配置 VPN 实例，并将 CE 接入 PE。

（4）配置 PE1 与 PE2 之间的 MP-IBGP 对等体系关系。

（5）配置 PE 与 CE 之间的 EBGP 对等体关系，交换 VPN 路由信息。

（6）在 PE1 、PE2 上创建 MPLS TE 隧道。

（7）在 PE1、PE2 上配置隧道策略，并对 VPN 实例应用隧道策略。

2. 具体配置步骤

（1）在 MPLS 骨干网上配置各公网接口 IP 地址和 OSPF 协议，实现 PE 之间的 IP 连通性。

\# PE1 上的配置。

```
<Huawei> system-view
[Huawei] sysname PE1
[PE1] interface loopback 1
[PE1-LoopBack1] ip address 1.1.1.1 32
[PE1-LoopBack1] quit
[PE1] interface gigabitethernet1/0/0
[PE1-GigabitEthernet1/0/0] ip address 100.1.1.1 30
[PE1-GigabitEthernet1/0/0] quit
[PE1] ospf 1
[PE1-ospf-1] area 0
[PE1-ospf-1-area-0.0.0.0] network 100.1.1.0 0.0.0.3
[PE1-ospf-1-area-0.0.0.0] network 1.1.1.1 0.0.0.0
[PE1-ospf-1-area-0.0.0.0] quit
[PE1-ospf-1] quit
```

\# PE2 上的配置。

```
<Huawei> system-view
[Huawei] sysname PE2
[PE2] interface loopback 1
[PE2-LoopBack1] ip address 2.2.2.2 32
[PE2-LoopBack1] quit
[PE2] interface gigabitethernet 1/0/0
[PE2-GigabitEthernet1/0/0] ip address 100.1.1.2 30
[PE2-GigabitEthernet1/0/0] quit
[PE2] ospf 1
[PE2-ospf-1] area 0
[PE2-ospf-1-area-0.0.0.0] network 100.1.1.0 0.0.0.3
[PE2-ospf-1-area-0.0.0.0] network 2.2.2.2 0.0.0.0
```

[PE2-ospf-1-area-0.0.0.0] **quit**

[PE2-ospf-1] **quit**

以上配置完成后，在 PE 上执行 **display ip routing-table** 命令可以看到 PE 之间学习到对方的 Loopback1 路由。以下是在 PE1 上执行该命令的输出示例（参见输出信息中的粗体字部分）。

[PE1] **display ip routing-table**

Route Flags: R - relay, D - download to forwarding

Routing Tables: _public_

　　　　Destinations : 9　　　　Routes : 9

Destination/Mask	Proto	Pre	Cost		Flags	NextHop	Interface
1.1.1.1/32	Direct	0	0		D	127.0.0.1	LoopBack1
2.2.2.2/32	**OSPF**	**10**	**1**		**D**	**100.1.1.2**	**GigabitEthernet1/0/0**
100.1.1.0/30	Direct	0	0		D	100.1.1.1	GigabitEthernet1/0/0
100.1.1.1/32	Direct	0	0		D	127.0.0.1	GigabitEthernet1/0/0
100.1.1.3/32	Direct	0	0		D	127.0.0.1	GigabitEthernet1/0/0
127.0.0.0/8	Direct	0	0		D	127.0.0.1	InLoopBack0
127.0.0.1/32	Direct	0	0		D	127.0.0.1	InLoopBack0
127.255.255.255/32	Direct	0	0		D	127.0.0.1	InLoopBack0
255.255.255.255/32	Direct	0	0		D	127.0.0.1	InLoopBack0

（2）在 MPLS 骨干网上配置 MPLS 基本能力，在 PE 之间建立 LDP LSP。

\#　PE1 上的配置。

[PE1] **mpls lsr-id** 1.1.1.1

[PE1] **mpls**

[PE1-mpls] **quit**

[PE1] **mpls ldp**

[PE1-mpls-ldp] **quit**

[PE1] **interface** gigabitethernet 1/0/0

[PE1-GigabitEthernet1/0/0] **mpls**

[PE1-GigabitEthernet1/0/0] **mpls ldp**

[PE1-GigabitEthernet1/0/0] **quit**

\#　PE2 上的配置。

[PE2] **mpls lsr-id** 2.2.2.2

[PE2] **mpls**

[PE2-mpls] **quit**

[PE2] **mpls ldp**

[PE2-mpls-ldp] **quit**

[PE2] **interface** gigabitethernet 1/0/0

[PE2-GigabitEthernet1/0/0] **mpls**

[PE2-GigabitEthernet1/0/0] **mpls ldp**

[PE2-GigabitEthernet1/0/0] **quit**

上述配置完成后，PE1 与 PE2 之间应能建立 LDP LSP，执行 **display tunnel-info all** 命令可以查看当前已建立的隧道信息。执行 **display mpls ldp lsp** 命令可以查看 LSP 信息。以下是在 PE1 上执行这两条命令的输出示例，从中可以看出 PE1 上已建立了两条到达 PE2 的 LSP，其中一条是作为 Ingress LSP，另一条是作为 Transit LSP（参见输出信息中的粗体字部分）。

[PE1] **display tunnel-info all**

　* -> Allocated VC Token

Tunnel ID	Type	Destination	Token

```
0x15                    lsp                2.2.2.2                21
0x16                    lsp                2.2.2.2                22

[PE1] display mpls ldp lsp
  LDP LSP Information
-----------------------------------------------------------------------------------
DestAddress/Mask    In/OutLabel    UpstreamPeer    NextHop        OutInterface
-----------------------------------------------------------------------------------
1.1.1.1/32          3/NULL         2.2.2.2         127.0.0.1      InLoop0
*1.1.1.1/32         Liberal/16                     DS/2.2.2.2
2.2.2.2/32          NULL/3         -               100.1.1.2      GE1/0/0
2.2.2.2/32          16/3           2.2.2.2         100.1.1.2      GE1/0/0
-----------------------------------------------------------------------------------
TOTAL: 3 Normal LSP(s) Found.
TOTAL: 1 Liberal LSP(s) Found.
TOTAL: 0 Frr LSP(s) Found.
A '*' before an LSP means the LSP is not established
A '*' before a Label means the USCB or DSCB is stale
A '*' before a UpstreamPeer means the session is stale
A '*' before a DS means the session is stale
A '*' before a NextHop means the LSP is FRR LSP
```

（3）在 PE1、PE2 上配置 VPN 实例，绑定相应连接 CE 的接口，将 CE 接入 PE。相同 VPN 中各 VPN 实例的 VPN-Target 属性配置要一致，RD 的配置每个 Site 唯一。

　　#　PE1 上的配置。

```
[PE1] ip vpn-instance vpna
[PE1-vpn-instance-vpna] ipv4-family
[PE1-vpn-instance-vpna-af-ipv4] route-distinguisher 100:1
[PE1-vpn-instance-vpna-af-ipv4] vpn-target 111:1 both
[PE1-vpn-instance-vpna-af-ipv4] quit
[PE1-vpn-instance-vpna] quit
[PE1] ip vpn-instance vpnb
[PE1-vpn-instance-vpnb] ipv4-family
[PE1-vpn-instance-vpnb-af-ipv4] route-distinguisher 100:2
[PE1-vpn-instance-vpnb-af-ipv4] vpn-target 222:2 both
[PE1-vpn-instance-vpnb-af-ipv4] quit
[PE1-vpn-instance-vpnb] quit
[PE1] interface gigabitethernet2/0/0
[PE1-GigabitEthernet2/0/0] ip binding vpn-instance vpna
[PE1-GigabitEthernet2/0/0] ip address 10.1.1.2 30
[PE1-GigabitEthernet2/0/0] quit
[PE1] interface gigabitethernet 3/0/0
[PE1-GigabitEthernet3/0/0] ip binding vpn-instance vpnb
[PE1-GigabitEthernet3/0/0] ip address 10.2.1.2 30
[PE1-GigabitEthernet3/0/0] quit
```

　　#　PE2 上的配置。

```
[PE2] ip vpn-instance vpna
[PE2-vpn-instance-vpna] ipv4-family
[PE2-vpn-instance-vpna-af-ipv4] route-distinguisher 100:3
[PE2-vpn-instance-vpna-af-ipv4] vpn-target 111:1 both
[PE2-vpn-instance-vpna-af-ipv4] quit
[PE2-vpn-instance-vpna] quit
[PE2] ip vpn-instance vpnb
[PE2-vpn-instance-vpnb] ipv4-family
```

```
[PE2-vpn-instance-vpnb-af-ipv4] route-distinguisher 100:4
[PE2-vpn-instance-vpnb-af-ipv4] vpn-target 222:2 both
[PE2-vpn-instance-vpnb-af-ipv4] quit
[PE2-vpn-instance-vpnb] quit
[PE2] interface gigabitethernet 2/0/0
[PE2-GigabitEthernet2/0/0] ip binding vpn-instance vpna
[PE2-GigabitEthernet2/0/0] ip address 10.3.1.2 30
[PE2-GigabitEthernet2/0/0] quit
[PE2] interface gigabitethernet 3/0/0
[PE2-GigabitEthernet3/0/0] ip binding vpn-instance vpnb
[PE2-GigabitEthernet3/0/0] ip address 10.4.1.2 30
[PE2-GigabitEthernet3/0/0] quit
```

以上配置完成后，在 PE 设备上执行 **display ip vpn-instance verbose** 命令可以看到 VPN 实例的配置情况。

（4）在 PE 之间建立 MP-IBGP 对等体关系。

　# 　PE1 上的配置。

```
[PE1] bgp 100
[PE1-bgp] peer 2.2.2.2 as-number 100
[PE1-bgp] peer 2.2.2.2 connect-interface loopback 1
[PE1-bgp] ipv4-family vpnv4
[PE1-bgp-af-vpnv4] peer 2.2.2.2 enable
[PE1-bgp-af-vpnv4] quit
```

　# 　PE2 上的配置。

```
[PE2] bgp 100
[PE2-bgp] peer 1.1.1.1 as-number 100
[PE2-bgp] peer 1.1.1.1 connect-interface loopback 1
[PE2-bgp] ipv4-family vpnv4
[PE2-bgp-af-vpnv4] peer 1.1.1.1 enable
[PE2-bgp-af-vpnv4] quit
```

以上配置完成后，在 PE 设备上执行 **display bgp peer** 或 **display bgp vpnv4 all peer** 命令，可以看到 PE 之间的 BGP 对等体关系已建立，并达到 Established 状态。

（5）PE 与 CE 之间建立 EBGP 对等体关系。

　# 　PE1 上的配置。

```
[PE1] bgp 100
[PE1-bgp] ipv4-family vpn-instance vpna
[PE1-bgp-af-vpna] peer 10.1.1.1 as-number 65410
[PE1-bgp-af-vpna] quit
[PE1-bgp] ipv4-family vpn-instance vpnb
[PE1-bgp-af-vpnb] peer 10.2.1.1 as-number 65410
[PE1-bgp-af-vpnb] quit
[PE1-bgp] quit
```

　# 　CE1 上配置。

```
<Huawei> system-view
[Huawei] sysname CE1
[CE1] interface gigabitethernet 1/0/0
[CE1-GigabitEthernet1/0/0] ip address 10.1.1.1 30
[CE1-GigabitEthernet1/0/0] quit
[CE1] bgp 65410
[CE1-bgp] peer 10.1.1.2 as-number 100
[CE1-bgp] import-route direct
[CE1-bgp] quit
```

\# CE2 上的配置。

```
<Huawei> system-view
[Huawei] sysname CE2
[CE2] interface gigabitethernet 1/0/0
[CE2-GigabitEthernet1/0/0] ip address 10.2.1.1 30
[CE2-GigabitEthernet1/0/0] quit
[CE2] bgp 65410
[CE2-bgp] peer 10.2.1.2 as-number 200
[CE2-bgp] import-route direct
[CE2-bgp] quit
```

\# PE2 上的配置。

```
[PE2] bgp 100
[PE2-bgp] ipv4-family vpn-instance vpna
[PE2-bgp-af-vpna] peer 10.3.1.1 as-number 65420
[PE2-bgp-af-vpna] quit
[PE2-bgp] ipv4-family vpn-instance vpnb
[PE2-bgp-af-vpnb] peer 10.4.1.1 as-number 65420
[PE2-bgp-af-vpnb] quit
[PE2-bgp] quit
```

\# CE3 上的配置。

```
<Huawei> system-view
[Huawei] sysname CE3
[CE3] interface gigabitethernet 1/0/0
[CE3-GigabitEthernet1/0/0] ip address 10.3.1.1 30
[CE3-GigabitEthernet1/0/0] quit
[CE3] bgp 65420
[CE3-bgp] peer 10.3.1.2 as-number 100
[CE3-bgp] import-route direct
[CE3-bgp] quit
```

\# CE4 上的配置。

```
<Huawei> system-view
[Huawei] sysname CE4
[CE4] interface gigabitethernet 1/0/0
[CE4-GigabitEthernet1/0/0] ip address 10.4.1.1 30
[CE4-GigabitEthernet1/0/0] quit
[CE4] bgp 65420
[CE4-bgp] peer 10.4.1.2 as-number 100
[CE4-bgp] import-route direct
[CE4-bgp] quit
```

（6）在 PE 之间建立 MPLS TE 隧道，具体配置方法参见配套《华为 MPLS 技术学习指南》的介绍。

\# 在 PE1 上使能基本 MPLS TE 功能。

```
[PE1] mpls
[PE1-mpls] mpls te        #---全局使能本节点的 MPLS TE 功能
[PE1-mpls] mpls rsvp-te   #---全局使能本节点 RSVP-TE 功能
[PE1-mpls] mpls te cspf   #---使能 CSPF（CSPF 提供了一种在 MPLS 域中选择路径的方法）
[PE1-mpls] quit
[PE1] interface gigabitethernet1/0/0
[PE1-GigabitEthernet1/0/0] mpls te       #---在以上接口使能 MPLS TE 功能
[PE1-GigabitEthernet1/0/0] mpls rsvp-te  #---在以上接口使能 RSVP-TE 功能
[PE1-GigabitEthernet1/0/0] quit
```

\# 在 PE2 上使能基本 MPLS TE 功能。

[PE2] **mpls**
[PE2-mpls] **mpls te**
[PE2-mpls] **mpls rsvp-te**
[PE2-mpls] **mpls te cspf**
[PE2-mpls] **quit**
[PE2] **interface** gigabitethernet1/0/0
[PE2-GigabitEthernet1/0/0] **mpls te**
[PE2-GigabitEthernet1/0/0] **mpls rsvp-te**
[PE2-GigabitEthernet1/0/0] **quit**

\# 在 TE 隧道沿途设备上使能 OSPF TE 协议，传递 TE 相关属性信息。

[PE1] **ospf** 1
[PE1-ospf-1] **opaque-capability enable** #---使能 opaque-lsa 能力，从而使 OSPF 进程可以生成 Opaque LSA，并能从邻居设备接收 Opaque LSA
[PE1-ospf-1] **area** 0
[PE1-ospf-1-area-0.0.0.0] **mpls-te enable**　#---在以上区域中使能 MPLS TE
[PE1-ospf-1-area-0.0.0.0] **quit**
[PE1-ospf-1] **quit**

[PE2] **ospf** 1
[PE2-ospf-1] **opaque-capability enable**
[PE2-ospf-1] **area** 0
[PE2-ospf-1-area-0.0.0.0] **mpls-te enable**
[PE2-ospf-1-area-0.0.0.0] **quit**
[PE2-ospf-1] **quit**

\# 创建一条 MPLS TE 隧道。

[PE1] **interface tunnel** 0/0/1
[PE1-Tunnel0/0/1] **ip address unnumbered interface** loopback 1 #--借用 Loopback1 接口的 IP 地址
[PE1-Tunnel0/0/1] **tunnel-protocol mpls te**　#---Tunnel 接口封装 MPLS TE
[PE1-Tunnel0/0/1] **destination** 2.2.2.2　#---指定隧道的目的地址为 PE2
[PE1-Tunnel0/0/1] **mpls te tunnel-id** 11　#---配置隧道 ID
[PE1-Tunnel0/0/1] **mpls te commit**　#---提交 MPLS TE 配置，使配置生效
[PE1-Tunnel0/0/1] **quit**

[PE2] **interface tunnel** 0/0/1
[PE2-Tunnel0/0/1] **ip address unnumbered interface** loopback 1
[PE2-Tunnel0/0/1] **tunnel-protocol mpls te**
[PE2-Tunnel0/0/1] **destination** 1.1.1.1
[PE2-Tunnel0/0/1] **mpls te tunnel-id** 11
[PE2-Tunnel0/0/1] **mpls te commit**
[PE2-Tunnel0/0/1] **quit**

\# 创建另一条 MPLS TE 隧道，并使能隧道绑定，因为示例中要求第 2 条 TE 隧道采用绑定策略，使该 TE 隧道只能用于隧道绑定策略。

[PE1] **interface tunnel** 0/0/2
[PE1-Tunnel0/0/2] **ip address unnumbered interface** loopback 1
[PE1-Tunnel0/0/2] **tunnel-protocol mpls te**
[PE1-Tunnel0/0/2] **destination** 2.2.2.2
[PE1-Tunnel0/0/2] **mpls te tunnel-id** 22
[PE1-Tunnel0/0/2] **mpls te reserved-for-binding**　#--- 指定该 TE 隧道仅用于隧道绑定策略
[PE1-Tunnel0/0/2] **mpls te commit**
[PE1-Tunnel0/0/2] **quit**

[PE2] **interface tunnel** 0/0/2
[PE2-Tunnel0/0/2] **ip address unnumbered interface** loopback 1

```
[PE2-Tunnel0/0/2] tunnel-protocol mpls te
[PE2-Tunnel0/0/2] destination 1.1.1.1
[PE2-Tunnel0/0/2] mpls te tunnel-id 22
[PE2-Tunnel0/0/2] mpls te reserved-for-binding
[PE2-Tunnel0/0/2] mpls te commit
[PE2-Tunnel0/0/2] quit
```

以上配置完成后，在 PE 上执行 **display mpls te tunnel-interface** 命令，可发现接口 Tunnel0/0/1 和 Tunnel0/0/2 的状态都为 Up。以下是在 PE1 上执行该命令的输出示例。

```
[PE1] display mpls te tunnel-interface
---------------------------------------------------------------
                        Tunnel0/0/1
---------------------------------------------------------------
Tunnel State Desc   :  Up
Active LSP          :  Primary LSP
Session ID          :  11
Ingress LSR ID      :  1.1.1.1            Egress LSR ID:  2.2.2.2
Admin State         :  Up                 Oper State    :  Up
Primary LSP State   :  Up
  Main LSP State        : READY           LSP ID    : 1


---------------------------------------------------------------
                        Tunnel0/0/2
---------------------------------------------------------------
Tunnel State Desc   :  Up
Active LSP          :  Primary LSP
Session ID          :  22
Ingress LSR ID      :  1.1.1.1            Egress LSR ID:  2.2.2.2
Admin State         :  Up                 Oper State    :  Up
Primary LSP State   :  Up
  Main LSP State        : READY           LSP ID    : 2
```

（7）在 PE 上创建并应用隧道策略，其中 vpna 应用隧道绑定类型的隧道策略，vpnb 应用隧道类型优先级策略。

  # 配置隧道绑定类型的隧道策略并应用于 vpna。

```
[PE1] tunnel-policy policy1
[PE1-tunnel-policy-policy1] tunnel binding destination 2.2.2.2 te tunnel 0/0/2
[PE1-tunnel-policy-policy1] quit
[PE1] ip vpn-instance vpna
[PE1-vpn-instance-vpna] ipv4-family
[PE1-vpn-instance-vpna-af-ipv4] tnl-policy policy1 #---应用名为 policy1 的隧道绑定策略
[PE1-vpn-instance-vpna-af-ipv4] quit
[PE1-vpn-instance-vpna] quit

[PE2] tunnel-policy policy1
[PE2-tunnel-policy-policy1] tunnel binding destination 1.1.1.1 te tunnel 0/0/2
[PE2-tunnel-policy-policy1] quit
[PE2] ip vpn-instance vpna
[PE2-vpn-instance-vpna] ipv4-family
[PE2-vpn-instance-vpna-af-ipv4] tnl-policy policy1
[PE2-vpn-instance-vpna-af-ipv4] quit
[PE2-vpn-instance-vpna] quit
```

  # 配置隧道类型优先级策略并应用于 vpnb。

```
[PE1] tunnel-policy policy2
[PE1-tunnel-policy-policy2] tunnel select-seq cr-lsp lsp load-balance-number 2   #---配置 2 条隧道负载均衡，优先使用
```

MPLS TE 隧道，MPLS TE 隧道不足时可选择 LSP 隧道

    [PE1-tunnel-policy-policy2] **quit**

    [PE1] **ip vpn-instance** vpnb

    [PE1-vpn-instance-vpnb] **ipv4-family**

    [PE1-vpn-instance-vpnb-af-ipv4] **tnl-policy** policy2　　#---应用名为 policy2 的优先级类型隧道策略

    [PE1-vpn-instance-vpnb-af-ipv4] **quit**

    [PE1-vpn-instance-vpnb] **quit**

    [PE2] **tunnel-policy** policy2

    [PE2-tunnel-policy-policy2] **tunnel select-seq cr-lsp lsp load-balance-number** 2

    [PE2-tunnel-policy-policy2] **quit**

    [PE2] **ip vpn-instance** vpnb

    [PE2-vpn-instance-vpnb] **ipv4-family**

    [PE2-vpn-instance-vpnb-af-ipv4] **tnl-policy** policy2

    [PE2-vpn-instance-vpnb-af-ipv4] **quit**

    [PE2-vpn-instance-vpnb] **quit**

3. 配置结果验证

　　在 CE 上执行 **display bgp routing-table** 命令，可以看到去往对端 CE 的路由，表明已通过 MPLS VPN 隧道成功学习到了对端 Site 的私网路由。以下是在 CE1 上执行该命令的输出示例，有去往 CE3 的路由（参见输出信息中的粗体字部分）。

    [CE1] **display bgp routing-table**

    BGP Local router ID is 3.3.3.3

    Status codes: * - valid, > - best, d - damped,

                    h - history,　 i - internal, s - suppressed, S - Stale

                    Origin : i - IGP, e - EGP, ? - incomplete

    Total Number of Routes: 5

Network	NextHop	MED	LocPrf	PrefVal	Path/Ogn
*>　3.3.3.3/32	0.0.0.0	0		0	?
*>　5.5.5.5/32	**10.1.1.2**			**0**	**100 65420?**
*>　10.4.1.0/24	0.0.0.0	0		0	?
	10.4.1.1	0		0	100?
*>　10.1.1.2/32	0.0.0.0	0		0	?
*>　10.3.1.0/30	10.1.1.2			0	100?
*>　127.0.0.0	0.0.0.0	0		0	?
*>　127.0.0.1/32	0.0.0.0	0		0	?

　　在 PE 设备上执行 **display ip routing-table vpn-instance verbose** 命令，可以看到 VPN 路由所使用的隧道。以下是在 PE1 上执行该命令查看分别去往 CE3 和 CE4 所使用隧道的输出示例。

    [PE1] **display ip routing-table vpn-instance** vpna 5.5.5.5 **verbose**

    Route Flags: R - relay, D - download to fib

    Routing Tables: vpna

    Summary Count : 1

    Destination: 5.5.5.5/32

       Protocol: IBGP　　　　　　Process ID: 0

    Preference: 255　　　　　　　　Cost: 0

      NextHop: 2.2.2.2　　　　Neighbour: 2.2.2.2

        State: Active Adv Relied　　Age: 00h00m08s

```
                Tag: 0                      Priority: low
               Label: 0x13                  QoSInfo: 0x0
          IndirectID: 0xb9
        RelayNextHop: 0.0.0.0             Interface: Tunnel0/0/2
            TunnelID: 0x3d                    Flags: RD

[PE1] display ip routing-table vpn-instance vpnb 6.6.6.6 verbose
Route Flags: R - relay, D - download for forwarding
------------------------------------------------------------------------

Routing Table : vpnb
Summary Count : 1

Destination: 6.6.6.6/32
            Protocol: IBGP             Process ID: 0
          Preference: 255                    Cost: 0
             NextHop: 2.2.2.2           Neighbour: 2.2.2.2
               State: Active Adv Relied       Age: 00h04m37s
                 Tag: 0                   Priority: low
               Label: 0x15                QoSInfo: 0x0
          IndirectID: 0xb8
        RelayNextHop: 0.0.0.0           Interface: Tunnel0/0/1
            TunnelID: 0x3b                   Flags: RD
        RelayNextHop: 0.0.0.0           Interface: LDP LSP
            TunnelID: 0x1c                   Flags: RD
```

从中可以看出，去往 CE3 的 vpna 使用的是 Tunnel0/0/2 这一条 TE 隧道，而去往 CE4 的 vpnb 使用了两条隧道进行负载分担：一条是 Tunnel0/0/1 对应的 TE 隧道，另一条是 LDP LSP 隧道（参见输出信息中的粗体字部分）。之所以去往 CE4 的隧道中没有选择 Tunnel0/0/2 对应的隧道，是因为本示例中 Tunnel0/0/2 对应的启用了隧道绑定策略，不能应用于 vpnb 中配置的隧道类型优先级策略。

此时，同一 VPN 的 CE 应能够相互 Ping 通，不同 VPN 的 CE 不能相互 Ping 通。

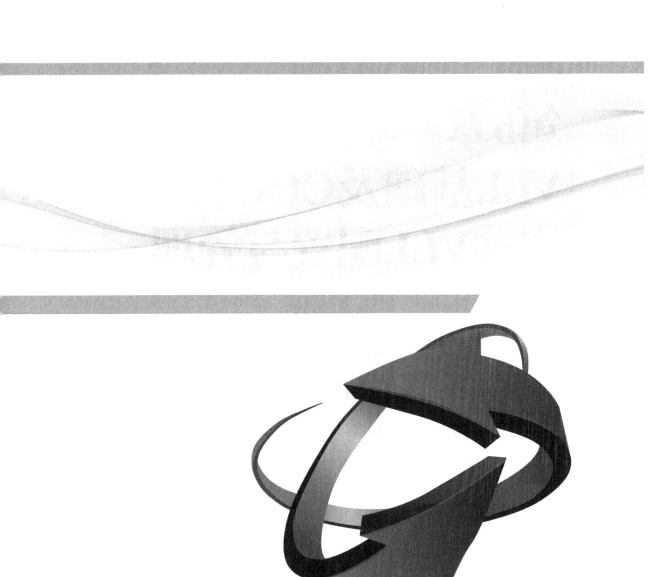

第5章
VLL基础及CCC和Martini
方式VLL配置与管理

本书前面几章已对 BGP/MPLS IP VPN 的配置与管理方法进行了全面、深入的介绍，从第 5 章开始要介绍 MPLS 在 L2VPN 方面应用的三种 VPN 方案（包括 VLL、PWE3 和 VPLS）的配置与管理方法进行具体介绍。本章先介绍 VLL（Virtual Leased Line，虚拟租用线路）L2VPN 方案的配置与管理方法。

VLL 是一种点对点的二层 MPLS VPN 应用方案，它可以在 MPLS 隧道中构建由点对点虚拟二层隧道，通过 MPLS 协议对所接收的二层报文进行重封装，实现隧道两端位于同一 IP 网段的用户间直接二层通信的目的。在 VLL 中又包括四种实现方式，分别是 CCC 方式、Martini 方式、SVC 方式和 Kompella 方式，本章先介绍 VLL 的通用基础知识，以及 CCC 方式、Martini 方式 VLL 的技术原理和相关功能配置与管理方法，第 6 章再介绍 SVC 方式和 Kompella 方式 VLL 的技术原理和相关功能配置与管理方法。

5.1 VLL 基础及工作原理

VLL（Virtual Leased Line，虚拟租用线路）又称 VPWS（Virtual Private Wire Service，虚拟专用线路业务），基于 MPLS 技术上的**点对点二层隧道技术**（是 MPLS L2VPN 中的一种），是对传统租用线业务的仿真，解决了异种介质网络不能相互通信的问题，如图 5-1 所示。VLL 使用 IP 网络模拟租用专线，可提供低成本的 DDN（Digital Data Network，数字数据网）业务仿真。

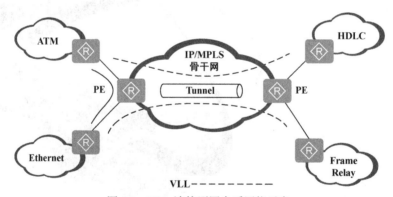

图 5-1　VLL 连接不同介质网络示意

【经验提示】以上所说的"点对点二层隧道"是指一条 VLL 隧道仅可实现两个站点的客户连接、互访，不能实现点到多点的互访，但一台 PE 设备上可创建多条 VLL 隧道，以实现对多个站点的访问。可以简单地把一条 **VLL** 隧道理解成一条二层直连链路，直接连接两个在不同地域的二层网络。

所谓"二层隧道"有两层含义：一是指在 VLL 隧道两端连接的二层用户网络，如图 5-1 中所示的以太网（Ethernet）、ATM、HDLC 和 FR（报文中继）。如果用户网络是 IP 网络，则它们之间必须在同一 IP 网段。二是指在 VLL 隧道中承载的是用户发送的链路层数据（如 VLAN 报文、HDLC 报文、FR 报文、ATM 信元等），中间不经过三层转发。从用户的角度来看，MPLS/IP 网络是一个二层交换网络，可以在用户网络的不同站点

（Site）间建立二层连接，但 MPLS/IP 骨干网实际上仍是三层的，L2VPN 的二层连接是通过 MPLS VC（虚电路）隧道封装来实现的。

5.1.1　VLL 引入背景及主要优势

在计算机网络发展的初期，以太网、ATM、FR、HDLC 等不同二层网络技术可以说是百家争鸣，因此这些类型的网络在不同地域均有分布。但由于使用了不同的二层协议，因此这些不同二层网络是隔离的，而随着网络应用的发展，用户对不同网络间直接相互通信的需求却越来越强烈。

后来，随着以太网的蓬勃发展，大城市之间或更远地域之间以太网连接的需求逐渐增多。最初的传统解决方案使用专有租用线路（Dedicated Lease Line），在两地域间直接铺设专线，但这种方案成本高，维护及可扩展性差，且受地域限制。

基于以上两方面的需求，推动服务提供商寻找一种能够更好解决远程二层网络互联问题的方案，这就是 VLL 方案诞生的基本背景。VLL 不仅建立了统一、兼容的二层交换网络，实现异种二层网络的互连，还解决了远程以太网互连中所使用的传统专有租用线路成本高，维护及可扩展性差的问题。当然，随着以太网的普及，VLL 技术解决异种介质互通的作用已较少用到，但其二层透传（通过三层网络中构建的隧道传输二层报文）的作用被广泛应用到二层以太网络的远程互连。

相对传统专有租用线路中用户对线路独占，VLL 技术基于 MPLS，允许多个客户共享物理线路，仅需为不同客户提供逻辑上的专用通道（即 VLL 隧道），直接传输用户发出的二层报文，属于 MPLS L2VPN（二层 MPLS VPN）。在以太网中，不同城市的用户站点可通过 VLL 技术穿越 MPLS 网络，实现就像在同一个以太网虚拟局域网（VLAN）一样的二层通信效果。

VLL 作为一种点对点的虚拟专线技术，被广泛应用于运营商网络，为客户提供 L2VPN 服务。VLL 技术所带来的好处主要体现在以下几个方面。

（1）为不同的二层交换网络互连提供了可能性

同一个 ISP 网络可以提供多种二层协议网络（如以太网、FR、ATM、HDLC 等）的异种网络连接和数据交换，当然目前来说这不是主要优势，因为目前主要是以太网。

（2）扩展运营商的网络功能和服务能力

运营商可在现有网络上向客户提供 VLL 服务，无需特别改造，更不用新建物理网络，并且可利用 MPLS 相关的增强技术（如流量工程、QoS 等功能）为客户提供不同的服务级别，以满足客户多种多样的需求。

（3）具有更高的可扩展性

借助于 MPLS 的标签栈技术，VLL 可以实现在一条 LSP 隧道中复用多条 VC，为不同客户建立多条各自专用的 VLL 隧道，核心设备 P 只需要维护一条 LSP 信息即可为多路用户提供点对点的 VPN 通信应用，提高了系统的可扩展性。

（4）维护负担较小

ISP 网络的 P 设备不需要维护任何二层信息，因为它只需根据隧道中传输的二层报文在进入 PE 设备时打上的 MPLS 标签进行 MPLS 转发即可，为站点较大、路由数目多的大型企业内部组建 VPN 提供了解决方案。

（5）网络平滑升级

由于 VLL 对于用户是透明的，当用户从 ATM、FR 等传统的二层 VPN 向 MPLS L2VPN 升级时，不需要用户重新配置，除了切换时可能造成短时间的数据丢失外，对用户来说几乎没有影响。

说明 华为 S 系列交换机中无需获得 License 许可即可应用 VLL 功能，但 VLL 需要使能 MPLS 功能，设备的 MPLS 功能使用 License 控制，所以华为 S 系列交换机要使用 VLL 功能，需要向设备经销商申请并购买 License。而且仅 S5700 系列（**SI、LI 子系列除外**）及以上系列的部分 VRP 版本机型支持，具体请查阅相应的产品手册说明。华为 AR G3 系列路由器的所有 L2VPN 功能（包括 VLL 功能）均要使用 License 授权，缺省情况下，设备的 L2VPN 功能受限无法使用。如果需要使用 L2VPN 功能，请联系华为办事处申请并购买 License。而且 AR100-S&AR110-S&AR120-S&AR150-S&AR160-S&AR200-S 系列不支持 VLL。

5.1.2　VLL 的基本架构

VLL 方案包括 CCC、Martini、SVC 和 Kompella 四种实现方式，虽然它们在具体的工作原理上有较大区别，但它们却有统一的基本架构。

VLL 的基本架构主要分为 AC、VC 和 Tunnel 三个部分，如图 5-2 所示。

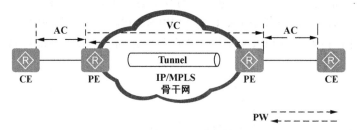

图 5-2　VLL 基本架构

■ AC（Attachment Circuit）：接入电路，用户设备与服务提供商设备之间的连接，即连接 CE 与 PE 的链路。

■ VC（Virtual Circuit）：虚电路，两个 PE 设备之间的一种**单向逻辑连接**。两个 PE 设备之间的两条双向 VC 就构成了一条 PW（Pseudo Wire，伪线），也称为仿真电路。

■ PW（Pseudo Wire）：伪线，两个 PE 设备之间的一条双向虚拟连接，相当于一条虚拟以太网链路。它由一对方向相反的单向的 VC 组成，也称为仿真电路。

■ Tunnel：MPLS 隧道，是一条本地 PE 与对端 PE 之间的点对点逻辑直连通道，用于 PE 之间的数据透明传输，可以是 LSP、MPLS TE 或 GRE 类型。隧道用于承载 PW，即 PW 是在隧道中建立的，且一条隧道上可以建立多条 PW，即在一条 MPLS 隧道中可以建立多对双向 VC，为多路不同客户或应用提供数据传输通道。

VLL 的建立需要完成 PW 的建立和 AC 绑定，以便进入 PE 的数据能找到对应的 PW 进行传输，而从 PW 离开的数据又能找到对应的转发出接口，正确把数据转发到目的主机上。

■ PW 的建立：两端 PE 通过静态配置或使用信令协议（如 LDP 或 BGP 协议等）交换 VC 信息建立 PW（双向 VC），用于为一路点对点二层连接提供一条 VLL 在公网传输的专用通道。其中 CCC 远程连接方式 VLL 采用静态配置方式建立 PW，Martini 和 SVC 方式 VLL 采用 LDP 动态协商方式建立 PW，而 Kompella 方式 VLL 采用 BGP 协议动态协商建立 PW。

■ AC 绑定：将 PE 上的 AC 接口绑定到 PW，建立 AC 与 PW 之间的对应关系，使得对应站点的用户数据能正确进入到指定的 PW 中进行传输，也可使 PE 在接收到带有对应 VC 标签的报文时能找到正确的转发出接口。

5.1.3　AC 接口分类及连接

在 VLL 中，AC 链路连接 PE 设备的接口称之为 AC 接口，**可以视为 PW 两端与 CE 连接的接口**，可以是物理的，也可以是逻辑的。可以担当 AC 接口的接口类型比较多，总体可分为三层模式接口和二层子接口（具有部分三层特性）两大类（**一定不能是二层物理以太网接口和二层 Eth-Trunk 接口**）。

（1）三层模式接口

可以担当 VLL AC 接口的三层模式接口类型有：三层以太网接口、三层 Eth-Trunk 接口、VLANIF 接口，但它们作为 AC 接口时均无需配置 IP 地址、NAT、路由协议等三层配置，因为这些接口均不用于三层转发。

（2）二层模式子接口

可以担当 VLL AC 接口的二层模式子接口类型有：Dot1q 终结子接口、QinQ 终结子接口、QinQ Mapping 子接口和 VLAN Stacking（又称 QinQ Stacking）子接口。其中 Dot1q 终结子接口、QinQ 终结子接口均既可以在二层物理以太网接口、二层 Eth-Trunk 接口（如在 S 系列交换机中的以太网接口）下配置，又可以在三层物理以太网接口、三层 Eth-Trunk 接口（如在 AR 系列交换机中的以太网接口）下配置，**而作为 AC 接口的 QinQ Mapping 子接口和 VLAN Stacking 子接口仅可在 S 系列交换机下二层以太网或 Eth-Trunk 接口下配置。**

注意　Dot1q 终结子接口、QinQ 终结子接口接收到不带标签，或者所带标签不在子接口终结的 VLAN 标签范围之内的报文将直接丢弃。QinQ Mapping 子接口和 VLAN Stacking 子接口接收到不带标签，或者所带标签不在子接口配置的内层 VLAN 标签范围内的报文将直接丢弃。

如果 PE 上的 PW 侧接口使用的是通过 **undo portswitch** 命令切换的三层路由接口（可以是物理以太网接口或 Eth-Trunk 接口），则 PE 上的 AC 接口不能使用三层路由接口下的子接口来配置以上二层模式子接口，否则会出现流量转发不通的现象。

AC 接口类型的不同也影响着 CE 与 PE 连接的方式。当 AC 接口为三层物理以太网接口或三层 Eth-Trunk 接口类型时，CE 与 PE 连接的方式如图 5-3 所示，此时 PE 连接 CE 的接口直接为三层物理以太网接口或 Eth-Trunk 接口，但不能配置 IP 地址、NAT、路由协议等。

图 5-3　当 AC 接口为三层物理以太网接口/Eth-Trunk 接口类型时的 CE 与 PE 的连接方式

　　当 AC 接口为 VLANIF 接口类型时，CE 与 PE 连接的方式如图 5-4 所示，此时 PE 连接 CE 的接口可为二层物理以太网接口或 Eth-Trunk 接口，但担当 AC 接口的 VLANIF 接口也不能配置 IP 地址、NAT、路由协议等。

　　当 AC 接口为 Dot1q 终结子接口、QinQ 终结子接口、QinQ Mapping 子接口和 VLAN Stacking 子接口类型时，CE 与 PE 连接的方式如图 5-5 所示。此时 PE 连接 CE 的主接口可以为二层/三层物理以太网接口或 Eth-Trunk 接口（**QinQ Mapping 子接口和 VLAN Stacking 子接口的主接口不能是三层物理以太网接口或 Eth-Trunk 接口**）。这些子接口也均为二层模式，不能配置 IP 地址等三层参数。

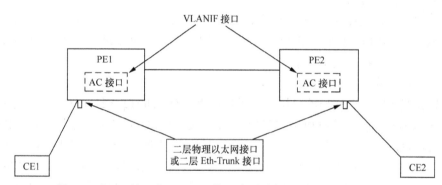

图 5-4　当 AC 接口为 VLANIF 接口类型时的 CE 与 PE 的连接方式

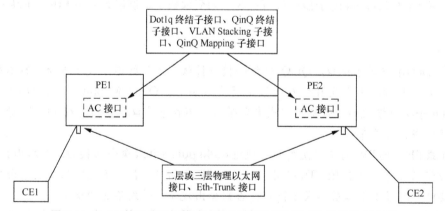

图 5-5　当 AC 接口为二层模式子接口类型时的 CE 与 PE 的连接方式

5.1.4　VLL 的报文封装和解封装

　　VLL 建立后，用户二层报文在 VLL 网络中的传输过程中要依次经过封装、透传、解封装三个过程。

1. 报文的封装

报文从 PE 的 AC 接口进入 PE 上的 PW 时，PE 设备会根据报文中外层 VLAN 标签类型，以及所选择的 PW 的封装方式进行不同的 MPLS 封装处理。

报文中的外层 VLAN 标签分为 U-Tag 和 P-Tag 两种。

■ U-Tag 是报文在用户设备插入的 Tag（即用户私网 VLAN 标签），**对应的 VLAN 在本地 PE 上没有全局创建**，对业务提供商 SP 无意义，在进行 MPLS 封装过程中，不会对报文中的用户私网 VLAN 标签进行任何处理。

当使用 GE 接口、XGE 接口、40GE 接口、100GE 接口、Ethernet 接口、Eth-Trunk 接口作为 AC 接口时，默认情况下，AC 接口上送 PW 的报文中携带的外层 VLAN 标签为 U-Tag，无 P-Tag。

■ P-Tag 是被 SP 设备（PE）插入的 Tag（即公网 VLAN 标签），**对应的 VLAN 在本地 PE 上要全局创建**，通常用于区分用户流量，使不同类型流量可以使用不同的 PW。

当使用 Dot1q 终结子接口、QinQ 终结子接口、QinQ Mapping 子接口和 VLAN Stacking 子接口，或者 VLANIF 接口作为 AC 接口时，默认情况下，AC 接口上送 PW 的报文中携带的外层 VLAN 标签为 P-Tag。

PW 的封装方式有 Ethernet 封装（Raw 模式）和 VLAN 封装（Tagged 模式）两种方式，它决定了报文在 PW 中传输时是否保留原报文中的 P-Tag。表 5-1 列出了 PE 对从 AC 进入 PW 的报文的具体处理方式，**是源端 PE 对报文在 PW 传输前的处理方式**。

表 5-1　　　　　　　　　　　　PE 对从 AC 进入 PW 的报文的处理方式

从 AC 进入 PW 的报文	PW 的封装方式	PE 对从 AC 进入 PW 的报文的处理
报文中存在 P-Tag	Ethernet	删除报文中的 P-Tag，再封装两层 MPLS 标签后转发：内层为 VC 标签，外层为 Tunnel 标签（如 LSP 的 MPLS 标签）
	VLAN	不删除 P-Tag，而是直接再封装两层 MPLS 标签后转发：内层为 VC 标签，外层为 Tunnel 标签
报文中无 P-Tag	Ethernet/VLAN	不论 PW 采用何种封装方式，均对报文不做 Tag 处理，而是直接封装两层 MPLS 标签后转发：内层为 VC 标签，外层为 Tunnel 标签

通过前面的介绍已知，当使用 GE 接口、XGE 接口、40GE 接口、100GE 接口、Ethernet 接口、Eth-Trunk 接口作为 AC 接口时，上送到 PW 的报文中默认不带 P-Tag。根据表 5-1 所示（"报文中无 P-Tag" 的情形），PE 不会对报文进行 P-Tag 处理，仅会封装两层 MPLS 标签。而由 Dot1q 终结子接口、QinQ 终结子接口、QinQ Mapping 子接口、VLAN Stacking 子接口，或者 VLANIF 接口上送到 PW 的报文中如果带有 VLAN 标签，其外层 VLAN 标签就是 P-Tag。根据表 5-1 所示（"报文中存在 P-Tag" 的情形），PE 会在进行相应的 P-Tag 处理后再封装两层 MPLS 标签。

无论哪种封装模式，报文进入 PW 后都要在二层报头和三层报头之间加装两层 MPLS 标签，即内层为 VC 标签，外层为 Tunnel（如 LSP 隧道、TE 隧道、GRE 隧道）标签（CCC 方式 VLL 只有一层 Tunnel 标签），形成 MPLS 报文。内层 VC 标签用于在源端识别要进入的 PW，或者在目的端从 PW 出去后要进入的 AC，只对 PE 设备上有用；外层 Tunnel 标签用于指导二层报文在 PW 中的转发，对整个 MPLS 网络各节点（包括 P 节点）上都有用。

2. 报文透传

由于 VLL 使用 MPLS 网络的 Tunnel 承载，报文从源端 PE 经过封装（封装两层 MPLS 标签）传送到 MPLS 网络后，Tunnel 直接将原报文及其内层 VC 标签透传（在 MPLS 网络传输过程中始终保持不变）至对端 PE。

3. 报文解封装

目的端 PE 收到源端 PE 发送的报文后，要对其进行 MPLS 解封装，然后根据解封装后得到的 VC 信息，将报文转发到对应的 AC 接口。解封装后，报文从 PW 进入 AC，PE 设备会根据 AC 接口类型及报文中的标签类型对报文进行不同的标签处理方式，具体处理方式如表 5-2 所示，**是目的端 PE 对从 PW 下发到 AC 接口的报文的处理方式。**

表 5-2   **PE 对从 PW 进入 AC 的报文中 P-Tag 的处理方式**

从 PW 进入 AC 的报文	PE 对从 PW 进入 AC 的报文中 P-Tag 的处理
报文中存在 P-Tag	不同的 AC 接口类型，PE 对报文中 P-Tag 的处理也不同，具体如下。 ● 主接口（XGE 接口、40GE 接口、100GE 接口、GE 接口、Ethernet 接口、Eth-Trunk 接口）：对报文不做处理，因为主接口可以发送带 VLAN 标签或不带 VLAN 标签的报文。 ● VLANIF 接口：用本 VLANIF 接口对应的 VLAN 标签替换原报文中的 P-Tag，因为 VLANIF 接口发送的报文必须带有 VLAN 标签。 ● Dot1q 终结子接口：对报文不做处理。如果 PW 使用 Ethernet 封装模式（在 Ethenrt 模式中，报文中实际上是没有 P-Tag，外层 VLAN 为 U-Tag），则 Dot1q 终结子接口只允许通过所终结的这个 VLAN。 ● QinQ 终结子接口：用该子接口所终结的外层 VLAN 标签替换报文中的 P-Tag。 ● QinQ Mapping 子接口：用该子接口进行 VLAN Mapping 前的 VLAN 标签（可能是单层，也可能是双层）替换报文中的 P-Tag（反向映射），因为 QinQ Mapping 子接口发送的报文中是仅带有映射前的 VLAN 标签。 ● VLAN Stacking 子接口：删除报文中的 P-Tag，因为 VLAN Stacking 子接口发送的报文中只能带有一层 VLAN 标签
报文中无 P-Tag	当 AC 接口类型不同时，设备对报文中 Tag 的处理不同。 ● 主接口：对报文不做处理。 ● VLANIF 接口：用该 VLANIF 接口对应的 VLAN ID 为报文添加一层 VLAN 标签作为 P-Tag。 ● Dot1q 终结子接口：用该子接口所终结的单层 VLAN 标签为报文增加 P-Tag。如果 PW 使用 Ethernet 封装模式，Dot1q 终结子接口只允许通过所终结的这个 VLAN。 ● QinQ 终结子接口：用该子接口所终结的外层 VLAN 标签为报文增加 P-Tag。 ● QinQ Mapping 子接口：用该子接口进行 VLAN Mapping 前的 VLAN 标签为报文增加 P-Tag。 ● VLAN Stacking 子接口：对报文不做处理

5.1.5　VLL 的主要应用

VLL 主要应用在以下两种场景中：（1）实现站点间点对点二层互连，（2）城域网内 PW 的多业务穿越。下面予以介绍。

1. 站点间点对点二层互连

这是 VLL 的最基本应用，就是用于远程以太网络的二层互联，如图 5-6 所示。VLL 网络中各站点发送的二层报文（L2PDU）在穿越运营商网络时，可不作任何变动地传输到对端站点。不同地域的站点通过 VLL 技术可实现点对点的二层互联，达到在同一局域网中相互通信的效果。

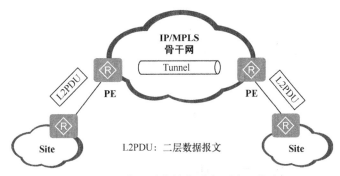

图 5-6　VLL 实现站点的点对点二层互联示意

2. 城域网内 PW 的多业务穿越

在电信级的许多业务中，运营商通过 DSLAM（Digital Subscriber Line Access Multiplexer，数字用户线路接入复用器）或者以太网交换机向用户提供接入线路（ADSL/VDSL、Ethernet 等），并对用户的多种业务进行业务控制。例如对用户的 PPPoE 接入请求进行终结、为用户分配 IP 地址、对用户身份进行验证、对用户业务进行授权、对用户流量进行计费等。负责对业务进行业务控制的设备被称为 BRAS（Broadband Remote Access Server，宽带远程接入服务器）。而随着大容量高性能的 BRAS 设备（例如华为公司的 ME60）出现，BRAS 的位置逐步上移到整个城域网络的出口处，如图 5-7 所示。即 DSLAM 需先接入城域网络，并在整个城域网络的出口处部署集中式的 BRAS 设备来进行业务控制。

图 5-7　城域网内 PW 的多业务穿越示意

由于 BRAS 通常需要跟用户进行二层连接来进行信息交互，例如通过 PPPoE 会话的交互来获知用户的用户名和密码等信息，才能对用户进行业务控制。而城域网络是一个三层的 IP/MPLS 网络，如果在 DSLAM 接入的 UPE 上直接终结了用户的二层信息，则 BRAS 无法和用户进行二层交互，获得必需的用户信息，也就无法对用户进行业务控制。此时可以通过在城域网内构建 VLL，将用户到 BRAS 之间的二层交互报文，以 PW 的方式进行透传。

5.2 配置二层模式子接口

前面说到，PE 的 AC 接口可以有多种类型，其中涉及到 Dot1q 终结子接口、QinQ 终结子接口、QinQ Mapping 子接口和 VLAN Stacking 子接口的配置方法。5.2 节介绍具体的配置方法。但在同一子接口上，不能同时配置多种子接口类型。

说明 Dot1q 终结子接口和 QinQ 终结子接口既有应用于 MPLS L2VPN 中的二层模式，又有应用于 MPLS L3VPN 中的三层模式（可配置 IP 地址），在此仅介绍应用于 L2VPN 中的二层子接口配置方法。

5.2.1 配置二层 Dot1q 终结子接口

二层 Dot1q 终结子接口可以实现对带有**一层或两层** VLAN 标签的报文中的最外层 VLAN 标签进行终结，可在担当 PE 角色的 S 系列交换机二层物理以太网接口或 Eth-Trunk 接口，或 AR G3 系列路由器三层物理以太网接口上或 Eth-Trunk 接口上进行配置。

1. 在 S 系列交换机中配置二层 Dot1q 终结子接口

在 S 系列交换机中的二层以太网接口，或者 Eth-Trunk 接口下配置二层 Dot1q 终结子接口的步骤如表 5-3 所示。

表 5-3　　　　　　在 **S** 系列交换机下配置二层 **Dot1q** 终结子接口的步骤

步骤	命令	说明
1	**system-view** 例如：<HUAWEI> **system-view**	进入系统视图
2	**interface** *interface-type interface-number* 例如：[HUAWEI] **interface** gigabitethernet1/0/1	进入要配置 Dot1q 终结子接口的二层以太网接口或 Eth-Trunk 接口的接口视图
3	**port link-type** { **hybrid** | **trunk** } 例如：[HUAWEI-GigabitEthernet1/0/1] **port link-type hybrid**	配置端口类型为 Hybrid 或 Trunk 类型。配置二层子接口的二层以太网接口或 Eth-Trunk 接口只能是这两种类型之一
4	**quit** 例如：[HUAWEI-GigabitEthernet1/0/1] **quit**	返回系统视图
5	**interface** *interface-type interface-number.subinterface-number* 例如：[HUAWEI] **interface** gigabitethernet 1/0/1.1	在以上二层以太网接口或 Eth-Trunk 接口下创建二层子接口

（续表）

步骤	命令	说明
6	**dot1q termination vid** *low-pe-vid* [**to** *high-pe-vid*] 例如：[HUAWEI-GigabitEthernet1/0/1.1] **dot1q termination vid** 100	配置以上子接口终结的单层 VLAN 标签对应的 VLAN ID。命令中的参数说明如下。 ● *low-pe-vid*：所终结的用户 VLAN 对应的 VLAN ID 的下限值，整数形式，取值范围是 2～4094。 ● **to** *high-pe-vid*：可选参数，所终结的用户 VLAN 对应的 VLAN ID 的上限值，整数形式，取值范围是 2～4094。但 *high-pe-vid* 的取值必须大于等于 *low-pe-vid* 的取值。仅可在 **VPLS** 应用中配置。 【注意】在配置 Dot1q 终结子接口时，要注意以下几个方面。 ● 并不是所有单板上的二层接口都可以创建子接口，具体参见对应产品说明。 ● 子接口允许通过的 VLAN 不能在当前设备全局下创建，也不能查看该 VLAN 信息。 ● 当某 VLAN 创建了 VLANIF 接口后，该 VLAN 不能再用作子接口终结的 VLAN。 ● 该命令是累增式命令，多次配置时，配置结果按多次累加生效。可以实现批量 **VLAN** 终结。 ● 如果是在 Eth-Trunk 接口下创建子接口，则建议用户先将成员接口加入 Eth-Trunk 后，再配置 Eth-Trunk 子接口。只有当成员接口所在的单板系列均支持配置子接口时，Eth-Trunk 子接口才能配置成功。 缺省情况，子接口没有配置 Dot1q 终结的单层 VLAN ID，可用 **undo dot1q termination vid** *low-pe-vid* [**to** *high-pe-vid*] 命令取消 Dot1q 子接口终结的单层 VLAN ID

2. 在 AR 系列路由器下配置二层 Dot1q 终结子接口

在 AR G3 系列路由器的三层以太网接口，或者 Eth-Trunk 接口（也可是 S 系列交换机中支持通过 **undo portswitch** 命令转换的三层接口）下配置二层 Dot1q 终结子接口的步骤如表 5-4 所示。

表 5-4　　　　　　　　　在三层接口下配置二层 **Dot1q** 终结子接口的步骤

步骤	命令	说明
1	**system-view** 例如：<Huawei> **system-view**	进入系统视图
2	**interface** { **ethernet** | **gigabitethernet** } *interface-number.subinterface-number* 例如：[Huawei] **interface** ethernet 2/0/0.1	进入指定以太网子接口的视图。子接口的主接口必须是三层模式，但不能配置 IP 地址
3	**dot1q termination vid** *low-pe-vid* [**to** *high-pe-vid*] 例如：[Huawei-Ethernet2/0/0.1] **dot1q termination vid** 100	配置以上子接口终结的单层 VLAN 标签对应的 VLAN ID。其他说明参见表 5-3 中的第 6 步。只有 AR3200-S 支持指定 *high-pe-vid* 参数

（续表）

步骤	命令	说明
4	**arp broadcast enable** 例如：[Huawei-Ethernet2/0/0.1] **arp broadcast enable**	（可选）使能终结子接口的 ARP 广播功能。 【说明】终结子接口不能转发广播报文，在收到广播报文后他们直接把该报文丢弃。为了允许终结子接口能转发广播报文，可以通过在子接口上执行本命令使能终结子接口的 ARP 广播功能。 如果终结子接口上未使能 ARP 广播功能，当 IP 报文需要从终结子接口发出时，系统将会直接把该 IP 报文丢弃，从而不能对该 IP 报文进行转发；如果终结子接口上已使能 ARP 广播功能，当 IP 报文需要从终结子接口发出时，系统将会构造带 Tag 的 ARP 广播报文，然后再从该终结子接口发出。 缺省情况下，终结子接口已使能 ARP 广播功能，可用 **undo arp broadcast** 命令去使能终结子接口的 ARP 广播功能
5	**ce-vlan ignore** 例如：[Huawei-Ethernet2/0/0.1] **ce-vlan ignore**	（可选）使能 Dot1q 终结子接口忽视 QinQ 报文内层 Tag，仅终结外层 Tag 的功能，此时 Dot1q 终结子接口能够同时处理 Dot1q 报文和 QinQ 报文。 当用户私有网络规划了自己的 VLAN，需要用户报文在运营商网络中透明传输时，可以选择配置该命令

5.2.2　配置二层 QinQ 终结子接口

　　二层 QinQ 终结子接口可以实现对用户报文两层 VLAN 标签的终结功能。当 CE 发往 PE 的业务数据报文中带有两层 VLAN 标签时，二层 QinQ 终结子接口可对报文中的双层标签进行终结，也可在担当 PE 角色的 S 系列交换机二层接口或 AR G3 系列路由器三层接口上进行配置。但同一主接口不同子接口下可以同时部署 Dot1q 终结子接口和 QinQ 终结子接口。即同一主接口下既能终结单层 VLAN 标签的报文，也能终结双层 VLAN 标签的报文。

　　1. 在 S 系列交换机下配置 QinQ 终结子接口

　　在 S 系列交换机中的二层以太网接口，或者 Eth-Trunk 接口下配置二层 QinQ 终结子接口的步骤如表 5-5 所示。

表 **5-5**　　　　　　在二层接口下配置二层 **QinQ** 终结子接口的步骤

步骤	命令	说明
1	**system-view** 例如：<HUAWEI> **system-view**	进入系统视图
2	**interface** *interface-type interface-number* 例如：[HUAWEI] **interface** gigabitethernet1/0/1	进入要配置 Dot1q 终结子接口的二层以太网接口或 Eth-Trunk 接口的接口视图
3	**port link-type** { **hybrid** | **trunk** } 例如：[HUAWEI-GigabitEthernet1/0/1] **port link-type hybrid**	配置端口类型为 Hybrid 或 Trunk 类型。配置二层子接口的二层以太网接口或 Eth-Trunk 接口只能是这两种类型之一

（续表）

步骤	命令	说明
4	**quit** 例如：[HUAWEI-GigabitEthernet1/0/1] **quit**	返回系统视图
5	**interface** *interface-type interface-number.subinterface-number* 例如：[HUAWEI] **interface** gigabitethernet 1/0/1.1	在以上二层以太网接口或 Eth-Trunk 接口下创建二层子接口
6	**qinq termination pe-vid** *pe-vid* **ce-vid** *ce-vid1* [**to** *ce-vid2*] 例如：[HUAWEI-GigabitEthernet1/0/1.1] **qinq termination pe-vid** 100 **ce-vid** 200	配置以上子接口终结的双层 VLAN 标签对应的 VLAN ID。命令中的参数说明如下。 ● **pe-vid** *pe-vid*：所终结的外层 VLAN 对应的 VLAN ID，整数形式，取值范围是 2～4094。 ● *ce-vid1*：用户报文内层 VLAN 标签对应的 VLAN ID 的取值下限，取值范围是 1～4094。 ● *ce-vid2*：可选参数，用户报文内层 VLAN 标签对应的 VLAN ID 的取值上限，取值范围是 1～4094。*ce-vid2* 的取值必须大于等于 *ce-vid1* 的取值。仅可在 **VPLS** 应用中配置。 【注意】在配置 QinQ 终结子接口时，要注意以下几个方面。 ● 并不是所有单板上的二层接口都可以创建子接口，具体参见对应产品说明。 ● 子接口允许通过的 VLAN 不能在当前设备全局下创建，也不能查看该 VLAN 信息。 ● 当某 VLAN 创建了 VLANIF 接口后，该 VLAN 不能再用作子接口终结的 VLAN。 ● 如果是在 Eth-Trunk 接口下创建子接口，则建议用户先将成员接口加入 Eth-Trunk 后，再配置 Eth-Trunk 子接口。只有当成员接口所在的单板系列均支持配置子接口时，Eth-Trunk 子接口才能配置成功。 缺省情况，子接口没有配置对两层 Tag 报文的终结功能，可用 **undo qinq termination pe-vid** *pe-vid* **ce-vid** *ce-vid1* [**to** *ce-vid2*]命令取消子接口对双层标签报文的终结功能

2. 在三层接口下配置二层 QinQ 终结子接口

在 AR G3 系列路由器三层接口上配置二层 QinQ 终结子接口时，二层 QinQ 终结子接口的属性可分为对称方式和非对称方式。不同属性方式 QinQ 终结子接口对接收和发送的报文的处理方式分别如表 5-6 和表 5-7 所示。

表 5-6　　　　　　　　　　　　QinQ 终结子接口对接收报文的处理方式

入接口属性方式	PW 封装方式	
	以太封装方式	VLAN 封装方式
对称方式	剥掉外层 Tag	不处理，两层 Tag 都保留
非对称	两层 Tag 都剥掉	剥掉两层 Tag，再添加一层 Tag

表 5-7 QinQ 终结子接口对发送报文的处理方式

出接口属性方式	PW 封装方式	
	以太封装方式	VLAN 封装方式
对称方式	添加外层 Tag	替换外层 Tag
非对称	添加两层 Tag	剥掉一层 Tag，再添加两层 Tag

在 AR G3 系列路由器的三层以太网接口，或者 Eth-Trunk 接口下配置二层 QinQ 终结子接口的步骤如表 5-8 所示。

表 5-8 在三层接口下配置二层 QinQ 终结子接口的步骤

步骤	命令	说明
1	**system-view** 例如：\<Huawei> **system-view**	进入系统视图
2	**interface** { **ethernet** | **gigabitethernet** } *interface-number.subinterface-number* 例如：[Huawei] **interface** ethernet 2/0/0.1	进入指定以太网子接口的视图。子接口的主接口必须是三层模式，但不能配置 IP 地址
3	**qinq termination pe-vid** *pe-vid* **ce-vid** *ce-vid1* [**to** *ce-vid2*] 例如：[Huawei-Ethernet2/0/0.1] **qinq termination pe-vid** 100 **ce-vid** 200	配置以上子接口终结的双层 VLAN 标签对应的 VLAN ID。需要执行 **termination-vid batch enable** 命令使能批量终结 VLAN 功能后，才支持指定 *ce-vid2* 参数。其他说明参见表 5-5 中的第 6 步
4	**qinq termination l2** { **symmetry** | **asymmetry** } 例如：[Huawei-Ethernet2/0/0.1] **qinq termination l2 asymmetry**	设定 QinQ 终结子接口的属性，仅当接入 MPLS L2VPN（包括 PWE3/VLL）时需要配置。命令中的选项说明如下。 • **symmetry**：二选一选项，指定 QinQ 终结子接口以对称方式接入 PWE3/VLL，将内层 VLAN 标签当作数据报文传到远端设备，实现内层 VLAN 标签隔离，即可通过内层 VLAN 标签对接入用户进行标识。 • **asymmetry**：二选一选项，指定 QinQ 终结子接口以非对称方式接入 PWE3/VLL，不会将内层 VLAN 标签当作数据报文传到远端设备，也就不能实现内层 VLAN 标签隔离，此时内层 VLAN 标签不具有标识用户的意义，也就不能将本表第 3 步中的 *ce-id* 参数指定为一个范围。 缺省情况下，QinQ 终结子接口的属性是非对称方式，可用 **undo qinq termination l2** 命令取消 QinQ 终结子接口接入 PWE3/VLL 时接口的属性
5	**arp broadcast enable** 例如：[Huawei-Ethernet2/0/0.1] **arp broadcast enable**	（可选）使能终结子接口的 ARP 广播功能。其他说明参见 5.2.1 节表 5-4 中的第 4 步

5.2.3 配置 QinQ Mapping 子接口

QinQ Mapping 子接口只能在 **S** 系列交换机上配置。QinQ Mapping 功能可以将用户的一层或两层 VLAN 标签映射为运营商的一层 VLAN 标签，从而起到屏蔽不同用户 VLAN 标签的作用。

QinQ Mapping 功能分为 "1 to 1 的 QinQ Mapping" 和 "2 to 1 的 QinQ Mapping" 两

种。在二层以太网或者 Eth-Trunk 子接口上部署 1 to 1 的 QinQ Mapping 功能后，当子接口收到带有一层用户 VLAN 标签的报文时，将报文中携带的该层 VLAN 标签映射为用户指定的一层 VLAN 标签（通常为运营商的公网 VLAN 标签）。在二层以太网或者 Eth-Trunk 子接口上部署 2 to 1 的 QinQ Mapping 功能后，当子接口收到带有两层 VLAN 标签的报文时，将报文中携带的外层 VLAN 标签映射为用户指定的一层 VLAN 标签，内层 VLAN 不变。

1 to 1 或 2 to 1 的 QinQ Mapping 子接口的配置方法如表 5-9 所示。总体配置思路与前面介绍的在 S 系列交换机上配置二层 Dot1q 终结子接口或 QinQ 终结子接口一样。

表 5-9　　　　　　　　　　　　　　配置 QinQ Mapping 子接口的步骤

步骤	命令	说明
1	system-view 例如：\<HUAWEI> **system-view**	进入系统视图
2	interface *interface-type interface-number* 例如：[HUAWEI] **interface** gigabitethernet1/0/1	进入要配置 QinQ Mapping 子接口的二层以太网接口或 Eth-Trunk 接口的接口视图
3	**port link-type** { **hybrid** | **trunk** } 例如：[HUAWEI-GigabitEthernet1/0/1] **port link-type hybrid**	配置端口类型为 Hybrid 或 Trunk 类型。配置二层子接口的二层以太网接口或 Eth-Trunk 接口只能是这两种类型之一
4	**quit** 例如：[HUAWEI-GigabitEthernet1/0/1] **quit**	返回系统视图
5	interface *interface-type interface-number.subinterface-number* 例如：[HUAWEI] **interface** gigabitethernet 1/0/1.1	在以上二层以太网接口或 Eth-Trunk 接口下创建二层子接口
6	**qinq mapping vid** *vlan-id1* [**to** *vlan-id2*] **map-vlan vid** *vlan-id3* 例如：[HUAWEI-GigabitEthernet1/0/1.1] **qinq mapping vid** 100 **map-vlan vid** 200	（二选一）将报文中携带的一层 VALN 标签映射为指定的 VLAN 标签，配置 1 to 1 的 QinQ Mapping 子接口。命令中的参数说明如下。 ● **vid** *vlan-id1* [**to** *vlan-id2*]：指定子接口接收到的报文携带的一层 VLAN 标签对应的 VLAN ID，整数形式，取值范围是 2～4094。*vlan-id2* 必须大于等于 *vlan-id1*，它和 *vlan-id1* 共同确定一个范围。 ● **map-vlan vid** *vlan-id3*：指定一层用户 VLAN 标签映射后的 VLAN 标签对应的 VLAN ID，整数形式，取值范围是 1～4094。 【注意】映射前的 VLAN 标签和其他子接口映射配置中的外层 VLAN 标签互斥，两者取值不能相同。如果已经在子接口上配置 QinQ Mapping 功能，那么不能再配置 stacking、QinQ 终结、Dot1q 终结相关命令。子接口配置的转换前 VLAN 不能在当前设备全局下创建，也不能查看该 VLAN 信息。 缺省情况下，子接口下没有配置对报文中携带的 Tag 进行映射操作，可用 **undo qinq mapping vid** *vlan-id1* [**to** *vlan-id2*] **map-vlan vid** *vlan-id3* 命令取消子接口的 1 to 1 的 QinQ Mapping 功能。

（续表）

步骤	命令	说明
6	**qinq mapping pe-vid** *vlan-id1* **ce-vid** *vlan-id2* [**to** *vlan-id3*] **map-vlan vid** *vlan-id4* 例如：[HUAWEI-GigabitEthernet1/0/1.1] **qinq mapping pe-vid** 10 **ce-vid** 20 **map-vlan vid** 30	（二选一）将携带两层 VLAN 标签的报文中的外层 VLAN 映射为用户指定的 VLAN 标签（**只对外层 VLAN 映射，内层 VLAN 不变**），配置 2 to 1 的 QinQ Mapping 子接口。命令中的参数说明如下。 • **pe-vid** *vlan-id1*：指定子接口接收到的报文携带的外层 VLAN 标签对应的 VLAN ID，整数形式，取值范围是 2～4094。 • **ce-vid** *vlan-id2* [**to** *vlan-id3*]：指定子接口接收到的报文携带的内层 VLAN 标签对应的 VLAN ID，取值范围是 1～4094。*vlan-id3* 必须大于等于 *vlan-id2*，它和 *vlan-id2* 共同确定一个范围。 • **map-vlan vid** *vlan-id4*：指定外层 VLAN 标签映射后的 VLAN 标签对应的 VLAN ID（为公网 VLAN 标签），取值范围是 1～4094。 【注意】映射前的外层 VLAN 标签和其他子接口映射配置中的外层 VLAN 标签互斥，两者取值不能相同。子接口配置的转换前 VLAN 不能在当前设备全局下创建，也不能查看该 VLAN 信息。 缺省情况下，子接口下没有配置对报文中携带的 Tag 进行映射操作，可用 **undo qinq mapping pe-vid** *vlan-id1* **ce-vid** *vlan-id2* [**to** *vlan-id3*] **map-vlan vid** *vlan-id4* 命令取消子接口替换带有双层 VLAN 标签的报文的外层 VLAN 标签

5.2.4　配置 VLAN Stacking 子接口

VLAN Stacking 子接口又称 QinQ Stacking 子接口，**也仅可在 S 系列交换机的二层以太网或 Eth-Trunk 接口上配置**。

在二层接口下配置 VLAN Stacking 子接口的方法如表 5-10 所示。总体配置思路与前面介绍的在 S 系列交换机上配置二层 Dot1q 终结子接口或 QinQ 终结子接口一样。

表 5-10　　　　　　　　　　在二层接口下配置 **VLAN Stacking** 子接口的步骤

步骤	命令	说明
1	**system-view** 例如：<HUAWEI> **system-view**	进入系统视图
2	**interface** *interface-type interface-number* 例如：[HUAWEI] **interface** gigabitethernet1/0/1	进入要配置 VLAN Stacking 子接口的二层以太网接口或 Eth-Trunk 接口的接口视图
3	**port link-type** { **hybrid** | **trunk** } 例如：[HUAWEI-GigabitEthernet1/0/1] **port link-type hybrid**	配置端口类型为 Hybrid 或 Trunk 类型。配置二层子接口的二层以太网接口或 Eth-Trunk 接口只能是这两种类型之一
4	**quit** 例如：[HUAWEI-GigabitEthernet1/0/1] **quit**	返回系统视图

（续表）

步骤	命令	说明
5	**interface** *interface-type interface-number.subinterface-number* 例如：[HUAWEI] **interface** gigabitethernet 1/0/1.1	在以上二层以太网接口或 Eth-Trunk 接口下创建二层子接口
6	**qinq stacking vid** *vlan-id1* [**to** *vlan-id2*] **pe-vid** *vlan-id3* 例如：[HUAWEI-GigabitEthernet1/0/1.1] **qinq stacking vid** 10 **to** 13 **pe-vid** 100	配置子接口的 VLAN Stacking 功能，在报文中添加外层 VLAN 标签，实现携带双层 VLAN 标签。命令中的参数说明如下。 • **vid** *vlan-id1* [**to** *vlan-id2*]：指定的外部 VLAN，取值范围是 2～4094。*vlan-id2* 的取值必须大于等于 *vlan-id1* 的取值，它和 *vlan-id1* 共同确定一个范围。 • **pe-vid** *vlan-id3*：添加外层 VLAN Tag 的 VLAN 编号，整数形式，取值范围是 1～4094。 【注意】子接口配置的叠加前 VLAN 不能在当前设备全局下创建，也不能查看该 VLAN 信息。主接口和该主接口的子接口不能对同一 VLAN 进行 VLAN Mapping 或 VLAN Stacking 配置。 缺省情况下，子接口没有配置 Stacking 功能，可用 undo **qinq stacking vid** *vlan-id1* [**to** *vlan-id2*] **pe-vid** *vlan-id3* 命令取消子接口的 VLAN Stacking 功能

5.3　CCC 方式 VLL 配置与管理

CCC（Circuit Cross Connect，电路交叉连接）方式 VLL 是通过手工配置、采用静态 LSP 来实现 VLL 的一种方式。CCC 方式 VLL 因为不进行信令协商，不需要交互控制报文，因此消耗资源比较少，易于配置。适用于小型、拓扑简单的 MPLS 网络。

5.3.1　CCC 方式 VLL 简介

CCC 方式 VLLL 的用户站点连接方式分为本地连接和远程连接两种，如图 5-8 所示。但目前华为 AR 路由器不支持 CCC 远程连接（**仅支持本地连接**），华为 S 系列交换机（自 S5700 系列以后部分高端机型）支持 CCC 远程连接。

■ 本地连接：一个 VPN 的多个站点连接在 MPLS 域的同一台 PE 设备上。如图 5-8 中 VPN2 的 Site1 和 Site2 通过 CCC 本地连接进行互连，它们接入的 PE3 相当于一个二层交换机，**各 VPN 站点的 CE 之间不需要 LSP 隧道**。

■ 远程连接：一个 VPN 中的多个站点连接在同一 MPLS 域的不同 PE 设备上。如图 5-8 中的 VPN1 的 Site1 和 Site2 通过 CCC 远程连接进行互连。此时 Site1 与 Site2 间的 VLL 通信**需要配置两条静态 LSP**：一条是从 PE1 到 PE2 方向，表示从 Site1 到 Site2 的 LSP，另一条是从 PE2 到 PE1 方向，表示从 Site2 到 Site1 的 LSP。

CCC 远程连接方式是一种静态配置 VC 连接的方式，将 VC 一端收到的二层协议报文（因为 AC 接口不配置 IP 地址，不能进行三层发，直接保留来自 CE 的报文的二层特性）映射到一条**静态 LSP 隧道**上去，这样二层报文在途经的每一跳设备就根据该静态 LSP 中的标签进行 MPLS 转发，最后将二层报文转发到 VC 的另一端。

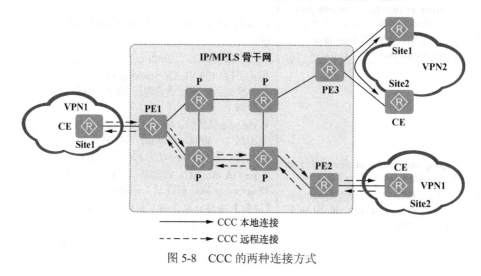

图 5-8　CCC 的两种连接方式

与其他方式的 VLL 不同，远程连接 CCC 方式 VLL 只采用一层 Tunnel 标签（**无 VC 标签**）传送数据，因为在 CCC 方式 VLL 中一条 LSP 隧道只能承载一条 PW，无需区分。而且 Tunnel 标签仅是静态 LSP 标签，二层报文在隧道传输时会在每个 LSR 上进行 LSP 标签交换。

【经验提示】 从以上分析可以看出，CCC 本地连接方式的报文中是不携带任何 MPLS 标签的，因为这种方式的 CE 之间既不需要构建 VC，也不需要构建 LSP 隧道。而在 CCC 远程连接方式的报文中只携带有一层 MPLS LSP 标签，没有 VC 标签，因为在 CCC 远程连接方式中，隧道两端只能建立一条 PW，无需进行 VC 区分。

正因只采用一层 LSP 标签（没有 VC 标签），所以 CCC 远程连接对 LSP 的使用是独占性的，即一条 LSP 隧道只为一对站点的点对点通信所独用，所配置的双向静态 LSP 也只用于传递这个 CCC 连接的数据，不能用于其他 MPLS L2VPN 连接，也不能用于转发 BGP/MPLS IP VPN 报文或普通的 IP 报文。

5.3.2　配置 CCC 本地连接

华为 AR G3 系列路由器和 S5700 及以上系列大部分机型均支持 CCC 本地连接。

配置 CCC 本地连接之前，需要对 CE 所连接的 MPLS 骨干网 PE 设备配置 MPLS 基本能力，包括配置 MPLS LSR ID，并全局使能 MPLS 功能（无需使能 LDP，因为 CCC 本地连接中无需建立 LSP 隧道）。

CCC 本地连接只需在同一 PE 上配置 CCC 连接的 AC 入接口和 AC 出接口即可，无需配置 LSP，因为 MPLS 报文仅会在本地 PE 的 AC 入接口和 AC 出接口之间进行交换，具体配置步骤如表 5-11 所示。但 CCC 本地连接是双向的，且各用户站点连接在同一 PE 设备上，所以在 PE 上只需创建一条本地连接即可。

表 5-11　　　　　　　　　　　　　CCC 本地连接的配置步骤

步骤	命令	说明
1	**system-view** 例如：<Huawei> **system-view**	进入系统视图
2	**mpls l2vpn** 例如：[Huawei] **mpls l2vpn**	全局使能 MPLS L2VPN 功能，并进入 MPLS L2VPN 视图。在配置 VLL 之前，必须先在 PE 上使能 MPLS L2VPN 功能。缺省情况下，系统没有使能 MPLS L2VPN 功能，可用 **undo mpls l2vpn** 命令去使能 MPLS L2VPN，并删除所有 MPLS L2VPN 配置
3	**quit** 例如：[Huawei-l2vpn] **quit**	返回系统视图
4	**ccc** *ccc-connection-name* **interface** *interface-type1 interface-number1* [**raw** | **tagged**] **out-interface** *interface-type2 interface-number2* [**raw** | **tagged**] 例如：[Huawei] **ccc** ccc-connect-1 **interface** vlanif 10 **out-interface** vlanif 11	创建 CCC 本地连接。**CCC 本地连接是双向的，因此只需要创建一条连接**。命令中的参数和选项说明如下。 ● *ccc-connection-name*：指定 CCC 本地连接名，用于唯一标识 PE 上的一个 CCC 连接，字符串形式，**区分大小写**，不支持空格，长度范围是 1～20。当输入的字符串两端使用双引号时，可在字符串中输入空格。 ● **interface** *interface-type1 interface-number1*：指定与第一个 CE 相连的 AC 接口类型和编号。 ● **out-interface** *interface-type2 interface-number2*：指定与第二个 CE 相连的 AC 接口类型和编号。 【注意】以上第一个、第二个接口必须是 AC 接口，但不一定是直接连接 CE 的物理接口。但在 CCC 方式 VLL 中，AR 路由器上可采用三层物理接口，**S 系列交换机上只能采用 VLANIF 接口，并且这些接口均无需配置 IP 地址、路由协议**。同一个接口不能既作为 L2VPN 的 AC 接口又作为 L3VPN 的 AC 接口。 在 S 系列交换机中，缺省情况下，设备上全局使能链路类型自协商功能，若使用 VLANIF 接口作为 AC 接口，则与该功能相冲突，V200R005C00 之前版本需要先在系统视图下执行 **lnp disable** 命令去使能链路类型自协商功能。V200R005C00 之前版本升级到 V200R005C00 及后续版本时，设备将自动执行命令 **lnp disable** 全局去使能链路类型自协商功能。 ● **raw**：二选一可选项，指定入/出 AC 接口的封装类型为 raw 方式。设置入接口类型为 raw 方式后，设备将删除进入接口报文中的 P-tag。 ● **tagged**：二选一可选项，指入/出 AC 接口的封装类型为 tagged 方式。设置入接口类型为 tagged 方式后，设备将保留进入接口的报文中的 P-tag。 在 S 系列交换机中，CCC 本地连接的 AC 接口只能是 VLANIF 接口，缺省封装类型为 raw 方式，而在 AR G3 系列路由器的 CCC 本地连接的 AC 接口可以三层物理接口，以及第 5 章前面介绍的各种二层子接口，缺省封装类型为 tagged 方式。如果在命令中不配置 AC 接口的封装方式，则缺省为 tagged 方式。 缺省情况下，系统没有创建任何 CCC 本地连接，可用 **undo ccc** *ccc-connection-name* 命令删除指定的 CCC 连接

5.3.3 配置 CCC 远程连接

CCC 远程连接目前仅华为 S 系列交换机部分中高端机型支持，AR 系列路由器不支持，具体参见相应产品手册说明。

CCC 远程连接中的用户站点连接在不同的 PE 设备上，所以需要在两端 PE 上分别配置 CCC 连接的入接口、入标签和出标签等；若两 PE 间存在 P 设备，则还需要在 P 设备上配置两条双向静态 LSP，若无 P 设备则不需配置。但要确保 PE 和 P 节点间，按 LSP 方向，**上游设备配置的出标签与下游设备配置的入标签要一致**。因为直接在两端 PE 上建立静态 CCC 连接，所以无需在两端 PE 间配置建立 LDP 会话。

配置 CCC 远程连接之前，需完成以下任务。

■ 对 MPLS 骨干网（PE、P）配置静态路由或 IGP 路由协议，实现骨干网的 IP 连通性。

■ 对 MPLS 骨干网（PE、P）配置 MPLS 基本能力，包括 LSR ID 的配置，全局及公网接口上的 MPLS 使能（无需使能 LDP，因为 CCC 连接使用的是静态 LSP）。

1. 在 PE 上创建 CCC 远程连接

在 VC 两端的 PE 上创建 CCC 远程连接的配置步骤如表 5-12 所示。

表 5-12   **CCC 远程连接的配置步骤**

步骤	命令	说明
1	**system-view** 例如：<Huawei> **system-view**	进入系统视图
2	**mpls l2vpn** 例如：[Huawei] **mpls l2vpn**	使能 MPLS L2VPN 功能，并进入 MPLS L2VPN 视图
3	**quit** 例如：[Huawei-l2vpn] **quit**	返回系统视图
4	**ccc** *ccc-connection-name* **interface** *interface-type1 interface-number1* [**raw** | **tagged**] **in-label** *in-label-value* **out-label** *out-label-value* **nexthop** *nexthop-address* [**control-word** | **no-control-word**] 例如：[Huawei] **ccc ccc-connection interface** vlanif 10 **in-label** 100 **out-label** 200 **nexthop** 10.1.1.2	创建 CCC 远程连接。本命令的许多参数和选项与 5.3.2 节 5-11 中的第 4 步命令一样，参见即可，但参数 *interface interface-type1 interface-number1* 所指定的 **AC 接口只能是 VLANIF 接口**。下面再介绍与表 5-11 第 4 步中不同的参数。 • *in-label-value*：指定入 LSP 标签值，整数形式，与静态 LSP 标签的取值范围一样为 16～1023。此标签是作为对端 CE 连接本端 CE 时，本端作为 LSP 方向 Egress 节点时所分配的入标签，**必须与相邻 P 所分配的出标签一致**。 • *out-label-value*：指定出 LSP 标签值，整数形式，取值范围是 0～1048575。此标签是本端 CE 连接对端 CE 时，本端作为 LSP 方向 Ingress 节点所分配的出标签，**必须与相邻 P 所分配的入标签一致**。 • *nexthop-address*：指定按 CCC 连接方向的下一跳的 IP 地址。 • **control-word**：二选一可选项，使能控制字特性，具体参见 5.3.3 节后面介绍。 • **no-control-word**：二选一可选项，禁止控制字特性。缺省情况下为禁止控制字特性。

（续表）

步骤	命令	说明
4	**ccc** *ccc-connection-name* **interface** *interface-type1 interface-number1* [**raw** | **tagged**] **in-label** *in-label-value* **out-label** *out-label-value* **nexthop** *nexthop-address* [**control-word** | **no-control-word**] 例如：[Huawei] **ccc ccc-connection interface** vlanif 10 **in-label** 100 **out-label** 200 **nexthop** 10.1.1.2	VLANIF 接口封装类型默认为 raw 类型，而 CCC 本地连接的缺省类型为 tagged 方式。 【注意】同一个 VLANIF 接口不能既作为 L2VPN 的 AC 接口又作为 L3VPN 的 AC 接口，因为当某个 VLANIF 接口绑定 L2VPN 后，该接口上配置的 IP 地址、路由协议等三层特性会变为无效。 缺省情况下，系统没有创建任何 CCC 本地连接，可用 **undo ccc** *ccc-connection-name* 命令删除指定的 CCC 连接

说明

　　"控制字"字段位于 MPLS 标签栈和二层报文之间，用来携带额外的二层报文的控制信息，如序列号等。控制字具有如下功能。

　　■ 避免报文乱序：在多路径转发的情况下，报文有可能产生乱序，此时可以通过控制字的序列号字段对报文进行排序重组。

　　■ 传送特定二层报文的标记：如报文中继的 FECN（Forward Explicit Congestion Notification，前向显式拥塞通知）比特和 BECN（Backward Explicit Congestion Notification，后向显示拥塞通知）比特等。

　　■ 指示净载荷长度：如果 PW 上传送报文的净载荷长度小于 64 个字节，则需要对报文进行填充，以避免报文发送失败。此时，通过控制字的载荷长度字段可以确定原始载荷的长度，以便从填充后的报文中正确获取原始的报文载荷。

　　对于某些 PW 数据封装类型（如报文中继 DLCI 类型、ATM AAL5 SDU VCC 类型），PW 上传递的报文必须携带控制字字段，不能通过配置来控制；对于另一些 PW 数据封装类型（如 Ethernet、VLAN），控制字字段是可选的，可以通过配置来决定是否携带控制字。

　　2. 在 P 上配置静态 LSP

　　在 CCC 远程连接中，如果隧道两端 CE 间有 P 节点，则还需要在各 P 节点上进行 CCC 远程连接上进行静态 LSP 的配置，方法是在系统视图下通过 **static-lsp transit** *lsp-name* [**incoming-interface** *interface-type interface-number*] **in-label** *in-label* { **nexthop** *nexthop-address* \| **outgoing-interface** *interface-type interface-number* }[*] **out-label** *out-label* 命令配置本节点作为静态 LSP 的转发（Transit）LSR。这条命令其实与在配套的《华为 MPLS 技术学习指南》第 2 章介绍的 P 节点静态 LSP 配置命令一样，参数说明如下。

　　■ *lsp-name*：指定 LSP 名称，字符串形式，区分大小写，不支持空格，长度范围是 1～19，与 PE 上配置的静态 LSP 名称可以一致，也可以不一致。当输入的字符串两端使用双引号时，可在字符串中输入空格。

　　■ **incoming-interface** *interface-type interface-number*：可选参数，指定按 LSP 方向的入接口类型和编号，仅可为 VLANIF 接口。

　　■ *in-label*：指定入 LSP 标签值，整数形式，取值范围 16～1023，**要与 LSP 方向上游 P 或 PE 节点所配置的出标签值一致**。

■ *out-label*：指定出 LSP 标签值，整数形式，取值范围 16～1048575，**要与 LSP 方向下游 P 或 PE 节点所配置的入标签值一致**。

　　■ *next-hop-address*：可多选参数，指定按 LSP 方向的下一跳的 IP 地址。

　　■ **outgoing-interface** *interface-type interface-number*：可多选参数，指定按 LSP 方向的出接口类型和编号，仅可为 VLANIF 接口。如果配置出接口参数，不配置下一跳参数，在以太网络中会导致转发不通。

　　可通过 **undo static-lsp transit** *lsp-name* 命令删除指定的静态 LSP，但如果要修改原来配置的静态 LSP 参数，则可直接通过重新配置本命令，而不用先删除原来有静态 LSP 配置。

5.3.4　CCC 方式 VLL 配置管理

　　完成 CCC 方式 VLL 配置后，可在任意视图下通过以下 **display** 命令查看到已配置的 CCC 连接信息、CCC 连接的接口信息等内容。

　　■ **display vll ccc** [*ccc-name* | **type** { **local** | **remote** }]：查看指定或所有已配置的 CCC 连接信息。

　　■ **display l2vpn ccc-interface vc-type ccc** [**down** | **Up**]：查看指定状态或所有的 CCC 连接的接口信息。

5.3.5　以三层物理接口为 AC 接口的 CCC 本地连接配置示例

　　如图 5-9 所示，位于不同物理位置的用户网络站点分别通过 CE1 和 CE2 设备通过 AR 路由器的三层物理以太网接口接入运营商的同一 PE 设备，而且这两个站点中划分了多个 VLAN（此处仅以 VLAN 10 和 VLAN 20 为例，分别在 192.168.1.0/24 和 192.168.2.0/24 这两个 IP 网段）。为简化配置，用户希望两个 CE 间达到在同一局域网中相互通信的效果，使相同 VLAN 中的用户能直接二层通信。

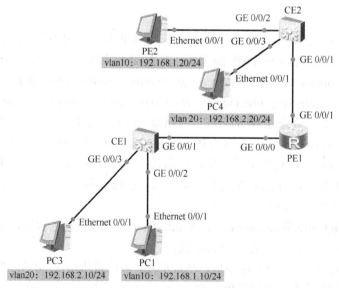

图 5-9　以三层物理接口为 AC 接口的 CCC 本地连接配置示例的拓扑结构

1．基本配置思路分析

本示例中，因为 PE 连接 CE 的接口为物理三层以太网接口，而且仅要求两站点间的相同 VLAN 中的用户能直接二层通信，故可以采用该三层物理以太网接口作为 PE 的 AC 接口，但不要配置 IP 地址。又因为 CE1 和 CE2 连接的是同一台 PE 设备，所以可以通过在两站点间建立 CCC 本地连接来实现本示例 CE1 和 CE2 两站点中相同 VLAN 中的用户直接二层通信的目的。

根据前面的分析，结合 5.3.2 节介绍的本地 CCC 连接连接配置方法，可得出本示例的基本配置思路如下。

（1）在 CE1 和 CE2 上创建所需的 VLAN 10 和 VLAN 20，并配置各接口所属 VLAN。

注意　一定要确保 CE、CE2 的 GE0/0/1 接口在发送 VLAN 10 和 VLAN 20 的报文时是带上对应的 VLAN 标签，只有这样才能使它们之间相同 VLAN 中的用户可直接二层通信，因为在前面已学习到，无论 PW 采用的是哪种封装方式，三层物理以太网接口的 AC 接口不会改变报文中的 VLAN 标签（包括 U-Tag 和 P-Tag）。

（2）在 PE 上配置 MPLS 基本能力，并使能 MPLS L2VPN。使能 MPLS L2VPN 是配置 VLL 的前提。

（3）在 PE 上创建一条从 CE1 到 CE2 的本地连接。因 CCC 本地连接是双向的，故只需要创建一条连接。

2．具体配置步骤

（1）在 CE1、CE2 上的 VLAN，创建 VLAN 10 和 VLAN 20，GE0/0/1 同时允许 VLAN 10、VLAN 20 以带标签方式通过（本示例采用 Trunk 类型端口），GE0/0/2、GE0/0/3 均以 Access 类型分别加入 VLAN 10 和 VLAN 20，代表两个不同 VLAN 中的用户（用户主机的 IP 地址也要配置好）。

\#　CE1 上的配置。

```
<Huawei> system-view
[Huawei] sysname CE1
[CE1] vlan batch 10 20
[CE1] interface gigabitethernet 0/0/1
[CE1-GigabitEthernet0/0/1] port link-type trunk
[CE1-GigabitEthernet0/0/1] port trunk allow-pass vlan 10 20
[CE1-GigabitEthernet0/0/1] quit
[CE1] interface gigabitethernet 0/0/2
[CE1-GigabitEthernet0/0/2] port link-type access
[CE1-GigabitEthernet0/0/2] port default vlan 10
[CE1-GigabitEthernet0/0/2] quit
[CE1] interface gigabitethernet 0/0/3
[CE1-GigabitEthernet0/0/3] port link-type access
[CE1-GigabitEthernet0/0/3] port default vlan 20
[CE1-GigabitEthernet0/0/3] quit
```

\#　CE2 上的配置。

```
<Huawei> system-view
[Huawei] sysname CE2
[CE2] vlan batch 10 20
[CE2] interface gigabitethernet 0/0/1
```

```
[CE2-GigabitEthernet0/0/1] port link-type trunk
[CE2-GigabitEthernet0/0/1] port trunk allow-pass vlan 10 20
[CE2-GigabitEthernet0/0/1] quit
[CE2] interface gigabitethernet 0/0/2
[CE2-GigabitEthernet0/0/2] port link-type access
[CE2-GigabitEthernet0/0/2] port default vlan 10
[CE2-GigabitEthernet0/0/2] quit
[CE2] interface gigabitethernet 0/0/3
[CE2-GigabitEthernet0/0/3] port link-type access
[CE2-GigabitEthernet0/0/3] port default vlan 20
[CE2-GigabitEthernet0/0/3] quit
```

（2）配置 PE 的 MPLS 基本能力和使能 MPLS L2VPN 功能。此处假设以直接配置 MPLS LSR ID 的方式进行，不利用 Loopback 接口的 IP 地址作为 LSR ID。

```
<Huawei> system-view
[Huawei] sysname PE
[PE] mpls lsr-id 1.1.1.1    #---配置 PE 的 MPLS LSR ID
[PE] mpls
[PE-mpls] quit
[PE] mpls l2vpn
[PE-l2vpn] quit
```

（3）在 PE 上创建 CE1 到 CE2 的本地连接。只需指定入接口（连接 CE1 的三层物理以太网接口 GE0/0/0）和出接口（连接 CE2 的三层物理以太网接口 GE0/0/1）。因为 CCC 本地连接是双向的，只需创建一个 CCC 连接，所以入接口和出接口可以任选两个接口之一。

```
[PE] ccc ce1-ce2 interface gigabitethernet 0/0/0 out-interface gigabitethernet 0/0/1
```

3．配置结果验证

以上配置完成后，在 PE 上执行 **display vll ccc** 命令查看 CCC 连接信息，可以看到建立了一条 CCC 本地连接，状态为 Up。其中的 "access-port: false" 表示入接口不支持 Access-port 属性，表示不是二层端口，又没有配置 IP 地址，又不是标准的三层接口，故通常称之为 "二层半接口"。

```
<PE>display vll ccc
total   ccc vc : 1
local   ccc vc : 1,   1 Up
remote ccc vc : 0,   0 Up

name: ce1-ce2, type: local, state: Up,
intf1: GigabitEthernet0/0/0 (Up), access-port: false

intf2: GigabitEthernet0/0/1 (Up), access-port: false
VC last Up time : 2017/05/12 06:46:38
VC total Up time: 0 days, 0 hours, 4 minutes, 3 seconds
```

在 PE 上执行 **display l2vpn ccc-interface vc-type all** 命令，可以看到 VC Type 为 ccc，状态为 Up。

```
<PE>display l2vpn ccc-interface vc-type all

Total ccc-interface of CCC : 2
Up (2), down (0)
```

Interface	Encap Type	State	VC Type
GigabitEthernet0/0/0	ethernet	**Up**	ccc
GigabitEthernet0/0/1	ethernet	**Up**	ccc

　　验证 CE1 和 CE2 下所连接的在同一 VLAN 中的用户是否能够相互 Ping 通。以 PC1 向同在 VLAN 10 中的 PC2 进行 Ping 操作为例，结果是通的。用同样的方法也可证明在同 VLAN 20 中的 PC3 和 PC4 也可互通。证明我们的配置是正确的。

　　【经验提示】因为本示例中的 AC 接口是三层物理接口，二层报文在 PW 中传输途中不会改变其中的 VLAN 标签，所以此时隧道两端站点中要互通的用户必须在同一个 VLAN 中（当然也必须位于同一 IP 网段中），否则不能相通。但如果 AC 接口是采用第 5 章前面介绍的二层子接口，则可以实现位于同一 IP 网段、不同 VLAN 中的用户二层互通，具体将在第 5 章后面介绍最常用的 Martini 方式 VLL 时，再举例介绍。

　　下面验证一下以三层物理以太网接口作为 PE 的 AC 接口时，报文在 MPLS 网络传输过程中 VLAN 标签的变化。

　　首先在 PC1 Ping PC2 时对 PE 的 GE0/0/0 接口进行抓包，会发现无论是 ICMP 请求报文还是响应报文，在 GE0/0/0 接口上仅一层 VLAN 标签，都是源 VLAN 报文（请求报文的源报文是来自 CE1，响应报文的源报文是来自 CE2）所携带的 VLAN 10 标签，如图 5-10 所示。

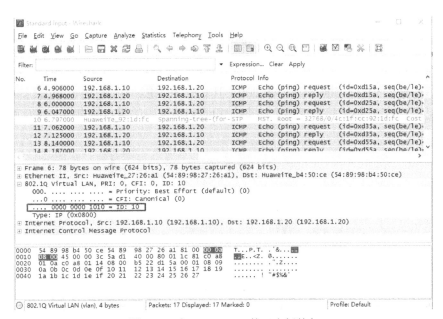

图 5-10　在 PE GE0/0/0 接口上抓的包

　　同样在 PC1 Ping PC2 时再对 PE 的 G0/0/1 接口进行抓包，也发现无论是 ICMP 请求报文还是响应报文，也都是源 VLAN 报文所携带的 VLAN 10 标签，如图 5-11 所示。表明报文在经过 AC 接口后没有改变报文中的 VLAN 标签。

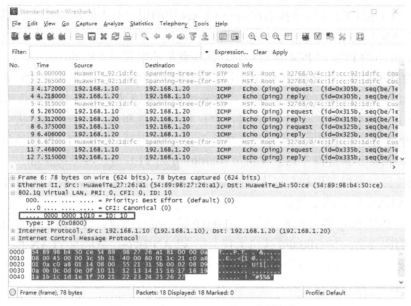

图 5-11   在 PE GE0/0/1 接口上抓的包

5.3.6   以 VLANIF 接口为 AC 接口的 CCC 本地连接配置示例

如图 5-12 所示，本示例假设均采用华为 S 系列交换机，两个站点 CE1、CE2 连接的子网中都划分了 VLAN 100 和 VLAN 200，且 CE1 和 CE2 连接在同一 PE 设备上。现希望通过配置 CCC 本地连接实现两个站点中相同 VLAN 中的用户能直接二层互通。

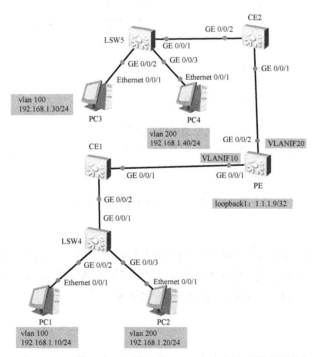

图 5-12   以 VLANIF 接口为 AC 接口的 CCC 本地连接配置示例的拓扑结构

1. 基本配置思路分析

本示例与 5.3.5 节介绍的配置示例的基本要求是一样的，但本示例中的 PE 设备不是 AR G3 系列路由器，而是 S 系列交换机。前面已介绍到，在 CCC 连接方式 VLL 中，S 系列交换机中只能使用 VLANIF 接口作为 AC 接口，所以不能直接采用 5.3.5 节示例的配置方法来实现。

本示例中，如果仅需要实现图 5-12 中 CE1 连接的 VLAN 100 的用户与 CE2 上连接的 VLAN 200 中的用户实现二层互通，则只需在 PE 上分别创建 VLAN 100 和 VLAN 200，在连接两个 CE 的二层接口上允许对应的 VLAN 100 和 VLAN 200 以带标签方式通过，然后把 VLANIF100 和 VLANIF200 分别作为 CCC 本地连接的入接口和出接口即可。但本示例的要求不是两站点中单个不同 VLAN 间的二层通信，而是涉及两站点的多个相同 VLAN（如本示例中 VLAN 100 和 VLAN 200）中的用户通过 CCC 本地连接实现直接二层互通，与前面介绍的单层 VLAN 标签情形不同。

【经验提示】以 VLANIF 接口作为 CCC 本地连接中 PE 的 AC 接口时，所连接的两个站点的用户所属 VLAN ID 必须不同（这与 5.3.5 节介绍的采用三层物理接口配置的 CCC 本地连接所能实现的仅是两站点相同 VLAN 中的用户间通信不一样），因为作为 AC 接口的 VLANIF 接口对应的 VLAN 中只能加入一个成员接口，使得 PE 连接 CE 的接口与 VLANIF 接口形成一个一一对应的绑定关系，否则会提示错误。这样一来，也就是通过 CCC 本地连接方式实现单层 VLAN 标签情形下的单个 VLAN 二层通信时，两端的用户 ID 必须是不一样的。

由此看来，本示例就不能直接采用 VLANIF 接口作为 AC 接口来进行 CCC 本地连接的配置方法了，因为在 CCC 本地连接中只能有一个 VLANIF 入接口和一个 VLANIF 出接口，不能为每个用户 VLAN 分别配置一个作为 PE 的 AC 接口的 VLANIF 接口。为了解决这个问题，需要通过基本 QinQ 先在 CE 端把多个用户 VLAN 加上一层统一的外层 VLAN（作为 P-Tag），实现通过 CE 向 PE 传输的报文的外层 VLAN 标签为 P-tag（内层 VLAN 标签为用户 VLAN 标签），然后再在 PE 端以这个外层 VLAN 来创建作为 PE 的 AC 接口的 VLANIF 接口。

根据以上分析可得出本示例的如下基本配置思路。

（1）在 LSW4、LSW5 上分别创建所连接的用户 VLAN 100、VLAN 200，并配置各二层接口所属的 VLAN。

（2）在 CE1、CE2 上分别创建外网 VLAN 10、VLAN 20，并在 CE1、CE2 连接连接下级交换机的 GE0/0/2 接口上配置基本 QinQ，两端分别对所接收到的用户 VLAN 报文打上 VLAN 10 或 VLAN 20 的外层 VLAN 标签。配置连接 PE 的端口为二层 Trunk 类型，分别允许 VLAN 10、VLAN 20 的报文通过。

（3）在 PE 上创建 VLAN 10 和 VLAN 20，并配置 GE0/0/1 和 GE0/02 接口为 Trunk 类型，分别允许 VLAN 10、VLAN 20 的报文通过。然后创建 VLANIF10 和 VLANIF20 接口，不用配置 IP 地址。

（4）在 PE 上配置 MPLS 基本能力，并使能 MPLS L2VPN。

（5）在 PE 上创建一条从 CE1 到 CE2 的本地连接，入接口和出接口分别为 VLANIF10 和 VLANIF20。CCC 本地连接是双向的，故只需要创建一条连接。

2. 具体配置步骤

（1）配置 LSW4 和 LSW5 上的 VLAN。

\#　LSW4 上的配置。

```
<HUAWEI> system-view
[HUAWEI] sysname LSW4
[LSW4] vlan batch 100 200
[LSW4] interface gigabitethernet 0/0/1
[LSW4-GigabitEthernet0/0/1] port link-type trunk
[LSW4-GigabitEthernet0/0/1] port trunk allow-pass vlan 100 200
[LSW4-GigabitEthernet0/0/1] quit
[LSW4] interface gigabitethernet 0/0/2
[LSW4-GigabitEthernet0/0/2] port link-type access
[LSW4-GigabitEthernet0/0/2] port default vlan 100
[LSW4-GigabitEthernet0/0/2] quit
[LSW4] interface gigabitethernet 0/0/3
[LSW4-GigabitEthernet0/0/3] port link-type access
[LSW4-GigabitEthernet0/0/3] port default vlan 200
[LSW4-GigabitEthernet0/0/3] quit
```

\#　LSW5 上的配置。

```
<HUAWEI> system-view
[HUAWEI] sysname LSW5
[LSW5] vlan batch 100 200
[LSW5] interface gigabitethernet 0/0/1
[LSW5-GigabitEthernet0/0/1] port link-type trunk
[LSW5-GigabitEthernet0/0/1] port trunk allow-pass vlan 100 200
[LSW5-GigabitEthernet0/0/1] quit
[LSW5] interface gigabitethernet 0/0/2
[LSW5-GigabitEthernet0/0/2] port link-type access
[LSW5-GigabitEthernet0/0/2] port default vlan 100
[LSW5-GigabitEthernet0/0/2] quit
[LSW5] interface gigabitethernet 0/0/3
[LSW5-GigabitEthernet0/0/3] port link-type access
[LSW5-GigabitEthernet0/0/3] port default vlan 200
[LSW5-GigabitEthernet0/0/3] quit
```

（2）在 CE1、CE2 上配置基本 QinQ，并把各接口加入对应的 VLAN 中。

\# CE1 上的配置。

```
<HUAWEI> system-view
[HUAWEI] sysname CE1
[CE1] vlan batch 10
[CE1] interface gigabitethernet 0/0/1
[CE1-GigabitEthernet0/0/1] port link-type trunk
[CE1-GigabitEthernet0/0/1] port trunk allow-pass vlan 10
[CE1-GigabitEthernet0/0/1] quit
[CE1] interface gigabitethernet 0/0/2
[CE1-GigabitEthernet0/0/2] port link-type dot1q-tunnel    #---配置接口为 dot1q-tunnel 类型
[CE1-GigabitEthernet0/0/2] port default vlan 10    #---配置添加统一的公网 VLAN 标签 VLAN 10
[CE1-GigabitEthernet0/0/2] quit
```

\# CE2 上的配置。

```
<HUAWEI> system-view
[HUAWEI] sysname CE2
[CE2] vlan batch 20
[CE2] interface gigabitethernet 0/0/1
```

```
[CE2-GigabitEthernet0/0/1] port link-type trunk
[CE2-GigabitEthernet0/0/1] port trunk allow-pass vlan 20
[CE2-GigabitEthernet0/0/1] quit
[CE2] interface gigabitethernet 0/0/2
[CE2-GigabitEthernet0/0/2] port link-type dot1q-tunnel
[CE2-GigabitEthernet0/0/2] port default vlan 20
[CE2-GigabitEthernet0/0/2] quit
```

（3）在 PE 上创建 VLAN 10 和 VLAN 20，并创建 VLANIF10 和 VLANIF20 接口（无需配置 IP 地址），把连接两个 CE 的接口配置为二层 Trunk 类型，分别允许 VLAN 10、VLAN 20 的报文通过。

```
<HUAWEI> system-view
[HUAWEI] sysname PE
[PE] vlan batch 20
[PE] interface gigabitethernet 0/0/1
[PE-GigabitEthernet0/0/1] port link-type trunk
[PE-GigabitEthernet0/0/1] port trunk allow-pass vlan 10
[PE-GigabitEthernet0/0/1] quit
[PE] interface gigabitethernet 0/0/2
[PE-GigabitEthernet0/0/2] port trunk allow-pass vlan 20
[PE-GigabitEthernet0/0/2] quit
[PE] interface vlanif 10
[PE-Vlanif10] quit
[PE] interface vlanif 20
[PE-Vlanif20] quit
```

（4）在 PE 上配置 MPLS 基本能力，全局使能 MPLS L2VPN。

```
[PE] interface loopback 1
[PE-LoopBack1] ip address 1.1.1.9 32
[PE-LoopBack1] quit
[PE] mpls lsr-id 1.1.1.9
[PE] mpls
[PE-mpls] quit
[PE] mpls l2vpn
[PE-l2vpn] quit
```

（5）在 PE 上创建从 CE1 到 CE2 的 CCC 本地连接，入接口和出接口分别为 VLAIF10 和 VLANIF20。

```
[PE] ccc ce1-ce2 interface vlanif 10 out-interface vlanif 20
```

3. 配置结果验证

以上配置完成后，在 PE 上执行 **display vll ccc** 命令查看 CCC 连接信息，可以看到建立了一条 CCC 本地连接，状态为 Up。

```
<PE>display vll ccc
total   ccc vc : 1
local    ccc vc : 1,   1 Up
remote ccc vc : 0,   0 Up

name: ce1-ce2, type: local, state: Up,
intf1: Vlanif10 (Up), access-port: false

intf2: Vlanif20 (Up), access-port: false
VC last Up time : 2017/05/12 06:52:08
VC total Up time: 0 days, 0 hours, 0 minutes, 49 seconds
```

在 PE 上执行 **display l2vpn ccc-interface vc-type all** 命令，可以看到 VC Type 为 ccc，

状态为 Up。

```
<PE>display l2vpn ccc-interface vc-type all

Total ccc-interface of CCC : 2
Up (2), down (0)
Interface              Encap Type           State    VC Type
Vlanif10               ethernet             Up       ccc
Vlanif20               ethernet             Up       ccc
```

此时在 CE1、CE2 下面位于相同 VLAN 的 PC1 与 PC3，PC2 与 PC4 可以直接二层通信了。证明 CCC 本地连接创建是成功的，可以连接两个远程站点了。但在这种情形下，不能实现跨 VLAN 的用户间二层通信，也就是此时位于 VLAN 100 的 PC1 与位于 VLAN 200 的 PC4 是不能 Ping 通的，同理，位于 VLAN 200 的 PC2 与位于 VLAN 100 的 PC3 也不能与 Ping 通了。这是因为在这种情形下，带双层 VLAN 标签的报文达到对端 CE 连接下游交换机的接口时会去掉新添加的外层 VLAN 标签，还原源端用户发送的报文中所携带的单层 VLAN 标签。又因为原来的用户 VLAN 标签在传输过程中没有被修改，所以这时只能在同一 VLAN 中的用户才能直接二层通信了。

下面同样来验证一下，本示例中采用 VLANIF 接口作为 PE 的 AC 接口时，报文到达对端 AC 接口时替换的仅是报文中的外层 VLAN 标签。

图 5-13 是在 PC1 Ping PC3 时在 PE 的 G0/0/1 接口上抓的包，此时会发现无论是 ICMP 请求报文，还是响应报文都携带了两层 VLAN 标签，其中外层 VLAN 标签均为 VLAN 10（即 P-Tag），内层标签为用户的私网 VLAN 标签，保持不变。

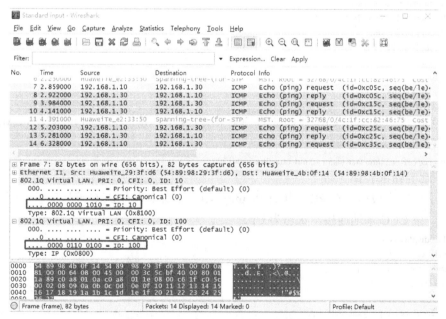

图 5-13　在 PE GE0/0/0 接口上抓的包

图 5-14 是在 PC1 Ping PC3 时在 PE 的 G0/0/2 接口上抓的包，此时会发现无论是 ICMP 请求报文，还是响应报文也都携带了两层 VLAN 标签，但其中外层 VLAN 标签均为 VLAN 20，内层 VLAN 标签不变。

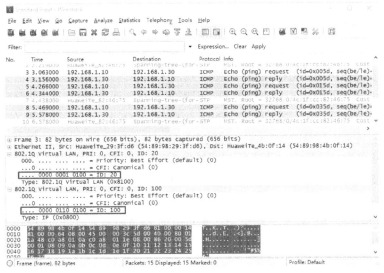

图 5-14　在 PE GE0/0/1 接口上抓的包

通过以上在两个不同接口上的抓包可以得出，在以 VLANIF 接口作为 AC 接口时，报文在 VLL 网络的传输过程中，改变的只是报文中的外层 VLAN 标签，即 P-Tag。当报文到达对端 AC 接口后，这个 P-Tag 会被替换为对端作为 AC 接口的 VLANIF 接口对应的 VLAN 标签，这也符合第 5 章 5.1.4 节表 5-2 中介绍的 VLANIF 类型的 AC 接口对由 PW 进入 AC 的报文中的 P-Tag 处理方式。

5.3.7　以 VLANIF 接口为 AC 接口的 CCC 远程连接配置示例

如图 5-15 所示，位于不同物理位置的用户网络站点分别通过 CE1 和 CE2 设备接入运营商 MPLS 网络。为简化配置，用户希望两个 CE 间达到在同一局域网中相互通信的效果。该用户的站点数量不会进行扩充，希望在运营商网络中能够得到独立的 VPN 资源，以保证数据的安全。

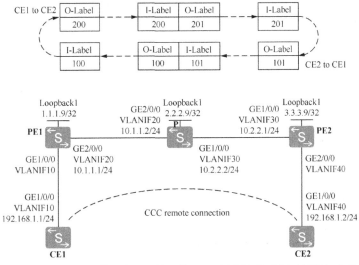

图 5-15　以 VLANIF 接口为 AC 接口的 CCC 远程连接配置示例的拓扑结构

1. 基本配置思路分析

考虑用户希望两个 CE 间达到在同一局域网中相互通信的效果，可采用 VLL 方式进行 VPN 的组网。而用户站点数量不会扩充，为在运营商网络中得到独立的 VPN 资源，保证数据的安全，可采用 CCC 远程连接方式，来满足客户需求。

本示例中各设备均为 S 系列交换机，根据第 5 章前面的介绍，S 系列交换机上的 PE 设备在建立 CCC 连接时只能采用 VLANIF 接口作为 AC 接口，所以需要在 PE1、PE2 上分别创建与所连 CE 划分的 VLAN 一致的 VLANIF 接口（但不要配置 IP 地址），使得 PE 接收到 CE 发来的二层报文时不进行三层转发，而是上送到 CPU 进行 MPLS 封装处理。

在 MPLS 域中，各节点间仍然要实现路由互通，本示例也是采用 VLANIF 接口（这些 VLANIF 接口是需要配置 IP 地址的）的方式来实现，但各节点间连接的接口仍是二层的，只需要把这些接口以某种类型加入到对应的 VLAN 那可激活对应的 VLANIF 接口。至于节点间相连的二层端口类型也不是固定的，只需要能确保双方发送的报文对端接口能接收即可。

根据前面的分析及 5.3.3 节介绍的 CCC 远程连接配置方法可得出本示例如下的基本配置思路。

（1）在各设备上创建 VLAN，配置各接入以正确的方式加入对应的 VLAN 中，然后根据图 5-15 所示创建对应的 VLANIF 接口，根据需要配置或不配置这些 VLANIF 接口的 IP 地址。

（2）配置 MPLS 域中各节点的 OSPF 路由，通过 VLANIF 接口实现三层互通。

（3）在 PE 设备上使能 MPLS L2VPN（P 设备上不需要使能 MPLS L2VPN）。

（4）在 PE 上创建 CCC 远程连接，接需设定入接口、入标签、出标签及下一跳。各标签的分配参见图 5-15。

（5）在 P 上配置双向的转发静态 LSP，用于 PE 之间 CCC 连接独享数据隧道。

2. 具体配置步骤

（1）在如设备上创建所需的 VLAN，配置各接口所属 VLAN 和 VLANIF 接口的 IP 地址，但作为 PE AC 接口的 VLANIF 接口不需要配置 IP 地址。

 #   CE1 和 CE2 上的配置。

CE1、CE2 上的 VLANIF10、VLANIF40 接口其实可以不配置，主要用于后面 CE1 和 CE2 之间连接的测试。CE 通过二层端口发送到 PE 的报文需携带 VLAN 标签，至于端口类型可以是 Trunk 类型，也可以是带标签发送的 Hybrid 类型，只要能保证发送到 PE 的报文带有用户 VLAN 标签即可。

```
<HUAWEI> system-view
[HUAWEI] sysname CE1
[CE1] vlan batch 10
[CE1] interface vlanif 10
[CE1-Vlanif10] ip address 192.168.1.1 255.255.255.0
[CE1-Vlanif10] quit
[CE1] interface gigabitethernet 1/0/0
[CE1-GigabitEthernet1/0/0] port link-type trunk
[CE1-GigabitEthernet1/0/0] port trunk allow-pass vlan 10
[CE1-GigabitEthernet1/0/0] quit
```

```
<HUAWEI> system-view
[HUAWEI] sysname CE2
[CE2] vlan batch 40
[CE2] interface vlanif 40
[CE2-Vlanif40] ip address 192.168.1.2 255.255.255.0
[CE2-Vlanif40] quit
[CE2] interface gigabitethernet 1/0/0
[CE2-GigabitEthernet1/0/0] port link-type trunk
[CE2-GigabitEthernet1/0/0] port trunk allow-pass vlan 40
[CE2-GigabitEthernet1/0/0] quit
```

\#　PE1 和 PE2 上的配置。

在 PE1、PE2 上所创建的 VLANIF10 和 VLANIF40 接口是分别作为连接 CE1 和 CE2 的 AC 接口，无需配置 IP 地址，但需要同时创建两站点划分的 VLAN 10 和 VLAN 40。至于它们连接 P 节点端口的端口类型不是唯一的，可以是任意的二层端口类型（本示例均采用 Trunk 类型），只要能保证相邻节点发送的报文对端能接收即可。

```
<HUAWEI> system-view
[HUAWEI] sysname PE1
[PE1] vlan batch 10 20
[PE1] interface vlanif 10    #---作为 AC 接口的 VLANIF 接口不需要配置 IP 地址
[PE1-Vlanif10] quit
[PE1] interface vlanif 20
[PE1-Vlanif20] ip address 10.1.1.1 255.255.255.0
[PE1-Vlanif20] quit
[PE1] interface gigabitethernet 1/0/0
[PE1-GigabitEthernet1/0/0] port link-type trunk
[PE1-GigabitEthernet1/0/0] port trunk allow-pass vlan 10
[PE1-GigabitEthernet1/0/0] quit
[PE1] interface gigabitethernet 2/0/0
[PE1-GigabitEthernet2/0/0] port link-type trunk
[PE1-GigabitEthernet2/0/0] port trunk allow-pass vlan 20
[PE1-GigabitEthernet2/0/0] quit
[PE1] interface loopback1
[PE1-Loopback1] ip address 1.1.1.9 255.255.255.255    #---创建用于配置 LSR ID 的 Loopback 接口
[PE1-Loopback1] quit

<HUAWEI> system-view
[HUAWEI] sysname PE2
[PE2] vlan batch 30 40
[PE2] interface vlanif 40    #---作为 AC 接口的 VLANIF 接口不需要配置 IP 地址
[PE2-Vlanif40] quit
[PE2] interface vlanif 30
[PE2-Vlanif30] ip address 10.2.2.1 255.255.255.0
[PE2-Vlanif30] quit
[PE2] interface gigabitethernet 1/0/0
[PE2-GigabitEthernet1/0/0] port link-type trunk
[PE2-GigabitEthernet1/0/0] port trunk allow-pass vlan 30
[PE2-GigabitEthernet1/0/0] quit
[PE2] interface gigabitethernet 2/0/0
[PE2-GigabitEthernet2/0/0] port link-type trunk
[PE2-GigabitEthernet2/0/0] port trunk allow-pass vlan 40
[PE2-GigabitEthernet2/0/0] quit
[PE2] interface loopback1
```

```
[PE2-Loopback1] ip address 3.3.3.9 255.255.255.255   #---创建用于配置 LSR ID 的 Loopback 接口
[PE2-Loopback1] quit
```

\# P 上的配置。

```
<HUAWEI> system-view
[HUAWEI] sysname P
[P] vlan batch 20 30
[P] interface vlanif 20
[P-Vlanif20] ip address 10.1.1.2 255.255.255.0
[P-Vlanif20] quit
[P] interface vlanif 30
[P-Vlanif30] ip address 10.2.2.2 255.255.255.0
[P-Vlanif30] quit
[P] interface gigabitethernet 1/0/0
[P-GigabitEthernet1/0/0] port link-type trunk
[P-GigabitEthernet1/0/0] port trunk allow-pass vlan 30
[P-GigabitEthernet1/0/0] quit
[P] interface gigabitethernet 2/0/0
[P-GigabitEthernet2/0/0] port link-type trunk
[P-GigabitEthernet2/0/0] port trunk allow-pass vlan 20
[P-GigabitEthernet2/0/0] quit
[P] interface loopback1
[P-Loopback1] ip address 2.2.2.9 255.255.255.255   #---创建用于配置 LSR ID 的 Loopback 接口
[P-Loopback1] quit
```

（2）在 MPLS 骨干网上配置 OSPF 路由，实现 MPLS 网络三层互通。各设备都启动 OSPF 1 进程，加入区域 0 中。

\#   PE1 和 PE2 上的配置。

```
[PE1] ospf 1
[PE1-ospf-1] area 0
[PE1-ospf-1-area-0.0.0.0] network 10.1.1.0 0.0.0.255
[PE1-ospf-1-area-0.0.0.0] network 1.1.1.9 0.0.0.0
[PE1-ospf-1-area-0.0.0.0] quit
[PE1-ospf-1] quit


[PE2] ospf 1
[PE2-ospf-1] area 0
[PE2-ospf-1-area-0.0.0.0] network 10.2.2.0 0.0.0.255
[PE2-ospf-1-area-0.0.0.0] network 3.3.3.9 0.0.0.0
[PE2-ospf-1-area-0.0.0.0] quit
[PE2-ospf-1] quit
```

\#P 上的配置。

```
[P] ospf 1
[P-ospf-1] area 0
[P-ospf-1-area-0.0.0.0] network 10.1.1.0 0.0.0.255
[P-ospf-1-area-0.0.0.0] network 10.2.2.0 0.0.0.255
[P-ospf-1-area-0.0.0.0] network 2.2.2.9 0.0.0.0
[P-ospf-1-area-0.0.0.0] quit
[PE1-ospf-1] quit
```

（3）在 MPLS 骨干网上配置 MPLS 基本能力。包括配置 MPLS LSR ID，在全局及用于节点间三层连接的 VLANIF 接口上使能 MPLS 功能。

\#   PE1 和 PE2 上的配置。

```
[PE1] mpls lsr-id 1.1.1.9
[PE1] mpls
```

```
[PE1-mpls] quit
[PE1] interface vlanif 20
[PE1-Vlanif20] mpls
[PE1-Vlanif20] quit


[PE2] mpls lsr-id 3.3.3.9
[PE2] mpls
[PE2-mpls] quit
[PE2] interface vlanif 30
[PE2-Vlanif30] mpls
[PE2-Vlanif30] quit
```

\# 　P 上的配置。

```
[P] mpls lsr-id 2.2.2.9
[P] mpls
[P-mpls] quit
[P] interface vlanif 20
[P-Vlanif20] mpls
[P-Vlanif20] quit
[P] interface vlanif 30
[P-Vlanif30] mpls
[P-Vlanif30] quit
```

（4）在 PE 上创建 CCC 远程连接。各入标签和出标签的分配参见图 5-15 中规划，一定要确保同一 LSP 中相邻节点连接的链路上的入 LSP 标签和出 LSP 标签一致。

\# 　PE1 上的配置。

全局使能 MPLS L2VPN，并创建 CE1 到 CE2 的 CCC 远程连接：入接口连接 CE1 的 AC 接口，下一跳为 P 的 VLANIF20 的 IP 地址，入标签为 100，出标签为 200。由于本示例使用 VLANIF 接口作为 AC 接口，执行以下步骤前必须在系统视图下执行 **lnp disable** 命令。

```
[PE1] mpls l2vpn
[PE1-l2vpn] quit
[PE1] interface vlanif 10
[PE1-Vlanif10] quit
[PE1] ccc CE1-CE2 interface vlanif 10 in-label 100 out-label 200 nexthop 10.1.1.2
```

\# 　PE2 上的配置。

全局使能 MPLS L2VPN，并创建 CE2 到 CE1 的 CCC 远程连接：入接口连接 CE2 的 AC 接口，下一跳为 P 的 VLANIF30 的 IP 地址，入标签为 201，出标签为 101。同样，由于本示例使用 VLANIF 接口作为 AC 接口，执行以下步骤前必须在系统视图下执行 **lnp disable** 命令。

```
[PE2] mpls l2vpn
[PE2-l2vpn] quit
[PE2] interface vlanif 40
[PE2-Vlanif40] quit
[PE2] ccc CE2-CE1 interface vlanif 40 in-label 201 out-label 101 nexthop 10.2.2.2
```

\# 　P 上的配置。

在 P 节点上配置两条静态 LSP：其中一条用于转发由 PE1 去往 PE2 的报文，另一条用于转发由 PE2 去往 PE1 的报文。同一 LSP 中，按 LSP 方向 P 节点上的入标签要与上游 PE 的出标签一致，P 节点上的出标签要与下游 PE 的入标签一致。

```
[P] static-lsp transit PE1-PE2 incoming-interface vlanif 20 in-label 200 nexthop 10.2.2.1 out-label 201
[P] static-lsp transit PE2-PE1 incoming-interface vlanif 30 in-label 101 nexthop 10.1.1.1 out-label 100
```

3. 配置结果验证

以上配置完成后，在 PE 上查看 CCC 连接信息，可以看到 PE1 和 PE2 上各自建立了一条 CCC 远程连接，状态为 Up。

```
[PE1] display vll ccc
total   ccc vc : 1
local   ccc vc : 0,   0 Up
remote ccc vc : 1,   1 Up

name: CE1-CE2, type: remote, state: Up,
intf: Vlanif10 (Up), in-label: 100 , out-label: 200 , nexthop: 10.1.1.2
VC last Up time : 2009/10/09 17:35:14
VC total Up time: 0 days, 3 hours, 22 minutes, 55 seconds

[PE2] display vll ccc
total   ccc vc : 1
local   ccc vc : 0,   0 Up
remote ccc vc : 1,   1 Up

name: CE2-CE1, type: remote, state: Up,
intf: Vlanif40 (Up), in-label: 201 , out-label: 101 , nexthop: 10.2.2.2
VC last Up time : 2009/10/09 17:35:14
VC total Up time: 0 days, 3 hours, 22 minutes, 55 seconds
```

在 PE 上执行 **display l2vpn ccc-interface vc-type ccc** 命令查看所建立的 CCC 连接，可以看到 VC Type 为 CCC，状态为 Up，表示创建的是 CCC 连接，且 CCC 连接是建立成功的。以下是在 PE1 上执行该命令的输出示例。

```
[PE1] display l2vpn ccc-interface vc-type ccc
Total ccc-interface of CCC : 1
Up (1), down (0)
Interface                    Encap Type              State     VC Type
Vlanif10                     ethernet                Up        ccc
```

在 P 上执行 **display mpls lsp** 命令，可以看到所建立的两条静态 LSP 的标签信息和接口信息。

```
[P] display mpls lsp
----------------------------------------------------------------------
               LSP Information: STATIC LSP
----------------------------------------------------------------------
FEC              In/Out Label   In/Out IF                Vrf Name
-/-              200/201        Vlanif20/Vlanif30
-/-              101/100        Vlanif30/Vlanif20
```

此时，CE1 和 CE2 应能够相互 Ping 通了。

5.4 Martini 方式 VLL 配置与管理

前面介绍的 CCC 方式 VLL 存在几个明显的不足，如采用静态 LSP，配置工作量大；一条隧道只能建立一条 PW（双向 VC），隧道资源利用率不高，S 系列交换机的 AC 接口只能是 VLANIF 接口，应用不灵活等，所以它主要适用于少数、且位置固定的站点连接。5.4 节将要介绍的 Martini 方式 VLL 是最主要的一种 VLL 方式，全面克服了 CCC 方式 VLL 的以上不足。

5.4.1　Martini 方式 VLL 简介

Martini 方式 VLL 使用了两层标签，外层是用于隧道（可以是 LSP 隧道、TE 隧道，或者 GRE 隧道）建立的 Tunnel 标签，内层是采用扩展的 LDP 作为信令协议分配的 VC 标签，用于建立 VC LSP。通过扩展的 VC FEC，LDP 可在 PE 之间进行 VC 信息的交互，为 CE 之间建立的每条 VC 分配一个 VC 标签。VC 是两个 PE 设备之间的一种**单向**逻辑连接（与 LSP 一样），一对同路径、相反方向的 VC 构建一条 PW，不同 VC 所分配的 VC 标签也是不同的。

当采用 LSP 隧道时，Martini 方式 VLL 的两层标签均是通过 LDP 协议来进行标签交换，其中外层 LDP LSP 标签用来构建动态 LSP 隧道（不用像 CCC 方式 VLL 那样要手动配置静态 LSP），而内层 LDP VC 标签用来建立 VC，或 PW。由于用不同的 VC 标签来区分不同的 VC 连接，使得一条公网的 LSP 隧道可以被多条 VC LSP 所共用，解决了 CCC 方式 VLL 公网隧道不能被共用的问题。

如图 5-16 所示，VPN1、VPN2 两个网络中的 Site1 和 Site 2 两个站点之间通过在 MPLS/IP 骨干网中建立两条 Martini 连接，可实现两个 VPN 网络中的各自两个站点间的二层互连。

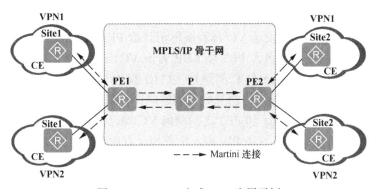

图 5-16　Martini 方式 VLL 应用示例

Martini 方式的 VLL **只支持远程连接，不支持本地连接**，即同一 VPN 中的不同站点必须连接在不同 PE 设备上。在 Martini 方式中，通过 VC Type 和 VC ID 来唯一识别一个 VC，同一 PW 中的两条相反方向的 **VC 连接**的 **VC Type** 和 **VC ID** 均必须一致。VC Type 表明 VC 的封装类型：VLAN 或 Ethernet，VC ID 标识 VC。**一条 PW 中的两条 VC 的 VC ID 必须相同，同一 PE 上，相同 VC Type 的不同 VC 的 VC ID 必须不同。**

连接两个 CE 的 PE 通过 LDP 交换 VC 标签，并通过 VC ID 将对应的 CE 绑定起来，这样一个 VC 就建立起来了，然后两端的 CE 通过两条相反方向的 VC 连接就建立起了一条专用通道——PW，传输对应 CE 用户发送的二层报文。

5.4.2　PW 的建立和拆除流程

Martini 方式 VLL 的实现过程包括 VLL 的建立和 VLL 的报文转发两个部分。VLL 的建立关键部分是 PW 的建立，PW 建立好后即可进行报文的转发。5.4.2 节先来介绍

Martini 方式 VLL 中 PW 的建立和拆除。

1. PW 的建立流程

在 Martini 方式 VLL 中,PW 的建立是依靠 LDP 信令协议动态协商建立的。建立 PW 时的标签分配顺序采用下游自主方式(DU),即无需上游节点发出标签映射请求消息,下游节点可主动向上游节点发送标签映射消息。但要注意的是,此处是为 VC 标签进行分配,不是 Tunnel 标签。标签保持方式采用自由标签保持方式(Liberal),即对于从邻居 LSR 收到的 VC FEC 标签映射消息,无论邻居 LSR 是不是自己的下一跳都保留,以便在 MPLS 网络拓扑结构发生变化时尽快实现网络收敛。

在 PW 的建立之前先要在两端 PE 间建立远端 LDP 会话,然后进行如图 5-17 所示的 PW 建立过程。

(1)PE1 发送建立 LDP VC 的 Request 报文到 PE2,同时采用 DU 方式主动向 PE2 发送 VC 标签映射消息,期望建立 PE2 到 PE1 的 VC。该 VC 标签映射消息中包含 PE1 经 LDP 为该 VC 分配的 VC 标签(即入方向 VC 标签)、命令中配置的 VC Type(VC 类型)、VC ID 和 AC 接口等参数信息。

(2)PE2 收到 PE1 发来的 VC 标签映射消息后,比对本地配置的 VC Type、VC ID 参数,若一致,则说明 PE1 和 PE2 在同一个 VLL 内。此时 PE2 将接受标签映射消息,以所接收的 VC 标签作为自己为该 VC 分配的 VC 标签(即出方向 VC 标签),由 PE2 到 PE1 的单向 VC 建立成功。

(3)然后,PE2 向 PE1 发送 VC 标签映射消息给 PE1,期望建立由 PE1 到 PE2 的 VC。该 VC 标签映射消息中包含 PE2 经 LDP 为该 VC 分配的 VC 标签(即入方向 VC 标签),命令中配置的 VC Type(VC 类型)、VC ID 和 AC 接口等参数信息。

(4)PE1 收到 PE2 的标签映射消息后作同样的检查和处理,最终也成功建立由 PE1 到 PE2 的 VC。这样一来,PE1 和 PE2 之间双向 VC 均已建立成功,完成了 PE1 和 PE2 之间一条 PW 的建立过程。在这条 PW 中,两条相反方向 VC 的 VC Type 和 VC ID 都相同。在同一 PE 上,为同一 PW 中的两条 VC 连接所分配的 VC 标签值可以相同,也可以不同,但同一 PE 为两条 VC 连接分配的 VC 标签的类型不同(一个为入方向 VC 标签,一个为出方向 VC 标签)。

2. PW 的拆除流程

当 PE 检测到 AC 链路、公网 Tunnel 变为 Down,或者 VC 被删除时,将删除对应的 PW。PW 的整个拆除过程如图 5-18 所示。

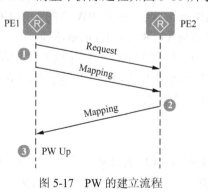

图 5-17　PW 的建立流程

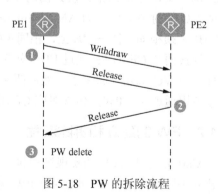

图 5-18　PW 的拆除流程

（1）如果 PE1 检测到 AC 链路、Tunnel 变为 Down，或者对应的 VC 被删除，则 PE1 将发送 Withdraw 消息给 PE2。Withdraw 消息中包括要拆除的 VC 所对应的信息，用于通知 PE2 撤销由 PE2 到 PE1 的 VC 的 VC 标签、拆除对应的 VC 连接。为了更快的删除 PW，PE1 还可同时发送 Release 消息，告知 PE2，PE1 自己已撤销了该 VC 的标签，并拆除了该 VC 连接。

（2）PE2 收到 PE1 发送来的 Withdraw 与 Release 消息后，撤销由 PE2 到 PE1 的 VC 的 VC 标签并拆除对应的 VC 连接。然后，PE2 向 PE1 发送 Release 消息，用于向 PE1 通知 PE2 已完成 PE2 到 PE1 的 VC 连接的拆除，同时要求 PE1 也撤销 PE1 到 PE2 的 VC 的标签，并拆除对应的 VC 连接。

（3）PE1 收到 PE2 的 Release 消息后，撤销由 PE1 到 PE2 的 VC 的 VC 标签、拆除对应的 VC 连接。这样 PE1 与 PE2 完成对整条 PW 的删除。

5.4.3　VLL 的报文转发流程

经过 VC 信息的交互，PW 成功建立后，VLL 就建立起来了。以图 5-19 所示网络为例介绍 Martini 方式 VLL 报文的转发流程。图 5-19 中有两个 VPN 网络：VPN1 和 VPN2，他们各自又有两个在不同地域的站点（Site1 和 Site2）。这两个 VPN 网络通过同一个 MPLS/IP 骨干网来实现异地站点的二层连接，所以需要在 MPLS/IP 骨干网建立两条 VLL 连接。

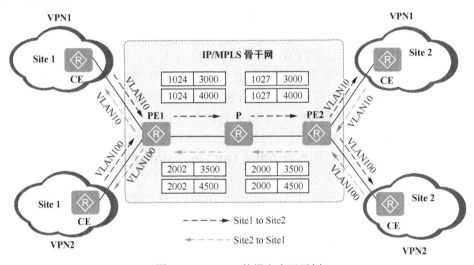

图 5-19　Martini 的报文交互示例

1．LSP 标签和 VC 标签分配

本示例采用 LSP 隧道，通过 LDP 协议建立动态 LSP。我们已知道，LSP 也是单向的，所以外层的 LSP 隧道也包含两条相反方向的 LSP，分别用于 VPN1、VPN2 从 Site1 到 Site2、从 Site2 到 Site1。这条 LSP 隧道可以通过 PE 设备上传输的报文中的外层 LDP LSP 标签来识别。

从 PE1 上分析，它包括 1024、2002 两个 LSP 标签，其中 1024 是作为 PE1→PE2 方向 LSP 中在 PE1（此时 PE1 是作为 Ingress）分配的出标签，2002 是作为 PE2→PE1 方向 LSP 中在 PE1（此时 PE1 是作为 Egress）上分配的入标签。

从 PE2 上来分析，它包括 1027 和 2000 两个 LSP 标签，其中 1027 是作为 PE1→PE2 方向 LSP 中在 PE2（此时 PE2 是作为 Egress）分配的入标签，2000 是作为 PE2→PE1 方向 LSP 中在 PE2（此时 PE2 是作为 Ingress）上分配的入标签。

在以上这条 LSP 隧道中又建立了两条 VLL 连接（或者称两条 PW 连接），分别用于 VPN1、VPN2 中的两个站点通信。这两条 PW 包括 4 条（2 对）VC 连接，每条 VC 连接都分配有一个 VC 标签，且同种类型的 VC 的 VC 标签是唯一的。VC 标签位于内层，在数据传输过程中不会改变，如图中的 3000、3500、4000 和 4500 就是这四条 VC 的标签，其中 3000 和 4000 是分配给同一方向，不同 VC 的 VC 标签，3500 和 4500 又是分配给相反方向的两条 VC 的 VC 标签。

2. VLL 的报文转发

要通过 VLL 进行数据传输，必须先建立好公网 MPLS 隧道，以及不同 CE 间的 PW。下面分别介绍从 Site1 到 Site2，以及从 Site2 到 Site1 两个不同方向，VPN1 和 VPN2 中的两个站点进行数据传输时的标签分配和报文的转发流程。

（1）从 Site1 到 Site2

VPN1 的 Site1 用户主机发送给 VPN1 Site2 的 VLAN10 的报文到达 PE1 后，要对报文封装两层 MPLS 标签：外层为 LSP 标签（本示例采用 LSP 隧道），内层为 VC 标签。故 PE1 分别为报文打上内、外层标签，内层标签为从 VPN1 中 Site1 到 Site2 方向 VC 的 VC 标签（假设为 3000），外层标签为 PE1→PE2（即从 Site1 到 Site2）的 LSP 出标签（假设为 1024，LDP LSP 标签要大于 1023），然后进入从 PE1→PE2 方向 LSP（假设为 LSP1）隧道中专为 VPN1 站点间通信的 PW（假设为 PW1）中传输。报文中的外层 LSP 标签在 MPLS 网络中会不断交换，如 PE1 为该 LSP 分配的标签为 1024，PE2 为该 LSP 所分配的入标签为 1027。到了 PE2 后会弹出外层 LSP 标签（入标签 1027），然后再根据 VC 标签所关联的 AC 接口，转发到 VPN1 的 Site2 目的主机上。

VPN2 的 Site1 用户主机发送给 VPN2 Site2 的 VLAN100 的报文到达 PE1 后，也要对报文封装两层 MPLS 标签。因为所采用的 LSP 隧道与 VPN1 中的 Site1 到 Site2 通信中所采用的 LSP 隧道一样（也为 LSP1），所以外层 LSP 标签也为 1024，内层标签为从 VPN2 中 Site1 到 Site2 方向 VC 的 VC 标签（假设为 4000），然后进入专为 VPN2 站点间通信的 PW（假设为 PW2）中传输。到了 PE2 后会弹出外层 LSP 标签（入标签 1027），然后再根据 VC 标签所关联的 AC 接口，转发到 VPN2 的 Site2 目的主机上。

（2）从 Site2 到 Site1

VPN1 的 Site2 用户主机发送给 VPN1 Site1 的 VLAN10 的报文到达 PE2 后，要对报文封装两层 MPLS 标签：内层标签为从 VPN2 中 Site2 到 Site1 方向 VC 的 VC 标签（假设为 3500），然后再打上 PE2→PE1（即从 Site2 到 Site1）的出标签（假设为 2000），进入从 PE2→PE1 方向 LSP（假设为 LSP2）隧道中专为 VPN1 站点间通信的 PW1 中传输。报文的外层标签在 MPLS 网络中也会不断交换，如 PE2 为该 LSP 分配的入标签为 2000，PE1 为该 LSP 分配的入标签为 2002。到了 PE1 后会弹出外层 LSP 标签（入标签 2002），然后再根据 VC 标签所关联的 AC 接口，转发到 VPN1 的 Site1 目的主机上。

VPN2 的 Site2 用户主机发送给 VPN2 Site1 的 VLAN100 的报文到达 PE2 后，也要对报文封装两层 MPLS 标签。因为所采用的 LSP 隧道与 VPN1 中的 Site2 到 Site1 通信中所采用的 LSP 隧道一样（也为 LSP2），所以外层 LSP 标签也为 2000，内层标签为从 VPN2 中 Site2 到 Site1 方向 VC 的 VC 标签（假设为 4500），进入 LSP2 隧道中专为 VPN2 站点间通信的 PW2 中传输。到了 PE1 后会弹出外层 LSP 标签（入标签 2002），然后再根据 VC 标签所关联的 AC 接口，转发到 VPN2 的 Site1 目的主机上。

从上面的交互过程中可以看到，在 Martini 方式下，外层 LSP 标签用于将各个 VC 中的数据在 ISP 网络中进行传递，LSP 隧道是被共享的，通过内层的 VC 标签可以对数据进行区分。

部署 Martini 方式需要 ISP 网络能够自动建立 LSP 隧道，所以需要 ISP 网络支持 MPLS 转发及 MPLS LDP，如果 ISP 网络不支持 LDP，那么可以使用 GRE 隧道封装。

5.4.4　Martini 方式 VLL 的 VC 信息交互信令

在 Martini 方式 VLL 的 PW 建立过程中，标签映射消息通过增加 128 类型 VC FEC 对标准 LDP 进行扩展来携带 VC 的信息，包括 VC 标签、VC Type 、VC ID 和接口参数。图 5-20 是一个 VC FEC 标签映射消息的结构，包含有 VC FEC。VC FEC 描述了内层 VC 标签以及接口参数等信息。

说明 以上所说的 128 类型 VC FEC 也就是通常所说的 FEC 128 类型，它是采用 LDP 作为信令协议建立 PW 的一种 FEC，应用于 VLL 和 PWE3。还有一种 129 类型的 VC FEC，即对应 FEC 129，它是采用 BGP 作为信令协议，通过 BGP 的自动发现机制建立 PW 的一种 VC FEC，应用于将在本书第 9 章介绍的 VPLS。这两种 VC FEC 的 VC TLV 结构不一样。

128 类型的 VC FEC 部分各字段说明如表 5-13 所示，**同一 PW 中两条相反方向的 VC 连接中的 VC FEC 参数必须一致**。图 5-20 中的"Label"字段就是指为具体 VC 连接所分配的 VC 标签值，同一 PW 中的两个相反方向的 VC 连接的 VC 标签单独分配，可以相同，也可以不同。

表 5-13　　　　　　　　　　　VC FEC 部分各字段说明

字段名	含义	位数（bit）	说明
VC TLV	VC 的 TLV 值	8	取值为 0x80，即十进制的 128，代表 FEC 128
C	控制字	1	1 表示支持控制字；0 为不支持控制字
VC Type	VC 类型	15	分为 Ethernet、VLAN 两类
VC Info Length	VC 信息长度	8	VC ID 和 interface parameters 两字段的长度
Group ID	组 ID 值	32	一些 VC 组成一个组，主要用来批量撤消相应的 VC 信息
VC ID	VC 的 ID 值	32	一条 PW 中的两个相反方向 VC 连接的 VC ID 必须一致
Interface Parameters	接口参数	不确定，其长度信息包含在 VC Info Length 中	一些 AC 接口参数值，常用的是接口的 MTU 值、接口描述等

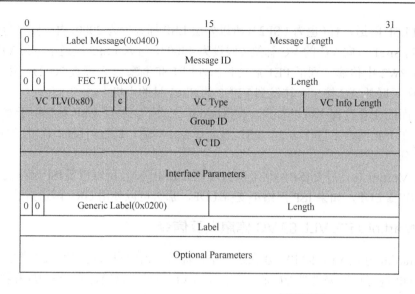

图 5-20　VC FEC 标签映射消息结构

5.4.5　配置 Martini 方式 VLL

Martini 方式 VLL 适合于在大企业内部或由小型运营商，主要为企业局域网远程二层连接。在配置 Martini 方式 VLL 之前，需完成以下任务。

■　对 MPLS 骨干网（PE、P）配置静态路由或 IGP 路由协议，实现骨干网的 IP 连通性。

■　对 MPLS 骨干网（PE、P）配置 MPLS 基本能力，并在 PE 上配置 MPLS LDP 基本能力。如果 PE 之间非直连，则还需在 PE 间建立远端 LDP 会话。

【经验提示】PE 之间非直连情况下，Martini 方式 VLL 要在 PE 之间配置远程 LDP 会话，这是为了在隧道两个端点能直接（目的 IP 地址为对端 PE 的 IP 地址）交互彼此的 VC 信息，使两端能相互识别对端 VC 信息所关联的 VC，从而使收到来自对端 PE 带有特定 VC 信息的二层报文后，能根据原来所关联的 VC 进入对应的 AC 链路进行转发。而在隧道中 P 节点是无需交换 VC 标签的，只需通过隧道标签进行二层报文的转发，无需保存任何客户端的二层信息。

对于在第 6 章将要介绍的 SVC 方式 VLL，因为 VC 信息采用了静态配置方式，而且在配置时就已保证了针对同一 VC（由 VC ID 确定）中一端的发送 VC 标签值与另一端的接收 VC 标签值相同，所以无需通过 LDP 协议来在 PE 间交互，也就无需在 PE 之间配置 LDP 远端会话。

■　在 PE 之间建立隧道（GRE 隧道、LSP 隧道或 TE 隧道）。当 VLL 业务需要选择 TE 隧道，或者在多条隧道中进行负载分担来充分利用网络资源时，还需要配置隧道策略。有关 TE 隧道的工作原理及配置与管理方法的详细介绍参见配套《华为 MPLS 技术学习指南》一书，有关隧道策略原理及配置与管理方法的详细介绍参见本书第 4 章 4.3 节。

Martini 方式 VLL 的具体配置步骤如表 5-14 所示。

		表 5-14	Martini 方式 VLL 的配置步骤

步骤	命令	说明
1	**system-view** 例如：<Huawei> **system-view**	进入系统视图
2	**mpls l2vpn** 例如：[Huawei] **mpls l2vpn**	使能 MPLS L2VPN 功能，并进入 MPLS L2VPN 视图
3	**quit** 例如：[Huawei-l2vpn] **quit**	返回系统视图
4	**interface** *interface-type interface-number* 例如：[Huawei] **interface** vlanif 10	进入 AC 接口视图。注意：**AC 接口不一定是与 CE 直接连接的物理接口。** Martini 方式 VLL 支持以下类型三层接口作为 AC 接口：GE 接口、GE 子接口、Ethernet 接口、Ethernet 子接口、Eth-trunk 接口、Eth-trunk 子接口、VLANIF 接口。子接口的类型可以是 Dot1q 子接口、QinQ 子接口、QinQ Mapping 子接口或者 QinQ Stacking 子接口，**均无需配置 IP 地址和路由协议。** 当使用 S 系列交换机的 XGE 接口、GE 接口、40GE 接口、100GE 接口、Ethernet 接口、Eth-Trunk 接口作为 AC 接口时，需要执行 **undo portswitch** 命令，将二层口切换成三层口
5	**mpls l2vc** { *ip-address* | **pw-template** *pw-template-name* } [*] *vc-id* [**tunnel-policy** *policy-name* | [**control-word** | **no-control-word**] | [**raw** | **tagged**] | **mtu** *mtu-value*] [*] 例如：[Huawei-Vlanif10] **mpls l2vc** 10.2.2.9 100	创建 Martini 方式 VLL 连接，**一条 PW 要在两端 PE 上分别建立一条相反方向的 VLL 连接。**命令中的参数和选项说明如下。 • *ip-address*：可多选参数，PW 对端 PE 设备（即 PW Peer）的 LSR-ID。 • **pw-template** *pw-template-name*：指定已创建的 PW 模板名称，创建方法参见第 5 章 5.4.6 节。 • *vc-id*：VC ID，十进制整数形式，取值范围是 1～4294967295。在一台 PE 设备上，**同一封装类型下不同 VC 的 VC ID 必须唯一，但同一 PW 的两条 VC 的 VC ID 必须一致。** • **tunnel-policy** *policy-name*：可多选可选参数，指定已创建的隧道策略名。如果未指定隧道策略名，采用缺省的隧道策略。仅当要采用 MPLS TE 隧道，或者要进行多条隧道负载分担时才需要配置。缺省策略指定优先选择 LSP 隧道，且负载分担个数为 1，即不分担。如果隧道策略名已指定，但未配置策略，仍采用缺省策略。隧道策略的配置方法参见第 4 章 4.3 节。 • **control-word** | **no-control-word**：可多选可选项，指定使能（**control-word**）或禁止（**no-control-word**）控制字特性。**VLL 连接两端的控制字功能配置要一致。** • **raw** | **tagged**：可多选可选项，指定 PW 封装方式为 **raw**（删除报文中的 P-tag）或 **tagged**（保留报文中的 P-tag），也即 VC Type，仅当 AC 为以太链路时才需要配置，且 **VLL 连接两端的封装类型配置要一致。** • **mtu** *mtu-value*：配置 PW 的 MTU 值，整数形式，取值范围是 46～9600。缺省情况下，PW 的 MTU 值为 1500 个字节。**VLL 连接两端的 MTU 值配置要一致。** 缺省情况下，系统没有创建 Martini 方式的 L2VPN 连接，可用 **undo mpls l2vc** 命令删除接口上 Martini 方式的连接

（续表）

步骤	命令	说明
6	**mpls l2vpn service-name** *service-name* 例如：[Huawei-Vlanif10] **mpls l2vpn service-name** pw1	（可选）设置 L2VPN 的业务名称，字符串形式，不支持空格，**区分大小写**，取值范围是 1～15。当输入的字符串两端使用双引号时，可在字符串中输入空格，用于唯一标识 PE 上的一个 L2VPN 业务。设置 L2VPN 的业务名称后，可以通过网管界面直接操作该业务名称来维护 L2VPN 业务，如果不用通过网管系统配置 L2VPN，则可不用配置此步骤。 【注意】L2VPN 的业务名称在同一 PE 设备上具有唯一性，如果配置的业务名称已经被其他 PW 使用，则不能配置成功，系统会提示操作错误。 L2VPN 的业务名称的配置为覆盖式，如果该 L2VPN 业务已经配置业务名称，再进行配置时会覆盖原有名称。因此，若要修改原业务名称，不需要删除已有名称，直接配置新的业务名称即可。 缺省情况下，系统没有设置 L2VPN 的业务名称，可用 **undo mpls l2vpn service-name** 命令删除已配置的 L2VPN 的业务名称

5.4.6　创建 PW 模板并配置 PW 模板属性

PW 模板是指从 PW 中抽象出来的公共属性，便于被不同的 PW 共享，简化 PW 属性配置。当在接口模式下创建 PW 时，可以引用该模板，这样就不用一条条来手动配置 PW 属性了。PW 属性（如 Peer、控制字、隧道策略）可以通过 5.4.5 节表 5-15 第 5 步中介绍的 **mpls l2vc** 命令行指定，也可以通过 5.4.6 节介绍的 PW 模板来配置。

说明　PE 上的有些 PW 属性（MTU、PW-Type、封装类型）可以直接从与 CE 相连的接口上获得。如果在 5.4.5 节 **mpls l2vc** 命令中指定了 PW 属性，则该命令行使用的 PW 模板中相应 PW 属性不起作用。

PW 模板的配置方法如表 5-15 所示。其中的参数属性可以根据需要选择配置一个或多个需要共享的 PW 属性，不强制要求全面配置。

表 5-15　　　　　　　　　　　　　　配置 **PW** 模板的步骤

步骤	命令	说明
1	**system-view** 例如：<Huawei> **system-view**	进入系统视图
2	**pw-template** *pw-template-name* 例如：[Huawei] **pw-template** pwt1	创建 PW 模板并进入模板视图。参数 *pw-template-name* 用来指定 PW 名称，字符串形式，**区分大小写**，不支持空格，长度范围是 1～19。当输入的字符串两端使用双引号时，可在字符串中输入空格。 【注意】如果在接口下指定的 PW 属性和 PW 模板中指定的 PW 属性不一致，则以接口下指定的 PW 属性为准。 修改 PW 模板配置后，需要执行 **reset pw** 命令才能使新的配置生效，但是这样可能会引起 PW 的断连和重新建立。PW 与链路检测协议建立绑定后，不允许修改 PW 模板中的远端 IP 地址。如果需要修改，则需要解除 PW 与链路检测协议的绑定。

（续表）

步骤	命令	说明
2	**pw-template** *pw-template-name* 例如：[Huawei] **pw-template** pwt1	缺省情况下，系统没有创建任何 PW 模板，可用 **undo pw-template** 命令删除指定的 PW 模板，但当 PW 模板被 PW 引用时，此 PW 模板就不能被删除
3	**peer-address** *ip-address* 例如：[Huawei-pw-template-pwt1] **peer-address** 2.2.2.2	配置远端 PW（即 PW Peer）的地址，也是 PW 对端 PE 的 MPLS LSR ID。 缺省情况下，PW 模板没有配置远端 IP 地址，可用 **undo peer-address** 命令删除 PW 模板中配置的远端 IP 地址
4	**control-word** 例如：[Huawei-pw-template-pwt1] **control-word**	使能支持控制字。在负载分担的情况下，报文有可能产生乱序，此时可以通过控制字对报文进行重组。 缺省情况下，控制字功能是未使能的，可用 **undo control-word** 命令去使能 PW 模板的控制字功能
5	**mtu** *mtu-value* 例如：[Huawei-pw-template-pwt1] **mtu** 1600	配置 PW 模板使用的 MTU 值,整数形式,取值范围是 46～9600。 缺省情况下，PW 模板的 MTU 值为 1500，可用 **undo mtu** 命令恢复缺省值
6	**tnl-policy** *policy-name* 例如：Huawei-pw-template-pwt1] **tnl-policy** policy1	配置 PW 模板应用的隧道策略名称，有关隧道策略的配置方法参见第 4 章 4.3 节。应用隧道策略之前，需要配置隧道策略。如果没有应用隧道策略，将选择 LSP 隧道，且不进行负载分担。 缺省情况下，没有对 PW 模板配置隧道策略，可用 **undo tnl-policy** 命令取消对 PW 模板应用隧道策略

5.4.7　Martini 方式 VLL 配置管理

完成以上 Martini 方式 VLL 所需配置任务的配置后，可通过以下 **display** 命令在任意视图下查看相关配置，验证配置结果。

■ **display mpls l2vc** [*vc-id* | **interface** *interface-type interface-number*]：在 PE 上查看本端 Martini 方式下指定或所有 VLL 连接信息。

■ **display mpls l2vc remote-info** [*vc-id*]：在 PE 上查看远端 Martini 方式下指定或所有 VLL 连接信息。

■ **display mpls l2vc brief**：在 PE 上查看 Martini 方式 VLL 连接的简要信息。

■ **display tunnel-info** { **tunnel-id** *tunnel-id* | **all** | **statistics** [**slots**] }：查看当前系统中指定或所有的隧道信息。

■ **display interface tunnel** *interface-number*：查看指定 Tunnel 接口的详细信息。

■ **display tunnel-policy** [*tunnel-policy-name*]：查看当前系统中存在的指定或所有隧道策略信息。

■ **display mpls l2vc** [*vc-id* | **interface** *interface-type interface-number* | **remote-info** [*vc-id* | **verbose**] | **state** { **down** | **Up** }]：查看 Martini 方式 VLL 中指定或所有的隧道信息。

5.4.8　以三层物理接口为 AC 接口的 Martini 方式 VLL 配置示例

如图 5-21 所示，运营商 MPLS 网络要为用户提供 L2VPN 服务，其中的设备均为华为 AR 系列路由器。PE1 和 PE2 作为用户接入设备，接入的用户数量较多且经常变化。现要求采用一种适当的 VPN 方案，为用户提供安全的 VPN 服务，在接入新用户时配置简单。

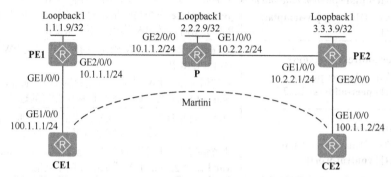

图 5-21　以三层物理为 AC 接口的 Martini 方式 VLL 配置示例的拓扑结构

1．基本配置思路分析

本示例中由于两个 PE 上的用户经常变化，因此如果采手工配置来进行用户信息同步的话，效率会很低，而且容易出错。这种情况下，可以采用 Martini 方式 VLL，通过在两个 PE 之间配置远程 LDP 会话，让 PE 间通过 LDP 协议自动同步用户信息，即 VC ID，动态建立 CE1 和 CE2 之间的 VLL 连接。由于本示例中各设备均采用华为 AR 系列路由器，仅需要连接两个同 IP 网段的子网，所以可以直接采用 AR 路由器的三层物理接口作为 PE 的 AC 接口。

Martini 方式 VLL 也是在 MPLS 隧道基础之上进行配置的，而且还要使用 LDP 动态建立公网 LSP，所以首先也需要配置基本的 MPLS 隧道功能，包括使能 LDP，建立 LDP LSP 隧道。再结合前面各小节的介绍，可得出本示例如下的基本配置思路。

（1）配置各设备各接口（包括 Loopback 接口）的 IP 地址。

（2）在骨干网相关设备（PE、P）上配置 IGP 路由协议实现互通，此处采用 OSPF 协议来配置。

（3）在骨干网相关设备（PE、P）上使能 MPLS 和 LDP 功能。

（4）在两 PE 上分别建立与对端 PE 的远端 LDP 会话，用于将本端 VC 标签传递给对端。

（5）在两端 PE 上使能 MPLS L2VPN，并分别创建一条相反方向的 VC 连接。

说明　本示例使用缺省隧道策略建立 LSP 隧道，即本 VPN 网络中两端站点的通信流量均在一条公网 LSP 隧道中传输，本示例中只需要进行两个站点的 VC 连接。

2．具体配置步骤

（1）配置 CE、PE 和 P 的各接口（包括 Loopback 接口）的 IP 地址。

\#　CE1 上的配置。

```
<Huawei> system-view
[Huawei] sysname CE1
[CE1] interface gigabitethernet 1/0/0
[CE1-GigabitEthernet1/0/0] ip address 100.1.1.1 255.255.255.0
[CE1-GigabitEthernet1/0/0] quit
```

\#　CE2 上的配置。

```
<Huawei> system-view
[Huawei] sysname CE2
[CE2] interface gigabitethernet 1/0/0
[CE2-GigabitEthernet1/0/0] ip address 100.1.1.2 255.255.255.0
[CE2-GigabitEthernet1/0/0] quit
```

\#　PE1 上的配置。担当 AC 接口的 GE1/0/0 接口保持三层模式，但不配置 IP 地址。

```
<Huawei> system-view
[Huawei] sysname PE1
[PE1] interface gigabitethernet 2/0/0
[PE1-GigabitEthernet2/0/0] ip address 10.1.1.1 255.255.255.0
[PE1-GigabitEthernet2/0/0] quit
[PE1] interface loopback1
[PE1-Loopback1] ip address 1.1.1.9 255.255.255.255
[PE1-Loopback1] quit
```

\#　PE2 上的配置。担当 AC 接口的 GE2/0/0 接口保持三层模式，但不配置 IP 地址。

```
<Huawei> system-view
[Huawei] sysname PE2
[PE2] interface gigabitethernet 1/0/0
[PE2-GigabitEthernet1/0/0] ip address 10.2.2.1 255.255.255.0
[PE2-GigabitEthernet1/0/0] quit
[PE2] interface loopback1
[PE2-Loopback1] ip address 3.3.3.9 255.255.255.255
[PE2-Loopback1] quit
```

\#　P 上的配置。

```
<Huawei> system-view
[Huawei] sysname P
[P] interface gigabitethernet 1/0/0
[P-GigabitEthernet1/0/0] ip address 10.1.1.2 255.255.255.0
[P-GigabitEthernet1/0/0] quit
[P] interface gigabitethernet 2/0/0
[P-GigabitEthernet2/0/0] ip address 10.2.2.2 255.255.255.0
[P-GigabitEthernet2/0/0] quit
[P] interface loopback1
[P-Loopback1] ip address 2.2.2.9 255.255.255.255
[P-Loopback1] quit
```

（2）在 MPLS 骨干网上配置 IGP，本示例中使用 OSPF 路由协议，均采用 OSPF 1 进程，加入区域 0 中。配置 OSPF 时，注意需同时发布 PE1、P 和 PE2 作为 LSR ID 的 32 位掩码的 Loopback 接口地址的主机路由。

\#　PE1 上的配置。

```
[PE1] ospf 1
[PE1-ospf-1] area 0
[PE1-ospf-1-area-0.0.0.0] network 10.1.1.0 0.0.0.255
[PE1-ospf-1-area-0.0.0.0] network 1.1.1.9 0.0.0.0
[PE1-ospf-1-area-0.0.0.0] quit
[PE1-ospf-1] quit
```

\#　P 上的配置。

```
[P] ospf 1
[P-ospf-1] area 0
[P-ospf-1-area-0.0.0.0] network 10.1.1.0 0.0.0.255
[P-ospf-1-area-0.0.0.0] network 10.2.2.0 0.0.0.255
```

```
[P-ospf-1-area-0.0.0.0] network 2.2.2.9 0.0.0.0
[P-ospf-1-area-0.0.0.0] quit
[P-ospf-1] quit
```

\#　PE2 上的配置。

```
[PE2] ospf 1
[PE2-ospf-1] area 0
[PE2-ospf-1-area-0.0.0.0] network 10.2.2.0 0.0.0.255
[PE2-ospf-1-area-0.0.0.0] network 3.3.3.9 0.0.0.0
[PE2-ospf-1-area-0.0.0.0] quit
[PE2-ospf-1] quit
```

（3）在 MPLS 骨干网上配置 MPLS 基本能力和 LDP 功能，包括配置 MPLS LSR ID，使能全局和公网接口的 MPLS 和 LDP 功能。

\#　PE1 上的配置。

```
[PE1] mpls lsr-id 1.1.1.9
[PE1] mpls
[PE1-mpls] quit
[PE1] mpls ldp
[PE1-mpls-ldp] quit
[PE1] interface gigabitethernet 2/0/0
[PE1-GigabitEthernet2/0/0] mpls
[PE1-GigabitEthernet2/0/0] mpls ldp
[PE1-GigabitEthernet2/0/0] quit
```

\#　P 上的配置。

```
[P] mpls lsr-id 2.2.2.9
[P] mpls
[P-mpls] quit
[P] mpls ldp
[P-mpls-ldp] quit
[P] interface gigabitethernet 2/0/0
[P-GigabitEthernet2/0/0] mpls
[P-GigabitEthernet2/0/0] mpls ldp
[P-GigabitEthernet2/0/0] quit
[P] interface gigabitethernet 1/0/0
[P-GigabitEthernet1/0/0] mpls
[P-GigabitEthernet1/0/0] mpls ldp
[P-GigabitEthernet1/0/0] quit
```

\#　PE2 上的配置。

```
[PE2] mpls lsr-id 3.3.3.9
[PE2] mpls
[PE2-mpls] quit
[PE2] mpls ldp
[PE2-mpls-ldp] quit
[PE2] interface gigabitethernet 1/0/0
[PE2-GigabitEthernet1/0/0] mpls
[PE2-GigabitEthernet1/0/0] mpls ldp
[PE2-GigabitEthernet1/0/0] quit
```

（4）在两 PE 上分别建立与对端 PE 的远端 LDP 会话，建立 LDP LSP。

\#　在 PE1 上建立与 PE2 的远端 LDP 会话。

```
[PE1] mpls ldp remote-peer pe2
[PE1-mpls-ldp-remote-pe2] remote-ip 3.3.3.9   #---指定远端 PE2 的 IP 地址（PE2 的 LSR ID）
[PE1-mpls-ldp-remote-pe2] quit
```

在 PE2 上建立与 PE1 的远端 LDP 会话。

```
[PE2] mpls ldp remote-peer pe1
[PE2-mpls-ldp-remote-pe1] remote-ip 1.1.1.9
[PE2-mpls-ldp-remote-pe1] quit
```

上述配置完成后，在 PE1 上执行 **display mpls ldp session** 命令查看 LDP 会话的建立情况，可以看到增加了与 PE2 的远端 LDP 会话（参见输出信息中的粗体字部分）。

```
[PE1] display mpls ldp session

LDP Session(s) in Public Network
Codes: LAM(Label Advertisement Mode), SsnAge Unit(DDDD:HH:MM)
A '*' before a session means the session is being deleted.
------------------------------------------------------------------
PeerID              Status          LAM  SsnRole  SsnAge      KASent/Rcv
------------------------------------------------------------------
2.2.2.9:0           Operational DU  Passive  0000:00:11   46/45
3.3.3.9:0           Operational DU  Passive  0000:00:01   8/8
------------------------------------------------------------------
TOTAL: 2 session(s) Found.
```

（5）在两 PE 上使能 MPLS L2VPN，并分别创建一条到达对端的 VC 连接。

PE1 上的配置。

本示例因为只连接两个站点，故可直接以连接 CE1 的三层物理接口 GE1/0/0 作为 AC 接口。假设这里分配给由 PE1 到 PE2 的 VC 连接的 VC ID 号为 101，**同一 PW 中双向 VC 连接的 VC ID 要一致**。

```
[PE1] mpls l2vpn
[PE1-l2vpn] quit
[PE1] interface gigabitethernet 1/0/0
[PE1-GigabitEthernet1/0/0] mpls l2vc 3.3.3.9 101
[PE1-GigabitEthernet1/0/0] quit
```

PE2 上的配置。

同样，以直接连接 CE2 的三层物理接口 GE2/0/0 作为 AC 接口。这里分配给由 PE2 到 PE1 的 VC 连接的 VC ID 号也是 101。

```
[PE2] mpls l2vpn
[PE2-l2vpn] quit
[PE2] interface gigabitethernet 2/0/0
[PE2-GigabitEthernet2/0/0] mpls l2vc 1.1.1.9 101
[PE2-GigabitEthernet2/0/0] quit
```

3．配置结果验证

以上配置完成后，可在两 PE 上通过 **display mpls l2vc** 命令查看所建立的 L2VPN 连接信息。此时应可以看到建立了一条 L2 VC，状态为 Up。以下是在 PE1 上执行该命令的输出示例。

```
[PE1] display mpls l2vc interface gigabitethernet 1/0/0
 *client interface       : GigabitEthernet1/0/0 is Up
  Administrator PW       : no
  session state          : Up
  AC status              : Up
  VC state               : Up
  Label state            : 0
  Token state            : 0
  VC ID                  : 101
```

```
VC type                    : Ethernet
destination                : 3.3.3.9
local group ID             : 0              remote group ID       : 0
local VC label             : 1024           remote VC label       : 1024
local AC OAM State         : Up
local PSN OAM State        : Up
local forwarding state : forwarding
local status code          : 0x0
remote AC OAM state        : Up
remote PSN OAM state       : Up
remote forwarding state: forwarding
remote status code         : 0x0
ignore standby state       : no
----------
```

此时，CE1 和 CE2 也能够相互 Ping 通了。

5.4.9　以 VLANIF 为 AC 接口的 Martini 方式 VLL 配置示例

如图 5-22 所示，运营商 MPLS 网络要为用户提供 L2VPN 服务，各设备采用华为 S 系列交换机，其中 PE1 和 PE2 作为用户接入设备，接入的用户数量较多且经常变化。现要求一种适当的 VPN 方案，为 CE1 站点 VLAN 10 中的用户与 CE2 站点 VLAN 40 中的用户建立远程二层连接，且希望在接入新用户时配置简单。

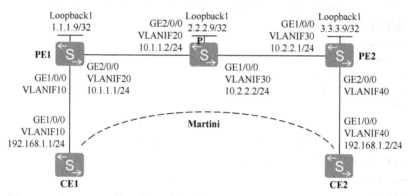

图 5-22　以 VLANIF 接口为 AC 接口的 Martini 方式 VLL 配置示例的拓扑结构

1．基本配置思路分析

本示例其实与 5.4.8 节介绍的实例是一样的，都是两个站点间的单一连接，且直接采用 LSP 隧道（不用配置隧道策略），不同的只是本示例中的设备均为 S 系列交换机，所连接的两个站点中的用户在同一 IP 网段，单一 VLAN（分属于 VLAN 10 和 VLAN 40）。由于本示例中两站点接入的用户数较多，且经常变化，故可采用基于动态 LDP 建立 VC 连接的 Martini 方式 VLL。

在上一示例中，两 PE 设备上所使用的 AC 接口直接为连接 CE 的三层物理端口，但华为的 S 系列交换机的交换机端口缺省为二层模式，要转换成三层模式有两种方法：一种方法是直接通过 **undo portswitch** 命令转换（转换后的三层交换机端口也不能直接配置 IP 地址），另一种方法是通过把端口单独加入到某 VLAN 中，然后再为该 VLAN 创建 VLANIF 接口（VLANIF 接口可直接配置 IP 地址，但作为 PE 的 AC 接口时也不用配置

IP 地址），本示例采用第二种方式来配置。

注意　在以 VLANIF 接口作为 PE 的 AC 接口时，该 VLANIF 接口与二层物理端口（直接连接 CE 的端口）有一个一一对应的关系，**即该 VLANIF 接口中对应的 VLAN 只能包括这一个成员端口，即连接 CE 的二层接口。**

根据 5.4.8 节所介绍的 Martini 方式 VLL 配置示例分析，再结合本示例的实际可得出本示例的基本配置思路如下。

（1）配置各设备接口（包括 Loopback 接口）的 IP 地址和 VLAN。各物理二层以太网端口均采用 Trunk 类型端口（也可以是带标签的 Hybrid 类型），确保链路上传输的报文均带有用户 VLAN 标签。

（2）在骨干网相关设备（PE、P）上配置 OSPF 协议，实现骨干网三层互通。

（3）在骨干网相关设备（PE、P）上使能全局和各公网接口上的 MPLS 和 LDP 功能，建立公网 LDP LSP 隧道。

（4）在两 PE 上分别建立与对端 PE 的远端 LDP 会话，用于将本端 VC 标签传递给对端。

（5）在两 PE 上使能 MPLS L2VPN，并分别创建一条到达对端的 VC 连接。

2. 具体配置步骤

（1）在各设备上创建所需的 VLAN，并把各接口加入到对应的 VLAN 中，在骨干网各节点上创建所需的 VLANIF 接口，并为之配置 IP 地址，担当 AC 接口的 VLANIF 接口除外。

\#　CE1 和 CE2 上的配置。其实 CE1 上的 VLANIF10 和 CE2 上的 VLANIF 40 接口可不配置，仅是为了后面对两端 CE 的 Ping 测试。

```
<HUAWEI> system-view
[HUAWEI] sysname CE1
[CE1] vlan batch 10
[CE1] interface vlanif 10
[CE1-Vlanif10] ip address 192.168.1.1 255.255.255.0
[CE1-Vlanif10] quit
[CE1] interface gigabitethernet 1/0/0
[CE1-GigabitEthernet1/0/0] port link-type trunk
[CE1-GigabitEthernet1/0/0] port trunk allow-pass vlan 10
[CE1-GigabitEthernet1/0/0] quit

<HUAWEI> system-view
[HUAWEI] sysname CE2
[CE2] vlan batch 40
[CE2] interface vlanif 40
[CE2-Vlanif40] ip address 192.168.1.2 255.255.255.0
[CE2-Vlanif40] quit
[CE2] interface gigabitethernet 1/0/0
[CE2-GigabitEthernet1/0/0] port link-type trunk
[CE2-GigabitEthernet1/0/0] port trunk allow-pass vlan 40
[CE2-GigabitEthernet1/0/0] quit
```

\#　PE1 和 PE2 上的配置。

PE1 上的 VLANIF10 接口是作为 PE1 的 AC 接口，PE2 上的 VLANIF40 接口是作为

PE2 的 AC 接口, 它们均需要创建, 但不需要配置 IP 地址。

　　PE1 上连接 CE1 的 GE1/0/0 接口, 以及 PE2 上连接 CE2 的 GE2/0/0 接口都是二层的, 分别允许来自 CE1 的 VLAN 10、来自 CE2 的 VLAN 40 报文带标签通过。

```
<HUAWEI> system-view
[HUAWEI] sysname PE1
[PE1] vlan batch 10 20
[PE1] interface vlanif 10    #---作为 AC 接口, 无需配置 IP 地址
[PE1-Vlanif10] quit
[PE1] interface vlanif 20
[PE1-Vlanif20] ip address 10.1.1.1 255.255.255.0
[PE1-Vlanif20] quit
[PE1] interface gigabitethernet 1/0/0
[PE1-GigabitEthernet1/0/0] port link-type trunk
[PE1-GigabitEthernet1/0/0] port trunk allow-pass vlan 10
[PE1-GigabitEthernet1/0/0] quit
[PE1] interface gigabitethernet 2/0/0
[PE1-GigabitEthernet2/0/0] port link-type trunk
[PE1-GigabitEthernet2/0/0] port trunk allow-pass vlan 20
[PE1-GigabitEthernet2/0/0] quit
[PE1] interface loopback 1
[PE1-LoopBack1] ip address 1.1.1.9 32
[PE1-LoopBack1] quit

<HUAWEI> system-view
[HUAWEI] sysname PE2
[PE2] vlan batch 30 40
[PE2] interface vlanif 40       #---作为 AC 接口, 无需配置 IP 地址
[PE2-Vlanif40] quit
[PE2] interface vlanif 30
[PE2-Vlanif30] ip address 10.2.2.1 255.255.255.0
[PE2-Vlanif30] quit
[PE2] interface gigabitethernet 1/0/0
[PE2-GigabitEthernet1/0/0] port link-type trunk
[PE2-GigabitEthernet1/0/0] port trunk allow-pass vlan 30
[PE2-GigabitEthernet1/0/0] quit
[PE2] interface gigabitethernet 2/0/0
[PE2-GigabitEthernet2/0/0] port link-type trunk
[PE2-GigabitEthernet2/0/0] port trunk allow-pass vlan 40
[PE2-GigabitEthernet2/0/0] quit
[PE2] interface loopback 1
[PE2-LoopBack1] ip address 3.3.3.9 32
[PE2-LoopBack1] quit
```

　　#   P 上的配置。

　　P 上的 GE1/0/0 和 GE2/0/0 也是二层类型, 且没有强制要求为 Trunk 类型 (可以是任意类型的二层端口), 只需能确保它们所发送的 VLAN 报文对端能接收, 且本端也能接收对端发来的 VLAN 报文即可。

```
<HUAWEI> system-view
[HUAWEI] sysname P
[P] vlan batch 20 30
[P] interface vlanif 20
[P-Vlanif20] ip address 10.1.1.2 255.255.255.0
[P-Vlanif20] quit
```

```
[P] interface vlanif 30
[P-Vlanif30] ip address 10.2.2.2 255.255.255.0
[P-Vlanif30] quit
[P] interface gigabitethernet 1/0/0
[P-GigabitEthernet1/0/0] port link-type trunk
[P-GigabitEthernet1/0/0] port trunk allow-pass vlan 30
[P-GigabitEthernet1/0/0] quit
[P] interface gigabitethernet 2/0/0
[P-GigabitEthernet2/0/0] port link-type trunk
[P-GigabitEthernet2/0/0] port trunk allow-pass vlan 20
[P-GigabitEthernet2/0/0] quit
[P] interface loopback 1
[P-LoopBack1] ip address 2.2.2.9 32
[P-LoopBack1] quit
```

（2）在 MPLS 网络各节点上配置 OSPF 路由协议，都加入缺省的 OSPF 1 进程，区域 0 中。注意要同时发布 PE1、P 和 PE2 作为 LSR ID 的 32 位掩码的 Loopback 接口地址的主机路由。

＃　PE1 和 PE2 上的配置。

```
[PE1] ospf 1
[PE1-ospf-1] area 0
[PE1-ospf-1-area-0.0.0.0] network 10.1.1.0 0.0.0.255
[PE1-ospf-1-area-0.0.0.0] network 1.1.1.9 0.0.0.0
[PE1-ospf-1-area-0.0.0.0] quit
[PE1-ospf-1] quit


[PE2] ospf 1
[PE2-ospf-1] area 0
[PE2-ospf-1-area-0.0.0.0] network 10.2.2.0 0.0.0.255
[PE2-ospf-1-area-0.0.0.0] network 3.3.3.9 0.0.0.0
[PE2-ospf-1-area-0.0.0.0] quit
[PE2-ospf-1] quit
```

＃　P 上的配置。

```
[P] ospf 1
[P-ospf-1] area 0
[P-ospf-1-area-0.0.0.0] network 10.1.1.0 0.0.0.255
[P-ospf-1-area-0.0.0.0] network 10.2.2.0 0.0.0.255
[P-ospf-1-area-0.0.0.0] network 2.2.2.9 0.0.0.0
[P-ospf-1-area-0.0.0.0] quit
[P-ospf-1] quit
```

（3）在 MPLS 骨干网上配置 MPLS 基本能力和 LDP，包括配置 MPLS LSR ID，在全局和节点间进行三层连接的 VLANIF 接口上使能 MPLS 和 LDP 功能，建立 LDP LSP 公网隧道。

＃　PE1 和 PE2 上的配置。

```
[PE1] mpls lsr-id 1.1.1.9
[PE1] mpls
[PE1-mpls] quit
[PE1] mpls ldp
[PE1-mpls-ldp] quit
[PE1] interface vlanif 20
[PE1-Vlanif20] mpls
[PE1-Vlanif20] mpls ldp
```

```
[PE1-Vlanif20] quit

[PE2] mpls lsr-id 3.3.3.9
[PE2] mpls
[PE2-mpls] quit
[PE2] mpls ldp
[PE2-mpls-ldp] quit
[PE2] interface vlanif 30
[PE2-Vlanif30] mpls
[PE2-Vlanif30] mpls ldp
[PE2-Vlanif30] quit
```

\#　P 上的配置。

```
[P] mpls lsr-id 2.2.2.9
[P] mpls
[P-mpls] quit
[P] mpls ldp
[P-mpls-ldp] quit
[P] interface vlanif 20
[P-Vlanif20] mpls
[P-Vlanif20] mpls ldp
[P-Vlanif20] quit
[P] interface vlanif 30
[P-Vlanif30] mpls
[P-Vlanif30] mpls ldp
[P-Vlanif30] quit
```

（4）在两 PE 上分别建立与对端 PE 的远端 LDP 会话，用于向对端传递 VC 信息。

\#　PE1 上的配置。

```
[PE1] mpls ldp remote-peer 3.3.3.9
[PE1-mpls-ldp-remote-3.3.3.9] remote-ip 3.3.3.9
[PE1-mpls-ldp-remote-3.3.3.9] quit
```

\#　PE2 上的配置。

```
[PE2] mpls ldp remote-peer 1.1.1.9
[PE2-mpls-ldp-remote-1.1.1.9] remote-ip 1.1.1.9
[PE2-mpls-ldp-remote-1.1.1.9] quit
```

上述配置完成后，在 PE1 上执行 **display mpls ldp session** 命令查看 LDP 会话的建立
情况，可以看到增加了与 PE2 的远端 LDP 会话（参见输出信息的粗体字部分）。

```
[PE1] display mpls ldp session

LDP Session(s) in Public Network
Codes: LAM(Label Advertisement Mode), SsnAge Unit(DDDD:HH:MM)
A '*' before a session means the session is being deleted.
-----------------------------------------------------------------------------
PeerID            Status       LAM   SsnRole  SsnAge      KASent/Rcv
-----------------------------------------------------------------------------
2.2.2.9:0         Operational DU   Passive  0000:00:09   40/40
3.3.3.9:0         Operational DU   Passive  0000:00:09   37/37
-----------------------------------------------------------------------------
TOTAL: 2 session(s) Found.
```

（5）在两 PE 上使能 MPLS L2VPN，并分别创建一条相反方向的 VC 连接。

\# PE1 上的配置。以 PE1 的 AC 接口 VLANIF10 作为入接口创建 VC，分配的 VC 标
签为 101，两端要一致。

```
[PE1] mpls l2vpn
[PE1-l2vpn] quit
[PE1] interface vlanif 10
[PE1-Vlanif10] mpls l2vc 3.3.3.9 101
[PE1-Vlanif10] quit
```

配置 PE2。以 PE2 的 AC 接口 VLANIF40 作为入接口创建 VC，分配的 VC 标签也为 101。

```
[PE2] mpls l2vpn
[PE2-l2vpn] quit
[PE2] interface vlanif 40
[PE2-Vlanif40] mpls l2vc 1.1.1.9 101
[PE2-Vlanif40] quit
```

3．配置结果验证

以上配置完成后，在 PE 上执行 **display mpls l2vc** 命令可查看 L2VPN 连接信息，可以看到建立了一条 L2 VC，状态为 Up。以下是在 PE1 上执行该命令的输出示例，从中可以看出，VC 建立是成功的，呈 Up 状态。

```
[PE1] display mpls l2vc interface vlanif 10
 *client interface       : Vlanif10 is Up
  Administrator PW       : no
  session state          : Up
  AC status              : Up
  VC state               : Up
  Label state            : 0
  Token state            : 0
  VC ID                  : 101
  VC type                : VLAN
  destination            : 3.3.3.9
  local group ID         : 0            remote group ID        : 0
  local VC label         : 23552        remote VC label        : 23552
  local AC OAM State     : Up
  local PSN OAM State     : Up
  local forwarding state : forwarding
  local status code      : 0x0
  remote AC OAM state    : Up
  remote PSN OAM state   : Up
  remote forwarding state: forwarding
  remote status code     : 0x0
  ignore standby state   : no
----------
```

此时，CE1 和 CE2 间也能够相互 Ping 通了。

5.4.10　以 Dot1q 终结子接口为 AC 接口的 Martini 方式 VLL 配置示例

如图 5-23 所示，CE1、CE2 分别通过 VLAN 方式接入 PE1 和 PE2。现要求在 PE1 和 PE2 之间通过二层 Dot1q 子接口建立 Martini 方式的 VLL，使 CE1 和 CE2 两站点中的用户网络可以二层互通。

1．基本配置思路分析

本示例中的设备为 AR G3 系列路由器，可以采用三层物理接口来配置 Martini 方式 VLL，也可采用二层 Dot1q 终结子接口、二层 QinQ 终结子接口来配置，在此选择二层 Dot1q 终结子接口配置方式。

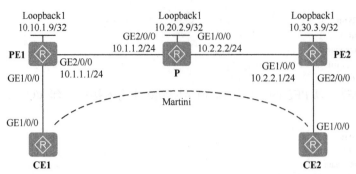

图 5-23　以 Dot1q 终结子接口为 AC 接口的 Martini 方式 VLL 配置示例的拓扑结构

根据 Martini 方式 VLL 的基本配置方法可得出本示例如下的基本配置思路。

（1）按图 5-23 中标注，在骨干网设备（PE、P）上配置各接口 IP 地址，以及 OSPF 协议，实现骨干网的三层互通。

（2）在骨干网设备（PE、P）全局和公网接口上使能 MPLS 和 LDP，建立公网 LDP LSP 隧道。

（3）在两 PE 上分别建立与对端 PE 的远端 LDP 会话，用于将本端 VC 标签传递给对端。

（4）在两 PE 上使能 MPLS L2VPN，并以各自的二层 Dot1q 终结子接口创建到达对端的 VC 连接。

2. 具体配置步骤

（1）按图 5-23 所示配置各接口 IP 地址和 OSPF 协议，实现骨干网三层互通。

\# PE1 上的配置。

```
<Huawei> system-view
[Huawei] sysname PE1
[PE1] interface gigabitethernet 2/0/0
[PE1-GigabitEthernet2/0/0] ip address 10.1.1.1 255.255.255.0
[PE1-GigabitEthernet2/0/0] quit
[PE1] interface loopback1
[PE1-Loopback1] ip address 10.10.10.9 255.255.255.255
[PE1-Loopback1] quit
[PE1] ospf 1
[PE1-ospf-1] area 0
[PE1-ospf-1-area-0.0.0.0] network 10.1.1.0 0.0.0.255
[PE1-ospf-1-area-0.0.0.0] network 10.10.1.9 0.0.0.0
[PE1-ospf-1-area-0.0.0.0] quit
[PE1-ospf-1] quit
```

\# P 上的配置。

```
<Huawei> system-view
[Huawei] sysname P
[P] interface gigabitethernet 1/0/0
[P-GigabitEthernet1/0/0] ip address 10.1.1.2 255.255.255.0
[P-GigabitEthernet1/0/0] quit
[P] interface gigabitethernet 2/0/0
[P-GigabitEthernet2/0/0] ip address 10.2.2.2 255.255.255.0
[P-GigabitEthernet2/0/0] quit
[P] interface loopback1
```

```
[P-Loopback1] ip address 10.20.2.9 255.255.255.255
[P-Loopback1] quit
[P] ospf 1
[P-ospf-1] area 0
[P-ospf-1-area-0.0.0.0] network 10.1.1.0 0.0.0.255
[P-ospf-1-area-0.0.0.0] network 10.2.2.0 0.0.0.255
[P-ospf-1-area-0.0.0.0] network 10.20.2.9 0.0.0.0
[P-ospf-1-area-0.0.0.0] quit
[P-ospf-1] quit
```

\#　PE2 上的配置。

```
<Huawei> system-view
[Huawei] sysname PE2
[PE2] interface gigabitethernet 1/0/0
[PE2-GigabitEthernet1/0/0] ip address 10.2.2.1 255.255.255.0
[PE2-GigabitEthernet1/0/0] quit
[PE2] interface loopback1
[PE2-Loopback1] ip address 10.30.3.9 255.255.255.255
[PE2-Loopback1] quit
[PE2] ospf 1
[PE2-ospf-1] area 0
[PE2-ospf-1-area-0.0.0.0] network 10.2.2.0 0.0.0.255
[PE2-ospf-1-area-0.0.0.0] network 10.30.3.9 0.0.0.0
[PE2-ospf-1-area-0.0.0.0] quit
[PE2-ospf-1] quit
```

（2）在 MPLS 骨干网上配置 MPLS 和 LDP，建立公网 LDP LSP 隧道。

\#　PE1 上的配置。

```
[PE1] mpls lsr-id 10.10.1.9
[PE1] mpls
[PE1-mpls] quit
[PE1] mpls ldp
[PE1-mpls-ldp] quit
[PE1] interface gigabitethernet 2/0/0
[PE1-GigabitEthernet2/0/0] mpls
[PE1-GigabitEthernet2/0/0] mpls ldp
[PE1-GigabitEthernet2/0/0] quit
```

\#　P 上的配置。

```
[P] mpls lsr-id 10.20.2.9
[P] mpls
[P-mpls] quit
[P] mpls ldp
[P-mpls-ldp] quit
[P] interface gigabitethernet 2/0/0
[P-GigabitEthernet2/0/0] mpls
[P-GigabitEthernet2/0/0] mpls ldp
[P-GigabitEthernet2/0/0] quit
[P] interface gigabitethernet 1/0/0
[P-GigabitEthernet1/0/0] mpls
[P-GigabitEthernet1/0/0] mpls ldp
[P-GigabitEthernet1/0/0] quit
```

\#　PE2 上的配置。

```
[PE2] mpls lsr-id 10.30.3.9
[PE2] mpls
[PE2-mpls] quit
```

```
[PE2] mpls ldp
[PE2-mpls-ldp] quit
[PE2] interface gigabitethernet 1/0/0
[PE2-GigabitEthernet1/0/0] mpls
[PE2-GigabitEthernet1/0/0] mpls ldp
[PE2-GigabitEthernet1/0/0] quit
```

（3）在两 PE 上分别建立与对端 PE 的远端 LDP 会话，用于将本端 VC 标签传递给对端。

　　# PE1 上的配置。

```
[PE1] mpls ldp remote-peer 10.30.3.9
[PE1-mpls-ldp-remote-10.30.3.9] remote-ip 10.30.3.9
[PE1-mpls-ldp-remote-10.30.3.9] quit
```

　　# 配置 PE2。

```
[PE2] mpls ldp remote-peer 10.10.1.9
[PE2-mpls-ldp-remote-10.10.1.9] remote-ip 10.10.1.9
[PE2-mpls-ldp-remote-10.10.1.9] quit
```

以上配置完成后，在 PE1 上执行 **display mpls ldp session** 命令查看 LDP 会话的建立情况，可以看到增加了与 PE2 的远端 LDP 会话。

```
[PE1] display mpls ldp session

LDP Session(s) in Public Network
Codes: LAM(Label Advertisement Mode), SsnAge Unit(DDDD:HH:MM)
A '*' before a session means the session is being deleted.
-------------------------------------------------------------------------
PeerID              Status        LAM  SsnRole  SsnAge      KASent/Rcv
-------------------------------------------------------------------------
10.20.2.9:0         Operational DU  Passive  0000:00:11  46/45
10.30.3.9:0         Operational DU  Passive  0000:00:01  8/8
-------------------------------------------------------------------------
TOTAL: 2 session(s) Found.
```

（4）在 PE 上使能 MPLS L2VPN，并在二层 Dot1q 终结子接口下创建到达对端的 VC 连接。

　　【经验提示】 在进入到 PE 的报文仅带一层 VLAN 标签情形下，此处两端 PE 的二层 Dot1q 终结子接口所终结的 VLAN 可以相同，也可以不同，即可实现相同，或不同 VLAN 的二层互通。因为在 Dot1q 终结子接口对报文进行终结后，PW 中传输的报文是不带 VLAN 标签的，而在到达对端 PE 后，通过 Dot1q 终结子接口向 CE 端发送报文时，又会带上对端 Dot1q 终结子接口所终结的 VLAN 标签。本示例中，假设两端的二层 Dot1q 终结子接口所终结的 VLAN 都是 VLAN 10。但此时要求进入 Dot1q 终结子接口的报文必须带有一层相同的 VLAN 标签。

　　# PE1 上的配置。在接入 CE1 接口 GE1/0/0 接口上创建二层 Dot1q 终结子接口，终结 VLAN 10，然后在该子接口上创建到达 PE2 的 VC 连接，VC ID 为 101。

```
[PE1] mpls l2vpn
[PE1-l2vpn] quit
[PE1] interface gigabitethernet 1/0/0.1
[PE1-GigabitEthernet1/0/0.1] dot1q termination vid 10
[PE1-GigabitEthernet1/0/0.1] mpls l2vc 10.30.3.9 101
[PE1-GigabitEthernet1/0/0.1] quit
```

  # PE2 上的配置。在接入 CE1 的接口 GE2/0/0 的接口上创建二层 Dot1q 终结子接口，终结 VLAN 10，然后在该子接口上创建到达 PE1 的 VC 连接，VC ID 也为 101。

```
[PE2] mpls l2vpn
[PE2-l2vpn] quit
[PE2] interface gigabitethernet 2/0/0.1
[PE2-GigabitEthernet2/0/0.1] dot1q termination vid 10
[PE2-GigabitEthernet2/0/0.1] mpls l2vc 10.10.1.9 101
[PE2-GigabitEthernet2/0/0.1] quit
```

  【经验提示】因为本示例中的 CE 设备也是 AR G3 系列路由器，接口为配置了 IP 地址的三层模式，要使 CE 发送给 PE 的报文中携带 VLAN 标签，也必须是子接口（子接口才可同时具有二层和三层属性），但此处采用的是三层 Dot1q 终结子接口，用于实现对所接收的报文进行向内网进行三层转发。

  但是，如果 CE 设备连接 PE 的接口是二层接口（如 S 系列交换机上的二层物理接口或 Eth-Trunk 接口），则不用配置子接口，可直接在物理接口上配置允许通过的 VLAN，但也必须确保通过该二层接口发送的报文带有 VLAN 标签。

  # 配置 CE1。在连接 PE1 的接口 GE1/0/0 的接口上创建三层 Dot1q 终结子接口，终结 VLAN 10。这样，该子接口向 PE 发送的报文会携带 VLAN 10 标签，而在该子接口接收来自 PE1 的报文后会去掉所带的 VLAN 10 标签。

```
<Huawei> system-view
[Huawei] sysname CE1
[CE1] interface gigabitethernet 1/0/0.1
[CE1-GigabitEthernet1/0/0.1] ip address 10.100.1.1 255.255.255.0
[CE1-GigabitEthernet1/0/0.1] quit
[CE1] interface gigabitethernet 1/0/0.1
[CE1-GigabitEthernet1/0/0.1] dot1q termination vid 10
[CE1-GigabitEthernet1/0/0.1] quit
```

  # CE2 上的配置。在连接 PE2 的接口 GE1/0/0 的接口上创建三层 Dot1q 终结子接口，终结 VLAN 10。这样，该子接口向 PE 发送的报文会携带 VLAN 10 标签，而在该子接口接收来自 PE2 的报文后会去掉所带的 VLAN 10 标签。

```
<Huawei> system-view
[Huawei] sysname CE2
[CE2] interface gigabitethernet 1/0/0.1
[CE2-GigabitEthernet1/0/0.1] ip address 10.100.1.2 255.255.255.0
[CE2-GigabitEthernet1/0/0.1] quit
[CE2] interface gigabitethernet 1/0/0.1
[CE2-GigabitEthernet1/0/0.1] dot1q termination vid 10
[CE2-GigabitEthernet1/0/0.1] quit
```

  3. 配置结果验证

  在 PE 上查看 L2VPN 连接信息，可以看到建立了一条 L2VC，状态为 Up。以下是在 PE1 上执行该命令输出示例。

```
[PE1] display mpls l2vc interface gigabitethernet 1/0/0.1
 *client interface       : GigabitEthernet1/0/0.1 is Up
  Administrator PW       : no
  session state          : Up
  AC status              : Up
  VC state               : Up
  Label state            : 0
```

```
    Token state            : 0
    VC ID                    : 101
    VC type                  : VLAN
    destination              : 10.30.3.9
    local group ID           : 0           remote group ID       : 0
    local VC label           : 1024        remote VC label       : 1024
    local AC OAM State       : Up
    local PSN OAM State      : Up
    local forwarding state : forwarding
    local status code        : 0x0
    remote AC OAM state      : Up
    remote PSN OAM state     : Up
    remote forwarding state : forwarding
    remote status code       : 0x0
    ignore standby state     : no
    ......
```

此时，CE1 和 CE2 应也能够相互 Ping 通了。

5.4.11　使用 MPLS TE 隧道的 Martini 方式 VLL 配置示例

如图 5-24 所示，运营商 MPLS 网络为用户提供 L2VPN 服务，其中 PE1 和 PE2 作为用户接入设备，接入的用户数量较多且经常变化。现要求一种适当的 VPN 方案，为用户提供安全的 VPN 服务，提供相对可靠的公网隧道，并且在接入新用户时配置简单。

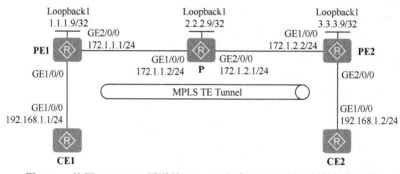

图 5-24　使用 MPLS TE 隧道的 Martini 方式 VLL 配置示例的拓扑结构

1. 基本配置思路分析

本示例中，由于接入用户数量多且经常变化，要求配置简单，故建议采用动态方式建立 PW 连接的 Martini 方式 VLL 进行配置。又为了实现用户 VPN 服务的可靠传输服务，本示例中公网隧道采用可靠性较高的 MPLS TE 隧道。

基于以上分析，再结合 Martini 方式 VLL 以及 MPLS TE 隧道配置的基本方法，可得出本示例的如下基本配置思路。

（1）配置各节点上各接口（包括 Loopback 接口，但不包括 AC 接口）的 IP 地址，并在骨干网相关设备（PE、P）上配置 IGP 路由协议实现互通。本示例采用 OSPF 路由协议，均加入到 OSPF 1 进程，区域 0 中。

（2）在各节点上配置 MPLS LSR ID，使能全局和各公网接口的 MPLS、MPLS TE 和 RSVP-TE 能力，在两条反向 VC 连接的入节点 PE1 和 PE2 上分别使能全局的 CSPF 功能，用以进行 OSP TE 路由计算。

（3）在各节点上配置 OSPF TE 发布 MPLS TE 信息。

（4）在两条相反方向 VC 的入节点 PE1 和 PE2 上分别创建 MPLS TE 隧道接口及相关参数属性。

（5）在两条相反方向 VC 的入节点 PE1 和 PE2 上的 MPLS TE 隧道接口上使能隧道绑定策略，然后创建对应的隧道绑定策略。

（6）在 PE1 和 PE2 间建立 LDP 会话，彼此直接交互 L2VPN 信息。

（7）在 PE1 和 PE2 上分别创建到达对端的 VC 连接，并应用前面创建的隧道策略，使用 MPLS TE 隧道。

2. 具体配置步骤

（1）按照图 5-24 中标识，配置各节点上各接口的 IP 地址和 OSPF 路由协议。

\#　PE1 上的配置。

```
<Huawei> system-view
[Huawei] sysname PE1
[PE1] interface loopback 1
[PE1-LoopBack1] ip address 1.1.1.9 255.255.255.255
[PE1-LoopBack1] quit
[PE1] interface gigabitethernet 2/0/0
[PE1-GigabitEthernet2/0/0] ip address 172.1.1.1 255.255.255.0
[PE1-GigabitEthernet2/0/0] quit
[PE1] ospf 1
[PE1-ospf-1] area 0
[PE1-ospf-1-area-0.0.0.0] network 172.1.1.0 0.0.0.255
[PE1-ospf-1-area-0.0.0.0] network 1.1.1.9 0.0.0.0
[PE1-ospf-1-area-0.0.0.0] quit
[PE1-ospf-1] quit
```

\#　P 上的配置。

```
<Huawei> system-view
[Huawei] sysname P
[P] interface loopback 1
[P-LoopBack1] ip address 2.2.2.9 255.255.255.255
[P-LoopBack1] quit
[P] interface gigabitethernet 1/0/0
[P-GigabitEthernet1/0/0] ip address 172.1.1.2 255.255.255.0
[P-GigabitEthernet1/0/0] quit
[P] interface gigabitethernet 2/0/0
[P-GigabitEthernet2/0/0] ip address 172.1.2.1 255.255.255.0
[P-GigabitEthernet2/0/0] quit
[P] ospf 1
[P-ospf-1] area 0
[P-ospf-1-area-0.0.0.0] network 172.1.1.0 0.0.0.255
[P-ospf-1-area-0.0.0.0] network 172.1.2.0 0.0.0.255
[P-ospf-1-area-0.0.0.0] network 2.2.2.9 0.0.0.0
[P-ospf-1-area-0.0.0.0] quit
[P-ospf-1] quit
```

\#　PE2 上的配置。

```
<Huawei> system-view
[Huawei] sysname PE2
[PE2] interface loopback 1
[PE2-LoopBack1] ip address 3.3.3.9 255.255.255.255
```

```
[PE2-LoopBack1] quit
[PE2] interface gigabitethernet 1/0/0
[PE2-GigabitEthernet1/0/0] ip address 172.1.2.2 255.255.255.0
[PE2-GigabitEthernet1/0/0] quit
[PE2] ospf 1
[PE2-ospf-1] area 0
[PE2-ospf-1-area-0.0.0.0] network 172.1.2.0 0.0.0.255
[PE2-ospf-1-area-0.0.0.0] network 3.3.3.9 0.0.0.0
[PE2-ospf-1-area-0.0.0.0] quit
[PE2-ospf-1] quit
```

　　# 　CE1 上的配置。

```
<Huawei> system-view
[Huawei] sysname CE1
[CE1] interface gigabitethernet 1/0/0
[CE1-GigabitEthernet1/0/0] ip address 192.168.1.1 255.255.255.0
[CE1-GigabitEthernet1/0/0] quit
```

　　# 　CE2 上的配置。

```
<Huawei> system-view
[Huawei] sysname CE2
[CE2] interface gigabitethernet 1/0/0
[CE2-GigabitEthernet1/0/0] ip address 192.168.1.2 255.255.255.0
[CE2-GigabitEthernet1/0/0] quit
```

　　（2）在骨干各节点的全局和公网接口上使能 MPLS、MPLS TE 和 RSVP-TE 能力，并在隧道（包括两条相反方向隧道）入节点上使能 CSPF。

　　# 　PE1 上配置。

```
[PE1] mpls lsr-id 1.1.1.9
[PE1] mpls
[PE1-mpls] mpls te
[PE1-mpls] mpls rsvp-te
[PE1-mpls] mpls te cspf
[PE1-mpls] quit
[PE1] interface gigabitethernet 2/0/0
[PE1-GigabitEthernet2/0/0] mpls
[PE1-GigabitEthernet2/0/0] mpls te
[PE1-GigabitEthernet2/0/0] mpls rsvp-te
[PE1-GigabitEthernet2/0/0] quit
```

　　# 　P 上的配置。

```
[P] mpls lsr-id 2.2.2.9
[P] mpls
[P-mpls] mpls te
[P-mpls] mpls rsvp-te
[P-mpls] quit
[P] interface gigabitethernet 1/0/0
[P-GigabitEthernet1/0/0] mpls
[P-GigabitEthernet1/0/0] mpls te
[P-GigabitEthernet1/0/0] mpls rsvp-te
[P-GigabitEthernet1/0/0] quit
[P] interface gigabitethernet 2/0/0
[P-GigabitEthernet2/0/0] mpls
[P-GigabitEthernet2/0/0] mpls te
[P-GigabitEthernet2/0/0] mpls rsvp-te
[P-GigabitEthernet2/0/0] quit
```

　　# 　PE2 上的配置。

```
[PE2] mpls lsr-id 3.3.3.9
[PE2] mpls
[PE2-mpls] mpls te
[PE2-mpls] mpls rsvp-te
[PE2-mpls] mpls te cspf
[PE2-mpls] quit
[PE2] interface gigabitethernet 1/0/0
[PE2-GigabitEthernet1/0/0] mpls
[PE2-GigabitEthernet1/0/0] mpls te
[PE2-GigabitEthernet1/0/0] mpls rsvp-te
[PE2-GigabitEthernet1/0/0] quit
```

（3）在各节点上配置 OSPF TE，发布 TE 信息。

\#　PE1 上的配置。

```
[PE1] ospf 1
[PE1-ospf-1] opaque-capability enable
[PE1-ospf-1] area 0
[PE1-ospf-1-area-0.0.0.0] mpls-te enable
[PE1-ospf-1-area-0.0.0.0] quit
[PE1-ospf-1] quit
```

\#　P 上的配置。

```
[P] ospf 1
[P-ospf-1] opaque-capability enable
[P-ospf-1] area 0
[P-ospf-1-area-0.0.0.0] mpls-te enable
[P-ospf-1-area-0.0.0.0] quit
[P-ospf-1] quit
```

\#　PE2 上的配置。

```
[PE2] ospf 1
[PE2-ospf-1] opaque-capability enable
[PE2-ospf-1] area 0
[PE2-ospf-1-area-0.0.0.0] mpls-te enable
[PE2-ospf-1-area-0.0.0.0] quit
[PE2-ospf-1] quit
```

（4）在入节点上创建 MPLS TE 隧道接口，并配置 Tunnel 接口的 IP 地址、隧道协议、目的地址、Tunnel ID，并执行 **mpls te commit** 命令使配置生效。

\#　PE1 上的配置。

```
[PE1] interface tunnel 0/0/1
[PE1-Tunnel0/0/1] ip address unnumbered interface loopback 1
[PE1-Tunnel0/0/1] tunnel-protocol mpls te
[PE1-Tunnel0/0/1] destination 3.3.3.9
[PE1-Tunnel0/0/1] mpls te tunnel-id 100
[PE1-Tunnel0/0/1] mpls te commit
[PE1-Tunnel0/0/1] quit
```

\#　PE2 上的配置。

```
[PE2] interface tunnel 0/0/1
[PE2-Tunnel0/0/1] ip address unnumbered interface loopback 1
[PE2-Tunnel0/0/1] tunnel-protocol mpls te
[PE2-Tunnel0/0/1] destination 1.1.1.9
[PE2-Tunnel0/0/1] mpls te tunnel-id 100
[PE2-Tunnel0/0/1] mpls te commit
[PE2-Tunnel0/0/1] quit
```

配置完成后，在两端的 PE 设备上执行 **display mpls te tunnel-interface** 命令可以看

到 MPLS TE 隧道是否建立成功。以下是在 PE1 上执行该命令的输出示例（参见输出信息中的粗体字部分）。

```
[PE1] display mpls te tunnel-interface
------------------------------------------------------------------------
                            Tunnel0/0/1
------------------------------------------------------------------------
Tunnel State Desc   :  Up
Active LSP          :  Primary LSP
Session ID          :  100
Ingress LSR ID      :  1.1.1.9          Egress LSR ID:  3.3.3.9
Admin State         :  Up               Oper State   :  Up
Primary LSP State   : Up
  Main LSP State    : READY                     LSP ID   : 1
```

（5）在入节点的 TE 隧道接口上使能 TE 隧道的隧道绑定能力，配置到达隧道对端的隧道绑定策略。

   #   PE1 上的配置。

```
[PE1] interface tunnel 0/0/1
[PE1-Tunnel0/0/1] mpls te reserved-for-binding   #---使能 TE 隧道的隧道绑定能力
[PE1-Tunnel0/0/1] mpls te commit
[PE1-Tunnel0/0/1] quit
[PE1] tunnel-policy 1
[PE1-tunnel-policy-1] tunnel binding destination 3.3.3.9 te tunnel 0/0/1   #---指定到达 PE2 的流量经 Tunnel0/0/1 接口转发
[PE1-tunnel-policy-1] quit
```

   #   PE2 上的配置。

```
[PE2] interface tunnel 0/0/1
[PE2-Tunnel0/0/1] mpls te reserved-for-binding
[PE2-Tunnel0/0/1] mpls te commit
[PE2-Tunnel0/0/1] quit
[PE2] tunnel-policy 1
[PE2-tunnel-policy-1] tunnel binding destination 1.1.1.9 te tunnel 0/0/1
[PE2-tunnel-policy-1] quit
```

（6）在 PE1、PE2 之间建立远程 LDP 会话，使两 PE 间可直接交互 L2VPN 信息。

   #   PE1 上的配置。

```
[PE1] mpls ldp
[PE1-mpls-ldp] quit
[PE1] mpls ldp remote-peer 3.3.3.9
[PE1-mpls-ldp-remote-3.3.3.9] remote-ip 3.3.3.9
[PE1-mpls-ldp-remote-3.3.3.9] quit
```

   #   PE2 上的配置。

```
[PE2] mpls ldp
[PE2-mpls-ldp] quit
[PE2] mpls ldp remote-peer 1.1.1.9
[PE2-mpls-ldp-remote-1.1.1.9] remote-ip 1.1.1.9
[PE2-mpls-ldp-remote-1.1.1.9] quit
```

上述配置完成后，在 PE1 上执行 **display mpls ldp session** 命令查看 LDP 会话的建立情况，可以看到增加了与 PE2 的远端 LDP 会话，状态为 **Operational**，表示 LDP 会话建立成功。以下是在 PE1 上执行该命令的转出示例（参见输出信息中的粗体字部分）。

```
[PE1] display mpls ldp session

LDP Session(s) in Public Network
```

```
Codes: LAM(Label Advertisement Mode), SsnAge Unit(DDDD:HH:MM)
A '*' before a session means the session is being deleted.
-----------------------------------------------------------------------
PeerID          Status      LAM  SsnRole  SsnAge      KASent/Rcv
-----------------------------------------------------------------------
3.3.3.9:0       Operational DU   Passive  0000:00:00  1/1
-----------------------------------------------------------------------
TOTAL: 1 session(s) Found.
```

（7）在 PE1、PE2 上分别以连接 CE 的三层物理接口作为 AC 接口创建到达对端的 VC 连接，VC ID 均为 101，并应用隧道策略选中前面创建的 MPLS TE 隧道。

＃　PE1 上的配置。分配的 VC ID 为 100。

```
[PE1] mpls l2vpn
[PE1-l2vpn] quit
[PE1] interface gigabitethernet 1/0/0
[PE1-GigabitEthernet1/0/0] mpls l2vc 3.3.3.9 100 tunnel-policy 1
[PE1-GigabitEthernet1/0/0] quit
```

＃　PE2 上的配置。分配的 VC ID 为 101。

```
[PE2] mpls l2vpn
[PE2-l2vpn] quit
[PE2] interface gigabitethernet 2/0/0
[PE2-GigabitEthernet2/0/0] mpls l2vc 1.1.1.9 101 tunnel-policy 1
[PE2-GigabitEthernet2/0/0] quit
```

3. 配置结果验证

以上配置全部完成后，在 PE 上可通过 **display mpls l2vc interface** 命令查看 L2VPN 连接信息。正常的话，可以看到建立了一条 L2 VC，状态为 Up。以下是在 PE1 上执行该命令输出示例（参见输出信息中的粗体字部分）。

```
[PE1] display mpls l2vc interface gigabitethernet 1/0/0
 *client interface       : GigabitEthernet1/0/0 is Up
  Administrator PW       : no
  session state          : Up
  AC status              : Up
  VC state               : Up
  Label state            : 0
  Token state            : 0
  VC ID                  : 100
  VC type                : Ethernet
  destination            : 3.3.3.9
  local group ID         : 0            remote group ID        : 0
  local VC label         : 1026         remote VC label        : 1032
  local AC OAM State     : Up
  local PSN OAM State    : Up
  local forwarding state : forwarding
  local status code      : 0x0
  remote AC OAM state    : Up
  remote PSN OAM state   : Up
  remote forwarding state: forwarding
  remote status code     : 0x0
  ignore standby state   : no
  BFD for PW             : unavailable
  VCCV State             : Up
  ----------
```

此时 CE1 和 CE2 也能够相互 Ping 通了。

第6章
SVC、Kompella方式
VLL配置与管理

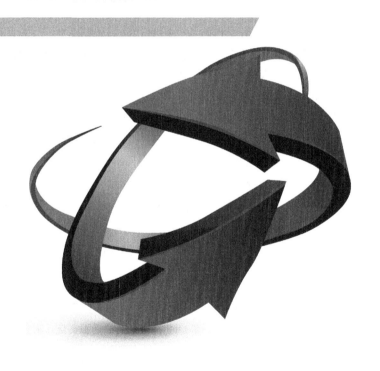

第 5 章对 VLL 的通用基础知识，以及 CCC 方式、Martini 方式 VLL 的技术原理和相关功能的配置与管理方法进行了全面介绍，本章继续对另外两种方式 VLL——SVC 方式和 Kompella 方式 VLL 的技术原理及相关功能的配置与管理方法进行介绍。并在最后，介绍一些典型 VLL 连接故障的排除方法。

6.1 SVC 方式 VLL 配置与管理

在 Martini 方式 VLL 中是使用 LDP 进行 VC 标签的交互，如果不使用 LDP，而是在 PE 上直接手工指定内层 VC 标签，这就是 SVC（Static Virtual Circuit，静态虚拟电路）模式，所以可以认为 SVC 是 Martini 的简化版本。

6.1.1 SVC 方式 VLL 简介

SVC 方式 VLL 的 VC 标签是静态配置的，不需要在两端 PE 间建立 VC 标签映射，所以不需要 LDP 信令传输 VC 标签，也不需要在两端 PE 间配置 LDP 远端会话了。**SVC 方式与 Martini 方式一样，也仅支持远程连接，不支持本地连接**，其网络拓扑模型和报文交互过程与 Martini 完全相同，参见 6.1 节介绍。

如图 6-1 所示，VPN1、VPN2 两个网络中的各自两个站点采用 SVC 方式 VLL 进行远程二层连接。现以 VPN1 中的两个站点通信为例进行介绍。

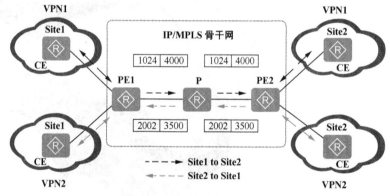

图 6-1 SVC 的报文交互示例

在 PE1 上指定报文发送的 VC 标签值为 4000，报文接收的 VC 标签值为 3500。在 PE2 上指定报文发送的 VC 标签值为 3500，报文接收的 VC 标签值为 4000。即一端 PE 的 SVC 发送 VC 标签与对端 PE 的 SVC 接收 VC 标签要一致。

当 VPN1 中 Site1 要发送报文到 Site2 时，PE1 为报文打上其发送 VC 标签 4000（作为内层标签），PE2 接收到这个内层标签为 4000 的报文后，根据其配置，找到接收 VC 标签为 4000 对应的 AC 接口，直接发送到对应 CE。由 VPN1 Site2 发送 Site1 报文时会打上其发送 VC 标签为 3500（作为内层标签），PE1 接收到这个内层标签为 3500 的报文后，根据其配置，找到接收 VC 标签为 3500 对应的 AC 接口，直接发送到对应 CE。由此可知，对于同一 VC 连接来说，源端 PE（即 Ingress 节点）上发送 VC 标签与目的端

（即 Egress 节点）PE 的接收 VC 标签是相同的。

至于报文在 MPLS 网络传输过程中所携带的外层 MPLS 标签分配方式与 Martini 方式 VLL 相同，也要根据所采用的隧道类型而定。如果是采用 LSP 隧道，则也是采用 LDP 协议来动态分配 LSP 标签的。如从 PE1 到 PE2 方向的 LSP 中，在 PE1 上为报文分配 1024 的 MPLS 出标签，经过 P 节点时又用该节点为 FEC 分配的 1027 的出标签进行替换，到了 PE2 时会剥离外层的 MPLS 标签，直接根据内层的 VC 标签找到对应的 AC 接口，转发到 Site2 站点 CE。

6.1.2　配置 SVC 方式 VLL

SVC 方式 VLL 是 Martini 方式 VLL 的简化，采用的是静态方式配置内层 VC 标签，不需要配置 PE 间的远端 LDP 会话，除此之外与前面介绍的 Martini 方式 VLL 的配置方法基本一样。

在配置 SVC 方式 VLL 之前，需完成以下任务。

■　对 MPLS 骨干网（PE、P）配置静态路由或 IGP 路由协议，实现骨干网的 IP 连通性。

■　对 PE 和 P 设备配置 MPLS 基本能力。

■　在 PE 之间建立隧道（GRE 隧道、LSP 隧道或 TE 隧道）。当 VLL 业务需要选择 TE 隧道，或者在多条隧道中进行负载分担来充分利用网络资源时，还需要配置隧道策略，具体参见本书第 4 章 4.3 节。

具体的 SVC 方式 VLL 配置步骤如表 6-1 所示。

表 6-1　　　　　　　　　　　　**SVC 方式 VLL 的配置步骤**

步骤	命令	说明
1	**system-view** 例如：\<Huawei\> **system-view**	进入系统视图
2	**mpls l2vpn** 例如：[Huawei] **mpls l2vpn**	使能 MPLS L2VPN 功能，并进入 MPLS L2VPN 视图
3	**quit** 例如：[Huawei-l2vpn] **quit**	返回系统视图
4	**interface** *interface-type interface-number* 例如：[Huawei] **interface** vlanif 10	进入 AC 接口视图。 SVC 方式 VLL 支持以下类型接口作为 AC 接口：GE 接口、GE 子接口、Ethernet 接口、Ethernet 子接口、Eth-trunk 接口、Eth-trunk 子接口、VLANIF 接口。子接口的类型可以是 Dot1q 子接口，QinQ 子接口，QinQ Mapping 子接口或者 VLAN Stacking 子接口，但均无需配置 **IP** 地址和路由协议。 当使用 S 系列交换机的 XGE 接口、GE 接口、40GE 接口、100GE 接口、Ethernet 接口、Eth-Trunk 接口作为 AC 接口时，需要执行 **undo portswitch** 命令，将二层模式切换成三层模式。 【注意】缺省情况下，设备上全局使能链路类型自协商功能，若 L2VPN 使用 VLANIF 接口作为 AC 接口，则与该功能相冲突，需要先在系统视图下执行 **lnp disable** 命令去使能链路类型自协商功能

（续表）

步骤	命令	说明
5	**mpls static-l2vc** { { **destination** *ip-address* | **pw-template** *pw-template-name vc-id* } * | **destination** *ip-address* [*vc-id*] } **transmit-vpn-label** *transmit-label-value* **receive-vpn-label** *receive-label-value* [**tunnel-policy** *tnl-policy-name* | [[**control-word** | **no-control-word**] | [**raw** | **tagged**]]] * 例如：[Huawei-Vlanif10] **mpls static-l2vc destination** 1.1.1.1 **transmit-vpn-label** 100 **receive-vpn-label** 100	创建 SVC 方式 VLL 连接。命令中的参数和选项说明如下。 • **destination** *ip-address*：可多选参数，指定 PW 对端设备的 LSR-ID。 • **pw-template** *pw-template-name*：可多选参数，指定所采用的 PW 模板名（通过 PW 模板来配置 PW 属性，需要先按第 5 章 5.4.6 节介绍的方法创建对应的 PW 模板）。 • *vc-id*：可选参数，为所创建的 VLL 连接分配的 VC ID，整数形式，取值范围是 1～4294967295。**同一 PW 的两条 VC 的 VC ID 必须一致。** • **destination** *ip-address* [*vc-id*]：二选一参数，指定 PW 对端设备的 LSR-ID，可同时指定所分配的 VC ID。 • **transmit-vpn-label** *transmit-label-value*：指定报文发送的 VC 标签值，整数形式，取值范围是 0～1048575。 • **receive-vpn-label** *receive-label-value*：指定报文接收的 VC 标签值，整数形式，取值范围是 16～1023。 【注意】两端 PE 设备的发送标签和接收标签互为对端的接收标签和发送标签，如果标签不匹配，可能会出现 static-l2vc 状态显示为 Up 但实际无法转发的现象。 • **tunnel-policy** *tnl-policy-name*：可选参数，指定所采用的隧道策略名称，需要先按第 4 章 4.3 节创建。如果未指定隧道策略名，采用缺省的策略。缺省策略指定顺序 LSP 和负载分担个数为 1。如果隧道策略名已指定，但未配置策略，仍采用缺省策略。 • **control-word** | **no-control-word**：可选项，使能或禁止控制字功能。**VLL 连接两端的控制字功能配置要一致。** • **raw** | **tagged**：可选项，指定 PW 采用 raw 或 tagged 封装类型，raw 封装方式会删除报文中的 P-tag（也称 SD-Tag），tagged 封装方式会保留报文中的 P-tag（也称 SD-Tag）。**VLL 连接两端的封装类型配置要一致。** 缺省情况下，系统没有创建静态 VC，可用 **undo mpls static-l2vc** { { **destination** *ip-address* | **pw-template** *pw-template-name vc-id* } * | **destination** *ip-address vc-id* } **transmit-vpn-label** *transmit-label-value* **receive-vpn-label** *receive-label-value* [**tunnel-policy** *tnl-policy-name* | [**control-word** | **no-control-word**] | [**raw** | **tagged**]] *命令删除指定的静态 VC
6	**mpls l2vpn service-name** *service-name* 例如：[Huawei-Vlanif10] **mpls l2vpn service-name** pw1	（可选）设置 L2VPN 的业务名称，字符串形式，不支持空格，区分大小写，取值范围是 1～15。当输入的字符串两端使用双引号时，可在字符串中输入空格。设置 L2VPN 的业务名称后，可以通过网管界面直接操作该业务名称来维护 L2VPN 业务。 【说明】L2VPN 的业务名称在同一 PE 设备上具有唯一性，如果配置的业务名称已经被其他 PW 使用，则不能配置成功，系统会提示操作错误。L2VPN 的业务名称配置为覆盖式，如果该 L2VPN 业务已经配置业务名称，再进行配置时会覆盖原有名称。因此，若要修改原业务名称，不需要删除已有名称，直接配置新的业务名称即可

6.1.3　SVC 方式 VLL 配置管理

完成 SVC 方式 VLL 配置后，可以执行以下 **display** 命令查看有关 SVC VLL 的配置、SVC 连接的信息，验证配置效果。

■ **display mpls static-l2vc** [**interface** *interface-type interface-number*]：查看指定或所有 SVC 方式 L2VPN 的连接信息。

■ **display mpls static-l2vc brief**：查看 SVC 方式 L2VPN 连接的简要信息。

■ **display l2vpn ccc-interface vc-type static-vc** [**down** | **Up**]：查看 SVC 方式下状态为 Up/Down 的 VC 接口信息。

6.1.4　以三层物理接口为 AC 接口的 SVC 方式 VLL 配置示例

如图 6-2 所示，运营商的 MPLS 网络要为用户提供不同站点间的 L2VPN 服务。用户只有位置固定的两个站点，分别通过 CE1 与 CE2 接入 MPLS 网络，用户要求站点间需要实现二层的直接访问，即各站点内的主机可以直接进行二层通信。

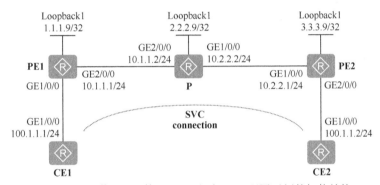

图 6-2　三层物理 AC 接口 SVC 方式 VLL 配置示例的拓扑结构

1. 基本配置思路分析

考虑到用户要求两站点间需要实现二层的直接访问，可采用相对简单的 VLL 来满足此需求。又由于两个 PE 上的用户固定不变，为减少配置量，采用手工进行配置信令信息即可，即采用 SVC 方式 VLL 来配置。

结合前面关于 SVC 方式 VLL 特性的介绍，以及本例的具体要求可得出本示例的基本配置思路如下。

（1）配置各设备各接口（包括 Loopback 接口）的 IP 地址。

（2）在 MPLS 骨干网上配置 IGP，实现 IP 互通，本示例采用 OSPF 路由协议。

（3）在 MPLS 骨干网上配置 MPLS 基本能力和 LDP，使用 LDP LSP 隧道。

（4）在 PE 上使能 MPLS L2VPN，并创建静态 VC 连接，手工配置 VC 标签信息。

2. 具体配置步骤

（1）配置各接口的 IP 地址。两 PE 上作为 AC 接口的接口无需配置 IP 地址。

\#　CE1 和 CE2 上的配置。

```
<Huawei> system-view
[Huawei] sysname CE1
```

```
[CE1] interface gigabitethernet 1/0/0
[CE1-GigabitEthernet1/0/0] ip address 100.1.1.1 255.255.255.0
[CE1-GigabitEthernet1/0/0] quit

<Huawei> system-view
[Huawei] sysname CE2
[CE2] interface gigabitethernet 1/0/0
[CE2-GigabitEthernet1/0/0] ip address 100.1.1.2 255.255.255.0
[CE2-GigabitEthernet1/0/0] quit
```

PE1 和 PE2 上的配置。

```
<Huawei> system-view
[Huawei] sysname PE1
[PE1] interface gigabitethernet 2/0/0
[PE1-GigabitEthernet2/0/0] ip address 10.1.1.1 255.255.255.0
[PE1-GigabitEthernet2/0/0] quit
[PE1] interface loopback1
[PE1-Loopback1] ip address 1.1.1.9 255.255.255.0
[PE1-Loopback1] quit

<Huawei> system-view
[Huawei] sysname PE2
[PE2] interface gigabitethernet 1/0/0
[PE2-GigabitEthernet1/0/0] ip address 10.2.2.1 255.255.255.0
[PE2-GigabitEthernet1/0/0] quit
[PE2] interface loopback1
[PE2-Loopback1] ip address 2.2.2.9 255.255.255.0
[PE2-Loopback1] quit
```

P 上的配置。

```
<Huawei> system-view
[Huawei] sysname P
[P] interface gigabitethernet 1/0/0
[P-GigabitEthernet1/0/0] ip address 10.2.2.2 255.255.255.0
[P-GigabitEthernet1/0/0] quit
[P] interface gigabitethernet 2/0/0
[P-GigabitEthernet2/0/0] ip address 10.1.1.2 255.255.255.0
[P-GigabitEthernet2/0/0] quit
```

（2）在 MPLS 骨干网上配置 IGP，本示例中采用 OSPF 协议，启动 OSPF 1 进程，加入区域 0 中。注意要同时发布各节点作为 LSR ID 的 32 位掩码 Loopback 接口地址的路由。PE 上作为 AC 接口的接口无需配置路由协议。

PE1 和 PE2 上的配置。

```
[PE1] ospf 1
[PE1-ospf-1] area 0
[PE1-ospf-1-area-0.0.0.0] network 10.1.1.0 0.0.0.255
[PE1-ospf-1-area-0.0.0.0] network 1.1.1.9 0.0.0.0
[PE1-ospf-1-area-0.0.0.0] quit
[PE1-ospf-1] quit

[PE2] ospf 1
[PE2-ospf-1] area 0
[PE2-ospf-1-area-0.0.0.0] network 10.2.2.0 0.0.0.255
[PE2-ospf-1-area-0.0.0.0] network 3.3.3.9 0.0.0.0
[PE2-ospf-1-area-0.0.0.0] quit
[PE2-ospf-1] quit
```

#　P 上的配置。

```
[P] ospf 1
[P-ospf-1] area 0
[P-ospf-1-area-0.0.0.0] network 10.1.1.0 0.0.0.255
[P-ospf-1-area-0.0.0.0] network 10.2.2.0 0.0.0.255
[P-ospf-1-area-0.0.0.0] network 2.2.2.9 0.0.0.0
[P-ospf-1-area-0.0.0.0] quit
[P-ospf-1] quit
```

（3）在 MPLS 骨干网上配置 MPLS 基本能力和 LDP，使用 LDP LSP 隧道。各节点上作为 AC 接口的接口和 Loopback 接口无需配置 MPLS 和 LDP 功能。

#　PE1 和 PE2 上的配置。

```
[PE1] mpls lsr-id 1.1.1.9
[PE1] mpls
[PE1-mpls] quit
[PE1] mpls ldp
[PE1-mpls-ldp] quit
[PE1] interface gigabitethernet 2/0/0
[PE1-GigabitEthernet2/0/0] mpls
[PE1-GigabitEthernet2/0/0] mpls ldp
[PE1-GigabitEthernet2/0/0] quit


[PE2] mpls lsr-id 3.3.3.9
[PE2] mpls
[PE2-mpls] quit
[PE2] mpls ldp
[PE2-mpls-ldp] quit
[PE2] interface gigabitethernet 1/0/0
[PE2-GigabitEthernet1/0/0] mpls
[PE2-GigabitEthernet1/0/0] mpls ldp
[PE2-GigabitEthernet1/0/0] quit
```

#　P 上的配置。

```
[P] mpls lsr-id 2.2.2.9
[P] mpls
[P-mpls] quit
[P] mpls ldp
[P-mpls-ldp] quit
[P] interface gigabitethernet 1/0/0
[P-GigabitEthernet1/0/0] mpls
[P-GigabitEthernet1/0/0] mpls ldp
[P-GigabitEthernet1/0/0] quit
[P] interface gigabitethernet 2/0/0
[P-GigabitEthernet2/0/0] mpls
[P-GigabitEthernet2/0/0] mpls ldp
[P-GigabitEthernet2/0/0] quit
```

上述配置完成后，PE1 和 P、PE2 和 P 之间应能建立 LDP 会话，执行 **display mpls ldp session** 命令可以看到显示结果中 Status 项为 **Operational**，表示会话建立成功。以下是在 PE1 上执行该命令的输出示例。

```
[PE1] display mpls ldp session

LDP Session(s) in Public Network
Codes: LAM(Label Advertisement Mode), SsnAge Unit(DDDD:HH:MM)
A '*' before a session means the session is being deleted.
```

```
--------------------------------------------------------------------------
PeerID              Status      LAM  SsnRole  SsnAge      KASent/Rcv
--------------------------------------------------------------------------
2.2.2.9:0           Operational DU   Passive  0000:00:05  22/22
--------------------------------------------------------------------------
TOTAL: 1 session(s) Found.
```

（4）在 PE 上使能 MPLS L2VPN，并创建静态 VC 连接。PE1 的 AC 接口为 GE1/00，PE2 的 AC 接口为 GE2/0/0。

PE1 上的配置。假设所分配的发送 VC 标签为 100，接收 VC 标签为 200，要分别与 PE2 上创建的静态 VC 连接中的接收 VC 标签、发送 VC 标签一致。

```
[PE1] mpls l2vpn
[PE1-l2vpn] quit
[PE1] interface gigabitethernet 1/0/0
[PE1-GigabitEthernet1/0/0] mpls static-l2vc destination 3.3.3.9 transmit-vpn-label 100 receive-vpn-label 200
[PE1-GigabitEthernet1/0/0] quit
```

PE2 上的配置。所分配的发送 VC 标签为 200，接收 VC 标签为 100，分别与 PE1 上创建的静态 VC 连接中的接收 VC 标签、发送 VC 标签一致。

```
[PE2] mpls l2vpn
[PE2-l2vpn] quit
[PE2] interface gigabitethernet 2/0/0
[PE2-GigabitEthernet2/0/0] mpls static-l2vc destination 1.1.1.9 transmit-vpn-label 200 receive-vpn-label 100
[PE2-GigabitEthernet2/0/0] quit
```

3. 配置结果验证

以上配置完成后，在 PE 上执行 **display mpls static-l2vc** 命令可查看 SVC 的 L2VPN 连接信息，可以看到建立了一条静态 L2VC 连接。以下是在 PE1 上执行该命令的输出示例。

```
[PE1] display mpls static-l2vc interface gigabitethernet 1/0/0
 *Client Interface     : GigabitEthernet1/0/0 is Up
  AC Status            : Up
  VC State             : Up
  VC ID                : 0
  VC Type              : Ethernet
  Destination          : 3.3.3.9
  Transmit VC Label    : 100
  Receive VC Label     : 200
  Label Status         : 0
  Token Status         : 0
  ……
```

执行 **display l2vpn ccc-interface vc-type static-vc Up** 命令，可以看到 VC Type 为 static-vc（静态 VC），状态为 Up 的接口信息。以下是在 PE1 上执行该命令的输出示例。

```
[PE1] display l2vpn ccc-interface vc-type static-vc Up
Total ccc-interface of SVC VC: 1
Up (1), down (0)
Interface              Encap Type           State      VC Type
GigabitEthernet1/0/0   ethernet             Up         static-vc
```

此时，CE1 和 CE2 已能够相互 Ping 通了。

6.1.5　以 VLANIF 接口为 AC 接口的 SVC 方式 VLL 多 PW 配置示例

如图 6-3 所示，CE1 和 CE2（均划分了 VLAN 10 和 VLAN 20）所连接的网络属于

VPN1 网络的两个站点，位于 192.168.1.0/24 网络中；CE3 和 CE4（均划分了 VLAN 30 和 VLAN 40）所连接的网络属于 VPN2 网络的两个站点，位于 192.168.2.0/24 网络。

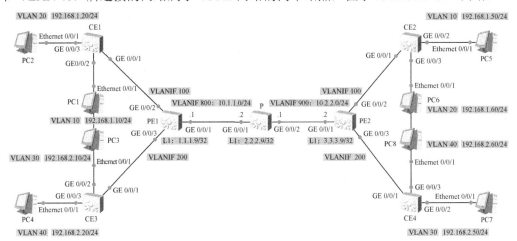

图 6-3　以 VLANIF 接口为 AC 接口的 SVC 方式 VLL 多 PW 配置示例的拓扑结构

现要求通过 SVC 方式 VLL 两个 VPN 网络的各自两个站点间相同 VLAN 中的用户通过 MPLS/IP 骨干网能实现相互二层互通。

1. 基本配置思路分析

本示例要求中有两个共享：一是多个私网 VLAN 中有用户要共享同一 PW 进行数据传输；二是不同 VPN 要共享同一条 LSP 隧道来建立所需的 PW（即多条 PW 共享同一条 LSP 隧道）。根据这一要求，其实有多种方案可以实现，如可以通过在 PE 连接 CE 的二层接口上创建 Dot1q 终结子接口，终结一个或多个用户 VLAN（不同 VPN 网络中的站点对应不同的 Dot1q 终结子接口），然后以 Dot1q 终结子接口作为 PE 的 AC 接口即可实现本示例中的两个"共享"要求。也可采用"灵活 QinQ+VLANIF 接口"方案来实现，即先在 PE 连接 CE 的二层接口上配置灵活 QinQ，对一个或多个用户 VLAN 中的报文加装同一个公网 VLAN 标签，然后为这个公网 VLAN 创建 VLANIF 接口，作为 PE 的 AC 接口。

以上这两种方案在具体配置上有所区别,采用 Dot1q 终结子接口方案时,用户 VLAN 报文进入到 PE 后先去掉一层用户的 VLAN 标签，上送 CPU 进行 MPLS 封装，然后再通过 Dot1q 终结子接口转发。如果用户报文仅带有一层 VLAN 标签时，通过 Dot1q 子接口在 MPLS 网络中传输的数据既不带用户 VLAN 标签，也不带公网 VLAN 标签，包括到达对端 PE 设备时。**这样，通信两端的用户 VLAN 可以一样，也可以不一样。**

采用"灵活 QinQ+VLANIF 接口"方案时，用户 VLAN 报文进入到 PE 后会保留原来携带的用户 VLAN 标签，同时会加装一层公网 VLAN 标签，然后再上送 CPU 进行 MPLS 封装，最后再通过公网 VLANIF 接口进行转发。此时在 MPLS 网络中传输的数据同时带有用户 VLAN 标签和公网 VLAN 标签。到了对端 PE 时，先要去掉外层的公网 VLAN 标签，然后按照报文中携带的用户私网 VLAN 标签进行转发。**这样一来，通信两端的用户 VLAN 划分必须一致，而且所配置添加的公网 VLAN 标签也必须一致**，只有这样才能使报文到达对端 PE 时会去掉公网 VLAN 标签，然后直接按照报文中的用户

VLAN 标签进行转发。

本示例采用灵活 QinQ+VLANIF 接口方案来进行配置。考虑到用户要求两站点间需要实现二层的直接访问，可采用 VLL 来满足此需求。由于两个 PE 上的用户固定不变，可以手工指定内层 VC 标签，方便后续维护，即采用 SVC 方式，基本的配置思路如下。

（1）在各设备上创建所需 VLAN，配置各端口加入对应的 VLAN，创建所需的 VLANIF 接口，担当 PE 的 AC 接口 VLANIF 接口不需要配置 IP 地址。

（2）在 PE1、PE2 上配置灵活 QinQ，对用户 VLAN 1~20 报文加装一层公网 VLAN 100 标签；对用户 VLAN 30~40 报文加装一层公网 VLAN 200 标签。

（3）在 MPLS 骨干网上配置 OSPF 路由协议，实现 IP 互通。

（4）在 MPLS 骨干网上配置 MPLS 基本能力和 LDP，使用 LDP LSP 隧道。

（5）在 PE 上使能 MPLS L2VPN，并分别以 VLANIF 接口作为 AC 接口为 CE1→CE2、CE3→CE4 创建静态 VC 连接，手工配置 VC 标签信息。

2. 具体配置步骤

（1）按图 6-3 中所示在各设备上创建所需 VLAN、VLANIF 接口（并配置 IP 地址，担当 PE 的 AC 接口的 VLANIF 接口除外），配置各接口所属 VLAN。

前面说了，采用灵活 QinQ+VLANIF 接口方案时，同一 VPN 中的两站点内划分的 VLAN 要一致，所以 CE1 和 CE2 的配置其实是一样的，CE3 和 CE4 的配置也是一样的。

\# CE1 上的配置。

```
<HUAWEI> system-view
[HUAWEI] sysname CE1
[CE1] vlan batch 10 20
[CE1] interface gigabitethernet 0/0/1
[CE1-GigabitEthernet0/0/1] port link-type trunk
[CE1-GigabitEthernet0/0/1] port trunk allow-pass vlan 10 20
[CE1-GigabitEthernet0/0/1] quit
[CE1] interface gigabitethernet 0/0/2
[CE1-GigabitEthernet0/0/2] port link-type access
[CE1-GigabitEthernet0/0/2] port default vlan 10
[CE1-GigabitEthernet0/0/2] quit
[CE1] interface gigabitethernet 0/0/3
[CE1-GigabitEthernet0/0/3] port link-type access
[CE1-GigabitEthernet0/0/3] port default vlan 20
[CE1-GigabitEthernet0/0/3] quit
```

\# CE2 上的配置。

```
<HUAWEI> system-view
[HUAWEI] sysname CE2
[CE2] vlan batch 10 20
[CE2] interface gigabitethernet 0/0/1
[CE2-GigabitEthernet0/0/1] port link-type trunk
[CE2-GigabitEthernet0/0/1] port trunk allow-pass vlan 10 20
[CE2-GigabitEthernet0/0/1] quit
[CE2] interface gigabitethernet 0/0/2
[CE2-GigabitEthernet0/0/2] port link-type access
[CE2-GigabitEthernet0/0/2] port default vlan 10
[CE2-GigabitEthernet0/0/2] quit
[CE2] interface gigabitethernet 0/0/3
[CE2-GigabitEthernet0/0/3] port link-type access
```

```
[CE2-GigabitEthernet0/0/3] port default vlan 20
[CE2-GigabitEthernet0/0/3] quit
```

\#　CE3 上的配置。

```
<HUAWEI> system-view
[HUAWEI] sysname CE3
[CE3] vlan batch 30 40
[CE3] interface gigabitethernet 0/0/1
[CE3-GigabitEthernet0/0/1] port link-type trunk
[CE3-GigabitEthernet0/0/1] port trunk allow-pass vlan 30 40
[CE3-GigabitEthernet0/0/1] quit
[CE3] interface gigabitethernet 0/0/2
[CE3-GigabitEthernet0/0/2] port link-type access
[CE3-GigabitEthernet0/0/2] port default vlan 30
[CE3-GigabitEthernet0/0/2] quit
[CE3] interface gigabitethernet 0/0/3
[CE3-GigabitEthernet0/0/3] port link-type access
[CE3-GigabitEthernet0/0/3] port default vlan 40
[CE3-GigabitEthernet0/0/3] quit
```

\#　CE4 上的配置。

```
<HUAWEI> system-view
[HUAWEI] sysname CE4
[CE4] vlan batch 30 40
[CE4] interface gigabitethernet 0/0/1
[CE4-GigabitEthernet0/0/1] port link-type trunk
[CE4-GigabitEthernet0/0/1] port trunk allow-pass vlan 30 40
[CE4-GigabitEthernet0/0/1] quit
[CE4] interface gigabitethernet 0/0/2
[CE4-GigabitEthernet0/0/2] port link-type access
[CE4-GigabitEthernet0/0/2] port default vlan 30
[CE4-GigabitEthernet0/0/2] quit
[CE4] interface gigabitethernet 0/0/3
[CE4-GigabitEthernet0/0/3] port link-type access
[CE4-GigabitEthernet0/0/3] port default vlan 40
[CE4-GigabitEthernet0/0/3] quit
```

\#　PE1 上的配置。配置灵活 QinQ 功能的二层端口（GE0/0/2 和 GE0/0/3）的类型为 Hybrid 类型，且要指定加装的外层公网 VLAN 以不带标签方式通过，使当 PE1 向 CE 发送数据时去掉外层标签，允许对应的私网 VLAN 以带标签方式通过。

```
<HUAWEI> system-view
[HUAWEI] sysname PE1
[PE1] vlan batch 100 200 800
[PE1] interface gigabitethernet 0/0/1
[PE1-GigabitEthernet0/0/1] port link-type trunk
[PE1-GigabitEthernet0/0/1] port trunk allow-pass vlan 800
[PE1-GigabitEthernet0/0/1] quit
[PE1] interface gigabitethernet 0/0/2
[PE1-GigabitEthernet0/0/2] port link-type hybrid
[PE1-GigabitEthernet0/0/2] port hybrid untagged vlan 100    #---允许公网 VLAN 100 以不带标签方式通过
[PE1-GigabitEthernet0/0/2] port hybrid tagged vlan 10 20    #---允许用户 VLAN 30、40 带标签通过
[PE1-GigabitEthernet0/0/2] quit
[PE1] interface gigabitethernet 0/0/3
[PE1-GigabitEthernet0/0/3] port link-type hybrid
[PE1-GigabitEthernet0/0/3] port hybrid untagged vlan 200
[PE1-GigabitEthernet0/0/3] port hybrid tagged vlan 30 40
```

```
[PE1-GigabitEthernet0/0/3] quit
[PE1] interface vlanif 100    #---担当 PE 的 AC 接口的 VLANIF 接口无需配置 IP 地址和路由协议
[PE1-Vlanif100] quit
[PE1] interface vlanif 200
[PE1-Vlanif200] quit
[PE1] interface vlanif 800
[PE1-Vlanif800] ip address 10.1.1.1 24
[PE1-Vlanif800] quit
[PE1] interface loopback1
[PE1-Loopback1] ip address 1.1.1.9 32
```

PE2 上的配置。配置灵活 QinQ 功能的二层端口（如 GE0/0/2 和 GE0/0/3）的类型必须为 Hybrid 类型，且要指定加装的外层公网 VLAN 以不带标签方式通过，使当 PE1 向 CE 发送数据时去掉外层标签，允许对应的私网 VLAN 以带标签方式通过。

```
<HUAWEI> system-view
[HUAWEI] sysname PE2
[PE2] vlan batch 100 200 900
[PE2] interface gigabitethernet 0/0/1
[PE2-GigabitEthernet0/0/1] port link-type trunk
[PE2-GigabitEthernet0/0/1] port trunk allow-pass vlan 900
[PE2-GigabitEthernet0/0/1] quit
[PE2] interface gigabitethernet 0/0/2
[PE2-GigabitEthernet0/0/2] port link-type hybrid
[PE2-GigabitEthernet0/0/2] port hybrid untagged vlan 100
[PE2-GigabitEthernet0/0/2] port hybrid tagged vlan 10 20
[PE2-GigabitEthernet0/0/2] quit
[PE2] interface gigabitethernet 0/0/3
[PE2-GigabitEthernet0/0/3] port link-type hybrid
[PE2-GigabitEthernet0/0/3] port hybrid untagged vlan 200
[PE2-GigabitEthernet0/0/3] port hybrid tagged vlan 30 40
[PE2-GigabitEthernet0/0/3] quit
[PE2] interface vlanif 100
[PE2-Vlanif100] quit
[PE2] interface vlanif 200
[PE2-Vlanif200] quit
[PE2] interface vlanif 900
[PE2-Vlanif900] ip address 10.2.2.2 24
[PE2-Vlanif900] quit
[PE2] interface loopback1
[PE2-Loopback1] ip address 3.3.3.9 32
```

P 上的配置。

```
<HUAWEI> system-view
[HUAWEI] sysname P
[P] vlan batch 100 200 900
[P] interface gigabitethernet 0/0/1
[P-GigabitEthernet0/0/1] port link-type trunk
[P-GigabitEthernet0/0/1] port trunk allow-pass vlan 800
[P-GigabitEthernet0/0/1] quit
[P] interface gigabitethernet 0/0/2
[P-GigabitEthernet0/0/2] port link-type trunk
[P-GigabitEthernet0/0/2] port trunk allow-pass vlan 900
[P-GigabitEthernet0/0/2] quit
[P] interface vlanif 800
[P-Vlanif800] ip address 10.1.1.2 24
```

[P-Vlanif800] **quit**
[P] **interface vlanif** 900
[P-Vlanif900] **ip address** 10.2.2.2 24
[P-Vlanif900] **quit**
[P] **interface loopback**1
[P-Loopback1] **ip address** 2.2.2.9 32

（2）在 PE1、PE2 上配置灵活 QinQ，为一定范围的私网 VLAN 报文加装指定的外层公网 VLAN。

　　#　PE1 上的配置。

[PE1] **interface** gigabitethernet 0/0/2
[PE1-GigabitEthernet0/0/2] **port vlan-stacking vlan** 1 **to** 20 **stack-vlan** 100　#---配置灵活 QinQ，对 1~20 的 VLAN 报文加装 VLAN 100 的外层公网 VLAN 标签
[PE1-GigabitEthernet0/0/2] **quit**
[PE1] **interface** gigabitethernet 0/0/3
[PE1-GigabitEthernet0/0/3] **port vlan-stacking vlan** 30 **to** 40 **stack-vlan** 200　　#---配置灵活 QinQ，对 30~40 的 VLAN 报文加装 VLAN 200 的外层公网 VLAN 标签
[PE1-GigabitEthernet0/0/3] **quit**

　　#　PE2 上的配置。

[PE2] **interface** gigabitethernet 0/0/2
[PE2-GigabitEthernet0/0/2] **port vlan-stacking vlan** 1 **to** 20 **stack-vlan** 100
[PE2-GigabitEthernet0/0/2] **quit**
[PE2] **interface** gigabitethernet 0/0/3
[PE2-GigabitEthernet0/0/3] **port vlan-stacking vlan** 30 **to** 40 **stack-vlan** 200
[PE2-GigabitEthernet0/0/3] **quit**

（3）在 MPLS 骨干网上配置 OSPF 路由协议，实现 IP 互通。在各节点上启动 OSPF 1 进程，加入区域 0 中。注意需要发布 PE1、P 和 PE2 作为 LSR ID 的 32 位掩码的 Loopback 接口 IP 地址主机路由。

　　#　PE1 上的配置。

[PE1] **ospf** 1
[PE1-ospf-1] **area** 0
[PE1-ospf-1-area-0.0.0.0] **network** 10.1.1.0 0.0.0.255
[PE1-ospf-1-area-0.0.0.0] **network** 1.1.1.9 0.0.0.0
[PE1-ospf-1-area-0.0.0.0] **quit**
[PE1-ospf-1] **quit**

　　#　P 上的配置。

[P] **ospf** 1
[P-ospf-1] **area** 0
[P-ospf-1-area-0.0.0.0] **network** 10.1.1.0 0.0.0.255
[P-ospf-1-area-0.0.0.0] **network** 10.2.2.0 0.0.0.255
[P-ospf-1-area-0.0.0.0] **network** 2.2.2.9 0.0.0.0
[P-ospf-1-area-0.0.0.0] **quit**
[P-ospf-1] **quit**

　　#　PE2 上的配置。

[PE2] **ospf** 1
[PE2-ospf-1] **area** 0
[PE2-ospf-1-area-0.0.0.0] **network** 10.2.2.0 0.0.0.255
[PE2-ospf-1-area-0.0.0.0] **network** 3.3.3.9 0.0.0.0
[PE2-ospf-1-area-0.0.0.0] **quit**
[PE2-ospf-1] **quit**

（4）在 MPLS 骨干网上配置 MPLS 基本能力和 LDP。

PE1 上的配置。

```
[PE1] mpls lsr-id 1.1.1.9
[PE1] mpls
[PE1-mpls] quit
[PE1] mpls ldp
[PE1-mpls-ldp] quit
[PE1] interface vlanif 800
[PE1-Vlanif800] mpls
[PE1-Vlanif800] mpls ldp
[PE1-Vlanif800] quit
```

P 上的配置。

```
[P] mpls lsr-id 2.2.2.9
[P] mpls
[P-mpls] quit
[P] mpls ldp
[P-mpls-ldp] quit
[P] interface vlanif 800
[P-Vlanif800] mpls
[P-Vlanif800] mpls ldp
[P-Vlanif800] quit
[P] interface vlanif 900
[P-Vlanif900] mpls
[P-Vlanif900] mpls ldp
[P-Vlanif900] quit
```

PE2 上的配置。

```
[PE2] mpls lsr-id 3.3.3.9
[PE2] mpls
[PE2-mpls] quit
[PE2] mpls ldp
[PE2-mpls-ldp] quit
[PE2] interface vlanif 900
[PE2-Vlanif900] mpls
[PE2-Vlanif900] mpls ldp
[PE2-Vlanif900] quit
```

上述配置完成后，PE1、P、PE2 之间应能建立 LDP 会话，执行 **display mpls ldp session** 命令可以看到显示结果中 Status 项为 **Operational**。以下是在 PE1 上执行该命令的输出示例。

```
<PE1>display mpls ldp session

LDP Session(s) in Public Network
Codes: LAM(Label Advertisement Mode), SsnAge Unit(DDDD:HH:MM)
A '*' before a session means the session is being deleted.
----------------------------------------------------------------------------
PeerID            Status        LAM  SsnRole  SsnAge       KASent/Rcv
----------------------------------------------------------------------------
2.2.2.9:0         Operational DU  Passive  0000:02:01   487/487
----------------------------------------------------------------------------
TOTAL: 1 session(s) Found.
```

（5）在两 PE 上使能 MPLS L2VPN，以对应的 VLANIF 接口为 AC 接口，为两个 VPN 分别创建到达对端的静态 VC 连接。

PE1 上的配置。

在接入 CE1 的 VLANIF 100，接入 CE2 的 VLANIF 200 接口上分别创建到达 PE2 的静态 VC。其中以 VLANIF100 作为 AC 接口时的 VC 连接中的发送 VC 标签为 100，接收 VC 标签为 200；以 VLANIF200 作为 AC 接口时的 VC 连接中的发送 VC 标签为 700，接收 VC 标签为 800。

```
[PE1] mpls l2vpn
[PE1-l2vpn] quit
[PE1] interface vlanif 100
[PE1-Vlanif100] mpls static-l2vc destination 3.3.3.9 transmit-vpn-label 100 receive-vpn-label 200
[PE1-Vlanif100] quit
[PE1] interface vlanif 200
[PE1-Vlanif200] mpls static-l2vc destination 3.3.3.9 transmit-vpn-label 700 receive-vpn-label 800
[PE1-Vlanif200] quit
```

\#　PE2 上的配置。

在接入 CE3 的 VLANIF 100，接入 CE4 的 VLANIF 200 接口上分别创建到达 PE1 的静态 VC。其中以 VLANIF100 作为 AC 接口时的 VC 连接中的发送 VC 标签为 200（与 PE1 端配置的对应的接收标签一致），接收 VC 标签为 100（与 PE1 端配置的对应的发送标签一致）；以 VLANIF200 作为 AC 接口时的 VC 连接中的发送 VC 标签为 800（与 PE1 端配置的对应的接收标签一致），接收 VC 标签为 700（与 PE1 端配置的对应的发送标签一致）。

```
[PE2] mpls l2vpn
[PE2-l2vpn] quit
[PE2] interface vlanif 100
[PE2-Vlanif100] mpls static-l2vc destination 1.1.1.9 transmit-vpn-label 200 receive-vpn-label 100
[PE2-Vlanif100] quit
[PE2] interface vlanif 200
[PE2-Vlanif200] mpls static-l2vc destination 1.1.1.9 transmit-vpn-label 800 receive-vpn-label 900
[PE2-Vlanif200] quit
```

3．配置结果验证

以上配置完成后，可在 PE 上通过执行 **display mpls static-l2vc** 命令查看 SVC 的 L2VPN 连接信息。以下是在 TE1 上执行该命令的输出示例，从中可以看到建立了两条静态 L2VC 连接，并且均为 Up 状态。

```
<PE1>display mpls static-l2vc
  Total svc connections: 2,  2 Up,  0 down

  *Client Interface     : Vlanif100 is Up
   AC Status            : Up
   VC State             : Up
   VC ID                : 0
   VC Type              : VLAN
   Destination          : 3.3.3.9
   Transmit VC Label     : 100
   Receive VC Label      : 200
   Label Status          : 0
   Token Status          : 0
   Control Word          : Disable
   VCCV Capability       : alert ttl lsp-ping bfd
   active state          : active
   OAM Protocol          :
   OAM Status            :
```

```
        OAM Fault Type          :
        PW APS ID               : 0
        PW APS Status           :
        TTL Value               : 1
        Link State              : Up
        Tunnel Policy Name      : --
        ......

        *Client Interface       : Vlanif200 is Up
        AC Status               : Up
        VC State                : Up
        VC ID                   : 0
        VC Type                 : VLAN
        Destination             : 3.3.3.9
        Transmit VC Label       : 700
        Receive VC Label        : 800
        Label Status            : 0
        _____
```

执行 **display l2vpn ccc-interface vc-type static-vc Up** 命令，可以看到 VC Type 为 static-vc，状态为 Up 的接口信息。以下是在 PE1 上执行该命令的输出示例，显示了所创建的两条静态 VC，且状态均为 Up（参见输出信息中的粗体字部分）。

```
<PE1>display l2vpn ccc-interface vc-type static-vc Up

Total ccc-interface of SVC VC: 2
Up (2), down (0)
Interface              Encap Type          State      VC Type
Vlanif100              vlan                Up         static-vc
Vlanif200              vlan                Up         static-vc
```

此时 CE1 和 CE2 两端相同 VLAN 中的用户（在同一 IP 网段），以及 CE3 和 CE4 两端相同 VLAN 中的用户（在同一 IP 网段），可以相互 Ping 通了。

6.2　Kompella 方式 VLL

Kompella 方式 VLL 是使用 BGP 作为信令协议在 PE 间传递二层信息和 VC 标签的一种 MPLS L2VPN 技术。华为 AR G3 路由器不支持 Kompella 方式 VLL，仅 S 系列交换机中 S5700 系列以上机型支持。

6.2.1　Kompella 方式 VLL 简介

Kompella 方式 VLL 与本书第 1～4 章介绍的 BGP/MPLS IP VPN 类似，也是使用 BGP 作为信令协议，通过在隧道两端的 PE 间建立 MP-IBGP 会话，传递二层 VPN 信息（如下面将要介绍的 VC 标签块、CE ID、封装类型等信息，中间 P 节点无需保存这些二层信息），并使用 VPN-Target 来对 L2VPN 实例的 VPN 信息收发进行控制，用于区分不同 VPN 实例，给组网带来了很大的灵活性。

在 Kompella 方式 VLL 中，要建立两个 CE 之间的连接，则必须在 PE 上设置本地 CE 和远程 CE 的 CE ID。但这个 CE ID 是针对具体 L2VPN 实例来分配的，也就是说在不同 VPN 内，CE ID 是可以相同的，但是在同一 VPN 内部各 CE 的 ID 必须唯一。

在内层标签的分配上，Kompella 方式虽然与第 5 章及第 6 章前面介绍的几种 VLL 方式完全一样，也是 VC 标签，但在具体的分配原理上与同样采用动态分配方式的 Martini 方式 VLL 不同。Kompella 采取标签块的方式，事先为每个 CE 分配一个 VC 标签块（Martini 方式仅分配一个 VC 标签），可用于本地 CE 与多个其他 CE 进行 VC 连接时进行 VC 标签的分配，这个标签块的大小决定了本地 CE 可以与多少个其他 CE 建立 VC 连接。这样做的好处是允许为 VPN 分配一些额外的标签，留待以后扩容使用，而在扩容时无需修改本地 CE 的配置，只需在新增 CE 站点端的 PE 上进行配置即可。PE 根据这些标签块进行计算，可得到实际为每条 VC 连接所分配的内层 VC 标签，用于报文的传输。

Kompella 方式的 VLL 既支持远程连接，也支持本地连接。Kompella 方式支持的拓扑结构如图 6-4 所示。对于图中，VPN1 的 Site1 和 Site2，通过 Kompella 远程连接互连，而对于 VPN2 的 Site1 和 Site2，通过 Kompella 本地连接互连。

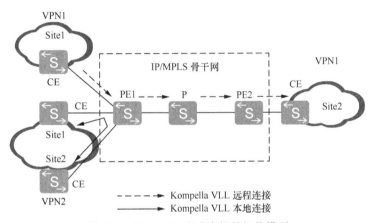

图 6-4　Kompella 方式支持的拓扑模型

要实现某两个 CE 之间的 VC 连接，需要在两端 PE 上配置好连接本端 CE 的 AC 接口与对端 CE 的 CE ID 之间的绑定关系。由于 BGP 协议具有节点的自动发现能力，Kompella 方式对各种复杂的拓扑支持能力更好。

Kompella 方式 VLL 的实现过程包括 VLL 的建立过程和 VLL 的报文转发两个部分。VLL 的建立过程关键部分是 PW 的建立，PW 建立好后即可进行报文的转发。Kompella 方式 VLL 报文的传输过程与 Martini 方式 VLL 类似，都是使用标准的两层标签，参见第 5 章 5.4.3 节即可。不同的只是用于内层 VC 标签分配和交互的信令协议不同。Martini 方式 VLL 的内层 VC 标签是采用扩展的 LDP 作为信令协议进行交互的，而 Kompella 方式 VLL 的内层 VC 标签是采用 MP-BGP 作为信令协议进行交互的。

表 6-2 列出了在第 5 章及本章介绍的四种 VLL 方式的综合比较。

表 6-2　　　　　　　　　　　　　　四种 VLL 方式的综合比较

实现方式	VC 标签分配方式	PW 信令协议	特征
CCC	手工指定	无	仅一层静态 LSP 隧道，静态 LSP 携带 VC 信息
Martini	系统随机分配	LDP	两层隧道，外层隧道为公网隧道，用于透传数据，内层隧道用 VC 标签来标识

（续表）

实现方式	VC 标签分配方式	PW 信令协议	特征
SVC	手工指定	无	两层隧道，外层隧道为公网隧道，用于透传数据，内层隧道用手工指定的 VC 标签来标识
Kompella	由系统根据相应标签块计算后分配	BGP	两层隧道，外层隧道为公网隧道，用于透传数据，内层隧道用 VC 标签来标识

6.2.2　VC 标签块简介

　　Kompella 方式的复杂性主要体现在对 VC 标签块的理解和 VC 标签计算这两个方面。Kompella 方式的内层 VC 标签是采用 MP-BGP 作为信令协议在隧道两端 PE 间进行交互的（两端 PE 间事先要建立好 MP-IBGP 对等体关系），交互的内容是标签块（Label Block）和 CE ID 等信息。标签块是 PE 分配给特定 CE，用于该 CE 与其他 CE 建立 VC 连接、分配 VC 标签时所用的一个连续标签范围，由以下几个参数描述。

　　■ LB（Label Base，标签块的起始标签）：即本标签块的第一个标签号。

　　■ LR（Label Range，标签块的大小）：即本标签块中共有多少个标签。

　　■ LO（Label-block Offset，标签块的偏移）：即本标签块前面，本 CE 其他标签块中还有多少个标签。

　　通过 LO 可获知本 CE 标签块是前面所有分配给该 CE 标签块大小的总数。如图 6-5 所示，第一个标签块为 CE1 的标签块 Block1，LR 为 3，LO 为 0；第二个标签块为 CE2 的标签块 Block1，LR 为 3，由于他前面没有 CE2 的其他标签块，所以他的 LO 也为 0；第三个标签块也是 CE1 的标签块，但由于前面已经有一个 CE1 的标签块 Block1 了（大小为 3），所以它的 LO 就是 3。又如某 CE 第一个标签块的 LR 为 100，LO 为 0；第二个标签块的 LR 为 80，那么第二个标签块的 LO 就是 100。如果再为该 CE 新增第三个标签块，LR 为 50，则它的 LO 就是 100+80=180。

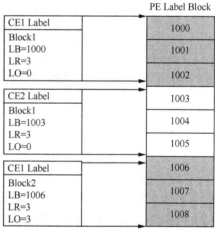

图 6-5　VC 标签块示例

　　当在 PE 上要增加一个 CE 的相关配置时，需要指定该标签块的大小 LR，但 LB（起始标签）是由 PE 根据标签分配原则自动分配的。这个标签块作为 BGP Upagte 消息中的一个 NLRI 条目通过 MP-BGP 传递到其他 PE。当该 CE 的配置被删除或者 PE 与该 CE 的连接失效，这个标签块也会被删除，BGP 同样会做撤销通告。

　　现假设在开始部署 Kompella 方式的某 VPN 时，CE1 需要与远端其他 CE 建立两条 VC，那么这时定义标签块的大小不能小于 2。为了今后扩容的考虑，也可以定义 Rang=10。但无论 Rang 为多大，随着网络的扩容 VC 数量的增加，都有可能出现标签不够用的时候。这就涉及到一个非常实际的问题，即如何修改 CE 的标签空间。

　　此时，最直接想到的可能就是为该 CE 重新定义标签块的大小，给一个更大的标签空间。但这会导致原来 CE 之间建立的 VC 连接中断，因为原来的标签块信息已通过 BGP

Update 消息的 NLRI 来传递给其他 PE 了,并且这个标签块已被各 PE 用于计算 VC 标签和实际数据的转发。为了不破坏原有的 VC 连接,还有一个折中的方法,那就是给这个 CE 重新分配一个新的标签块,并且用一条新的 NLRI 条目通过 BGP Update 消息通告给其他 PE。也就是说一个 CE 的标签空间可以是由许多标签块组成的,而且各标签块中的标签号可以是不连续的,这种机制就很好地解决了网络扩展的需求。在图 6-5 中,为 CE1 创建了两个 VC 标签块。

6.2.3　VC 信息的交互信令

Kompella 方式的报文交互过程与 Martini 方式的报文交互过程类似,都使用标准的两层标签:外层为 Tunnel 标签,内层为 VC 标签。Martini 方式的内层标签是采用扩展的 LDP 作为信令进行交互,而 Kompella 方式的内层标签则是采用 MP-BGP 作为信令进行交互,两者 VC 表项的形式略有不同。

MP-BGP 的 Update 消息中本来只是用来传递三层路由信息的,为了实现交互二层 VC 信息,Kompella 对 MP-BGP 的 NLRI 部分做了扩展,用于携带 L2VPN 信息。MP-REACH_NLRI 属性用来通知新的多协议路由及进行 VC 标签分配,携带有可达目的地址(本端 PE 的 LSR ID)、下一跳 IP 地址,在 NLRI 部分包括有本端 CE ID 和用于进行 VC 标签分配的标签块等信息;MP-UNREACH_NLRI 属性用来撤销指定的多协议路由及进行 VC 标签释放,携带要撤销不可达的目的地址、下一跳 IP 地址,在 NLRI 部分包括本端 CE ID 和要释放的 VC 标签对应的标签块等信息。

与三层 BGP/MPLS IP VPN 类似,Kompella 方式的 L2VPN 也使用了 RD (Route-Distinguisher,路由标识)和 VPN-Target 的信息,分别对 L2VPN 实例进行标识,控制 L2VPN 信息的发布和接收。因为 VC 是点到点的连接,所以如果一个 CE 需要与多个 CE 建立 VC,那么该 CE 就需要有多个接口或子接口与 PE 进行连接。VPN 成员关系靠二层 VPN 的 RD 和 VPN-Target 来确定,接口参数信息、RD 和 VPN-Target 都在 BGP 的 Update 消息中的扩展团体属性中传递。

图 6-6 是 Kompella 方式 MP-BGP NLRI 中描述标签块的信息,主要包括 RD、CE ID、标签块中的 LO 和 LB,在可变长的 TLV(Variable TLVs)部分有一个 CSV(Circuit Status Vector,电路状态向量)部分用于描述标签块的 LR、Tunnel Status(隧道状态)等。

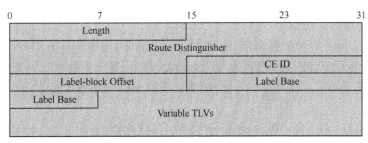

图 6-6　MP-BGP NLRI 部分的扩展信息

为了携带更多的 L2VPN 信息,在 MP-BGP NLRI 中定义了一个新的二层信息扩展团体属性,如图 6-7 所示。其中的各字段说明如表 6-3 所示。

0	7	15	23	31
Extended Community type		Encaps Type	Control Flags	
Layer-2 MTU		Reserved		

图 6-7　二层信息扩展团体属性结构

表 6-3　　　　　　　　　　　　　二层信息扩展团体字段描述

字段名	含义	位数（bit）	说明
Extended Community Type	扩展团体类型	16	-
Encaps Type	封装类型	8	标识二层封装类型
Control Flags	控制字	8	-
Layer-2 MTU	二层 MTU 值	16	-
Reserved	保留	16	-

6.2.4　PW 的建立与拆除流程

了解 Kompella 方式的 VC 标签块和所交互的信令信息后，下面正式介绍 Kompella 方式 VLL 的 PW 建立和拆除原理。

1. PW 的建立流程

当隧道两端的两 CE 间要建立 PW 时，两端 CE 所连接的 PE 分别使用 MP-BGP 信令协议建立此两 CE 间的 PW 连接，如图 6-8 所示。PW 的具体建立流程如下。

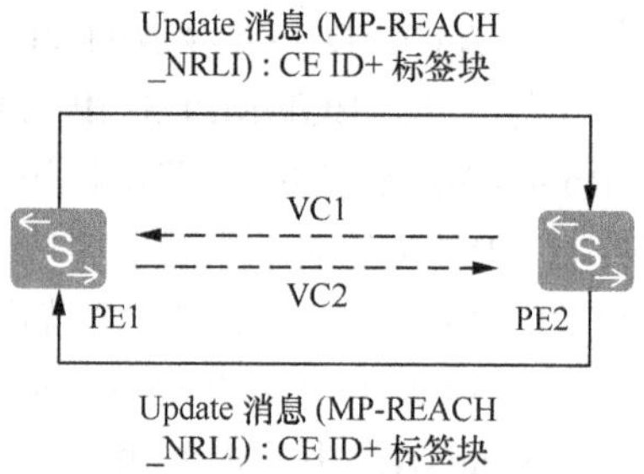

（1）在 PE1 和 PE2 之间的 MP-IBGP 会话已经建立后，则可在两 PE 连接的 CE 间建立 VC 连接。假设 PE1 向 PE2 发送了一个携带 MP-REACH_NLRI 属性的 Update 消息进行路由更新，包括 PE1 所连接的 CE 的 CE ID 和为该 CE 分配的标签块信息。

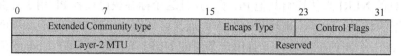

Update 消息 (MP-REACH_NRLI)：CE ID+ 标签块

图 6-8　利用 MP-BGP 信令协议建立 PW 的过程

（2）PE2 收到该 Update 消息后，先要进行 CE ID 检查（具体在 6.2.5 节介绍），然后 PE2 根据所连接 CE 的 CE ID 和 Update 消息中携带的标签块，计算出作为 PE2 分配给从本地 CE 到 PE1 所连接 CE 的 VC 的发送 VC 标签（也是 PE1 分配给该 VC 的接收 VC 标签，假设 **a**），此时单向 VC1 连接建立成功。

（3）同时，PE2 也可根据来自 PE1 的 Update 消息中携带的 CE ID 和本地标签块，计算出 PE2 分配给从 PE1 到 PE2 的 VC 的接收 VC 标签（也是 PE1 分配该 VC 的发送 VC 标签，假设为 **b**）。然后，PE2 也会向 PE1 发送 BGP Update 消息，包含本端 CE ID 和标签块信息。

（4）PE1 收到 PE2 发来的 Update 消息后，同样先要经过 CE ID 检查，通过后再根据本端连接的 CE ID 和 Update 消息中携带的标签块，计算出作为 PE1 分配给从 PE1 到 PE2 的 VC 的发送 VC 标签（要与 PE2 分配给 VC2 的接收 VC 标签一致，也为 **b**），这样也可成功建立 VC2 连接。同时，PE1 根据 Update 消息中携带的 CE2 的 CE ID 和本地标签块，计算出 PE1 分配给从 PE2 到 PE1 的 VC 的接收 VC 标签（要与 PE2 分配给 VC1

的发送 VC 标签一致，也为 **a**）。

至此，PE1 和 PE2 之间的双向 VC（VC1 和 VC2）连接都已建立好，即 PE1 和 PE2 之间的 PW 建立好。

【经验提示】从以上 VC 连接的建立过程可以看出，PE 进行 VC 标签计算的依据是本端 CE ID 和对端的标签块，针对同一 VC 连接，源端 PE（Ingress）分配的发送 VC 标签要与目的端 PE（Egress）分配的接收 VC 标签一致，反之亦然。

2. PW 的拆除流程

当某 CE 间的 VC 连接出现了故障，两端 CE 所连接的 PE 分别使用 MP-BGP 信令协议拆除对应的 PW，如图 6-9 所示。PW 具体的拆除流程如下。

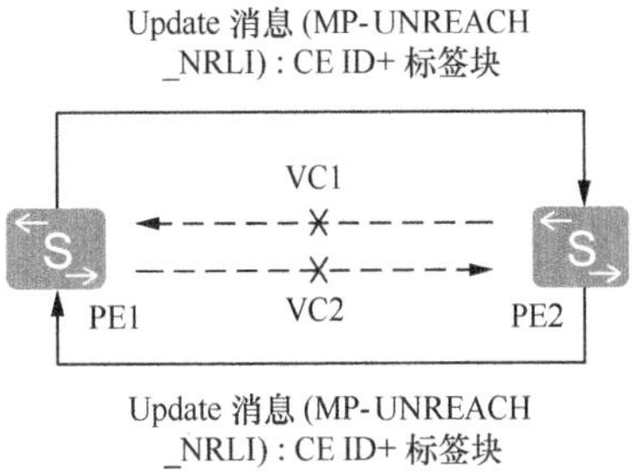

（1）当 PE1 要取消 PE2 端连接的 CE 与本端连接 CE 建立的 PW 时，PE1 向 PE2 发送携带 MP-UNREACH_NLRI 属性的 Update 消息，包括 PE1 端连接 CE 的 CE ID 和标签块信息。

（2）PE2 收到该消息后，根据报文中携带的 CE ID 和标签块信息释放对应的 VC 标签，并拆除 VC1 连接，释放对应的 VC 标签。同时向 PE1 以携带 MP-UNREACH_NLRI 属性的 Update 消息进行响应，该 Update 消息中携带有 PE2 端连接的 CE 的 CE ID 和标签块信息。

图 6-9　利用 MP-BGP 信令协议拆除 PW 的过程

（3）PE1 收到来自 PE2 的 Update 消息后，根据报文中携带的 CE ID 和标签块信息，并拆除 VC2 连接，释放对应的 VC 标签。

6.2.5　VC 标签的计算

6.2.2 节介绍的 VC 标签块只是确定了在本 CE 与其他 CE 进行 VC 连接时可用的标签，为与多个其他 CE 连接一次性提供了可分配的多个 VC 标签，但是在本端 CE 与其他 CE 建立 VC 连接时所采用的具体标签是哪个，甚至在这两个 CE 之间是否可以建立 VC 连接，还与本端 CE 上配置的标签空间和对端 CE 上所配置的 CE ID 有关。

一条 VC 连接只分配一个 VC 标签，但这个 VC 标签对于两端 PE 来说叫法是不同的：在 VC 连接的源端 PE（Ingress 节点）上称之为发送标签，或称出标签（Out Label），目的端 PE（Egress 节点）上称之为接收标签，或称入标签（In Label）。也就是说，对于同一 VC 连接来说，两端 PE 所分配的 VC 标签值是一样的，只是叫法不一样。其实这与 LSP 标签是一样的，如果两个 PE 直接连接或配置了远程会话，对于一条 LSP 来说，目的端 PE 上分配的 LSP 标签是入标签，源端 PE 分配的 LSP 标签是出标签，且这两个 LSP 标签是相同的，因为上游节点的出标签就是等于下游节点的入标签。

CE ID 是用来在同一个 VPN 内唯一标识 CE 的参数，即在同一个 VPN 内各 CE 的 CE ID 必须是互不相同的。CE ID 也会在每个 BGP Update 消息的 NLRI 部分携带，这样就可以将不同的标签块与本地 CE 关联起来。但 CE ID 除了用于标识 CE 外，还用于 VC 标签的计算，所以 CE ID 不能随便选择。当一个远程 CE 要与本 CE 建立 VC 连接时，假设本端 CE 配置的 Range 值（总标签数）为 x（如果存在多个标签块，则 Range 值为多个标签块中的标签数总和），要与 CE ID 为 y 的对端 CE 进行连接时，则必须满足 $x > y$

的条件，否则就需要增加 x 的大小。

下面以图 6-10 所示的示例介绍 VC 标签的计算过程。PE-A、PE-B 要为属于同一个 VPN 实例的 CE-m 和 CE-n 建立一条 VC（m 为 CE-m 的 CE ID，n 为 CE-n 的 CE ID）连接。现假设 PE-A 收到 PE-B 发来一条携带有 MP-REACH_NLRI 属性的 Update 消息，标签块为 LBn/LRn/LOn。PE-A 和 PE-B 上的标签块参数定义如表 6-4 所示。

图 6-10　VC 标签计算示例（一）

表 6-4　　　　　　　　　　**VC 标签计算示例中的标签块参数定义**

内容	定义	内容	定义
PE-A 为 CE-m 分配的标签块	Lm	PE-B 为 CE-n 分配的标签块	Ln
Lm 的标签块偏移	LOm	Ln 的标签块偏移	LOn
Lm 的起始标签	LBm	Ln 的起始标签	LBn
Lm 的标签大小，存在多个标签块时为多个标签块的标签数总和	LRm	Ln 的标签大小，存在多个标签块时为多个标签块的标签数总和	LRn

当 PE-A 收到由 PE-B 发送，包含分配给 CE-n 的标签块 LBn/LRn/LOn 的 MP-BGP Update 消息后，按照以下步骤为 CE-n 与 CE-m 建立 VC 连接时进行 VC 标签计算（CE-m 与 CE-n 建立 VC 连接时的计算 VC 标签步骤一样）。

（1）PE1 检查从 PE-B 收到 Update 消息中关于 CE-n 的封装类型（Ethernet 封装和 VLAN 封装）是否与 PE1 上为 CE-m 配置的封装类型一致。一致则进行下一步处理，否则停止处理。

（2）检查 Update 消息中的 CE-n 的 CE ID，看是否与 CE-m 的 CE ID 相同，即检查 m 与 n 的值是否相同，如果相同则报错，然后停止处理，不同继续下一步处理。在同一个 VPN 实例中，各 CE 的 CE ID 不能相同。

（3）如果 CE-m 有多个标签块，本端为该 VC 连接分配的 VC 标签（假设为 X）一定要在本地标签范围中，即 LBm（起始标签）≤X < LBm + LRm（标签大小）。同时检查 CE-m 的这些标签块是否满足：LOm（标签块的偏移）≤ n < LOm + LRm，其中 n 为 CE-n 的 CE ID。即 CE-n 的 CE ID 必须小于本地中某个标签块范围中的最大标签值（LOm+ LRm）。如果任何一个都不满足，则报错，然后停止处理。

注意　在 PE 进行 VC 连接建立条件判断时，以上的 m 特指本端 PE 所连接的 CE 的 CE ID，n 特指对端 PE 所连接的 CE 的 CE ID，不是固定的。

如 CE-m 某个标签块中的 LOm 为 100，LRm 为 5，则如果要从这个标签块中为 CE-n 到 CE-m 的 VC 连接分配 VC 标签，则 CE-n 的 CE ID（n）必须小于 100+5=105，否则无法在该标签块中为该 VC 连接分配 VC 标签。

（4）与检查 CE-n 的 CE ID 与 CE-m 标签块一样，再检查 CE-m 的 CE ID 和 CE-n 标签块的关系，看是否有满足：LOn≤m<LOn+LRn。如果任何一个都不满足，则报错，然后停止处理。

（5）检查 PE-A 和 PE-B 之间的外层隧道是否正常建立。如果没有正常建立，就停止处理。

（6）针对一对 CE 间的连接需要建立两条相反方向的 VC，即一条 PW，每个 PE 都会这两条相反方向的 VC 进行 VC 标签的计算，具体计算方法如下。

■ PE 作为 VC 连接的 Egress 节点时，计算的 VC 标签为接收标签，或称入标签。接收 VC 标签的计算方法：本端 CE 的 CE ID 与对端标签块中的起始标签 LB 之和，再减去对端标签块的偏移 LO。

如图 6-10 的示例中，PE-A 为从 CE-n 到达 CE-m（PE1 作为 Egress 节点）方向的 VC 连接分配的接收 VC 标签（即入标签）计算公式为：$LBn + m - LOn$，与 PE2 为该 VC 连接所分配的发送 VC 标签（也可理解为"出标签"）一致。

■ PE 作为 VC 连接的 Ingress 节点时，计算的 VC 标签为发送标签，或称出标签。发送 VC 标签的计算方法：对端的 CE ID 与本端标签块中的起始标签之和，再减去本端标签块的偏移 LO。

如图 6-10 的示例中，PE-A 为从 CE-m 到 CE-n（PE1 作为 Ingress 节点）方向的 VC 连接分配的发送 VC 标签的计算公式为：$LBm + n - LOm$，与 PE2 为该 VC 连接所分配的接收 VC 标签一致。

当内/外层标签都已经计算出来，并且 VC 处于 Up 状态后，就可以继续进行二层报文的传输了。

6.2.6　VC 标签计算的示例

下面举一个实例具体介绍 VC 标签的计算步骤。如图 6-11 所示，假设 PE1 与 PE2 之间是通过 MP-BGP 来交换标签块信息，CE1 的 CE ID 为 1，CE2 的 CE ID 为 2，以此类推。

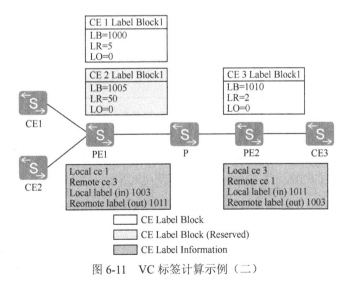

图 6-11　VC 标签计算示例（二）

现假设 PE1 为 CE1 分配的标签块 LB/LR/LO=1000/5/0，并且收到 PE2 给 CE3 分配的标签块 LB/LR/LO=1000/2/0。根据 6.2.5 节介绍的 VC 标签计算规则即可以计算出 CE1 与 CE3 建立双向 VC 连接时的发送标签和接收标签，具体步骤如下。

（1）PE1 对 CE1 到 CE3 建立双向 VC 连接的条件判断

PE1 对 CE1 与 CE3 建立双向 VC 连接的条件进行判断方法就是看两端 CE 的 CE ID 是否大于或等于对端标签块的偏移 LO，而小于对端标签块的偏移 LO 与标签大小 LR 之和，具体如表 6-5 所示。其中 m 为 CE1 的 ID，即等于 1，n 为 CE3 的 CE ID，即等于 3。

表 6-5　　　　　　　　　PE1 对 CE1 与 CE3 建立双向 VC 连接的条件进行判断

参数	数值	是否满足 LOm≤n<LOm+LRm	是否满足 LOn≤m<LOn+LRn
m	1		
LBm	1000		
LRm	5		
LOm	0	0<3<0+5	0<1<0+2
n	3	满足条件	满足条件
LBn	1010		
LRn	2		
LOn	0		

（2）PE1 进行 VC 标签计算

满足上一步的条件后，PE1 即可对 CE1 与 CE3 建立双向 VC 连接时的 VC 标签进行计算，具体方法如表 6-6 所示。

表 6-6　　　　　　　　　　　　PE1 进行 VC 标签的计算

参数	数值	CE3 到 CE1 的 VC 连接分配的接收 VC 标签（也即"入标签"）的计算 公式：LBn+m-Lon	CE1 到 CE3 的 VC 连接分配的发送 VC 标签（也即"出标签"）的计算 公式：LBm+n-LOm
m	1		
LBm	1000		
LRm	5		
LOm	0		
n	3	1010+1−0=1011	1000+3−0=1003
LBn	1010		
LRn	2		
LOn	0		

（3）PE2 对 CE1 与 CE3 建立双向 VC 连接的条件进行判断

PE2 对 CE1 与 CE3 建立双向 VC 连接的条件进行判断的方法与 PE1 的判断方法是一样的，只不过这时在判断公式中的 m 和 n 要互换了，即此时的 m 为 CE3 的 ID，即等于 3，n 为 CE1 的 CE ID，即等于 1，具体如表 6-7 所示。

表 6-7　　　　　　　　PE2 对 CE1 与 CE3 建立双向 VC 连接的标签进行判断

参数	数值	是否满足 LOm≤n<LOm+LRm	是否满足 LOn≤m<LOn+LRn
m	3	0<1<0+2	0<3<0+5
LBm	1010	满足条件	满足条件
LRm	2		

（续表）

参数	数值	是否满足 LOm≤n<LOm+LRm	是否满足 LOn≤m<LOn+LRn
LOm	0		
n	1	0<1<0+2	0<3<0+5
LBn	1000	满足条件	满足条件
LRn	5		
LOn	0		

（4）PE2 进行 VC 标签的计算

满足上一步的条件后，PE2 即可对 CE1 与 CE3 建立双向 VC 连接时的 VC 标签进行计算，方法也与 PE1 的计算方法一样，也只是计算公式中的 m 和 n 要互换，具体如表 6-8 所示。

表 6-8　　　　　　　　　　　　　　　PE2 进行 VC 标签的计算

参数	数值	CE1 到 CE3 的 VC 连接分配的接收 VC 标签（也即"入标签"）的计算 公式：LBn+m-Lon	CE3 到 CE1 的 VC 连接分配的发送 VC 标签（也即"出标签"）的计算 公式：LBm+n-LOm
m	3		
LBm	1010		
LRm	2		
LOm	0	1000+3-0=1003	1010+1-0=1011
n	1		
LBn	1000		
LRn	5		
LOn	0		

说明 由表 6-6 和表 6-8 所给出的 VC 标签计算结果可以看出，对于同一 VC 连接来说，一端 PE 计算出的接收 VC 标签（入标签）与另一端 PE 计算出的发送 VC 标签（出标签）是一致的，反之亦然。

6.2.7　新增标签块的示例

在 6.2.6 节介绍的 VC 标签示例中，两 PE 上 VC 连接建立条件的判断中都是直接满足条件的，没有修改标签大小的情形。本示例再介绍一个一开始 VC 连接建立条件不满足，要通过修改标签大小、新增标签块来满足建立条件的示例。

现假设在 6.2.6 节图 6-11 的结构中 P 节点新连接一个 PE3，PE3 下面连接了一个 CE13，如图 6-12 所示。现 CE13 也要与 CE1 建立 VC 连接，PE3 为 CE13 分配的标签块为 LB/LR/LO=1000/4/0。下面分别介绍 PE1 和 PE3 对 CE13 与 CE1 之间建立双向 VC 连接的标签计算。

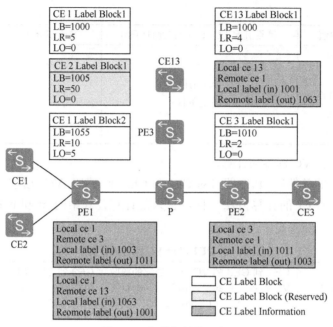

图 6-12　新增标签块示例

（1）PE1 对 CE1 与 CE13 能否建立双向 VC 连接的条件进行判断，如表 6-9 所示。

表 6-9　　　　　　　　　**PE1 对 CE1 与 CE13 建立双向 VC 连接的标签进行判断**

参数	数值	是否满足 LOm≤n<LOm+LRm	是否满足 LOn≤m<LOn+LRn
m	1		
LBm	1000		
LRm	5		
LOm	0	0<13，满足条件，但 LOm（0）+ LRm（5）=5<13，不满足条件	0<1<0+4 满足条件
n	13		
LBn	1000		
LRn	4		
LOn	0		

从表 6-9 可以看出，CE ID 为 13 大于 CE1 的 LO+LR，不能计算出 CE1 的发送标签，所以需要更改 PE1 上的 CE1 的总标签大小。

（2）修改 CE1 的总标签大小，新增标签块。

现假设修改 CE1 的总标签大小为 15，因为原来为 CE1 分配的标签块大小 LR 为 5，所以新增的标签块大小为 10，即 CE1 的第二个标签块参数为：LB/LR/LO=1055（接着 CE 预留的标签块继续分配），然后重新按照表 6-10 进行条件判断。

表 6-10　　　　　　　　**PE1 再对 CE1 与 CE13 建立双向 VC 连接的标签进行判断**

参数	数值	是否满足 LOm≤n<LOm+LRm	是否满足 LOn≤m<LOn+LRn
m	1		
LBm	1055	5<13<10+5 满足条件	0<1<0+4 满足条件
LRm	10		
LOm	5		

（续表）

参数	数值	是否满足 LOm≤n<LOm+LRm	是否满足 LOn≤m<LOn+LRn
n	13	5<13<10+5 满足条件	0<1<0+4 满足条件
LBn	1000		
LRn	4		
LOn	0		

（3）PE3 对 CE1 与 CE13 能否建立双向 VC 连接的条件进行判断。

PE3 会收到 PE1 为 CE1 所分配的两个标签块 LB/LR/LO=1000/5/0 和 LB/LR/LO=1055/10/5，然后也进行 VF 连接建立的条件判断，具体如表 6-11 所示。

表 6-11　　　　　PE3 对 CE1 与 CE13 建立双向 VC 连接的标签进行判断

参数	数值	是否满足 LOm≤n<LOm+LRm	是否满足 LOn≤m<LOn+LRn
m	13	0<1<0+4 满足条件	5<13<10+5 满足条件
LBm	1000		
LRm	4		
LOm	0		
n	1		
LBn	1055		
LRn	10		
LOn	5		

（4）PE1 和 PE3 对 CE13 与 CE1 建立双向 VC 连接的标签进行计算。

在 PE1 和 PE3 的条件判断都满足后，PE1 和 PE3 就可以为 CE1 与 CE13 建立双向 VC 连接计算 VC 标签了，分别如表 6-12 和表 6-13 所示。

表 6-12　　　　　　　　　　PE1 进行 VC 标签的计算

参数	数值	CE13 到 CE1 的 VC 连接分配的接收 VC 标签（也即"入标签"）的计算 公式：LBn+m-Lon	CE1 到 CE13 的 VC 连接分配的发送 VC 标签（也即"出标签"）的计算 公式：LBm+n-LOm
m	1	1000+1-0=1001	1055+13-5=1063
LBm	1055		
LRm	10		
LOm	5		
n	13		
LBn	1000		
LRn	4		
LOn	0		

表 6-13　　　　　　　　　　PE3 进行 VC 标签的计算

参数	数值	CE1 到 CE13 的 VC 连接分配的接收 VC 标签（也即"入标签"）的计算 公式：LBn+m-Lon	CE13 到 CE1 的 VC 连接分配的发送 VC 标签（也即"出标签"）的计算 公式：LBm+n-LOm
m	13	1055+13-5=1063	100+1-0=1001
LBm	1000		
LRm	4		
LOm	0		

（续表）

参数	数值	CE1 到 CE13 的 VC 连接分配的接收 VC 标签（也即"入标签"）的计算 公式：LBn+m-Lon	CE13 到 CE1 的 VC 连接分配的发送 VC 标签（也即"出标签"）的计算 公式：LBm+n-LOm
n	1		
LBn	1055	$1055+13-5=1063$	$100+1-0=1001$
LRn	10		
LOn	5		

6.2.8 配置 Kompella 方式 VLL

Kompella 方式 VLL 包括的配置任务如下。如果建立本地连接，则不需要配置 PE 间交互 L2VPN 信息。对于可选步骤，请根据情况选择配置。

（1）配置 PE 间交互 L2VPN 信息。

（2）配置 PE 上的 L2VPN 实例。

（3）配置 CE 连接。

（4）（可选）配置 BGP L2VPN 的反射器。因应用较少，在此不作介绍。

在配置 Kompella 方式 VLL 之前，需完成以下任务。

■ 对 MPLS 骨干网（PE、P）配置静态路由或 IGP 路由协议，实现骨干网的 IP 连通性。

■ 对 PE 和 P 配置 MPLS 基本能力。如果建立本地连接，则不需要配置 IGP 和 LDP，且不涉及 P 设备。

■ 在 PE 之间建立隧道（LSP 隧道或 TE 隧道）。当 VLL 业务需要选择 TE 隧道，或者在多条隧道中进行负载分担来充分利用网络资源时，还需要配置隧道策略。具体参见第 4 章 4.3 节。

1. 配置 PE 间交互 L2VPN 信息

在 Kompella 方式 VLL 组网中，PE 之间需要通过 MP-BGP 协议来传递标签块等 L2VPN 信息，所以要在 PE 间建立 MP-IBGP 对等体关系，同时使能 L2VPN 地址族，具体配置步骤如表 6-14 所示。但如果建立的是 Kompella 方式本地连接，则不需要进行本节的配置，因为此时多个 CE 是连接在同一个 PE 上的。

表 6-14　　　　　　　　　　PE 间交互 L2VPN 信息的配置步骤

步骤	命令	说明
1	**system-view** 例如：\<HUAWEI\> **system-view**	进入系统视图
2	**mpls l2vpn** 例如：[HUAWEI] **mpls l2vpn**	使能 MPLS L2VPN 功能，并进入 MPLS L2VPN 视图
3	**quit** 例如：[HUAWEI-l2vpn] **quit**	返回系统视图
4	**bgp** { *as-number-plain* | *as-number-dot* } 例如：[HUAWEI] **bgp** 100	进入 PE 所在 AS 域的 BGP 视图

（续表）

步骤	命令	说明
5	**peer** *ipv4-address* **as-number** *as-number* 例如：[HUAWEI-bgp] **peer** 3.3.3.9 **as-number** 100	与对端 PE 建立 MP-IBGP 对等体关系。命令中的参数说明如下。 ● *ipv4-address*：对等体的 IP 地址，必须为对端 PE 的 LSR-ID。 ● *as-number*：对等体所在的 AS 系统编号。因为 PE 间建立的是 MP-IBGP 对等体关系，所以 AS 编号与本地 PE 所在 AS 系统的 AS 编号一致。 缺省情况下，没有创建 BGP 对等体，可用 **undo peer** *ipv4-address* 命令取消指定的 BGP 对等体
6	**peer** *ipv4-address* **connect-interface loopback** *interface-number* 例如：[HUAWEI-bgp] **peer** 3.3.3.9 **connect-interface loopback** 1.1.1.9	指定与对等体建立 TCP 连接时所用的本地 Loopback 接口
7	**l2vpn-family** 例如：[HUAWEI-bgp] **l2vpn-family**	进入 BGP-L2VPN 地址族视图
8	**peer** *ipv4-address* **enable** 例如：[HUAWEI-bgp] **peer** 3.3.3.9 **enable**	使能与指定对等体之间交换相关的路由信息

2. 配置 PE 上的 L2VPN 实例

Kompella 方式 VLL 要在 PE 创建 L2VPN 实例，一个 L2VPN 实例代表一个 Kompella 方式 VLL 的私网。在 L2VPN 实例中可以配置唯一的 RD，通过 VPN-target 扩展团体属性实现 L2VPN 消息的接收和发布控制，具体配置步骤如表 6-15 所示。在 L2VPN 实例中，PE 为规划在此私网中的每个与本 PE 相连的 CE 创建一个 CE 实体，并给它规划一个 ID，此 ID 在本 L2VPN 实例中是唯一的。在一个 L2VPN 实例中，任意两个 CE 都可以通过配置 CE 连接进行点对点的二层互通。

表 6-15　　　　　　　　　　　　　　　L2VPN 实例的配置步骤

步骤	命令	说明
1	**system-view** 例如：\<Huawei\> **system-view**	进入系统视图
2	**mpls l2vpn** *l2vpn-name* **encapsulation** { **ethernet** | **vlan** } [**control-word** | **no-control-word**] 例如：[HUAWEI] **mpls l2vpn** **vpn1 encapsulation vlan**	创建 L2VPN 实例并指定 L2VPN 实例的封装方式，同时进入 MPLS-L2VPN 实例视图。命令中的参数和选项说明如下。 ● *l2vpn-name*：指定 L2VPN 实例名称，字符串形式，区分大小写，不支持空格，长度范围是 1～31。当输入的字符串两端使用双引号时，可在字符串中输入空格。 ● **ethernet** | **vlan**：指定 L2VPN 实例中 PW 的封装类型。**VLL 连接两端 PE 上配置的封装类型要一致。** ● **control-word** | **no-control-word**：使能或禁止控制字（Control Word）特性。**VLL 连接两端 PE 上配置的控制字特性要一致。** 缺省情况下，系统没有创建 Kompella 方式的 L2VPN 实例，可用 **undo mpls l2vpn** *l2vpn-name* 命令删除对应的 L2VPN 实例

（续表）

步骤	命令	说明
3	**route-distinguisher** *route-distinguisher* 例如：[HUAWEI-mpls-l2vpn-vpn1] **route-distinguisher** 1.1.1.1:5	配置 L2VPN 实例的 RD。参数 *route-distinguisher* 用来指定路由标识的值，有四种格式。 • 16 位自治系统号:32 位用户自定义数。 例如：101:3。自治系统号的取值范围是 0~65535；用户自定义数的取值范围是 0~4294967295。其中，自治系统号和用户自定义数不能同时为 0，即 RD 的值不能是 0:0。 • 32 位 IP 地址:16 位用户自定义数。 例如：192.168.122.15:1。IP 地址的取值范围是 0.0.0.0~255.255.255.255；用户自定义数的取值范围是 0~65535。 • 整数形式 4 字节自治系统号:2 字节用户自定义数。 自治系统号的取值范围是 65536~4294967295，用户自定义数的取值范围是 0~65535，例如 65537:3。其中，自治系统号和用户自定义数不能同时为 0，即 RD 的值不能是 0:0。 • 点分形式 4 字节自治系统号:2 字节用户自定义数。 点分形式自治系统号通常写成 x、y 的形式，x 和 y 的取值范围都是 0~65535,用户自定义数的取值范围是 0~65535，例如 0.0:3 或者 0.1:0。其中，自治系统号和用户自定义数不能同时为 0，即 RD 的值不能是 0.0:0。 RD 没有缺省值，必需在创建 Kompella 方式 L2VPN 实例时配置，L2VPN 实例只有配置了 RD 后才生效。同一 PE 上的不同 L2VPN 实例的 RD 不能相同。RD 配置后不能修改，除非先删除该 Kompella 方式的 VLL，然后重新创建
4	**mtu** *mtu-value* 例如：[HUAWEI-mpls-l2vpn-vpn1] **mtu** 1000	（可选）指定 VPN 的 MTU 值，整数形式，单位是字节，取值范围是 46~16352。 缺省情况下，MPLS-L2VPN 实例视图下的 MTU 值是 1500。 【注意】缺省情况下，PE 设备是对 L2VPN 实例下的 MTU 值进行匹配检查的。**同一 VPN 的 MTU 应该全网统一**，否则 **PE 之间无法正常交换可达信息，也无法建立连接**。 部分设备制造商的设备不支持 L2VPN 实例下的 MTU 匹配检查。当和其他厂商的设备进行 Kompella 方式的互通时，为了确保 VC 链路可以 Up，在使用 VRP 的华为数据通信设备上可进行以下配置。 • 配置 PE 上 L2VPN 实例的 MTU 值与其他厂商的 MTU 值一致。 • 使用 **ignore-mtu-match** MPLS-L2VPN 实例视图命令，忽略 MTU 值的匹配检查。 缺省情况下，L2VPN 实例的最大传输单元为 1500 字节，可用 **undo mtu** 命令用来恢复至缺省值
5	**vpn-target** *vpn-target* & <1-16> [**both** | **export-extcommunity** | **import-extcommunity**] 例如：[HUAWEI-mpls-l2vpn-vpn1] **vpn-target** 1.2.3.4:11 12:12 **import-extcommunity**	为 L2VPN 实例配置 VPN-target 扩展团体属性。VPN Target 是 BGP 的扩展团体属性，用来控制 L2VPN 信息的接收和发布。一条命令最多可以配置 16 个 VPN Target。命令中的参数和选项说明如下。 • *vpn-target*：添加路由目标扩展团体属性到 VPN，有以下四种表示形式。

（续表）

步骤	命令	说明
5	**vpn-target** *vpn-target* & <1-16> [**both** | **export-extcommunity** | **import-extcommunity**] 例如：[HUAWEI-mpls-l2vpn-vpn1] **vpn-target** 1.2.3.4:11 12:12 **import-extcommunity**	● 16 位自治系统号：32 位用户自定义数。 例如：1:3。自治系统号的取值范围是 0～65535；用户自定义数的取值范围是 0～4294967295。其中，自治系统号和用户自定义数不能同时为 0，即 VPN Target 的值不能是 0:0。 　● 32 位 IP 地址：16 位用户自定义数。 例如：192.168.122.15:1。IP 地址的取值范围是 0.0.0.0～255.255.255.255；用户自定义数的取值范围是 0～65535。 　● 整数形式 4 字节自治系统号：2 字节用户自定义数。 自治系统号的取值范围是 65536～4294967295，用户自定义数的取值范围是 0～65535，例如 65537:3。其中，自治系统号和用户自定义数不能同时为 0，即 VPN Target 的值不能是 0:0。 　● 点分形式 4 字节自治系统号：2 字节用户自定义数。 点分形式自治系统号通常写成 x、y 的形式，x 和 y 的取值范围都是 0～65535，用户自定义数的取值范围是 0～65535，例如 0.0:3 或者 0.1:0。其中，自治系统号和用户自定义数不能同时为 0，即 VPN Target 的值不能是 0.0:0。 ● **import-extcommunity**：多选一选项，可接收的 VPN 扩展团体属性。 ● **export-extcommunity**：多选一选项，发布的 VPN 扩展团体。 ● **both**：：多选一选项，添加路由目标到当前 VPN，接收的 VPN 扩展团体和发布的 VPN 扩展团体相同。 要使本端 VPN 实例能够接收对端 VPN 实例发来的二层信息，则必须使本端 VPN 实例上配置的 **import-extcommunity** 属性值 与对端的 **export-extcommunity** 属性值一致。 缺省情况下，系统没有为 L2VPN 指定 VPN-Target 属性值，可用 **undo vpn-target** { **all** | *vpn-target* &<1-16> [**both** | **export-extcommunity** | **import-extcommunity**] }命令删除与 L2VPN 关联的 VPN-target

3. 配置 CE 连接

Kompella VLL 的 CE 连接涉及到全网规划，须先了解表 6-16 中的几个重要参数后再在 VC 两端的 PE 上进行表 6-17 所示的 CE 连接配置。

表 6-16　　　　　　　　　　CE 连接配置中的主要参数说明

参数	作用	配置注意事项
CE ID	CE ID 用于在一个 VPN 中唯一确定一个 CE	为了方便配置，建议 CE ID 从 1 开始，采用连续自然数编号
CE range	CE range 表明这个 CE 最多能与多少个 CE 建立 VLL 连接	根据对 VPN 规模发展的预计，可以把 CE range 设置得比实际需要大一些。这样当以后对 VPN 进行扩容，增加 VPN 中的 CE 数目时，就可以尽量少的修改配置。 修改 CE range 只能把 CE range 变大，不能变小。例如：原来的 CE range 为 10，可以把它改为 20；如果改为 5，则会失败。若 CE range 原为 10，现在改为 20，则系统并不释放原来的标签块，而是重新申请一个大小为 10 的新标签块。所以，修改 CE range 不会导致原来业务的中断。把 CE range 改小的唯一方法是：删除这个 CE，重新创建 CE 连接

（续表）

参数	作用	配置注意事项
CE offset	CE offset 是指与本 CE 建立连接的本地其他 CE 或远端 CE 的 CE ID	为 CE 创建连接时，如果没有指定 CE offset。 • 对于此 CE 的第一个连接，CE offset 默认为 default-offset 的取值。 • 对于其他连接，CE offset 是前一个连接的 CE offset 加 1。如果前一个连接的 CE offset 加 1 等于当前 CE ID，则 CE offset 为前一个连接的 CE offset 加 2。 在规划 VPN 时，建议 CE ID 编号从 1 顺序递增；然后在配置连接时按 CE ID 顺序配置，这样大多数连接都可以省略 ce-offset 参数的配置，直接使用缺省值，从而简化配置
Default-offset	Default-offset 是指缺省的初始 CE offset，用户可以指定缺省的初始 CE offset 为 0 或 1，默认为 0。如果 default-offset 为 1，则不能再指定 CE offset 为 0	• 当 Default-offset 为 0 时，CE offset 的值必须小于 CE rang 的值；Default-offset 为 1 时，CE offset 的值必须小于或等于 CE rang 的值，且不能为 0。 • 对于远程连接，CE offset 必须与远端 CE 配置的 CE ID 相同，否则连接建立不起来；对于本地连接，建立连接的两个 CE 中，其中一个的 CE offset 是另一个的 CE ID

表 6-17　　　　　　　　　　　　　　　CE 连接的配置步骤

步骤	命令	说明
1	**system-view** 例如：<HUAWEI> **system-view**	进入系统视图
2	**mpls l2vpn** *l2vpn-name* 例如：[HUAWEI] **mpls l2vpn** vpn1	进入 MPLS-L2VPN 实例视图
3	**ce** *ce-name* **id** *ce-id* [**range** *ce-range*] [**default-offset** *ce-offset*] 例如：[HUAWEI-mpls-l2vpn-vpn1] **ce** ce1 **id** 1 **range** 10	创建 CE 并进入 MPLS-L2VPN-CE 视图。配置此命令前，先要配置 L2VPN 实例的路由标志 Router-Distinguisher。命令中的参数说明如下。 • *ce-name*：指定本端 CE 的名称，字符串形式，区分大小写，不支持空格，长度范围是 1～20。 • *ce-id*：指定本端 CE 的 CE ID，整数形式，取值范围是 0～249。为了方便配置，建议 CE ID 从 1 开始，采用连续自然数编号。 • **range** *ce-range*：可选参数，指定当前 CE 在 L2VPN 实例内最多可连接的 CE 数量，整数形式，取值范围是 1～250，缺省值为 10。 • **default-offset** *ce-offset*：可选参数，指定缺省的初始 ce-offset，整数形式，取值为 0 或 1，缺省值为 0。ce-offset 是指与本 CE 建立连接的本地其他 CE 或远端 CE 的 CE ID，即相当于指定可与本 CE 建立 VC 连接的对端 CE 的 CE ID 范围。如果 default-offset 的值为 0，ce-offset 的值必须小于 range 的值；如果 default-offset 的值为 1，ce-offset 的值必须小于或等于 range 的值，且不能为 0。 缺省情况下，系统在 L2VPN 实例内没有创建任何 CE，可用 **undo ce** *ce-name* 命令删除配置的 CE

（续表）

步骤	命令	说明
4	connection [ce-offset id] interface interface-type interface-number [tunnel-policy policy-name] [raw | tagged] 例如：[HUAWEI1-mpls-l2vpn-ce-vpn1-ce1] connection ce-offset 2 interface vlanif 10	绑定 AC 接口，为 CE 创建 Kompella 方式连接，并指定其封装方式。命令中的参数和选项说明如下。 • **ce-offset** *id*：可选参数，指定 CE 连接的对端 CE ID，整数形式，取值范围是 0～249。其值应不大于 *ce-range*。对于远程连接，ce-offset 必须与远端 CE 配置的 CE ID 相同；对于本地连接，建立连接的两个 CE 中，其中一个的 ce-offset 是另一个的 CE ID。如果没有指定本参数，参见表 6-25 中的说明。 • **interface** *interface-type interface-number*：指定 CE 相连的 AC 接口。Kompella 方式 VLL 支持以下类型接口作为 AC 接口：GE 接口、GE 子接口、XGE 接口、XGE 子接口、40GE 接口、40GE 子接口、100GE 接口、100GE 子接口、Ethernet 接口、Ethernet 子接口、Eth-trunk 接口、Eth-trunk 子接口、VLANIF 接口。子接口的类型可以是 Dot1q 子接口，QinQ 子接口，QinQ Mapping 子接口或者 VLAN Stacking 子接口。当使用 XGE 接口、GE 接口、40GE 接口、100GE 接口、Ethernet 接口、Eth-Trunk 接口作为 AC 接口时，需要执行命令 **undo portswitch**，将二层口切换成三层模式。 • **tunnel-policy** *policy-name*：可选参数，指定 CE 连接应用的隧道策略名称。有关隧道策略的配置参见第 4 章 4.3 节 • **raw**：二选一可选项，指定 CE 连接的封装方式为 raw 模式，即 Ethernet 模式。raw 模式下设备将删除报文中的 P-Tag。 • **tagged**：二选一可选项，指定 CE 连接的封装方式为 tagged 模式，即 VLAN 模式。tagged 模式下设备将保留报文中的 P-Tag。缺省情况下 Kompella 方式连接的封装方式为 tagged 模式。 缺省情况下，系统没有创建任何 Kompella 方式 CE 连接，可用 **undo connection ce-offset** *id* 命令删掉 Kompella 方式的 CE 连接

6.2.9　Kompella 方式 VLL 本地连接配置示例

如图 6-13 所示，位于不同物理位置的用户网络站点分别通过 CE1 和 CE2 设备接入运营商的同一 PE 设备。为简化配置，用户希望两个 CE 间达到在同一局域网中相互通信的效果。该用户的站点数量可能会进行扩充，且扩充站点的物理位置及数量具有不确定性。用户希望在运营商网中能够得到独立的 VPN 资源，以保证数据的安全。

1．基本配置思路分析

在本示例中，由于用户希望两个 CE 间达

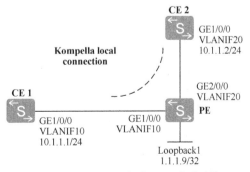

图 6-13　Kompella 方式 VLL 本地连接配置示例的拓扑结构

到在同一局域网中相互通信的效果，可采用 VLL 来满足客户需求。又考虑到该用户的站点数量可能会进行扩充，在 CE1 和 CE2 之间建议选择建立 Kompella 方式的本地 VLL，可通过配置标签块一次性为未来扩展的连接预留一定的 VC 标签。

本示例是 Kompella 方式 VLL 本地连接，所以无需配置 PE 间的 MP-IBGP 会话来交互 L2VPN 信息，只需配置 L2VPN 实例和 CE 连接即可。当然，首先也要确保 PE 具备 MPLS 功能。另外，由于目前 Kompella 方式 VLL 仅 S 系列交换机支持，所以 AC 接口只能是 VLNAIF 接口或通过 **undo portswitch** 命令转换的三层模式接口担当，本示例采用 VLANIF 接口来配置。结合以上分析，可得出本示例的具体配置思路如下。

（1）在各设备上创建所需要的 VLAN 和 VLANIF 接口，并把物理接口加入到对应的 VLAN 中，同时配置必要的 VLANIF 接口 IP 地址（PE 上担当 AC 接口的 VLANIF 接口不要配置 IP 地址）。

（2）在 PE 上配置 MPLS LSR ID，使能 MPLS。

（3）在 PE 上配置 L2VPN 实例，建立 Kompella 方式本地 CE 连接。

2．具体配置步骤

（1）在各设备上创建所需 VLAN，并按图中标识配置各接口加入对应的 VLAN 中，配置必要的 VLANIF 接口的 IP 地址（担当 AC 接口的 VLANIF 接口无需配置 IP 地址）。但要注意的是，CE 连接 PE 接口上发出的报文必须是带有 VLAN 标签的，可以采用 Trunk 或 Hybrid 的端口类型。

\# CE1 上的配置。

```
<HUAWEI> system-view
[HUAWEI] sysname CE1
[CE1] vlan batch 10
[CE1] interface vlanif 10
[CE1-Vlanif10] ip address 10.1.1.1 255.255.255.0
[CE1-Vlanif10] quit
[CE1] interface gigabitethernet 1/0/0
[CE1-GigabitEthernet1/0/0] port link-type trunk
[CE1-GigabitEthernet1/0/0] port trunk allow-pass vlan 10
[CE1-GigabitEthernet1/0/0] quit
```

\# CE2 上的配置。

```
<HUAWEI> system-view
[HUAWEI] sysname CE2
[CE2] vlan batch 20
[CE2] interface vlanif 20
[CE2-Vlanif20] ip address 10.1.1.2 255.255.255.0
[CE2-Vlanif20] quit
[CE2] interface gigabitethernet 1/0/0
[CE2-GigabitEthernet1/0/0] port link-type trunk
[CE2-GigabitEthernet1/0/0] port trunk allow-pass vlan 20
[CE2-GigabitEthernet1/0/0] quit
```

\# PE 上的配置。

```
<HUAWEI> system-view
[HUAWEI] sysname PE
[PE] vlan batch 10 20
[PE] interface vlanif 10
[PE-Vlanif10] quit
```

```
[PE] interface vlanif 20
[PE-Vlanif20] quit
[PE] interface loopback1
[PE-Loopback1] ip address 1.1.1.9 32
[PE-Loopback1] quit
```

（2）在 PE 上配置 MPLS LSR ID，使能全局的 MPLS 能力。

```
[PE] mpls lsr-id 1.1.1.9
[PE] mpls
[PE-mpls] quit
```

（3）在 PE 上配置 L2VPN 实例，建立两条 Kompella 方式本地 CE 连接。

说明 由于本例使用 VLANIF 接口作为 AC 接口，执行以下步骤前必须在系统视图下执行 **lnp disable** 命令。如果现网环境不能去使能链路类型自协商功能，请使用非 VLANIF 接口作为 AC 接口。

```
[PE] mpls l2vpn
[PE-l2vpn] quit
[PE] mpls l2vpn vpn1 encapsulation vlan   #---配置名为 vpn1 的 L2VPN 实例，采用 VLAN 封装
[PE-mpls-l2vpn-vpn1] route-distinguisher 100:1   #---配置以上 L2VPN 实例的 RD 为 100:1
[PE-mpls-l2vpn-vpn1] ce ce1 id 1 range 10
[PE-mpls-l2vpn-ce-vpn1-ce1] connection ce-offset 2 interface vlanif 10
[PE-mpls-l2vpn-ce-vpn1-ce1] quit
[PE-mpls-l2vpn-vpn1] ce ce2 id 2 range 10
[PE-mpls-l2vpn-ce-vpn1-ce2] connection ce-offset 1 interface vlanif 20
[PE-mpls-l2vpn-ce-vpn1-ce2] quit
[PE-mpls-l2vpn-vpn1] quit
```

说明 因为本示例建立的是 Kompella 方式 VC 本地连接，所以在配置这两条 CE 连接时，**connection** 命令中的 **ce-offset** *id* 参数值就是对端 CE 的 CE ID 值，即在以上配置中两条 **connection** 命令中的 **ce-offset** *id* 参数值分别为 2 和 1。

3．配置结果验证

以上配置完成后，可在 PE 上执行 **display mpls l2vpn connection** 命令，此时可以看到已建立了两条本地 VC 连接，且状态为 Up（参见输出信息中的粗体字部分）。

```
[PE] display mpls l2vpn connection
2 total connections,
connections: 2 Up, 0 down, 2 local, 0 remote, 0 unknown

VPN name: vpn1,
2 total connections,
connections: 2 Up, 0 down, 2 local, 0 remote, 0 unknown


CE name: ce1, id: 1,
Rid  type  status  peer-id        route-distinguisher  interface   primary or not
--------------------------------------------------------------------------------
2    loc   Up      ---            ---                  Vlanif10    primary

CE name: ce2, id: 2,
Rid  type  status  peer-id        route-distinguisher  interface   primary or not
--------------------------------------------------------------------------------
1    loc   Up      ---            ---                  Vlanif20    primary
```

CE1 与 CE2 之间也能够相互 Ping 通了。

6.2.10　Kompella 方式 VLL 远程连接配置示例

如图 6-14 所示，MPLS 网络为用户提供 MPLS L2VPN 服务，要求在 CE1 与 CE2 完成现有组网所需的 VPN 之后，为该用户预留 8 个站点的 VPN 资源，并在新增站点时，能够通过简单的配置建立与现有站点的 VPN 连接。

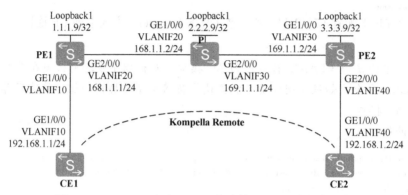

图 6-14　Kompella 方式 VLL 远程连接配置示例的拓扑结构

1.　基本配置思路分析

考虑到需要为用户预留 8 个站点的 VPN 资源，并且在新增站点时配置简单，在 CE1 和 CE2 之间可选择建立 Kompella 方式的远程 VLL。综合基本的 MPLS 公网隧道及前面介绍的 Kompella 方式 VLL 的配置任务可得出本示例如下的基本配置思路。

（1）在各节点上创建所需的 VLAN，并把各物理接口加入对应的 VLAN 中，创建所需的 VLANIF 接口，并按图中标识配置各 VLANIF 接口的 IP 地址（担当 AC 接口的 VLANIF 接口无需配置 IP 地址），然后配置 OSPF 路由，实现公网路由互通。

（2）在各节点上配置 MPLS 基本能力和 LDP，建立 LDP LSP。

（3）在 PE1 和 PE 上使能 MPLS L2VPN，并在 PE 之间配置 MP-IBGP 对等体。

（4）在 PE1 和 PE2 上配置 VPN 实例和两条相反方向的 CE 间 VC 连接。

2.　具体配置步骤

（1）在各设备上创建所需 VLAN、VLANIF 接口，并配置各物理接口加入对应的 VLAN 和 VLANIF 接口 IP 地址和 OSPF 协议。CE 连接 PE 的接口发送报文必须带有 VLAN 标签。

#　CE1 上的配置。

```
<HUAWEI> system-view
[HUAWEI] sysname CE1
[CE1] vlan batch 10
[CE1] interface vlanif 10
[CE1-Vlanif10] ip address 192.168.1.1 255.255.255.0
[CE1-Vlanif10] quit
[CE1] interface gigabitethernet 1/0/0
[CE1-GigabitEthernet1/0/0] port link-type trunk
[CE1-GigabitEthernet1/0/0] port trunk allow-pass vlan 10
[CE1-GigabitEthernet1/0/0] quit
```

\#　CE2 上的配置。

```
<HUAWEI> system-view
[HUAWEI] sysname CE2
[CE2] vlan batch 40
[CE2] interface vlanif 40
[CE2-Vlanif10] ip address 192.168.1.2 255.255.255.0
[CE2-Vlanif10] quit
[CE2] interface gigabitethernet 1/0/0
[CE2-GigabitEthernet1/0/0] port link-type trunk
[CE2-GigabitEthernet1/0/0] port trunk allow-pass vlan 40
[CE2-GigabitEthernet1/0/0] quit
```

\#　PE1 上的配置。

```
<HUAWEI> system-view
[HUAWEI] sysname PE1
[PE1] vlan batch 10 20
[PE1] interface loopback1
[PE1-Loopback1] ip address 1.1.1.9 255.255.255.255
[PE1-Loopback1] quit
[PE1] interface vlanif 20
[PE1-Vlanif20] ip address 168.1.1.1 255.255.255.0
[PE1-Vlanif20] quit
[PE1] interface vlanif 10
[PE1-Vlanif10] quit
[PE1] interface gigabitethernet 1/0/0
[PE1-GigabitEthernet1/0/0] port link-type trunk
[PE1-GigabitEthernet1/0/0] port trunk allow-pass vlan 10
[PE1-GigabitEthernet1/0/0] quit
[PE1] interface gigabitethernet 2/0/0
[PE1-GigabitEthernet2/0/0] port link-type trunk
[PE1-GigabitEthernet2/0/0] port trunk allow-pass vlan 20
[PE1-GigabitEthernet2/0/0] quit
[PE1] ospf 1
[PE1-ospf-1] area 0
[PE1-ospf-1-area-0.0.0.0] network 168.1.1.0 0.0.0.255
[PE1-ospf-1-area-0.0.0.0] network 1.1.1.9 0.0.0.0
[PE1-ospf-1-area-0.0.0.0] quit
[PE1-ospf-1] quit
```

\#　P 上的配置。

```
<HUAWEI> system-view
[HUAWEI] sysname P
[P] vlan batch 20 30
[P] interface loopback1
[P-Loopback1] ip address 2.2.2.9 255.255.255.255
[P-Loopback1] quit
[P] interface vlanif 20
[P-Vlanif20] ip address 168.1.1.2 255.255.255.0
[P-Vlanif20] quit
[P] interface vlanif 30
[P-Vlanif30] ip address 169.1.1.1 255.255.255.0
[P-Vlanif30] quit
[P] interface gigabitethernet 1/0/0
[P-GigabitEthernet1/0/0] port link-type trunk
[P-GigabitEthernet1/0/0] port trunk allow-pass vlan 20
[P-GigabitEthernet1/0/0] quit
```

```
[P] interface gigabitethernet 2/0/0
[P-GigabitEthernet2/0/0] port link-type trunk
[P-GigabitEthernet2/0/0] port trunk allow-pass vlan 30
[P-GigabitEthernet2/0/0] quit
[P] ospf 1
[P-ospf-1] area 0
[P-ospf-1-area-0.0.0.0] network 168.1.1.0 0.0.0.255
[P-ospf-1-area-0.0.0.0] network 169.1.1.0 0.0.0.255
[P-ospf-1-area-0.0.0.0] network 2.2.2.9 0.0.0.0
[P-ospf-1-area-0.0.0.0] quit
[P-ospf-1] quit
```

\# PE2 上的配置。

```
<HUAWEI> system-view
[HUAWEI] sysname PE2
[PE2] vlan batch 30 40
[PE2] interface loopback1
[PE2-Loopback1] ip address 3.3.3.9 255.255.255.255
[PE2-Loopback1] quit
[PE2] interface vlanif 30
[PE2-Vlanif30] ip address 169.1.1.2 255.255.255.0
[PE2-Vlanif30] quit
[PE2] interface vlanif 40
[PE2-Vlanif40] quit
[PE2] interface gigabitethernet 1/0/0
[PE2-GigabitEthernet1/0/0] port link-type trunk
[PE2-GigabitEthernet1/0/0] port trunk allow-pass vlan 30
[PE2-GigabitEthernet1/0/0] quit
[PE2] interface gigabitethernet 2/0/0
[PE2-GigabitEthernet2/0/0] port link-type trunk
[PE2-GigabitEthernet2/0/0] port trunk allow-pass vlan 40
[PE2-GigabitEthernet2/0/0] quit
[PE2] ospf 1
[PE2-ospf-1] area 0
[PE2-ospf-1-area-0.0.0.0] network 169.1.1.0 0.0.0.255
[PE2-ospf-1-area-0.0.0.0] network 3.3.3.9 0.0.0.0
[PE2-ospf-1-area-0.0.0.0] quit
[PE2-ospf-1] quit
```

以上配置完成后，在各 LSR 上执行 **display ip routing-table** 命令可以看到都已学到彼此 LSR ID 的路由。以下是在 PE1 上执行该命令的输出示例。

```
[PE1] display ip routing-table
Route Flags: R - relay, D - download to fib
----------------------------------------------------------------------
Routing Tables: Public
        Destinations : 8        Routes : 8

Destination/Mask    Proto  Pre  Cost    Flags NextHop      Interface

      1.1.1.9/32    Direct 0    0          D  127.0.0.1    LoopBack1
      2.2.2.9/32    OSPF   10   1          D  168.1.1.2    Vlanif20
      3.3.3.9/32    OSPF   10   2          D  168.1.1.2    Vlanif20
    127.0.0.0/8     Direct 0    0          D  127.0.0.1    InLoopBack0
    127.0.0.1/32    Direct 0    0          D  127.0.0.1    InLoopBack0
    168.1.1.0/24    Direct 0    0          D  168.1.1.1    Vlanif20
    168.1.1.1/32    Direct 0    0          D  127.0.0.1    Vlanif20
    169.1.1.0/24    OSPF   10   2          D  168.1.1.2    Vlanif20
```

（2）在各节点上配置 MPLS 基本能力和 LDP，建立 LDP LSP。

\# PE1 上的配置。

```
[PE1] mpls lsr-id 1.1.1.9
[PE1] mpls
[PE1-mpls] quit
[PE1] mpls ldp
[PE1-mpls-ldp] quit
[PE1] interface vlanif 20
[PE1-Vlanif20] mpls
[PE1-Vlanif20] mpls ldp
[PE1-Vlanif20] quit
```

\# P 上的配置。

```
[P] mpls lsr-id 2.2.2.9
[P] mpls
[P-mpls] quit
[P] mpls ldp
[P-mpls-ldp] quit
[P] interface vlanif 20
[P-Vlanif20] mpls
[P-Vlanif20] mpls ldp
[P-Vlanif20] quit
[P] interface vlanif 30
[P-Vlanif30] mpls
[P-Vlanif30] mpls ldp
[P-Vlanif30] quit
```

\# PE2 上的配置。

```
[PE2] mpls lsr-id 3.3.3.9
[PE2] mpls
[PE2-mpls] quit
[PE2] mpls ldp
[PE2-mpls-ldp] quit
[PE2] interface vlanif 30
[PE2-Vlanif30] mpls
[PE2-Vlanif30] mpls ldp
[PE2-Vlanif30] quit
```

以上配置完成后，在各 LSR 上执行 **display mpls ldp session** 和 **display mpls ldp peer** 命令可以看到 LDP 会话和对等体的建立情况。以下是在 PE1 上执行这两条命令的输出示例，从中可以看出 PE1 与 P 之间已建立了 LDP 会话和对等体关系。

```
[PE1] display mpls ldp session

LDP Session(s) in Public Network
Codes: LAM(Label Advertisement Mode), SsnAge Unit(DDDD:HH:MM)
A '*' before a session means the session is being deleted.
------------------------------------------------------------------------
PeerID            Status          LAM  SsnRole  SsnAge      KASent/Rcv
------------------------------------------------------------------------
2.2.2.9:0         Operational DU  Passive  0000:00:07  32/32
------------------------------------------------------------------------
TOTAL: 1 session(s) Found.

[PE1] display mpls ldp peer
```

```
LDP Peer Information in Public network
A '*' before a peer means the peer is being deleted.
------------------------------------------------------------------------
PeerID                  TransportAddress    DiscoverySource
------------------------------------------------------------------------
2.2.2.9:0               2.2.2.9             Vlanif20
------------------------------------------------------------------------
TOTAL: 1 Peer(s) Found.
```

（3）在 PE1 和 PE2 上配置 BGP 的 L2VPN 能力，以 Loopback 接口建立 MP-IBGP 对等体关系。PE1 和 PE2 假设都在 AS 100 中。

　　# 　PE1 上的配置。

```
[PE1] mpls l2vpn
[PE1-l2vpn] quit
[PE1] bgp 100
[PE1-bgp] peer 3.3.3.9 as-number 100
[PE1-bgp] peer 3.3.3.9 connect-interface loopback 1
[PE1-bgp] l2vpn-family
[PE1-bgp-af-l2vpn] peer 3.3.3.9 enable
[PE1-bgp-af-l2vpn] quit
[PE1-bgp] quit
```

　　# 　PE2 上的配置。

```
[PE2] mpls l2vpn
[PE2-l2vpn] quit
[PE2] bgp 100
[PE2-bgp] peer 1.1.1.9 as-number 100
[PE2-bgp] peer 1.1.1.9 connect-interface loopback 1
[PE2-bgp] l2vpn-family
[PE2-bgp-af-l2vpn] peer 1.1.1.9 enable
[PE2-bgp-af-l2vpn] quit
[PE2-bgp] quit
```

以上配置完成后，在 PE1 和 PE2 上执行 **display bgp l2vpn peer** 命令可以看到 PE 之间建立了对等体关系，状态为 Established。以下是在 PE1 上执行该命令的输出示例。

```
[PE1] display bgp l2vpn peer

 BGP local router ID : 1.1.1.9
 Local AS number : 100
 Total number of peers : 1              Peers in established state : 1

 Peer        V    AS  MsgRcvd  MsgSent  OutQ  Up/Down   State        PrefRcv

 3.3.3.9     4   100     2        4      0    00:00:32  Established      0
```

（4）PE1 和 PE2 上分别配置 L2VPN 实例和 CE 连接。在远程 **Kompella** 方式 VLL 连接中，本端 CE 连接配置的 *ce-offset* 必须与远端 CE 配置的 **CE ID** 相同。

> 说明　由于本例使用 VLANIF 接口作为 AC 接口，执行以下步骤前必须在系统视图下执行 **lnp disable** 命令。如果现网环境不能去使能链路类型自协商功能，请使用非 VLANIF 接口作为 AC 接口。

　　# 　PE1 上的配置。

```
[PE1] mpls l2vpn vpn1 encapsulation vlan
[PE1-mpls-l2vpn-vpn1] route-distinguisher 100:1
```

```
[PE1-mpls-l2vpn-vpn1] vpn-target 1:1
[PE1-mpls-l2vpn-vpn1] ce ce1 id 1 range 10
[PE1-mpls-l2vpn-ce-vpn1-ce1] connection ce-offset 2 interface vlanif 10
[PE1-mpls-l2vpn-ce-vpn1-ce1] quit
[PE1-mpls-l2vpn-vpn1] quit
```

\# PE2 上的配置。

```
[PE2] mpls l2vpn vpn1 encapsulation vlan
[PE2-mpls-l2vpn-vpn1] route-distinguisher 100:1
[PE2-mpls-l2vpn-vpn1] vpn-target 1:1
[PE2-mpls-l2vpn-vpn1] ce ce2 id 2 range 10
[PE2-mpls-l2vpn-ce-vpn1-ce2] connection ce-offset 1 interface vlanif 40
[PE2-mpls-l2vpn-ce-vpn1-ce2] quit
[PE2-mpls-l2vpn-vpn1] quit
```

3. 配置结果验证

完成上述配置后，在 PE 上执行 **display mpls l2vpn connection** 命令，可以看到建立了一条 L2VPN 连接，状态为 Up。以下是 PE1 上执行该命令的输出示例。

```
[PE1] display mpls l2vpn connection
1 total connections,
connections: 1 Up, 0 down, 0 local, 1 remote, 0 unknown

VPN name: vpn1,
1 total connections,
connections: 1 Up, 0 down, 0 local, 1 remote, 0 unknown

  CE name: ce1, id: 1,
  Rid   type   status peer-id      route-distinguisher   interface      primary or not
  ------------------------------------------------------------------------------------
  2     rmt    Up     3.3.3.9      100:1                 Vlanif10       primary
```

此时 CE1 与 CE2 之间也能够 Ping 通了。

6.3　VLL 连接故障检测与排除

配置好 VLL 网络后，如果最终 VLL 连接不通，不能实现远程二层以太网络的连接，这时就需要进行故障定位和排除。这里仅介绍与 VLL 配置有关的故障排除，公网隧道的排除方法参见配套图书《华为 MPLS 技术学习指南》中有关 MPLS LSP 或者 MPLS TE 隧道故障的检测和排除方法。

6.3.1　VLL 连接故障检测

在 VLL 组网中，可以使用 VCCV（Virtual Circuit Connectivity Verification，虚电路连接性验证）检测 VLL 网络的连通性。当发现 VLL 连接存在问题时，先可使用 VCCV 来进行检测。

1. VCCV 检测方式

VCCV 是一种端到端的 PW 故障检测与诊断机制。VCCV 有两种方式，分别为 VCCV Ping 和 VCCV Tracert。VCCV Ping 是一种手工检测虚电路连接状态的工具，VCCV Tracert 是一种手工定位 PW 路径某节点异常的工具。

VCCV 检测包括控制字（CW）通道和 Label Alert 通道两种方式，Martini 方式中还支持普通方式。缺省情况下，VCCV 检测使用 Label Alert 通道方式。定位 Martini 方式 VLL 网络故障时，控制字通道和普通方式不能同时使用。

在控制字通道 VCCV 检测方式中，顾名思义检测的是控制字通道，会在 MPLS Echo Request 报文封装 Control Word（控制字）选项。需要先在 PW 模板视图下执行 **control-word** 命令使能控制字功能，控制字功能使能后 VCCV 检测即使用控制字通道方式。在 VLL（其实同样包括第 7 章将要介绍的 PWE3）配置中，控制字仅在 PW 两端的 PE 上配置，所以控制字通道 VCCV 检测方式是通过获取 PW 对端 PE 上配置的控制字信息来达到对 PW 连通性检测的目的。在这种检测方式中，检测报文在中间节点时不会上送到 CPU 进行处理，仅当检测报文到达目的端 PE 后才会上送 CPU，然后以响应报文（包括对端 PE 上的控制字配置信息）进行处理，实现 PW 端到端的检测。

在 Label Alert 通道 VCCV 检测方式中是指定在 MPLS Echo Request 报文中封装 Router Alert 标签（固定为 1）选项。当 LSR 收到带有 Router Alert 标签的报文时会强制上送到 CPU 进行处理，所以它可以对从本端到达 PW 通道中任意节点（也包括隧道对端 PE）的连通性进行检测。

在普通 VCCV 检测方式中，MPLS Echo Request 报文不封装 Control Word 和 Router Alert 选项，直接进行 VC 的 Ping 或 Tracert 操作。

2. 利用 VCCV 检测 VLL 网络的连通性

（1）检测 Martini 方式 VLL 网络的连通性

1）使用控制字通道方式

ping vc *pw-type pw-id* [**-c** *echo-number* | **-m** *time-value* | **-s** *data-bytes* | **-t** *timeout-value* | **-exp** *exp-value* | **-r** *reply-mode* | **-v**] * **control-word** [**remote** *remote-ip-address peer-pw-id* | **draft6**] * [**ttl** *ttl-value*] [**uniform**]

ping vc *pw-type pw-id* [**-c** *echo-number* | **-m** *time-value* | **-s** *data-bytes* | **-t** *timeout-value* | **-exp** *exp-value* | **-r** *reply-mode* | **-v**] * **control-word remote** *remote-ip-address peer-pw-id* **sender***sender-address* [**ttl** *ttl-value*] [**uniform**]

2）使用 Label Alert 通道方式

ping vc *pw-type pw-id* [**-c** *echo-number* | **-m** *time-value* | **-s** *data-bytes* | **-t** *timeout-value* | **-exp** *exp-value* | **-r** *reply-mode* | **-v**] * **label-alert** [**no-control-word**] [**remote** *remote-ip-address* | **draft6**] * [**uniform**]

3）使用普通方式

ping vc *pw-type pw-id* [**-c** *echo-number* | **-m** *time-value* | **-s** *data-bytes* | **-t** *timeout-value* | **-exp** *exp-value* | **-r** *reply-mode* | **-v**] * **normal** [**no-control-word**] [**remote** *remote-ip-address peer-pw-id*] [**ttl** *ttl-value*] [**uniform**]

以上各命令中的参数和选项说明如表 6-18 所示。

表 6-18　　　　　　　　　　　　　ping vc 命令的参数和选项说明

参数或选项	参数说明	取值
pw-type	指定本端 PW 的封装类型	目前支持 PW 类型有：**ethernet**、**vlan** 和 **ip-interworking**

（续表）

参数或选项	参数说明	取值
pw-id	指定本端 PW 的 ID	整数形式，取值范围是 1～4294967295
-c *echo-number*	指定发送 echo request 报文次数。当网络质量不高时，可以增加发送报文数目，通过丢包率来检测网络质量	整数形式，取值范围是 1～4294967295。缺省值是 5
-m *time-value*	指定发送下一个 echo request 报文的等待时间。**ping vc** 命令发送 echo request 报文后等待应答（reply），缺省等待 2000ms 后发送下一个 echo request 报文。可以通过 *time-value* 参数配置发送时间间隔。在网络状况较差情况下，不建议此参数取值小于 2000ms	整数形式，取值范围是 1～10000，单位是 ms。缺省值是 2000
-s *data-bytes*	指定发送 echo request 报文的字节数	整数形式，取值范围是 65～8100，单位是字节。缺省值是 100
-t *timeout-value*	指定发送 echo request 报文超时的时间值	整数形式，取值范围是 0～65535，单位是 ms。缺省值是 2000
-exp *exp-value*	指定发送的 echo 请求报文的 EXP 值。如果已经在设备上使用 **set priority** 命令设置了 DSCP 优先级，*exp-value* 参数将不生效	整数形式，取值范围是 0～7。缺省值是 0
-r *reply-mode*	指定对端回送 MPLS echo 应答报文的模式 ● 1：不应答。 ● 2：通过 IPv4/IPv6 UDP 报文应答。 ● 3：通过带 Router Alert 的 IPv4/IPv6 UDP 报文应答。 ● 4：通过应用平面的控制通道应答	整数形式，取值范围是 1～4。缺省值为 2
-v	指定显示详细的输出信息	—
no-control-word	指定去使能 control word 方式	—
control-word	指定 control-word 方式。多跳的情况下，在交换节点并不上送 Ping 报文。使用 Control Word 方式，只能 Ping PW 的终结点。使用控制字方式 Ping VC 之前，需使能 PW 的控制字	—
remote	指定远端的 PW 信息。Remote 指定的信息，会最终编码到 Ping 报文中，在远端寻找相应的 PW。缺省情况下，Ping 报文的信息源于本地的 PW 信息，这适合于单跳的情况	—
peer-pw-id	指定远端 PW 的 ID	整数形式，取值范围是 1～4294967295。缺省情况下，远端 PW ID 使用本地的 PW ID
draft6	命令版本。如果指定该参数，按 draft-ietf-mpls-lsp-ping-06 实现。默认按 RFC4379 实现	—
pipe	指定 Pipe 模式。此时探测报文经过 MPLS 域时，IP TTL 只在 Ingress 和 Egress 分别减 1，整个 MPLS 域被当作了一跳	—
uniform	指定 Uniform 模式。此时探测报文在 MPLS 域中每经过一跳，IP TTL 减 1	—

（续表）

参数或选项	参数说明	取值
remote-ip-address	指定远端的 IP 地址。默认情况下，系统会根据本地的 PW 找到下一跳的 IP 地址。对于多跳 PW，如果使用 **control-word** 选项，则必须指定终结点的 IP 地址。如果使用 MPLS Router Alert 方式，可以指定任何一个交换节点，或者终结点的 IP 地址，Echo Request 报文会发送到对端，接着返回，不会再向前转发 Ping 报文	—
label-alert	指定 label-alert 方式。多跳的情况下，在交换节点，强行上送 Ping 报文。使用 MPLS Router Alert 方式，可以 Ping PW 的任何一个交换节点	—
normal	指定采用普通 VCCV 检测方式，即 TTL 检测方式，MPLS echo request 报文不封装 control word 和 router alert 选项，利用 TTL 值检测 PW 的连通性	—
ttl *ttl-value*	指定 TTL 的值	整数形式，取值范围是 1～255，缺省值是为 64
sender*sender-address*	指定源地址。在多跳 PW 端到端检测时，指定与检测目的 PE 公网会话的源地址，通常为相邻 SPE 或 UPE 的地址	—

（2）检测 Kompella 方式 VLL 网络的连通性

1）使用控制字通道方式

ping vc vpn-instance *vpn-name local-ce-id remote-ce-id* [**-c** *echo-number* | **-m** *time-value* | **-s** *data-bytes* | **-t** *timeout-value* | **-exp** *exp-value* | **-r** *reply-mode* | **-v**]* **control-word**

2）使用 Label Alert 通道方式

ping vc vpn-instance *vpn-name local-ce-id remote-ce-id* [**-c** *echo-number* | **-m** *time-value* | **-s** *data-bytes* | **-t** *timeout-value* | **-exp** *exp-value* | **-r** *reply-mode* | **-v**]* **label-alert**

以上 **ping vc vpn-instance** 命令中的大多数参数和选项均与表 6-18 一样，仅有以下几个不同的参数（仅适用于 Kompella 方式 VLL），说明如下。

■ **vpn-instance** *vpn-name*：指定 VPN 的名称。必须是已存在的 VPN 实例。

■ *local-ce-id*：指定本端 CE 的 ID。整数形式，取值范围是 0～249。

■ *remote-ce-id*：指定远端 CE 的 ID。整数形式，取值范围是 0～249。

3. 利用 VCCV 定位 VLL 网络的故障

（1）定位 Martini 方式 VLL 网络的故障

1）使用控制字通道方式

tracert vc *pw-type pw-id* [**-exp** *exp-value* | **-f** *first-ttl* | **-m** *max-ttl* | **-r** *reply-mode* | **-t** *timeout-value*]* **control-word** [**draft6**] [**full-lsp-path**] [**uniform**]

tracert vc *pw-type pw-id* [**-exp** *exp-value* | **-f** *first-ttl* | **-m** *max-ttl* | **-r** *reply-mode* | **-t** *timeout-value*]* **control-word remote** *remote-ip-address* [**ptn-mode** | **full-lsp-path**] [**uniform**]

tracert vc *pw-type pw-id* [**-exp** *exp-value* | **-f** *first-ttl* | **-m** *max-ttl* | **-r** *reply-mode* | **-t** *timeout-value*]* **control-word remote** *remote-pw-id* **draft6** [**full-lsp-path**] [**uniform**]

2）使用 Label Alert 通道方式

tracert vc *pw-type pw-id* [**-exp** *exp-value* | **-f** *first-ttl* | **-m** *max-ttl* | **-r** *reply-mode* | **-t** *timeout-value*][*] **label-alert** [**no-control-word**] [**remote** *remote-ip-address*] [**full-lsp-path**] [**draft6**] [**uniform**]

3）使用普通方式

tracert vc *pw-type pw-id* [**-exp** *exp-value* | **-f** *first-ttl* | **-m** *max-ttl* | **-r** *reply-mode* | **-t** *timeout-value*][*] **normal** [**no-control-word**] [**remote** *remote-ip-address*] [**full-lsp-path**] [**draft6**] [**uniform**]

以上 **tracert vc** 命令中的参数和选项说明如表 6-19 所示。

表 6-19　　　　　　　　　　　　**tracert vc 命令中的参数和选项说明**

参数	参数说明	取值
pw-type	指定 PW 的封装类型	目前支持的类型有：ethernet、vlan 和 ip-interworking
pw-id	指定本地 PW ID	整数形式，取值范围是 1～4294967295
-exp *exp-value*	指定 MPLS echo request 报文外层标签的 EXP 字段值，缺省值是 0。如果已经在设备上使用 **set priority** 命令设置了 DSCP 优先级，*exp-value* 参数将不生效	整数形式，取值范围是 0～7
-f *first-ttl*	指定一个初始的 TTL 值	整数形式，取值范围是 1～255，并且必须小于 *max-ttl* 的值，缺省值是 1
-m *max-ttl*	指定一个最大 TTL	整数形式，取值范围是 1～255，并且必须大于 *first-ttl* 的值，缺省值是 30
-r *reply-mode*	参见表 6-18	
-t *timeout-value*	指定等待 MPLS echo reply 报文的超时时间	整数形式，取值范围是 0～65535，缺省值是 5，单位是 ms
control-word	指定在报文中封装 control word 控制字信息	—
label-alert	指定在报文中封装 router alert 标签	—
no-control-word	指定在报文中不封装 control word 控制字信息	—
normal	普通方式，MPLS echo request 报文不封装 control word 和 router alert 选项	—
remote	指定远端的 PW 信息	—
remote-ip-address	指定远端的 IP 地址。默认情况下，系统会根据本地的 PW 找到下一跳的 IP 地址。如果使用 label-alert，可以指定任何一个 switch 节点，或者终结点的 IP 地址	—
remote-pw-id	指定远端 PW 的 ID。默认情况下，使用本地的 PW ID。在多跳的时候，如果使用 control-word 选项，则必须指定终结点的 IP 地址	—
ptn-mode	指定 PTN 模式。在多段 PW 检测场景下回应 Trace vc 报文。此时 SPE 节点和 TPE 节点需要配置 **lspv pw reply ptn-mode** 命令	—
full-lsp-path	显示 MPLS echo request 报文经过的 LSP 路径上所有节点回应的信息。如果不配置该参数，则只显示 LSP 路径上 PW 节点回应的信息	—

（续表）

参数	参数说明	取值
pipe	指定 Pipe 模式。此时探测报文经过 MPLS 域时，IP TTL 只在 Ingress 和 Egress 分别减 1，整个 MPLS 域被当作了一跳	—
uniform	指定 Uniform 模式。此时探测报文在 MPLS 域中每经过一跳，IP TTL 减 1	—
draft6	命令版本。如果指定该参数，按 draft-ietf-mpls-lsp-ping-06 实现。默认按 RFC4379 实现。按照 draft6 版本实现的 tracert vc 功能仅支持 VLL over LDP 场景	

（2）定位 Kompella 方式 VLL 网络的故障。

1）使用控制字通道方式

tracert vc -vpn-instance *vpn-name local-ce-id remote-ce-id* [**-exp** *exp-value* | **-f** *first-ttl* | **-m** *max-ttl* | **-r** *reply-mode* | **-t** *timeout-value*]* { **control-word** | **draft6** } [**full-lsp-path**]

2）使用 Label Alert 通道方式

tracert vc -vpn-instance *vpn-name local-ce-id remote-ce-id* [**-exp** *exp-value* | **-f** *first-ttl* | **-m** *max-ttl* | **-r** *reply-mode* | **-t** *timeout-value*]* **label-alert** [**full-lsp-path**]

以上 **tracert vc -vpn-instance** 命令的大多数参数和选项与表 6-19 中的一样，参见即可。仅 **vpn-instance** *vpn-name*、*local-ce-id*、*remote-ce-id* 这几个 Kompella 方式 VLL 特有的参数不同，参见前面说明。

6.3.2　CCC 方式 CE 间不能通信的故障排除

CCC 方式 VLL 有本地连接和远程连接两种方式，各自具有不同的特性和配置方法，所以它们出现 CE 间不能通信的故障原因有所不同，下面具体介绍。

1. CCC 本地连接方式 CE 间不能通信的故障排除

在本地连接 CCC 方式中，所连接的 CE 在同一 PE 上，CE 间无需建立公网隧道，也无需分配 VC 标签，所以这种情况下出现 CE 间用户不能通信的故障原因分析比较简单，具体如下。

（1）在 PE 上执行 **display vll ccc** 命令，看对应的 VC 连接状态是否为 Up，如下所示。如果状态为 down，则表示 VC 连接没有建立成功，继续进行下一步的排除操作。

```
<Huawei> display vll ccc
total  ccc vc : 1
local  ccc vc : 1,   1 Up
remote ccc vc : 0,   0 Up

name: CE1-CE2, type: local, state: Up,
intf1: GigabitEthernet0/0/1 (Up), access-port: false

intf2: GigabitEthernet0/0/2 (Up), access-port: false
VC last Up time : 2012/09/10 14:28:24
VC total Up time: 0 days, 0 hours, 0 minutes, 10 seconds
```

（2）在 PE 上执行 **display l2vpn ccc-interface vc-type ccc** 命令，查看 CCC 本地连接建立中唯一的两方面参数配置：AC 接口及其封装方式是否正确，AC 接口状态是否为

Up，具体如下。两 AC 接口的封装方式必须保持一致，如果不一致，则修改原来的 CCC 本地连接配置。如果 AC 接口状态不为 Up，则要检查 AC 接口的选择是否正确，在 S 系列交换机中，CCC 本地连接仅可用 VLANIF 接口，在 AR G3 系列路由器中还可用三层物理以太网接口、三层 Eth-Trunk 接口，或各种子接口。

```
<Huawei> display l2vpn ccc-interface vc-type ccc
Total ccc-interface of CCC : 2
Up (2), down (0)
Interface                    Encap Type        State        VC Type
GigabitEthernet0/0/2         ethernet          Up           ccc
GigabitEthernet0/0/1         ethernet          Up           ccc
```

（3）如果在第（1）步排除步骤中发现 VC 状态已为 Up，但 CE 间仍不能通信，则主要有两方面的原因。

■　CE 间通信的用户主机 IP 地址不在同一 IP 网段。

■　没有正确根据所选择类型 AC 接口特性及不同封装方式中 P-Tag 标签的处理方式进行相应的 VLAN 配置，造成最终不能达到相同、或相异 VLAN 的用户间通信的需求。

通过以上简单的排除步骤就可以找到 CCC 本地连接中 CE 间不能信的故障原因。

2. CCC 远程连接方式 CE 间不能通信的故障排除

相对于 CCC 本地连接方式，CCC 远程连接方式中的 CE 是连接在不同 PE 上，所以需要在两端 PE 间建立公网隧道，但仅支持静态 LSP 隧道。因为 CCC 远程连接中，一条 LSP 隧道仅可建立一条 PW，所以与 CCC 本地连接方式一样，也无需分配 VC 标签。根据 CCC 远程连接方式的以上特性，当出现 CE 间不能通信时可按以下步骤进行排除。

（1）在骨干网上检查各节点是否启用了 MPLS，是否三层互通。

（2）如果公网配置没问题，CE 间不能通信的原因基本上就是 VC 连接这块的原因。在 PE 上执行 **display vll ccc** 命令，查看对应的 VC 连接状态是否为 Up。如果状态为 down，则表示 VC 连接没有建立成功，继续进行下一步的排除操作。

（3）在两端 PE 上执行 **display l2vpn ccc-interface vc-type ccc** 命令查看 VC 连接（在 CCC 远程连接中也即静态 LSP 连接）使用的 AC 接口信息，检查 AC 接口状态是否为 Up，AC 接口封装方式是否正确。两 AC 接口的封装方式必须保持一致，如果不一致，则修改原来的 CCC 远程连接配置。如果 AC 接口状态不为 Up，则要检查 AC 接口的选择是否正确。CCC 远程连接方式仅在 S 系列交换机中支持，也仅可用 VLANIF 接口作为 AC 接口。

（4）如果两端 PE 上的 AC 接口状态均已为 Up 状态，且封装方式也一致，则要检查两端 PE 上的静态 LSP 连接配置。特别是要求 PE 上配置的入 LSP 标签必须与上游节点配置的出 LSP 标签一致。如果 PE 不是直接连接的，则还需要在 P 节点上使用 **static-lsp transit** 命令配置静态 LSP 连接。

（5）如果各节点上的静态 LSP 连接配置中没有问题，CE 间用户仍不能通信的话，则也还可能是以下两方面的原因。

■　CE 间通信的用户主机的 IP 地址不在同一 IP 网段。

■　没有根据 VLANIF 接口特性在两端 PE 上正确进行 AC 接口，及其他相关 VLAN 的配置，造成最终不能达到相同、或相异 VLAN 的用户间通信的需求。

通过以上排除步骤就可以找到 CCC 远程连接中 CE 间不能信的故障原因。

6.3.3　Martini 方式 CE 间不能通信的故障排除

　　Martini 方式 VLL 相对 CCC 方式 VLL 要复杂一些,不仅需要采用 LDP 建立公网 LSP 隧道,还要以 LDP 作为信令协议动态建立 PW。另外,在 Martini 方式 VLL 中的一条 LDP LSP 隧道中还可承载多条 PW,所以还需要为每条 PW 中的 VC 连接分配 VC 标签(仅支持动态分配方式)。如果在 Martini 方式 VLL 中出现 CE 间不能通信故障时,排除的步骤要更复杂一些。具体排除步骤如下。

　　(1)按照配套的《华为 MPLS 技术学习指南》中介绍的方法检测公网 LDP LSP 隧道的连通性。

　　(2)如果公网 LSP 隧道没问题,则继续根据 6.3.1 节介绍的 **ping vc** 命令检测方法检查 Martini 方式 VLL 中的 VC 网络的连通性。

　　(3)如果通过 6.3.1 节介绍的 **ping vc** 命令,发现 VC 不通,则可在两端 PE 上执行 **display mpls l2vc** *vc-id* 命令查看指定 VC 连接的配置信息及 VC 连接的状态,如下所示。

```
<Huawei> display mpls l2vc 102
  Total LDP VC : 1          0 Up          1 down

  *client interface        : Vlanif10 is Up
   Administrator PW        : no
   session state          : down
   AC status              : Up
   VC state               : down
   Label state            : 0
   Token state            : 0
   VC ID                  : 102
   VC type                : VLAN
   destination            : 2.2.2.2
   local VC label         : 1032        remote VC label      : 0
   control word           : disable
   remote control word    : none
   forwarding entry       : not exist
   local group ID         : 0
   remote group ID        : 0
   local AC OAM State      : Up
   local PSN OAM State     : Up
   local forwarding state : not forwarding
   local status code      : 0x1
   BFD for PW             : unavailable
   VCCV State             : Up
   manual fault           : not set
   active state           : inactive
   link state             : down
   local VC MTU           : 1500        remote VC MTU        : 0
   local VCCV             : alert ttl lsp-ping bfd
   remote VCCV            : none
   tunnel policy name     : --
   PW template name       : --
   primary or secondary   : primary
   .....
```

　　在 VC 连接建立协商中,两端 PE 需要在:封装类型(VC type)、MTU、VC ID、控制字（control word）这些参数协商达成一致，所以需要在两端 PE 上对这些参数配置保持一致。

■ 如果两端的封装类型或者 MTU 不一致，那么配置 PE 上的 AC 端口统一，并执行 **mpls mtu** 命令将两端 PE 的 MTU 设置为一致。

■ 如果两端的 VC ID 不一致，那么需先执行 **undo mpls l2vc** 命令，删除其中一端的 VC ID；再执行 **mpls l2vc** 命令配置 VC ID，使两端的 VC ID 一致。

■ 如果两端的 **control word** 配置不一致，那么先执行命令 **undo mpls l2vc** 删除其中一端的 VC 连接，再执行命令 **mpls l2vc** 创建 VC 连接并配置两端 **control word** 的一致。

说明　如果是静态 SVC 方式 VLL 连接，除了需要保证两端 PE 以上参数一致外，还需要保证两端配置的发送标签和接收标签互为对方的接收标签和发送标签。

（4）如果 VC 状态已为 Up，但 CE 间用户仍不能通信，则可能是以几方面的原因。

■ CE 间通信的用户主机的 IP 地址不在同一 IP 网段。

■ 没有正确根据所选择类型的 AC 接口特性及不同封装方式中 P-Tag 标签的处理方式进行相应的 VLAN 配置，造成最终不能达到相同、或相异 VLAN 的用户间通信的需求。

通过以上排除步骤就可以找到 Martini 方式 VLL 中 CE 间不能通信的故障原因。

第7章
PWE3配置与管理

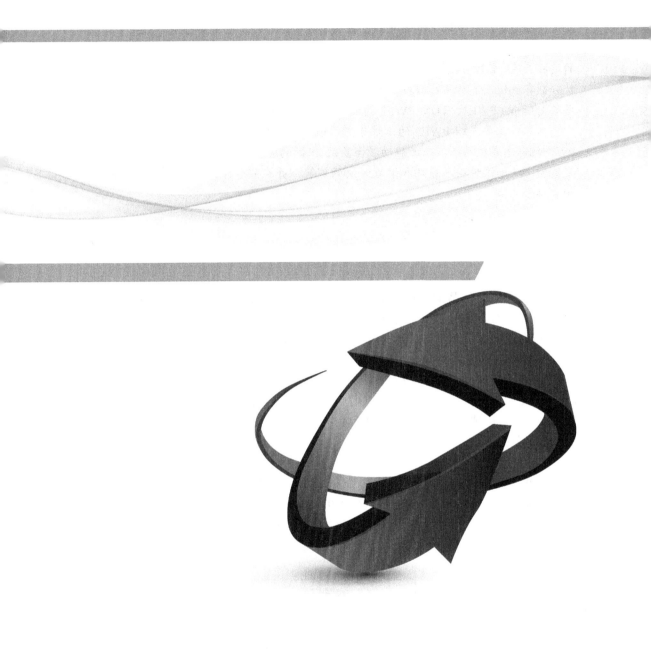

本章介绍的 PWE3 也是一种 MPLS L2VPN 技术,且在技术原理方面与第 5 章介绍的 Martini 方式 VLL 类似,均可通过 LDP 在隧道两端 PE 之间建立动态 PW,但 PWE3 还支持静态 PW 和多跳 PW 的建立。在应用方面,PWE3 也主要用于不同类型二层网络(如以太网、FR、ATM、HDLC)的远程互连,但 PWE3 还可应用于 SONET、SDH 网络的远程互连,传输 TDM(时分复用)业务,是对 Martini 方式 VLL 的扩展。也正因如此,就分别有 Ethernet PWE3、TDM PWE3、ATM PWE3、FR PWE3 等类型,本章仅介绍常用的 Ethernet PWE3、TDM PWE3 的配置与管理方法。

本章将主要介绍 PWE3 的工作原理、Ethernet PWE3、TDM PWE3 单跳静态/动态 PW,纯静态或纯动态,或者静动混合多跳 PW 的配置与管理方法。并介绍一些典型配置案例,以加深对技术原理和配置方法的理解。并在最后介绍 PWE3 中的 PW 故障检测和排除方法。

7.1　PWE3 基础

PWE3(Pseudo-Wire Emulation Edge to Edge 3,端到端伪线仿真 3)与第 5~6 章介绍的 VLL 一样,也是一种点到点的 MPLS L2VPN 技术。但他与 VLL 不同的是,VLL 主要应用于以太网、FR、ATM 和 HDLC 这类传统二层网络的远程互连,而 PWE3 则可以为各种 PSN(Packet Switched Network,分组交换网络)实现远程互连,PSN 既包括传统的 ATM、FR、以太网、HDLC 这类传统的二层网络,又包括低速 SONET(Synchronous Optical Network,同步光纤网)和 SDH(Synchronous Digital Hierarchy,同步数字系列)当前城域网、广域网中广泛应用的 TDM(Time Division Multiplexing,时分复用)类网络,应用范围更广。

PWE3 通常应用在宽带城域接入网或移动承载网中,用来承载 Ethernet、ATM、TDM、FR、PPP 等各种类型的业务。如图 7-1 所示,A 公司的总部和分支机构所在网络是传统的通信网络(如 ATM、FR 等),通过 PWE3 技术在 PE1 和 PE2 之间建立 PW,使得 A 公司的总部和分支机构可以通过 MPLS 网络互通。这样将原有的 ATM/FR 接入方式与现有的 IP 骨干网很好地融合在一起,减少网络的重复建设,节约运营成本。

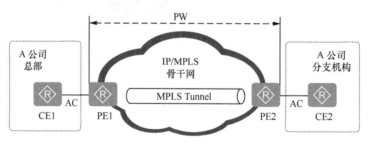

图 7-1　PWE3 的典型场景

说明　在 AR G3 系列路由器中,PWE3 功能需要 License 授权,缺省情况下,设备的 PWE3

功能受限无法使用。如果需要使用 L2VPN 功能，请联系华为办事处申请并购买如下 License。但 AR100-S&AR110-S&AR120-S&AR150-S&AR160-S&AR200-S 系列不支持 PWE3。在 S 系列交换机中，无需获得 License 许可即可应用 PWE3 功能，且仅 S5700 系列（**SI**、**LI** 子系列除外）及以上系列的部分 VRP 版本机型支持，具体请查阅相应的产品手册说明。

7.1.1　PWE3 基本架构

PWE3 对 Martini 方式的 VLL 进行了扩展，采用了 Martini 方式 VLL 的部分内容，包括信令 LDP 和封装模式。在信令方面，PWE3 使用与 Martini 方式 VLL 一样的 LDP 信令协议，且两者基本的信令过程是一样的，有关扩展 LDP VC 信令交互和报文转发流程分别参见第 5 章的 5.4.4 节和 5.4.3 节。

PWE3 网络的基本结构如图 7-2 所示，主要包括以下组件（与 VLL 网络结构类似）。

■ AC（Attachment Circuit，接入链路）：连接 CE 与 PE 的链路。与 VLL 一样，AC 连接 PE 的接口也称为 AC 接口，可以是不配置三层协议的三层物理接口、三层 Eth-Trunk 接口，也可以二层 Dot1q/QinQ 终结子接口、QinQ Mapping 子接口和 VLAN Stacking 子接口。

■ PW（Pseudo wire，虚链路，又称伪线）：在 PE 间建立的逻辑通道，一条 PW 包括两条端点相同，方向相反的 VC（虚电路）连接。PW 就像本地 AC 与对端 AC 间的一条虚拟直连通道，或一条虚拟以太网链路，完成对用户二层数据的透明传输。

■ 转发器（Forwarder）：是 PE 设备上生成的转发表，负责在目的端 PE 上选择报文转发的目的 AC 接口。这是 VLL 网络中所没有的。有了转发器后，可以提高目的端报文转发的效率，VLL 中是根据 VC 信息匹配来查找，效率较低。

■ 隧道（Tunnels）：在 MPLS 网络 PE 间建立的虚拟直连通道，可以是 LSP 隧道、TE 隧道或者是 GRE 隧道，用于承载 PW。在一条隧道中可以建立多条 PW。

■ PW 信令协议（PW Signal）：用于在 PE 间传输建立 PW 所需的二层信息的协议，PWE3 中的信令协议主要为 LDP。

以上这几个部分在整个 PWE3 通信中各司其职，协同工作。下面以图 7-2 中的 CE1 到 CE3 的 VPN1 报文传输为例，说明它们之间的协同关系。

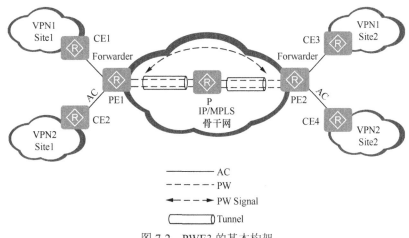

图 7-2　PWE3 的基本构架

（1）首先在 PE1 和 PE2 之间通过 MPLS、LDP 建立 LSP 隧道（本示例以 LSP 隧道为例进行介绍）、远程 LDP 会话和 PW。

（2）CE1 通过 AC 上传送要发给 CE3 的二层报文到达 PE1。

（3）PE1 收到该二层报文后，根据接收报文的 AC 接口选定转发该报文的 PW。然后再根据对应 PW 的转发表项生成两层 MPLS 标签（内层私网标签用于标识 PW，外层公网标签用于穿越隧道到达 PE2），形成 MPLS 报文。

（4）MPLS 报文经公网隧道到达离 PE2 最近的 P 节点（倒数第二跳）时，如果 PE2 所分配给该 P 节点的 LSP 标签支持在倒数第二跳弹出（PHP）的特性，则在该 P 节点上先弹出报文中的外层公网标签，然后继续传输报文，到达 PE2 后再弹出私网标签，还原为原始的二层报文。

（5）最后由 PE2 的转发器选定转发该二层报文的 AC，转发给目的端 CE3。

7.1.2 PWE3 的分类

PWE3 技术建立的 PW，有如下两种分类方法。

■ 从实现方案角度，可划分为：静态 PW 和动态 PW。

与 Martini 方式的 VLL 一样，PWE3 也支持使用 LDP 信令协议建立动态 PW，LDP 交换 VC 标签，并通过 VC ID 绑定对应的 CE。另外，PWE3 还支持不使用信令协议进行参数协商，这就是通过手工指定 PW 信息建立起来的静态 PW。

■ 从组网类型角度，可划分为：单跳 PW 和多跳 PW。

• 单跳 PW：指 PW 两端的 PE 之间只有一段 PW，不需要 PW Label 层面的标签交换。如图 7-3 中的 PW1。

• 多跳 PW：指 PW 两端的 PE 之间存在多段 PW。多跳中的 PE 和单跳中的 PE 转发机制相同，只是多跳转发时需要在 SPE（Switching PE）上做 PW Label 层面的标签交换。如图 7-3 中的 PW2。

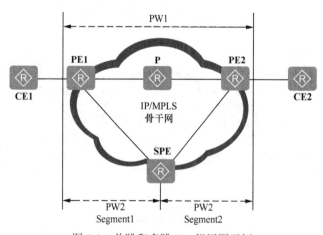

图 7-3　单跳和多跳 PW 组网图示例

当两台 PE 之间不能建立信令协议连接或者不能建立直连隧道时（如图 7-3 中的 P

节点不支持 MPLS 或者性能不足时），就需要配置多跳 PW。PWE3 所支持的多跳 PW，使得组网方式更加灵活，因为两 PE 间可以绕过不支持 PWE3 的某中间设备来建立 PW。

以上两种划分方式互不影响，即 PWE3 支持混合多跳 PW，即一段是静态 PW，一段是动态 PW。

7.1.3　动态 PW 的建立、维护和拆除

PWE3 的动态 PW 也是采用 LDP 作为信令协议，通过扩展标准 LDP 的 TLV 来携带 VC 信息，具体参见第 5 章 5.4.4 节。

建立 PW 时 PE 之间需要建立 LDP 会话（非直连时要建立远端 LDP 会话），PW 的标签分配顺序采用下游自主分发 DU（Downstream Unsolicited）模式（无需上游节点发送标签请求消息），标签保留模式采用自由保持模式（liberal label retention）。

1. 单跳 PW 建立过程

在动态 PW 的建立过程中用到以下几种报文。

■ Request：用于向对方请求对端 PE 为本端分配从本端 PE 到对端 PE 的 VC 连接中的私网 VC 标签，消息中携带有对应 VC 连接的参数，如 VC ID、VC Type、MTU、是否使能控制字等。

■ Mapping：作为 Request 报文的响应报文，用于为对端分配从对端 PE 到本端 PE 的 VC 连接中的私网 VC 标签，消息中携带本端的接收 VC 标签（同时作为对端 PE 的发送 VC 标签）以及相关的属性。

■ Notification：用于 VC 连接状态通告（不拆除信令，除非配置删除或者信令协议中断），协商 PE 状态信息，减少报文交互的数量。

现假设图 7-4 中 PE1 和 PE2 之间要建立单跳 PW，当 PE1 和 PE2 设备上完成了 PWE3 的配置，并且建立了 LDP 会话后，即开始如下 PW 建立流程。

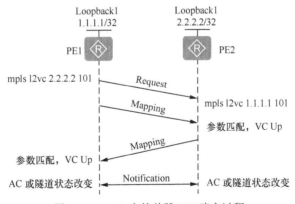

图 7-4　PWE3 中的单跳 PW 建立过程

（1）PE1 发送 Request 和 Mapping 报文到 PE2。Request 报文用来请求 PE2 为 PE1 分配在从 PE1 到 PE2 的 VC 连接中的发送 VC 标签（也是作为 PE2 的接收 VC 标签），而 Mapping 报文则用于为 PE2 分配在从 PE2 到 PE1 的 VC 连接中的发送 VC 标签（也是作为 PE1 的接收 VC 标签）。

（2）PE2 接收到来自 PE1 的 Mapping 报文后，查看本地是否也配置了同样的 VC 连接。如果本地配置的 PW 参数，如 VC ID、VC Type、MTU、是否使能控制字等协商结果均一致，则 PE2 获取 Mapping 报文中携带的 VC 标签，并将本端从 PE2 到 PE1 的 VC 连接状态置为 Up。同时在收到来自 PE1 的 Request 报文后会触发 PE2 向 PE1 发送 Mapping 消息，为 PE1 分配在 PE1 到 PE2 的 VC 连接中的 VC 标签。

（3）PE1 收到来自 PE2 的 Mapping 消息，同样检查本地配置的 PW 参数，如果协商一致，PE1 会将本端从 PE1 到 PE2 的 VC 连接状态置为 Up。此时 PE1 和 PE2 的动态 PW 中的双向 VC 建立完成，完成整条动态 PW 的建立。

（4）PW 建立以后，PE1 和 PE2 通过 Notification 报文来通报彼此的状态。

2．单跳 PW 拆除过程

在 PWE3 的 PW 拆除过程中主要用到以下两种报文。

■ Withdraw：携带要拆的 PW 中两条 VC 的 VC 标签和状态，用于通知对端撤消对应的 VC 标签。

■ Release：作为对 Withdraw 报文的响应报文，用于通知发送 Winthdraw 报文的一端撤消对应的 VC 标签。

当 PW 的 AC 接口状态为 Down 或者隧道状态为 Down 时，即可拆除原来建立的 PW，但 PWE3 和 Martini 在 PW 拆除方面的处理方式有所不同。

■ Martini 协议的处理是发送 Withdraw 报文并立即拆除对应的 PW 连接，这样等以后 AC 接口状态变为 Up 或者隧道状态变为 Up 时，需要重新进行一轮协商过程，以便建立连接。

■ PWE3 增加了 Notification 信令，协议的处理是发送 Notification 报文给对端，通知对端当前处于不能转发数据的状态，但 PW 连接本身并不拆除。这样等以后 AC 接口状态变为 Up，或者隧道状态变为 Up 时可再用 Notification 报文知会对端可以转发数据，而不用重新建立 PW。这样的好处是在网络不稳定时，Notification 报文可以避免由于链路震荡导致 PW 的反复建立和删除。

■ 在 PWE3 中，只有当 PW 的配置被删除或者信令协议中断（如公网 Down 掉、PW 隧道 Down 掉等）时，两端 PE 才拆除 PW。

图 7-5 显示了 PWE3 对于单跳 PW 拆除的基本流程。

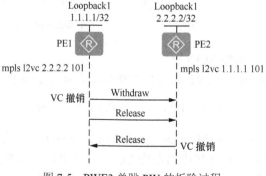

图 7-5　PWE3 单跳 PW 的拆除过程

（1）PE1 上 PW 的配置被删除后，PE1 删除原来为对应 VC 连接分配的本地 VC 标签，并向 PE2 同时发送 Withdraw 和 Release 报文。

说明　Withdraw 报文中携带要拆除的 VC 标签，用于通知对端 PE 撤销对应的 VC 标签。Release 报文本身是对 Withdraw 的响应报文，用于通知发送 Withdraw 报文的一端 PE 设备本端已完成了对应 VC 标签的撤消工作。但为了更快地删除 PW，首先发起 PW 拆除的一端 PE 会同时发送 Withdraw 和 Release 报文，通过 Release 报文直接告诉对端本端已撤消了对应的 VC 标签，让对端也撤消，通过 Withdraw 报文使对端触发向本端发送 Release 报文，向对端通知本端的 VC 标签撤消情况。

（2）PE2 收到来自 PE1 的 Release 消息后，得知 PE1 已撤消了指定的 VC 标签，自己也撤消对应的 VC 标签；同时，PE2 在收到来自 PE1 的 Withdraw 报文后触发向 PE1 发送 Release 报文，向 PE1 通告自己也已撤消了对应的 VC 标签。

（3）PE1 收到 PE2 的 Release 消息后，即完成了 PE1 与 PE2 间对应 PW 的删除。

3. 多跳 PW 的建立过程

多跳 PW 与单跳 PW 相比，两个 PE 之间多了一个或者多个 SPE，如图 7-6 所示。UPE1 与 UPE2 分别与 SPE 建立连接，SPE 将两段 PW 连接在一起。

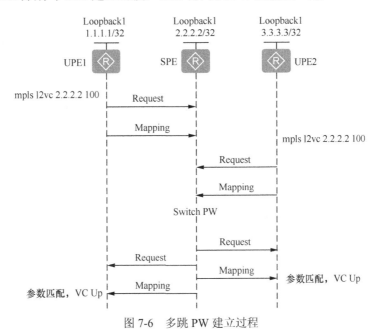

图 7-6　多跳 PW 建立过程

在多跳 PW 的建立过程中，其实整体流程与单跳 PW 的建立流程类似，只不过此时 UPE1 和 UPE2 间的报文不是直接交互，而都是需要经由中间的 SPE 转发。即在 PW 连接建立的信令协商过程中，UPE1 发给 UPE2 的 Request、Mapping 报文会由 SPE 转发；同样 UPE2 发送给 USPE1 的 Request、Mapping 报文也将由 SPE 转发，两端的参数协商一致后，PW 状态即为 Up。

在 PW 拆除的过程中，Release、Withdraw 和 Notification 报文与 Mapping 报文一样也是需要由中间的 SPE 进行转发。

7.1.4　控制字

控制字（Control Word）用于转发层面报文顺序检测、报文分片和重组等功能，需要通过控制层面协商。控制层面的控制字协商比较简单，如果协商结果支持控制字，则需要把结果下发给转发模块，由转发层面具体实现报文顺序检测和报文重组等功能。

控制字是一个 4 字节（32 位）的 MPLS 封装报文头，位于二层协议头和两层 MPLS 标签（外层为公网 Tunnel 标签，内层为私网 VC 标签）之间，如图 7-7 所示。VC 标签的 TTL 固定为 2，因为他在隧道传输中是作为数据部分，是不变的，到了对端 PE 时才会被剥离。

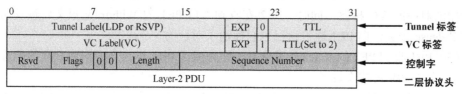

图 7-7　控制字在 MPLS 报文中的位置

控制字中的各字段的含义如下。

■　Rsvd：保留位，4bits，取值必须为 0，表明是 PW 数据，对端 PE 收到后将忽略这部分内容。

■　Flags：标志位，4bits，但对于不同二层报文的封装，对应的标志类型和含义不相同，如对于 ATM VPC 模式的数据中，这 4 位也全为 0，而在 ATM AAL5 CPCS-SDU 模式中，又有 4 个不同的标志。具体无需特别了解。

■　后面两位在以太网、ATM N-to-One Cell、ATM AAL5 CPCS-SDU 模式中固定为 0，在其他类型二层报文这两位也有不同含义。

■　Length：6bits，其实这部分也不是固定的，以太网、ATM AAL5 CPCS-SDU 模式中，用来标识二层数据和控制字部分的总长度。

■　Sequence Number：16bits，报文的序列号。如果设为 0，代表当前没有使能报文顺序检查机制。

控制字主要有三个功能。

（1）携带报文转发的序列号

通过控制字中的 Sequence Number 字段实现。设备在支持负载分担时报文有可能乱序，可以使用控制字对报文进行编号，以便对端重组报文。

（2）填充报文，防止报文过短

例如，当 PE 到 PE 间为以太网连接，而 PE 与 CE 间为 PPP 连接时，由于 PPP 的控制报文大小达不到以太网支持的最小 MTU（64 字节）的要求，所以 PPP 不能协商成功。这时，通过在 PPP 帧中添加控制字部分（相当于添加填充位）可以避免此问题。

（3）携带二层帧头控制信息

有些情况下，在网络上传输 L2VPN 报文的时候没有必要传送整个的二层数据帧，而是在入节点（Ingress）剥离二层协议头，然后在出节点（Egress）重新添加。但是如果二层协议头中有些信息需要携带，这种方式就不可取了。使用控制字可以解决该问题，控制字可以携带 PE 之间 Ingress 和 Egress 事先协商好的信息。

两端同时支持或者同时不支持控制字时，才能协商成功，数据转发时根据协商结果决定是否对报文添加控制字。

7.1.5　PWE3 的主要应用

PWE3 主要应用在以下两方面。

- PWE3 承载个人 HSI 业务。
- 城域网中 PWE3 承载企业用户专线业务。

下面分别予以介绍。

1. PWE3 承载个人 HSI 业务

个人 HSI（High Seed Internet，高速率因特网）业务是指通过 IP 网络提供高速上网业务。如图 7-8 所示，UPE 与 SPE 所在的网络是三层网络，而 BRAS（Broadband Remote Access Server，宽带远程接入服务器）需要通过用户的二层信息对用户的 HSI 业务进行管理控制。此时，在 UPE 和 SPE 之间的三层网络中部署 PWE3 即可实现用户 HSI 业务二层信息的三层网络穿越。

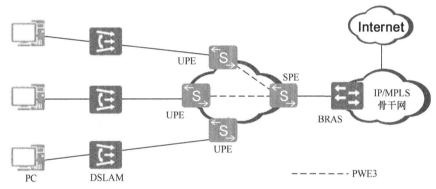

图 7-8　PWE3 承载用户上网业务的典型组网

用户采用 PPPoE 拨号方式通过二层汇聚透传到 BRAS 进行业务处理，在 DSLAM（Digital Subscriber Line Access Multiplexer，数字用户线路接入复用器）和 BRAS 设备间建立 PWE3 网络。个人 HSI 业务报文在 UPE 上通过 VLAN 接入，UPE 设备主要负责接入 DSLAM 设备，实现对其流量的汇聚和转发。UPE 与 SPE 间通过 PWE3 汇聚，SPE 终结 PWE3 报文并封装不同的 VLAN 标签，然后将 VLAN 报文通过不同的子接口（担当 AC 接口）发送至 BRAS 设备，由 BRAS 终结 VLAN 报文。BRAS 采用 PPPoE 为 HSI 业务报文动态分配 IP 地址。

在 PWE3 的个人业务应用中，基本部署思路如下。

（1）运营商的 MPLS 骨干网配置 IP 地址和 IGP 协议，保证网络中各 PE 设备路由互通。

（2）运营商的 MPLS 骨干网使能 MPLS 功能，并在每个 UPE 和 SPE 之间配置 TE 隧道或 LSP 隧道。

（3）每个 UPE 和 SPE 设备使能 MPLS L2VPN 功能，并配置 MPLS LDP 远端会话。

（4）在每个 UPE 和 SPE 上的 AC 接口下配置 PWE3，从而在每个 UPE 和 SPE 之间创建 MPLS L2VC 连接。

2. 城域网中 PWE3 承载企业用户专线业务

图 7-9 是一个典型的 PWE3 单跳组网应用，运营商建立了一个城域网，提供 PWE3 业务，客户在该城域内有两个分部且地理位置较远，建立分部间的专线成本较高。客户可以向运营商申请在两个接入点分部 A 的 PE1 与分部 B 的 PE2 之间建立 PWE3 连接。这样，通过 PWE3 技术，客户就实现了分部 A 和分部 B 的二层稳定互通，组网简单、方便，达到了在同一局域网中相互通信的效果。

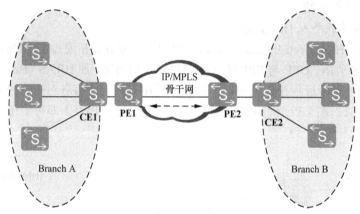

图 7-9　城域网中 PWE3 承载企业用户专线业务的典型组网

在 PWE3 的城域网中 PWE3 承载企业用户专线业务应用中的基本部署思路如下。

（1）运营商的 MPLS 骨干网配置 IP 地址和 IGP 协议，保证网络中各 PE 设备路由互通。

（2）运营商的 MPLS 骨干网使能 MPLS 功能，并在 PE1 和 PE2 之间配置 TE 隧道（或 LSP 隧道）。

（3）PE1 和 PE2 设备使能 MPLS L2VPN 功能，并配置 MPLS LDP 远端会话。

（4）在 PE1 和 PE2 上的 AC 接口下配置 PWE3 功能，从而在 PE1 和 PE2 之间创建 MPLS L2VC 连接。

7.2　Ethernet PWE3 配置与管理

本节仅介绍 Ethernet PWE3 以下几个主要方面的配置与管理方法。

（1）配置静态 PW

静态 PW 不使用信令协议传输 L2VPN 信息，报文通过隧道在 PE 之间传递。

（2）配置动态 PW

动态 PW 使用扩展的 LDP 协议传递二层信息和 VC 标签。

（3）配置 PW 交换

配置多跳 PW 交换时做 PW Label 层面的标签交换。

7.2.1　配置静态 PW

静态 PW 所包括的配置任务如下，需要在 PE 设备上配置。

（1）使能 MPLS L2VPN。

（2）（可选）创建 PW 模板并配置 PW 模板属性。

这项配置任务是可选的，与第 5 章 5.4.6 节介绍的 Martini 方式 VLL 的 PW 模板配置方法完全一样，参见即可。

（3）创建静态 PW 连接。

在配置静态 PW 方式 MPLS L2VPN 之前，需完成以下任务。

■　对 MPLS 骨干网的 PE、P 节点配置 IGP，实现骨干网的 IP 连通性。

■　对 PE、P 节点使能 MPLS。

■　在 PE 之间建立隧道（GRE 隧道、LSP 隧道或 TE 隧道）。当 PWE3 业务需要选择 TE 隧道，或者在多条隧道中进行负载分担来充分利用网络资源时，还需要配置隧道策略。隧道策略的具体配置方法参见第 4 章 4.3 节。

以上第（1）和第（3）项配置任务的具体配置方法见表 7-1。其实总体上与第 6 章介绍的 SVC 方式 VLL 的配置步骤差不多。

表 7-1　　　　　　　　　　　　　　**静态 PW 的配置步骤**

步骤	命令	说明
1	**system-view** 例如：<Huawei> **system-view**	进入系统视图
2	**mpls l2vpn** 例如：[Huawei] **mpls l2vpn**	使能 MPLS L2VPN。 缺省情况下，MPLS L2VPN 功能未使能，可用 **undo mpls l2vpn** 命令去使能 MPLS L2VPN，并删除所有 MPLS L2VPN 配置
3	**quit** 例如：[Huawei-l2vpn] **quit**	返回系统视图
4	**interface** *interface-type interface-number* 例如：[Huawei] **interface** vlanif 10	进入 AC 接口的接口视图。可以是三层物理层接口、三层 Eth-Trunk 接口、各种子接口和 VLANIF 接口，但无需配置 IP 地址和路由协议。如果是 S 系列交换机上的端口，要使用三层物理层接口、三层 Eth-Trunk 接口，需先用 **undo portswitch** 命令转换成三层模式
5	**mpls static-l2vc** { { **destination** *ip-address* | **pw-template** *pw-template-name* [*vc-id*] } * | **destination** *ip-address vc-id* } **transmit-vpn-label** *transmit-label-value* **receive-vpn-label** *receive-label-value* [**tunnel-policy** *tnl-policy-name* | [**control-word** | **no-control-word**]] | [**raw** | **tagged**]] * 例如：[Huawei-Vlanif10] **mpls static-l2vc destination** 1.1.1.1 **transmit-vpn-label** 100 **receive-vpn-label** 100	配置静态主 PW。命令中的参数和选项说明如下。 • **destination** *ip-address*：可多选参数，指定 PW 对端设备的 LSR-ID。 • **pw-template** *pw-template-name vc-id*：可多选参数，指定的要调用的 PW 模板的名称。在 PW 模板中可以配置远端 PE 的 LSR ID、控制字特性、MTU 和要调用的隧道策略，当然这些参数属性可根据需要选择配置其中的一个或多个。必须是已配置的 PW 模板，配置方法参见第 5 章 5.4.6 节。 • *vc-id*：可选参数，指定 VC ID，整数形式，取值范围是 1～4294967295。同一 PW 的两条 VC 的 VC ID 必须一致。主备 PW 的 VC ID 不能相同。

（续表）

步骤	命令	说明
5	**mpls static-l2vc** { { **destination** *ip-address* | **pw-template** *pw-template-name* [*vc-id*] } * | **destination** *ip-address vc-id* } **transmit-vpn-label** *transmit-label-value* **receive-vpn-label** *receive-label-value* [**tunnel-policy** *tnl-policy-name* | [**control-word** | **no-control-word**] | [**raw** | **tagged**]] * 例如：[Huawei-Vlanif10] **mpls static-l2vc destination** 1.1.1.1 **transmit-vpn-label** 100 **receive-vpn-label** 100	● *transmit-label-value*：指定本端的发送 VC 标签，整数形式，取值范围是 0～1048575。 ● *receive-label-value*：指定本端的接收 VC 标签，整数形式，取值范围是 0～1048575。 ● *tnl-policy-name*：可多选参数，指定的隧道策略名称，仅当需要使用 MPLS TE 隧道，或者进行多隧道负载均衡时才需要选择。隧道策略的具体配置参见第 4 章 4.3 节。如果未指定隧道策略名，采用缺省的策略。缺省策略指定顺序 LSP 和负载分担个数为 1。如果隧道策略名已指定，但未配置策略，仍采用缺省策略。 ● **control-word**：二选一可选项，使能控制字功能。缺省情况下未使能控制字功能。 ● **no-control-word**：二选一可选项，禁止控制字功能。 ● **raw**：二选一可选项，指定 PW 为 raw 封装模式，删除报文中的 p-tag。AC 为以太链路时才能配置。 ● **tagged**：二选一可选项，指定 PW 为 tagged 封装模式，保留报文中的 p-tag。AC 为以太链路时才能配置。 【注意】两端 PE 设备的发送标签和接收标签互为对端的接收标签和发送标签，如果标签不匹配，可能会出现 static-l2vc 状态显示为 Up 但实际无法转发，但发送标签与接收标签可以相同，也可以不同。主备 PW 要采用相同的控制字配置，否则正切时会造成大量丢包。 同一个接口不能既作为 L2VPN 的 AC 接口又作为 L3VPN 的 AC 接口。当某个接口绑定 L2VPN 后，该接口上配置的 IP 地址、路由协议等三层特性会全部变为无效。 缺省情况下，系统没有创建静态 VC，可用 **undo mpls static-l2vc** { { **destination** *ip-address* | **pw-template** *pw-template-name vc-id* } * | **destination** *ip-address vc-id* } **transmit-vpn-label** *transmit-label-value* **receive-vpn-label** *receive-label-value* [**tunnel-policy** *tnl-policy-name* | [**control-word** | **no-control-word**]] [**raw** | **tagged**]] * 命令删除指定的静态 VC
6	**mpls static-l2vc** { { **destination** *ip-address* | **pw-template** *pw-template-name vc-id* } * | **destination** *ip-address* [*vc-id*] } **transmit-vpn-label** *transmit-label-value* **receive-vpn-label** *receive-label-value* [**tunnel-policy** *tnl-policy-name* | [**control-word** | **no-control-word**] | [**raw** | **tagged**]] * **secondary** 例如：[Huawei-Vlanif10] **mpls static-l2vc destination** 1.1.1.1 **transmit-vpn-label** 100 **receive-vpn-label** 100 **secondary**	（可选）配置静态备份 PW。命令中的参数和选项说明，以及注意事项参见上一步。 只有配置了主 PW 后才能配置备份 PW

（续表）

步骤	命令	说明
7	**mpls l2vpn service-name** *service-name* 例如：[Huawei-Vlanif10] **mpls l2vpn service-name** pw1	（可选）设置 L2VPN 的业务名称，唯一标识 PE 上的一个 L2VPN 业务，字符串形式，不支持空格，区分大小写，取值范围是 1～15。当输入的字符串两端使用双引号时，可在字符串中输入空格。仅当需要在网管系统中配置 PWE3 时才需要配置。 【说明】L2VPN 业务通过 VC ID 和 VC Type 唯一标识，但该方式不方便记忆和维护，用业务名称唯一标识一个 L2VPN 业务，不仅可以根据需要自定义名称，而且可以通过网管界面直接操作该业务名称来维护 L2VPN 业务，操作简单，维护方便。设置 L2VPN 的业务名称后，可以通过网管界面直接操作该业务名称来维护 L2VPN 业务。 缺省情况下，系统没有设置 L2VPN 的业务名称，**undo mpls l2vpn service-name** 命令删除已配置的 L2VPN 的业务名称

7.2.2　配置动态 PW

动态 PW 包括的配置任务如下，需要在设备上进行配置。

（1）使能 MPLS L2VPN。

（2）（可选）创建 PW 模板并配置 PW 模板属性。这项配置任务是可选的，参见第 5 章 5.4.6 节。

（3）创建动态 PW 连接。

在配置动态 PW 之前，需完成以下任务。

■ 对 MPLS 骨干网的设备 PE、P 配置 IGP，实现骨干网的 IP 连通性。

■ 配置骨干网的 MPLS 基本能力。

■ 在 PE 之间建立隧道（GRE 隧道、LSP 隧道或 TE 隧道）。当 PWE3 业务需要选择 TE 隧道，或者在多条隧道中进行负载分担来充分利用网络资源时，还需要配置隧道策略。隧道策略的配置方法参见第 4 章 4.3 节。

■ 在 PE 之间建立远端 LDP 会话。

以上第（1）和第（3）项配置任务的具体配置方法见表 7-2。其实总体上与第 5 章介绍的 Martini 方式 VLL 的配置步骤差不多。

表 7-2　　　　　　　　　　　　　　　　动态 **PW** 的配置步骤

步骤	命令	说明
1	**system-view** 例如：<Huawei> **system-view**	进入系统视图
2	**mpls l2vpn** 例如：[Huawei] **mpls l2vpn**	使能 MPLS L2VPN。 缺省情况下，MPLS L2VPN 功能未使能，可用 **undo mpls l2vpn** 命令去使能 MPLS L2VPN，并删除所有 MPLS L2VPN 配置
3	**quit** 例如：[Huawei-l2vpn] **quit**	返回系统视图

（续表）

步骤	命令	说明
4	**interface** *interface-type interface-number* 例如：[Huawei] **interface** vlanif 10	进入 AC 接口的接口视图
5	**mpls l2vc** { *ip-address* | **pw-template** *pw-template-name* } * *vc-id* [**tunnel-policy** *policy-name* | [**control-word** | **no-control-word**] | [**raw** | **tagged**] | **mtu** *mtu-value*] * 例如：[Huawei-Vlanif10] **mpls static-l2vc** 1.1.1.1 100	配置动态主 PW。可选参数 **mtu** *mtu-value* 用来指定 MTU 值，整数形式，取值范围 46～9600。缺省值为 1500。仅在以 VLANIF 接口作为 AC 接口时才能配置该参数。主接口和子接口的 MTU 值需要在 PW 模板中配置。 命令中的其他参数和选项说明，以及注意事项参见 7.2.1 节表 7-1 第 5 步，其中参数 *ip-address* 对应表 7-1 第 5 步中的参数 *destination ip-address*，另外，动态 PW 中必须指定 VC ID，两端 PE 上配置的 VC ID 必须一致
6	**mpls l2vc** { *ip-address* | **pw-template** *pw-template-name* } * *vc-id* [**tunnel-policy** *policy-name* | [**control-word** | **no-control-word**] | [**raw** | **tagged**] | **mtu** *mtu-value*] * **secondary** 例如：[Huawei-Vlanif10] **mpls static-l2vc** 1.1.1.1 101 **secondary**	（可选）配置动态备份 PW。其他说明参见第 5 步 只有配置了主 PW 后才能配置备份 PW
7	**mpls l2vpn service-name** *service-name* 例如：[Huawei-Vlanif10] **mpls l2vpn service-name** pw1	（可选）设置 L2VPN 的业务名称，其他说明参见 7.2.1 节表 7-1 中的第 7 步

7.2.3　配置 PW 交换

配置多跳 PW 交换，用于多跳 PW 转发时做 PW Label 层面的标签交换。

PW 交换要求在有能力建立大量 MPLS LDP 会话的高性能设备 SPE 上配置。以下情况需要多跳组网配置交换 PW。

■ 两台 PE 之间不在同一个 AS 中，且不能在两台 PE 之间建立信令连接或者建立隧道。

■ 两台 PE 上的信令不同。

■ 如果接入设备可以运行 MPLS，但又没有能力建立大量 LDP 会话，这时可以把 UFPE（User Facing Provider Edge）作为 UPE，把高性能的设备 SPE 作为 LDP 会话的交换节点，类似信令反射器。

在配置多跳交换 PW 之前，需要完成以下任务。

■ 在 PE 上使能 MPLS L2VPN。

■ 在 PE 之间建立隧道（GRE 隧道、LSP 隧道或 TE 隧道）。当 PWE3 业务需要选择 TE 隧道，或者在多条隧道中进行负载分担来充分利用网络资源时，还需要配置隧道策略。

■ 如果需要交换的 PW 是静态 PW，在 UPE 上按照 7.2.1 节配置到 SPE 的静态 PW。

■ 如果需要交换的 PW 是动态 PW，在 UPE 上按照 7.2.2 节配置到 SPE 的动态 PW，UPE 与 SPE 间还要配置 LDP 远端会话。

交换 PW 有三种形式：纯静态、纯动态、静动混合，需要在 SPE 上进行配置。下面分别介绍具体的配置方法。

1. 配置纯静态交换 PW

当配置交换 PW 的 SPE 设备两端 PW 均为静态 PW 时，需在 SPE 上配置纯静态交换 PW。另外，要在 UPE 上按照 7.2.1 节的介绍配置从 UPE 到 SPE 的静态 PW。

纯静态交换 PW 是在 SPE 系统视图下通过 **mpls switch-l2vc** *ip-address vc-id* **trans** *trans-label* **recv** *received-label* [**tunnel-policy** *policy-name*] **between** *ip-address vc-id* **trans** *trans-label* **recv** *received-label* [**tunnel-policy** *policy-name*] **encapsulation** *encapsulation-type* [**control-word** [**cc** { **alert** | **cw** }[*] **cv lsp-ping**] | [**no-control-word**] [**cc alert cv lsp-ping**]] [**control-word-transparent**]命令进行配置，命令中除下列参数和选项外，其他参数和选项的说明参见表 7-1 中的第 5 步。

■ **cc**：可选项，代表使用控制通道进行 VCCV 检测。

■ **cw**：可多选的可选项，使能控制字通道的检测方式，支持从 UPE 到 UPE 之间端到端的检测。

■ **alert**：可多选的可选项，选择用于 VCCV-PING 的 Label Alert 通道，支持端到端的检测，也支持 UPE 到 SPE 的逐跳检测。

■ **cv**：可选项，使能连接性检测（Connectivity Verification），默认使能。

■ **lsp-ping**：可选项，采用 LSP-PING 方式对 VC 进行连接性检测，默认使能。仅适用于采用 LSP 隧道的情形。

■ **control-word-transparent**：可选项，使能控制字透传。在 PE 双归接入 SPE 的 BFD 检测 PW 场景下，需要在 SPE 上配置控制字透传，否则 BFD 协商不成功。缺省情况下，没有使能控制字透传。

■ *encapsulation-type*：可选参数，指定静态 PW 的封装类型，纯静态和纯动态 PW 仅支持 **ethernet** 和 **vlan** 两种封装类型（这两种封装类型仅在当 AC 为以太网链路时支持），在后面将要介绍的混合 PW 中还支持 **atop-e1**、**cesopsn-basic** 和 **ip-interworking**（仅 S 系列交换机支持）类型，用于支持其他类型 AC 链路。

在纯静态交换 PW 配置方面要注意以下几个方面。

■ 选择不同的 PW 封装类型后可以配置的参数不同。具体如下：

　● *encapsulation-type* 为 **ethernet** 或者 **vlan**，可以配置的参数有：**control-word** [**cc** { **alert** | **cw** }[*] **cv lsp-ping**]、[**no-control-word**] [**cc alert cv lsp-ping**]。

　● *encapsulation-type* 为 **satop-e1**，可以配置的参数有：[**no-control-word**] [**cc alert cv lsp-ping**]。

　● *encapsulation-type* 为 **cesopsn-basic**，可以配置的参数有：**control-word** [**cc** { **alert** | **cw** }[*] **cv lsp-ping**]、[**no-control-word**] [**cc alert cv lsp-ping**]。

■ 一侧 UPE 上配置的发送标签必须与 SPE 上同侧配置的接收标签需要保持一致，一侧 UPE 上配置的接收标签必须与 SPE 上同侧配置的发送标签需要保持一致，否则 CE 之间无法正常互通。

■ **between** 前、后的 *ip-address vc-id* 可以是两端 UPE 的任意一端的 LSR ID 和 VC ID，当然必须与发送或接收标签时所选定的一侧 UPE 的 LSR ID 一致。**between** 前、后的 *vc-id* 值可以相同，也可以不同。

现假设某 PWE3 网络中，UPE1 的 LSR ID 为 1.1.1.9/32，配置到 SPE 的 PW 的发送标签为 100，接收标签为 200，VC ID 为 100，UPE2 的 LSR ID 为 4.4.4.9/32，配置到 SPE 的 PW 的发送标签为 300，接收标签为 400，VC ID 为 200。

在 SPE 上配置纯静态交换 PW 时的 **mpls switch-l2vc** 命令时，**between** 前或后的 *ip-address*、*vc-id*、*trans-label*、*received-label* 均必须对应同一侧 UPE 上的配置，即要么全是 UPE1 上的，要么全是 UPE2 上的，不是混在一起。而且 **between** 一侧配置的发送标签要与同侧的 UPE 上配置的接收标签一致，一侧配置的接收标签要与同侧的 UPE 上配置的发送标签一致。这样一来，以上示例中这几个参数，可以有以下两种配置方法。

（1）**mpls switch-l2vc** 1.1.1.9 100 **trans** 200 **recv** 100 **between** 4.4.4.9 200 **trans** 400 **recv** 300。

（2）**mpls switch-l2vc** 4.4.4.9 200 **trans** 400 **recv** 300 **between** 1.1.1.9 100 **trans** 200 **recv** 100。

说明 静态多跳 PW 的建立条件。

■ 在多跳 PW 的起点 UPE 上，只要接入电路 AC 状态为 Up，且 PSN 隧道存在，PW 的状态就为 Up。

■ 在中间的交换节点 SPE 上，只要 PW 两端的隧道同时存在，**即使 SPE 上的 PW 封装类型与 UPE 上的不一致，PW 也能建立起来**，但建议一致。

2．配置纯动态交换 PW

当配置交换 PW 的 SPE 设备两端 PW 均为动态 PW 时，需在 SPE 上配置纯动态交换 PW。另外，要在 UPE 按照 7.2.2 节的介绍配置到 SPE 的动态 PW，并在 UPE 与 SPE 间配置 LDP 远端会话。

纯动态交换 PW 是在 SPE 系统视图下通过 **mpls switch-l2vc** *ip-address vc-id* [**tunnel-policy** *policy-name*] **between** *ip-address vc-id* [**tunnel-policy** *policy-name*] **encapsulation** *encapsulation-type* [**control-word-transparent**] 命令进行配置，命令中的参数和选项说明可参见表 7-1 中的第 5 步及本节前文纯静态交换 PW 配置中介绍的对应的参数和选项说明。但要配置时要注意以下两个方面。

■ **between** 前、后的 *ip-address vc-id* 也可以是两端 UPE 的任意一端的 LSR ID 和 VC ID，**between** 前、后的 *vc-id* 值可以相同，也可以不同。

■ SPE 上配置的 PW 封装类型（即关键字 **encapsulation** 后面指定的参数）**必须与 UPE 的 PW 封装类型一致，否则 PW 的状态不能 Up**，这点与纯静态交换 PW 的配置要求不一样。

可用 **undo mpls switch-l2vc** *ip-address vc-id* [**tunnel-policy** *policy-name*] **between** *ip-address vc-id* [**tunnel-policy** *policy-name*] **encapsulation** *encapsulation-type* [**control-word-transparent**] 命令删除指定的纯动态交换 PW。

3．配置混合交换 PW

当交换 PW 的 SPE 设备两端 PW 一侧为静态 PW，一侧为动态 PW 时，需在 SPE 上配置混合交换 PW。另外，在静态 PW 侧，要按 7.2.1 节的介绍在 UPE 上配置到 SPE 的静态 PW，在动态 PW 侧，要按 7.2.2 节的介绍在 UPE 上配置到 SPE 的动态 PW，并在 UPE 与 SPE 间配置 LDP 远端会话。

混合交换 PW 是在 SPE 系统视图下通过 **mpls switch-l2vc** *ip-address vc-id* [**tunnel-policy** *policy-name*] **between** *ip-address vc-id* **trans** *trans-label* **recv** *received-label* [**tunnel-policy** *policy-name*] **encapsulation** *encapsulation-type*[**mtu** *mtu-value*] [**control- word** [**cc** { **alert** | **cw** }* **cv lsp-ping**] | [**no-control-word**] [**cc alert cv lsp-ping**]] [**control- word-transparent**]命令进行配置，命令中的参数和选项说明也可参见表 7-1 中的第 5 步和前面纯静态交换 PW 中对应的参数和选项说明。但在配置时要注意以下几个方面。

■　**between** 前面是动态 PW 的 *ip-address vc-id*，**between** 后面是静态 PW 的 *ip-address vc-id*，两者不可互换，但两端的 *vc-id* 值仍可以相同，或不同。

■　静态 PW 侧需要配置 PW 标签，且 UPE 和 SPE 上配置的接收标签和发送标签互为对方的发送标签和接收标签。

■　配置的 PW 封装类型（即关键字 **encapsulation** 后面指定的参数）必须与动态侧的 UPE 上的 PW 封装类型一致。

■　需要保证下面 4 个 MTU 值一致：动态 PW 的本端 MTU 值、动态 PW 的对端 MTU 值、静态 PW 的本端 MTU 值、静态 PW 的远端 MTU 值。

可用 **undo mpls switch-l2vc** *ip-address vc-id* [**tunnel-policy** *policy-name*] **between** *ip-address vc-id* **trans** *trans-label* **recv** *received-label* [**tunnel-policy** *policy-name*] **encapsulation** *encapsulation-type* [**mtu** *mtu-value*] [**control-word** [**cc** { **alert** | **cw** }* **cv lsp-ping**] | [**no-control-word**] [**cc alert cv lsp-ping**]] [**control-word-transparent**]命令删除指定的混合交换 PW。

7.2.4　PWE3 配置管理

配置好 PWE3 的静态 PW、动态 PW 和 PW 交换后，可通过以下 **display** 命令查看相关配置，验证配置效果。

■　**display pw-template** [*pw-template-name*]：查看指定或所有 PW 模板的配置信息。

■　**display mpls static-l2vc** [*vc-id* | **interface** *interface-type interface-number* | **state** { **down** | **Up** }]：查看指定或所有静态 VC 的配置及状态信息。

■　**display tunnel-info** { **tunnel-id** *tunnel-id* | **all** | **statistics** [**slots**] }：查看当前系统中指定或所有的隧道信息。

■　**display tunnel-policy** [*tunnel-policy-name*]：查看当前系统中指定或所有的隧道策略信息。

■　**display mpls l2vc** [*vc-id* | **interface** *interface-type interface-number* | **remote-info** [*vc-id* | **verbose**] | **state** { **down** | **Up** }]：查看 LDP 方式指定或所有的动态 VC 的配置及状态信息。

■　**display mpls switch-l2vc** [*ip-address vc-id* **encapsulation** *encapsulation-type* | **state** { **down** | **Up** }]：在 SPE 上查看指定或所有交换 PW 的信息。

7.2.5 单跳动态 PW 配置示例

如图 7-10 所示，某运营商 MPLS 网络要为用户提供 L2VPN 服务，其中 PE1 和 PE2 作为用户接入设备，接入的用户数量较多且经常变化。现希望采用一种适当的 VPN 方案，为用户提供安全的 L2VPN 服务，且尽量节省网络资源，在接入新用户时配置简单。

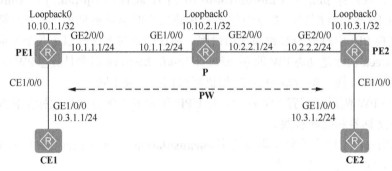

图 7-10　单跳动态 PW 配置示例的拓扑结构

1. 基本配置思路分析

本示例中，由于两个 PE 上的用户经常变化，因此手工静态配置的方式来进行用户信息同步的效率很低，而且容易出错。这种情况下，可以通过在两个 PE 之间配置远程 LDP 连接，让 PE 间通过 LDP 协议自动同步用户信息，建立动态 PW。

PWE3 与第 5 章介绍的 Martini 方式 VLL 相比，减少了信令的开销（具体参见 7.1.3 节说明），规定了多跳的协商方式，使得组网方式更加灵活，所以建议采用 PWE3 方式。因为本示例中 PE1 和 PE2 可直接建立 PW，故采用单跳动态 PW 方式进行配置。但在配置 PWE3 之前，首先需要配置好 MPLS 基本功能，建立好 MPLS 隧道（本示例采用最常用的 LSP 隧道）。

根据以上分析，本示例可采用如下的基本配置思路。

（1）配置各设备接口（包括 Loopback 接口，但不包括 PE 的 AC 接口）的 IP 地址，在骨干网各节点上配置 OSPF 协议，实现骨干网的三层互通。

（2）在各节点上配置 MPLS 基本功能，建立 LDP LSP 隧道，且在 PW 两端的 PE 之间配置建立 MPLS LDP 远端对等体关系。

（3）在两 PE 上各自创建 PWE3 的单跳动态 PW 连接。

2. 具体配置步骤

（1）按图中标识配置各设备的各接口（包括 Loopback 接口，但不包括 AC 接口）的 IP 地址，在 MPLS/IP 骨干网上配置 OSPF 协议，实现骨干网三层互通。

CE1 上的配置。

```
<Huawei> system-view
[Huawei] sysname CE1
[CE1] interface gigabitethernet 1/0/0
[CE1-GigabitEthernet1/0/0] ip address 10.3.1.1 255.255.255.0
[CE1-GigabitEthernet1/0/0] quit
```

CE2 上的配置。

```
<Huawei> system-view
[Huawei] sysname CE2
[CE2] interface gigabitethernet 1/0/0
[CE2-GigabitEthernet1/0/0] ip address 10.3.1.2 255.255.255.0
[CE2-GigabitEthernet1/0/0] quit
```

\#　PE1 上的配置。担当 AC 接口的 GE1/0/0 接口保持三层模式，但不配置 IP 地址。

```
<Huawei> system-view
[Huawei] sysname PE1
[PE1] interface gigabitethernet 2/0/0
[PE1-GigabitEthernet2/0/0] ip address 10.1.1.1 255.255.255.0
[PE1-GigabitEthernet2/0/0] quit
[PE1] interface loopback1
[PE1-Loopback1] ip address 10.10.1.1 255.255.255.255
[PE1-Loopback1] quit
[PE1] ospf 1
[PE1-ospf-1] area 0
[PE1-ospf-1-area-0.0.0.0] network 10.1.1.0 0.0.0.255
[PE1-ospf-1-area-0.0.0.0] network 10.10.1.1 0.0.0.0
[PE1-ospf-1-area-0.0.0.0] quit
[PE1-ospf-1] quit
```

\#　P 上的配置。

```
<Huawei> system-view
[Huawei] sysname P
[P] interface gigabitethernet 1/0/0
[P-GigabitEthernet1/0/0] ip address 10.1.1.2 255.255.255.0
[P-GigabitEthernet1/0/0] quit
[P] interface gigabitethernet 2/0/0
[P-GigabitEthernet2/0/0] ip address 10.2.2.1 255.255.255.0
[P-GigabitEthernet2/0/0] quit
[P] interface loopback1
[P-Loopback1] ip address 10.10.2.1 255.255.255.255
[P-Loopback1] quit
[P] ospf 1
[P-ospf-1] area 0
[P-ospf-1-area-0.0.0.0] network 10.1.1.0 0.0.0.255
[P-ospf-1-area-0.0.0.0] network 10.2.2.0 0.0.0.255
[P-ospf-1-area-0.0.0.0] network 10.10.2.1 0.0.0.0
[P-ospf-1-area-0.0.0.0] quit
[P-ospf-1] quit
```

\#　PE2 上的配置。担当 AC 接口的 GE1/0/0 接口保持三层模式，但不配置 IP 地址。

```
<Huawei> system-view
[Huawei] sysname PE2
[PE2] interface gigabitethernet 2/0/0
[PE2-GigabitEthernet2/0/0] ip address 10.2.2.2 255.255.255.0
[PE2-GigabitEthernet2/0/0] quit
[PE2] interface loopback1
[PE2-Loopback1] ip address 10.10.3.1 255.255.255.255
[PE2-Loopback1] quit
[PE2] ospf 1
[PE2-ospf-1] area 0
[PE2-ospf-1-area-0.0.0.0] network 10.2.2.0 0.0.0.255
[PE2-ospf-1-area-0.0.0.0] network 10.10.3.1 0.0.0.0
[PE2-ospf-1-area-0.0.0.0] quit
[PE2-ospf-1] quit
```

以上配置完成后，执行 **display ip routing-table** 命令，可以看到 PE1 和 PE2 相互之间有 OSPF 协议发现的对方 Loopback0 的 IP 路由，并应能互相 Ping 通。

（2）在骨干网各节点上配置 MPLS 基本功能，建立 PE1 和 PE2 之间的 LDP 远端会话。

    # PE1 上的配置。

```
[PE1] mpls
[PE1-mpls] mpls ldp
[PE1-mpls-ldp] quit
[PE1] interface gigabitethernet 2/0/0
[PE1-GigabitEthernet2/0/0] mpls
[PE1-GigabitEthernet2/0/0] mpls ldp
[PE1-GigabitEthernet2/0/0] quit
[PE1] mpls ldp remote-peer 10.10.3.1    #---创建与 PE2 的 LDP 远端会话
[PE1-mpls-ldp-remote-10.10.3.1] remote-ip 10.10.3.1    #---指定 LDP 远端对等体为 PE2
[PE1-mpls-ldp-remote-10.10.3.1] quit
```

    # P 上的配置。

```
[P] mpls
[P-mpls] mpls ldp
[P-mpls-ldp] quit
[P] interface gigabitethernet 1/0/0
[P-GigabitEthernet1/0/0] mpls
[P-GigabitEthernet1/0/0] mpls ldp
[P-GigabitEthernet1/0/0] quit
[P] interface gigabitethernet 2/0/0
[P-GigabitEthernet2/0/0] mpls
[P-GigabitEthernet2/0/0] mpls ldp
[P-GigabitEthernet2/0/0] quit
```

    # PE2 上的配置。

```
[PE2] mpls
[PE2-mpls] mpls ldp
[PE2-mpls-ldp] quit
[PE2] interface gigabitethernet 2/0/0
[PE2-GigabitEthernet2/0/0] mpls
[PE2-GigabitEthernet2/0/0] mpls ldp
[PE2-GigabitEthernet2/0/0] quit
[PE2] mpls ldp remote-peer 10.10.1.1
[PE2-mpls-ldp-remote-10.10.1.1] remote-ip 10.10.1.1
[PE2-mpls-ldp-remote-10.10.1.1] quit
```

以上配置完成此后，执行 **display mpls ldp session** 命令可以看到 PE 之间、PE 与 P 之间建立了 LDP Session，且状态为 **Operational**。

（3）在 PE1 和 PE2 上使能全局 L2VPN 服务，在 AC 接口视图下各自创建到达对端的单跳动态 PW。两条 VC 连接的 VC ID 均为 100（两端的 VC ID 配置必须相同），其他参数均采用缺省配置。

    # PE1 上的配置。

```
[PE1] mpls l2vpn
[PE1-l2vpn] quit
[PE1] interface gigabitethernet 1/0/0
[PE1-GigabitEthernet1/0/0] mpls l2vc 10.10.3.1 100
[PE1-GigabitEthernet1/0/0] quit
```

    # PE2 上的配置。

```
[PE2] mpls l2vpn
[PE2-l2vpn] quit
[PE2] interface gigabitethernet 1/0/0
[PE2-GigabitEthernet1/0/0] mpls l2vc 10.10.1.1 100
[PE2-GigabitEthernet1/0/0] quit
```

3. 配置结果验证

以上的配置完成后，可在 PE 上执行命令查看 L2VPN 连接信息，此时应可以看到建立了一条 L2VC，状态为 Up。以下是在 PE1 上执行该命令的输出示例。

```
[PE1] display mpls l2vc interface gigabitethernet 1/0/0
 *client interface       : GigabitEthernet1/0/0 is Up
  Administrator PW       : no
  session state          : Up
  AC status              : Up
  VC state               : Up
  Label state            : 0
  Token state            : 0
  VC ID                  : 100
  VC type                : Ethernet
  destination            : 10.10.3.1
  local groUp ID         : 0              remote groUp ID    : 0
  local VC label         : 1031           remote VC label    : 1030
      ......
```

此时，CE1 和 CE2 应能相互 Ping 通了。

7.2.6　纯静态 PW 多跳配置示例

如图 7-11 所示，位于不同物理位置的用户网络站点分别通过 CE1 和 CE2 设备接入运营商 MPLS 网络，其中 S-PE 设备的功能较强，U-PE1 和 U-PE2 作为用户接入设备，但他们之间无法直接建立 LDP 远端会话。现为简化配置，用户希望两个 CE 间达到在同一局域网中相互通信的效果，用户的业务数据在穿越运营商网络时不作任何变动。该用户的站点数量不会进行扩充，希望在运营商网络中能够得到独立的 VPN 资源，以保证数据的安全。

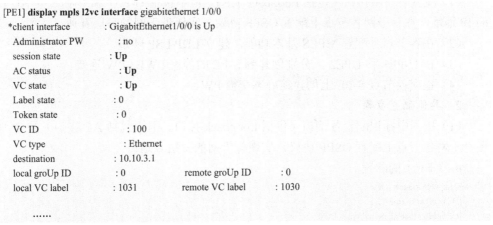
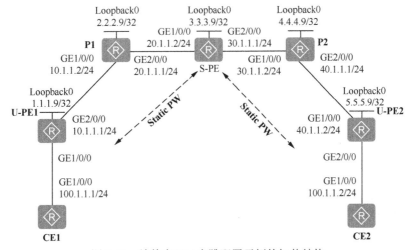

图 7-11　纯静态 PW 多跳配置示例的拓扑结构

1. 基本配置思路分析

本示例由于用户数量不会扩充，且用户希望在运营商网络中能够得到独立的 VPN 资源，可采用静态 PW 方式满足用户需求。又因为 U-PE1 和 U-PE2 之间不能直接建立 LDP 远端会话，所以需要采用多跳方式来建立纯静态多跳 PW。

根据前面的介绍，纯静态多跳 PW 的配置任务，再结合 MPLS 基本功能的配置，可得出本示例的基本配置思路如下。

（1）配置各设备接口（包括 Loopback 接口，但不包括 U-PE1 和 U-PE2 的 AC 接口）的 IP 地址，在骨干网各节点上配置 OSPF 协议，实现骨干网的三层互通。

（2）在各节点上配置 MPLS 基本功能，建立 LDP LSP 隧道。

（3）在 U-PE1 和 UPE2 上分别创建到 S-PE 的静态 PWE3 PW 连接。

（4）在交换节点 S-PE 上创建纯静态交换 PW。

2. 具体配置步骤

（1）按图中标识配置各接口（包括 Loopback 接口，但不包括 AC 接口）的 IP 地址，在骨干网各节点上配置 OSPF 协议，实现骨干网的三层互通。

    # CE1 上的配置。

```
<Huawei> system-view
[Huawei] sysname CE1
[CE1] interface gigabitethernet 1/0/0
[CE1-GigabitEthernet1/0/0] ip address 100.1.1.1 255.255.255.0
[CE1-GigabitEthernet1/0/0] quit
```

    # CE2 上的配置。

```
<Huawei> system-view
[Huawei] sysname CE2
[CE2] interface gigabitethernet 1/0/0
[CE2-GigabitEthernet1/0/0] ip address 100.1.1.2 255.255.255.0
[CE2-GigabitEthernet1/0/0] quit
```

    # U-PE1 上的配置。

```
<Huawei> system-view
[Huawei] sysname U-PE1
[U-PE1] interface gigabitethernet 2/0/0
[U-PE1-GigabitEthernet2/0/0] ip address 10.1.1.1 255.255.255.0
[U-PE1-GigabitEthernet2/0/0] quit
[U-PE1] interface loopback 0
[U-PE1-LoopBack0] ip address 1.1.1.9 255.255.255.255
[U-PE1-LoopBack0] quit
[U-PE1] ospf 1
[U-PE1-ospf-1] area 0
[U-PE1-ospf-1-area-0.0.0.0] network 10.1.1.0 0.0.0.255
[U-PE1-ospf-1-area-0.0.0.0] network 1.1.1.9 0.0.0.0
[U-PE1-ospf-1-area-0.0.0.0] quit
[U-PE1-ospf-1] quit
```

    # P1 上的配置。

```
<Huawei> system-view
[Huawei] sysname P1
[P1] interface gigabitethernet 1/0/0
[P1-GigabitEthernet1/0/0] ip address 10.1.1.2 255.255.255.0
[P1-GigabitEthernet1/0/0] quit
```

[P1] **interface** gigabitethernet 2/0/0
[P1-GigabitEthernet2/0/0] **ip address** 20.1.1.1 255.255.255.0
[P1-GigabitEthernet2/0/0] **quit**
[P1] **interface** loopback 0
[P1-LoopBack0] **ip address** 2.2.2.9 255.255.255.255
[P1-LoopBack0] **quit**
[P1] **ospf** 1
[P1-ospf-1] **area** 0
[P1-ospf-1-area-0.0.0.0] **network** 10.1.1.0 0.0.0.255
[P1-ospf-1-area-0.0.0.0] **network** 20.1.1.0 0.0.0.255
[P1-ospf-1-area-0.0.0.0] **network** 2.2.2.9 0.0.0.0
[P1-ospf-1-area-0.0.0.0] **quit**
[P1-ospf-1] **quit**

\# 　S-PE 上的配置。

<Huawei> **system-view**
[Huawei] **sysname** S-PE
[S-PE] **interface** gigabitethernet 1/0/0
[S-PE-GigabitEthernet1/0/0] **ip address** 20.1.1.2 255.255.255.0
[S-PE-GigabitEthernet1/0/0] **quit**
[S-PE] **interface** gigabitethernet 2/0/0
[S-PE-GigabitEthernet2/0/0] **ip address** 30.1.1.1 255.255.255.0
[S-PE-GigabitEthernet2/0/0] **quit**
[S-PE] **interface** loopback 0
[S-PE-LoopBack0] **ip address** 3.3.3.9 255.255.255.255
[S-PE-LoopBack0] **quit**
[S-PE] **ospf** 1
[S-PE-ospf-1] **area** 0
[S-PE-ospf-1-area-0.0.0.0] **network** 20.1.1.0 0.0.0.255
[S-PE-ospf-1-area-0.0.0.0] **network** 30.1.1.0 0.0.0.255
[S-PE-ospf-1-area-0.0.0.0] **network** 3.3.3.9 0.0.0.0
[S-PE-ospf-1-area-0.0.0.0] **quit**
[S-PE-ospf-1] **quit**

\# 　P2 上的配置。

<Huawei> **system-view**
[Huawei] **sysname** P2
[P2] **interface** gigabitethernet 1/0/0
[P2-GigabitEthernet1/0/0] **ip address** 30.1.1.2 255.255.255.0
[P2-GigabitEthernet1/0/0] **quit**
[P2] **interface** gigabitethernet 2/0/0
[P2-GigabitEthernet2/0/0] **ip address** 40.1.1.1 255.255.255.0
[P2-GigabitEthernet2/0/0] **quit**
[P2] **interface** loopback 0
[P2-LoopBack0] **ip address** 4.4.4.9 255.255.255.255
[P2-LoopBack0] **quit**
[P2] **ospf** 1
[P2-ospf-1] **area** 0
[P2-ospf-1-area-0.0.0.0] **network** 30.1.1.0 0.0.0.255
[P2-ospf-1-area-0.0.0.0] **network** 40.1.1.0 0.0.0.255
[P2-ospf-1-area-0.0.0.0] **network** 4.4.4.9 0.0.0.0
[P2-ospf-1-area-0.0.0.0] **quit**
[P2-ospf-1] **quit**

\# 　U-PE2 上的配置。

<Huawei> **system-view**
[Huawei] **sysname** U-PE2

```
[U-PE2] interface gigabitethernet 2/0/0
[U-PE2-GigabitEthernet2/0/0] ip address 40.1.1.2 255.255.255.0
[U-PE2-GigabitEthernet2/0/0] quit
[U-PE2] interface loopback 0
[U-PE2-LoopBack0] ip address 5.5.5.9 255.255.255.255
[U-PE2-LoopBack0] quit
[U-PE2] ospf 1
[U-PE2-ospf-1] area 0
[U-PE2-ospf-1-area-0.0.0.0] network 40.1.1.0 0.0.0.255
[U-PE2-ospf-1-area-0.0.0.0] network 5.5.5.9 0.0.0.0
[U-PE2-ospf-1-area-0.0.0.0] quit
[U-PE2-ospf-1] quit
```

（2）配置骨干网各节点的 MPLS 基本能力，建立 LSP 隧道。

\# U-PE1 上的配置。

```
[U-PE1] mpls lsr-id 1.1.1.9
[U-PE1] mpls
[U-PE1-mpls] mpls ldp
[U-PE1-mpls-ldp] quit
[U-PE1] interface gigabitethernet 2/0/0
[U-PE1-GigabitEthernet2/0/0] mpls
[U-PE1-GigabitEthernet2/0/0] mpls ldp
[U-PE1-GigabitEthernet2/0/0] quit
```

\# P1 上的配置。

```
[P1] mpls lsr-id 2.2.2.9
[P1] mpls
[P1-mpls] mpls ldp
[P1-mpls-ldp] quit
[P1] interface gigabitethernet 1/0/0
[P1-GigabitEthernet1/0/0] mpls
[P1-GigabitEthernet1/0/0] mpls ldp
[P1-GigabitEthernet1/0/0] quit
[P1] interface gigabitethernet 2/0/0
[P1-GigabitEthernet2/0/0] mpls
[P1-GigabitEthernet2/0/0] mpls ldp
[P1-GigabitEthernet2/0/0] quit
```

\# S-PE 上的配置。

```
[S-PE] mpls lsr-id 3.3.3.9
[S-PE] mpls
[S-PE-mpls] mpls ldp
[S-PE-mpls-ldp] quit
[S-PE] interface gigabitethernet 1/0/0
[S-PE-GigabitEthernet1/0/0] mpls
[S-PE-GigabitEthernet1/0/0] mpls ldp
[S-PE-GigabitEthernet1/0/0] quit
[S-PE] interface gigabitethernet 2/0/0
[S-PE-GigabitEthernet2/0/0] mpls
[S-PE-GigabitEthernet2/0/0] mpls ldp
[S-PE-GigabitEthernet2/0/0] quit
```

\# P2 上的配置。

```
[P2] mpls lsr-id 4.4.4.9
[P2] mpls
[P2-mpls] mpls ldp
[P2-mpls-ldp] quit
```

```
[P2] interface gigabitethernet 1/0/0
[P2-GigabitEthernet1/0/0] mpls
[P2-GigabitEthernet1/0/0] mpls ldp
[P2-GigabitEthernet1/0/0] quit
[P2] interface gigabitethernet 2/0/0
[P2-GigabitEthernet2/0/0] mpls
[P2-GigabitEthernet2/0/0] mpls ldp
[P2-GigabitEthernet2/0/0] quit
```
\#　U-PE2 上的配置。
```
[U-PE2] mpls lsr-id 1.1.1.9
[U-PE2] mpls
[U-PE2-mpls] mpls ldp
[U-PE2-mpls-ldp] quit
[U-PE2] interface gigabitethernet 1/0/0
[U-PE2-GigabitEthernet1/0/0] mpls
[U-PE2-GigabitEthernet1/0/0] mpls ldp
[U-PE2-GigabitEthernet1/0/0] quit
```

（3）在 U-PE1 和 U-PE2 与 S-PE 间分别创建到 S-PE 的静态 PW 连接，在 S-PE 上创建纯静态多跳交换 PW。假设 U-PE1 上配置的静态 PW 的发送标签和接收标签分别为 100、200，VC ID 为 100，U-PE2 上配置的静态 PW 的发送标签和接收标签分别为 300、400，VC ID 分别为 200，其他参数均采用缺省配置。

\#　U-PE1 上的配置。
```
[U-PE1] mpls l2vpn
[U-PE1-l2vpn] quit
[U-PE1] interface gigabitethernet 1/0/0
[U-PE1-GigabitEthernet1/0/0] mpls static-l2vc destination 3.3.3.9 100 transmit-vpn-label 100 receive-vpn-label 200
[U-PE1-GigabitEthernet1/0/0] quit
```
\#　S-PE 上的配置。
```
[S-PE] mpls l2vpn
[S-PE-l2vpn] quit
[S-PE] mpls switch-l2vc 5.5.5.9 200 trans 400 recv 300 between 1.1.1.9 100 trans 200 recv 100 encapsulation ethernet
```

说明　S-PE 上配置的发送标签、接收标签要分别对应同侧 U-PE 上配置的接收标签、发送标签。如本示例中在 Up-E1 上配置的发送标签、接收标签分别为 100 和 200，则在 S-PE 上针对 U-PE1 侧配置的发送标签、接收标签分别为 200 和 100。

\#　U-PE2 上的配置。
```
[U-PE2] mpls l2vpn
[U-PE2-l2vpn] quit
[U-PE2] interface gigabitethernet 1/0/0
[U-PE2-GigabitEthernet1/0/0] mpls static-l2vc destination 3.3.3.9 200 transmit-vpn-label 300 receive-vpn-label 400
[U-PE2-GigabitEthernet1/0/0] quit
```
3. 配置结果验证

以上配置完成后，在 U-PE、S-PE 上可通过 **display mpls static-l2vc interface** 命令查看 L2VPN 连接信息，此时应可以看到建立了一条 L2VC，状态为 Up。以下是在 U-PE1 和 S-PE 上分别执行该命令的输出示例。
```
[U-PE1] display mpls static-l2vc interface gigabitethernet 1/0/0
 *Client Interface        : GigabitEthernet1/0/0 is Up
  AC Status               : Up
```

```
               VC State            : Up
               VC ID               : 100
               VC Type             : Ethernet
               Destination         : 3.3.3.9
               Transmit VC Label    : 100
               Receive VC Label     : 100
               Label Status        : 0
               Token Status        : 0
               Control Word        : Disable
               VCCV Capabilty      : alert ttl lsp-ping bfd
               active state        : active
               Link State          : Up
               Tunnel Policy       : --
               PW Template Name     : pwt
               Main or Secondary    : Main
               load balance type    : flow
               Access-port         : false
               VC tunnel/token info : 1 tunnels/tokens
        ......

[S-PE] display mpls switch-l2vc
        Total Switch VC : 1, 1 Up, 0 down

        *Switch-l2vc type    : SVC<---->SVC
        Peer IP Address      : 5.5.5.9, 1.1.1.9
        VC ID                : 100, 100
        VC Type              : Ethernet
        VC State             : Up
        In/Out Label         : 200/200, 100/100
        InLabel Status       : 0 , 0
        Control Word         : Disable, Disable
        VCCV Capability      : alert ttl lsp-ping bfd , alert ttl lsp-ping bfd
        Switch-l2vc tunnel info :
                               1 tunnels for peer 5.5.5.9
                               NO.0    TNL Type : lsp      , TNL ID : 0x10
                               1 tunnels for peer 1.1.1.9
                               NO.0    TNL Type : lsp      , TNL ID : 0xe
        CKey                 : 8, 10
        NKey                 : 7, 9
        Tunnel policy        : --, --
        Create time          : 0 days, 0 hours, 7 minutes, 19 seconds
        Up time              : 0 days, 0 hours, 0 minutes, 34 seconds
        Last change time     : 0 days, 0 hours, 0 minutes, 34 seconds
        VC last Up time      : 2013/12/01 22:31:43
        VC total Up time     : 0 days, 0 hours, 0 minutes, 34 seconds
```

此时，CE1 和 CE2 能够相互 Ping 通了。

7.2.7　纯动态 PW 多跳配置示例

如图 7-12 所示，运营商 MPLS 网络要为用户提供 L2VPN 服务，其中 S-PE 设备的功能较强，U-PE1 和 U-PE2 作为用户接入设备，但他们间无法直接建立 LDP 远端会话，接入的用户数量较多且经常变化。现希望采用一种适当的 VPN 方案，能为用户提供安全的 VPN 服务，在接入新用户时配置简单，且维护简便。

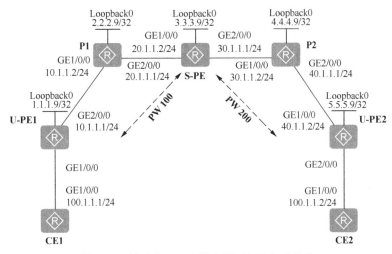

图 7-12　纯动态 PW 多跳配置示例的拓扑结构

1. 基本配置思路分析

本示例拓扑结构与 7.2.6 节介绍的纯静态交换 PW 配置示例的拓扑结构完全一样，而且 U-PE1 和 U-PE2 之间也是不能直接建立 LDP 远端会话，所以也是需要配置交换 PW。不同的是本示例中 U-PE 接入的用户数多且经常变化，所以不适宜采用多跳纯静态 PW 配置方式，而要采用配置更简便的多跳纯动态 PW 配置。

本示例的总体配置思路与 7.2.6 节示例其实是类似的，只不过 7.2.6 节示例配置的静态 PW，本示例要采用纯动态多跳 PW 配置方式，具体如下。

（1）配置各设备接口（包括 Loopback 接口，但不包括 U-PE1 和 U-PE2 的 AC 接口）的 IP 地址，在骨干网各节点上配置 OSPF 协议，实现骨干网的三层互通。

（2）在各节点上配置 MPLS 基本功能，建立 LDP LSP 隧道。并配置 U-PE1 与 S-PE 之间、U-PE2 与 S-PE 之间建立 MPLS LDP 远端对等体关系。

（3）在 U-PE1 和 U-PE2 上创建 PW 模板，并使能控制字和 LSP Ping 功能。

（4）在 U-PE1 和 U-PE2 上分别创建到 S-PE 的动态 PWE3 PW 连接，在交换节点 S-PE 上创建纯动态交换 PW。

2. 具体配置步骤

因本示例的拓扑结构及各接口 IP 地址均与 7.2.6 节示例一样，故以上配置任务中的第（1）项任务的具体配置与 7.2.6 节示例对应配置任务的配置完全一样，参见即可。在此仅介绍后面第（2）～（4）项任务的具体配置方法。

（2）在骨干网上各节点上配置 MPLS 基本功能，建立 LDP LSP 隧道，并配置 U-PE1 与 S-PE，U-PE2 与 S-PE 之间的远端 LDP 会话。

　U-PE1 上的配置。要创建与 S-PE 之间的远端 LDP 会话。

```
[U-PE1] mpls lsr-id 1.1.1.9
[U-PE1] mpls
[U-PE1-mpls] quit
[U-PE1] mpls ldp
[U-PE1-mpls-ldp] quit
[U-PE1] interface gigabitethernet 2/0/0
[U-PE1-GigabitEthernet2/0/0] ip address 10.1.1.1 255.255.255.0
```

```
[U-PE1-GigabitEthernet2/0/0] mpls
[U-PE1-GigabitEthernet2/0/0] mpls ldp
[U-PE1-GigabitEthernet2/0/0] quit
[U-PE1] mpls ldp remote-peer 3.3.3.9   #--创建与 S-PE 之间的远端 LDP 会话
[U-PE1-mpls-ldp-remote-3.3.3.9] remote-ip 3.3.3.9   #---指定远端 LDP 对等体为 S-PE
[U-PE1-mpls-ldp-remote-3.3.3.9] quit
```

P1 上的配置。

```
[P1] mpls lsr-id 2.2.2.9
[P1] mpls
[P1-mpls] quit
[P1] mpls ldp
[P1-mpls-ldp] quit
[P1] interface gigabitethernet 1/0/0
[P1-GigabitEthernet1/0/0] mpls
[P1-GigabitEthernet1/0/0] mpls ldp
[P1-GigabitEthernet1/0/0] quit
[P1] interface gigabitethernet 2/0/0
[P1-GigabitEthernet2/0/0] mpls
[P1-GigabitEthernet2/0/0] mpls ldp
[P1-GigabitEthernet2/0/0] quit
```

配置 S-PE。要同时创建与 U-PE1、U-PE2 之间的远端 LDP 会话。

```
[S-PE] mpls lsr-id 3.3.3.9
[S-PE] mpls
[S-PE-mpls] quit
[S-PE] mpls ldp
[S-PE-mpls-ldp] quit
[S-PE] interface gigabitethernet 1/0/0
[S-PE-GigabitEthernet1/0/0] mpls
[S-PE-GigabitEthernet1/0/0] mpls ldp
[S-PE-GigabitEthernet1/0/0] quit
[S-PE] interface gigabitethernet 2/0/0
[S-PE-GigabitEthernet2/0/0] mpls
[S-PE-GigabitEthernet2/0/0] mpls ldp
[S-PE-GigabitEthernet2/0/0] quit
[S-PE] mpls ldp remote-peer 1.1.1.9
[S-PE-mpls-ldp-remote-1.1.1.9] remote-ip 1.1.1.9
[S-PE-mpls-ldp-remote-1.1.1.9] quit
[S-PE] mpls ldp remote-peer 5.5.5.9
[S-PE-mpls-ldp-remote-5.5.5.9] remote-ip 5.5.5.9
[S-PE-mpls-ldp-remote-5.5.5.9] quit
```

P2 上的配置。

```
[P2] mpls lsr-id 4.4.4.9
[P2] mpls
[P2-mpls] quit
[P2] mpls ldp
[P2-mpls-ldp] quit
[P2] interface gigabitethernet 1/0/0
[P2-GigabitEthernet1/0/0] mpls
[P2-GigabitEthernet1/0/0] mpls ldp
[P2-GigabitEthernet1/0/0] quit
[P2] interface gigabitethernet 2/0/0
[P2-GigabitEthernet2/0/0] mpls
[P2-GigabitEthernet2/0/0] mpls ldp
[P2-GigabitEthernet2/0/0] quit
```

\#　U-PE2 上的配置。要创建与 S-PE 之间的远端 LDP 会话。

```
[U-PE2] mpls lsr-id 5.5.5.9
[U-PE2] mpls
[U-PE2-mpls] quit
[U-PE2] mpls ldp
[U-PE2-mpls-ldp] quit
[U-PE2] interface gigabitethernet 1/0/0
[U-PE2-GigabitEthernet1/0/0] mpls
[U-PE2-GigabitEthernet1/0/0] mpls ldp
[U-PE2-GigabitEthernet1/0/0] quit
[U-PE2] mpls ldp remote-peer 3.3.3.9
[U-PE2-mpls-ldp-remote-3.3.3.9] remote-ip 3.3.3.9
[U-PE2-mpls-ldp-remote-3.3.3.9] quit
```

以上配置完成后，在各 U-PE、P 或者 S-PE 上执行 **display mpls ldp session** 命令可以看到 LDP 会话建立情况并可以看到显示结果中 Status 项为 **Operational**。执行 **display mpls ldp peer** 命令可以看到 LDP 对等体的建立情况。执行 **display mpls lsp** 命令可以看到 LSP 的建立情况。

（3）在 U-PE1 和 U-PE2 上创建并配置 PW 模板，目的地址为 S-PE 的 LSR ID，并使能控制字功能。

说明　配置动态 PW 时，也可以不使用 PW 模板，直接配置目的 IP 地址和 PW 属性，但这种情况下，在验证配置结果中不能检测 PW 的连接性和收集 PW 的路径信息。即不能使用 **ping vc** 和 **tracert vc** 命令。

\#　U-PE1 上的配置。

```
[U-PE1] mpls l2vpn
[U-PE1-l2vpn] quit
[U-PE1] pw-template pwt
[U-PE1-pw-template-pwt] peer-address 3.3.3.9
[U-PE1-pw-template-pwt] control-word
[U-PE1-pw-template-pwt] quit
```

\#　U-PE2 上的配置。

```
[U-PE2] mpls l2vpn
[U-PE2-l2vpn] quit
[U-PE2] pw-template pwt
[U-PE2-pw-template-pwt] peer-address 3.3.3.9
[U-PE2-pw-template-pwt] control-word
[U-PE2-pw-template-pwt] quit
```

（4）在 U-PE 上配置到 S-PE 的动态 PW，并在 S-PE 配置纯动态 PW 的交换。U-PE1 的 VC 连接的 VC ID 为 100，U-PE1 的 VC 连接的 VC ID 为 200。

\#　U-PE1 上的配置。

```
[U-PE1] interface gigabitethernet 1/0/0
[U-PE1-GigabitEthernet1/0/0] mpls l2vc pw-template pwt 100
[U-PE1-GigabitEthernet1/0/0] quit
```

\#　S-PE 上的配置。

```
[S-PE] mpls l2vpn
[S-PE-l2vpn] quit
[S-PE] mpls switch-l2vc 1.1.1.9 100 between 5.5.5.9 200 encapsulation ethernet
```

#　U-PE2 上的配置。

```
[U-PE2] interface gigabitethernet 2/0/0
[U-PE2-GigabitEthernet2/0/0] mpls l2vc pw-template pwt 200
[U-PE2-GigabitEthernet2/0/0] quit
```

3．配置结果验证

#　查看 PWE3 的连接信息。

在 U-PE 和 S-PE 上执行 **display mpls l2vc interface** 命令查看 L2VPN 连接信息，可以看到建立了一条 L2 VC，VC State 为 Up。以下是 U-PE1 上执行该命令输出示例。

```
[U-PE1] display mpls l2vc interface gigabitethernet 1/0/0
 *client interface              : GigabitEthernet1/0/0 is Up
  Administrator PW              : no
  session state                 : Up
  AC status                     : Up
  VC state                      : Up
  Label state                   : 0
  Token state                   : 0
  VC ID                         : 100
  VC type                       : Ethernet
  destination                   : 3.3.3.9
  local groUp ID                : 0          remote groUp ID      : 0
  local VC label                : 1028       remote VC label      : 1032
  local AC OAM State            : Up
  local PSN OAM State           : Up
  local forwarding state        : forwarding
  local status code             : 0x0
  remote AC OAM state           : Up
  remote PSN OAM state          : Up
  remote forwarding state       : forwarding
  remote status code            : 0x0
  ignore standby state          : no

  ......
```

#　查看 S-PE 上的交换虚电路状态。

在 S-PE 上执行 **display mpls switch-l2vc** 命令可查看所创建的交换 PW 状态。

```
[S-PE] display mpls switch-l2vc
 Total Switch VC : 1, 1 Up, 0 down

 *Switch-l2vc type            : LDP<---->LDP
  Peer IP Address             : 5.5.5.9, 1.1.1.9
  VC ID                       : 200, 100
  VC Type                     : Ethernet
  VC State                    : Up
  VC StatusCode               : |PSN |OAM | FW |     |PSN |OAM | FW |
                                -Local VC :| Up | Up | Up |   | Up | Up | Up |
                                -Remote VC:| Up | Up | Up |   | Up | Up | Up |
  Session State               : Up, Up
  Local/Remote Label          : 1031/1028, 1032/1028
  InLabel Status              : 0 , 0
  Local/Remote MTU            : 1500/1500, 1500/1500
  Local/Remote Control Word   : Enable/Enable, Enable/Enable
  Local/Remote VCCV Capability : cw alert ttl lsp-ping bfd /cw alert ttl
 lsp-ping bfd , cw alert ttl lsp-ping bfd /cw alert ttl lsp-ping bfd
```

```
Switch-l2vc tunnel info            :
                                   1 tunnels for peer 5.5.5.9
                                   NO.0    TNL Type : lsp      , TNL ID : 0x10
                                   1 tunnels for peer 1.1.1.9
                                   NO.0    TNL Type : lsp      , TNL ID : 0xe
CKey                               : 14, 16
NKey                               : 13, 15
Tunnel policy                      : --, --
Control-Word transparent           : NO
Create time                        : 0 days, 0 hours, 6 minutes, 39 seconds
Up time                            : 0 days, 0 hours, 5 minutes, 16 seconds
Last change time                   : 0 days, 0 hours, 5 minutes, 16 seconds
VC last Up time                    : 2013/12/01 23:02:39
VC total Up time                   : 0 days, 0 hours, 5 minutes, 16 seconds
```

#　检测 PW 的连接性。

在 U-PE 上执行 ping vc 命令，可以看到 PW 的连接性正常。以 U-PE1 的显示为例。

```
[U-PE1] ping vc ethernet 100 control-word remote 5.5.5.9 200
    Reply from 5.5.5.9: bytes=100 Sequence=1 time = 740 ms
    Reply from 5.5.5.9: bytes=100 Sequence=2 time = 90 ms
    Reply from 5.5.5.9: bytes=100 Sequence=3 time = 160 ms
    Reply from 5.5.5.9: bytes=100 Sequence=4 time = 130 ms
    Reply from 5.5.5.9: bytes=100 Sequence=5 time = 160 ms

 --- FEC: FEC 128 PSEUDOWIRE (NEW). Type = ethernet, ID = 100 ping statistics ---
    5 packet(s) transmitted
    5 packet(s) received
    0.00% packet loss
    round-trip min/avg/max = 90/256/740 ms
```

此时，CE1 和 CE2 应能相互 Ping 通了。

7.2.8　静动混合多跳 PW 配置示例

如图 7-13 所示，运营商 MPLS 网络要为用户提供 L2VPN 服务，其中 S-PE 设备的功能较强，U-PE1 和 U-PE2（U-PE2 仅支持静态配置 PW）作为用户接入设备，且他们间无法直接建立 LDP 远端会话，接入的用户数量较多且经常变化。现希望采用一种适当的 L2VPN 方案，为用户提供安全的 VPN 服务，在接入新用户时配置简单，且维护简便。

1. 基本配置思路分析

本示例的拓扑结构和接口 IP 地址配置与 7.2.7 节示例完全一样，仅在要求上有所不同，本示例中明确说明 U-PE2 仅支持静态 PW 配置，所以本示例要采用静态、动态混合的多跳 PW 配置方式。

根据前面两节配置示例的配置思路介绍，再结合本示例的实际要求可得出本示例的基本配置思路如下。

（1）配置各设备接口（包括 Loopback 接口，但不包括 U-PE1 和 U-PE2 的 AC 接口）的 IP 地址，在骨干网各节点上配置 OSPF 协议，实现骨干网的三层互通。

（2）在各节点上配置 MPLS 基本功能，建立 LDP LSP 隧道。并配置 U-PE1 与 S-PE 之间建立 MPLS LDP 远端对等体关系。

（3）在 U-PE1 上创建到 S-PE 的动态 PWE3 PW 连接，在 U-PE2 上创建到 S-PE 的静

态 PWE3 PW 连接，在交换节点 S-PE 上创建静动混合交换 PW。

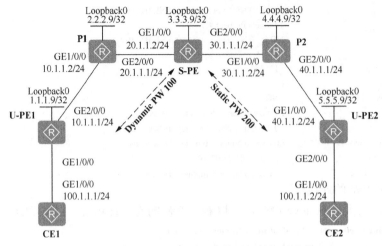

图 7-13　静动混合多跳 PW 配置示例的拓扑结构

2．具体配置步骤

以上配置任务中第（1）项与 7.2.6 节的第（1）项配置任务的配置方法完全一样，第（2）项与 7.2.7 第（2）项配置任务的配置方法基本一样，但无需配置 U-PE2 与 S-PE 的 LDP 远端会话。下面仅介绍以上第（3）项配置任务的具体配置方法。

（3）在 U-PE1 上配置到 S-PE 的动态 VC 连接，在 U-PE2 配置到 S-PE 的静态 VC 连接，在 S-PE 上配置静动混合交换 PW。假设两侧的 VC 连接的 VC ID 均为 100，E-PE2 上配置发送标签和接收标签标签分别为 100、200。

#　U-PE1 上的配置。

```
[U-PE1] mpls l2vpn
[U-PE1-l2vpn] quit
[U-PE1] interface gigabitethernet 1/0/0
[U-PE1-GigabitEthernet1/0/0] mpls l2vc 3.3.3.9 100
[U-PE1-GigabitEthernet1/0/0] quit
```

#　S-PE 上的配置。

注意　当配置静态 PW 和动态交换 PW 时，注意命令中的关键字 **between** 前后两个 *ip-address vc-id* 的区别：前面是动态 PW 的，后面是静态 PW 的，且两者不可互换。

```
[S-PE] mpls l2vpn
[S-PE-l2vpn] quit
[S-PE] mpls switch-l2vc 1.1.1.9 100 between 5.5.5.9 100 trans 200 recv 100 encapsulation Ethernet
```

#　U-PE2 上的配置。

```
[U-PE2] mpls l2vpn
[U-PE2-l2vpn] quit
[U-PE2] interface gigabitethernet 2/0/0
[U-PE2-GigabitEthernet2/0/0] mpls static-l2vc destination 3.3.3.9 100 transmit-vpn-label 100 receive-vpn-label 200
[U-PE2-GigabitEthernet2/0/0] quit
```

3．配置结果验证

在 PE 上执行 **display mpls l2vc interface** 命令查看 L2VPN 连接信息，可以看到建立

了一条 L2 VC，VC State 为 Up。在 S-PE 上执行 **display mpls switch-l2vc** 命令可以查看所建立的交换 PW 状态。以下是在 U-PE1 和 S-PE 上执行两条命令的输出示例。

```
[U-PE1] display mpls l2vc interface gigabitethernet 1/0/0
  *client interface              : GigabitEthernet1/0/0 is Up
   Administrator PW              : no
   session state                : Up
   AC status                    : Up
   VC state                     : Up
   Label state                  : 0
   Token state                  : 0
   VC ID                        : 100
   VC type                      : Ethernet
   destination                  : 3.3.3.9
   local groUp ID               : 0              remote groUp ID    : 0
   local VC label               : 1029           remote VC label    : 1033
   local AC OAM State           : Up
   local PSN OAM State          : Up
   local forwarding state       : forwarding
   local status code            : 0x0
   remote AC OAM state          : Up
   remote PSN OAM state         : Up
   remote forwarding state      : forwarding
   remote status code           : 0x0
   ignore standby state         : no
   ……


[S-PE] display mpls switch-l2vc
  Total Switch VC : 1, 1 Up, 0 down

  *Switch-l2vc type             : LDP<---->SVC
   Peer IP Address              : 1.1.1.9, 5.5.5.9
   VC ID                        : 100, 200
   VC Type                      : Ethernet
   VC State                     : Up
   Session State                : Up, None
   Local(In)/Remote(Out) Label  : 1033/1029, 100/200
   InLabel Status               : 0 , 0
   Local/Remote MTU             : 1500/1500, 1500
   Local/Remote Control Word    : Disable/Disable, Disable
   Local/Remote VCCV Capability : alert ttl lsp-ping bfd /alert ttl lsp-ping bfd , alert ttl lsp-ping bfd
   Switch-l2vc tunnel info      :
                                  1 tunnels for peer 1.1.1.9
                                  NO.0   TNL Type : lsp     , TNL ID : 0xe
                                  1 tunnels for peer 5.5.5.9
                                  NO.0   TNL Type : lsp     , TNL ID : 0x10
   CKey                         : 18, 20
   NKey                         : 17, 19
   Tunnel policy                : --, --
   Create time                  : 0 days, 0 hours, 6 minutes, 8 seconds
   Up time                      : 0 days, 0 hours, 6 minutes, 7 seconds
   Last change time             : 0 days, 0 hours, 6 minutes, 7 seconds
   VC last Up time              : 2013/12/01 23:25:03
   VC total Up time             : 0 days, 0 hours, 6 minutes, 7 seconds
```

此时，CE1 和 CE2 能够相互 Ping 通了。

7.3　TDM PWE3 配置与管理

配置 TDM PWE3 可以实现通过 PWE3 进行 SDH 或 SONET 网络远程互联，承载并封装 TDM 业务数据在 PW 中透传到对端。此项功能仅 AR2220-S、AR2240-S、AR3200-S（主控板为 SRU40）设备支持，华为 S 系列交换机及其他 AR G3 系列路由器不支持。

7.3.1　TDM PWE3 配置任务

要实现在 MPLS/IP 骨干网传输 TDM 业务，需要配置 TDM PWE3 功能，所包括的配置任务如下。

（1）配置 AC 接口透传 TDM 信元

目前可以透传 TDM 信元的 AC 接口主要包括：8SA 接口卡中的 Serial 接口、6E&M 接口卡中的 E&M 接口、8E1T1-M 接口卡中的 CE1/PRI 接口、8E1T1-F 接口卡中的 E1-F 接口。**这些 AC 接口都无需配置 IP 地址**。

这项配置任务的配置方法很简单，只需在对应的 AC 接口上执行 **link-protocol tdm** 命令，配置 Serial 接口封装的链路层协议为 TDM 即可（**但 CE 连接 PE 的接口上仅需要采用缺省的 PPP 协议即可**）。但是对于不同接口卡上的 AC 接口，要能透传 TDM 信元，还需要进行接口参数属性配置，以便对收到的 TDM 报文进行 PW 封装。但以上这几种 AC 接口参数的配置方法各不相同，具体将在后面 7.3.2~7.3.5 节介绍。

（2）（可选）创建 PW 模板并配置 PW 模板属性

这项配置任务虽然总体上与第 5 章 5.4.6 节介绍的 PW 模板的配置方法差不多，但还是针对 TDM 业务多了几个可选配置的属性，具体将在 7.3.6 节介绍。

（3）配置 PW

与 Ethernet PWE3 中的 PW 一样，TDM PWE3 中透传 TDM 业务的 PW 也可以是静态 PW、动态 PW 或者交换 PW。在具体配置命令方面也仅是相对 Ethernet PWE3 中的对应配置命令多了几个有关 TDM 业务的可选参数或选项的配置。具体配置方法将在 7.3.7 节介绍。

在配置 TDM PWE3 之前，需完成以下任务。

- 对 MPLS 骨干网各节点配置 IGP，实现骨干网的 IP 连通性。
- 配置骨干网的 MPLS 基本功能。
- 8SA、6E&M、8E1T1-M 或 8E1T1-F 接口卡注册成功。
- 在 PE 之间建立隧道（GRE 隧道、LSP 隧道或 TE 隧道）。当 PWE3 业务需要选择 TE 隧道，或者在多条隧道中进行负载分担来充分利用网络资源时，还需要配置隧道策略，具体参见第 4 章 4.3 节。

7.3.2　配置 8SA 接口卡中 Serial AC 接口透传 TDM 信元

8SA 接口卡中的 Serial 接口要支持 TDM 业务，根据实际的 TDM 业务流类型，可以选择配置工作在同步或异步方式下。工作在同步方式下的 Serial 接口可配置接口的物理属性和链路层属性，具体配置方法分别见表 7-3、表 7-4；工作在异步方式下的 Serial 接口可配置其工作模式及相关属性，具体配置方法见表 7-5。

说明 以上接口属性都有缺省值，多数情况下不必要全部配置，只需根据需要选择修改其中一项或多项属性即可，且要与 AC 接口连接的 CE 设备的 Serial 接口上的配置保持一致。但 AC 接口上的链路层协议必须为 TDM 协议，所连接的 CE 上的 Serial 接口的链路层协议必须为 PPP 协议。

同步是指报文的发送和接收的时钟必须一致，接收端必须与发送同时工作，且必须按报文的发送次序接收，对时延敏感类业务（如语音、视频）采用同步方式传送。异步表示报文的发送和接收无需时钟同步，接收端可以不与发送端同时工作，也可以不按次序接收报文，对时延不敏感类业务（如普通数据）采用异步方式传送。

在同步方式下，Serial 接口可以工作在 DTE（Data Terminal Equipment，数据终端设备）和 DCE（Data Circuit-terminating Equipment，数据通信设备）两种方式。一般情况下，同步串口作为 DTE 设备，接受 DCE 设备提供的时钟。

表 7-3　　　　　　　　　**DTE 或 DCE 方式下 Serial 接口的物理属性配置步骤**

步骤	命令	说明
1	**system-view** 例如：< Huawei > **system-view**	进入系统视图
2	**interface serial** *interface-number* 例如：[Huawei] **interface serial** 1/0/0	键入要配置的 Serial 接口，进入接口视图
3	**physical-mode sync** 例如：[Huawei-Serial1/0/0] **physical-mode async**	配置 Serial 接口工作在同步方式，**必须与对端设备的 Serial 接口配置相同的工作方式。新配置将覆盖老配置。** 缺省情况下，Serial 接口工作在同步方式
4	**virtualbaudrate** *baudrate* 例如：[Huawei-Serial1/0/0] **virtualbaudrate** 72000	（二选一）配置同步方式下 **DTE 设备** Serial 接口的虚拟波特率。可选的虚拟波特率有：1200、2400、4800、9600、19200、38400、56000、57600、64000、72000、115200、128000、192000、256000、384000、512000、768000、1024000 和 2048000，单位是 bit/s。新配置将覆盖老配置。 缺省情况下，同步方式下 Serial 接口的虚拟波特率为 64000bit/s，可用 **undo virtualbaudrate** 命令恢复为缺省情况
4	**baudrate** *baudrate*	（二选一）配置同步方式下 **DCE 设备** Serial 接口的波特率，要保证配置的波特率与对端（DTE）配置的虚拟波特率值相同，否则会导致报文被丢弃。 同步方式下 Serial 接口的波特率的取值同上面介绍的 Serial 接口的虚拟波特率。 缺省情况下，同步方式下 Serial 接口的波特率为 64000bit/s，可用 **undo baudrate** 命令恢复为缺省情况
5	**clock dte** { **dteclk1** | **dteclk2** | **dteclk3** } 例如：[Huawei-Serial1/0/0] **clock dte dteclk2**	（二选一）配置同步方式下 **DTE 设备** Serial 接口的时钟模式。命令中的选项说明如下。 ● **dteclk1**：三选一选项，指定同步方式下 Serial 接口在 DTE 侧的时钟选择方式为 **dteclk1**。在该方式下，DTE 侧的时钟全部是 DCE 侧提供的。但当 DTE 侧使用 X.21 线缆与 DCE 侧对接，选择 **dteclk1** 选项时，将执行 **dteclk2** 的配置结果

（续表）

步骤	命令	说明
5	**clock dte** { **dteclk1** | **dteclk2** | **dteclk3** } 例如：[Huawei-Serial1/0/0] **clock dte dteclk2**	• **dteclk2**：三选一选项，指定同步方式下 Serial 接口在 DTE 侧的时钟选择方式为 **dteclk2**。在该方式下，DTE 侧的时钟也全部是 DCE 侧提供的，但具体原理与 **dteclk1** 方式有些不同，请参见产品手册。DTE 侧使用 V.24 线缆与 DCE 侧对接时，不支持配置该选项 • **dteclk3**：三选一选项，指定同步方式下 Serial 接口在 DTE 侧的时钟选择方式为 **dteclk3**。 缺省情况下，同步方式下 Serial 接口在 DTE 侧的时钟选择方式为 dteclk1，可用 **undo clock dte** 命令恢复为缺省情况
	clock dce { **dceclk1** | **dceclk2** | **dceclk3** } 例如：[Huawei-Serial1/0/0] **clock dce dceclk2**	（二选一）配置同步方式下 Serial 接口在 DCE 侧的时钟选择方式。命令中的选项说明参见本表前面 **clock dte** 命令说明。 缺省情况下，同步方式下 Serial 接口在 DCE 侧的时钟选择方式为 **dceclk1**，可用 **undo clock dce** 命令恢复为缺省情况
6	**invert transmit-clock** 例如：[Huawei-Serial1/0/0] **invert transmit-clock**	配置翻转同步方式下 Serial 接口的发送时钟信号。在某些特殊情况下，时钟在线路上会产生时延，导致两端设备失步或报文被大量丢弃，这时可以将 DTE 侧设备同步串口的发送或接收时钟信号翻转（翻转时钟信号的电平，以产生新的时钟），以消除时延的影响。 缺省情况下，不翻转同步方式下 Serial 接口的发送时钟信号，可用 **undo invert transmit-clock** 命令恢复为缺省情况
7	**invert receive-clock** 例如：[Huawei-Serial1/0/0] **invert receive-clock**	（二选一）配置翻转同步方式下 Serial 接口的接收时钟信号。 缺省情况下，不翻转同步方式下 Serial 接口的接收时钟信号，可用 **undo invert receive-clock** 命令恢复为缺省情况
	invert receive-clock auto 例如：[Huawei-Serial1/0/0] **invert receive-clock auto**	（二选一）配置同步方式下 Serial 接口的接收时钟信号的自动翻转功能。 缺省情况下，不自动翻转同步方式下 Serial 接口的接收时钟信号，可用 **undo invert receive-clock auto** 命令取消自动翻转功能
8	**detect dsr-dtr** 例如：[Huawei-Serial1/0/0] **detect dsr-dtr**	使能同步方式下 Serial 接口的 DSR（Data Set Ready，数据装置就绪）和 DTR（Data Terminal Ready，数据终端就绪）信号检测功能，可以用于判断同步方式下 Serial 接口和异步方式下 Serial 接口的状态。DSR 信号用于由 DCE 设备通知 DTE 设备是否已经处于工作状态；DTR 信号用于由 DTE 设备通知 DCE 设备是否已经处于工作状态。 缺省情况下，使能同步方式下 Serial 接口的 DSR 和 DTR 信号检测功能，可用 **undo detect dsr-dtr** 命令去使能 Serial 接口的 DSR 和 DTR 信号检测功能
9	**detect dcd** 例如：[Huawei-Serial1/0/0] **detect dcd**	使能同步方式下 Serial 接口的 DCD（Data Carrier Detect，数据载波检测）信号检测功能，该功能和同步方式下 Serial 接口的 DSR 和 DTR 信号检测功能配合使用，用于判断同步串口的状态，用于监视通信线路和 DCE 设备的工作状态。 缺省情况下，已使能同步方式下 Serial 接口的 DCD 信号检测功能，可用 **undo detect dcd** 命令去使能同步方式下 Serial 接口的 DCD 信号检测功能

（续表）

步骤	命令	说明
10	**reverse-rts** 例如：[Huawei-Serial1/0/0] **reverse-rts**	配置翻转同步方式下 Serial 接口的 RTS（Request To Send，请求发送）信号。这主要用于半双工模式下，因为缺省情况下同步方式下 Serial 接口工作在全双工模式下，为了兼容某些工作在半双工模式的设备，可以使用本命令翻转同步方式下 Serial 接口的 RTS 信号，造成 RTS 信号无效，这样本端接口发送数据时，对端接口不会发送数据。 缺省情况下，不翻转同步方式下 Serial 接口的 RTS 信号，可用 **undo reverse-rts** 命令恢复为缺省情况

表 7-4　　　　　　　　　同步方式下 **Serial** 接口的链路层属性的配置步骤

步骤	命令	说明
1	**system-view** 例如：< Huawei > **system-view**	进入系统视图
2	**interface serial** *interface-number* 例如：[Huawei] **interface serial** 1/0/0	键入要配置的 Serial 接口，进入接口视图
3	**code { nrz	nrzi }** 例如：[Huawei-Serial1/0/0] **code nrzi**	配置同步方式下 Serial 接口的链路编码格式。命令中的选项说明如下。 ● **nrz**：二选一选项，指定链路编码格式为 NRZ（Non Return to Zero，非归零）码格式。NRZ 码使用正电平和负电平代表不同的逻辑（1 或 0），信号在一个码元之间不需要返回零电平。 ● **nrzi**：二选一选项，指定链路编码格式为 NRZI（Non Return to Zero Inverted，非归零翻转）码格式。NRZI 码用电平的翻转代表一个逻辑电平保持不变代表另外一个逻辑，信号在一个码元间不需要返回零电平。信号电平的翻转可以提供一种同步机制。 如果在同一个 Serial 接口视图下重复执行 **code** 命令且参数不同时，新配置将覆盖老配置。但使用同步方式下 Serial 接口通信的**链路两端设备配置的链路编码方式必须相同**，否则收到的数据帧会被解码错误，认为是错误帧而丢弃。 缺省情况下，同步方式下 Serial 接口的链路编码格式为 NRZ，可用 **undo code** 命令恢复为缺省情况
4	**crc { 16	32	none }** 例如：[Huawei-Serial1/0/0] **crc 32**	配置同步方式下 Serial 接口的 CRC（Cyclic Redundancy Check，循环冗余校验）校验方式。命令中的选项说明如下。 ● **16**：多选一选项，指定同步方式下 Serial 接口使用 16 位 CRC 校验方式（即采用 16 位 CRC 校验码）。 ● **32**：多选一选项，指定同步方式下 Serial 接口使用 32 位 CRC 校验方式（即采用 16 位 CRC 校验码）。 ● **none**：多选一选项，指定同步方式下 Serial 接口不进行 CRC 校验。 CRC 校验对数据的一致性进行验证，其算法的精度非常高，而 16 位与 32 位校验码长度的区别在于 32 位的校验精度会更高，但是会占用更多的资源。如果在同一个 Serial 接口视图下重复执行 **crc** 命令且参数不同时，新配置将覆盖老配置。 缺省情况下，同步方式下 Serial 接口采用 16 位 CRC 校验方式，可用 **undo crc** 命令恢复为缺省情况

（续表）

步骤	命令	说明
5	**idlecode** { **7e** | **ff** } 例如：[Huawei-Serial1/0/0] **idlecode ff**	配置同步方式下 Serial 接口的线路空闲码类型。由于同步方式下 Serial 接口传输的是电路信号，应该保证持续有数据在线路上传输，然而当线路比较空闲时，就需要使用线路空闲码表示线路的空闲状态。命令中的选项说明如下。 • **7e**：二选一选项，指定同步方式下 Serial 接口的线路空闲码为 0x7e。实际应用中，推荐使用缺省值，即线路的空闲码类型为 0x7e。 • **ff**：二选一选项，指定同步方式下 Serial 接口的线路空闲码为 0xff。 链路两端 Serial 接口使用的空闲码类型必须一致，否则会导致通信异常。如果在同一个串行接口视图下重复执行 **idlecode** 命令且参数不同时，新配置将覆盖老配置。 缺省情况下，同步方式下 Serial 接口的线路空闲码类型为 0x7e，可用 **undo idlecode** 命令恢复为缺省情况
6	**mtu** *mtu* 例如：[Huawei-Serial1/0/0] **mtu** 1200	配置同步方式下 Serial 接口的最大传输单元 MTU，取值范围为 128~1500 整数个字节。执行完本命令后，需要依次执行 **shutdown** 和 **undo shutdown** 或 **restart** 命令，重新启动相应的物理接口，使配置生效。 缺省情况下，同步方式下 Serial 接口的 MTU 是 1500 字节，可用 **undo mtu** 命令恢复为缺省情况
7	**itf number** *number* 例如：[Huawei-Serial1/0/0] **itf** **number** 5	配置同步方式下 Serial 接口的帧间填充符的个数，整数形式，取值范围为 0~14。每个帧间填充符占用一个字节的空间。 缺省情况下，同步方式下 Serial 接口的帧间填充符个数为 4

表 7-5　　　　　　　　异步方式下 **Serial** 接口工作方式及相关属性的配置步骤

步骤	命令	说明
1	**system-view** 例如：< Huawei > **system-view**	进入系统视图
2	**interface serial** *interface-* *number* 例如：[Huawei] **interface serial** 1/0/0	键入要配置的异步方式属性的 Serial 接口，进入接口视图
3	**physical-mode async** 例如：[Huawei-Serial1/0/0] **physical-mode async**	配置 Serial 接口工作在异步方式。 当设备的 Serial 接口配置为同步方式或异步方式时，其对端设备的 **Serial 接口必须配置为相同的方式**，且新配置将覆盖老配置。 缺省情况下，Serial 接口工作在同步方式
4	**async mode** { **flow** | **protocol** } 例如：[Huawei-Serial1/0/0] **async mode flow**	配置异步方式下 Serial 接口的工作模式。命令中的选项说明如下。 • **flow**：二选一选项，指定异步方式下 Serial 接口工作在流模式。当 Serial 接口两端的设备进入交互阶段时，链路一端的设备可以向对端设备发送配置信息，设置对端设备的物理层参数，然后建立物理层链路。但当设置为流模式以后，链路层协议不能配置为 PPP 协议，因为流模式不支持链路层协议，也不支持 IP 网络层协议，**故在 TDM**

（续表）

步骤	命令	说明
4	**async mode { flow	protocol }** 例如：[Huawei-Serial1/0/0] **async mode flow**	**PWE3 中不能将 Serial 接口配置为流模式。** • **protocol**：二选一选项，指定异步方式下 Serial 接口工作在协议模式。当 Serial 接口的物理连接建立之后，接口直接采用已有的链路层协议配置参数，然后建立链路。 缺省情况下，异步方式下 Serial 接口工作在协议模式，可用 **undo async mode** 命令恢复为缺省情况
5	**detect dsr-dtr** 例如：[Huawei-Serial1/0/0] **detect dsr-dtr**	使能异步方式下 Serial 接口的 DSR（Data Set Ready，数据装置就绪）和 DTR（Data Terminal Ready，数据终端就绪）信号检测功能，可以用于判断同步方式下 Serial 接口和异步方式下 Serial 接口的状态。 【说明】异步方式下 Serial 接口的状态判断分为以下两种情况。 • 如果使能异步方式下 Serial 接口的 DSR 和 DTR 信号检测功能，系统将不仅检测异步方式下 Serial 接口是否外接电缆，同时还要检测 DSR 信号，只有当该信号有效时，系统才认为异步方式下 Serial 接口处于 Up 状态，否则，为 Down 状态。 • 如果不使能异步方式下 Serial 接口的 DSR 和 DTR 信号检测功能，系统将不检测异步方式下 Serial 接口是否外接电缆，自动向用户报告异步方式下 Serial 接口的状态为 Up。 缺省情况下，已使能异步方式下 Serial 接口的 DSR 和 DTR 信号检测功能，可用 **undo detect dsr-dtr** 命令去使能 Serial 接口的 DSR 和 DTR 信号检测功能
6	**phy-mru** *mrusize* 例如：[Huawei-Serial1/0/0] **phy-mru 1200**	配置异步方式下 Serial 接口的 MRU（Maximum Receive Unit，最大接收单元），取值范围 4～1700 整数个字节。配置 Serial 接口上的 MRU 值大于等于 MTU 值，可以保证通信双方都有能力接收来自对端的报文。新配置将覆盖老配置。 缺省情况下，异步方式下 Serial 接口的 MRU 为 1700 字节，可用 **undo phy-mru** 命令恢复为缺省情况
7	**mtu** *mtu* 例如：[Huawei-Serial1/0/0] **mtu 1200**	配置异步方式下 Serial 接口的最大传输单元 MTU，单位是字节，8SA 接口卡上的 Serial 接口的取值范围为 128～1968。 缺省情况下，异步方式下 Serial 接口的 MTU 是 1500 字节，可用 **undo mtu** 命令恢复为缺省情况

7.3.3　配置 6E&M 接口卡中的 E&M AC 接口透传 TDM 信元

要使 6E&M 接口卡的 E&M 接口支持 TDM 业务，除了需要通过 **link-protocol tdm** 命令修改其链路层协议为 TDM 协议外，还可选择配置如下线路属性，具体的配置方法见表 7-6。这些属性也均有缺省值，可根据实际需要选择配置其中一项或多项，但也要与 AC 接口连接的 CE 设备配置保持一致。

■ 配置 PCM 的对数压扩率。
■ 使能 E&M 接口数据透传功能。

- 配置 E&M 接口的信令模式。
- （可选）配置信号增益层次。

表 7-6   **E&M 接口线路属性参数的配置步骤**

步骤	命令	说明
1	**system-view** 例如：< Huawei > **system-view**	进入系统视图
2	**interface serial** *interface-number* 例如：[Huawei] **interface serial** 1/0/0	进入 E&M 接口视图
3	**em pcm** { **a-law** | **u-law** } 例如：[Huawei-Serial1/0/0] **em pcm a-law**	配置 PCM 的对数压扩率。命令中的选项说明如下。 ● **law**：二选一选项，指定 PCM 的对数压扩率为 A 律。A 律 PCM 主要用于欧洲和中国的数字通信系统。 ● **u-law**：二选一选项，指定 PCM 的对数压扩率为 U 律。U 律 PCM 主要用于北美和日本的数字通信系统。 缺省情况下，PCM 的对数压扩率为 A 率，可用 **undo em pcm** 命令恢复缺省配置
4	**em passthrough enable** 例如：[Huawei-Serial1/0/0] **em passthrough enable**	使能 E&M 接口数据透传功能。在数据处理中心和 E&M 终端之间传输 E&M 数据前，必须先在 E&M 接口上使能数据透传功能，以便 E&M 数据可以通过 MPLS 隧道从一端路由器透传到另一端路由器。E&M 接口数据透传功能示意如图 7-14 所示。 缺省情况下，E&M 接口数据透传功能处于关闭状态，可用 **undo em passthrough enable** 命令恢复缺省配置
5	**em signal-mode** { **bell-1** | **bell-2** | **bell-3** | **bell-4** | **bell-5** } 例如：[Huawei-Serial1/0/0] **em signal-mode bell-5**	配置 E&M 接口的信令模式。当路由器使用 E&M 接口与其他设备相连时，为了保证数据能够正常传输，路由器需要和其他设备接口上的信令模式保持一致。需根据相连设备接口上的信令模式来选择路由器 E&M 接口的信令模式。命令中的五个选项分别对应五种信令模式，**但目前华为 AR G3 系列路由器仅支持 Bell-5 信令模式**，所以其实是不用配置。缺省情况下，E&M 接口的信令模式为 Bell-5
6	**em receive gain** *gain-value* 例如：[Huawei-Serial1/0/0] **em receive gain** 30	配置 E&M 接口接收方向的信号增益层次，整数形式，取值范围是 0~43。不同接收方向的信号增益层次对应不同的信号增益，具体对应关系参见产品手册说明。 【说明】当本端用户感觉通话音量较低、通话质量较差时，可以在本端 E&M 接口上执行本命令增大接收方向的信号增益层次；当本端用户感觉通话音量较高、通话质量较好时，可以在本端 E&M 接口上执行本命令减少接收方向的信号增益层次。 缺省情况下，E&M 接口接收方向的信号增益层次是 40，可用 **undo em receive gain** 命令恢复缺省配置
7	**em transmit gain** *gain-value* 例如：[Huawei-Serial1/0/0] **em transmit gain** 38	配置 E&M 接口发送方向的信号增益层次，整数形式，取值范围是 0~41。不同发送方向的信号增益层次对应不同的信号增益，具体对应关系参见产品手册说明 缺省情况下，E&M 接口发送方向的信号增益层次是 14，可用 **undo em transmit gain** 命令恢复缺省配置

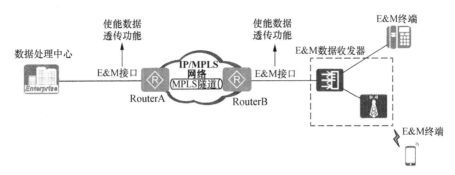

图 7-14　在 E&M 接口上使能数据透传功能示意图

7.3.4　配置 8E1T1-M 接口卡 CE1/PRI AC 接口透传 TDM 信元

　　CE1/PRI 接口的工作方式有 E1、CE1 和 PRI 三种工作方式，这三种工作模式的 CEI/PRI 接口的属性配置可分别按表 7-7、表 7-8、表 7-9 的步骤进行。这些属性也都有缺省值，可根据需要选择其中一项或多项进行配置，但均要与 AC 接口连接的 CE 设备配置保持一致。

表 7-7　　　　　　　　　　　　配置 CE1/PRI 接口工作在 E1 方式属性的步骤

步骤	命令	说明
1	**system-view** 例如：< Huawei > **system-view**	进入系统视图
2	**set workmode slot** *slot-id* **e1-data** 例如：[Huawei] **set workmode slot 1 e1-data**	配置 8E1T1-M 接口卡工作在 CE1/PRI 模式。命令中的 *slot-id* 参数用来指定需要更改工作模式的接口卡所在的槽位号。可先使用 **display device** 命令查看设备上的接口卡槽位号及类型，再找出单板类型带有 "E1/T1-M" 的单板槽位号，再使用 **display workmode**{ **slot** *slot-id*	**all** }命令查看接口卡的工作模式为 e1-data 的槽位号。 缺省情况下，8E1T1-M 接口卡的工作模式为 **e1-data**，即 CE1/PRI 模式 【说明】执行该步骤后，需要重启单板并等待一段时间才能使配置生效。8E1T1-M 接口卡的工作模式只能为 CE1/PRI，不支持工作模式切换
3	**controller e1** *interface-number* 例如：[Huawei] **controller e1 1/0/0**	进入指定的 CE1/PRI 接口视图。参数 *interface-number* 用来指定进入的 CE1/PRI 接口的编号
4	在系统视图下进入 PRI 接口形成的 Serial 接口，执行 **shutdown** 命令关闭该 Serial 接口 例如：[Huawei]**interface serial 1/0/0:0** [Huawei-Serial1/0/0:0] **shutdown** 在 CE1/PRI 接口视图下，执行 **undo pri-set** 命令取消 pri set 的捆绑 例如：[Huawei-E1 1/0/0] **undo pri-set**	（可选）配置取消 pri set 的捆绑（当您需要从 PRI 方式切换到 E1 方式时，需要执行本步骤，否则不需要执行本步）

（续表）

步骤	命令	说明
5	**using** e1 例如：[Huawei-E1 1/0/0] **using e1**	配置 CE1/PRI 接口工作在 E1 方式。 将 CE1/PRI 的接口工作方式改为 E1 方式后，系统会自动创建一个 Serial 口。Serial 接口的编号是 **serial** *interface-number* :**0**。其中 *interface-number* 是 CE1/PRI 接口的编号，如 **serial** 1/0/0:0。此接口的逻辑特性与同步串口相同，可以视其为同步串口进行进一步的配置，包括：IP 地址、PPP 和帧中继等链路层协议参数、NAT 等。 缺省情况下，CE1/PRI 接口的工作方式为 CE1/PRI 方式，可用 **undo using** 命令恢复为缺省工作方式
6	**line-termination** { **75-ohm** | **120-ohm** } 例如：[Huawei-E1 1/0/0] **line-termination 75-ohm**	配置 CE1/PRI 接口所连接的线缆类型。可连接 CE1/PRI 接口的线缆有两种：双绞线和同轴电缆，更换线缆后需要使用本命令设置接口所连接的线缆类型。命令中的选项说明如下。 ● **75-ohm**：二选一选项，设置 CE1/PRI 接口所连接的线缆是阻抗为 75ohm 的非平衡电缆，即同轴电缆。 ● **120-ohm**：二选一选项，设置 CE1/PRI 接口所连接的线缆是阻抗为 120ohm 的平衡电缆，即双绞线。 缺省情况下，CE1/PRI 接口所连接的线缆是阻抗为 120ohm 的平衡电缆，即双绞线，可用 **undo line-termination** 命令恢复为缺省情况
7	**description** *text* 例如：[Huawei-E1 1/0/0] **description** To-[DeviceB]E1-1/0/0	（可选）配置 CE1/PRI 接口描述信息。参数 *text* 用来指定接口的描述信息，1～242 个字符，**支持空格，区分大小写**，且字符串中不能包含 "**?**"
8	**clock** { **master** | **slave** | **system** } 例如：[Huawei-E1 1/0/0] **clock master**	配置 CE1/PRI 接口的时钟模式。命令中的选项说明如下。 ● **master**：多选一选项，配置接口使用主时钟模式。当设备作为 DCE 设备使用时，应设置为 **master** 模式，为 DTE 设备提供时钟。 ● **slave**：多选一选项，配置接口使用从时钟模式。当设备作为 DTE 设备使用时，应设置为 **slave** 模式，从 DCE 设备上获取时钟。 ● **system**：多选一选项，配置接口使用系统时钟模式。 当 CE1/PRI 接口作为 DCE 设备使用时，应选择主时钟模式，为 DTE 设备提供时钟；作为 DTE 设备使用时，应选择从时钟模式，从 DCE 设备上获取时钟。当路由器的主控板从上游设备获取到高精度时钟，并且路由器要将高精度时钟传递到下游设备时，需要将路由器接口的时钟模式配置为系统时钟模式。此时，下游设备接口的时钟模式需要配置为从时钟模式。**当两台路由器的 CT1/PRI 接口直接相连时，必须使两端分别工作在从时钟模式和主时钟模式。** 缺省情况下，接口使用从时钟模式，可用 **undo clock** 命令恢复为缺省情况

（续表）

步骤	命令	说明
9	**data-coding** { **inverted** | **normal** } 例如：[Huawei-E1 1/0/0] **data-coding inverted**	（可选）配置 CE1/PRI 接口是否对数据进行翻转。数据翻转的原理是将数据码流中的"1"变成"0"，"0"变成"1"，只有通信双方的 **CT1/PRI 接口的数据翻转设置保持一致**（都进行翻转或都不进行翻转），才能正常通信。命令中的选项说明如下。 • **inverted**：二选一选项，设置 CT1/PRI 接口对数据进行翻转。 • **normal**：二选一选项，设置 CT1/PRI 接口不对数据进行翻转。 缺省情况下，不对数据进行翻转，可用 **undo data-coding** 命令恢复为缺省情况
10	**idlecode** { **7e** | **ff** } 例如：[Huawei-E1 1/0/0] **idlecode 7e**	（可选）配置 CE1/PRI 接口的线路空闲码类型。CE1/PRI 接口的线路空闲码类型有两种：0x7e 和 0xff。命令中的选项说明如下。 • **7e**：二选一选项，设置 CE1/PRI 接口的线路空闲码为 0x7e。 • **ff**：二选一选项，设置 CE1/PRI 接口的线路空闲码为 0xff。 线路两端的空闲码类型必须一致，否则会导致通信异常 缺省情况下，CE1/PRI 接口的线路空闲码类型为 0x7e，可用 **undo idlecode** 命令恢复为缺省情况，推荐使用缺省值
11	**itf** { **number** *number* | **type** { **7e** | **ff** } } 例如：[Huawei-E1 1/0/0]**itf number** 10 [Huawei-E1 1/0/0] **itf_type ff**	（可选）配置 CE1/PRI 接口帧间填充符类型和最少个数。命令中的参数和选项说明如下。 • **number** *number*：二选一参数，设置帧间填充符的最少个数，取值范围为 0~14 的整数。 • **type**：二选一选项，设置帧间填充符的类型。 • **7e**：二选一选项，设置帧间填充符类型为 0x7e。 • **ff**：二选一选项，设置帧间填充符类型为 0xff。 缺省情况下，CE1/PRI 接口的帧间填充符类型为 0x7e，最少个数为 4 个，可用 **undo itf** { **number** | **type** }命令恢复为缺省情况。 **【说明】线路两端的帧间填充符必须配置成相同的码型和最少个数**，否则可能导致通信异常。由于有帧间填充符作为额外开销，CE1/PRI 接口的实际传输速率一般达不到带宽值，为了提高 CE1/PRI 接口实际传输速率，用户可以执行 **itf number** 0 命令将帧间填充符的最少个数设置为 0
12	**undo detect-ais** 例如：[Huawei-E1 1/0/0] **undo detect-ais**	取消对当前 CE1/PRI 接口进行 AIS（Alarm Indication Signal）检测。当 **CE1/PRI 接口工作在 E1 方式时，需要配置本命令来取消 AIS 检测。** 缺省情况下，对接口进行 AIS 检测，可用 **detect-ais** 命令配置当前接口进行 AIS 检测

表 7-8   配置 CE1/PRI 接口工作在 CE1 方式属性的步骤

步骤	命令	说明
1	**system-view** 例如：< Huawei > **system-view**	进入系统视图
2	**set workmode slot** *slot-id* **e1-data** 例如：[Huawei] **set workmode** slot 1 **e1-data**	配置 8E1T1-M 接口卡工作在 CE1/PRI 模式。具体参见表 7-7 中的第 2 步
3	**controller e1** *interface-number* 例如：[Huawei] **controller e1** 1/0/0	进入指定的 CE1/PRI 接口视图
4	在系统视图下，执行命令 **shutdown** 命令关闭该 Serial 接口 例如：[Huawei]**interface serial** 1/0/0:0 [Huawei-Serial1/0/0:0] **shutdown** 在 CE1/PRI 接口视图下，执行 **undo pri-set** 命令取消 pri set 的捆绑 例如：[Huawei-E1 1/0/0] **undo pri-set**	（可选）配置取消 pri set 的捆绑（当您需要从 PRI 方式切换到 CE1 方式时，需要执行本步骤，否则不需要执行本步）
5	**using ce1** 例如：[Huawei-E1 1/0/0] **using ce1**	配置 CE1/PRI 接口工作在 CE1 方式。当 CE1/PRI 接口使用 CE1/PRI 工作方式时，2M 的传输线路分成了 32 个 64K 的时隙，对应编号为 0~31，其中 0 时隙用于传输同步信息。 执行本步骤后，系统会自动创建一个 Serial 口。Serial 接口的编号是 **serial** *interface-number:set-number*。其中 *interface-number* 是 CE1/PRI 接口的编号，*set-number* 是 channel set 的编号。此接口的逻辑特性与同步串口相同，可以视其为同步串口进行进一步的配置，包括：IP 地址、PPP 和帧中继等链路层协议参数、NAT 等。 缺省情况下，CE1/PRI 接口的工作方式为 CE1/PRI 方式，可用 **undo using** 命令恢复为缺省工作方式
6	**channel-set** *set-number* **timeslot-list** *list* 例如：[Huawei-E1 1/0/0] **channel-set** 0 **timeslot-list** 1,10-16,18	将 CE1/PRI 接口的时隙捆绑为 channel set。命令中的参数说明如下。 • *set-number*：指定该接口上时隙捆绑形成的通道编号，取值范围为 0~30 的整数。 • *list*：指定通道要捆绑的时隙列表，取值范围为 1~31 的整数。在指定捆绑的时隙时，可以用 *number* 的形式指定单个时隙，也可以用 *number1- number2* 的形式指定一个范围内的时隙，还可以使用 *number1, number2-number3* 的形式，同时指定多个时隙。 【注意】在一个 **CE1/PRI** 接口上同一个时间内只能支持一种时隙捆绑方式，即本命令不能和 **pri-set** 命令同时使用。一个 CE1 接口最多可以捆绑出 31 个通道，即一个时隙一个通道；最少可以只捆绑一个通道，即 31 个时隙捆绑成一个通道。 在指定的 CE1 接口下多次执行本命令就可以实现捆绑多个通道，但同一个时隙不能同时绑定到多个通道中，且对端 CE1/PRI 接口捆绑的具体时隙需要和本端保持一致，否则，会导致通信异常。 缺省情况下，不捆绑任何通道，可用 **undo channel-set** [*set-number*]命令取消指定的已有捆绑

（续表）

步骤	命令	说明
7	line-termination { 75-ohm | 120-ohm } 例如：[Huawei-E1 1/0/0] line-termination 75-ohm	配置 CE1/PRI 接口所连接的线缆类型。具体参见表 7-7 中的第 6 步
8	description text 例如：[Huawei-E1 1/0/0] description To-[DeviceB]E1-1/0/0	（可选）配置 CE1/PRI 接口描述信息。具体参见表 7-7 中的第 7 步
9	clock { master | slave | system } 例如：[Huawei-E1 1/0/0] clock master	（可选）配置 CE1/PRI 接口的时钟模式。具体参见表 7-7 中的第 8 步
10	frame-format { crc4 | no-crc4 } 例如：[Huawei-E1 1/0/0] frame-format crc4	（可选）配置 CE1/PRI 接口的帧格式。CE1/PRI 接口作为 CE1 接口使用时，支持 CRC4 和非 CRC4 两种帧格式。**但通信双方的帧格式必须相同，否则会产生 CRC4 告警。** ● **crc4**：二选一选项，设置 CE1/PRI 接口的帧格式为 CRC4 帧格式。 ● **no-crc4**：二选一选项，设置 CE1/PRI 接口的帧格式为非 CRC4 帧格式。 只有 CE1/PRI 接口工作在 CE1/PRI 方式（即配置了 **using ce1** 命令），才能执行本命令。 缺省情况下，CE1/PRI 接口的帧格式为非 CRC4 帧格式，可用 **undo frame-format** 命令恢复为缺省情况
11	data-coding { inverted | normal } 例如：[Huawei-E1 1/0/0] data-coding inverted	（可选）配置 CE1/PRI 接口是否对数据进行翻转。具体参见表 7-7 中的第 9 步
12	idlecode { 7e | ff } 例如：[Huawei-E1 1/0/0] idlecode 7e	（可选）配置 CE1/PRI 接口的线路空闲码类型。具体参见表 7-7 中的第 10 步
13	itf { number number | type { 7e | ff } } 例如：[Huawei-E1 1/0/0]itf number 10 [Huawei-E1 1/0/0] itf type ff	（可选）配置 CE1/PRI 接口帧间填充符类型和最少个数。具体参见表 7-7 中的第 11 步
14	detect-rai 例如：[Huawei-E1 1/0/0] detect-rai	配置当前 CE1/PRI 接口进行 RAI 检测。当设备发现一些问题如时钟不同步、LoS（Loss of Signal，信号丢失）等导致本地出现帧失步时，如果开启了 RAI 告警检测功能，设备将会回发给对端设备 RAI 告警。 只有 CE1/PRI 接口工作在 CE1 或 PRI 方式（即配置了 **using ce1** 命令），才能执行本命令。 缺省情况下，接口进行 RAI 检测，可用 **undo detect-rai** 命令取消 RAI 检测

表 7-9　　　　　　　　　　　配置 CE1/PRI 接口工作在 PRI 方式属性的步骤

步骤	命令	说明
1	system-view 例如：< Huawei > system-view	进入系统视图
2	set workmode slot slot-id e1-data 例如：[Huawei] set workmode slot 1 e1-data	配置 1E1T1-M/2E1T1-M 接口卡工作在 CE1/PRI 模式。具体参见表 7-7 中的第 2 步

（续表）

步骤	命令	说明
3	**controller e1** *interface-number* 例如：[Huawei] **controller e1** 1/0/0	进入指定的 CE1/PRI 接口视图。参数 *nterface-number* 用来指定进入的 CE1/PRI 接口的编号
4	**using ce1** 例如：[Huawei-E1 1/0/0] **using ce1**	配置 CE1/PRI 接口工作在 CE1 方式。具体参见表 7-8 中的第 5 步
5	**pri-set** [**timeslot-list** *list*] 例如：[Huawei-E1 1/0/0] **pri-set timeslot-list** 1,5-8,16	将 CE1/PRI 接口的时隙捆绑为 pri set，1E1T1-M/2E1T1-M/4E1T1-M/8E1T1-M 接口卡上的 CE1/PRI 接口支持捆绑为一个 pri set。可选参数 **timeslot-list** *list* 用来指定 pri set 中包含的时隙，其取值范围为 1～31 的整数，其中时隙 16 不能被单独捆绑。在指定捆绑的时隙时，可以用 *number* 的形式指定单个时隙，也可以用 *number1-number2* 的形式指定一个范围内的时隙，还可以使用 *number1, number2-number3* 的形式，同时指定多个时隙。如果不配置该可选参数，则表示捆绑除 0 时隙外的其他所有时隙，形成一个速率为 30B+D 的 ISDN PRI 接口。 【说明】执行本命令后，将自动创建一个 Serial 接口，其逻辑特性与同步串口相同，该 Serial 接口通常被称为 ISDN PRI 接口。ISDN PRI 接口的编号是 **serial** *interface-number* :**15**。其中，*interface-number* 是 CE1/PRI 接口的编号。用户可以 ISDN PRI 接口上进行进一步配置，包括：DCC 工作参数、PPP 及其验证参数、NAT 等。 在一个 CE1/PRI 接口上同一个时间内只能支持一种时隙捆绑方式，即本命令不能和 **channel-set** 命令同时使用。对端 **CE1/PRI 接口捆绑的具体时隙需要和本端保持一致，否则，会导致通信异常。** 缺省情况下，CE1/PRI 接口未捆绑成 pri set，可用 **undo pri-set** 命令取消已有的捆绑。但在执行 **undo pri-set** 命令删除 pri set 前，请先执行 **shutdown** 命令将对应的 Serial 接口关闭
6	**line-termination** { **75-ohm** | **120-ohm** } 例如：[Huawei-E1 1/0/0] **line-termination 75-ohm**	配置 CE1/PRI 接口所连接的线缆类型。具体参见表 7-7 中的第 6 步
7	**description** *text* 例如：[Huawei-E1 1/0/0] **description** To-[DeviceB]E1-1/0/0	（可选）配置 CE1/PRI 接口描述信息。具体参见表 7-7 中的第 7 步
8	**clock** { **master** | **slave** | **system** } 例如：[Huawei-E1 1/0/0] **clock master**	（可选）配置 CE1/PRI 接口的时钟模式。具体参见表 7-7 中的第 8 步
9	**frame-format** { **crc4** | **no-crc4** } 例如：[Huawei-E1 1/0/0] **frame-format crc4**	（可选）配置 CE1/PRI 接口的帧格式。具体参见表 7-8 中的第 10 步
10	**data-coding** { **inverted** | **normal** } 例如：[Huawei-E1 1/0/0] **data-coding inverted**	（可选）配置 CE1/PRI 接口是否对数据进行翻转。具体参见表 7-7 中的第 9 步
11	**idlecode** { **7e** | **ff** } 例如：[Huawei-E1 1/0/0] **idlecode 7e**	（可选）配置 CE1/PRI 接口的线路空闲码类型。具体参见表 7-7 中的第 10 步

（续表）

步骤	命令	说明
12	itf_{ number *number* | type { 7e | ff } } 例如：[Huawei-E1 1/0/0]itf number 10 [Huawei-E1 1/0/0] itf_type ff	（可选）配置 CE1/PRI 接口帧间填充符类型和最少个数。具体参见表 7-7 中的第 11 步
13	detect-rai 例如：[Huawei-E1 1/0/0] detect-rai	配置当前 CE1/PRI 接口进行 RAI 检测。具体参见表 7-8 中的第 13 步

7.3.5　配置 8E1T1-F 接口卡 E1-F AC 接口透传 TDM 信元

8E1T1-F 接口卡 E1-F 接口的工作方式有"非成帧方式"和"成帧方式"两种，均可支持 TDM 业务。E1-F 接口的这两种工作方式的具体配置方法分别见表 7-10 和表 7-11。

表 7-10　　　　　　　　　　配置 E1-F 接口工作在非成帧方式的步骤

步骤	命令	说明
1	system-view 例如：< Huawei > system-view	进入系统视图
2	set workmode slot *slot-id* e1-f 例如：[Huawei] set workmode slot 1 e1-f	配置 8E1T1-F 接口卡工作在 E1-F 模式（部分通道化 E1 模式）。参数 *slot-id* 用来指定需要更改工作模式的接口卡所在的槽位号。可先使用 display device 命令查看设备上的接口卡槽位号及类型，再找出单板类型带有"E1/T1-F"的单板槽位号，再使用 display workmode { slot *slot-id* | all } 命令查看接口卡的工作模式为 E1-F 的槽位号。 缺省情况下，8E1T1-F 接口卡的工作模式为 E1-F，且不能切换成其他模式
3	interface serial *interface-number* 例如：[Huawei] interface serial 1/0/0	进入指定的 E1-F 接口视图。注意，E1-F 接口使用的是 Searial 接口视图
4	fe1 unframed 例如：[Huawei-Serial1/0/0]fe1 unframed	将 E1-F 接口的工作方式改为非成帧方式。 缺省情况下，E1-F 接口工作在成帧方式，可用 undo fe1 unframed 命令恢复为缺省情况
5	fe1 line-termination { 75-ohm | 120-ohm } 例如：[Huawei-Serial1/0/0]undo fe1 line-termination 75-ohm	配置 E1-F 接口所连接的线缆类型。命令中的选项说明具体参见 7.3.4 节表 7-7 中的第 6 步，只是这里对应的是 E1-F 接口 缺省情况下，E1-F 接口所连接的线缆是阻抗为 120ohm 的平衡电缆，即双绞线，可用 undo fe1 line-termination 命令恢复缺省情况
6	description *text* 例如：[Huawei-Serial1/0/0]description To-[DeviceB]E1-F	（可选）配置 E1-F 接口描述信息。具体参见上节表 7-7 中的第 7 步
7	fe1 clock { master | slave | system } 例如：[Huawei-Serial1/0/0] fe1 clock master	（可选）配置 E1-F 接口的时钟模式。命令中的选项说明具体参见 7.3.4 节表 7-7 中的第 8 步，只是这里对应的是 E1-F 接口。 当 E1-F 接口作为 DCE 设备使用时，应选择主时钟模式，为 DTE 设备提供时钟；作为 DTE 设备使用时，应选择从时钟模式，从 DCE 设备上获取时钟。 缺省情况下，接口使用从时钟模式，可用 undo fe1 clock 命令恢复为缺省情况

（续表）

步骤	命令	说明
8	**fe1 data-coding { inverted | normal }** 例如：[Huawei-Serial1/0/0] **fe1 data-coding inverted**	（可选）配置 E1-F 接口是否对数据进行翻转。命令中的选项说明具体参见 7.3.4 节表 7-7 中的第 9 步，只是这里对应的是 E1-F 接口。 缺省情况下，E1-F 接口不对数据进行翻转，可用 **undo fe1 clock** 命令恢复为缺省情况
9	**fe1 idlecode { 7e | ff }** 例如：[Huawei-Serial1/0/0] **fe1 idlecode 7e**	（可选）配置 E1-F 接口的线路空闲码类型。命令中的选项说明具体参见 7.3.4 节表 7-7 中的第 10 步，只是这里对应的是 E1-F 接口
10	**fe1 itf_{ number** *number* | **type { 7e | ff } }** 例如：[Huawei-Serial1/0/0] **fe1 itf number** 10 [Huawei-Serial1/0/0] **fe1 itf_type ff**	（可选）配置 E1-F 接口帧间填充符类型和最少个数。命令中的选项说明具体参见 7.3.4 节表 7-7 中的第 11 步，只是这里对应的是 E1-F 接口。 缺省情况下，E1-F 接口的线路空闲码为 0x7e，可用 **undo fe1 idlecode** 命令恢复为缺省情况
11	**undo fe1 detect-ais** 例如：[Huawei-Serial1/0/0]**undo fe1 detect-ais**	取消对当前 E1-F 接口进行 AIS 检测。当 E1-F 接口工作在非成帧方式时，需要配置本命令来取消 AIS 检测。 缺省情况下，对接口进行 AIS 检测
12	**crc { 16 | 32 | none }** 例如：[Huawei-Serial1/0/0] **crc 32**	（可选）配置 E1-F 接口形成的逻辑 Serial 接口的 CRC 校验方式。CRC 校验是通过在原始数据后加冗余校码来检测差错，冗余位越多，检测出传输错误的机率越大，但同时数据传输效率降低。命令中的选项说明如下。 • **16**：多选一选项，配置接口使用 16 位 CRC 校验方式。 • **32**：多选一选项，配置接口使用 32 位 CRC 校验方式。 • **none**：多选一选项，配置接口不进行 CRC 校验。 缺省情况下，采用 16 位 CRC 校验方式，可用 **undo crc** 命令恢复缺省情况

表 7-11　　　　　　　　　　配置 E1-F 接口工作在非成帧方式的步骤

步骤	命令	说明
1	**system-view** 例如：< Huawei > **system-view**	进入系统视图
2	**set workmode slot** *slot-id* **e1-f** 例如：[Huawei] **set workmode slot** 1 **e1-f**	配置 1E1T1-F/2E1T1-F 接口卡工作在 E1-F 模式。具体参见表 7-10 中的第 2 步
3	**interface serial** *interface-number* 例如：[Huawei] **interface serial** 1/0/0	进入指定的 E1-F 接口视图
4	**undo fe1 unframed** 例如：[Huawei-Serial1/0/0]**fe1 unframed**	将 E1-F 接口的工作方式改为成帧方式。 缺省情况下，E1-F 接口工作在成帧方式
5	**fe1 timeslot-list** *list* 例如：[Huawei-Serial1/0/0] **fe1 timeslot-list** 1-3,8,10	设置 E1-F 接口的时隙捆绑。参数 *list* 用来指定 E1-F 接口捆绑的时隙列表，其取值范围为 1～31 的整数。在指定捆绑的时隙时，可以用 *number* 的形式指定单个时隙，也可以用 *number1-number2* 的形式

（续表）

步骤	命令	说明
5	**fe1 timeslot-list** *list* 例如：[Huawei-Serial1/0/0] **fe1 timeslot-list** 1-3,8,10	指定一个范围内的时隙，还可以使用 *number1, number2-number3* 的形式，同时指定多个时隙。当需要改变 E1-F 接口的速率时，需要执行本步骤。缺省情况下，E1-F 接口捆绑除 0 时隙外的其他 31 个时隙，即 E1-F 接口的缺省速率为 1984Kbit/s，可用 **undo fe1 timeslot-list** 命令恢复为缺省情况
6	**fe1 line-termination { 75-ohm | 120-ohm }** 例如：[Huawei-Serial1/0/0] **fe1 line-termination 75-ohm**	配置 E1-F 接口所连接的线缆类型。具体参见表 7-10 中的第 5 步
7	**description** *text* 例如：[Huawei-Serial1/0/0]**description** To-[DeviceB]E-F	（可选）配置 E1-F 接口描述信息。具体参见 7.3.4 节表 7-7 中的第 7 步
8	**fe1 frame-format { crc4 | no-crc4 }** 例如：[Huawei-Serial1/0/0] **fe1 frame-format crc4**	（可选）设置 E1-F 接口的帧格式。命令中的选项说明具体参见 7.3.4 节表 7-8 中的第 10 步，只是这里对应的是 E1-F 接口
9	**fe1 clock { master | slave | system}** 例如：[Huawei-Serial1/0/0]**fe1 clock master**	（可选）配置 E1-F 接口的时钟模式。命令中的选项说明具体参见 7.3.4 节表 7-7 中的第 8 步
10	**fe1 data-coding { inverted | normal }** 例如：[Huawei-Serial1/0/0] **fe1 data-coding inverted**	（可选）配置 E1-F 接口是否对数据进行翻转，命令中的选项说明具体参见 7.3.4 节表 7-7 中的第 9 步
11	**fe1 idlecode { 7e | ff }** 例如：[Huawei-Serial1/0/0] **fe1 idlecode 7e**	（可选）配置 E1-F 接口的线路空闲码类型。命令中的选项说明具体参见 7.3.4 节表 7-7 中的第 10 步
12	**fe1 itf { number** *number* **| type { 7e | ff } }** 例如：[Huawei-Serial1/0/0] **fe1 itf number** 10 [Huawei-Serial1/0/0] **fe1 itf_type ff**	（可选）配置 E1-F 接口帧间填充符类型和最少个数。命令中的选项说明具体参见 7.3.4 节表 7-7 中的第 11 步
13	**fe1 detect-rai** 例如：[Huawei-Serial1/0/0] **fe1 detect-rai**	配置 E1-F 接口进行 RAI 检测。缺省情况下，接口进行 RAI 检测，可用 **undo fe1 detect-rai** 命令取消 RAI 检测
14	**crc { 16 | 32 | none }** 例如：[Huawei-Serial1/0/0] **crc 32**	（可选）配置 E1-F 接口形成的逻辑 Serial 接口的 CRC 校验方式。具体参见表 7-10 中的第 12 步

7.3.6 配置 TDM PW 模板

PW 模板是指从 PW 中抽象出来的公共属性，便于被不同的 PW 共享。为了便于扩展，增加了 PW template 命令模式，把 PW 的公共属性配置在 PW 的模板上。当在接口模式下创建 PW 时，可以引用该模板。

PW 属性可以通过命令行指定，也可以通过 PW 模板指定。通过引用 PW 模板可以简化属性相似的 PW 的配置。如果在命令行中指定了 PW 属性，则该命令行使用的 PW 模板中相应 PW 属性不起作用。

TDM PWE3 的 PW 模板配置总体上与第 5 章 5.4.6 中介绍 PW 模板配置方法是一样

的，只不过，多了一些可用于 TDM 业务传输的 PW 属性，具体见表 7-12。

表 7-12   **配置 TDM PW 模板的步骤**

步骤	命令	说明
1	**system-view** 例如：<Huawei> **system-view**	进入系统视图
2	**pw-template** *pw-template-name* 例如：[Huawei] **pw-template** tdmpwt	创建 PW 模板并进入模板视图
3	**peer-address** *ip-address* 例如：[Huawei-pw-template-tdmpwt] **peer-address** 2.2.2.2	配置远端 PW（即 PW Peer）的地址，也是 PW 对端 PE 的 MPLS LSR ID
4	**control-word** 例如：[Huawei-pw-template-tdmpwt] **control-word**	使能支持控制字。在负载分担的情况下，报文有可能产生乱序，此时可以通过控制字对报文进行重组。 缺省情况下，控制字功能是未使能的，可用 **undo control-word** 命令去使能 PW 模板的控制字功能
5	**mtu** *mtu-value* 例如：[Huawei-pw-template-tdmpwt] **mtu 1600**	配置 PW 模板使用的 MTU 值，整数形式，取值范围是 46～9600。 缺省情况下，PW 模板的 MTU 值为 1500，可用 **undo mtu** 命令恢复缺省值
6	**jitter-buffer depth** *depth* 例如：[Huawei-pw-template-tdmpw] jitter-buffer depth 4	配置 Jitter Buffer 的深度，即允许的最大抖动时延，整数形式，取值范围是 4～16，单位是 ms。 Jitter Buffer 是指为了平滑链路中报文传输的抖动而引入的缓冲区。Jitter Buffer 接收速率不同的 TDM 业务，缓存后以恒定速率向下一跳发送，从而平滑传输抖动。该命令只适用于 TDM 类型的 AC 接口。Jitter Buffer 深度越小，抗抖动能力越弱。Jitter Buffer 深度越大，抗抖动能力越大，但在数据流重建的时候会引入较大的传输延时。 【说明】若同时通过 **mpls l2vc** 命令中的 *jitter-buffer* 参数和 PW 模板视图下的 **jitter-buffer depth** 命令配置了 Jitter Buffer 的深度，则只有 **mpls l2vc** 命令的配置生效。 缺省情况下，Jitter Buffer 的深度为 8ms，可用 **undo jitter-buffer depth** 命令恢复 TDM 的最大抖动缓冲区深度的缺省值
7	**tdm-encapsulation-number** *number* 例如：[Huawei-pw-template-tdmpw] **tdm-encapsulation-num 16**	配置 TDMoPSN 应用中 CESoPSN（Circuit Emulation Services over Packet Switch Network，基于 PSN 的电路仿真服务）或 SAToP（Structure-Agnostic Time Division Multiplexing over Packet，非结构化 TDM 分组）报文中封装 TDM 帧的个数。 CESoPSN 提供针对 E1/T1/E3/T3 等低速 TDM 电路业务的仿真功能，用来解决成帧模式的 E1/T1/E3/T3 业务传送；SATAoP 提供针对 E1/T1/E3/T3 等低速 TDM 电路业务的仿真功能，用来解决非成帧模式的 E1/T1/E3/T3 业务传送。 用户根据需要选择每个 PW 包所封装的 TDM 帧数，配置较少的打包帧数可以获得较小的网络时延，但是会有更多的封装开销；而配置较多的打包帧数可以获得更高的带宽利用率，但是会引入更大的打包时延。 【说明】若同时通过 **mpls l2vc** 命令中的 *jitter-buffer* 参数和

（续表）

步骤	命令	说明
7	**tdm-encapsulation-number** *number* 例如：[Huawei-pw-template-tdmpw] **tdm-encapsulation-num** 16	PW 模板视图下的 **tdm-encapsulation-number** 命令配置了报文中封装 TDM 帧的个数，则只有 **mpls l2vc** 命令的配置生效。 缺省情况下，CESoPSN 或 SAToP 报文中封装 TDM 帧的个数为 8，可用 **undo tdm-encapsulation-number** 命令恢复 CESoPSN 或 SAToP 报文中封装 TDM 帧个数的缺省值。 当 AC 接口所在的接口卡为 8SA、8E1T1-M 或 8E1T1-F 接口卡时，封装 TDM 帧的个数最多支持 16 个，如果配置封装 TDM 帧的个数超过 16，设备按照封装个数为 16 进行处理
8	**idle-code** *idle-code-value* 例如：[Huawei-pw-template-tdmpw] **idle-code** 0	配置当 Jitter Buffer 下溢时填充空闲代码值，十六进制形式，取值范围是 00～FF。 下溢是指当需要读取报文进行转发时，缓冲区中没有足够多报文的情况。代码值的内容没有实际意义，用户可以随意设置。 缺省情况下，系统自动填充空闲代码值为 FF，可用 **undo idle-code** 命令删除当 Jitter Buffer 下溢时填充的指定空闲代码值
9	**tnl-policy** *policy-name* 例如：Huawei-pw-template-tdmpwt] **tnl-policy** policy1	配置 PW 模板应用的隧道策略名称，有关隧道策略的配置方法参见第 4 章 4.3 节。应用隧道策略之前，需要配置隧道策略。如果没有应用隧道策略，将选择 LSP 隧道，且不进行负载分担。 缺省情况下，没有对 PW 模板配置隧道策略，可用 **undo tnl-policy** 命令取消对 PW 模板应用隧道策略

说明　如果是对原有 PW 模板进行修改，修改配置后，需要在用户视图下执行 **reset pw pw-template** 命令才能使新的配置生效，但是这样可能会引起 PW 的断连和重新建立。如果该模板被多个 PW 同时引用，会影响系统正常运行。

7.3.7　配置 TDM PWE3 的 PW

在 TDM PWE3 中的 PW 也可以是静态 PW、动态 PW 或者交换 PW。总体配置方法与 7.2 节介绍的对应类型 PW 的配置方法类似，仅多了部分的可选参数或选项。

TDM PWE3 的 PW 是在 8SA 接口卡或 6E&M 接口卡中的物理 Serial 接口视图下，或者在 8E1T1-M 接口卡或 8E1T1-F 接口卡自动生成的逻辑 Serial 接口视图下配置的。

1. 配置静态 PW

（1）配置静态主 PW

可通过 **mpls static-l2vc** { { **destination** *ip-address* | **pw-template** *pw-template-name* **vc-id** } * | **destination** *ip-address* [*vc-id*] } **transmit-vpn-label** *transmit-label-value* **receive-vpn-label** *receive-label-value* [**tunnel-policy** *tnl-policy-name* | [**control-word** | **no-control-word**] | **idle-code** *idle-code-value* | **jitter-buffer** *depth* | **tdm-encapsulation** *number* | **tdm-sequence-number**] * 命令配置静态主 PW。

（2）配置静态备 PW

可通过 **mpls static-l2vc** { { **destination** *ip-address* | **pw-template** *pw-template-name* *vc-id* } * | **destination** *ip-address* [*vc-id*] } **transmit-vpn-label** *transmit-label-value* **receive-vpn-label** *receive-label-value* [**tunnel-policy** *tnl-policy-name* | [**control-word** | **no-control-word**] | **idle-code** *idle-code-value* | **jitter-buffer** *depth* | **tdm-encapsulation** *number* | **tdm-sequence-number**] * secondary 命令配置静态备 PW。只有配置了主 PW 后才能配置备份 PW。

以上两命令与 7.2.1 节介绍的对应静态主、备 PW 的配置命令差不多，参见即可。新增的参数：**idle-code** *idle-code-value*、**jitter-buffer** *depth* 和 **tdm-encapsulation** *number* 的说明参见 7.3.6 节表 7-10 中说明；新增可选项 **tdm-sequence-number** 用来配置 TDM 透传封装中起始帧的序列号为 1。

注意 在同一个节点上 VC ID 和 VC Type（封装类型）的组合必须唯一，但交换 PW 的两侧 VC ID 可以相同，也可以不同，但主备 PW 的 VC ID 不能相同。另外，主备 PW 要采用相同的控制字配置，否则正切时会造成大量丢包。

2. 配置动态 PW

（1）动态主 PW

可通过 **mpls l2vc** { *ip-address* | **pw-template** *pw-template-name* } * *vc-id* [**tunnel-policy** *policy-name* | [**control-word** | **no-control-word**] | **mtu** *mtu-value* | **idle-code** *idle-code-value* | **jitter-buffer** *depth* | **tdm-encapsulation-number** *number* | **tdm-sequence-number**] * 配置动态主 PW。

（2）动态备 PW

可通过 **mpls l2vc** { *ip-address* | **pw-template** *pw-template-name* } * *vc-id* [**tunnel-policy** *policy-name* | [**control-word** | **no-control-word**] | **mtu** *mtu-value* | **idle-code** *idle-code-value* | **jitter-buffer** *depth* | **tdm-encapsulation-number** *number* | **tdm-sequence-number**] * secondary 配置动态备 PW。只有配置了主 PW 后才能配置备份 PW。

相对 7.2.2 节介绍的动态 PW 配置命令，本命令新增的参数和选项参见前面静态 PW 中的命令介绍，其他参数和选项说明参见 7.2.2 节说明。注意事项也与前面在介绍静态 PW 时的注意事项一样。

3. 配置交换 PW

（1）纯静态交换 PW

可通过 **mpls switch-l2vc** *ip-address* *vc-id* **trans** *trans-label* **recv** *received-label* [**tunnel-policy** *policy-name*] **between** *ip-address* *vc-id* **trans** *trans-label* **recv** *received-label* [**tunnel-policy** *policy-name*] **encapsulation** *encapsulation-type* [**control-word** [**cc** { **alert** | **cw** } * **cv lsp-ping**] | [**no-control-word** [**cc alert cv lsp-ping**]] [**control-word-transparent**] 命令配置纯静态交换 PW。

本命令中的参数和选项说明请参见 7.2.3 节对应的纯静态交换 PW 的配置命令说明。

说明：选择不同的 PW 封装类型时，可以配置的参数不同。具体如下。

■ *encapsulation-type* 为 **satop-e1**，可以配置的参数有：[**no-control-word**] [**cc alert cv lsp-ping**]。

■ *encapsulation-type* 为 **cesopsn-basic**，可以配置的参数有：**control-word** [**cc** { **alert** | **cw** } * **cv lsp-ping**]、[**no-control-word**] [**cc alert cv lsp-ping**]。

（2）纯动态交换 PW

可通过 **mpls switch-l2vc** *ip-address* *vc-id* [**tunnel-policy** *policy-name*] **between** *ip-address* *vc-id* [**tunnel-policy** *policy-name*] **encapsulation** *encapsulation-type* [**control-word-transparent**]命令配置纯动态交换 PW。

本命令中的参数和选项说明请参见 7.2.3 节对应的纯动态交换 PW 的配置命令说明。

（3）混合交换 PW

可通过 **mpls switch-l2vc** *ip-address* *vc-id* [**tunnel-policy** *policy-name*] **between** *ip-address* *vc-id* **trans** *trans-label* **recv** *received-label* [**tunnel-policy** *policy-name*] **encapsulation** *encapsulation-type* [**mtu** *mtu-value*] [**control-word** | **no-control-word**] [**timeslotnum** *timeslotnum*] [**tdm-encapsulation** *number*] [**control-word-transparent**]命令配置混合交换 PW。

相对 7.2.3 节介绍的混合交换 PW 配置命令，本命令新增了以下参数，其他参数和选项说明参见 7.2.3 节对应的混合交换 PW 的配置命令说明。

■ **timeslotnum** *timeslotnum*：可选参数，指定 TDM 方式的 PWE3 的时隙数，对于非通道化接口对应封装类型 **satop-e1**，用户不需要配置，默认为接口支持时隙总数；对于通道化接口对应封装类型 **cesopsn-basic**，用户必须配置该项，取值范围是 1～32。

■ **tdm-encapsulation** *number*：参见前面在介绍纯静态 PW 时的说明。

说明：当配置混合交换 PW 时，注意命令中的关键字 **between** 前后的 *ip-address vc-id* 的区别，前面的是动态 PW 的，后面的是静态 PW 的，两者不可互换。

当配置动静混合交换 PW 时，两端接口的 MTU 需设置相同，且最大不要超过 1500Byte。选择不同的 PW 封装类型时，可以配置的参数不同。具体如下。

■ *encapsulation-type* 为 **satop-e1**，可以配置的参数有：**mtu** *mtu-value*、**control-word**、**no-control-word**、**tdm-encapsulation** *number*

■ *encapsulation-type* 为 **cesopsn-basic**，可以配置的参数有：**mtu** *mtu-value*、**control-word**、**no-control-word**、**timeslotnum** *timeslotnum*、**tdm-encapsulation** *number*。其中参数 **timeslotnum** *timeslotnum* 必配。

7.3.8　8E1T1-M 接口卡的 TDM PWE3 配置示例

如图 7-15 所示，运营商 MPLS 网络要为用户提供 L2VPN 服务，骨干网设备之间使用 4GECS 接口卡相连（Combo 接口工作在电口模式，且接口速率为 1000Mbit/s），用户使用低速 TDM 链路接入。其中 PE1 和 PE2 作为用户接入设备，接入的用户数量较多且经常变化（为了方便举例，本例中只列举两个用户设备 CE1 和 CE2），PE 使用 8E1T1-M 接口卡与 CE 相连。现要求采用一种适当的 VPN 方案，为用户提供安全的 VPN 服务，且尽量节省网络资源，在接入新用户时配置简单。

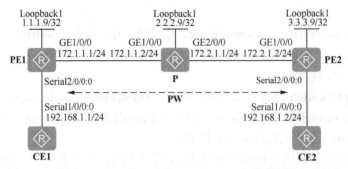

图 7-15　使用 8E1T1-M 接口卡的 TDM PWE3 配置示例的拓扑结构

说明　本示例场景仅 AR2220-S、AR2240-S、AR3200-S（主控板为 SRU40）系列设备支持。

1. 基本配置思路分析

本示例中，PE 担当 AC 接口的是 Serial 接口，而 PWE3 与 Martini 相比，减少了信令的开销，规定了多跳的协商方式，使得组网方式更加灵活，所以最适合采用 TDM PWE3 配置方案。由于两个 PE 上的用户经常变化，因此手工来进行用户信息同步的效率很低，而且容易出错。这种情况下，可以通过在两个 PE 之间配置 LDP 远端会话，让 PE 间通过 LDP 协议建立动态 LSP。

根据以上分析，再结合 MPLS 骨干网基本功能配置可得出本示例的基本配置思路如下。

（1）配置骨干网各设备的各接口（包括 Loopback 接口，但不包括 AC 接口）的 IP 地址和 OSPF 协议，使骨干网各设备三层互通。

（2）在骨干网各节点上配置 MPLS 基本功能，建立 LSP 隧道，且在 PW 两端的 PE 之间建立 MPLS LDP 远端会话。

（3）配置 CE 设备接入 PE。假设本示例 CE 与 PE 是以 E1 模式接入。

（4）在 PE 设备的 CE1/PRI 接口上创建 MPLS L2VC 连接，完成 TDM PWE3 功能，以便实现用户互通。

（5）配置所有设备的时钟同步。

2. 具体配置步骤

（1）配置骨干网各接口 IP 地址及 MPLS 骨干网 OSPF 协议。担当 AC 接口的逻辑 Serial 接口不需要配置 IP 地址。

PE1 上的配置。

```
<Huawei> system-view
[Huawei] sysname PE1
[PE1] interface loopback 1
[PE1-LoopBack1] ip address 1.1.1.9 255.255.255.255
[PE1-LoopBack1] quit
[PE1] interface gigabitethernet 1/0/0
```

[PE1-GigabitEthernet1/0/0] **ip address** 172.1.1.1 255.255.255.0
[PE1-GigabitEthernet1/0/0] **quit**
[PE1] **ospf** 1
[PE1-ospf-1] **area** 0
[PE1-ospf-1-area-0.0.0.0] **network** 1.1.1.9 0.0.0.0
[PE1-ospf-1-area-0.0.0.0] **network** 172.1.1.0 0.0.0.255
[PE1-ospf-1-area-0.0.0.0] **quit**
[PE1-ospf-1] **quit**
　#　P 上的配置。
<Huawei> **system-view**
[Huawei] **sysname** P
[P] **interface** loopback 1
[P-LoopBack1] **ip address** 2.2.2.9 255.255.255.255
[P-LoopBack1] **quit**
[P] **interface** gigabitethernet 1/0/0
[P-GigabitEthernet1/0/0] **ip address** 172.1.1.2 255.255.255.0
[P-GigabitEthernet1/0/0] **quit**
[P] **interface** gigabitethernet 2/0/0
[P-GigabitEthernet2/0/0] **ip address** 172.2.1.1 255.255.255.0
[P-GigabitEthernet2/0/0] **quit**
[P] **ospf** 1
[P-ospf-1] **area** 0
[P-ospf-1-area-0.0.0.0] **network** 2.2.2.9 0.0.0.0
[P-ospf-1-area-0.0.0.0] **network** 172.1.1.0 0.0.0.255
[P-ospf-1-area-0.0.0.0] **network** 172.2.1.0 0.0.0.255
[P-ospf-1-area-0.0.0.0] **quit**
[P-ospf-1] **quit**
　#　PE1 上的配置。
<Huawei> **system-view**
[Huawei] **sysname** PE2
[PE2] **interface** loopback 1
[PE2-LoopBack1] **ip address** 3.3.3.9 255.255.255.255
[PE2-LoopBack1] **quit**
[PE2] **interface** gigabitethernet 1/0/0
[PE2-GigabitEthernet1/0/0] **ip address** 172.2.1.2 255.255.255.0
[PE2-GigabitEthernet1/0/0] **quit**
[PE2] **ospf** 1
[PE2-ospf-1] **area** 0
[PE2-ospf-1-area-0.0.0.0] **network** 3.3.3.9 0.0.0.0
[PE2-ospf-1-area-0.0.0.0] **network** 172.2.1.0 0.0.0.255
[PE2-ospf-1-area-0.0.0.0] **quit**
[PE2-ospf-1] **quit**

以上完成此步骤后，执行 **display ip routing-table** 命令，可以看到相互之间都学到了到对方 Loopback1 的路由。

（2）配置 MPLS 骨干网 MPLS 基本功能，建立 LDP LSP 隧道和 PE 间的 LDP 远端会话。

　#　PE1 上的配置。
[PE1] **mpls lsr-id** 1.1.1.9
[PE1] **mpls**
[PE1-mpls] **quit**
[PE1] **mpls ldp**
[PE1-mpls-ldp] **quit**

```
[PE1] interface gigabitethernet 1/0/0
[PE1-GigabitEthernet1/0/0] mpls
[PE1-GigabitEthernet1/0/0] mpls ldp
[PE1-GigabitEthernet1/0/0] quit
[PE1] mpls ldp remote-peer 3.3.3.9
[PE1-mpls-ldp-remote-3.3.3.9] remote-ip 3.3.3.9
[PE1-mpls-ldp-remote-3.3.3.9] quit
```
#　P 上的配置。
```
[P] mpls lsr-id 2.2.2.9
[P] mpls
[P-mpls] quit
[P] mpls ldp
[P-mpls-ldp] quit
[P] interface gigabitethernet 1/0/0
[P-GigabitEthernet1/0/0] mpls
[P-GigabitEthernet1/0/0] mpls ldp
[P-GigabitEthernet1/0/0] quit
[P] interface gigabitethernet 2/0/0
[P-GigabitEthernet2/0/0] mpls
[P-GigabitEthernet2/0/0] mpls ldp
[P-GigabitEthernet2/0/0] quit
```
#　PE2 上的配置。
```
[PE2] mpls lsr-id 3.3.3.9
[PE2] mpls
[PE2-mpls] quit
[PE2] mpls ldp
[PE2-mpls-ldp] quit
[PE2] interface gigabitethernet 1/0/0
[PE2-GigabitEthernet1/0/0] mpls
[PE2-GigabitEthernet1/0/0] mpls ldp
[PE2-GigabitEthernet1/0/0] quit
[PE2] mpls ldp remote-peer 1.1.1.9
[PE2-mpls-ldp-remote-1.1.1.9] remote-ip 1.1.1.9
[PE2-mpls-ldp-remote-1.1.1.9] quit
```
　　以上配置完成后，执行 **display mpls ldp session** 命令可以看到 PE 之间、PE 与 P 之间建立了 LDP Session，且状态为 **Operational**。

　　（3）配置 CE 设备接入 PE。假设本示例 CE 与 PE 是以 E1 模式接入。

　　#　CE1 和 CE2 上的配置。配置 CE1/PRI 接口工作在 E1 模式下，并配置其自动生成的逻辑 Serial 1/0/0:0 接口的 IP 地址，链路层协议保持缺省的 PPP 协议。
```
<Huawei> system-view
[Huawei] sysname CE1
[CE1] controller e1 1/0/0
[CE1-E1 1/0/0] using e1
[CE1-E1 1/0/0] quit
[CE1] interface serial 1/0/0:0
[CE1-Serial1/0/0:0] link-protocol ppp
[CE1-Serial1/0/0:0] ip address 192.168.1.1 255.255.255.0
[CE1-Serial1/0/0:0] quit

<Huawei> system-view
[Huawei] sysname CE2
[CE2] controller e1 1/0/0
```

```
[CE2-E1 1/0/0] using e1
[CE2-E1 1/0/0] quit
[CE2] interface serial 1/0/0:0
[CE2-Serial1/0/0:0] link-protocol ppp
[CE2-Serial1/0/0:0] ip address 192.168.1.2 255.255.255.0
[CE2-Serial1/0/0:0] quit
```

#　PE1 和 PE2 上的配置。配置 CE1/PRI 接口工作在 E1 模式下，并配置其自动生成的逻辑 Serial 2/0/0:0 接口的链路层协议为 TDM。

```
[PE1] controller e1 2/0/0
[PE1-E1 2/0/0] using e1
[PE1-E1 2/0/0] quit
[PE1] interface serial 2/0/0:0
[PE1-Serial2/0/0:0] link-protocol tdm
[PE1-Serial2/0/0:0] quit


[PE2] controller e1 2/0/0
[PE2-E1 2/0/0] using e1
[PE2-E1 2/0/0] quit
[PE2] interface serial 2/0/0:0
[PE2-Serial2/0/0:0] link-protocol tdm
[PE2-Serial2/0/0:0] quit
```

（4）在 PE1、PE2 上使能 MPLS L2VPN，配置 PW 模板，创建 VC 连接。假设两端配置的 VC 连接的 VC ID 均为 100。

#　PE1 上的配置。

```
[PE1] mpls l2vpn
[PE1-l2vpn] quit
[PE1] pw-template pe2pe
[PE1-pw-template-pe2pe] peer-address 3.3.3.9
[PE1-pw-template-pe2pe] jitter-buffer depth 8   #---配置 Jitter Buffer 的深度为 8ms
[PE1-pw-template-pe2pe] tdm-encapsulation-number 8   #---配置 TDMoPSN 应用中 CESoPSN 或 SAToP 报文中封装
TDM 帧的个数为 8
[PE1-pw-template-pe2pe] quit
[PE1] interface serial 2/0/0:0
[PE1-Serial2/0/0:0] mpls l2vc pw-template pe2pe 100
[PE1-Serial2/0/0:0] quit
```

#　PE2 上的配置。

```
[PE2] mpls l2vpn
[PE2-l2vpn] quit
[PE2] pw-template pe2pe
[PE2-pw-template-pe2pe] peer-address 1.1.1.9
[PE2-pw-template-pe2pe] jitter-buffer depth 8
[PE2-pw-template-pe2pe] tdm-encapsulation-number 8
[PE2-pw-template-pe2pe] quit
[PE2] interface serial 2/0/0:0
[PE2-Serial2/0/0:0] mpls l2vc pw-template pe2pe 100
[PE2-Serial2/0/0:0] quit
```

（5）配置时钟同步功能。

在低速 TDM 传输中，要求网络中所有设备都工作在时钟同步状态，否则 CE 设备之间无法准确无误的进行数据交换。

本示例中，骨干网设备是通过 4GECS 接口卡的 Combo 接口（电口模式）连接的，而 Combo 接口也支持时钟模式配置，但仅支持 master（主）和 slave（从）两种模式。

当路由器与对端设备的以太接口对接，且两端接口都具备时钟功能时，必须使两端接口分别工作在从时钟模式和主时钟模式。所以本示例中，骨干网中的各段链路两端的公网接口要分别设为主、从模式。而至于 PE 与 CE 连接的 CE1/PRI 接口，PE 上的 CE1/PRI 接口可设为系统时钟模式，CE 上的 CE1/PRI 接口要设为从模式，这样使得 PE 上主模式的 Combo 接口的精确时钟可以传递给下游的 CE 设备。

　　# PE1 上的配置。

```
[PE1] interface gigabitethernet 1/0/0
[PE1-GigabitEthernet1/0/0] clock master
[PE1-GigabitEthernet1/0/0] quit
[PE1] controller e1 2/0/0
[PE1-E1 2/0/0] clock system
[PE1-E1 2/0/0] quit
```

　　# CE1 上的配置。

```
[CE1] controller e1 1/0/0
[CE1-E1 1/0/0] clock slave
[CE1-E1 1/0/0] quit
```

　　# P 上的配置。

```
[P] interface gigabitethernet 1/0/0
[P-GigabitEthernet1/0/0] clock slave
[P-GigabitEthernet1/0/0] quit
[P] interface gigabitethernet 2/0/0
[P-GigabitEthernet2/0/0] clock master
[P-GigabitEthernet2/0/0] quit
```

　　# PE2 上的配置。

```
[PE2] interface gigabitethernet 1/0/0
[PE2-GigabitEthernet1/0/0] clock slave
[PE2-GigabitEthernet1/0/0] quit
[PE2] controller e1 2/0/0
[PE2-E1 2/0/0] clock system
[PE2-E1 2/0/0] quit
```

　　# CE2 上的配置。

```
[CE2] controller e1 1/0/0
[CE2-E1 1/0/0] clock slave
[CE2-E1 1/0/0] quit
```

　　3. 配置结果验证

　　以上配置完成后，在 PE 上执行 **display mpls l2vc** 命令查看 L2VPN 连接信息，此时应可以看到建立了一条 L2VC，状态为 Up。以下是在 PE1 上执行该命令的输出示例。

```
[PE1] display mpls l2vc interface serial 2/0/0:0
 *client interface        : Serial2/0/0:0 is Up
  Administrator PW        : no
  session state           : Up
  AC status               : Up
  VC state                : Up
  Label state             : 0
  Token state             : 0
  VC ID                   : 100
  VC type                 : SAT E1 over Packet
  destination             : 3.3.3.9
  local groUp ID          : 0              remote groUp ID         : 0
  local VC label          : 1039          remote VC label         : 1045
```

local TDM Encap Num	: 8	remote TDM Encap Num	: 8
jitter-buffer	: 8		
idle-code	: ff		
local rtp-header	: disable	remote rtp-header	: disable
local bit-rate	: 32	remote bit-rate	: 32
local AC OAM State	: Up		
local PSN OAM State	: Up		
local forwarding state	: forwarding		
local status code	: 0x0		
remote AC OAM state	: Up		
remote PSN OAM state	: Up		
remote forwarding state	: forwarding		
remote status code	: 0x0		

......

此时 CE1 和 CE2 应能相互 Ping 通了。

7.3.9　8SA 接口卡的 TDM PWE3 配置示例

如图 7-16 所示，运营商 MPLS 网络要为用户提供 L2VPN 服务，用户使用低速 TDM
链路接入，传输普通用户数据。其中 PE1 和 PE2 作为用户接入设备，接入的用户数量较
多且经常变化（本例中只列举两个用户设备 CE1 和 CE2，并且 PE 使用 8SA 接口卡与
CE 相连）。现要求采用一种适当的 VPN 方案，为用户提供安全的 VPN 服务，且尽量节
省网络资源，在接入新用户时配置简单。

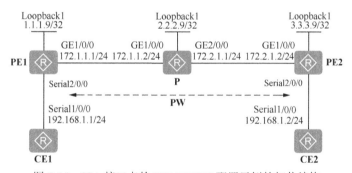

图 7-16　8SA 接口卡的 TDM PWE3 配置示例的拓扑结构

说明　本示例场景仅 AR2220-S、AR2240-S、AR3200-S（主控板为 SRU40）系列设备支持。

1. 基本配置思路分析

本示例其实与 7.3.8 节介绍的配置示例的总体环境和要求是差不多的，所以也可以
采用 TDM PWE3 的动态 PW 来实现。但有以下三方面区别。

■　本示例中通过 TDM PWE3 传输的是普通用户数据，故可在 CE 与 PE 上采用异
步传输方式，无需配置各设备间的时钟同步。

■　骨干网各节点间是通过非 Combo 类型的以太网接口进行连接的，也无需配置他
们之间的时钟同步。

■　PE 与 CE 间是通过 8SA 接口卡中的物理 Serial 接口（非自动生成的逻辑 Serial
接口）进行连接的，所以 CE 的 PE 接入是直接通过物理 Serial 接口进行配置的。

根据以上分析可以得出本示例如下的基本配置思路。

（1）配置骨干网各设备的各接口（包括 Loopback 接口，但不包括 AC 接口）的 IP 地址和 OSPF 协议，使骨干网各设备三层互通。

（2）在骨干网各节点上配置 MPLS 基本功能，建立 LSP 隧道，且在 PW 两端的 PE 之间建立 MPLS LDP 远端对等体关系。

（3）配置 CE 设备以异步方式接入 PE。PE 和 CE 上的 8SA 接口卡上的 Serial 接口均配置为异步工作方式（根据需要当然也可配置为同步工作方式）。

（4）在 PE 担当 AC 接口的 Serial 接口上创建 MPLS L2VC 连接，完成 TDM PWE3 功能，以便实现用户互通。

2. 具体配置步骤

因为本示例与 7.3.8 节配置示例的拓扑结构和各接口的 IP 地址配置都一样，故本示例中以上第（1）～（2）两项配置任务的具体配置方法参见 7.3.8 节即可。只不过，本示例中 CE 和 PE 连接的接口是物理 Serial 接口，IP 地址也是直接在上面配置的，而不是在逻辑 Serial 接口上配置的。下面直接介绍以上配置任务中第（3）和第（4）项配置任务的具体配置方法。

（3）配 CE 设备以异步方式接入 PE。CE 上的 Serial 接口上运行 PPP 协议，配置 IP 地址，PE 上担当 AC 接口的 Serial 接口运行 TDM 协议，但不需要配置 IP 地址。

    # CE1 上的配置。

```
<Huawei> system-view
[Huawei] sysname CE1
[CE1] interface serial 1/0/0
[CE1-Serial1/0/0] link-protocol ppp
[CE1-Serial1/0/0] ip address 192.168.1.1 255.255.255.0
[CE1-Serial1/0/0] physical-mode async   #---配置异步工作方式
[CE1-Serial1/0/0] quit
```

    # PE1 上的配置。

```
[PE1] interface serial 2/0/0
[PE1-Serial2/0/0] link-protocol tdm
[PE1-Serial2/0/0] physical-mode async
[PE1-Serial2/0/0] quit
```

    # PE2 上的配置。

```
[PE2] interface serial 2/0/0
[PE2-Serial2/0/0] link-protocol tdm
[PE2-Serial2/0/0] physical-mode async
[PE2-Serial2/0/0] quit
```

    # CE2 上的配置。

```
<Huawei> system-view
[Huawei] sysname CE2
[CE2] interface serial 1/0/0
[CE2-Serial1/0/0] link-protocol ppp
[CE2-Serial1/0/0] ip address 192.168.1.2 255.255.255.0
[CE2-Serial1/0/0] physical-mode async
[CE2-Serial1/0/0] quit
```

（4）在 PE1、PE2 上使能 MPLS L2VPN，配置 PW 模板，创建 VC 连接。假设两端配置的 VC 连接的 VC ID 均为 100。

　PE1 上的配置。

[PE1] **mpls l2vpn**

[PE1-l2vpn] **quit**

[PE1] **pw-template** pe2pe

[PE1-pw-template-pe2pe] **peer-address** 3.3.3.9

[PE1-pw-template-pe2pe] **jitter-buffer depth** 8

[PE1-pw-template-pe2pe] **tdm-encapsulation-number** 8

[PE1-pw-template-pe2pe] **quit**

[PE1] **interface serial** 2/0/0

[PE1-Serial2/0/0] **mpls l2vc pw-template** pe2pe 100

[PE1-Serial2/0/0] **quit**

　PE2 上的配置。

[PE2] **mpls l2vpn**

[PE2-l2vpn] **quit**

[PE2] **pw-template** pe2pe

[PE2-pw-template-pe2pe] **peer-address** 1.1.1.9

[PE2-pw-template-pe2pe] **jitter-buffer depth** 8

[PE2-pw-template-pe2pe] **tdm-encapsulation-number** 8

[PE2-pw-template-pe2pe] **quit**

[PE2] **interface serial** 2/0/0

[PE2-Serial2/0/0] **mpls l2vc pw-template** pe2pe 100

[PE2-Serial2/0/0] **quit**

3．配置结果经验证

以上配置完成后，在 PE 上可通过 **display mpls l2vc** 命令查看 L2VPN 连接信息，可以看到建立了一条 L2VC，状态为 Up。以下是在 PE1 上执行该命令的输出示例。

[PE1] **display mpls l2vc interface serial** 2/0/0

*client interface	: Serial2/0/0 is Up		
Administrator PW	: no		
session state	: Up		
AC status	: Up		
VC state	**: Up**		
Label state	: 0		
Token state	: 0		
VC ID	: 100		
VC type	: CESoPSN basic mode		
destination	: 3.3.3.9		
local groUp ID	: 0	remote groUp ID	: 0
local VC label	: 1039	remote VC label	: 1045
local TDM Encap Num	: 8	remote TDM Encap Num	: 0
jitter-buffer	: 8		
idle-code	: ff		
local rtp-header	: disable	remote rtp-header	: disable
local bit-rate	: 0	remote bit-rate	: 0
local AC OAM State	: Up		
local PSN OAM State	: Up		
local forwarding state	: forwarding		
local status code	: 0x0		
remote AC OAM state	: Up		
remote PSN OAM state	: Up		
remote forwarding state	: forwarding		
remote status code	: 0x0		
ignore standby state	: no		
BFD for PW	: unavailable		

```
   VCCV State          : Up
   manual fault        : not set
   active state        : active
   forwarding entry    : exist
   link state          : Up
   ......
```

此时，CE1 和 CE2 应能相互 Ping 通了。

7.4　PWE3 故障检测与排除

在本章前面说了，PWE3 是 Martini 方式 VLL 的扩展，在动态 PW 建立中（也支持静态 PW 配置），也是使用 LDP 信令协议，但他对传统的 LDP 信令协议进行了扩展，增加了 Notification 方式，只通告状态，不拆除信令，除非配置删除或者信令协议中断。这样能够减少控制报文的交互，降低信令开销。所以总体来说，PWE3 的故障检测和排除方法与第 5 章介绍的 Martini 方式的故障检测和排除方法是类似的。下面具体介绍。

7.4.1　检测 PW 的连通性

与 Martini 方式 VLL 一样，PWE3 也可通过 VCCV（Virtual Circuit Connectivity Verification，虚电路连接性验证）功能的 **ping vc** 和 **tracert vc** 命令检测 PW 的连通性。在发现两端 CE 不能通信时，先可通过这两个命令检测 PW 的连通性。同样，VCCV 有两种方式，分别为 VCCV Ping 和 VCCV Tracert。VCCV Ping 是一种手工检测虚电路连接状态的工具，VCCV Tracert 是一种手工定位 PW 路径某节点异常的工具。

VCCV 检测包括控制字（CW）通道和 Label alert 两种通道。

■ 控制字通道：支持从 UPE 到 UPE 之间端到端的检测，同时适用于单跳 PWE3 PW 和多跳 PWE3 PW。

■ Label alert 通道：支持端到端的检测，也支持 UPE 到 SPE 的逐跳检测。

定位 PW 故障时，控制字通道和 Label Alert 通道方式不能同时使用。缺省情况下，使能 Label Alert 通道方式的 VCCV。检测 PW 的连通性使用 **ping vc** 命令，定位 PW 故障使用 **tracert vc** 命令，这方面与第 6 章 6.3.1 节介绍的 Martini 方式 VLL 中的这两个命令的格式一样，参见即可。

7.4.2　CE 间不能通信的故障排除

在 PWE3 中，如果发现某一个 VPN 网络中两端 CE 站点中的用户不能通信，则可先在 PE 上执行 **display mpls static-l2vc**　*vc-id* 命令（静态 PW 时）或 **display mpls l2vc** [*vc-id* 命令（动态 PW 时）查看对应的 VC 状态，然后再根据不同情况进行故障原因分析。

1. 如果 VC 状态已为 Up，但两端 CE 用户之间仍不能通信

这种情况一般只有以下三种可能的故障原因。

（1）在静态 PW 配置中，一端的发送 VC 标签没有与对端的接收 VC 标签一致

这种情况下的静态 VC 连接状态也会为 Up，但不能进行数据转发。这时需要先用

undo mpls static-l2vc 命令来删除原来错误配置的静态 VC，然后再用 **mpls static-l2vc** 命令重新配置正确的静态 VC 连接，确保一端的发送 VC 标签要与另一端的接收 VC 标签一致，反之亦然。

（2）相关的 VLAN 配置不正确。

在配置 PW 时，如果两端 CE 站点的用户所进行的是 VLAN 通信，这时要根据具体通信需求选择适当的 AC 接口类型，并进行接口 VLAN 配置。在选择子接口、VLANIF 接口作为 AC 接口时要特别注意他们各自的特性及报文封装、解封装方式，具体参见第 5 章 5.1.4 节。

（3）两端 CE 用户不在同一 IP 网段

2．如果 VC 状态为 Down，则表示 VC 没有建立成功。

出现这种情况的原因比较多，特别是在交换 PW 场景中，但检查起来不复杂，可根据以下两种情形来具体排除（在排除公网隧道故障基础之上，有关 LSP 或 TE 公网隧道的故障排除方法参见配套的《华为 MPLS 技术学习指南》一书）。

（1）VC 连接配置不正确

在配置 VC 连接时，要注意在两端 PE 上的如下配置要保持一致：封装类型（VC type）、MTU、VC ID、控制字（control word）。可通过 **display mpls static-l2vc** *vc-id* 命令（静态 PW 时）或 **display mpls l2vc** *vc-id* 命令（动态 PW 时）查看。

注意 在同一个节点上 VC ID 和 VC Type（即封装类型）的组合必须唯一，但交换 PW 的两侧 VC ID 可以相同。主备 PW 的 VC ID 不能相同。

（2）交换 PW 中的配置不正确

在交换 PW 中，首先要确保 **mpls switch-l2vc** 命令中 **between** 两端的参数中，每一端都要针对同一侧，不要混合配置，即每端的参数都是针对同一侧的 VC 连接。且每侧的参数配置均必须与同侧的 UPE 到 SPE 的 VC 连接参数配置保持对应且要正确，如封装类型（VC type）、MTU、VC ID、控制字（**control word**）配置要一致，在静态 PW 中，一端的发送 VC 标签要与另一端的接收 VC 标签一致。

另外，在混合交换 PW 中，**between** 前面的参数必须是动态 PW 的，后面的是静态 PW 的，两者不可互换。而在纯静态交换 PW 或者纯动态交换 PW 中，没这个限制，只要不混合就行了。

（3）TDM PWE3 中 AC 接口属性配置与 CE 连接 PE 的接口属性不一致

如果是 TDM PWE3，一方面要选择正确的 AC 接口，目前只有 8SA 接口卡中的 Serial 接口、6E&M 接口卡中的 E&M 接口、8E1T1-M 接口卡中的 CE1/PRI 接口、8E1T1-F 接口卡中的 E1-F 接口可以配置作为 AC 的接口。另外，这些 AC 接口属性配置与 CE 连接 PE 的接口的属性配置要保持一致，还要在这些 AC 接口上执行 **link-protocol tdm** 命令，配置 Serial 接口封装的链路层协议为 TDM。但 CE 连接 PE 的接口的链路层协议仍为 PPP 协议。

第8章
VPLS基础及Martini
方式VPLS配置与管理

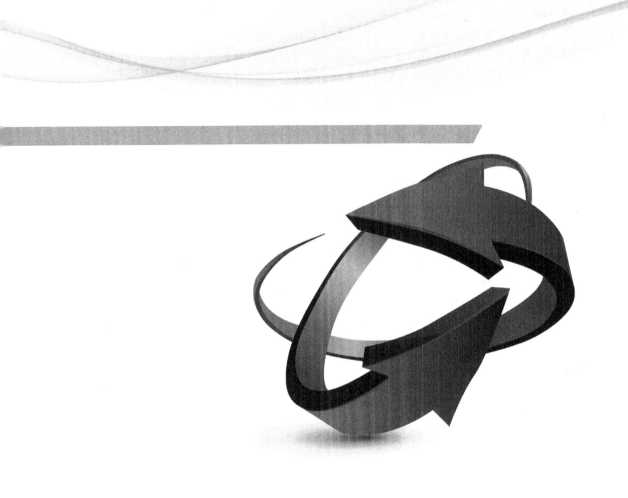

前面几章我们介绍了几种同时支持二层以太网、FR、ATM、HDLC 甚至 SDH、SONET 远程连接的 L2VPN 技术，如各种 VLL 和 PWE3，但是他们都是点对点连接的，即一条 PW 只能连接两个用户 Site。如果有多个用户 Site 间要实现彼此互通，需要在他们之间彼此单独建立 PW，配置比较麻烦。

VPLS（虚拟专用局域网业务）与前面介绍的 VLL 和 PWE3 一样，也是一种基于 MPLS 网络的二层 VPN 技术，但它仅适用于以太网的远程连接，而且它可实现点到多点的远程连接，这样就极大地方便了多个用户 Site 间的互访。通过 VPLS，可使地域上隔离的用户站点能通过 MAN/WAN 相连，并且使各个站点间的连接效果像在同一个 LAN 中一样。

本章将主要介绍 VPLS 方案的各方面基础知识和技术原理，以及 Martini 方式 VPLS 的配置与管理方法，并给出了一些典型的配置示例，以加深大家对相应技术原理和 Martini 方式 VPLS 方案的配置与管理方法的理解。

8.1　VPLS 基础

VPLS（Virtual Private LAN Service，虚拟专用局域网业务）与前面几章介绍的 VLL 和 PWE3 一样，也是一种基于 MPLS 网络的二层 VPN 技术，也被称为 TLS（Transparent LAN Service，透明局域网业务）。但 VPLS 专用于以太网，且可用于在公用网络中提供一种**点到多点**的 L2VPN 业务传输（VLL 和 PWE3 均仅可提供点对点的二层业务传输）。

VPLS 的典型组网如图 8-1 所示，处于不同物理位置的多个用户通过接入不同的 PE 设备，通过各 PE 设备创建的 PW 与同一 VPN 实例进行关联，即可实现各 Site 用户之间的互相通信。从用户的角度看，整个 VPLS 网络也是一个二层交换网或一台二层交换机，用户之间就像直接通过 LAN 或二层交换机互连在一起一样。

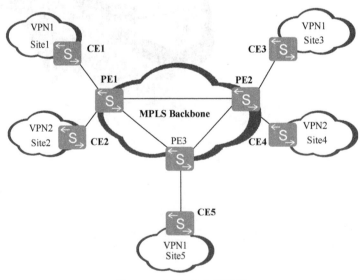

图 8-1　VPLS 的典型场景

说明　VPLS 目前仅华为 S 系列交换机技术支持，AR G3 系列路由器暂时不支持。而且在 S 系列交换机中仅 S5700 系列（**SI、LI 子系列除外**）及以上系列的部分 VRP 版本机型支持，具体请查阅相应的产品手册说明。

8.1.1　VPLS 引入背景

　　随着企业的分布范围日益扩大，以及公司员工的移动性不断增加，企业中 VoIP（Voice Over IP，IP 语音）、即时消息、网络会议等点到多点的应用越来越广泛，以实现同一集团内部各分支机构间、分支机构与集团总部间的相互多点通信。

　　传统的 ATM、FR、HDLC、SDH、SONET 等技术只能实现二层点到点互连，而且具有网络建设成本高、速率较慢、部署复杂等缺点。二层以太网技术是支持点到多点通信，所以可实现点到多点以太网业务的 VPN 通信。

　　基于 MPLS 的 VPN 技术总体分为两类：MPLS L2VPN 和 MPLS L3VPN。传统 VLL、PWE3 方式的 MPLS L2VPN 虽然也都支持二层以太网的远程互连，但这两种 VPN 方案只能在公网中提供一种点对点的 L2VPN 业务，不能直接在服务提供者处进行多点间的交换。而像本书前面介绍的 BGP/MPLS IP VPN 这类 MPLS L3VPN 网络虽然可以提供点到多点的通信功能，但 PE 设备会感知私网路由（要在 PE 的 VPN 实例中保存和维护用户私网路由），造成设备的路由信息过于庞大，对 PE 设备的内存容量及处理性能要求都较高，而且只能进行三层网络互连，不能传输二层业务。

　　本章介绍的 VPLS 技术就是为了解决以上问题而开发的。它是在传统 MPLS L2VPN 方案的基础上发展而成，是一种专门基于以太网和 MPLS 标签交换的 L2VPN 技术。这主要是因为一方面以太网本身就具有支持点到多点通信的特点，使得 VPLS 技术可以实现点到多点的通信要求；另一方面 VPLS 是一种二层标签交换技术，从用户侧来看，可以把整个 MPLS IP 骨干网看成一个二层交换设备，PE 设备不需要感知私网路由，对 PE 设备的内存和性能要求较低。

　　VPLS 结合了以太网技术和 MPLS 技术的优势，对传统 LAN 全部功能进行仿真，其主要目的是通过运营商提供的 MPLS/IP 骨干网连接集团公司在地域上隔离的多个由以太网构成的 LAN，使他们像一个 LAN 一样工作。总体而言，采用 VPLS 技术可以带来以下几方面的好处。

　　■ 充分利用运营商构建的 IP 网络资源，建设成本低。

　　■ 充分继承以太网速率高的优势。

　　■ 无论 LAN 还是 WAN，都可以只使用以太链路，实现快速和灵活的业务部署。

　　■ 将企业网络的路由策略控制和维护权利交给了企业，运营商的骨干网只负责二层报文的透明传输，无需感知和保存路由信息，增强了企业 VPN 网络的安全性和可维护性。

8.1.2　VPLS 基本结构

　　VPLS 网络的基本结构如图 8-2 所示，各部分组成见表 8-1。

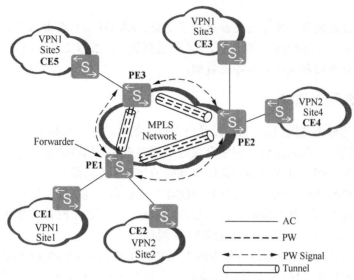

图 8-2　VPLS 基本传输结构

表 8-1　　　　　　　　　　　　　　　　　**VPLS 中的基本组件**

名称	全称	概念
AC（Attachment Circuit）	接入电路	用户边缘设备与服务提供商边缘设备之间的连接，即连接 CE 与 PE 的链路。PE 上对应的接口称为 AC 接口，但只能是以太网类型，包括：以太网物理接口、VLANIF 接口、Eth-Trunk 接口以及 Dot1q 子接口、QinQ 子接口、VLAN Stacking 子接口、VLAN Mapping 子接口（即 QinQ Mapping 子接口）
VSI（Virtual Switch Instance）	虚拟交换实例	VSI 是 PE 上为每个 VPN 网络单独划分的一个虚拟交换处理单元，在每一个 VSI 中都有独立的一张 MAC 地址表和转发器，并负责终结 PW，即每个 PW 对应一个 VSI，同一 VPN 网络中的各 PW 对应同一 VSI
PW（Pseudo Wire）	伪线	两个 PE 设备上 VSI 之间的一条双向虚拟连接。它由一对相反方向的单向的 VC（Virtual Circuit，虚电路）组成，也称为仿真电路
Tunnel	隧道	用于承载 PW，一条隧道上可以承载多条 PW。隧道是一条本地 PE 与对端 PE 之间的直连点对点通道，完成 PE 之间的数据透明传输，可以是 LSP 或 MPLS TE 隧道
PW Signaling	PW 信令协议	VPLS 实现的基础，用于创建和维护 PW。目前，在 VPLS PW 中支持的信令协议有 LDP 和 BGP 两种
Forwarder	转发器	转发器是 VPLS 的转发表，相当于以太网交换机上的 MAC 表地址，包括 VSI、MAC 地址、AC 接口和 PW 之间的映射关系。PE 收到 AC 上送的报文后，由转发器选定转发报文所使用的 PW

　　在 VPLS 网络中，CE 间报文的传输依赖于 PE 上配置的 VSI 与 PW 之间的映射关系。为了能够实现点到多点互通，通常是在 VPLS 网络中 PE 之间采用全连接方式，以此建立全连接的 PW，如图 8-3 所示。

　　在相同 VPN 中，各 PE 上要创建相同的 VSI（L2VPN 实例），然后在各 PE 上相同 VSI 间建立 PW。图 8-3 中包括了两个 VPN 网络，即 VSI 1 和 VSI 2，均创建在 3 个 PE

上，然后同时在各 PE 的相同 VSI 间建立了 PW，实现同一 VPN 网络中的多个 CE 所连接 Site 的用户间互通。

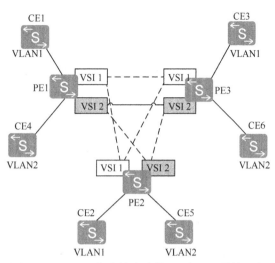

图 8-3　VPLS 网络中的全连接 PE 和 PW 结构示意

要实现类似以太网交换机的二层交换功能，在接入用户 Site 的 PE 设备上也必须有相应的二层 MAC 地址学习功能和相应的报文转发机制。所以在 VPLS 网络中，PE 要能在转发报文的同时学习报文中的源 MAC 地址，并建立对应的 MAC 转发表项（类似以太网交换机中的 MAC 地址表项），完成 MAC 地址与 L2VPN 实例（VSI）、用户接入接口（AC 接口）和虚链路（PW）的映射关系，这就是表 8-1 中所说的"转发器"。

AC 接口就可以看成是用户接入二层以太网交换机的以太网端口，PW 就相当于交换机内部的矩阵链路，连接了各 PE 中同 VPN 网络中的 AC 接口，最终实现同一 VPN 网络中的各 Site 中的用户可以直接进行二层通信，就像连接在同一台二层以太网交换机上一样。

8.1.3　VPLS 的报文转发原理

VPLS 主要是通过 MPLS 封装的，同时结合 CE 侧的 MAC 地址学习功能将 MPLS 骨干网模拟成一台二层交换机，并以不同的 VSI 对不同 CE 间的通信进行标识，此时不同的 VSI 就相当于二层交换机的不同 VLAN 标签。

CE 通过 AC 发送的报文在到达 PE 后要先封装两层 MPLS 标签（外层为 Tunnel 标签，内层为 VC 标签），同时，PE 要基于 AC 接口和 VSI 学习源 CE 的 MAC 地址，构建对应的 VPLS MAC 地址表；用户报文在通过 PW 传输前，还要在 PW 侧接口上对要传输的 MPLS 报文重新进行二层封装，加装新的二层以太网报头（源/目的 MAC 地址分别为源/目的端 PE 的 PW 侧接口 MAC 地址）。

PE 之间的 VPLS PW 建立成功后，在同一个 VSI 内，连接到不同 PE、AC 上的 CE 如果共处同一个 IP 子网，通信后完全可以在本地 ARP 表中看到其他 CE 的 ARP 表项。

在 VPLS 网络的整个报文转发过程中，PE 设备是其中的关键，它负责整个报文转发的所有功能实现，包括 VSI 成员发现、报文封装和解封装，以及报文的转发。这些功能分布在 PE 的控制平面和数据平面上。

VPLS PE 的控制平面主要实现 PW 的建立功能，包括。

■　成员发现：找到同一 VSI 中所有其他 PE 的过程。可以通过手工配置的方式实现，也可以使用协议自动完成，如 BGP 方式、BGP AD 方式的 VPLS。使用协议自动完成的发现方式称为"自动发现"。

■　信令机制：在同一 VSI 的 PE 之间建立、维护和拆除 PW 的任务是由信令协议完成的，包括 LDP 和 BGP。

VPLS PE 的数据平面主要实现 PW 的报文转发功能，包括。

■　报文封装：从 CE 收到以太网报文后，PE 首先进行 MPLS 封装（先加装两层标签，然后再进行二层封装），然后才会发送到 VPLS 网络上。

■　报文转发：根据以太网报文是从哪个 AC 接口上接收的，以及报文中的目的 MAC 地址（从转发器中选定对应的 PW）决定如何转发报文。

■　报文解封装：PE 从 VPLS 网络上收到 MPLS 报文后，先要对其进行解封装，还原为原始的以太网报文后再下发到目的 CE。

下面以图 8-2 中 VPN1 的 CE1 到 CE3 的通信为例介绍 VPLS 网络中基本的报文转发流程。

（1）当 PE1、PE2、PE3 同属同一个 VPLS 域时，他们要彼此相互连接，这样才能使得位于 VPN1 中的 CE1、CE3、CE5 对应的用户站点互通。通过 VSI 将接入 VPLS 的 AC 链路映射到对应的 PW 上，生成该 VSI 的转发器。

（2）CE1 接收 Site1 用户的二层以太网报文后，通过 AC 链路送入 PE1。

（3）PE1 收到报文后发现是 VPLS 接入，则根据报文中的目的 MAC 地址在转发器中选定转发该报文的 PW。

【经验提示】在一个转发器中可以有多个 AC 接口、目的 MAC 地址、PW 之间的映射表项，作为与不同 CE 通信的转发表项。因为 VPLS 是支持点到多点通信的，所以源端 CE 可以与多个不同 CE 进行通信，而发送到不同 CE 所用的 PW 是不一样的，需要从转发器中选定。

（4）PE1 根据选定的 PW 的转发表项，以及本地 PE 与对端 PE 间建立的公网隧道信息生成两层 MPLS 标签。内层私网标签用于标识 PW，即 VC 标签，外层公网标签用于穿越公网隧道到达 PE2，即 Tunnel 标签；然后再对生成的 MPLS 报文进行二层封装，即在外层 Tunnel 标签前面再加装新的二层报头（源/目的 MAC 地址分别为源/目的端 PE 接口的 MAC 地址），而原来的整个以太网报文都当作"数据"部分。

（5）二层 MPLS 报文经公网隧道到达 PE2 时，如果 PE2 为该公网隧道所分配的公网 Tunnel 标签支持 PHB 特性，则公网 Tunnel 标签已于倒数第二跳弹出，故此时外层标签为私网 VC 标签。

（6）然后，PE2 先根据报文中的私网 VC 标签选定转发报文的 VSI（每个 VSI 中 VC 分配的私网 VC 标签是唯一的），再根据选定的 VSI 选择对应的转发器，在转发器中根据报头的目的 MAC 地址查找对应的转发表项，然后在同时去掉新封装的二层报头、剥离私网 VC 标签后，将还原出的原始二层以太网报文转发到目的 CE3。

8.1.4　VPLS 报文的封装方式

在 VPLS 网络中，来自用户的报文在进入 PW 传输前要分别在 AC 侧接口和 PW 侧接口上进行封装。

1. AC 上的报文封装方式

AC 上的报文封装方式由用户的接入方式决定。见表 8-2，用户接入方式可以分为 VLAN 接入和 Ethernet 接入两种，主要区别是以太网报文是否携带 P-Tag。默认情况下，用户的接入方式为 VLAN 接入。

表 8-2　　　　　　　　　　　　　　　AC 上报文的封装方式

AC 上的报文封装方式	说明
VLAN 接入	**CE 发送到 PE，或 PE 发送到 CE 的以太网报头带有一个 ISP 用于区分用户的 P-Tag**。该标签属于 ISP 中的 VLAN 标签，但在 CE 上已打上，可通过 QinQ、VLAN 映射等实现
Ethernet 接入	**CE 发送到 PE，或 PE 发送到 CE 的以太网报头中不带 P-Tag**。如果此时报头中有 VLAN 标签，则它只是用户报文的内部 VLAN 标签，称为 U-Tag。U-Tag 是该报文在发送到 CE 前已携带，而不是在 CE 打上的，用于 CE 区分该报文所属的 VLAN，对于 PE 设备没有意义

2. PW 上的报文封装方式

PW 由 PW ID 和 PW 封装类型唯一标识，两端 PE 设备通告的 PW ID 和 PW 封装类型必须相同。PW 上的报文封装方式可以分为 Raw 模式和 Tagged 模式两种，主要区别是他们在对从 CE 发送到 PE 的以太网报文，以及从 PE 发送到 CE 的以太网报文中的 P-Tag 处理方式不同，见表 8-3。默认情况下，PW 上的报文封装使用 Tagged 模式。

表 8-3　　　　　　　　　　　　　　　PW 上的报文封装方式

PW 上的报文封装方式	描述
Raw 模式	● **PW 上传输的报文不能携带 P-Tag。** ● 对于 CE 发送到 PE 的报文，如果报文中携带 P-Tag，则将 P-Tag 去除，之后再打上两层 MPLS 标签（外层为 Tunnel 标签，内层为 VC 标签）后转发；如果报文中不携带 P-Tag，则直接打上两层 MPLS 标签后转发。 ● 对于 PE 发送到 CE 的报文，PE 根据实际配置选择添加或不添加 P-Tag 后转发给 CE，但是它不允许重写或移除报文中已经存在的任何 **Tag**
Tagged 模式	● **PW 上传输的报文必须携带 P-Tag。** ● 对于 CE 发送到 PE 的报文，如果报文中携带 P-Tag，则不去除 P-Tag，而是直接打上两层 MPLS 标签（外层为 Tunnel 标签，内层为 VC 标签）后转发；如果报文中不带 **P-Tag**，则添加一个空 **Tag** 后，再打上两层 **MPLS** 标签后转发。 ● 对于 PE 发送到 CE 的报文，PE 根据实际配置**选择重写、去除、或保留 P-Tag** 后转发给 CE

8.1.5　VPLS 的报文封装/解封装流程

8.1.4 节介绍的 AC 和 PW 上的两种报文封装方式可以交叉组合。以下仅以 Ethernet 接入 Raw 模式（不带 U-Tag）和 VLAN 接入 Tagged 模式（带有 U-Tag）方式为例，说明报文的交互过程。

1. Ethernet 接入 Raw 模式（不带 U-Tag）情形下的报文封装/解封装流程

结合表 8-2 和表 8-3 的分析可知，Ethernet 接入 Raw 模式组合方式中，报文从 CE 进入到 PE，或者从 PE 进入到 CE 都不带 P-Tag，如果报文中有 VLAN 标签，也只是 U-Tag；进入 PW 的报文不带 P-Tag。这样一来，在 PE、CE 或 PW 中的报文最多只带一层用户 VLAN 标签（也可能没有 VLAN 标签）。

如图 8-4 所示，AC 采用 Ethernet 封装，PW 采用 Raw 模式。假设从 CE 发送到 PE 的报文中不含有 U-Tag，即报文中不携带任何 VLAN 标签，此时报文的交互过程如下。

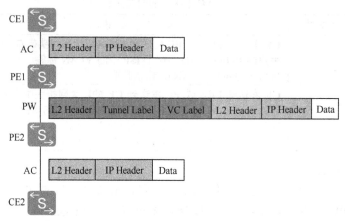

图 8-4　Ethernet 接入 Raw 模式（不带 U-Tag）情形的 VLPS 报文封装/解封装流程

（1）CE1 发送二层以太网报文到 PE1，该报文不含 U-Tag，也不带 P-Tag。

（2）PE1 收到报文后，根据报头中的目的 MAC 地址在转发器中选定转发报文所用的 PW。由于 PW 采用 Raw 模式，所以不会添加空的 P-Tag，直接根据 PW 的转发表项及对应的隧道信息，为该报文直接打上两层 MPLS 标签（外层为 Tunnel 标签，内层为 VC 标签），形成 MPLS 报文；然后重新进行二层封装，加装二层报头（L2 Header），源/目的 MAC 地址分别为 PW 中源/目的端 PE 接口的 MAC 地址，重新封装后的二层报文才可在 PW 中进行传输。

（3）PE2 收到从 PE1 发送来的 MPLS 报文后，先根据内层 VC 标签（外层 Tunnel 标签已于倒数第二跳弹出）查找对应的 VSI；再由 VSI 查找对应的转发器，在转发器中根据报头中的目的地址找到对应的转发表项；然后对收到的 MPLS 报文进行解封装，在同时去掉 PE1 上新封装的二层报头和剥离 VC 标签后，还原出原始的二层以太网报文。由于 AC 的报文封装方式为 Ethernet 接入方式，PW 为 Raw 封装模式，所以在转发到目的 CE2 的二层报文中不做任何标签处理，直接转发。

从 CE2 发往 CE1 的报文处理过程与上述过程类似，不再赘述。

2. VLAN 接入 Tagged 模式（带 U-Tag）情形下的 VPLS 报文封装/解封装流程

结合表 8-2 和表 8-3 的分析可知，VLAN 接入 Tagged 模式的组合中，从 CE 进入到 PE，或从 PE 进入到 CE，以及在 PW 中传输的报文带有 P-Tag。**如果 PE 收到的报文不带 P-Tag，则在进入 PW 传输前必须加上一个空的 P-Tag。**

如图 8-5 所示，AC 采用 VLAN 封装，PW 采用 Tagged 模式，假设从 CE 发送到 PE 的报文中同时带有 U-Tag 和 P-Tag。此时报文的交互过程如下。

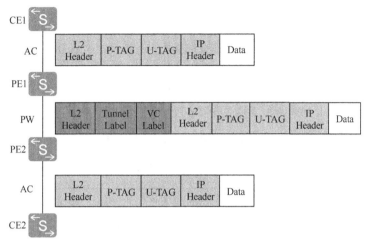

图 8-5　VLAN 接入 Tagged 模式（带 U-Tag）情形下的 VPLS 报文封装/解封装流程

（1）CE1 发送二层报文到 PE1，报文中同时包含 U-Tag 和 P-Tag。

（2）PE1 收到含 U-Tag 和 P-Tag 的报文时，其中 U-Tag 对于 PE1 没有意义，所以 PE1 不对 U-Tag 进行处理，而把它当作业务数据来对待。另外，由于 PW 是 Tagged 模式，要求发送到 PW 的报文必须带 P-Tag 传输，所以对由 PE1 进入到 PW 的二层报文中的 P-Tag 也不做处理。

（3）然后，PE1 根据报头中的目的 MAC 地址在转发器中选定转发该报文的 PW，再为该报文直接打上两层 MPLS 标签（外层为 Tunnel 标签，内层为 VC 标签），在经过 PW 传输前再在外层 MPLS 标签前重新封装新的二层报头（L2 Header），源/目的 MAC 地址分别是 PW 中源/目的端 PE 接口的 MAC 地址，重新封装后的二层报文才可在 PW 中进行传输。

（4）PE2 收到从 PE1 发送来的 MPLS 报文后，先根据内层 VC 标签（外层 Tunnel 标签已于倒数第二跳弹出）查找对应的 VSI，再由 VSI 查找对应的转发器，在转发器中根据报头中的目的地址找到对应的转发表项。然后对收到的 MPLS 报文进行解封装，在同时去掉 PE1 上新封装的二层报头和剥离 VC 标签后，还原出原始的二层以太网报文（仍保留了原来的 P-Tag 和 U-Tag）。由于 AC 的报文封装方式为 VLAN 接入方式，PW 的封装方式为 Tagged 模式，又由于还原出的二层以太网报文中已携带 P-Tagged，所以也可不对二层报文进行任何标签处理，直接转发到目的 CE2。

从 CE2 发往 CE1 的报文处理过程与上述过程类似，不再赘述。

8.1.6　VPLS 对报文中 P-Tag 的处理方式

根据 AC 接口的类型和 PW 封装方式的不同，系统对用户报文的处理方式也不同。8.1.5 节已介绍到，PW 有 Raw 和 Tagged 两种封装方式。不同 PW 封装方式对报文中的 P-Tag 的处理方式不同。

说明 当 VPLS 流量从 PE 的 AC 侧接口（物理接口）发送出去时，有如下两种情况，最终发送出去的报文也将剥离 P-Tag。

■ 接口类型为 Trunk，入口报文携带的 P-Tag 与接口配置的 PVID 相同。

■ 接口类型为 Hybrid，入口报文携带的 P-Tag 与接口配置的 untagged VLAN 或 PVID 相同。

1. 从 AC 进入 PW 的报文中 P-Tag 的处理方式

PE 对从 AC 进入 PW 的报文中的 P-Tag 处理方式见表 8-4。

表 8-4   PE 对从 AC 进入 PW 的报文中的 P-Tag 处理方式

PW 封装类型	对从 AC 进入 PW 的报文的处理
VLAN 封装	对报文中的 P-Tag 不做处理
Ethernet 封装	• 如果报文中存在 P-Tag，则删除报文中的 P-Tag • 如果报文中无 P-Tag，则对报文不做处理

2. 从 PW 进入 AC 的报文中 P-Tag 的处理方式

从 PW 进入 AC 就是要从 AC 接口向外发送报文，这时对报文中 P-Tag 的处理方式会受到 AC 接口类型的影响，具体见表 8-5，与 VLL 和 PWE3 中的处理方式有些不同，可以与第 5 章 5.1.4 节中的介绍进行比较。

表 8-5   PE 对从 PW 进入 AC 的报文中 P-Tag 的处理方式

AC 接口类型	对从 PW 进入 AC 的报文的处理
Ethernet 接口、GE 接口、XGE 接口、40GE 接口、100GE 接口、Eth-Trunk 接口	对报文不做处理
VLANIF 接口	• 如果报文中存在 P-Tag，则用该 VLANIF 接口的 VLAN ID 改写报文中的 P-Tag。 • 如果报文中无 P-Tag，则用该 VLANIF 接口的 VLAN ID 为报文添加 P-Tag
VLAN Stacking 子接口	• 如果报文中存在 P-Tag，则用 VLAN Stacking 子接口配置的外层 VLAN 标签改写报文中的 P-Tag。 • 如果报文中不存在 P-Tag，则对报文不做处理
VLAN Mapping 子接口	• 如果报文中存在 P-Tag，则改写报文中的 P-Tag。 • 如果报文中无 P-Tag，则为报文增加 P-Tag。 【说明】增加或者改写的 Tag 均为 VLAN Mapping 前的 VLAN 标签
Dot1q 子接口	• 对报文不做处理
Qinq 子接口	• 对报文不做处理

8.1.7   VPLS 的 MAC 地址管理

以太网的特点之一是对广播报文、组播报文和目的 MAC 地址未知的单播报文，将发送给本以太网段内的所有其他接口。VPLS 是一种基于以太网的 MPLS VPN 技术，它为用户网络模拟了一个二层以太网交换机。因此，为了能在 VPLS 网络中转发报文，PE 设备需要建立 CE 侧用户的 MAC 地址转发表，并基于 MAC 地址，或 MAC 地址和 VLAN

标签的结合来做出转发决策。

1. MAC 地址学习与泛洪实现过程

（1）MAC 地址学习

PE 设备通过动态 MAC 地址学习功能，对报文中的源 MAC 地址进行学习，建立对应的 VPLS MAC 地址转发表项，同时依据转发器建立 MAC 地址与对应 PW 的关联，以便把 CE 发送的报文从对应的 PW 中进行转发。

MAC 地址学习包括表 8-6 中的两种方式，但目前华为 S 系列交换机只支持 Unqualified 方式的 MAC 地址学习。

表 8-6　　　　　　　　　　　　VPLS 的两种 MAC 地址学习方式

MAC 地址学习方式	说明	特点
Qualified 方式	PE 根据用户以太网报文的源 MAC 地址和 VLAN 标签进行学习。这种模式下，每个用户 VLAN 形成自己的广播域，有独立的 MAC 地址空间	将广播域限制在用户 VLAN 中。由于从逻辑上看，MAC 地址变成了 MAC 地址+VLAN 标签，因此这种方式可以支持比较大的 FIB 转发表
Unqualified 方式	PE 仅学习用户以太网报文的源 MAC 地址。这种模式下，所有用户 VLAN 共享一个广播域和一个 MAC 地址空间，用户 VLAN 的 MAC 地址必须唯一，不能发生地址重叠	对应多个用户 VLAN 的 AC 侧接口是物理接口，该接口对应唯一的 VSI 实例

（2）泛洪

以太网处理未知地址的报文方式是广播，所以在 VPLS 中对收到未知单播地址、广播地址和组播地址的以太报文都采用泛洪方式，将收到的报文转发到其余所有接口。如果需要使用组播，PE 需要采取其他方法，比如 IGMP snooping。

（3）实现过程

MAC 地址学习的过程包含表 8-7 中的两个部分。

表 8-7　　　　　　　　　　　　VPLS 中的 MAC 地址学习过程

MAC 地址学习过程	说明
对用户侧报文的 MAC 地址学习	对于从 CE 上收到的报文，PE 将建立源 MAC 地址和 AC 侧接口之间的 MAC 映射关系，如图 8-6 中的 Port1
对 PW 侧报文的 MAC 地址学习	PW 包括两个方向的 MPLS VC，当且仅当两个方向的 MPLS VC 都建立起来后 PW 才能变成 Up 状态。当从 PW 侧收到源 MAC 未知的报文，则 PE 建立源 MAC 地址与收到该报文的 PW 间的映射关系

下面以图 8-6 的示例说明 PE 设备的 MAC 地址学习和泛洪的具体过程。图 8-6 中，PC1 和 PC2 都属于 VLAN10，PC1 想 Ping PC2 的 IP 地址 10.1.1.2，但 PC1 不知道该 IP 地址对应的 MAC 地址，于是与以太网环境一样，也是先需要发送 ARP 广播报文来查找目的 IP 地址对应的 MAC 地址。具体过程如下。

（1）PE1 从连接 CE1 的接口 Port1（Port1 属于 VLAN10）收到来自 PC1 的 ARP 广播报文，PE1 把 PC1 的 MAC 地址添加到在自己的 MAC 表项中。

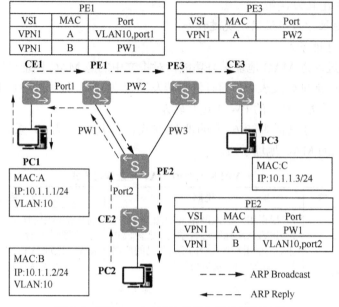

图 8-6　VPLS MAC 地址学习与泛洪过程示例

（2）因为 PE1 上并没有目的 MAC 地址对应的 MAC 表项，于是 PE1 继续向其他接口（此时 PW1 和 PW2 可以看成接口）泛洪，广播该 ARP 报文。

（3）PE2 从 PW1 上收到 PE1 转发的 PC1 上的 ARP 报文后，把 ARP 报文中的源 MAC 地址——PC1 的 MAC 地址添加到自己的 MAC 表项中。

（4）由于 VPLS 具有水平分割特点，即从公网侧 PW 收到的报文不再转发到其他 PW 上，而只能转发到私网侧，所以 PE2 只向连接 CE2 的接口转发该 ARP 报文，而不向 PW 上转发，即该 ARP 只发送给 PC2。

（5）PC2 收到 PE2 转发的 PC1 上的 ARP 报文，发现目的地址是自己，就发送 ARP Reply 报文给 PC1，目的 MAC 地址为 PC1 的 MAC 地址。

（6）PE2 从 Port2 接口收到 PC2 给 PC1 的 ARP Reply 报文后，添加 PC2 的 MAC 地址到自己的 MAC 表项中。由于 ARP Reply 报文中的目的地 MAC 是 PC1（MAC A），PE2 查询自己的 MAC 表后，往 PW1 发送 ARP Reply 报文。

（7）PE1 收到 PE2 转发来的 PC2 的 ARP Reply 报文，也一样添加 PC2 的 MAC 地址到自己的表项中，并查找 MAC 表，转发该 ARP Reply 报文到 PC1。

（8）PC1 收到 PC2 的 ARP Reply 报文，完成 MAC 地址的学习。

说明　PE1 向 PW1 广播该 ARP 报文的同时，PE1 也通过 PW2 向 PE3 发送 ARP 报文。PE3 收到来自 PE1 的 ARP 广播报文，添加 PC1 的 MAC 地址到自己的 MAC 表项中，根据水平分割的特性，PE3 也只向 PC3 发送该 ARP 报文，因为 PC3 不是该 ARP 的目的地址，所以 PC3 不回应 ARP Reply 报文。

2. MAC 地址回收

动态学习到的 MAC 地址必须有刷新和重学习的机制。VPLS 中提供了一种可选

MAC TLV（Type/Length/Value）的地址回收消息，收到这个消息的 PE 将根据 TLV 中指定的参数进行 MAC 地址的删除或者重新学习。如果 TLV 是指定的 MAC 地址为空，则删除此 VSI 下所有原来学习到的 MAC 地址，但不会删除接收这个消息的 PW 上学习到的 MAC 地址和用户侧 AC 的 MAC 地址。

在拓扑结构改变时为了能快速地移除 MAC 地址，可以使用地址回收消息。地址回收消息分为两类。

（1）带有 MAC 表项地址列表的消息

如果一条备份链路（AC 链路或者 VC 链路）变为活动状态后，感知到链路状态变化的 PE 会收到系统发送的带有重新学习 MAC 表项列表的通知消息。该 PE 收到此更新消息后，将更新 VPLS 实例的 FIB 表中对应的 MAC 表项，并将此消息发送给其他相关的 LDP 会话直连的 PE。

（2）不带 MAC 地址列表的消息

如果通知消息中包含空的 MAC 地址 TLV 列表（即不带 MAC 地址列表的回收消息），表示告知 PE 移除指定 VPLS 实例中的所有 MAC 地址，但是从发送此消息的 PE 处学习到的 MAC 地址除外。

3．MAC 地址老化

PE 学习到的 MAC 地址转发表项如果不再使用，需要有老化机制来移除。在指定时间内，未有流量触发 MAC 表项更新，则将该 MAC 表项老化。

8.1.8　VPLS 的环路避免机制

在以太网中，为了避免环路，一般的二层网络都要求使能 STP（生成树）协议。但是对使用 VPLS 的用户来说，不会感知到 ISP 的网络，因此在私网侧使能 STP 的时候，不能把 ISP 的网络考虑进来。因而 VPLS 中不能使用 STP 来避免二层环路，只能使用 PW 全连接和水平分割转发来避免。

■　PE 之间逻辑上全连接（PW 全连接），也就是每个 PE 必须为每一个 VPLS 转发实例创建一棵到该实例下的所有其他 PE 设备的树。

■　每个 PE 设备必须支持水平分割转发来避免环路。"水平分割转发"的意思是从公网侧 PW 收到的数据包不再转发到这个 VSI 关联的其他 PW 上，只能转发到私网侧，从 PE 收到的报文不转发到其他 PE。即要求任意两个 PE 之间通过直接相连的 PW 通信，而不能通过第三个 PE 设备中转报文，这也是 PE 之间需要建立全连接（PW 全连接）的原因。

PE 间全连接和水平分割一起保证了 VPLS 转发的可达性和无环路。但当 CE 到 PE 有多条连接，或连接到同一个 VPLS VPN 的不同 CE 间有直接连接时，VPLS 不能保证没有环路发生，需要使用其他方法来避环，如前面说到的 STP。对于用户来说，在 L2VPN 私网内运行 STP 协议是允许的，所有的 STP 的 BPDU 报文只是在 ISP 的网络上透传。

8.2　VPLS 的 PW 信令协议及工作原理

PW 信令协议主要有 LDP 和 BGP 两种。在这两种信令协议基础上实现的 VPLS 的方案又可以分为以下几种，它们之间的比较见表 8-8。
- LDP 方式的 VPLS。
- BGP 方式的 VPLS。
- BGP AD 方式的 VPLS。

表 8-8　　　　　　　　　三种 **VPLS** 实现方式的比较

类型	描述	特点	应用场景
LDP方式的 VPLS	采用 LDP 作为信令协议，也称为 Martini 方式的 VPLS，是应用最广的一种 VPLS 方案	• 协议比较简单，对 PE 设备要求低，不能提供 VPN 成员自动发现机制，需要手工配置。 • 在增加 PE 时需要在每个 PE 上都配置到新 PE 的 PW。 • 在每两个 PE 之间建立 LDP Session，其 Session 数与 PE 数的平方成正比。 • 当需要时才对每个 PE 分配一个标签，标签利用率高。 • 在跨域时，必须保证所有域中配置的 VSI 都使用同一个 VSI ID 值空间	适合用在 Site 点比较少，不需要或很少跨域的情况，特别是 PE 不运行 BGP 的时候
BGP 方式的 VPLS	采用 BGP 作为信令协议，也称为 Kompella 方式的 VPLS	• 要求 PE 设备运行 BGP，对 PE 设备要求高，可以提供 VPN 成员自动发现机制，用户使用简单。 • 在增加 PE 时只要 PE 没有超过标签块大小就不需要修改原有 PE 上的配置，只需配置新的 PE。 • 利用 RR（路由反射器）降低 BGP 连接数，从而提高网络的可扩展性。 • 分配一个标签块，对标签有一定浪费。 • 在跨域时，采用 VPN-Target 识别 VPN 关系，对跨域的限制较小	适合用在大型网络的核心层，PE 本身运行 BGP 以及有跨域需求的情况
BGP AD 方式的 VPLS	首先通过扩展的 BGP Update 报文来自动发现 VPLS 域中的其他成员信息，然后通过 LDP FEC 129 信令报文来完成本地 VSI 与远端 VSI 之间自动协商建立 VPLS PW	通过 VPLS 成员自动发现和 VPLS PW 的自动部署。 • 与 LDP 方式 VPLS 相比，网络新增站点时配置的工作量少。 • 与 BGP 方式 VPLS 相比，不仅节省本地的标签资源，而且能兼容与 PWE3 的互通	BGP AD 方式 VPLS 结合了 BGP 和 LDP 两种 VPLS 信令各自的优势

8.2.1　LDP 方式的 VPLS 工作原理

LDP 方式的 VPLS 也称 Martini 方式 VPLS，采用静态发现机制实现成员发现，采用 LDP 作为信令协议分配私网 VC 标签。这种方式通过扩展标准 LDP 的 TLV 来携带 VPLS 的信息，增加了 128 类型和 129 类型的 FEC TLV。建立 PW 时的标签发布方式采用 DU 模式，标签保持方式采用自由标签保持（Liberal Label Retention）模式。

1. PW 的建立流程

在 VPLS 中，利用 LDP 信令协议建立 PW 的过程如图 8-7 所示，具体说明如下。

（1）当 PE1 和 VSI 关联并指定 PE2 为其对端后，此时如果 PE1 和 PE2 之间的 LDP 会话已经建立，PE1 则采用 DU 方式主动向 PE2 发送标签映射消息，该消息中包含 PW ID

和与该 PW ID 绑定的 VC 标签（是作为 PE1 为 VC1 连接分配的接收 VC 标签，也将作为 PE2 为 VC1 分配的发送 VC 标签），以及 AC 接口参数。

（2）PE2 收到该标签映射消息后，会检查本地是否也和该 VSI 进行了关联。如果已经关联并且封装类型等参数也相同，则说明 PE1 和 PE2 的 VSI 都在同一个 VPN 内。此时 PE2 将接受标签映射消息，即单向 VC1 建立成功。

（3）同时，PE2 向 PE1 回应自己的标签映射消息，该消息中包含 PW ID 和与该 PW ID 绑定的 VC 标签（是作为 PE2 为 VC2 连接分配的接收 VC 标签，也将作为 PE1 为 VC2 分配的发送 VC 标签），以及 AC 接口参数。PE1 收到 PE2 的标签映射消息后作同样的检查和处理，最终也成功建立 VC2。

2．PW 的拆除流程

利用 LDP 信令协议拆除 PW 的过程如图 8-8 所示，具体说明如下。

（1）当 PE1 取消指定 PE2 为其对端后，PE1 会向 PE2 发送标签撤除消息（Label Withdrawal Message），PE2 收到该消息后拆除 VC1，并向 PE1 回应标签释放消息（Label Release Message）。

（2）PE1 收到标签释放消息后，释放标签并拆除 VC2。

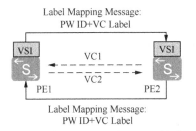

图 8-7　LDP 信令协议建立 PW 的过程

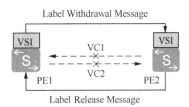

图 8-8　利用 LDP 信令协议拆除 PW 的过程

8.2.2　BGP 方式的 VPLS 工作原理

BGP 方式的 VPLS 也称 Kompella 方式 VPLS，采用动态发现机制实现成员发现，使用 BGP 作为信令协议分配私网 VC 标签。这种方式利用 BGP 的多协议扩展（MP-BGP）传递 VPLS 成员信息，其中 MP-REACH 和 MP-UNREACH 属性传递 VPLS 的标签信息，接口参数信息在扩展团体属性中传递，VPN 成员关系靠 RD 和 VPN-Target 来确定，RD 和 VPN-Target 都在扩展团体属性中传递。

1．PW 的建立流程

在 VPLS 中，利用 BGP 信令协议建立 PW 的过程如图 8-9 所示，具体说明如下。

（1）当 PE1 和 VSI 关联并指定 PE2 为其对端后，此时如果 PE1 和 PE2 之间的 BGP 会话已经建立，PE1 则向 PE2 发送携带 MP-REACH 属性的 Update 消息，包括本端 Site ID 和未到达本端 PE 的 VC 分配的标签块信息。

（2）PE2 收到该 Update 消息后，根据自己的 Site ID 和报文中的标签块，计算出唯一的一个标签值，作为从 PE2 到 PE1 的 VC 连接 VC 标签，此时单向 VC1 建立成功。同时，PE2 根据报文中携带的 Site ID 和本地标签块，也可以得到 PE1 到 PE2 的 VC 连接的 VC 标签值，并向 PE1 发送 Update 消息，PE1 收到 PE2 的 Update 消息后作同样的检查和处理，最终也成功建立 VC2。

2. PW 的拆除流程

在 VPLS 中，利用 BGP 信令协议拆除 PW 的过程如图 8-10 所示，具体说明如下。

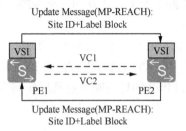

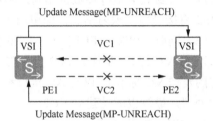

图 8-9　利用 BGP 信令协议建立 PW 的过程　　图 8-10　利用 BGP 信令协议拆除 PW 的过程

（1）当 PE1 取消指定 PE2 为其对端后，PE1 向 PE2 发送携带 MP-UNREACH 属性的 Update 消息，PE2 收到该消息后释放标签并拆除 VC1，同时向 PE1 回应携带 MP-UNREACH 属性的 Update 消息。

（2）PE1 收到标签释放消息后，释放标签并拆除 VC2。

8.2.3　BGP AD 方式的 VPLS 工作原理

随着 VPLS 技术的广泛应用，VPLS 的组网规模也越来越大，网络部署的配置量也越来越大。为了实现简化网络配置，业务自动部署，降低运营成本的实际需求，引入了 BGP AD VPLS 技术。

BGP AD VPLS 是 BGP Auto-Discovery VPLS 的简写，也称为 BGP 自动发现方式的 VPLS，是一种自动部署 VPLS 网络的新技术。BGP AD VPLS 是结合了 Kompella VPLS 和 Martini VPLS 两种类型的 VPLS 信令的优势而提出来的。他首先通过扩展的 BGP Update 消息来自动发现 VPLS 域中其他成员信息，然后通过 LDP FEC 129 信令报文来完成本地 VSI 与远端 VSI 之间自动协商建立 VPLS PW，完成 VPLS PW 业务的自动部署。

通过 VPLS 成员自动发现和 VPLS PW 的自动部署，减少了部署 VPLS 网络的配置工作量，实现了业务的自动部署，降低了客户的运营成本。此外，BGP AD 也支持 HVPLS（Hierarchical Virtual Private LAN Service，分级虚拟专用 LAN 服务），可以通过关闭水平分割功能，使该对等体在 HVPLS 网络中属于用户端。

BGP AD 方式 VPLS 涉及表 8-9 中的基本概念。

表 8-9　　　　　　　　　　　　BGP AD 方式 VPLS 中的基本概念

缩略语	英文全称	说明
VPLS ID	Virtual Private LAN Service ID	每个 VPLS 域的标识符
AGI	Attachment Group Identifier	相同 VPLS 域中不同 VSI 实例间用于协商的域标识符
AII	Attachment Individual Identifier	相同 VPLS 域中不同 VSI 实例间用于协商的 VSI 实例标识符
SAII	Source Attachment Individual Identifier	BGP-AD 方式 VSI 中进行 PW 协商时，携带的源附属 ID，即为 PW 信令协商时所使用的本端 IP 地址。PE 间非直连时，必须是本端 PE 的一个 Loopback 接口的 IP 地址

（续表）

缩略语	英文全称	说明
TAII	Target Attachment Individual Identifier	BGP-AD 方式 VSI 中进行 PW 协商时，携带的目的附属 ID，即为 PW 信令协商时所使用对端 IP 地址。PE 间百直连时，必须是对端 PE 的一个 Loopback 接口的 IP 地址
FEC 129	Forwording Equivalence Class 129	LDP 信令中新增的一个转发等价类（FEC）的类型

1．VPLS 成员发现阶段

VPLS 成员发现是建立 PW 的第一阶段，使用 BGP 协议进行，其交互过程和携带的信息如图 8-11 所示，具体描述如下。

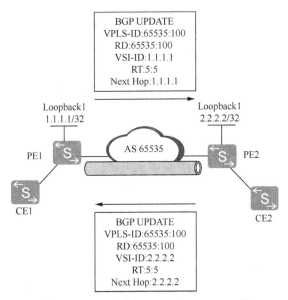

图 8-11　VPLS 成员发现的交互过程示意

（1）当在 PE1、PE2 上完成 VPLS ID、RD、RT（Router-Target）、VSI-ID 等参数的配置后，会将这些信息封装到 BGP 的 Update 消息中作为 BGP AD 报文，向 BGP 域内所有对端 PE 发送。

说明　在 BGP AD 方式 VPLS 中，RD 默认使用 VPLS ID 的值，所以可只需配置 VPLS ID 即可。因为 VSI ID 为本端的 LSR ID，所以也不需要手动配置。

（2）在 PE 接收到远端发送过来的 Update 报文后，会根据配置的 RT 策略对收到的 BGP AD 报文进行过滤。对于符合 RT 策略的 BGP AD 报文，PE 设备会从报文中获取远端 VSI 的信息，并将这些远端信息与本地配置生成的信息做比较。

（3）如果两端设备的 VSI 中的 VPLS ID 相同，则说明两个 VSI 属于同一个 VPLS 域，可以协商建立 PW，而且这两个 VSI 之间只能建立一条 PW。如果两端设备的 VSI 中的 VPLS ID 不同时，说明这两个 VSI 分属不同的 VPLS 域，则不能建立 PW。

2. VPLS PW 自动部署阶段

当完成 VPLS 成员发现后，则通过 LDP FEC 129 信令协商建立 PW，其交换过程和携带的信息如图 8-12 所示，具体描述如下。

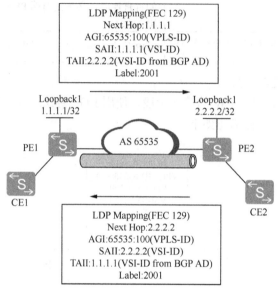

图 8-12　VPLS PW 自动部署过程示意

（1）当两台 PE 上的 VSI 属于相同 VPLS 域时，会根据到远端（BGP AD 报文中的 Next Hop 参数值）的 LDP 会话状态相互发起 LDP Mapping（FEC 129）信令，其中携带 AGI、SAII、TAII 和标签等信息。

（2）PE 接收到远端的 LDP Mapping 信令后，解析获取其中的 VPLS ID、PW Type（封装模式）、MTU、TAII 等信息，将这些信息与本地 VSI 的参数进行比较，如果 VPLS ID、PW Type 和 MTU 参数一致，TAII 信息为本端 PE 的 IP 地址，并且满足建立 PW 的条件时，以 LDP Mapping 信令中的 SAII 信息为目的地址创建到对端的 PW。

8.3　Martini 方式的 VPLS 配置与管理

Martini 方式的 VPLS 是利用 LDP 作为信令协议进行 VC 标签分配的，然后把 VSI 与对应的 AC 接口进行绑定，所以需要在 PW 两端的 PE 上分别进行如下配置。

（1）创建 VSI 并配置 LDP 信令。

（2）配置 VSI 与 AC 接口的绑定。

但在配置 Martini 方式的 VPLS 之前，需要完成以下任务。

- PE 和 P 上配置 LSR ID，使能 MPLS。
- 在 PE 上使能 MPLS L2VPN。
- PE 间建立传输数据时使用的隧道。
- PE 之间如果非直连，则需要建立远端 LDP 会话。

8.3.1　创建 VSI 并配置 LDP 信令

当使用 LDP 作为 PW 信令时，必须配置 VSI ID 后 VSI 才会生效。VSI ID 用于区分不同的 VSI，在 PW 信令协商阶段使用。创建 VSI 并配置 LDP 信令的步骤见表 8-10，需要在 PW 两端的 PE 上分别配置。

说明　当两台 PE 设备建立 LDP 方式的 PW，而一端是华为公司设备，另一端是其他厂商设备时，如果其他厂商设备不具备处理 L2VPN Label Request 信令的能力，则需要配置 **mpls l2vpn no-request-message** 命令，禁止华为公司设备向特定远端设备发送 L2VPN Label Request 信令的功能。该命令实现华为设备与其他厂商设备互通，其他情况不要配置该命令。

表 8-10　　　　　　　　　　　　创建 **VSI** 并配置 **LDP** 信令的步骤

步骤	命令	说明
1	**system-view** 例如：\<HUAWEI\> **system-view**	进入系统视图
2	**vsi** *vsi-name* **static** 例如：[HUAWEI] **vsi** company1 **static**	创建 VSI，使用静态成员发现机制。参数 *vsi-name* 用来指定创建的 VSI 实例的名称，字符串形式，不支持空格，区分大小写，取值范围是 1～31。当输入的字符串两端使用双引号时，可在字符串中输入空格。同一设备上不同 VSI 的名称不能重复。 【注意】每一个 VPLS 域都有一个 VSI。同一个 VPLS 域内。 ● 不同 **PE** 设备的 **VSI** 名称可以相同，也可以不同，但建议相同。就像在本书前文介绍的 BGP/MPLS IP VPN 方案中同一 VPN 网络中各 PE 上配置的 VPN 实例名可以相同，也可以不同。 ● 一台 **PE** 设备的一个 **VSI** 下只能配置唯一一个 **VSI ID** 或 **VPLS ID**。 ● 一台 PE 设备的一个 VSI 下可以指定多个对等体。 ● 为 VSI 实例指定成员发现方式后不可更改。如果需要更改 VSI 实例的成员发现方式，需删除该实例，重新创建实例后再指定成员发现方式。 缺省情况下，没有创建 VSI，可用 **undo vsi** *vsi-name* 命令删除指定的 VSI，但删除 VSI 后，对应的 VPLS 流量将中断
3	**pwsignal ldp** 例如：[HUAWEI-vsi-company1] **pwsignal ldp**	配置以上 VSI 的 PW 信令协议为 LDP，并进入 VSI-LDP 视图。如果 VSI 实例的成员发现方式配置为静态方式时，信令方式必须为 LDP。 【注意】VSI 实例的信令方式配置成功后，不可以更改。如果希望更改，必须先删除该 VSI 实例再创建一个新的 VSI 实例。 缺省情况下，没有配置 VSI 的信令方式

步骤	命令	说明
4	**vsi-id** *vsi-id* 例如：[HUAWEI-vsi-company1-ldp] **vsi-id** 10	配置以上 VSI 的标识符 VSI ID。参数 *vsi-id* 用于标识一个具体的 VSI 实例，整数形式，取值范围是 1～4294967295。 【注意】在 Maritini 方式 VPLS 中，配置 VSI ID 时要注意以下几个方面。 • 尽管两端的 VSI 名称可以不同，但同一 VSI 两端的 **VSI ID 的值必须一致，否则 VSI 无法建立成功。** • 任何两个 VSI 实例的 VSI ID 不能相同。 • 同一个 VPLS 域内所有设备的 VSI ID 应配置为相同。 • 一个 VSI 实例的 ID 配置成功后，不可以再更改。如果希望修改 VSI ID，必须先删除该 VSI 实例，在创建一个 VSI 实例后，重新配置 VSI ID。 缺省情况下，Martini 方式 VPLS 中没有配置 VSI ID
5	**peer** *peer-address* [**negotiation-vc-id** *vc-id*] [**tnl-policy** *policy-name*] [**upe**] 例如：[HUAWEI-vsi-company1-ldp] **peer** 10.3.3.3 **negotiation-vc-id** 10	配置以上 VSI 的对等体。执行该命令前，需要先按本表第 4 步配置 VSI 的 VSI ID。**本端有多个对等体时需要多次执行本命令分别配置。** 命令中的参数和选项说明如下。 • *peer-address*：指定对等体的 IPv4 地址，通常指定为对端 PE 担当 LSR-ID 的 Loopback 接口 IP 地址。 • **negotiation-vc-id** *vc-id*：可选参数，指定 vc-id，十进制整数形式，取值范围是 1～4294967295。不能与本端其他 VSI 配置的 VSI ID 相同，本端不同 VSI 到同一个 Peer 的 **negotiate-vc-id** 指定的 VC ID 也不能相同。**一般仅在两端 VSI ID 不同，但要求互通的情况才需要配置。** • **tnl-policy** *policy-name*：可选参数，指定用于该对等体的隧道策略名称，仅需要采用 MPLS TE 隧道，或要部署多隧道负载均衡时才需要配置，具体的隧道策略配置方法参见第 4 章 4.3 节。 • **upe**：可选项，用于标识该对等体是否是用户端的 PE，该参数适用于 HVPLS 应用场景。 缺省情况下，VSI 实例没有配置对等体，可用 **undo peer** *peer-address* [**negotiation-vc-id** *vc-id*] 命令删除指定 VSI 实例中的指定对等体
6	**peer** *peer-address* [**negotiation-vc-id** *vc-id*] **pw** *pw-name* 例如：[HUAWEI-vsi-company1-ldp] **peer** 10.1.1.1 **pw** pw1	创建到达指定对等体的 PW，并进入 VSI-LDP-PW 视图。如果已经创建了 PW，可直接在 VSI-LDP 视图下直接执行命令 **pw** *pw-name* 进入 VSI-LDP-PW 视图。命令中的 *peer-address* 和 **negotiation-vc-id** *vc-id* 参数与本表第 5 步的一样，参见即可。参数 *pw-name* 用来指定所创建的 PW 的名称，字符串形式，不支持空格，区分大小写，取值范围是 1～15。当输入的字符串两端使用双引号时，可在字符串中输入空格。PW 名称要求在同一 VSI 下唯一，在不同 VSI 下 PW 名称可以相同。 缺省情况下，没有创建 PW，可用 **undo peer** *peer-address* [**negotiation-vc-id** *vc-id*] **pw** 命令删除指定的 PW。但如果指定的 **negotiation-vc-id** *vc-id* 参数与使用 **vsi-id** 命令配置的 *vsi-id* 不同，那么使用 **undo peer** pw 命令删除该 PW 时，仍需携带参数 **negotiation-vc-id** *vc-id*，否则将无法删除该 PW

（续表）

步骤	命令	说明
7	**undo interface-parameter-type vccv** 例如：[HUAWEI-vsi-company1-ldp] **undo interface-parameter-type vccv**	（可选）删除 mapping 报文中携带接口参数中的 vccv 字节。仅当交换机 V100R006C00 及以后版本与使用 VRP V300R001 版本及所有分支版本的设备对接通信，且配置了 LDP 方式 VPLS 时，才需要配置本命令。 缺省情况下，mapping 报文中携带接口参数中的 vccv 字节，可用 **interface-parameter-type vccv** 命令恢复缺省情况
8	**quit** 例如：[HUAWEI-vsi-company1-ldp] **quit**	退回 VSI 视图
9	**encapsulation { ethernet | vlan }** 例如：[HUAWEI-vsi-company1] **encapsulation vlan**	（可选）配置指定 VSI 的 AC 接口的封装形式。命令中的选项说明如下。 ● **ethernet**：二选一选项，指定 AC 接口为 Ethernet 封装方式。当使用 QinQ 终结子接口或者 Dotlq 终结子接口绑定 VSI，作为 AC 接口时，VPLS 的封装方式不支持配置为 Ethernet。 ● **vlan**：二选一选项，指定 AC 接口为 VLAN 封装方式 缺省情况下，接口的封装类型为 VLAN，可用 **undo encapsulation ethernet** 命令恢复缺省封装方式

8.3.2　配置 VSI 与 AC 接口的绑定

根据 PE 与 CE 之间的链路类型，VSI 与 AC 接口的绑定操作有以下几种情形。

■ 绑定 VSI 到以太网接口：用于 PE 通过 Ethernet 接口、GE 接口、40GE 接口、100GE 接口或者 XGE 接口与 CE 连接的情况。

■ 绑定 VSI 到以太网子接口：用于 PE 通过 Ethernet 子接口、GE 子接口、40GE 子接口、100GE 子接口或者 XGE 子接口与 CE 连接的情况。子接口的类型可以是 dotlq 子接口、QinQ 子接口、VLAN mapping 子接口或者 VLAN stacking 子接口。

■ 绑定 VSI 到 VLANIF 接口：用于 PE 通过 VLANIF 接口与 CE 连接的情况。

■ 绑定 VSI 到 Eth-Trunk 接口：用于 PE 通过 Eth-Trunk 接口与 CE 连接的情况。

■ 绑定 VSI 到 Eth-Trunk 子接口：用于 PE 通过 Eth-Trunk 子接口与 CE 连接的情况。子接口的类型也可以是 dotlq 子接口、QinQ 子接口、VLAN mapping 子接口或者 VLAN stacking 子接口。

【说明】当使用 Ethernet 接口、GE 接口、XGE、40GE、100GE、Eth-trunk 接口作为 AC 接口时，不能包含子接口，默认 AC 上发送 PW 的报文中携带的外层 VLAN 标签为 U-Tag（该标签是被用户的设备插入，对 SP 无意义）。而当使用子接口或者 VLANIF 接口作为 AC 接口时，默认 AC 上发送 PW 的报文中携带的外层 VLAN 标签为 P-Tag（该标签是被业务提供商 SP 的设备插入，通常用于区分用户流量）。

1. 绑定 VSI 到以太网接口

如果 AC 接口为以太网接口，则要在 PW 两端的 PE 上进行表 8-11 所示的配置，绑定 VSI 与以太网接口。

表 8-11　　　　　　　　　　　　绑定 **VSI** 到以太网接口的配置步骤

步骤	命令	说明
1	**system-view** 例如：<HUAWEI> **system-view**	进入系统视图
2	**interface** *interface-type interface-number* 例如：[HUAWEI] **interface** gigabitethernet 1/0/2	进入担当 AC 接口的以太网接口的接口视图
3	**undo portswitch** 例如：[HUAWEI-GigabitEthernet1/0/2] **undo portswitch**	配置将以太网接口从二层模式切换为三层模式。 【说明】当使用交换机的 40GE 接口、100GE 接口、XGE 接口、GE 接口、Ethernet 接口、Eth-Trunk 接口作为 PE 的 AC 接口时，需要使用本命令将二层口切换为三层口。 执行本命令将接口转换为三层模式后，该接口并不会立即退出 VLAN1，只有当三层协议 Up 后，接口才会退出 VLAN1，但作为 AC 接口的三层以太网接口不需要配置 IP 地址。 S 系列以太网交换机的缺省情况，以太网接口工作在二层模式
4	**l2 binding vsi** *vsi-name* 例如：[HUAWEI-GigabitEthernet1/0/2] **l2 binding vsi** company2	将以太网接口与指定的 VSI 绑定。参数 *vsi-name* 用来指定与接口绑定的 VSI 实例的名称，必须已创建好。 【注意】如果对端 PE 设备的配置只允许接收携带 VLAN 标签的报文，则本端的以太网接口与 VSI 绑定之前，需要执行 **mpls l2vpn default vlan** 命令配置主接口的缺省 VLAN。 如果对端 PE 设备的配置需要接收多增加一层 VLAN 标签的报文，则本端的以太网接口与 VSI 绑定之前，需要执行 **mpls l2vpn vlan-stacking stack-vlan** *vlan-id* 命令配置主接口的 stack VLAN。 缺省情况下，接口没有与任何 VSI 实例进行绑定，可用 **undo l2 binding vsi** *vsi-name* 命令删除接口与指定 VSI 实例的绑定

2. 绑定 VSI 到以太网子接口

如果 AC 接口为以太网子接口，则要在 PW 两端的 PE 上进行表 8-12 所示的配置，绑定 VSI 与以太网子接口。

表 8-12　　　　　　　　　　　　绑定 **VSI** 到以太网子接口的配置步骤

步骤	命令	说明
1	**system-view** 例如：<HUAWEI> **system-view**	进入系统视图
2	**interface** *interface-type interface-number* 例如：[HUAWEI] **interface** gigabitethernet 1/0/1	进入以太网接口的接口视图
3	**port link-type** { **hybrid** | **trunk** } 例如：[HUAWEI-GigabitEthernet1/0/1] **port link-type trunk**	配置端口类型。仅 hybrid 和 trunk 类型接口支持配置子接口

（续表）

步骤	命令	说明
4	**quit** 例如：[HUAWEI-GigabitEthernet1/0/1] **quit**	退出接口视图
5	**interface** *interface-type interface-number.subinterface-number* 例如：[HUAWEI] **interface** gigabitethernet 1/0/1.1	进入担当 AC 接口的以太网子接口的接口视图
6	**dot1q termination vid** *low-pe-vid* 例如：[HUAWEI-GigabitEthernet1/0/1.1] **dot1q termination vid** 100	（多选一）配置子接口 dot1q 封装的单层 VLAN ID，即配置子接口对单层 VLAN ID 的终结功能。参数 *low-pe-vid* 用来指定要封装的单层 VLAN 标签对应的 VLAN ID，整数形式，取值范围是 2～4094。但所终结的 VLAN 不能在本地 PE 上全局创建，他们是用户 VLAN 【注意】单层 VLAN 标签终结功能具有以下特性。 ● Dot1q 终结子接口用于终结单层 VLAN 标签，可用于实现同 IP 网段中不同 VLAN 间互通，以及局域网和广域网的互联。 ● Dot1q 终结子接口在接收报文时会剥掉报文中携带的 VLAN 标签然后进行三层转发，从本地交换机上其他接口转发出去的报文是否携带 VLAN 标签由出接口决定；发送报文时，又将原来终结的 VLAN 标签添加到报文中后再发送。 ● Dot1q 终结子接口收到用户报文的 VLAN 标签值应该与在命令中指定的终结 VLAN ID 一致，否则该报文将被丢弃。 缺省情况，以太网子接口没有配置 Dot1q 终结的单层 VLAN ID，可用 **undo dot1q termination vid** *low-pe-vid* 命令用来取消子接口 Dot1q 终结的单层 VLAN ID
	qinq termination pe-vid *pe-vid* **ce-vid** *ce-vid1* [**to** *ce-vid2*] 例如：[HUAWEI-GigabitEthernet1/0/1.1] **qinq termination pe-vid** 100 **ce-vid** 200	（多选一）配置子接口 QinQ 封装的双层 VLAN ID，即配置子接口对两层 Tag 报文的终结功能。命令中的参数说明如下。 ● *pe-vid*：指定封装的外层标签对应的 VLAN ID，整数形式，取值范围是 2～4094。 ● **ce-vid** *ce-vid1* [**to** *ce-vid2*]：可选参数，指定封装的内层标签对应的 VLAN ID，*ce-vid1* 是用户报文内层 VLAN 标签对应的 VLAN ID 的取值下限，*ce-vid2* 是用户报文内层 VLAN 标签对应的 VLAN ID 的取值上限，ce-vid2 的取值必须大于等于 ce-vid1 的取值，但取值范围均是 1～4094。 【注意】双层 VLAN 标签终结功能具有以下特性。 ● QinQ 终结子接口用于终结双层 VLAN 标签,也可用于实现同 IP 网段中不同 VLAN 间互通以及局域网和广域网间的互联。 ● QinQ 终结子接口可以同时终结 VLAN 报文中的两层 VLAN 标签。接收报文时，剥掉报文中携带的两层 VLAN 标签后进行三层转发，从本地交换机上其他接

（续表）

步骤	命令	说明
	qinq termination pe-vid *pe-vid* **ce-vid** *ce-vid1* [**to** *ce-vid2*] 例如：[HUAWEI-GigabitEthernet1/0/1.1] **qinq termination pe-vid** 100 **ce-vid** 200	口转发出去的报文是否携带 VLAN 标签由出接口决定；发送报文时，将原来终结的两层 VLAN 标签添加到报文中后再发送。 ● QinQ 终结子接口收到的用户报文双层 VLAN 标签对应的 VLAN ID 均应该在本命令中指定 PE 和 CE 的 VLAN 标签范围内，否则该报文将被丢弃。 ● 所封装的双层 VLAN 标签对应的 VLAN 都不能在本地 PE 设备上全局创建，也不能查看该 VLAN 信息。 缺省情况，子接口没有配置对两层 Tag 报文的终结功能，可用 **undo qinq termination pe-vid** *pe-vid* **ce-vid** *ce-vid1* [**to** *ce-vid2*] 命令取消子接口对两层 Tag 报文的终结功能
6	**qinq mapping vid** *vlan-id1* [**to** *vlan-id2*] **map-vlan vid** *vlan-id3* 例如：[HUAWEI-GigabitEthernet1/0/1.1] **qinq mapping vid** 100 **map-vlan vid** 200	（多选一）配置子接口的单层 VLAN Mapping 功能，对用户侧上送的报文进行映射操作，将用户报文中携带的 VLAN 标签替换为指定的 VLAN 标签后再接入公网。命令中的参数说明如下。 ● **vid** *vlan-id1* **to** *vlan-id2*：指定子接口接收到的报文携带的一层 VLAN 标签对应的 VLAN ID。*vlan-id1* 是指定子接口接收到的报文携带的 VLAN 标签的 VLAN 范围段的起始值，*vlan-id2* 是指定子接口接收到的报文携带的 VLAN 标签的 VLAN 范围段的结束值。*vlan-id2* 必须大于等于 *vlan-id1*，它和 *vlan-id1* 共同确定一个范围。 ● **map-vlan vid** *vlan-id3*：指定映射后的 VLAN 标签对应的 VLAN ID，即替换后的 VLAN 标签。 【注意】单层 VLAN 标签映射功能具有以下几方面特性。 ● 单层 VLAN 标签映射可用于以下几种情形：①新局点和老局点部署的 VLAN ID 冲突，但是新局点需要与老局点互通；②接入公网的各个局点规划不一致，导致 VLAN ID 冲突，但是各个局点之间无需互通；③公网两端的 VLAN ID 规划不对称。 ● 本命令用来配置子接口单层 VLAN 映射，**只对入方向报文生效**，由该子接口发送的报文将进行反向去映射操作。 ● 子接口配置的转换前 VLAN 不能在本地 PE 上全局创建，也不能查看该 VLAN 信息。 ● 主接口和该主接口的子接口不能对同一 VLAN 进行 VLAN Mapping 或 VLAN Stacking 配置。 缺省情况下，子接口没有配置对报文中携带的 VLAN 标签进行的映射操作，可用 **undo qinq mapping vid** *vlan-id1* [**to** *vlan-id2*] **map-vlan vid** *vlan-id3* 命令取消子接口 1 to 1 的 QinQ Mapping 功能

（续表）

步骤	命令	说明
6	**qinq mapping pe-vid** *vlan-id1* **ce-vid** *vlan-id2* [**to** *vlan-id3*] **map-vlan vid** *vlan-id4* 例如：[HUAWEI-GigabitEthernet1/0/1.1] **qinq mapping pe-vid** 10 **ce-vid** 20 **map-vlan vid** 30	（多选一）配置子接口的双层 VLAN Mapping 功能，替换带有双层标签报文中的外层 VLAN 标签。命令中的参数说明如下。 ● **pe-vid** *vlan-id1*：指定子接口接收到的报文携带的外层标签对应的 VLAN ID。 ● **ce-vid** *vlan-id2* [**to** *vlan-id3*]：指定子接口接收到的报文携带的内层标签对应的 VLAN ID。 ● **map-vlan vid** *vlan-id4*：指定外层标签映射后的 VLAN 标签对应的 VLAN ID，即把报文中的原外层标签替换为本参数指定的 VLAN 标签。 【注意】双层 VLAN 标签中的外层 VLAN 标签映射功能具有以下几方面特性。 ● 双层 VLAN 标签中的外层 VLAN 标签映射也可用于以下几种情形：①新局点和老局点部署的 VLAN ID 冲突，但是新局点需要与老局点互通；②接入公网的各个局点规划不一致，导致 VLAN ID 冲突，但是各个局点之间无需互通；③公网两端的 VLAN ID 规划不对称。 ● 本命令用来配置子接口双层 VLAN 映射，只对外层 VLAN 标签进行映射（替换），内层 VLAN 标签不变，且该命令只对接口入方向报文生效，由该子接口发送的报文将进行反向去映射操作。 ● 子接口配置的转换前 VLAN 不能在全局创建，也不能查看该 VLAN 信息。 ● 主接口和该主接口的子接口不能对同一 VLAN 进行 VLAN Mapping 或 VLAN Stacking 配置。 缺省情况下，子接口没有配置对报文携带的 VLAN 标签进行映射操作，可用 **undo qinq mapping pe-vid** *vlan-id1* **ce-vid** *vlan-id2* [**to** *vlan-id3*] **map-vlan vid** *vlan-id4* 命令取消子接口替换携带双层标签的报文的外层 VLAN 标签
	qinq stacking vid *vlan-id1* [**to** *vlan-id2*] **pe-vid** *vlan-id3* 例如：[HUAWEI-GigabitEthernet1/0/1.1] **qinq stacking vid** 10 **to** 13 **pe-vid** 100	（多选一）配置子接口的 VLAN Stacking 功能，即在原单层 VLAN 标签报文中添加一个外层 VLAN 标签，实现双层 VLAN 标签封装。命令中的参数说明如下。 ● **vid** *vlan-id1* [**to** *vlan-id2*]：指定报文中原来的外层 VLAN，其中 *vlan-id1* 表示起始 VLAN，**to** *vlan-id2* 表示结束 VLAN。*vlan-id2* 的取值必须大于等于 *vlan-id1* 的取值，它和 *vlan-id1* 共同确定一个范围。 ● **pe-vid** *vlan-id3*：新添加的外层 VLAN 标签对应的 VLAN ID。 【注意】子接口配置的叠加前 VLAN 不能在本地 PE 上全局创建，也不能查看该 VLAN 信息。主接口和该主接口的子接口不能对同一 VLAN 进行 VLAN Mapping 或 VLAN Stacking 配置。 缺省情况下，子接口没有配置 Stacking 功能，可用 **undo qinq stacking vid** *vlan-id1* [**to** *vlan-id2*] **pe-vid** *vlan-id3* 命令取消子接口的 VLAN Stacking 功能

（续表）

步骤	命令	说明
7	**l2 binding vsi** *vsi-name* 例如：[HUAWEI-Ethernet1/0/0.1] **l2 binding vsi** company1	（多选一）将以上以太网子接口与 VSI 绑定。参数 *vsi-name* 用来指定用于与接口绑定的 VSI 实例的名称，必须已创建好。 【注意】当子接口配置了与 VSI 的绑定关系时，必须先删除子接口和 VSI 的绑定关系，才能删除子接口。当 VSI 实例的封装格式为 Ethernet 时，设备不支持子接口绑定该 VSI 实例。 缺省情况下，接口没有与任何 VSI 实例进行绑定，可用 **undo l2 binding vsi** *vsi-name* 命令删除接口到 VSI 实例的绑定

说明 在子接口配置上表中两 **qinq mapping vid** *vlan-id1* [**to** *vlan-id2*] **map-vlan vid** *vlan-id3*、**qinq mapping pe-vid** *vlan-id1* **ce-vid** *vlan-id2* [**to** *vlan-id3*] **map-vlan vid** *vlan-id4* 命令类似于在主接口配置用于替换携带双层 Tag 报文的外层 VLAN 标签或者同时替换两层 VLAN 标签的 **port vlan-mapping vlan** *vlan-id1* **inner-vlan** *vlan-id2* **map-vlan** *vlan-id4* [**map-inner-vlan** *vlan-id5*] 命令。区别在于。

■ 在子接口配置 QinQ Mapping 功能主要用于接入 L2VPN。

■ 在主接口配置 VLAN Mapping 功能主要用于二层城域网络互通，实现不同 VLAN 用户之间的互通。

■ QinQ Mapping 功能节省了大量的物理接口。

3. 绑定 VSI 到 VLANIF 接口

如果采用 VLNAIF 接口作为 AC 接口，则需在两端 PE 上进行表 8-13 所示的配置步骤，绑定 VSI 到 VLANIF 接口。

表 8-13　　　　　　绑定 VSI 到 VLANIF 接口的配置步骤

步骤	命令	说明
1	**system-view** 例如：<HUAWEI> **system-view**	进入系统视图
2	**interface vlanif** *vlan-id* 例如：[HUAWEI] **interface vlanif** 10	进入担当 AC 接口的 VLANIF 接口的接口视图
3	**l2 binding vsi** *vsi-name* 例如：[HUAWEI-Vlanif10] **l2 binding vsi** company1	（多选一）将以上 VLANIF 接口与 VSI 绑定。参数 *vsi-name* 用来指定与 VLANIF 接口绑定的 VSI 实例的名称，必须已创建好。 【注意】如果 VLAN 已经配置 IGMP Snooping 或者 MLD Snooping，该 VLAN 对应的 VLANIF 接口将不能作为 AC 接口。如果要将该接口与 VSI 绑定，需要先删除 VLAN 下的 IGMP Snooping 或者 MLD Snooping 配置。 缺省情况下，接口没有与任何 VSI 实例进行绑定，可用 **undo l2 binding vsi** *vsi-name* 命令删除接口到 VSI 实例的绑定

4. 绑定 VSI 到 Eth-Trunk 接口

如果采用 Eth-Trunk 接口作为 AC 接口，则需要在两端 PE 上进行表 8-14 所示的配置步骤，绑定 VSI 到 Eth-Trunk 接口。

表 8-14　　　　　　　　　　绑定 **VSI** 到 **Eth-Trunk** 接口的配置步骤

步骤	命令	说明
1	**system-view** 例如：\<HUAWEI\> **system-view**	进入系统视图
2	**interface eth-trunk** *trunk-id* 例如：[HUAWEI] **interface eth-trunk 2**	创建 Eth-Trunk。参数 *trunk-id* 用来指定 Eth-Trunk 编号，整数形式，取值范围是 0～127。 缺省情况下，未创建 Eth-Trunk 接口，可用 **undo interface eth-trunk** *trunk-id* 命令删除指定的 Eth-Trunk 接口
3	**quit** 例如：[HUAWEI-Eth-Trunk2] **quit**	返回系统视图
4	**interface** *interface-type interface-number* 例如：[HUAWEI] **interface gigabitethernet 1/0/1**	进入要捆绑到 Eth-Trunk 的成员接口的接口视图。 【注意】接口在加入 Eth-Trunk 时，接口的部分属性必须是缺省值，否则将无法加入。必须是缺省值的属性包括但不限于以下几点：接口的链路类型、最大广播流量百分比、最大组播流量百分比、最大未知单播流量百分比、所属 VLAN、VLAN-Mapping、VLAN-Stacking、QinQ 协议号、接口优先级、接口是否允许 BPDU 报文通过、MAC 地址学习功能、静态加入组播组、广播报文丢弃、未知组播报文丢弃和未知单播报文丢弃。而且成员接口不能配置静态 MAC 地址。同一个 Eth-Trunk 的所有成员接口的以上属性必须保持一致，不能单独修改。修改 Eth-Trunk 的以上属性，它所有成员接口的对应属性也相应改变。Trunk 接口不能嵌套，即成员接口不能是 Eth-Trunk
5	**eth-trunk** *trunk-id* 例如：[HUAWEI-GigabitEthernet1/0/1] **eth-trunk 2**	将当前接口加入前面创建好的 Eth-Trunk。 【注意】成员接口加入 Eth-Trunk 时，要注意以下几个方面。 ● 成员接口不能有 IP 地址等三层配置项，也不可以配置任何业务。 ● 一个以太网接口只能加入一个 **Eth-Trunk** 接口，如果需要加入其他 Eth-Trunk 接口，必须先退出原来的 Eth-Trunk 接口。 ● **一个 Eth-Trunk 接口中的成员接口必须是同一类型**，即 Ethernet 接口、40GE 接口、100GE 接口、GE 接口和 XGE 接口不能加入同一个 Eth-Trunk 接口。 ● 两端设备 Eth-Trunk 中包含的成员接口数目应该相等，而且两端设备的接口之间由直连网线连接。 缺省情况下，当前接口没有加入任何 Eth-Trunk，可用 **undo eth-trunk** 命令用来将当前接口从 Eth-Trunk 中删除。在删除 Eth-Trunk 的成员接口之前，建议首先使用 **shutdown**（接口视图）命令关闭成员接口

（续表）

步骤	命令	说明
6	**quit** 例如：[HUAWEI-GigabitEthernet1/0/1] **quit**	返回系统视图
7	**interface eth-trunk** *trunk-id* 例如：[HUAWEI] **interface eth-trunk** 2	进入 Eth-Trunk 接口视图
8	**undo portswitch** 例如：[HUAWEI-Eth-Trunk2] **undo portswitch**	配置将 Eth-Trunk 接口从二层模式切换为三层模式
9	**l2 binding vsi** *vsi-name* 例如：[HUAWEI-Eth-Trunk2] **l2 binding vsi** company1	（多选一）将以上 Eth-Trunk 接口与 VSI 绑定。参数 *vsi-name* 用来指定与 Eth-Trunk 接口绑定的 VSI 实例的名称，必须已创建好。 【注意】如果 VLAN 已经配置 IGMP Snooping 或者 MLD Snooping，该 VLAN 对应的 VLANIF 接口将不能作为 AC 接口。如果要将该接口与 VSI 绑定，需要先删除 VLAN 下的 IGMP Snooping 或者 MLD Snooping 配置。 缺省情况下，接口没有与任何 VSI 实例进行绑定，可用 **undo l2 binding vsi** *vsi-name* 命令删除接口到 VSI 实例的绑定

5. 绑定 VSI 到 Eth-Trunk 子接口

如果采用 Eth-Trunk 子接口作为 AC 接口，则需在两端 PE 上进行表 8-15 所示的配置步骤，绑定 VSI 到 Eth-Trunk 子接口。VSI 与 Eth-Trunk 子接口的绑定配置和以太网子接口与 VSI 的绑定配置差不多，Eth-Trunk 子接口也可以是 dot1q、QinQ、单层 VLAN Mapping、双层 VLAN Mapping 或 VLAN Stacking 封装类型。

表 8-15　　　　　绑定 **VSI** 到 **Eth-Trunk** 子接口的配置步骤

步骤	命令	说明
1	**system-view** 例如：<HUAWEI> **system-view**	进入系统视图
2	**interface eth-trunk** *trunk-id* 例如：[HUAWEI] **interface eth-trunk** 2	进入创建好的 Eth-Trunk 接口的接口视图
3	**port link-type** { **hybrid** | **trunk** } 例如：[HUAWEI-Eth-Trunk2] **port link-type trunk**	配置端口类型。仅 hybrid 和 trunk 类型接口支持配置子接口
4	**quit** 例如：[HUAWEI-Eth-Trunk2] **quit**	退出接口视图
5	**interface eth-trunk** *trunk-id.subnumber* 例如：[HUAWEI] **interface eth-trunk** 2.1	进入担当 AC 接口的 Eth-Trunk 子接口的接口视图
6	**dot1q termination vid** *low-pe-vid* 例如：[HUAWEI-Eth-Trunk2.1] **dot1q termination vid** 100	（多选一）配置子接口 dot1q 封装的单层 VLAN ID，即配置子接口对单层 VLAN ID 的终结功能。其他说明参见表 8-12 中的第 6 步对应命令

（续表）

步骤	命令	说明
6	**qinq termination pe-vid** *pe-vid* **ce-vid** *ce-vid1* [**to** *ce-vid2*] 例如：[HUAWEI-Eth-Trunk2.1] **qinq termination pe-vid** 100 **ce-vid** 200	（多选一）配置子接口 QinQ 封装的双层 VLAN ID，即配置子接口对两层 Tag 报文的终结功能。其他说明参见表 8-12 中的第 6 步对应命令
	qinq mapping vid *vlan-id1* [**to** *vlan-id2*] **map-vlan vid** *vlan-id3* 例如：[HUAWEI-Eth-Trunk2.1] **qinq mapping vid** 100 **map-vlan vid** 200	（多选一）配置子接口的单层 VLAN Mapping 功能，对用户侧上送的报文进行映射操作，将用户报文携带的 VLAN 标签替换为指定的 VLAN 标签后再接入公网。其他说明参见表 8-12 中的第 6 步对应命令
	qinq mapping pe-vid *vlan-id1* **ce-vid** *vlan-id2* [**to** *vlan-id3*] **map-vlan vid** *vlan-id4* 例如：[HUAWEI-Eth-Trunk2.1] **qinq mapping pe-vid** 10 **ce-vid** 20 **map-vlan vid** 30	（多选一）配置子接口的双层 VLAN Mapping 功能，替换带有双层标签的报文外层 VLAN 标签。其他说明参见表 8-12 中的第 6 步对应命令
	qinq stacking vid *vlan-id1* [**to** *vlan-id2*] **pe-vid** *vlan-id3* 例如：[HUAWEI-Eth-Trunk2.1] **qinq stacking vid** 10 **to** 13 **pe-vid** 100	（多选一）配置子接口的 VLAN Stacking 功能，即在原单层 VLAN 标签报文中添加一个外层 VLAN 标签，实现双层 VLAN 标签封装。其他说明参见表 8-12 中的第 6 步对应命令
7	**l2 binding vsi** *vsi-name* 例如：[HUAWEI-Eth-Trunk2.1] **l2 binding vsi** company1	（多选一）将以上以太网子接口与 VSI 绑定。其他说明参见表 8-12 中的第 7 步

8.3.3　Martini 方式 VPLS 的配置管理

已经完成 Martini 方式的 VPLS 功能的所有配置后，可通过以下 **display** 命令查看相关配置，验证配置效果。

■ **display vsi** [**name** *vsi-name*] [**verbose**]：查看指定或所有 VPLS 的 VSI 实例信息。

■ **display l2vpn ccc-interface vc-type** { **all** | *vc-type* } [**down** | **Up**]：查看指定或所有 L2VPN 连接使用的接口的信息。

■ **display vsi remote ldp** [[**router-id** *ip-address*] [**pw-id** *pw-id*] | **unmatch** | **verbose**]：查看指定或所有远程 VSI 实例的信息。

■ **display vpls connection** [**ldp** | **vsi** *vsi-name*] [**down** | **Up**] [**verbose**]：查看指定或所有 VPLS 连接信息。

■ **display vpls forwarding-info** [**vsi** *vsi-name* [**peer** *peer-address* [**negotiation-vc-id** *vc-id* | **remote-site** *site-id*]] | **state** { **Up** | **down** }] [**verbose**]：查看指定或所有 VSI 的转发信息。

■ **display vsi services** { **all** | *vsi-name* | **interface** *interface-type interface-number* | **vlan** *vlan-id* }：查看与所有或指定 VSI 相关联的 AC 接口信息。

■ **display vsi pw out-interface** [**vsi** *vsi-name*]：查看指定或所有 VSI PW 的出接口信息。

■ **display l2vpn vsi-list tunnel-policy** *policy-name*：查看 VSI 引用的隧道策略信息。

■ **ping vpn-config peer-address** *peer-address* **vsi-name** *vsi-name* [**pw-id** *pw-id*]

[**local**] [**remote**]：查看对端 PE 的 VSI 配置信息。

■ **display mpls label-stack vpls vsi** *vsi-name* **peer** *peer-ip-address* **vc-id** *vc-id*：查看 VPLS 场景下标签栈信息。

8.3.4 以 VLANIF 接口为 AC 接口的 Martini 方式 VPLS 配置示例

如图 8-13 所示，某企业机构自建骨干网。分支 Site 站点较少（举例中只列出 2 个站点，其余省略），分支 Site1 使用 CE1 连接 PE1 设备接入骨干网，分支 Site2 使用 CE2 连接 PE2 接入骨干网。现在 Site1 和 Site2 的用户需要进行二层业务互通，同时要求在穿越骨干网时保留二层报文中用户信息。

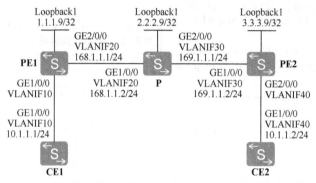

图 8-13 以 VLANIF 接口为 AC 接口 Martini 方式 VPLS 配置示例的拓扑结构

1. 基本配置思路分析

因为本示例要求在穿越骨干网时保留二层报文的用户信息（如 VLAN 信息），还要允许多个 Site 站点有用户能够相互进行二层通信，故需要使用 VPLS 技术在骨干网透传二层报文。本示例采用 VLANIF 接口作为 AC 接口，其基本配置思路如下。

（1）按图 8-13 中标注，在各设备上创建所需的 VLAN，把各接口加入对应的 VLAN 中，并配置各接口 IP 地址（包括 Loopback 接口，但担当 AC 接口的 VLANIF 接口除外）和骨干网各节点的 OSPF 协议，实现骨干网三层互通。

（2）在骨干网各节点配置 MPLS 基本功能和 LDP 协议。

（3）在 PE1 和 PE2 之间建立远端 LDP 会话。

（4）在 PE 上使能 MPLS L2VPN，创建 VSI，指定信令为 LDP。

（5）在 PE 将 VSI 与担当 AC 接口的对应 VLANIF 接口进行绑定。

2. 具体配置步骤

（1）配置各设备的 VLAN、接口 IP 地址和骨干网 OSPF 协议。

\# CE1 上的配置。GE1/0/0 接口允许 VLAN 10 通过。

```
<HUAWEI> system-view
[HUAWEI] sysname CE1
[CE1] vlan 10
[CE1-vlan10] quit
[CE1] interface vlanif 10
[CE1-Vlanif10] ip address 10.1.1.1 255.255.255.0
[CE1-Vlanif10] quit
[CE1] interface gigabitethernet 1/0/0
```

```
[CE1-GigabitEthernet1/0/0] port link-type trunk
[CE1-GigabitEthernet1/0/0] port trunk allow-pass vlan 10
[CE1-GigabitEthernet1/0/0] quit
```

　　#　PE1 上的配置。要创建担当 AC 接口的 VLANIF10 接口，但无需为它配置 IP 地址，然后配置公网 OSPF 路由。

```
<HUAWEI> system-view
[HUAWEI] sysname PE1
[PE1] vlan batch 10 20
[PE1] interface vlanif 10
[PE1-Vlanif10] quit
[PE1] interface vlanif 20
[PE1-Vlanif20] ip address 168.1.1.1 255.255.255.0
[PE1-Vlanif20] quit
[PE1] interface gigabitethernet 1/0/0
[PE1-GigabitEthernet1/0/0] port link-type trunk
[PE1-GigabitEthernet1/0/0] port trunk allow-pass vlan 10
[PE1-GigabitEthernet1/0/0] quit
[PE1] interface gigabitethernet 2/0/0
[PE1-GigabitEthernet2/0/0] port link-type trunk
[PE1-GigabitEthernet2/0/0] port trunk allow-pass vlan 20
[PE1-GigabitEthernet2/0/0] quit
[PE1] interface loopback 1
[PE1-LoopBack1] ip address 1.1.1.9 255.255.255.255
[PE1-LoopBack1] quit
[PE1] ospf 1
[PE1-ospf-1] area 0.0.0.0
[PE1-ospf-1-area-0.0.0.0] network 1.1.1.9 0.0.0.0
[PE1-ospf-1-area-0.0.0.0] network 168.1.1.0 0.0.0.255
[PE1-ospf-1-area-0.0.0.0] quit
[PE1-ospf-1] quit
```

注意　避免将 PE 上 AC 侧的物理接口（如 PE1 的 GE1/0/0）和 PW 侧的物理接口（如 PE1 的 GE2/0/0）加入相同的 VLAN 中，否则可能引起环路。

　　#　P 上的配置。要同时配置公网 OSPF 路由。

```
<HUAWEI> system-view
[HUAWEI] sysname P
[P] vlan batch 20 30
[P] interface vlanif 20
[P-Vlanif20] ip address 168.1.1.2 255.255.255.0
[P-Vlanif20] quit
[P] interface vlanif 30
[P-Vlanif30] ip address 169.1.1.1 255.255.255.0
[P-Vlanif30] quit
[P] interface gigabitethernet 1/0/0
[P-GigabitEthernet1/0/0] port link-type trunk
[P-GigabitEthernet1/0/0] port trunk allow-pass vlan 20
[P-GigabitEthernet1/0/0] quit
[P] interface gigabitethernet 2/0/0
[P-GigabitEthernet2/0/0] port link-type trunk
[P-GigabitEthernet2/0/0] port trunk allow-pass vlan 30
[P-GigabitEthernet2/0/0] quit
[P] interface loopback 1
```

```
[P-LoopBack1] ip address 2.2.2.9 255.255.255.255
[P-LoopBack1] quit
[P] ospf 1
[P-ospf-1] area 0.0.0.0
[P-ospf-1-area-0.0.0.0] network 2.2.2.9 0.0.0.0
[P-ospf-1-area-0.0.0.0] network 168.1.1.0 0.0.0.255
[P-ospf-1-area-0.0.0.0] network 169.1.1.0 0.0.0.255
[P-ospf-1-area-0.0.0.0] quit
[P-ospf-1] quit
```

\# PE2 上的配置。要创建担当 AC 接口的 VLANIF40 接口，但无需为它配置 IP 地址，然后配置公网 OSPF 路由。

```
<HUAWEI> system-view
[HUAWEI] sysname PE2
[PE2] vlan batch 30 40
[PE2] interface vlanif 40
[PE2-Vlanif40] quit
[PE2] interface vlanif 30
[PE2-Vlanif30] ip address 169.1.1.2 255.255.255.0
[PE2-Vlanif30] quit
[PE2] interface gigabitethernet 1/0/0
[PE2-GigabitEthernet1/0/0] port link-type trunk
[PE2-GigabitEthernet1/0/0] port trunk allow-pass vlan 30
[PE2-GigabitEthernet1/0/0] quit
[PE2] interface gigabitethernet 2/0/0
[PE2-GigabitEthernet2/0/0] port link-type trunk
[PE2-GigabitEthernet2/0/0] port trunk allow-pass vlan 40
[PE2-GigabitEthernet2/0/0] quit
[PE2] interface loopback 1
[PE2-LoopBack1] ip address 3.3.3.9 255.255.255.255
[PE2-LoopBack1] quit
[PE2] ospf 1
[PE2-ospf-1] area 0.0.0.0
[PE2-ospf-1-area-0.0.0.0] network 3.3.3.9 0.0.0.0
[PE2-ospf-1-area-0.0.0.0] network 169.1.1.0 0.0.0.255
[PE2-ospf-1-area-0.0.0.0] quit
[PE2-ospf-1] quit
```

\# CE2 上的配置。GE1/0/0 接口允许 VLAN 40 通过。

```
<HUAWEI> system-view
[HUAWEI] sysname CE2
[CE2] vlan 10
[CE2-vlan10] quit
[CE2] interface vlanif 10
[CE2-Vlanif10] ip address 10.1.1.2 255.255.255.0
[CE2-Vlanif10] quit
[CE2] interface gigabitethernet 1/0/0
[CE2-GigabitEthernet1/0/0] port link-type trunk
[CE2-GigabitEthernet1/0/0] port trunk allow-pass vlan 40
[CE2-GigabitEthernet1/0/0] quit
```

以上配置完成后，在 PE1、P 和 PE2 上执行 **display ip routing-table** 命令可以看到学习到彼此的路由。

（2）配置骨干网各节点上的 MPLS 基本能力和 LDP。

\# PE1 上的配置。

```
[PE1] mpls lsr-id 1.1.1.9
[PE1] mpls
[PE1-mpls] quit
[PE1] mpls ldp
[PE1-mpls-ldp] quit
[PE1] interface vlanif 20
[PE1-Vlanif20] mpls
[PE1-Vlanif20] mpls ldp
[PE1-Vlanif20] quit
```

#　P 上的配置。

```
[P] mpls lsr-id 2.2.2.9
[P] mpls
[P-mpls] quit
[P] mpls ldp
[P-mpls-ldp] quit
[P] interface vlanif 20
[P-Vlanif20] mpls
[P-Vlanif20] mpls ldp
[P-Vlanif20] quit
[P] interface vlanif 30
[P-Vlanif30] mpls
[P-Vlanif30] mpls ldp
[P-Vlanif30] quit
```

#　PE2 上的配置。

```
[PE1] mpls lsr-id 3.3.3.9
[PE1] mpls
[PE1-mpls] quit
[PE1] mpls ldp
[PE1-mpls-ldp] quit
[PE1] interface vlanif 30
[PE1-Vlanif30] mpls
[PE1-Vlanif30] mpls ldp
[PE1-Vlanif30] quit
```

（3）在 PE1 和 PE2 之间建立远端 LDP 会话。假设两 PE 均处于 AS 100 中。

#　PE1 上的配置。

```
[PE1] mpls ldp remote-peer 3.3.3.9
[PE1-mpls-ldp-remote-3.3.3.9] remote-ip 3.3.3.9
[PE1-mpls-ldp-remote-3.3.3.9] quit
```

#　PE2 上的配置。

```
[PE1] mpls ldp remote-peer 1.1.1.9
[PE1-mpls-ldp-remote-1.1.1.9] remote-ip 1.1.1.9
[PE1-mpls-ldp-remote-1.1.1.9] quit
```

以上配置完成后，在 PE1、P 和 PE2 上执行 **display mpls ldp session** 命令可以看到 PE1 和 P 之间或 PE2 和 P 之间的对等体 Status 项为"Operational"，即对等体关系已建立。执行 **display mpls lsp** 命令可以看到 LSP 的建立情况。

（4）在两 PE 上使能 MPLS L2VPN，创建 VSI 并配置 LDP 信令。VSI 名称为 a2（两端 PE 上配置的 VSI 名称可以相同，也可以不同），VSI ID 为 2（**同一 VPLS 网络中两端 PE 配置的 VSI ID 必须一致**）。

#　PE1 上的配置。

```
[PE1] mpls l2vpn
[PE1-l2vpn] quit
[PE1] vsi a2 static
[PE1-vsi-a2] pwsignal ldp
[PE1-vsi-a2-ldp] vsi-id 2
[PE1-vsi-a2-ldp] peer 3.3.3.9
[PE1-vsi-a2-ldp] quit
[PE1-vsi-a2] quit
```

#　PE2 上的配置。

```
[PE2] mpls l2vpn
[PE2-l2vpn] quit
[PE2] vsi a2 static
[PE2-vsi-a2] pwsignal ldp
[PE2-vsi-a2-ldp] vsi-id 2
[PE2-vsi-a2-ldp] peer 1.1.1.9
[PE2-vsi-a2-ldp] quit
[PE2-vsi-a2] quit
```

（5）在 PE 上配置 VSI 与担当 AC 接口的 VLANIF 接口进行绑定。

#　PE1 上的配置。

```
[PE1] interface vlanif 10
[PE1-Vlanif10] l2 binding vsi a2
[PE1-Vlanif10] quit
```

#　PE2 上的配置。

```
[PE2] interface vlanif 40
[PE2-Vlanif40] l2 binding vsi a2
[PE2-Vlanif40] quit
```

3.　配置结果验证

以上配置完成，并在网络稳定后，在 PE1 上执行 **display vsi name a2 verbose** 命令，可以看到名字为 a2 的 VSI 建立了一条 PW 到 PE2，VSI 状态为 **Up**。

```
[PE1] display vsi name a2 verbose

***VSI Name                     : a2
   Administrator VSI            : no
   Isolate Spoken               : disable
   VSI Index                    : 0
   PW Signaling                 : ldp
   Member Discovery Style       : static
   PW MAC Learn Style           : unqualify
   Encapsulation Type           : vlan
   MTU                          : 1500
   Diffserv Mode                : uniform
   Mpls Exp                     : --
   DomainId                     : 255
   Domain Name                  :
   Ignore AcState               : disable
   P2P VSI                      : disable
   Create Time                  : 0 days, 0 hours, 1 minutes, 3 seconds
   VSI State                    : Up

   VSI ID                       : 2
   *Peer Router ID              : 3.3.3.9
   Negotiation-vc-id            : 2
```

```
primary or secondary        : primary
ignore-standby-state        : no
VC Label                    : 4096
Peer Type                   : dynamic
Session                     : Up
Tunnel ID                   : 0x1a
Broadcast Tunnel ID         : 0x1a
Broad BackupTunnel ID       : 0x0
CKey                        : 6
NKey                        : 5
Stp Enable                  : 0
PwIndex                     : 0
Control Word                : disable

Interface Name              : Vlanif10
State                       : Up
Access Port                 : false
Last Up Time                : 2014/11/10 16:37:47
Total Up Time               : 0 days, 0 hours, 1 minutes, 3 seconds

**PW Information:

*Peer Ip Address            : 3.3.3.9
 PW State                   : Up
 Local VC Label             : 4096
 Remote VC Label            : 4096
 Remote Control Word        : disable
 PW Type                    : label
 Local   VCCV               : alert lsp-ping bfd
 Remote VCCV                : alert lsp-ping bfd
 Tunnel ID                  : 0x1a
 Broadcast Tunnel ID        : 0x1a
 Broad BackupTunnel ID      : 0x0
 Ckey                       : 0x6
 Nkey                       : 0x5
 Main PW Token              : 0x1a
 Slave PW Token             : 0x0
 Tnl Type                   : LSP
 OutInterface               : Vlanif20
 Backup OutInterface        :
 Stp Enable                 : 0
 PW Last Up Time            : 2014/11/10 16:38:47
 PW Total Up Time           : 0 days, 0 hours, 0 minutes, 3 seconds
```

此时，在 CE1 上应能够 Ping 通 CE2（10.1.1.2）了。

8.3.5　以 Dot1q 终结子接口为 AC 接口的 Martini 方式 VPLS 配置示例

如图 8-14 所示，PE1 和 PE2 启动 VPLS 功能。CE1 连接 PE1 设备，CE2 连接 PE2 设备。CE1 和 CE2 属于一个 VPLS。采用 LDP 作为 VPLS 信令建立 PW，配置 VPLS，同时实现位于 VLAN 10 的 CE1 与 CE2 站点中的用户进行二层互通。各设备上的各接口 IP 地址及所属 VLAN 配置见表 8-16。

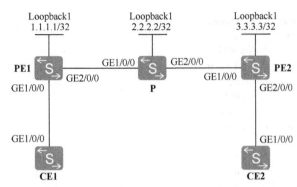

图 8-14　以 Dot1q 终结子接口为 AC 接口的 Martini 方式 VPLS 配置示例的拓扑结构

表 8-16　　　　　　　　　　示列中各设备的各接口 IP 地址及所属 VLAN 配置

Switch	接口	对应的三层接口	IP 地址
PE1	GigabitEthernet1/0/0	GigabitEthernet1/0/0.1	—
	GigabitEthernet2/0/0	VLANIF20	4.4.4.4/24
	Loopback1	—	1.1.1.1/32
PE2	GigabitEthernet1/0/0	VLANIF30	5.5.5.5/24
	GigabitEthernet2/0/0	GigabitEthernet2/0/0.1	—
	Loopback1	—	3.3.3.3/32
P	GigabitEthernet1/0/0	VLANIF20	4.4.4.5/24
	GigabitEthernet2/0/0	VLANIF30	5.5.5.4/24
	Loopback1	—	2.2.2.2/32
CE1	GigabitEthernet1/0/0	VLANIF10	10.1.1.1/24
CE2	GigabitEthernet1/0/0	VLANIF10	10.1.1.2/24

1. 基本配置思路分析

本示例要采用 Dot1q 终结子接口作为 PE 的 AC 接口，而 Dot1q 终结子接口在进行 VLAN 终结时，接收的报文中必须携带终结的一层 VLAN 标签，即从 CE 发送 PE 的报文中必须携带一层由子接口终结的 VLAN 标签。

另外，本示例要求所采用的信令协议为 LDP，故配置的是 Matini 方式 VPLS，根据前面介绍的 Matini 方式 VPLS 配置，可得出本示例的如下基本配置思路。

（1）按表 8-16 说明，对各设备的各接口进行 IP 地址和 VLAN 配置，要确保 CE 发送给 PE 的报文中携带一层所连 PE 的 Dot1q 终结子接口所终结的 VLAN 标签。

（2）在骨干网各节点上配置 OSPF 协议，实现骨干网三层互通。

（3）在骨干网各节点上配置基本 MPLS 功能和 LDP，配置 PE 间的远端 LDP 会话。

（4）在两 PE 上使能 MPLS L2VPN，并创建 VSI，指定信令为 LDP。

（5）在 PE 连接 CE 的接口上配置 Dot1q 子接口，接入 VPLS。

2. 具体配置步骤

（1）按表 8-16 配置各接口所属的 VLAN 和 VLANIF 接口的 IP 地址。

要求 CE 发送给 PE 的报文携带一层 VLAN 标签（**由 Dot1q 子接口转发到本端 PE 其他端口的报文不带 VLAN 标签**），这层 VLAN 标签不要与本端 PW 侧的物理接口加入相同的 VLAN 中，否则可能引起环路。在此假设，CE 发送给 PE 的报文中携带 VLAN 10

的标签（注意：**两端 CE 所发送的报文携带的 VLAN 标签可以相同，也可以不同**）。经一端 PE 上的 Dot1q 终结子接口终结后，报文不带 VLAN 标签，然后在 PW 上传输，到达对端 PE 的 Dot1q 终结子接口又会打上该子接口所终结的 VLAN 的标签，发给目的用户。

在骨干网上，为了使各节点在发送报文时带上接口所加入的 VLAN 标签，需要把接口的 PVID 值设置为该接口所加入 VLAN 的 VLAN ID，因为从 Dot1q 终结子接口转发的报文是不带 VLAN 标签的。

\#　CE1 上的配置。

```
<HUAWEI> system-view
[HUAWEI] sysname CE1
[CE1] vlan batch 10
[CE1] interface gigabitethernet 1/0/0
[CE1-GigabitEthernet1/0/0] port link-type trunk
[CE1-GigabitEthernet1/0/0] port trunk allow-pass vlan 10
[CE1-GigabitEthernet1/0/0] quit
[CE1] interface vlanif 10
[CE1-Vlanif10] ip address 10.1.1.1 24
[CE1-Vlanif10] quit
```

\#　CE2 上的配置。

```
<HUAWEI> system-view
[HUAWEI] sysname CE2
[CE2] vlan batch 10
[CE2] interface gigabitethernet 1/0/0
[CE2-GigabitEthernet1/0/0] port link-type trunk
[CE2-GigabitEthernet1/0/0] port trunk allow-pass vlan 10
[CE2-GigabitEthernet1/0/0] quit
[CE2] interface vlanif 10
[CE2-Vlanif10] ip address 10.1.1.2 24
[CE2-Vlanif10] quit
```

\#　PE1 上的配置。GE2/0/0 也可是 Hybrid 类型端口，但要确保携带对应的 VLAN 标签发送报文。

```
<HUAWEI> system-view
[HUAWEI] sysname PE1
[PE1] vlan batch 20
[PE1] interface gigabitethernet 2/0/0
[PE1-GigabitEthernet2/0/0] port link-type hybrid
[PE1-GigabitEthernet2/0/0] port hybrid pvid vlan 20
[PE1-GigabitEthernet2/0/0] port hybrid tagged vlan 20
[PE1-GigabitEthernet2/0/0] quit
[PE1] interface vlanif 20
[PE1-Vlanif20] ip address 4.4.4.4 24
[PE1-Vlanif20] quit
```

\#　P 上的配置。GE1/0/0 和 GE2/0/0 也可是 Hybrid 类型端口，但要确保携带对应的 VLAN 标签发送报文。

```
<HUAWEI> system-view
[HUAWEI] sysname P
[P] vlan batch 20 30
[P] interface gigabitethernet 1/0/0
[P-GigabitEthernet1/0/0] port link-type hybrid
```

```
[P-GigabitEthernet1/0/0] port hybrid pvid vlan 20
[P-GigabitEthernet1/0/0] port hybrid tagged vlan 20
[P-GigabitEthernet1/0/0] quit
[P] interface gigabitethernet 2/0/0
[P-GigabitEthernet2/0/0] port link-type hybrid
[P-GigabitEthernet2/0/0] port hybrid pvid vlan 30
[P-GigabitEthernet2/0/0] port hybrid tagged vlan 30
[P-GigabitEthernet2/0/0] quit
[P] interface vlanif 20
[P-Vlanif20] ip address 4.4.4.5 24
[P-Vlanif20] quit
[P] interface vlanif 30
[P-Vlanif30] ip address 5.5.5.4 24
[P-Vlanif30] quit
```

配置 PE2。GE1/0/0 也可是 Hybrid 类型端口，但要确保携带对应的 VLAN 标签发送报文。

```
<HUAWEI> system-view
[HUAWEI] sysname PE2
[PE2] vlan batch 30
[PE2] interface gigabitethernet 1/0/0
[PE2-GigabitEthernet1/0/0] port link-type hybrid
[PE2-GigabitEthernet1/0/0] port hybrid pvid vlan 30
[PE2-GigabitEthernet1/0/0] port hybrid tagged vlan 30
[PE2-GigabitEthernet1/0/0] quit
[PE2] interface vlanif 30
[PE2-Vlanif30] ip address 5.5.5.5 24
[PE2-Vlanif30] quit
```

（2）配置骨干网上各节点的 OSPF 协议，实现骨干网三层互通。注意：需同时发布 PE1、P 和 PE2 的 32 位 Loopback 接口地址（LSR-ID）的主机路由。

PE1 上的配置。

```
[PE1] router id 1.1.1.1
[PE1] interface loopback 1
[PE1-LoopBack1] ip address 1.1.1.1 32
[PE1-LoopBack1] quit
[PE1] ospf 1
[PE1-ospf-1] area 0
[PE1-ospf-1-area-0.0.0.0] network 1.1.1.1 0.0.0.0
[PE1-ospf-1-area-0.0.0.0] network 4.4.4.4 0.0.0.255
[PE1-ospf-1-area-0.0.0.0] quit
[PE1-ospf-1] quit
```

P 上的配置。

```
[P] router id 2.2.2.2
[P] interface loopback 1
[P-LoopBack1] ip address 2.2.2.2 32
[P-LoopBack1] quit
[P] ospf 1
[P-ospf-1] area 0
[P-ospf-1-area-0.0.0.0] network 2.2.2.2 0.0.0.0
[P-ospf-1-area-0.0.0.0] network 4.4.4.5 0.0.0.255
[P-ospf-1-area-0.0.0.0] network 5.5.5.4 0.0.0.255
[P-ospf-1-area-0.0.0.0] quit
[P-ospf-1] quit
```

\#　PE2 上的配置。

```
[PE2] router id 3.3.3.3
[PE2] interface loopback 1
[PE2-LoopBack1] ip address 3.3.3.3 32
[PE2-LoopBack1] quit
[PE2] ospf 1
[PE2-ospf-1] area 0
[PE2-ospf-1-area-0.0.0.0] network 3.3.3.3 0.0.0.0
[PE2-ospf-1-area-0.0.0.0] network 5.5.5.5 0.0.0.255
[PE2-ospf-1-area-0.0.0.0] quit
[PE2-ospf-1] quit
```

以上配置完成后，在 PE1、P 和 PE2 上执行 **display ip routing-table** 命令可以看到学习到彼此的路由。以下是在 PE1 上执行该命令的输出示例。

```
[PE1] display ip routing-table
Route Flags: R - relay, D - download to fib
-----------------------------------------------------------------
Routing Tables: Public
        Destinations : 8        Routes : 8

Destination/Mask    Proto   Pre  Cost    Flags NextHop       Interface

      1.1.1.1/32    Direct  0    0         D   127.0.0.1     LoopBack1
      2.2.2.2/32    OSPF    10   1         D   4.4.4.5       Vlanif20
      3.3.3.3/32    OSPF    10   2         D   4.4.4.5       Vlanif20
      4.4.4.0/24    Direct  0    0         D   4.4.4.4       Vlanif20
      4.4.4.4/32    Direct  0    0         D   127.0.0.1     Vlanif20
      5.5.5.0/24    OSPF    10   2         D   4.4.4.5       Vlanif20
    127.0.0.0/8     Direct  0    0         D   127.0.0.1     InLoopBack0
    127.0.0.1/32    Direct  0    0         D   127.0.0.1     InLoopBack0
```

（3）配置骨干网各节点的基本 MPLS 功能和 LDP，建立公网 LDP LSP 隧道，以及 PE 间的远端 LDP 会话。

\#　PE1 上的配置。

```
[PE1] mpls lsr-id 1.1.1.1
[PE1] mpls
[PE1-mpls] quit
[PE1] mpls ldp
[PE1-mpls-ldp] quit
[PE1] interface vlanif 20
[PE1-Vlanif20] mpls
[PE1-Vlanif20] mpls ldp
[PE1-Vlanif20] quit
[PE1] mpls ldp remote-peer 3.3.3.3
[PE1-mpls-ldp-remote-3.3.3.3] remote-ip 3.3.3.3
[PE1-mpls-ldp-remote-3.3.3.3] quit
```

\#　P 上的配置。

```
[P] mpls lsr-id 2.2.2.2
[P] mpls
[P-mpls] quit
[P] mpls ldp
[P-mpls-ldp] quit
[P] interface vlanif 20
[P-Vlanif20] mpls
```

```
[P-Vlanif20] mpls ldp
[P-Vlanif20] quit
[P] interface vlanif 30
[P-Vlanif30] mpls
[P-Vlanif30] mpls ldp
[P-Vlanif30] quit
```

\#　PE2 上的配置。

```
[PE2] mpls lsr-id 3.3.3.3
[PE2] mpls
[PE2-mpls] quit
[PE2] mpls ldp
[PE2-mpls-ldp] quit
[PE2] interface vlanif 30
[PE2-Vlanif30] mpls
[PE2-Vlanif30] mpls ldp
[PE2-Vlanif30] quit
[PE2] mpls ldp remote-peer 1.1.1.1
[PE2-mpls-ldp-remote-1.1.1.1] remote-ip 1.1.1.1
[PE2-mpls-ldp-remote-1.1.1.1] quit
```

以上配置完成后，在 PE1 或 PE2 上执行 **display mpls ldp session** 命令可以看到 PE1
和 PE2 之间的对等体 Status 项为"Operational"，即远端对等体关系已建立。以下是在
PE1 上执行该命令的输出示例。

```
[PE1] display mpls ldp session

LDP Session(s) in Public Network
Codes: LAM(Label Advertisement Mode), SsnAge Unit(DDDD:HH:MM)
A '*' before a session means the session is being deleted.
---------------------------------------------------------------------
PeerID          Status      LAM  SsnRole  SsnAge      KASent/Rcv
---------------------------------------------------------------------
2.2.2.2:0       Operational DU Passive  0000:15:29   3717/3717
3.3.3.3:0       Operational DU Passive  0000:00:00   2/2
---------------------------------------------------------------------
TOTAL: 2 session(s) Found.
```

（4）在两 PE 上使能 MPLS L2VPN，创建 VSI。假设 VSI 名均为 a2，VC ID 均为 2
（两端必须一致）。

\#　PE1 上的配置。

```
[PE1] mpls l2vpn
[PE1-l2vpn] quit
[PE1] vsi a2 static
[PE1-vsi-a2] pwsignal ldp
[PE1-vsi-a2-ldp] vsi-id 2
[PE1-vsi-a2-ldp] peer 3.3.3.3
[PE1-vsi-a2-ldp] quit
[PE1-vsi-a2] quit
```

\#　PE2 上的配置。

```
[PE2] mpls l2vpn
[PE2-l2vpn] quit
[PE2] vsi a2 static
[PE2-vsi-a2] pwsignal ldp
[PE2-vsi-a2-ldp] vsi-id 2
[PE2-vsi-a2-ldp] peer 1.1.1.1
```

```
[PE2-vsi-a2-ldp] quit
[PE2-vsi-a2] quit
```

（5）在 PE 上创建 Dot1q 终结子接口，并配置与 VSI 的绑定。终结的 VLAN 标签均为 10，当然也可以不一样，前面已有介绍。

#　PE1 上的配置。

```
[PE1] interface gigabitethernet1/0/0
[PE1-GigabitEthernet1/0/0] port link-type hybrid
[PE1-GigabitEthernet1/0/0] quit
[PE1] interface gigabitethernet1/0/0.1
[PE1-GigabitEthernet1/0/0.1] dot1q termination vid 10
[PE1-GigabitEthernet1/0/0.1] l2 binding vsi a2
[PE1-GigabitEthernet1/0/0.1] quit
```

#　配置 PE2。

```
[PE2] interface gigabitethernet2/0/0
[PE2-GigabitEthernet2/0/0] port link-type hybrid
[PE2-GigabitEthernet2/0/0] quit
[PE2] interface gigabitethernet2/0/0.1
[PE2-GigabitEthernet2/0/0.1] dot1q termination vid 10
[PE2-GigabitEthernet2/0/0.1] l2 binding vsi a2
[PE2-GigabitEthernet2/0/0.1] quit
```

3.　配置结果验证

完成上述配置后，在 PE 上执行 **display vsi name** a2 **verbose** 命令，可以看到名字为 a2 的 VSI 建立了一条到对端 PE 的 PW，VSI 状态为 Up。以下是在 PE1 上执行该命令的输出示例。

```
[PE1] display vsi name a2 verbose

  ***VSI Name                  : a2
     Administrator VSI         : no
     Isolate Spoken            : disable
     VSI Index                 : 0
     PW Signaling              : ldp
     Member Discovery Style    : static
     PW MAC Learn Style        : unqualify
     Encapsulation Type        : vlan
     MTU                       : 1500
     Diffserv Mode             : uniform
     Mpls Exp                  : --
     DomainId                  : 255
     Domain Name               :
     Ignore AcState            : disable
     P2P VSI                   : disable
     Create Time               : 0 days, 0 hours, 5 minutes, 1 seconds
     VSI State                 : Up

     VSI ID                    : 2
    *Peer Router ID            : 3.3.3.3
     Negotiation-vc-id         : 2
     primary or secondary      : primary
     ignore-standby-state      : no
     VC Label                  : 23552
     Peer Type                 : dynamic
     Session                   : Up
```

```
Tunnel ID                      : 0x22
Broadcast Tunnel ID            : 0x22
Broad BackupTunnel ID          : 0x0
CKey                           : 2
NKey                           : 1
Stp Enable                     : 0
PwIndex                        : 0
Control Word                   : disable

Interface Name                 : gigabitethernet1/0/0.1
State                          : Up
Access Port                    : false
Last Up Time                   : 2010/12/30 11:31:18
Total Up Time                  : 0 days, 0 hours, 1 minutes, 35 seconds

**PW Information:

*Peer Ip Address               : 3.3.3.3
PW State                       : Up
Local VC Label                 : 23552
Remote VC Label                : 23552
Remote Control Word            : disable
PW Type                        : label
Local   VCCV                   : alert lsp-ping bfd
Remote VCCV                    : alert lsp-ping bfd
Tunnel ID                      : 0x22
Broadcast Tunnel ID            : 0x22
Broad BackupTunnel ID          : 0x0
Ckey                           : 0x2
Nkey                           : 0x1
Main PW Token                  : 0x22
Slave PW Token                 : 0x0
Tnl Type                       : LSP
OutInterface                   : Vlanif20
Backup OutInterface            :
Stp Enable                     : 0
PW Last Up Time                : 2010/12/30 11:32:03
PW Total Up Time               : 0 days, 0 hours, 0 minutes, 50 seconds
```

此时, 在 CE1（10.1.1.1）上应能够 Ping 通 CE2（10.1.1.2）。

8.3.6 混合类型 AC 接口的 Marini 方式 VPLS 配置示例

如图 8-15 所示, PE1 和 PE2 启动 VPLS 功能。CE1 连接 PE1 设备, CE2 连接 PE2 设备。CE1 和 CE2 属于同一个 VPLS。采用 LDP 作为 VPLS 信令建立 PW, 配置 VPLS, 实现 VLAN 10 中的 CE1 站点用户与 VLAN 20 中的 CE2 站点用户之间的二层互通。各设备上各接口的 IP 地址及所属 VLAN 配置见表 8-17。

1. 基本配置思路分析

本示例要求实现的是不同 VLAN 中的 CE 站点中的用户二层互通, 即 VLAN 10 中的 CE1 站点用户与 VLAN 20 中的 CE2 站点用户之间的二层互通。此时, 可在 PE1 上配置 VLAN Mapping 子接口作为 AC 接口, 把用户 VLAN 10 替换成公网 VLAN 20, 同时在 PE2 上配置 Dot1q 子接口作为 AC 接口, 终结 VLAN 20。

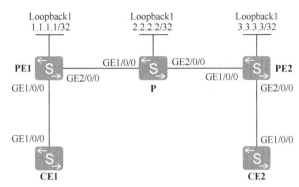

图 8-15　混合类型 AC 接口的 Marini 方式 VPLS 配置示例的拓扑结构

表 8-17　　　　　　　示例中各设备的接口 IP 地址及所属 VLAN 配置

Switch	接口	对应的三层接口	IP 地址
PE1	GigabitEthernet1/0/0	GigabitEthernet1/0/0.1	—
	GigabitEthernet2/0/0	VLANIF20	4.4.4.4/24
	Loopback1	—	1.1.1.1/32
PE2	GigabitEthernet1/0/0	VLANIF30	5.5.5.5/24
	GigabitEthernet2/0/0	GigabitEthernet2/0/0.1	—
	Loopback1	—	3.3.3.3/32
P	GigabitEthernet1/0/0	VLANIF20	4.4.4.5/24
	GigabitEthernet2/0/0	VLANIF30	5.5.5.4/24
	Loopback1	—	2.2.2.2/32
CE1	GigabitEthernet1/0/0	VLANIF10	10.1.1.1/24
CE2	GigabitEthernet1/0/0	VLANIF20	10.1.1.2/24

在由 PE1 发送的用户 VLAN 20 报文（映射后的报文）通过 PW 传输给 PE2 时，由于所带的 VLAN 20 标签恰好是 PE2 上配置的 Dot1q 终结子接口终结的 VLAN，所以会保留原来的 VLAN 20 标签发给 CE2 站点连接的目的用户。

注意　终结子接口仅能接收携带终结 VLAN 的标签，或者不带标签的报文，携带其他 VLAN 标签的报文直接丢弃。故 PE2 上的 Dot1q 终结子接口终结的 VLAN，或者 CE2 站点上连接的目的用户所属 VLAN 仅可以是 VLAN 20，即与对端 VLAN Mapping 子接口映射后的 VLAN ID 一致。

反过来，由 CE2 中用户发送的 VLAN 20 报文经 Dot1q 终结子接口后会去掉 VLAN 20 标签，以不带标签的方式经 PW 传输到达 VLAN Mapping 子接口后，会加上该子接口映射的外层 VLAN 标签——VLAN 20 标签，然后在转发时会反向替换为所映射的用户 VLAN——VLAN 10，发给 CE1 站点连接的目的用户。

根据以上分析，以及前文介绍的 Martini 方式 VPLS 的配置任务，可得出本示例如下的基本配置思路。

（1）按表 8-17 说明，对各设备的各接口进行 IP 地址和 VLAN 配置，要确保 CE 发送给 PE 的报文携带一层连接 PE 的 Dot1q 终结子接口终结的 VLAN 标签。

（2）在骨干网各节点上配置 OSPF 协议，实现骨干网三层互通。

（3）在骨干网各节点上配置基本 MPLS 功能和 LDP，配置 PE 间的远端 LDP 会话。

（4）在两 PE 上使能 MPLS L2VPN，并创建 VSI，指定信令为 LDP。

（5）在 PE1 连接 CE1 的接口上配置单层 VLAN Mapping 子接口接入 VPLS。在 PE2 连接 CE2 的接口上配置 Dot1q 子接口接入 VPLS。

2．具体配置步骤

（1）按表 8-17 配置各接口的 VLAN 和 VLANIF 接口的 IP 地址。

要求 CE 发送给 PE 的报文携带一层 VLAN 标签，这层 VLAN 标签不要与本端 PW 侧的物理接口加入相同的 VLAN 中，否则可能引起环路。

#　CE1 上的配置。发送的报文携带 VLAN 10 的标签。

```
<HUAWEI> system-view
[HUAWEI] sysname CE1
[CE1] vlan batch 10
[CE1] interface gigabitethernet 1/0/0
[CE1-GigabitEthernet1/0/0] port link-type trunk
[CE1-GigabitEthernet1/0/0] port trunk allow-pass vlan 10
[CE1-GigabitEthernet1/0/0] quit
[CE1] interface vlanif 10
[CE1-Vlanif10] ip address 10.1.1.1 24
[CE1-Vlanif10] quit
```

#　CE2 上的配置。发送的报文携带 VLAN 20 的标签。

```
<HUAWEI> system-view
[HUAWEI] sysname CE2
[CE2] vlan batch 20
[CE2] interface gigabitethernet 1/0/0
[CE2-GigabitEthernet1/0/0] port link-type trunk
[CE2-GigabitEthernet1/0/0] port trunk allow-pass vlan 20
[CE2-GigabitEthernet1/0/0] quit
[CE2] interface vlanif 20
[CE2-Vlanif20] ip address 10.1.1.2 24
[CE2-Vlanif20] quit
```

#　PE1 上的配置。

```
<HUAWEI> system-view
[HUAWEI] sysname PE1
[PE1] vlan batch 20
[PE1] interface gigabitethernet 2/0/0
[PE1-GigabitEthernet2/0/0] port link-type hybrid
[PE1-GigabitEthernet2/0/0] port hybrid pvid vlan 20
[PE1-GigabitEthernet2/0/0] port hybrid tagged vlan 20
[PE1-GigabitEthernet2/0/0] quit
[PE1] interface vlanif 20
[PE1-Vlanif20] ip address 4.4.4.4 24
[PE1-Vlanif20] quit
```

#　P 上的配置。

```
<HUAWEI> system-view
[HUAWEI] sysname P
[P] vlan batch 20 30
[P] interface gigabitethernet 1/0/0
[P-GigabitEthernet1/0/0] port link-type hybrid
[P-GigabitEthernet1/0/0] port hybrid pvid vlan 20
[P-GigabitEthernet1/0/0] port hybrid tagged vlan 20
```

```
[P-GigabitEthernet1/0/0] quit
[P] interface gigabitethernet 2/0/0
[P-GigabitEthernet2/0/0] port link-type hybrid
[P-GigabitEthernet2/0/0] port hybrid pvid vlan 30
[P-GigabitEthernet2/0/0] port hybrid tagged vlan 30
[P-GigabitEthernet2/0/0] quit
[P] interface vlanif 20
[P-Vlanif20] ip address 4.4.4.5 24
[P-Vlanif20] quit
[P] interface vlanif 30
[P-Vlanif30] ip address 5.5.5.4 24
[P-Vlanif30] quit
```

#　PE2 上的配置。

```
<HUAWEI> system-view
[HUAWEI] sysname PE2
[PE2] vlan batch 30
[PE2] interface gigabitethernet 1/0/0
[PE2-GigabitEthernet1/0/0] port link-type hybrid
[PE2-GigabitEthernet1/0/0] port hybrid pvid vlan 30
[PE2-GigabitEthernet1/0/0] port hybrid tagged vlan 30
[PE2-GigabitEthernet1/0/0] quit
[PE2] interface vlanif 30
[PE2-Vlanif30] ip address 5.5.5.5 24
[PE2-Vlanif30] quit
```

（2）配置骨干网上各节点的 OSPF 协议，实现骨干网三层互通。注意：需同时发布 PE1、P 和 PE2 的 32 位 Loopback 接口地址（LSR-ID）的主机路由。

#　PE1 上的配置。

```
[PE1] router id 1.1.1.1
[PE1] interface loopback 1
[PE1-LoopBack1] ip address 1.1.1.1 32
[PE1-LoopBack1] quit
[PE1] ospf 1
[PE1-ospf-1] area 0
[PE1-ospf-1-area-0.0.0.0] network 1.1.1.1 0.0.0.0
[PE1-ospf-1-area-0.0.0.0] network 4.4.4.4 0.0.0.255
[PE1-ospf-1-area-0.0.0.0] quit
[PE1-ospf-1] quit
```

#　P 上的配置。

```
[P] router id 2.2.2.2
[P] interface loopback 1
[P-LoopBack1] ip address 2.2.2.2 32
[P-LoopBack1] quit
[P] ospf 1
[P-ospf-1] area 0
[P-ospf-1-area-0.0.0.0] network 2.2.2.2 0.0.0.0
[P-ospf-1-area-0.0.0.0] network 4.4.4.5 0.0.0.255
[P-ospf-1-area-0.0.0.0] network 5.5.5.4 0.0.0.255
[P-ospf-1-area-0.0.0.0] quit
[P-ospf-1] quit
```

#　PE2 上的配置。

```
[PE2] router id 3.3.3.3
[PE2] interface loopback 1
[PE2-LoopBack1] ip address 3.3.3.3 32
```

```
[PE2-LoopBack1] quit
[PE2] ospf 1
[PE2-ospf-1] area 0
[PE2-ospf-1-area-0.0.0.0] network 3.3.3.3 0.0.0.0
[PE2-ospf-1-area-0.0.0.0] network 5.5.5.5 0.0.0.255
[PE2-ospf-1-area-0.0.0.0] quit
[PE2-ospf-1] quit
```

以上配置完成后，在 PE1、P 和 PE2 上执行 **display ip routing-table** 命令可以看到学习到彼此的路由。以下是在 PE1 上执行该命令的输出示例。

```
[PE1] display ip routing-table
Route Flags: R - relay, D - download to fib
------------------------------------------------------------------------
Routing Tables: Public
          Destinations : 8         Routes : 8

Destination/Mask    Proto   Pre  Cost      Flags NextHop        Interface

        1.1.1.1/32  Direct  0    0          D    127.0.0.1      LoopBack1
        2.2.2.2/32  OSPF    10   1          D    4.4.4.5        Vlanif20
        3.3.3.3/32  OSPF    10   2          D    4.4.4.5        Vlanif20
        4.4.4.0/24  Direct  0    0          D    4.4.4.4        Vlanif20
        4.4.4.4/32  Direct  0    0          D    127.0.0.1      Vlanif20
        5.5.5.0/24  OSPF    10   2          D    4.4.4.5        Vlanif20
      127.0.0.0/8   Direct  0    0          D    127.0.0.1      InLoopBack0
      127.0.0.1/32  Direct  0    0          D    127.0.0.1      InLoopBack0
```

（3）配置骨干网各节点的基本 MPLS 功能和 LDP，建立公网 LDP LSP 隧道，以及 PE 间的远端 LDP 会话。

＃　PE1 上的配置。

```
[PE1] mpls lsr-id 1.1.1.1
[PE1] mpls
[PE1-mpls] quit
[PE1] mpls ldp
[PE1-mpls-ldp] quit
[PE1] interface vlanif 20
[PE1-Vlanif20] mpls
[PE1-Vlanif20] mpls ldp
[PE1-Vlanif20] quit
[PE1] mpls ldp remote-peer 3.3.3.3
[PE1-mpls-ldp-remote-3.3.3.3] remote-ip 3.3.3.3
[PE1-mpls-ldp-remote-3.3.3.3] quit
```

＃　P 上的配置。

```
[P] mpls lsr-id 2.2.2.2
[P] mpls
[P-mpls] quit
[P] mpls ldp
[P-mpls-ldp] quit
[P] interface vlanif 20
[P-Vlanif20] mpls
[P-Vlanif20] mpls ldp
[P-Vlanif20] quit
[P] interface vlanif 30
[P-Vlanif30] mpls
```

```
[P-Vlanif30] mpls ldp
[P-Vlanif30] quit
```

PE2 配置。

```
[PE2] mpls lsr-id 3.3.3.3
[PE2] mpls
[PE2-mpls] quit
[PE2] mpls ldp
[PE2-mpls-ldp] quit
[PE2] interface vlanif 30
[PE2-Vlanif30] mpls
[PE2-Vlanif30] mpls ldp
[PE2-Vlanif30] quit
[PE2] mpls ldp remote-peer 1.1.1.1
[PE2-mpls-ldp-remote-1.1.1.1] remote-ip 1.1.1.1
[PE2-mpls-ldp-remote-1.1.1.1] quit
```

以上配置完成后，在 PE1 或 PE2 上执行 **display mpls ldp session** 命令可以看到 PE1 和 PE2 之间的对等体 Status 项为"Operational"，即远端对等体关系已建立。以下是在 PE1 上执行该命令的输出示例。

```
[PE1] display mpls ldp session

LDP Session(s) in Public Network
Codes: LAM(Label Advertisement Mode), SsnAge Unit(DDDD:HH:MM)
A '*' before a session means the session is being deleted.
-------------------------------------------------------------------------
PeerID            Status       LAM    SsnRole    SsnAge     KASent/Rcv
-------------------------------------------------------------------------
2.2.2.2:0         Operational DU Passive   0000:15:29    3717/3717
3.3.3.3:0         Operational DU Passive   0000:00:00    2/2
-------------------------------------------------------------------------
TOTAL: 2 session(s) Found.
```

（4）在两 PE 上使能 MPLS L2VPN，创建 VSI。假设 VSI 名均为 a2，VC ID 均为 2（两端必须一致）。

PE1 上的配置。

```
[PE1] mpls l2vpn
[PE1-l2vpn] quit
[PE1] vsi a2 static
[PE1-vsi-a2] pwsignal ldp
[PE1-vsi-a2-ldp] vsi-id 2
[PE1-vsi-a2-ldp] peer 3.3.3.3
[PE1-vsi-a2-ldp] quit
[PE1-vsi-a2] quit
```

PE2 上的配置。

```
[PE2] mpls l2vpn
[PE2-l2vpn] quit
[PE2] vsi a2 static
[PE2-vsi-a2] pwsignal ldp
[PE2-vsi-a2-ldp] vsi-id 2
[PE2-vsi-a2-ldp] peer 1.1.1.1
[PE2-vsi-a2-ldp] quit
[PE2-vsi-a2] quit
```

（5）在 PE1 上创建 VLAN Mapping 子接口，把 VLAN 10 替换成 VLAN 20。在 PE2

上创建 Dot1q 终结子接口，终结 VLAN 20 的标签，并分别配置它们与 VSI 的绑定。

【经验提示】本示例两端 PE 也可与 8.3.5 节介绍的配置示例一样，同时配置 Dot1q 终结子接口，也可同时配置 VLAN Mapping 子接口，但此时两端的 VLAN Mapping 子接口映射后的 VLAN 标签要一致，映射前的 VLAN 标签可以不一致。

\# 　PE1 上的配置。

```
[PE1] interface gigabitethernet1/0/0
[PE1-GigabitEthernet1/0/0] port link-type hybrid
[PE1-GigabitEthernet1/0/0] quit
[PE1] interface gigabitethernet1/0/0.1
[PE1-GigabitEthernet1/0/0.1] qinq mapping vid 10 map-vlan vid 20
[PE1-GigabitEthernet1/0/0.1] l2 binding vsi a2
[PE1-GigabitEthernet1/0/0.1] quit
```

\# 　PE2 上的配置。

```
[PE2] interface gigabitethernet2/0/0
[PE2-GigabitEthernet2/0/0] port link-type hybrid
[PE2-GigabitEthernet2/0/0] quit
[PE2] interface gigabitethernet2/0/0.1
[PE2-GigabitEthernet2/0/0.1] dot1q termination vid 20
[PE2-GigabitEthernet2/0/0.1] l2 binding vsi a2
[PE2-GigabitEthernet2/0/0.1] quit
```

3. 配置结果验证

以上配置完成后，在 PE 上执行 display vsi name **a2** verbose 命令，可以看到名字为 a2 的 VSI 建立了一条 PW 到对端 PE，VSI 状态为 Up。以下是在 PE1 上执行该命令的输出示例。

```
[PE1] display vsi name a2 verbose

    ***VSI Name                 : a2
       Administrator VSI        : no
       Isolate Spoken           : disable
       VSI Index                : 0
       PW Signaling             : ldp
       Member Discovery Style   : static
       PW MAC Learn Style       : unqualify
       Encapsulation Type       : vlan
       MTU                      : 1500
       Diffserv Mode            : uniform
       Mpls Exp                 : --
       DomainId                 : 255
       Domain Name              :
       Ignore AcState           : disable
       P2P VSI                  : disable
       Create Time              : 0 days, 0 hours, 5 minutes, 1 seconds
       VSI State                : Up

       VSI ID                   : 2
       *Peer Router ID          : 3.3.3.3
       Negotiation-vc-id        : 2
       primary or secondary     : primary
       ignore-standby-state     : no
       VC Label                 : 23552
       Peer Type                : dynamic
```

```
Session                    : Up
Tunnel ID                  : 0x22
Broadcast Tunnel ID        : 0x22
Broad BackupTunnel ID      : 0x0
CKey                       : 2
NKey                       : 1
Stp Enable                 : 0
PwIndex                    : 0
Control Word               : disable

Interface Name             : gigabitethernet1/0/0.1
State                      : Up
Access Port                : false
Last Up Time               : 2010/12/30 11:31:18
Total Up Time              : 0 days, 0 hours, 1 minutes, 35 seconds

**PW Information:

*Peer Ip Address           : 3.3.3.3
PW State                   : Up
Local VC Label             : 23552
Remote VC Label            : 23552
Remote Control Word        : disable
PW Type                    : label
Local   VCCV               : alert lsp-ping bfd
Remote VCCV                : alert lsp-ping bfd
Tunnel ID                  : 0x22
Broadcast Tunnel ID        : 0x22
Broad BackupTunnel ID      : 0x0
Ckey                       : 0x2
Nkey                       : 0x1
Main PW Token              : 0x22
Slave PW Token             : 0x0
Tnl Type                   : LSP
OutInterface               : Vlanif20
Backup OutInterface        :
Stp Enable                 : 0
PW Last Up Time            : 2010/12/30 11:32:03
PW Total Up Time           : 0 days, 0 hours, 0 minutes, 50 seconds
```

此时，在 CE1（10.1.1.1）上应该能 Ping 通 CE2（10.1.1.2）了。

第9章
Kompella和BGP AD 方式VPLS配置与管理

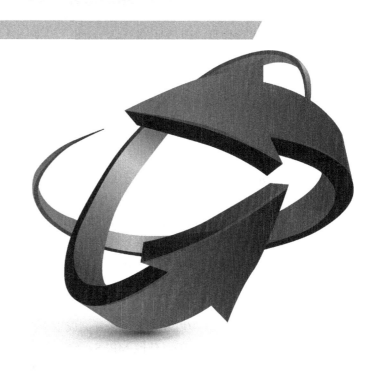

第 8 章介绍了 VPLS 基础知识和基本技术原理，以及 Martini 方式 VPLS 配置与管理方法，本章继续介绍 Kompella、BGP AD 这两种方式 VPLS 方案，以及 HVPLS（分层 VPLS）的具体配置与管理方法，并给出了一些典型的配置示例，以加深大家对相应技术原理和 VPLS 方案的配置与管理方法的理解。最后将介绍一些 VPLS 方案配置中典型故障的排除方法。

9.1 Kompella 方式的 VPLS 配置与管理

Kompella 方式的 VPLS 与第 6 章介绍的 Kompella 方式 VLL 一样，也采用第 1~4 章介绍的 BGP/MPLS IP VPN 所用的 MP-BGP 作为信令协议传递 VPLS 成员信息，利用 MP-REACH 和 MP-UNREACH 属性分别传递可达或不可达 VPLS 的标签信息，通过 RD 和 VPN-Target 确定 VPN 成员关系，RD、VPN-Target 和 AC 接口参数都在扩展团体属性中传递。另外，Kompella 方式的 VPLS 也与 Kompella 方式 VLL 一样，VPLS 成员之间交换的是 VC 标签块信息，而不是单个 VC 标签，以便一次性分配本端站点在与多个远端站点建立点到多点通信时所需的 VC 标签。

基于以上介绍可知，Kompella 方式的 VPLS 主要有两方面的配置任务：一是配置 PE 间的 BGP 对等体关系，使其能相互交互 VPLS 信息的能力，二是配置采用 BGP 作为信令协议，同时配置 RD、VPN-Target、Site ID（即第 6 章介绍的 CE ID，用于配置 VC 标签块）等参数。另外，还可配置与其他厂商设备互通功能及 Kompella 方式 VPLS 相关特性。具体所包括的配置任务如下。

（1）使能 BGP 对等体交换 VPLS 信息的能力。

（2）创建 VSI 并配置 BGP 信令。

（3）（可选）配置与其他厂商设备互通。

（4）配置 VSI 与 AC 接口的绑定。

此项配置任务与 Martini 方式的 VPLS 的该项配置任务的配置方法完全一样，参见第 8 章 8.3.2 小节即可。

（5）（可选）配置 Kompella 方式 VPLS 路由反射器。

在配置 Kompella 方式 VPLS 之前，需要完成以下任务。

■ PE 和 P 上配置 LSR ID，使能 MPLS，建立公网隧道。

■ 在 PE 上使能 MPLS L2VPN，建立 MP-IBGP 对等体。

9.1.1 使能 BGP 对等体交换 VPLS 信息的能力

BGP-VPLS 与普通 BGP 使用同一条 TCP 连接建立 BGP 对等体会话，所以大部分特性继承普通 BGP 的配置。但由于交换的是 VPLS 标签块信息，所以需要在 BGP VPLS 地址族视图下使能对等体通过 Update 消息交换 VC 标签块、VC ID、RD、VPN-Target 等 VPLS 信息，具体的配置步骤见表 9-1（在两端 PE 上配置）。

表 9-1　　　　　　　　　使能 **BGP** 对等体交换 **VPLS** 信息的能力的配置步骤

步骤	命令	说明
1	**system-view** 例如：<HUAWEI> **system-view**	进入系统视图
2	**bgp** { *as-number-plain* | *as-number-dot* } 例如：[HUAWEI] **bgp** 100	进入 PE 所属 AS 域的 BGP 视图。命令中的参数说明如下。 ● *as-number-plain*：二选一参数，指定本端 PE 所在的 AS 系统的编号，整数形式，取值范围是 1～4294967295。 ● *as-number-dot*：二选一参数，指定点分形式的 AS 号，格式为 x.y，x 和 y 都是整数形式，x 的取值范围是 1～65535，y 的取值范围是 0～65535。 缺省情况下，BGP 是关闭的，可用 **undo bgp** [*as-number-plain* | *as-number-dot*] 关闭指定 AS 域的 BGP 协议功能
3	**peer** *ipv4-address* **as-number** *as-number* 例如：[HUAWEI-bgp] **peer** 10.1.1.1 **as-number** 100	配置对端 PE 为 IBGP 对等体，命令中的参数说明如下。 ● *ipv4-address*：指定对端 PE 的 IP 地址，如果 PE 间是非直连的，则要以对端作为 LSR ID 的 Loopback 接口 IP 地址进行对等体 IP 地址配置。 ● *as-number*：指定对等体（即对端 PE）所在的 AS 系统编号。非跨域情形下，两 PE 在同一 AS 域中，建立的是 IBP 对等体关系，故与本端所在的 AS 系统的编号一致。 缺省情况下，没有创建 BGP 对等体，可用 **undo peer** *ipv4-address* 命令删除指定的对等体
4	**peer** *ipv4-address* **connect-interface** *interface-type interface-number* 例如：[HUAWEI-bgp] **peer** 3.3.3.9 **connect-interface** loopback1	指定建立 TCP 连接的源接口。命令中的参数说明如下。 ● *ipv4-address*：指定对等体的 IP 地址，即对端 PE 的 IP 地址，引处为对端 PE 的 LSR ID。 ● *interface-type interface-number*：指定本端 PE 与对端 PE 建立 TCP 连接时所用的接口。为了提高可靠性，PE 通常把本端 Loopback 接口指定为建立 TCP 连接的源接口。 缺省情况下，BGP 使用报文的出接口作为 BGP 报文的源接口，可用 **undo peer** *ipv4-address* **connect-interface** 命令恢复缺省设置

以下为配置 Kompella VPLS 信令能力。Kompella VPLS 既支持采用独立的 vpls-family 地址族，也可以和 BGP AD VPLS 共享同一个 L2VPN-AD 地址族，可根据需要选择以下配置方式之一。

方式一：采用 L2VPN-AD 地址族配置方式

步骤	命令	说明
5	**l2vpn-ad-family** 例如：[HUAWEI-bgp] **l2vpn-ad-family**	进入 L2VPN AD 地址族视图，可用 **undo l2vpn-ad-family** 命令用来退出 L2VPN-AD 地址族视图并删除该视图下的所有配置
6	**peer** *ipv4-address* **enable** 例如：[HUAWEI-bgp-af-l2vpn-ad] **peer** 3.3.3.9 **enable**	在 L2VPN AD 地址族视图下使能与指定对等体交换路由信息。参数 *ipv4-address* 为对等体（对端 PE）的 IP 地址，此处也为对端 PE 的 LSR ID。 缺省情况下，只有 BGP-IPv4 单播地址族的对等体是自动使能的，可用 **undo peer** *ipv4-address* **enable** 命令禁止与指定对等体交换路由信息
7	**signaling vpls** 或 **peer** *peer-address* **signaling vpls** 例如：[HUAWEI-bgp-af-l2vpn-ad] **signaling vpls** 或[HUAWEI-bgp-af-l2vpn-ad] **peer** 3.3.3.9 **signaling vpls**	使能所有或与指定对等体的 Kompella VPLS 信令能力。 在 L2VPN AD 地址族下创建对等体后，默认使能的是 BGP AD 信令能力（不是 Kompella VPLS 信令能力），可分别用 **undo signaling** 或 **undo peer** *peer-address* **signaling vpls** 命令恢复缺省情况

（续表）

步骤	命令	说明
8	**signaling vpls-ad disable** 例如：[HUAWEI-bgp-af-l2vpn-ad] **signaling vpls-ad disable**	（可选）去使能 BGP AD 信令能力，因为使能了 Kompella VPLS 信令能力后无需再使能 BGP AD 信令能力，而在 L2VPN AD 地址族下创建对等体后，默认使能了 BGP AD 信令能力
	方式二：vpls-family 地址族配置方式	
9	**vpls-family** 例如：[HUAWEI-bgp] **vpls-family**	进入 BGP-VPLS 地址族视图。 缺省情况下，BGP 视图中未配置 BGP-VPLS 地址族，可用 **undo vpls-family** 命令删除 BGP-VPLS 地址族下的所有配置
10	**peer** *ipv4-address* **enable** 例如：[HUAWEI-bgp-af-vpls] **peer** 3.3.3.9 **enable**	使能与指定 BGP 对等体交换 VPLS 信息的能力。参数 *ipv4-address* 是对等体的 IP 地址，此处也为对端 PE 的 LSR ID。 缺省情况下，只有 BGP-IPv4 单播地址族的对等体是自动使能的，可用 **undo peer** *ipv4-address* **enable** 命令禁止与指定对等体交换路由信息

9.1.2　创建 VSI 并配置 BGP 信令

　　配置 Kompella 方式 VPLS，可利用 VPN-Target 自动进行对端成员发现，故此时需要创建 VSI 并配置 BGP 信令，同时还需要配置 BGP VSI 的 RD、VPN-Target 和 Site ID（也即 CE ID）属性，具体配置步骤见表 9-2（在两端 PE 上配置）。

表 9-2　　　　　　　　　　　　创建 **VSI** 并配置 **BGP** 信令的步骤

步骤	命令	说明
1	**system-view** 例如：<HUAWEI> **system-view**	进入系统视图
2	**vsi** *vsi-name* **auto** 例如：[HUAWEI] **vsi** company1 **auto**	创建 VSI，使用自动成员发现机制。 参数 *vsi-name* 用来指定所创建的 VSI 实例的名称，字符串形式，不支持空格，区分大小写，取值范围是 1～31。当输入的字符串两端使用双引号时，可在字符串中输入空格。同一设备上不同 VSI 的名称不能重复。 【注意】每一个 VPLS 域都有一个 VSI。同一个 VPLS 域内。 ● 不同 PE 设备的 VSI 名称可以相同，也可以不同，但建议相同。就像本书前面介绍的 BGP/MPLS IP VPN 方案中同一 VPN 网络中各 PE 上配置的 VPN 实例名可以相同，也可以不同一样。 ● 一台 PE 设备的一个 VSI 下只能配置唯一一个 **VSI ID** 或 **VPLS ID**。 ● 一台 PE 设备的一个 VSI 下可以指定多个对等体。 ● 为 VSI 实例指定成员发现方式后不可更改。如果需要更改 VSI 实例的成员发现方式，需删除该实例，重新创建实例后再指定成员发现方式。 缺省情况下，没有创建 VSI，可用 **undo vsi** *vsi-name* 命令删除指定的 VSI，但删除 VSI 后，对应的 VPLS 流量将中断

（续表）

步骤	命令	说明
3	**pwsignal bgp** 例如：[HUAWEI-vsi-company1] **pwsignal bgp**	配置 PW 信令协议为 BGP，并进入 VSI-BGP 视图。VSI 实例的成员发现方式为自动方式时，信令方式必须为 BGP。 【注意】VSI 实例的信令方式配置成功后，不可以更改。如果希望更改，必须先删除该 VSI 实例再创建一个新的 VSI 实例。 缺省情况下，没有配置 VSI 的信令方式
4	**route-distinguisher** *route-distinguisher* 例如：[HUAWEI-vsi-company1-bgp] **route-distinguisher** 101:3	配置 VSI 的 RD，用于标识一个 PE 上的一个 VSI 实例。RD 有四种格式。 ● 16 位自治系统号：32 位用户自定义数，例如：101：3。自治系统号的取值范围是 0~65535；用户自定义数的取值范围是 0~4294967295。其中，自治系统号和用户自定义数不能同时为 0，即 RD 的值不能是 0：0。 ● 整数形式 4 字节自治系统号：2 字节用户自定义数，自治系统号的取值范围是 65536~4294967295，用户自定义数的取值范围是 0~65535，例如 65537：3。其中，自治系统号和用户自定义数不能同时为 0，即 RD 的值不能是 0：0。 ● 点分形式 4 字节自治系统号：2 字节用户自定义数，点分形式自治系统号通常写成 x.y 的形式，x 和 y 的取值范围都是 0~65535，用户自定义数的取值范围是 0~65535，例如 0.0：3 或者 0.1：0。其中，自治系统号和用户自定义数不能同时为 0，即 RD 的值不能是 0.0：0。 ● 32 位 IP 地址：16 位用户自定义数，例如：192.168.122.15：1。IP 地址的取值范围是 0.0.0.0~255.255.255.255；用户自定义数的取值范围是 0~65535。 【注意】在配置 RD 时要注意以下几个方面。 ● 在同一 **PE** 中，不同 **VSI** 实例具有不同的 **RD**，对于不同 **PE** 中的相同 **VSI** 实例，他们的 **RD** 可以相同也可以不同。 ● RD 没有缺省值。VSI 实例的 RD 配置成功后，不可以直接修改。如果希望修改 RD，必须先删除该 VSI 实例，再创建一个 VSI 实例后，重新配置 RD。 ● Kompella VLL 与 Kompella VPLS 不能配置相同的 RD 值。 ● 如果是 CE 双归属接入 PE，则 VSI 的 RD 必须不同
5	**vpn-target** *vpn-target* & <1-16> [**both** | **export-extcommunity** | **import-extcommunity**] 例如：[HUAWEI-vsi-company1-bgp] **vpn-target** 5:5 **both**	配置 VSI 的 VPN-Target。命令中的参数和选项说明如下。 ● *vpn-target*：添加 VPN-Target 扩展团体属性到 VSI 实例。用户可以使用以下四种格式之一来表示 VPN-Target 值。 　● 16 位自治系统号：32 位用户自定义数，例如：1：3。自治系统号的取值范围是 0~65535；用户自定义数的取值范围是 0~4294967295。其中，自治系统号和用户自定义数不能同时为 0，即 VPN Target 的值不能是 0：0。

（续表）

步骤	命令	说明
5	**vpn-target** *vpn-target* & <1-16> [**both** | **export-extcommunity** | **import-extcommunity**] 例如：[HUAWEI-vsi-company1-bgp] **vpn-target** 5:5 **both**	• 32 位 IP 地址：16 位用户自定义数，例如：192.168. 122.15:1。IP 地址的取值范围是 0.0.0.0～255.255. 255.255；用户自定义数的取值范围是 0～65535。 • 整数形式 4 字节自治系统号：2 字节用户自定义 数，自治系统号的取值范围是 65536～4294967295, 用户自定义数的取值范围是 0～65535，例如 65537: 3。其中，自治系统号和用户自定义数不能同时为 0, 即 VPN Target 的值不能是 0:0。 • 点分形式 4 字节自治系统号：2 字节用户自定义 数，点分形式自治系统号通常写成 x.y 的形式，x 和 y 的取值范围都是 0～65535，用户自定义数的取值 范围是 0～65535，例如 0.0:3 或者 0.1:0。其中, 自治系统号和用户自定义数不能同时为 0，即 VPN Target 的值不能是 0.0:0。 • **export-extcommunity**：多选一选项，定义出方向路 由信息携带的团体属性值。 • **import-extcommunity**：多选一选项，定义入方向路 由信息携带的团体属性值。 • **both**：多选一选项，从目的 VPN 扩展团体来的入方 向路由信息和到目的 VPN 扩展团体的出方向路由信 息。 【注意】使用该命令时，注意本端的 VPN-Target 属性 与对端的 VPN-Target 属性的匹配关系。 • 本端的 **export-extcommunity** 与对端的 **import-extcommunity** 一致。 • 本端的 **import-extcommunity** 与对端的 **export-extcommunity** 一致。 只有满足上述两个条件，流量才能正确地双向传输。 如果只满足一个条件，则流量只能单向传输。一般为 了配置方便，通常把 4 个数值配置成相同。 缺省情况下，VSI 实例没有与任何 VPN-Target 进行关 联，可用 **undo vpn-target** { **all** | *vpn-target* &<1-16> } [**both** | **export-extcommunity** | **import-extcommunity**] 命令删除当前 VSI 实例关联的 VPN-Target
6	**site** *site-id* [**range** *site-range*] [**default-offset** { **0** | **1** }] 例如：[HUAWEI-vsi-company1-bgp] **site** 1 **range** 100	配置 Site ID。命令中的参数和选项说明如下。 • *site-id*：指定一个用于标识一个 VSI 实例的 Site ID, 整数形式，取值范围是 0～65534。 • **range** *site-range*：可选参数，指定 VSI 实例中 Site 的个数范围，指定 rang 大小后，系统将会自动为该 VSI 实例预留相应标签资源，整数形式，取值范围是 1～ 8000。具体要根据当前 CE 要与多少个其他 CE 建立通 信连接而定，但一定要大于本端 Site ID。 • **default-offset** { **0** | **1** }：可选项，指定本端缺省的起 始 Site ID 的偏差值，即本端与远端建立 PW 连接时所 用的 Site ID 相对参数 *site-id* 指定的 Site ID 的偏差值,

（续表）

步骤	命令	说明
6	**site** *site-id* [**range** *site-range*] [**default-offset** { **0** | **1** }] 例如：[HUAWEI-vsi-company1-bgp] **site 1 range** 100	只能为 0（不偏差，即等于所设置的 *site-id* 值）或 1（偏差 1，即比所设置的 *site-id* 大 1），缺省值为 0。 【注意】同一 **VSI** 中不同 PE 上的 **Site ID** 不能相同。本端的 Site ID 值要小于对端的 *site-range* 与 **default-offset** 之和。但是本端的 Site ID 值要大于等于对端的 **default-offset**。 一台设备为其所有 Kompella 方式 VLL 实例和 VPLS VSI 实例的 Range 分配标签时共用一个标签块，因此 Kompella 方式 VLL 实例和 VPLS VSI 实例的 Range 总和不能超过该标签块的大小，否则系统会提示分配的标签数量超过了系统允许的最大值，无法获得标签，分配 VSI 实例的 Site ID 或创建 CE 失败。 缺省情况下，未配置 VSI 实例的 Site ID，可用 **undo site** *site-id* 命令删除 VSI 实例的 Site ID
7	**quit** 例如：[HUAWEI-vsi-company1-bgp] **quit**	退回 VSI 视图
8	**encapsulation** { **ethernet** | **vlan** } 例如：[HUAWEI-vsi-company1] **encapsulation vlan**	（可选）配置 AC 接口的封装形式。命令中的选项说明如下。 ● **ethernet**：二选一选项，指定 AC 接口为 Ethernet 封装方式。**当使用 QinQ 子接口或者 Dotlq 子接口绑定 VSI（作为 AC 接口）时，VPLS 的封装方式不支持配置为 Ethernet。** ● **vlan**：二选一选项，指定 AC 接口为 VLAN 封装方式。 缺省情况下，接口的封装类型为 VLAN，可用 **undo encapsulation ethernet** 命令恢复缺省封装方式

9.1.3　配置与其他厂商设备互通

这是一项可选配置任务，仅当华为设备与其他厂商设备要建立 Kompella 方式的 VPLS 时才需要配置。

对于 Kompella 方式的 VPLS，最新的 RFC 上规定 PW 的封装类型是 19，但是华为设备目前支持的 PW 封装类型为 Ethernet 封装和 VLAN 封装。当与其他厂商设备互通并且其他厂商设备通过 BGP 的扩展团体属性携带来的 VPLS 封装类型是 19 时，需要配置 Kompella 方式 VPLS 的全局封装方式和忽略 MTU 值匹配检查，具体的配置步骤见表 9-3（在华为 PE 上配置）。

表 9-3　　　　　　　　　　　与其他厂商设置互通的配置步骤

步骤	命令	说明
1	**system-view** 例如：<HUAWEI> **system-view**	进入系统视图
2	**mpls l2vpn**	进入 MPLS-L2VPN 视图

（续表）

步骤	命令	说明
3	**vpls bgp encapsulation { ethernet | vlan }** 例如：[HUAWEI-l2vpn] **vpls bgp encapsulation ethernet**	配置 Kompella 方式 VPLS 的全局封装方式。使用该命令后，当接收到封装类型是 19 的 VPLS 报文后，系统首先会根据用户的配置对该报文进行重新封装，然后再进行其他 VPLS 的相关处理。不配置该命令时，系统默认对接收到的封装类型是 19 的 VPLS 报文使用 VLAN 方式进行重新封装
4	**quit** 例如：[HUAWEI-l2vpn] **quit**	返回系统视图
5	**vsi** *vsi-name* 例如：[HUAWEI] **vsi** company1	进入已创建的 VSI 视图
6	**pwsignal bgp** 例如：[HUAWEI-vsi-company1] **pwsignal ldp**	进入 VSI-BGP 视图
7	**ignore-mtu-match** 例如：[HUAWEI-vsi-company1-bgp] **ignore-mtu-match**	使能设备忽略 MTU 值的匹配检查并对发出的 VPLS 报文重新进行封装的功能。 缺省情况下，未使能设备忽略 MTU 值的匹配检查并对发出的 VPLS 报文重新进行封装的功能，可用 **undo ignore-mtu-match** 命令去使能设备忽略 MTU 值的匹配检查并对发出的 VPLS 报文重新进行封装的功能
8	**encapsulation rfc4761-compatible** 例如：[HUAWEI-vsi-company1-bgp] **encapsulation rfc4761-compatible**	配置 Kompella VPLS 的封装方式遵循 RFC 4761 中的标准方式。配置本命令后，发送封装类型不是 19 的 VPLS 报文时，将 VPLS 封装类型转换为 19；接收到封装类型是 19 的 VPLS 报文时，根据实际链路上 VPLS 的封装类型进行自动转换。 缺省情况下，Kompella VPLS 报文封装类型遵循华为私有方式，即 VLAN 模式的封装类型为 4，Ethernet 模式的封装类型为 5，可用 **undo encapsulation rfc4761-compatible** 命令恢复 Kompella VPLS 报文封装类型为缺省情况
9	**mtu-negotiate disable** 例如：[HUAWEI-vsi-company1-bgp] **mtu-negotiate disable**	忽略 MTU 值的匹配检查，使 PE 忽略对本端 VSI 实例和远端 VSI 实例的 MTU 值的匹配检查。 由于部分其他厂商的设备不支持 VSI 实例下的 MTU 匹配检查，所以当和其他厂商的设备进行 Kompella 方式的互通时，为了确保 VC 链路可以 Up，在华为设备上将 MTU 值与对端 PE 的 MTU 值修改为一致，或者使用本命令忽略 MTU 值的匹配检查。 缺省情况下，系统使能 PE 设备对本端 VSI 实例和远端 VSI 实例的 MTU 值的匹配检查。如果两个 PE 上同一个 VSI 的 MTU 不同，则 PE 之间无法正常交换可达信息，也无法建立连接，可用 **undo mtu-negotiate disable** 命令使能 PE 设备对本端 VSI 实例和远端 VSI 实例的 MTU 值的匹配检查

9.1.4 配置 Kompella 方式 VPLS 路由反射器

这也是一项可选配置任务，主要是希望通过路由反射器来减少 VPLS 网络中 IBGP

对等体建立的数量。

当配置 Kompella 方式 VPLS 时，假设在一个 VPLS 域内有 *n* 台 PE 设备，那么应该建立的 IBGP 连接数就为 *n*(*n*-1)/2。当 IBGP 对等体数目很多时，对网络资源和 CPU 资源的消耗都很大，此时利用路由反射可以解决这一问题，即可以将其中一台 PE 作为反射器 RR（Route Reflector），其它 PE 做为客户机（Client）。客户机与路由反射器之间建立 IBGP 连接。

Kompella 方式 VPLS 中配置路由反射功能时，涉及到路由反射器、反射策略和不对接收的 VPLS 标签块使能 VPN-Target 进行过滤，具体的配置步骤见表 9-4。

表 9-4　　　　　　　　　　**Kompella 方式 VPLS 路由反射器的配置步骤**

步骤	命令	说明
1	**system-view** 例如：<HUAWEI> **system-view**	进入系统视图
2	**bgp** { *as-number-plain* | *as-number-dot* } 例如：[HUAWEI] **bgp** 100	进入 PE 所属 AS 域的 BGP 视图
3	**vpls-family** 例如：[HUAWEI-bgp] **vpls-family**	进入 BGP-VPLS 地址族视图
4	**peer** { *group-name* | *ipv4-address* } **reflect-client** 例如：[HUAWEI-bgp-af-vpls] **peer** 10.1.1.2 **reflect-client**	配置本地 PE 为路由反射器（RR），并指定其他 PE 为路由反射器客户机
5	**undo policy vpn-target** 例如：[HUAWEI-bgp-af-vpls] **undo policy vpn-target**	配置在 RR 上不对接收的 VPLS 标签块使能 VPN-Target 进行过滤。缺省情况下，在 Kompella 方式 VLPS 网络中部署的反射器 RR 不会保存 VPN 路由或者标签块，此时需要执行该命令，来保存所有 PE 发来的 VPN 路由或者标签块。 缺省情况下，对接收到的 VPN 路由或者标签块进行 VPN-Target 过滤，可用 **policy vpn-target** 命令对接收到的 VPN 路由或者标签块进行 VPN-Target 过滤
6	**rr-filter** *extcomm-filter-number* 例如：[HUAWEI-bgp-af-vpnv4] **rr-filter** 10	创建路由反射器的反射策略，参数 *extcomm-filter-number* 用来指定路由反射器组支持的扩展团体属性过滤器号。一次只能指定一个扩展团体属性过滤器，整数形式，取值范围是 1～399。 缺省情况下，没有创建路由反射器的反射策略。 只有路由目标扩展团体属性满足匹配条件的 IBGP 路由才被反射，通过这种方式，可以实现路由反射器之间的负载分担

9.1.5　Kompella 方式的 VPLS 的配置管理

已经完成 Kompella 方式的 VPLS 功能的所有配置后，可使用以下 display 命令查看相关配置，验证配置效果。

■ **display vsi** [**name** *vsi-name*] [**verbose**]：查看指定或所有 VPLS 的 VSI 实例信息。

■ **display l2vpn ccc-interface vc-type** { **all** \| *vc-type* } [**down** \| **Up**]：查看指定或所有 L2VPN 连接使用的接口的信息。

■ **display vsi remote bgp** [**nexthop** *nexthop-address* [**export-vpn-target** *vpn-target*] | **route-distinguisher** *route-distinguisher*]：查看指定或所有远程 VSI 实例的信息。

■ **display vpls connection** [**bgp** | **vsi** *vsi-name*] [**down** | **Up**] [**verbose**]：查看指定或所有 VPLS 连接信息。

■ **display vpls forwarding-info** [**vsi** *vsi-name* [**peer** *peer-address* [**negotiation-vc-id** *vc-id* | **remote-site** *site-id*]] | **state** { **Up** | **down** }] [**verbose**]：查看指定或所有 VSI 的转发信息。

■ **display vsi services** { **all** | *vsi-name* | **interface** *interface-type interface-number* | **vlan** *vlan-id* }：查看与指定或所有 VSI 相关联的 AC 接口信息。

9.1.6　Kompella 方式 VPLS 配置示例

如图 9-1 所示，某企业机构，自建骨干网。分支 Site 站点较多（举例中只列出 2 个站点，其余省略），网络环境经常发生变动。分支 Site1 使用 CE1 连接 PE1 设备接入骨干网，分支 Site2 使用 CE2 连接 PE2 接入骨干网。现在 Site1 和 Site2 的用户需要进行二层业务的互通，同时要求在穿越骨干网时保留二层报文中用户信息。

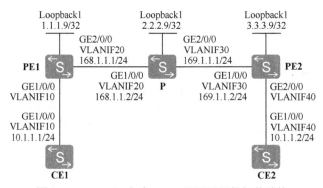

图 9-1　Kompella 方式 VPLS 配置示例的拓扑结构

1．基本配置思路分析

本示例与第 8 章 8.3.4 小节的基本要求是一样的，但本示例中企业 Site 站点较多且网络环境经常发生变动，所以需要选择 Kompella 方式的 VPLS，通过 MP-BGP 的 VPN-Target 属性实现 VPN 成员自动发现及各 CE 设备二层网络的互通。其基本配置思路如下。

（1）按图中标注，在各设备上创建所需的 VLAN，把各接口加入对应的 VLAN 中，并配置各接口 IP 地址（包括 Loopback 接口，担当 AC 接口的 VLANIF 接口除外）和骨干网各节点的 OSPF 协议，实现骨干网三层互通。

（2）在骨干网各节点配置 MPLS 基本功能和 LDP 协议。

（3）在 PE1 和 PE2 之间建立 MP-IBGP 对等体关系，使能交换 VPLS 信息的能力。

（4）在 PE 上使能 MPLS L2VPN。

（5）在两 PE 上创建 VSI，指定信令为 BGP，并配置 VSI 的 RD、VPN-Target 和 Site ID，再将 AC 接口与 VSI 进行绑定。

2．具体配置步骤

（1）配置各设备的 VLAN、接口 IP 地址和骨干网 OSPF 协议。

CE1 上的配置。GE1/0/0 接口允许 VLAN 10 通过。

```
<HUAWEI> system-view
[HUAWEI] sysname CE1
[CE1] vlan 10
[CE1-vlan10] quit
[CE1] interface vlanif 10
[CE1-Vlanif10] ip address 10.1.1.1 255.255.255.0
[CE1-Vlanif10] quit
[CE1] interface gigabitethernet 1/0/0
[CE1-GigabitEthernet1/0/0] port link-type trunk
[CE1-GigabitEthernet1/0/0] port trunk allow-pass vlan 10
[CE1-GigabitEthernet1/0/0] quit
```

PE1 上的配置。要创建担当 AC 接口的 VLANIF10 接口，但无需为其配置 IP 地址，然后配置公网 OSPF 路由。

```
<HUAWEI> system-view
[HUAWEI] sysname PE1
[PE1] vlan batch 10 20
[PE1] interface vlanif 10
[PE1-Vlanif10] quit
[PE1] interface vlanif 20
[PE1-Vlanif20] ip address 168.1.1.1 255.255.255.0
[PE1-Vlanif20] quit
[PE1] interface gigabitethernet 1/0/0
[PE1-GigabitEthernet1/0/0] port link-type trunk
[PE1-GigabitEthernet1/0/0] port trunk allow-pass vlan 10
[PE1-GigabitEthernet1/0/0] quit
[PE1] interface gigabitethernet 2/0/0
[PE1-GigabitEthernet2/0/0] port link-type trunk
[PE1-GigabitEthernet2/0/0] port trunk allow-pass vlan 20
[PE1-GigabitEthernet2/0/0] quit
[PE1] interface loopback 1
[PE1-LoopBack1] ip address 1.1.1.9 255.255.255.255
[PE1-LoopBack1] quit
[PE1] ospf 1
[PE1-ospf-1] area 0.0.0.0
[PE1-ospf-1-area-0.0.0.0] network 1.1.1.9 0.0.0.0
[PE1-ospf-1-area-0.0.0.0] network 168.1.1.0 0.0.0.255
[PE1-ospf-1-area-0.0.0.0] quit
[PE1-ospf-1] quit
```

注意　避免将 PE 上 AC 侧的物理接口（如 PE1 的 GE1/0/0）和 PW 侧的物理接口（如 PE1 的 GE2/0/0）加入相同的 VLAN 中，否则可能引起环路。

P 上的配置。要同时配置公网 OSPF 路由。

```
<HUAWEI> system-view
[HUAWEI] sysname P
[P] vlan batch 20 30
[P] interface vlanif 20
[P-Vlanif20] ip address 168.1.1.2 255.255.255.0
[P-Vlanif20] quit
```

```
[P] interface vlanif 30
[P-Vlanif30] ip address 169.1.1.1 255.255.255.0
[P-Vlanif30] quit
[P] interface gigabitethernet 1/0/0
[P-GigabitEthernet1/0/0] port link-type trunk
[P-GigabitEthernet1/0/0] port trunk allow-pass vlan 20
[P-GigabitEthernet1/0/0] quit
[P] interface gigabitethernet 2/0/0
[P-GigabitEthernet2/0/0] port link-type trunk
[P-GigabitEthernet2/0/0] port trunk allow-pass vlan 30
[P-GigabitEthernet2/0/0] quit
[P] interface loopback 1
[P-LoopBack1] ip address 2.2.2.9 255.255.255.255
[P-LoopBack1] quit
[P] ospf 1
[P-ospf-1] area 0.0.0.0
[P-ospf-1-area-0.0.0.0] network 2.2.2.9 0.0.0.0
[P-ospf-1-area-0.0.0.0] network 168.1.1.0 0.0.0.255
[P-ospf-1-area-0.0.0.0] network 169.1.1.0 0.0.0.255
[P-ospf-1-area-0.0.0.0] quit
[P-ospf-1] quit
```

\#　PE2 上的配置。要创建担当 AC 接口的 VLANIF40 接口，但无需为其配置 IP 地址，然后配置公网 OSPF 路由。

```
<HUAWEI> system-view
[HUAWEI] sysname PE2
[PE2] vlan batch 30 40
[PE2] interface vlanif 40
[PE2-Vlanif40] quit
[PE2] interface vlanif 30
[PE2-Vlanif30] ip address 169.1.1.2 255.255.255.0
[PE2-Vlanif30] quit
[PE2] interface gigabitethernet 1/0/0
[PE2-GigabitEthernet1/0/0] port link-type trunk
[PE2-GigabitEthernet1/0/0] port trunk allow-pass vlan 30
[PE2-GigabitEthernet1/0/0] quit
[PE2] interface gigabitethernet 2/0/0
[PE2-GigabitEthernet2/0/0] port link-type trunk
[PE2-GigabitEthernet2/0/0] port trunk allow-pass vlan 40
[PE2-GigabitEthernet2/0/0] quit
[PE2] interface loopback 1
[PE2-LoopBack1] ip address 3.3.3.9 255.255.255.255
[PE2-LoopBack1] quit
[PE2] ospf 1
[PE2-ospf-1] area 0.0.0.0
[PE2-ospf-1-area-0.0.0.0] network 3.3.3.9 0.0.0.0
[PE2-ospf-1-area-0.0.0.0] network 169.1.1.0 0.0.0.255
[PE2-ospf-1-area-0.0.0.0] quit
[PE2-ospf-1] quit
```

\#　CE2 上的配置。GE1/0/0 接口允许 VLAN 40 通过。

```
<HUAWEI> system-view
[HUAWEI] sysname CE2
[CE2] vlan 10
[CE2-vlan10] quit
[CE2] interface vlanif 10
```

[CE2-Vlanif10] **ip address** 10.1.1.2 255.255.255.0

[CE2-Vlanif10] **quit**

[CE2] **interface** gigabitethernet 1/0/0

[CE2-GigabitEthernet1/0/0] **port link-type trunk**

[CE2-GigabitEthernet1/0/0] **port trunk allow-pass vlan** 40

[CE2-GigabitEthernet1/0/0] **quit**

以上配置完成后，在 PE1、P 和 PE2 上执行 **display ip routing-table** 命令可以看到学习到彼此的路由。

（2）配置骨干网各节点上的 MPLS 基本能力和 LDP。

　# PE1 上的配置。

[PE1] **mpls lsr-id** 1.1.1.9

[PE1] **mpls**

[PE1-mpls] **quit**

[PE1] **mpls ldp**

[PE1-mpls-ldp] **quit**

[PE1] **interface** vlanif 20

[PE1-Vlanif20] **mpls**

[PE1-Vlanif20] **mpls ldp**

[PE1-Vlanif20] **quit**

　# P 上的配置。

[P] **mpls lsr-id** 2.2.2.9

[P] **mpls**

[P-mpls] **quit**

[P] **mpls ldp**

[P-mpls-ldp] **quit**

[P] **interface** vlanif 20

[P-Vlanif20] **mpls**

[P-Vlanif20] **mpls ldp**

[P-Vlanif20] **quit**

[P] **interface** vlanif 30

[P-Vlanif30] **mpls**

[P-Vlanif30] **mpls ldp**

[P-Vlanif30] **quit**

　# PE2 上的配置。

[PE1] **mpls lsr-id** 3.3.3.9

[PE1] **mpls**

[PE1-mpls] **quit**

[PE1] **mpls ldp**

[PE1-mpls-ldp] **quit**

[PE1] **interface** vlanif 30

[PE1-Vlanif30] **mpls**

[PE1-Vlanif30] **mpls ldp**

[PE1-Vlanif30] **quit**

（3）在 PE1 和 PE2 之间建立 IBGP 对等体，使能交换 VPLS 信息的能力。假设两 PE 均处于 AS 100 中。

　# PE1 上的配置。

[PE1] **bgp** 100

[PE1-bgp] **peer** 3.3.3.9 **as-number** 100

[PE1-bgp] **peer** 3.3.3.9 **connect-interface** loopback 1

[PE1-bgp] **vpls-family**

[PE1-bgp-af-vpls] **peer** 3.3.3.9 **enable**

```
[PE1-bgp-af-vpls] quit
[PE1-bgp] quit
```

\# PE2 上的配置。

```
[PE2] bgp 100
[PE2-bgp] peer 1.1.1.9 as-number 100
[PE2-bgp] peer 1.1.1.9 connect-interface loopback 1
[PE2-bgp] vpls-family
[PE2-bgp-af-vpls] peer 1.1.1.9 enable
[PE2-bgp-af-vpls] quit
[PE2-bgp] quit
```

（4）在两 PE 上使能 MPLS L2VPN。

\# PE1 上的配置。

```
[PE1] mpls l2vpn
[PE1-l2vpn] quit
```

\# PE2 上的配置。

```
[PE2] mpls l2vpn
[PE2-l2vpn] quit
```

（5）在两 PE 上创建 VSI，指定信令为 BGP，并配置 VSI 的 RD、VPN-Target、Site ID、Range 和 default-offset 参数，再将 AC 接口与 VSI 进行绑定。VSI 两端的 Site 名称可以一样，也可以不一样，两端的 Site ID 和 RD 属性不能相同，两端的 VPN-Target 属性中至少一端的 import-extcommunity 要与另一端的 export-extcommunity 一致。

注意 两端的 Site ID、Range 和 default-offset 参数值的设置一定要满足 9.1.2 小节表 9-2 中第 6 步所介绍的条件，不能随便设置。

\# PE1 上的配置。VSI 名称为 bgp1，RD 为 168.1.1.1:1、双向 VPN-Target 均为 100∶1，Site ID 号为 1，Range 为 5，Site ID 的 default-offset 为 0。

```
[PE1] vsi bgp1 auto
[PE1-vsi-bgp1] pwsignal bgp
[PE1-vsi-bgp1-bgp] route-distinguisher 168.1.1.1:1
[PE1-vsi-bgp1-bgp] vpn-target 100:1 import-extcommunity
[PE1-vsi-bgp1-bgp] vpn-target 100:1 export-extcommunity
[PE1-vsi-bgp1-bgp] site 1 range 5 default-offset 0
[PE1-vsi-bgp1-bgp] quit
[PE1-vsi-bgp1] quit
[PE1] interface vlanif 10
[PE1-Vlanif10] l2 binding vsi bgp1    #---绑定 VSI
[PE1-Vlanif10] quit
```

\# PE2 上的配置。VSI 名称为 bgp1，RD 为 169.1.1.2∶1、双向 VPN-Target 均为 100∶1，Site ID 号为 2，Range 为 5，Site ID 的 default-offset 为 0。

```
[PE2] vsi bgp1 auto
[PE2-vsi-bgp1] pwsignal bgp
[PE2-vsi-bgp1-bgp] route-distinguisher 169.1.1.2:1
[PE2-vsi-bgp1-bgp] vpn-target 100:1 import-extcommunity
[PE2-vsi-bgp1-bgp] vpn-target 100:1 export-extcommunity
[PE2-vsi-bgp1-bgp] site 2 range 5 default-offset 0
[PE2-vsi-bgp1-bgp] quit
[PE2-vsi-bgp1] quit
[PE2] interface vlanif 40
```

[PE2-Vlanif40] **l2 binding vsi** bgp1
[PE2-Vlanif40] **quit**

3．配置结果验证

以上配置完成且在网络稳定后，在 PE1 上执行 **display vsi name bgp1 verbose** 命令，可以看到名字为 bgp1 的 VSI 建立了一条到 PE2 的 PW，VSI 状态为 **Up**。

[PE1] **display vsi name bgp1 verbose**

```
 ***VSI Name                  : bgp1
    Administrator VSI         : no
    Isolate Spoken            : disable
    VSI Index                 : 0
    PW Signaling              : bgp
    Member Discovery Style    : auto
    PW MAC Learn Style        : unqualify
    Encapsulation Type        : vlan
    MTU                       : 1500
    Diffserv Mode             : uniform
    Mpls Exp                  : --
    DomainId                  : 255
    Domain Name               :
    Ignore AcState            : disable
    P2P VSI                   : disable
    Create Time               : 0 days, 0 hours, 1 minutes, 3 seconds
    VSI State                 : Up

    BGP RD                    : 168.1.1.1:1
    SiteID/Range/Offset       : 1/5/0
    Import vpn target         : 100:1
    Export vpn target         : 100:1
    Remote Label Block        : 35840/5/0
    Local Label Block         : 0/35840/5/0

    Interface Name            : Vlanif10
    State                     : Up
    Access Port               : false
    Last Up Time              : 2014/11/10 20:34:49
    Total Up Time             : 0 days, 0 hours, 1 minutes, 3 seconds

  **PW Information:

   *Peer Ip Address           : 3.3.3.9
    PW State                  : Up
    Local VC Label            : 35842
    Remote VC Label           : 35841
    PW Type                   : label
    Local  VCCV               : alert lsp-ping bfd
    Remote VCCV               : alert lsp-ping bfd
    Tunnel ID                 : 0x31
    Broadcast Tunnel ID       : 0x31
    Broad BackupTunnel ID     : 0x0
    Ckey                      : 0xe
    Nkey                      : 0xd
    Main PW Token             : 0x31
    Slave PW Token            : 0x0
    Tnl Type                  : LSP
```

OutInterface	: Vlanif20
Backup OutInterface	:
Stp Enable	: 0
PW Last Up Time	: 2014/11/10 20:35:51
PW Total Up Time	: 0 days, 0 hours, 9 minutes, 1 seconds

此时，CE1 应能 Ping 通 CE2（10.1.1.2）。

9.2　BGP AD 方式的 VPLS 配置与管理

BGP AD 方式的 VPLS 结合了前面介绍的 Martini 和 Kompella 两种方式 VPLS 的优点，利用 Kompella 方式 VPLS 中的扩展 MP-BGP Update 报文中的 VPN-Target 属性完成 VPLS 成员发现，再利用 Martini 方式 VPLS 中的 LDP FEC 129 信令来协商建立 PW，从而完成 VPLS PW 业务的自动部署。

配置 BGP AD 方式的 VPLS 需要在 PW 两端的 PE 上进行如下配置。

（1）使能 BGP 对等体交换 VPLS 成员信息的能力。

（2）创建 VSI 并配置 BGP AD 信令。

（3）配置 VSI 与 AC 接口的绑定。

此项配置任务也与 Martini 方式的 VPLS 的该项配置任务的配置方法完全一样，参见第 8 章 8.3.2 小节即可。

（4）（可选）复位 BGP L2VPN-AD 相关的 BGP 连接。

在配置 VPLS 之前，需要完成以下任务。

■ 在 PE 和 P 上配置 LSR ID，使能 MPLS。

■ 在 PE 上使能 MPLS L2VPN。

■ PE 间建立传输数据所使用的公网隧道，可以是 LSP、TE 或 GRE 隧道。PE 间非直连时还要配置 PE 间的远端 LDP 会话。

9.2.1　使能 BGP 对等体交换 VPLS 成员信息的能力

BGP AD VPLS 与普通 BGP 使用同一条 TCP 连接，大部分特性继承普通 BGP 的配置。但由于交换的是 VPLS 成员信息，需要在 PW 两端 PE 的 BGP L2VPN-AD 地址族视图下使能对等体交换 VPLS 成员信息的能力，具体配置步骤见表 9-5。

表 9-5　　　　　　　　使能 **BGP** 对等体交换 **VPLS** 成员信息的能力的配置步骤

步骤	命令	说明
1	**system-view** 例如：<HUAWEI> **system-view**	进入系统视图
2	**bgp** { *as-number-plain* | *as-number-dot* } 例如：[HUAWEI] **bgp** 100	进入 PE 所属 AS 域的 BGP 视图。其他说明参数见 9.1.1 小节表 9-1 的第 2 步
3	**peer** *ipv4-address* **connect-interface** *interface-type interface-number* 例如：[HUAWEI-bgp] **peer** 3.3.3.9 **connect-interface** loopback1	指定建立 TCP 连接的源接口。其他说明参数见 9.1.1 小节表 9-1 的第 4 步

（续表）

步骤	命令	说明
4	**l2vpn-ad-family** 例如：[HUAWEI-bgp] **l2vpn-ad-family**	进入 L2VPN AD 地址族视图，可用 **undo l2vpn-ad-family** 命令用来退出 L2VPN-AD 地址族视图并删除该视图下的所有配置
5	**peer** *ipv4-address* **enable** 例如：[HUAWEI-bgp-af-l2vpn-ad] **peer** 3.3.3.9 **enable**	使能与指定对等体交换路由信息。参数 *ipv4-address* 为对等体（对端 PE）的 IP 地址，此处也为对端 PE 的 LSR ID。 缺省情况下，只有 BGP-IPv4 单播地址族的对等体是自动使能的，可用 **undo peer** *ipv4-address* **enable** 命令禁止与指定对等体交换路由信息

9.2.2 创建 VSI 并配置 BGP AD 信令

配置 BGP AD 方式 VPLS 时，需要在 PW 两端的 PE 设备上创建 VSI，指定其 PW 建立方式为自动发现和自动部署，并配置 BGP AD 信令，包括 VPLS ID 和 VPN-Target 的配置，具体配置步骤见表 9-6。

表 9-6　　　　　　　　　　**创建 VSI 并配置 BGP AD 信令的步骤**

步骤	命令	说明
1	**system-view** 例如：<HUAWEI> **system-view**	进入系统视图
2	**vsi** *vsi-name* 例如：[HUAWEI] **vsi** company1	创建 VSI
3	**bgp-ad** 例如：[HUAWEI-vsi-company1] **bgp-ad**	配置当前 VSI 实例的 PW 建立方式为自动发现和自动部署，并进入 VSI-BGP AD 视图
4	**vpls-id** *vpls-id* 例如：[HUAWEI-vsi-company1-bgpad] **vpls-id** 101:3	配置 VPLS ID，即指定不同 PE 上的 VSI 所属的 VPLS 域标识。VPLS ID 有与 RD 一样可以采用 4 种格式，具体参见 9.1.2 小节表 9-2 中的第 4 步说明。 【说明】VPLS ID 是 VPLS 域的唯一标识，需要在创建 BGP AD 方式的 VSI 时配置，同一个 VPLS 域内的 VSI，其 VPLS ID 要配置为相同数值。但在同一 PE 中，不同的 BGP AD 方式 VSI 的 VPLS 域不能相同。 对于 BGP AD 方式的 VPLS，RD 默认使用 VPLS ID 的值，所以只需要配置 VPLS ID，无需配置 RD。VSI 实例的 VPLS ID 配置成功后，不可以直接修改。如果要修改 VPLS ID，必须先删除该 VSI 实例，再创建一个 VSI 实例后，重新配置 VPLS ID
5	**vpn-target** *vpn-target* & <1-16> [**both** | **export-extcommunity** | **import-extcommunity**] 例如：[HUAWEI-vsi-company1-bgp] **vpn-target** 5:5 **both**	配置 VSI 的 VPN-Target。其他说明参见 9.1.2 小节表 9-2 中第 5 步

（续表）

步骤	命令	说明
6	**pw spoke-mode** 例如：[HUAWEI-vsi-company1-bgp] **pw spoke-mode**	（可选）配置 BGP AD 方式 VSI 的所有 PW 属性为 Spoke，即关闭该 VSI 内所有 PW 的水平分割功能。水平分割功能规则为：来自 Spoke PW 的流量可以向 Spoke PW 和 Hub PW 转发，但是来自 Hub PW 的流量只能向 Spoke PW 转发，不能向 Hub PW 转发。 当 BGP AD 方式的 VPLS 应用在星型或树型组网时（只用一台 PE 设备作为 Hub，其余均为 Spoke，需要在 Hub 设备上配置 VSI 的所有 PW 属性为 Spoke，即关闭 PW 的水平分割功能。 缺省情况下，BGP AD 方式 VSI 的所有 PW 属性是 Hub，可用 **undo pw spoke-mode** 命令来恢复缺省配置
7	**quit** 例如：[HUAWEI-vsi-company1-bgp] **quit**	退回 VSI 视图
8	**encapsulation** { **ethernet** | **vlan** } 例如：[HUAWEI-vsi-company1] **encapsulation vlan**	（可选）配置 AC 接口的封装形式。其他说明参见 9.1.2 小节表 9-2 中第 8 步

9.2.3 复位 BGP L2VPN-AD 相关的 BGP 连接

当 BGP L2VPN-AD 相关的 BGP 配置发生变化后，如果需要使新的配置立即生效，可以复位 BGP L2VPN-AD 相关的 BGP 连接。

复位 BGP L2VPN-AD 相关的 BGP 连接的方法很简单，只需在系统视图下执行 **reset bgp l2vpn-ad** { **all** | *as-number-plain* | *as-number-dot* | *ipv4-address* | **group** *group-name* | **external** | **internal** } [**graceful**]命令即可。命令中的参数和选项说明如下。

- **l2vpn-ad**：指定复位 BGP L2VPN-AD 相关的 BGP 连接。
- **all**：指定复位所有 BGP 连接。
- *as-number-plain*：多选一参数，指定所需复位的 BGP 连接所在的整数形式 AS 号，取值范围是 1～4294967295。
- *as-number-dot*：多选一参数，指定所需复位的 BGP 连接所在的点分形式 AS 号，格式为 x.y，x 和 y 都是整数形式，x 的取值范围是 1～65535，y 的取值范围是 0～65535。
- *ipv4-address*：多选一参数，指定复位与指定 BGP 对等体的连接。
- **group** *group-name*：多选一参数，指定复位与指定 BGP 对等体组的连接。
- **external**：多选一选项，指定复位所有 EBGP 连接。
- **internal**：多选一选项，指定复位所有 IBGP 连接。
- **graceful**：可选项，指定按照 GR 方式复位 BGP 连接。

9.2.4 BGP AD 方式的 VPLS 配置管理

完成以上 BGP AD 方式的 VPLS 功能的所有配置后，可执行以下 **display** 命令查看相关配置，验证配置结果。

- **display vsi** [**name** *vsi-name*] [**verbose**]：查看指定或所有 VPLS 的 VSI 实例信息。

- **display l2vpn ccc-interface vc-type** { **all** | *vc-type* } [**down** | **Up**]：查看指定或所有 L2VPN 连接使用的接口的信息。
- **display vsi bgp-ad** { **import-vt** | **export-vt** | **remote-export-vt** }：查看本端和所有远端设备的 VPN Target 信息。
- **display vsi bgp-ad remote vpls-id** *vpls-id*：查看指定的远端 PE 的成员信息。
- **display vpls connection** [**bgp-ad** | **vsi** *vsi-name*] [**down** | **Up**] [**verbose**]：查看指定或所有 BGP AD 方式 VPLS 的连接信息。
- **display vpls forwarding-info** [**vsi** *vsi-name* [**peer** *peer-address* [**negotiation-vc-id** *vc-id* | **remote-site** *site-id*]] | **state** { **Up** | **down** }] [**verbose**]：查看指定或所有 VSI 的转发信息。
- **display vsi services** { **all** | *vsi-name* | **interface** *interface-type interface-number* | **vlan** *vlan-id* }：查看所有或与指定 VSI 相关联的 AC 接口信息。
- **display bgp l2vpn-ad** [**route-distinguisher** *route-distinguisher*] **routing-table** [**vpls-ad**] [*ipv4-address* | **statistics**]：查看指定或所有 BGP L2VPN-AD 的路由信息。

9.2.5　BGP AD 方式 VPLS 配置示例

如图 9-2 所示，某企业机构，自建骨干网。分支 Site 站点较多（举例中只列出 3 个站点，其余省略），网络环境经常发生变动。分支 Site1 使用 CE1 连接 PE1 设备接入骨干网，分支 Site2 使用 CE2 连接 PE2 接入骨干网，分支 Site3 使用 CE3 接入骨干网。现在 Site1、Site2 和 Site3 的用户需要进行二层业务的互通，同时要求在穿越骨干网时保留二层报文中用户信息。

注意　在这种多台交换机使用 VLANIF 接口进行三层互联的场景中，需确保这些交换机间互联的二层物理接口的 STP 处于未使能状态。因为在使能 STP 的环形网络中，如果用交换机的 VLANIF 接口构建三层网络，会导致某个端口被阻塞，从而导致三层业务不能正常运行。

1. 基本配置思路分析

为实现 Site1、Site2 和 Site3 的二层业务互通，同时在穿越骨干网时保留二层报文的用户信息，故需要使用 VPLS 技术在骨干网透传二层报文。由于本示例中企业 Site 站点较多且网络环境经常发生变动，所以可以选择 BGP AD 方式的 VPLS，实现各 CE 设备二层网络的互通。另外，与其他方式 VPLS 一样，为了实现 PE 间数据的公网传输，首先也需要配置公网 MPLS 隧道。综上所述，本示例的基本配置思路如下。

（1）在各设备上创建所需 VLAN，把对应的物理接口加入到相应的 VLAN 中，同时配置 VLANIF 接口 IP 地址及骨干网各节点的 OSPF 协议，实现骨干网三层互通。

（2）在骨干网各节点上配置 MPLS 基本功能和 LDP，建立公网 LSP 隧道。

说明　如果 PE 间是非直连，则还要建立 PE 间的远端 LDP 会话。

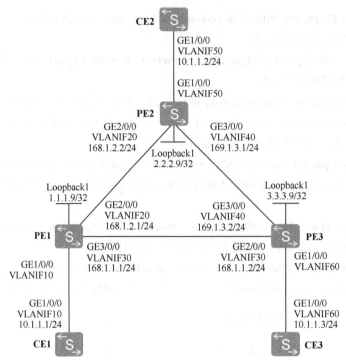

图 9-2　BGP AD 方式 VPLS 配置示例的拓扑结构

（3）在各 PE 间配置 MP-IBGP 对等体关系，使 PE 间能通过 MP-BGP Update 报文交互 VPLS 信息。

（4）在各 PE 上使能 MPLS L2VPN。

（5）在各 PE 上创建 VSI，指定信令为 BGP，指定 VPLS ID 和 VPN-Target，再将 AC 接口与 VSI 进行绑定。

2. 具体配置步骤

（1）配置各设备上的 VLAN、VLANIF 接口 IP 地址（PE 上担当 AC 接口的 VLANIF 接口不需配置 IP 地址）和骨干网 OSPF 协议。

\#　CE1 上的配置。

```
<HUAWEI> system-view
[HUAWEI] sysname CE1
[CE1] vlan 10
[CE1-vlan10] quit
[CE1] interface vlanif 10
[CE1-Vlanif10] ip address 10.1.1.1 255.255.255.0
[CE1-Vlanif10] quit
[CE1] interface gigabitethernet 1/0/0
[CE1-GigabitEthernet1/0/0] port link-type trunk
[CE1-GigabitEthernet1/0/0] port trunk allow-pass vlan 10
[CE1-GigabitEthernet1/0/0] quit
```

\#　PE1 上的配置。要创建担当 AC 接口的 VLANIF10 接口，但无需为其配置 IP 地址，然后配置公网 OSPF 路由。

```
<HUAWEI> system-view
[HUAWEI] sysname PE1
```

```
[PE1] vlan batch 10 20 30
[PE1] interface vlanif 10
[PE1-Vlanif10] quit
[PE1] interface vlanif 20
[PE1-Vlanif20] ip address 168.1.2.1 255.255.255.0
[PE1-Vlanif20] quit
[PE1] interface vlanif 30
[PE1-Vlanif30] ip address 168.1.1.1 255.255.255.0
[PE1-Vlanif30] quit
[PE1] interface gigabitethernet 1/0/0
[PE1-GigabitEthernet1/0/0] port link-type trunk
[PE1-GigabitEthernet1/0/0] port trunk allow-pass vlan 10
[PE1-GigabitEthernet1/0/0] quit
[PE1] interface gigabitethernet 2/0/0
[PE1-GigabitEthernet2/0/0] port link-type trunk
[PE1-GigabitEthernet2/0/0] port trunk allow-pass vlan 20
[PE1-GigabitEthernet2/0/0] quit
[PE1] interface gigabitethernet 3/0/0
[PE1-GigabitEthernet3/0/0] port link-type trunk
[PE1-GigabitEthernet3/0/0] port trunk allow-pass vlan 30
[PE1-GigabitEthernet3/0/0] quit
[PE1] interface loopback 1
[PE1-LoopBack1] ip address 1.1.1.9 255.255.255.255
[PE1-LoopBack1] quit
[PE1] ospf 1
[PE1-ospf-1] area 0.0.0.0
[PE1-ospf-1-area-0.0.0.0] network 1.1.1.9 0.0.0.0
[PE1-ospf-1-area-0.0.0.0] network 168.1.1.0 0.0.0.255
[PE1-ospf-1-area-0.0.0.0] network 168.1.2.0 0.0.0.255
[PE1-ospf-1-area-0.0.0.0] quit
[PE1-ospf-1] quit
```

注意　不要将 PE 上 AC 侧的物理接口（连接 CE 的物理接口）和 PW 侧的物理接口（连接骨干网其他节点的物理接口）加入相同的 VLAN 中，否则可能引起环路。

\#　CE2 上的配置。

```
<HUAWEI> system-view
[HUAWEI] sysname CE2
[CE2] vlan 50
[CE2-vlan50] quit
[CE2] interface vlanif 50
[CE2-Vlanif50] ip address 10.1.1.2 255.255.255.0
[CE2-Vlanif50] quit
[CE2] interface gigabitethernet 1/0/0
[CE2-GigabitEthernet1/0/0] port link-type trunk
[CE2-GigabitEthernet1/0/0] port trunk allow-pass vlan 50
[CE2-GigabitEthernet1/0/0] quit
```

\#　PE2 上的配置。要创建担当 AC 接口的 VLANIF50 接口，但无需为其配置 IP 地址，然后配置公网 OSPF 路由。

```
<HUAWEI> system-view
[HUAWEI] sysname PE2
[PE2] vlan batch 20 40 50
[PE2] interface vlanif 50
```

```
[PE2-Vlanif50] quit
[PE2] interface vlanif 20
[PE2-Vlanif20] ip address 168.1.2.2 255.255.255.0
[PE2-Vlanif20] quit
[PE2] interface vlanif 40
[PE2-Vlanif40] ip address 168.1.3.1 255.255.255.0
[PE2-Vlanif40] quit
[PE2] interface gigabitethernet 1/0/0
[PE2-GigabitEthernet1/0/0] port link-type trunk
[PE2-GigabitEthernet1/0/0] port trunk allow-pass vlan 50
[PE2-GigabitEthernet1/0/0] quit
[PE2] interface gigabitethernet 2/0/0
[PE2-GigabitEthernet2/0/0] port link-type trunk
[PE2-GigabitEthernet2/0/0] port trunk allow-pass vlan 20
[PE2-GigabitEthernet2/0/0] quit
[PE2] interface gigabitethernet 3/0/0
[PE2-GigabitEthernet3/0/0] port link-type trunk
[PE2-GigabitEthernet3/0/0] port trunk allow-pass vlan 40
[PE2-GigabitEthernet3/0/0] quit
[PE2] interface loopback 1
[PE2-LoopBack1] ip address 2.2.2.9 255.255.255.255
[PE2-LoopBack1] quit
[PE2] ospf 1
[PE2-ospf-1] area 0.0.0.0
[PE2-ospf-1-area-0.0.0.0] network 2.2.2.9 0.0.0.0
[PE2-ospf-1-area-0.0.0.0] network 168.1.2.0 0.0.0.255
[PE22-ospf-1-area-0.0.0.0] network 168.1.3.0 0.0.0.255
[PE2-ospf-1-area-0.0.0.0] quit
[PE2-ospf-1] quit
```

CE3 上的配置。

```
<HUAWEI> system-view
[HUAWEI] sysname CE3
[CE3] vlan 60
[CE3-vlan60] quit
[CE3] interface vlanif 60
[CE3-Vlanif60] ip address 10.1.1.3 255.255.255.0
[CE3-Vlanif60] quit
[CE3] interface gigabitethernet 1/0/0
[CE3-GigabitEthernet1/0/0] port link-type trunk
[CE3-GigabitEthernet1/0/0] port trunk allow-pass vlan 60
[CE3-GigabitEthernet1/0/0] quit
```

PE3 上的配置。要创建担当 AC 接口的 VLANIF50 接口，但无需为其配置 IP 地址，然后配置公网 OSPF 路由。

```
<HUAWEI> system-view
[HUAWEI] sysname PE3
[PE3] vlan batch 30 40 60
[PE3] interface vlanif 60
[PE3-Vlanif60] quit
[PE3] interface vlanif 30
[PE3-Vlanif30] ip address 168.1.1.2 255.255.255.0
[PE3-Vlanif30] quit
[PE3] interface vlanif 40
[PE3-Vlanif40] ip address 168.1.3.2 255.255.255.0
[PE3-Vlanif40] quit
```

```
[PE3] interface gigabitethernet 1/0/0
[PE3-GigabitEthernet1/0/0] port link-type trunk
[PE3-GigabitEthernet1/0/0] port trunk allow-pass vlan 60
[PE3-GigabitEthernet1/0/0] quit
[PE3] interface gigabitethernet 2/0/0
[PE3-GigabitEthernet2/0/0] port link-type trunk
[PE3-GigabitEthernet2/0/0] port trunk allow-pass vlan 30
[PE3-GigabitEthernet2/0/0] quit
[PE3] interface gigabitethernet 3/0/0
[PE3-GigabitEthernet3/0/0] port link-type trunk
[PE3-GigabitEthernet3/0/0] port trunk allow-pass vlan 40
[PE3-GigabitEthernet3/0/0] quit
[PE3] interface loopback 1
[PE3-LoopBack1] ip address 3.3.3.9 255.255.255.255
[PE3-LoopBack1] quit
[PE3] ospf 1
[PE3-ospf-1] area 0.0.0.0
[PE3-ospf-1-area-0.0.0.0] network 3.3.3.9 0.0.0.0
[PE3-ospf-1-area-0.0.0.0] network 168.1.1.0 0.0.0.255
[PE3-ospf-1-area-0.0.0.0] network 168.1.3.0 0.0.0.255
[PE3-ospf-1-area-0.0.0.0] quit
[PE3-ospf-1] quit
```

以上配置完成后，在 PE1、PE2 和 PE3 上执行 **display ip routing-table** 命令可以看到已学到彼此的路由。

（2）配置 MPLS 基本能力和 LDP

\#　PE1 上的配置。要分别在 L2VPN-AD 地址族下配置与 PE2 和 PE3 间的 MP-IBGP 对等体关系。

```
[PE1] mpls lsr-id 1.1.1.9
[PE1] mpls
[PE1-mpls] quit
[PE1] mpls ldp
[PE1-mpls-ldp] quit
[PE1] interface vlanif 20
[PE1-Vlanif20] mpls
[PE1-Vlanif20] mpls ldp
[PE1-Vlanif20] quit
[PE1] interface vlanif 30
[PE1-Vlanif30] mpls
[PE1-Vlanif30] mpls ldp
[PE1-Vlanif30] quit
```

\#　PE2 上的配置。要分别在 L2VPN-AD 地址族下配置与 PE1 和 PE3 间的 MP-IBGP 对等体关系。

```
[PE2] mpls lsr-id 2.2.2.9
[PE2] mpls
[PE2-mpls] quit
[PE2] mpls ldp
[PE2-mpls-ldp] quit
[PE2] interface vlanif 20
[PE2-Vlanif20] mpls
[PE2-Vlanif20] mpls ldp
[PE2-Vlanif20] quit
[PE2] interface vlanif 40
```

```
[PE2-Vlanif40] mpls
[PE2-Vlanif40] mpls ldp
[PE2-Vlanif40] quit
```

　# PE3 上的配置。要分别在 L2VPN-AD 地址族下配置与 PE1 和 PE2 间的 MP-IBGP 对等体关系。

```
[PE3] mpls lsr-id 3.3.3.9
[PE3] mpls
[PE3-mpls] quit
[PE3] mpls ldp
[PE3-mpls-ldp] quit
[PE3] interface vlanif 30
[PE3-Vlanif30] mpls
[PE3-Vlanif30] mpls ldp
[PE3-Vlanif20] quit
[PE3] interface vlanif 40
[PE3-Vlanif40] mpls
[PE3-Vlanif40] mpls ldp
[PE3-Vlanif40] quit
```

　以上配置完成后，在 PE1、PE2 和 PE3 上执行 **display mpls ldp peer** 命令可以看到 PE1 和 PE2 之间、PE1 和 PE3 之间及 PE2 和 PE3 之间的对等体关系已建立。在 PE1、PE2 和 PE3 上执行 **display mpls ldp session** 命令可以看到对等体之间的 LDP 会话已建立。执行 **display mpls lsp** 命令可以看到 LSP 的建立情况。

　（3）在 PE 间建立 MP-IBGP 对等体关系，使能 BGP 对等体交换 VPLS 成员信息的能力。假设各 PE 均位于 AS100 中。

　# PE1 上的配置。

```
[PE1] bgp 100
[PE1-bgp] peer 2.2.2.9 as-number 100
[PE1-bgp] peer 2.2.2.9 connect-interface loopback 1
[PE1-bgp] peer 3.3.3.9 as-number 100
[PE1-bgp] peer 3.3.3.9 connect-interface loopback 1
[PE1-bgp] l2vpn-ad-family
[PE1-bgp-af-l2vpn-ad] peer 2.2.2.9 enable
[PE1-bgp-af-l2vpn-ad] peer 3.3.3.9 enable
[PE1-bgp-af-l2vpn-ad] quit
[PE1-bgp] quit
```

　# PE2 上的配置。

```
[PE2] bgp 100
[PE2-bgp] peer 1.1.1.9 as-number 100
[PE2-bgp] peer 1.1.1.9 connect-interface loopback 1
[PE2-bgp] peer 3.3.3.9 as-number 100
[PE2-bgp] peer 3.3.3.9 connect-interface loopback 1
[PE2-bgp] l2vpn-ad-family
[PE2-bgp-af-l2vpn-ad] peer 1.1.1.9 enable
[PE2-bgp-af-l2vpn-ad] peer 3.3.3.9 enable
[PE2-bgp-af-l2vpn-ad] quit
[PE2-bgp] quit
```

　# PE3 上的配置。

```
[PE3] bgp 100
[PE3-bgp] peer 1.1.1.9 as-number 100
[PE3-bgp] peer 1.1.1.9 connect-interface loopback 1
```

[PE3-bgp] **peer** 2.2.2.9 **as-number** 100
[PE3-bgp] **peer** 2.2.2.9 **connect-interface** loopback 1
[PE3-bgp] **l2vpn-ad-family**
[PE3-bgp-af-l2vpn-ad] **peer** 1.1.1.9 **enable**
[PE3-bgp-af-l2vpn-ad] **peer** 2.2.2.9 **enable**
[PE3-bgp-af-l2vpn-ad] **quit**
[PE3-bgp] **quit**

（4）在各 PE 上使能 MPLS L2VPN。

\#　PE1 上的配置。

[PE1] **mpls l2vpn**
[PE1-l2vpn] **quit**

\#　PE2 上的配置。

[PE2] **mpls l2vpn**
[PE2-l2vpn] **quit**

\#　PE3 上的配置。

[PE3] **mpls l2vpn**
[PE3-l2vpn] **quit**

（5）在各 PE 上创建 VSI（名称为 vplsad1，同一 VPLS 域中各 PE 的配置必须一致），指定信令为 BGP，假设指定 VPLS ID 为 168.1.1.1∶1（同一个 VPLS 域中各 PE 上的配置必须一致）、VPN-Target 为 100∶1（本示例指定入方向 VPN-Target 属性和出方向 VPN-Target 属性相同），再将 AC 接口与 VSI 进行绑定。

\#　PE1 上的配置。

[PE1] **vsi** vplsad1
[PE1-vsi-vplsad1] **bgp-ad**
[PE1-vsi-vplsad1-bgpad] **vpls-id** 168.1.1.1:1
[PE1-vsi-vplsad1-bgpad] **vpn-target** 100:1 **import-extcommunity**
[PE1-vsi-vplsad1-bgpad] **vpn-target** 100:1 **export-extcommunity**
[PE1-vsi-vplsad1-bgpad] **quit**
[PE1-vsi-vplsad1] **quit**
[PE1] **interface** vlanif 10
[PE1-Vlanif10] **l2 binding vsi** vplsad1
[PE1-Vlanif10] **quit**

\#　PE2 上的配置。

[PE2] **vsi** vplsad1
[PE2-vsi-vplsad1] **bgp-ad**
[PE2-vsi-vplsad1-bgpad] **vpls-id** 168.1.1.1:1
[PE2-vsi-vplsad1-bgpad] **vpn-target** 100:1 **import-extcommunity**
[PE2-vsi-vplsad1-bgpad] **vpn-target** 100:1 **export-extcommunity**
[PE2-vsi-vplsad1-bgpad] **quit**
[PE2-vsi-vplsad1] **quit**
[PE2] **interface** vlanif 50
[PE2-Vlanif50] **l2 binding vsi** vplsad1
[PE2-Vlanif50] **quit**

\#　PE3 上的配置。

[PE3] **vsi** vplsad1
[PE3-vsi-vplsad1] **bgp-ad**
[PE3-vsi-vplsad1-bgpad] **vpls-id** 168.1.1.1:1
[PE3-vsi-vplsad1-bgpad] **vpn-target** 100:1 **import-extcommunity**
[PE3-vsi-vplsad1-bgpad] **vpn-target** 100:1 **export-extcommunity**
[PE3-vsi-vplsad1-bgpad] **quit**

```
[PE3-vsi-vplsad1] quit
[PE3] interface vlanif 60
[PE3-Vlanif60] l2 binding vsi vplsad1
[PE3-Vlanif60] quit
```

3. 配置结果验证

完成以上配置且在网络稳定后，在 PE1 上执行 **display vsi name** vplsad1 **verbose** 命令，可以看到名字为 vplsad1 的 VSI 建立了一条到 PE2 的 PW 和一条到 PE3 的 PW，VSI 状态均为 **Up**。同样地，PE2 和 PE3 之间也建立了 PW，VSI 状态为 **Up**。以下是在 PE1 上执行该命令的输出示例（参见输出信息中的粗体字部分）。

```
[PE1] display vsi name vplsad1 verbose

  ***VSI Name                   : vplsad1
     Administrator VSI          : no
     Isolate Spoken             : disable
     VSI Index                  : 0
     PW Signaling               : bgpad
     Member Discovery Style     : --
     PW MAC Learn Style         : unqualify
     Encapsulation Type         : vlan
     MTU                        : 1500
     Diffserv Mode              : uniform
     Mpls Exp                   : --
     DomainId                   : 255
     Domain Name                :
     Ignore AcState             : disable
     P2P VSI                    : disable
     Create Time                : 0 days, 18 hours, 5 minutes, 30 seconds
     VSI State                  : Up

     VPLS ID                    : 168.1.1.1:1
     RD                         : 168.1.1.1:1
     Import vpn target          : 100:1
     Export vpn target          : 100:1
     BGPAD VSI ID               : 1.1.1.9

    *Peer Router ID             : 2.2.2.9
     VPLS ID                    : 168.1.1.1:1
     SAII                       : 1.1.1.9
     TAII                       : 2.2.2.9
     VC Label                   : 1024
     Peer Type                  : dynamic
     Session                    : Up
     Tunnel ID                  : 0x80003f
     Broadcast Tunnel ID        : 0x80003f
     CKey                       : 2
     NKey                       : 1

    *Peer Router ID             : 3.3.3.9
     VPLS ID                    : 168.1.1.1:1
     SAII                       : 1.1.1.9
     TAII                       : 3.3.3.9
     VC Label                   : 1025
     Peer Type                  : dynamic
```

```
Session                      : Up
Tunnel ID                    : 0x800033
Broadcast Tunnel ID          : 0x800033
CKey                         : 4
NKey                         : 3

Interface Name               : Vlanif10
State                        : Up
Access Port                  : false
Last Up Time                 : 2012/07/06 15:54:46
Total Up Time                : 0 days, 0 hours, 58 minutes, 24 seconds

**PW Information:

*Peer Ip Address             : 2.2.2.9
 PW State                    : Up
 Local VC Label              : 1024
 Remote VC Label             : 1024
 PW Type                     : label
 Local   VCCV                : alert lsp-ping bfd
 Remote VCCV                 : alert lsp-ping bfd
 Tunnel ID                   : 0x80003f
 Broadcast Tunnel ID         : 0x80003f
 Broad BackupTunnel ID       : 0x0
 Ckey                        : 0x2
 Nkey                        : 0x1
 Main PW Token               : 0x80003f
 Slave PW Token              : 0x0
 Tnl Type                    : LSP
 OutInterface                : Vlanif20
 Backup OutInterface         :
 Stp Enable                  : 0
 PW Last Up Time             : 2012/07/06 16:18:23
 PW Total Up Time            : 0 days, 1 hours, 22 minutes, 13 seconds

*Peer Ip Address             : 3.3.3.9
 PW State                    : Up
 Local VC Label              : 1025
 Remote VC Label             : 1025
 PW Type                     : label
 Local   VCCV                : alert lsp-ping bfd
 Remote VCCV                 : alert lsp-ping bfd
 Tunnel ID                   : 0x800033
 Broadcast Tunnel ID         : 0x800033
 Broad BackupTunnel ID       : 0x0
 Ckey                        : 0x4
 Nkey                        : 0x3
 Main PW Token               : 0x800033
 Slave PW Token              : 0x0
 Tnl Type                    : LSP
 OutInterface                : Vlanif30
 Backup OutInterface         :
 Stp Enable                  : 0
 PW Last Up Time             : 2012/07/06 15:56:46
 PW Total Up Time            : 0 days, 1 hours, 0 minutes, 45 seconds
```

此时，CE1、CE2 和 CE3 之间应能够互相 Ping 通了。

9.3　HVPLS 配置与管理

HVPLS（Hierarchical Virtual Private LAN Service，分层 VPLS）是一种实现 VPLS 网络层次化的技术，其目的是减少 PE 间 LDP 或者 BGP 远端会话连接，适用于大型 VPLS 网络。

9.3.1　HVPLS 的产生背景

无论是以 BGP 方式，还是以 LDP 方式为信令的 VPLS，为了避免环路，基本解决办法都是在信令上建立所有站点的全连接，LDP 建立所有站点之间的 LDP 会话的全连接，BGP 建立所有站点之间的 IBGP 会话的全连接。在进行报文转发时，对于从 PW 来的报文，根据水平分割转发的原理，将不会再向其他的 PW 转发。

在小型 VPLS 网络中，以上的各站点间的全连接需求比较容易满足，但如果一个 VPLS 有许多（假设为 N）台 PE 设备，则该 VPLS 就有 $N \times (N-1) \div 2$ 个连接。当 VPLS 的 PE 增多时，VPLS 的连接数就成 N 平方级数增加。假设有 100 个站点，站点间的 LDP 会话数目将是 4950 个。这样不仅配置复杂，而且当接收到第一个未知单播报文和广播、组播报文时，每个 PE 设备都需要向所有的对端设备广播报文，会浪费带宽。

为解决 VPLS 的全连接问题，增加网络的可扩展性，产生了 HVPLS 组网方案。在协议 draft-ietf-l2vpn_vpls_ldp 中引入了 HVPLS。HVPLS 通过把网络分级，每一级网络形成全连接，分级间的设备通过 PW 来连接，分级间设备的报文转发不遵守水平分割原则，而是可以相互转发。

HVPLS 的基本模型如图 9-3 所示。在 HVPLS 的基本模型中，可以把 PE 分为以下两种。

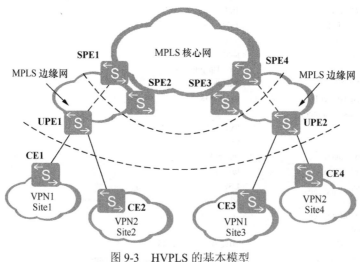

图 9-3　HVPLS 的基本模型

■ UPE：用户的汇聚设备，直接连接 CE 的设备称为下层 PE（Underlayer PE），简称 UPE。UPE 只需要与基本 VPLS 全连接网络的一台 PE 建立连接。UPE 支持路由和 MPLS 封装。如果一个 UPE 连接多个 CE，且具备基本桥接功能，那么报文转发只需要在 UPE 进行，这样减轻了 SPE 的负担。

■ SPE：连结 UPE 并位于基本 VPLS 全连接网络内部的核心设备称为上层 PE（Superstratum PE），简称 SPE。SPE 与基本 VPLS 全连接网络内部的其他设备都建立连接。

对于 SPE 来说，与之相连的 UPE 就像一个 CE。从报文转发的角度看，UPE 与 SPE 之间建立的 PW 将作为 SPE 的 AC，UPE 将 CE 发送来的报文封装两层 MPLS 标签，外层为 LSP 的标签，该标签经过接入网的不同设备时被交换；内层标签为 VC 标签，用于标识 VC。SPE 收到的报文包含两层标签，外层的公网标签被直接弹出，SPE 根据内层的标签决定 AC 接入哪个 VSI 并进行内层标签交换。

9.3.2　HVPLS 的接入方式

华为设备目前只支持 LDP 方式的 HVPLS，UPE 接入 SPE 的方式为 LSP 接入。如图 9-4 所示，UPE1 作为汇聚设备，它只跟 SPE1 建立一条虚链路从而接入链路 PW，跟其他所有的对端都不建立虚链路。UPE 与 SPE 之间的 PW 称为 U-PW，SPE 间的 PW 称为 S-PW。

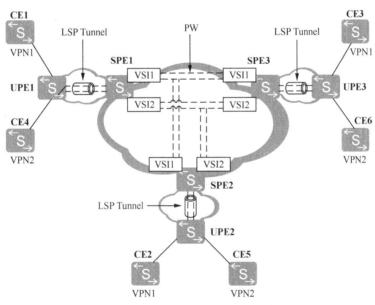

图 9-4　LSP 方式接入的 HVPLS 示意

以 CE1 发送报文到 CE2 为例，报文转发流程如下。

（1）CE1 发送报文给 UPE1，报文的目的 MAC 地址是 CE2。

（2）UPE1 负责将 CE1 发送的报文发给 SPE1，UPE1 为该报文打上两层 MPLS 标签，外层标签标识 UPE1 与 SPE1 之间的 LSP Tunnel ID，内层标签标识 UPE1 与 SPE1 之间的 VC ID。

（3）UPE1 与 SPE1 之间的 LSR 对用户报文进行传递和标签交换，最终，标签在倒数第二跳报文的外层被剥离。

（4）SPE1 收到报文后，根据 MPLS 内层标签判断报文所属的 VSI，发现该报文属于 VSI1。

（5）SPE1 去掉 UPE1 给用户报文打上的 MPLS 内层标签。

（6）SPE1 根据用户报文的目的 MAC，查找 VSI 的表项，发现该报文应该被发往 SPE2。SPE1 给该报文打上两层 MPLS 标签，外层标签标识 SPE1 与 SPE2 之间的 LSP Tunnel ID，内层标签标识 SPE1 与 SPE2 之间的 VC ID。

（7）SPE1 与 SPE2 之间的 LSR 对用户报文进行传递和标签交换，最终，标签在倒数第二跳报文的外层被剥离。

（8）SPE2 从 S-PW 侧收到该报文后，根据内层 MPLS 标签判断报文所属的 VSI，发现该报文属于 VSI1，并去掉 SPE1 给该报文打上的内层 MPLS 标签。

（9）SPE2 为该报文打上两层 MPLS 标签，外层标签标识 SPE2 与 UPE2 之间的 LSP Tunnel ID，内层标签标识 UPE2 与 SPE2 之间的 VC ID，并转发该报文。

（10）SPE2 与 UPE2 之间的 LSR 对用户报文进行传递和标签交换，最终，标签在倒数第二跳报文的外层被剥离。

（11）UPE2 收到该报文后，去掉 UPE2 给用户报文打上的 MPLS 内层标签，根据用户报文的目的 MAC，查找 VSI 的表项，发现该报文应该被发往 CE2，并转发该报文。

图 9-4 中的 CE1 与 CE4 为本地 CE 之间交换数据。由于 UPE 本身具有桥接功能，UPE 直接完成两者间的报文转发，而无需将报文上送 SPE1。不过对于从 CE1 发来的目的 MAC 未知的第一个报文或广播报文，UPE1 在广播到 CE4 的同时，仍然会通过 U-PW 转发给 SPE1，由 SPE1 来完成报文的复制并转发到各个对端 CE。

与 VPLS 的环路避免相比，H-VPLS 中环路避免方法需要做如下调整。

■ 只需要在 SPE 之间建立全连接（PW 全连接），UPE 和 SPE 之间不需要全连接。

■ 每个 SPE 设备上，从与 SPE 连接的 PW 上收到的报文，不再向这个 VSI 关联的、与其他 SPE 连接的 PW 转发，但可以向与 UPE 连接的 PW 转发。

■ 每个 SPE 设备上，从与 UPE 连接的 PW 上收到的报文，可以向这个 VSI 关联的所有与其他 SPE 连接的 PW 转发。

9.3.3　HVPLS 接入链路的备份

UPE 与 SPE，CE 与 PE 设备之间，单条链路连接的方案具有明显的弱点：一旦该接入链路失败，汇聚设备上下挂的所有 VPN 都将失去连通性。所以，HVPLS 的接入模型需要有备份链路的存在。在正常情况下，设备只使用一条链路（主链路）接入，一旦 VPLS 系统检测到接入链路失败，它将启用备用链路来继续提供 VPN 业务。

对于 LSP 接入的 HVPLS，由于 UPE 与 SPE 之间运行 LDP 会话，可以根据 LDP 会话的活动状态来判断主 PW 是否失效。如图 9-5 所示，UPE 检测到与 SPE1 之间的 PW4 会话失败，它将自动启用备份 PW4（Backup）传输数据。

假设 CE1 内有一个 MAC 地址为 "0001-1111-abcd" 的报文，其原来通过主 PW 到达 CE3，由于 VPLS 的 MAC 学习机制，SPE1、SPE3 都将 MAC 学习到了对应的虚接口上，由于 SPE3 不知道对端发生链路倒换，仍然保留了该 MAC 地址表项，CE3 发往 CE1 的报文如果仍按照原 MAC 表中的表项转发，必然不能成功。所以，UPE 在进行主备 PW 切换的时候，需要将相关的 MAC 地址回收。

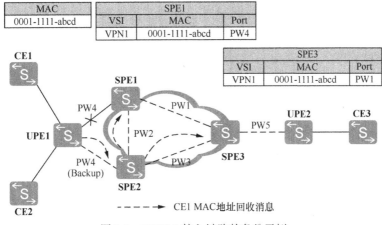

图 9-5　HVPLS 接入链路的备份示例

MAC 地址回收可以使用 LDP 的地址回收消息来实现，如果要回收的 MAC 地址较多，可以直接发 MAC 地址列表为空的地址回收消息，把 VPN 内的所有 MAC 地址都清空（除了发送 MAC 地址回收消息的链路上的表项不清空外）。

在如图 9-5 的示例中，如果 UPE1 连接 SPE1 的主链路失效，则 MAC 地址回收消息的发送和处理过程如下（如图中箭头所示）。

（1）UPE1 发送 MAC 地址回收消息给 SPE2。

（2）SPE2 处理该 MAC 地址回收消息将 MAC "0001-1111-abcd" 学习到备用 PW4 上。

（3）SPE2 转发地址回收消息给其他对端（SPE1、SPE3），其他对端进行地址回收消息处理，将 MAC "0001-1111-abcd" 学习到对应的 PW 上。

9.3.4　配置 LDP 方式的 HVPLS

配置 LDP 方式的 HVPLS 需要分别在 UPE 和 SPE 上进行配置。SPE 的具体配置步骤见表 9-7。UPE 的配置与 VPLS 全连接网络上的 PE 配置类似，只是此处 UPE 只需与相连的 SPE 建立连接，不需要为 HVPLS 进行特殊配置，参见第 8 章 8.3.1 小节和 8.3.2 小节即可。

在配置 HVPLS 之前，需要在 UPE 和 SPE 上完成以下配置。

■ 在 UPE 和 SPE 上配置 LSR ID。
■ 在 UPE 和 SPE 上使能 MPLS 和 MPLS LDP。
■ 在 UPE 和 SPE 上使能 MPLS L2VPN。

表 9-7　　　　　　　　　　　　　　配置 HVPLS 的 SPE 的步骤

步骤	命令	说明
1	**system-view** 例如：\<HUAWEI\> **system-view**	进入系统视图

（续表）

步骤	命令	说明
2	**vsi** *vsi-name* **static** 例如：[HUAWEI] **vsi** company1 **static**	创建 VSI，使用静态成员发现机制
3	**pwsignal ldp** 例如：[HUAWEI-vsi-company1] **pwsignal ldp**	配置以上 VSI 的 PW 信令协议为 LDP，并进入 VSI-LDP 视图
4	**npe-upe mac-withdraw enable** 例如：[HUAWEI-vsi-company1-ldp] **npe-upe mac-withdraw enable**	（可选）使能 SPE 将从其他 SPE 收到的 LDP MAC-Withdraw 消息转发给 UPE。当 SPE 接收到其他 SPE 发送来的 LDP MAC-Withdraw 消息时，会清空本地的 MAC 表，重新进行 MAC 学习，此时，如果 UPE 端没有同步清空 MAC 地址表，可能会引起通信中断，可以在 SPE 执行该命令，将 LDP MAC-Withdraw 消息发送给 UPE，同步清空 MAC 地址表。 当网络状况良好时，可以使用该命令加快网络的收敛速度；但当网络状况不佳时，使能该命令后，会有大量的交互信息产生，不建议使用此命令。 缺省情况下，未使能 SPE 将从其他 SPE 收到的 LDP MAC-Withdraw 消息转发给 UPE，可用 **undo npe-upe mac-withdraw enable** 命令去使能 SPE 将从其他 SPE 收到的 LDP MAC-Withdraw 消息转发给 UPE
5	**upe-upe mac-withdraw enable** 例如：[HUAWEI-vsi-company1-ldp] **upe-upe mac-withdraw enable**	（可选）使能 SPE 将从 UPE 收到的 LDP MAC-Withdraw 消息转发给其他 UPE。当 SPE 接收到 UPE 发送来的 LDP MAC-Withdraw 消息时，会清空本地的 MAC 表，重新进行 MAC 学习，此时，如果其他 UPE 端没有同步清空 MAC 地址表，可能会引起通信中断。可以在 SPE 执行该命令，将 LDP MAC-Withdraw 消息发送给其他 UPE，同步清空 MAC 地址表。 当网络状况良好时，可以使用该命令加快网络的收敛速度；但当网络状况不佳时，使能该命令后，会有大量的交互信息产生，不建议使用此命令。 缺省情况下，未使能 SPE 将从 UPE 收到的 LDP MAC-Withdraw 消息转发给其他 UPE，可用 **undo upe-upe mac-withdraw enable** 命令去使能 SPE 将从 UPE 收到的 LDP MAC-Withdraw 消息转发给其他 UPE
6	**upe-npe mac-withdraw enable** 例如：[HUAWEI-vsi-company1-ldp] **upe-npe mac-withdraw enable**	（可选）使能 SPE 将从 UPE 收到的 LDP MAC-Withdraw 消息转发给其他 SPE。当 SPE 接收到 UPE 发送来的 LDP MAC-Withdraw 消息时，会清空本地的 MAC 表，重新进行 MAC 学习，此时，如果其他 SPE 端没有同步清空 MAC 地址表，可能会引起通信中断。可以在 SPE 执行该命令，将 LDP MAC-Withdraw 消息发送给其他 SPE，同步清空 MAC 地址表。 当网络状况良好时，可以使用该命令加快网络的收敛速度，但当网络状况不佳时，使能该命令后，会有大量的交互信息产生，不建议使用此命令。 缺省情况下，未使能 SPE 将从 UPE 收到的 LDP MAC-Withdraw 消息转发给其他 SPE，可用 **undo upe-npe mac-withdraw enable** 命令去使能 SPE 将从 UPE 收到的 LDP MAC-Withdraw 消息转发给其他 SPE

（续表）

步骤	命令	说明
7	**vsi-id** *vsi-id* 例如：[HUAWEI-vsi-company1-ldp] **vsi-id**　10	配置以上 VSI 的标识符。参数 *vsi-id* 用于标识一个 VSI 实例，整数形式，取值范围是 1～4294967295。 【注意】在配置 VSI-ID 时要注意以下几个方面。 ● 一个 PE 上可以有多个 VSI，一个 VPLS 在一个 PE 上只能有一个 VSI。 ● 任何两个 VSI 实例的 VSI ID 不能相同。 ● 同一个 VPLS 域内所有设备的 VSI ID 应配置为相同 ● 一个 VSI 实例的 ID 配置成功后，不可以再更改。如果希望修改 VSI ID，必须先删除该 VSI 实例，再创建一个 VSI 实例后，重新配置 VSI ID。 缺省情况下，没有配置 VSI ID
8	**peer** *peer-address* [**negotiation-vc-id** *vc-id*] [**tnl-policy** *policy-name*] 或者 **peer** *peer-address* [**negotiation-vc-id** *vc-id*] [**tnl-policy** *policy-name*] **static-npe trans** *transmit-label* **recv** *receive-label* 例如：[HUAWEI-vsi-company1-ldp] **peer** 10.3.3.3 **negotiation-vc-id** 10 或 [HUAWEI-vsi-company1-ldp] **peer** 3.3.3.3 **static-npe trans** 100 **recv** 100	配置 SPE 之间的 VSI 对等体。命令中的参数说明如下。 ● *peer-address*：指定对等体的 IPv4 地址，通常指定为对端 SPE 的 Loopback 接口 IP 地址。 ● **negotiation-vc-id** *vc-id*：可选参数，指定 vc-id 是虚电路的唯一标识，十进制整数形式，取值范围是 1～4294967295。一般用于两端 VSI ID 不同但要求互通的情况，不能与本端其他 VSI 配置的 VSI ID 相同。 ● **tnl-policy** *policy-name*：可选参数，指定用于该对等体的隧道策略名称，必须是已创建的隧道策略，仅当采用 MPLS TE 隧道时，或者需要多隧道负载均衡时才需要配置。 ● **trans** *transmit-label*：指定本端设备发往对等体的外层标签值，是静态 VC 出标签，整数形式，取值范围是 0～1048575。 ● **recv** *receive-label*：指定对等体发往本端设备的外层标签值，是静态 VC 入标签，整数形式，取值范围是 16～1023。 缺省情况下，VSI 实例没有配置对等体，可用 **undo peer** *peer-address* [**negotiation-vc-id** *vc-id*] 在 H-VPLS 下删除 VSI 的静态 NPE 对等体
9	**peer** *peer-address* [**negotiation-vc-id** *vc-id*] [**tnl-policy** *policy-name*] **upe** 或者 **peer** *peer-address* [**negotiation-vc-id** *vc-id*] [**tnl-policy** *policy-name*] **static-upe trans** *transmit-label* **recv** *receive-label* 例如：HUAWEI-vsi-company1-ldp] **peer** 10.3.3.3 **negotiation-vc-id** 10 **upe** 或 [HUAWEI-vsi-company1-ldp] **peer** 3.3.3.3 **static-upe trans** 100 **recv** 100	配置 SPE 与 UPE 之间的 VSI 对等体。**upe** 用于标识该对等体为用户端的 **PE**，其他参数说明参见上步介绍。 缺省情况下，VSI 实例没有配置对等体，可用 **undo peer** *peer-address* [**negotiation-vc-id** *vc-id*] 在 H-VPLS 下删除 VSI 的静态 NPE 对等体

9.3.5　HVPLS 配置管理

以上 HVPLS 配置完成后，可在任意视图下执行以下 displsy 命令查看相关配置，验证配置结果。

■ **display vsi** [**name** *vsi-name*] [**verbose**]：查看指定或所有 VPLS 的 VSI 实例信息。

■ **display vsi pw out-interface** [**vsi** *vsi-name*]：查看指定或所有 VSI PW 的出接口信息。

■ **display l2vpn vsi-list tunnel-policy** *policy-name*：查看 VSI 引用的指定隧道策略的相关信息。

■ **display vsi remote ldp** [**router-id** *ip-address*] [**pw-id** *pw-id*]：查看指定或所有远程 VSI 实例的信息。

9.3.6　LDP 方式的 HVPLS 配置示例

如图 9-6 所示，某企业机构，自建骨干网。分支 Site1 使用 CE1 连接 UPE 设备接入骨干网，分支 Site2 使用 CE2 连接 UPE 接入骨干网，分支 Site3 使用 CE3 连接普通 PE1 接入骨干网。现在 Site1、Site2 和 Site3 的用户需要进行二层业务的互通，同时要求在穿越骨干网时保留二层报文中用户信息。另外要求骨干网的 UPE 和 SPE 实现分层次的网络结构。

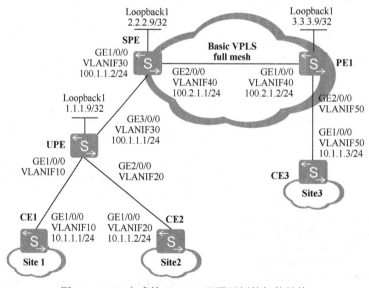

图 9-6　LDP 方式的 HVPLS 配置示例的拓扑结构

1. 基本配置思路分析

为了实现 Site1、Site2 和 Site3 的二层业务互通，同时在穿越骨干网时保留二层报文的用户信息，需要使用 VPLS 技术在骨干网透传二层报文。另由于企业需要实现分层次的网络结构，可以选择 LDP 方式的 HVPLS，形成层次化的网络拓扑并实现各 CE 设备二层网络的互通。当然，建立 HVPLS 的前提与建立 VPLS 的前提一样，是要先建立好骨干网 MPLS 隧道，故本示例的基本配置思路如下。

（1）在各设备上创建所需 VLAN，把接口加入到对应的 VLAN 中，配置各 VLANIF 接口 IP 地址（担当 AC 接口的 VLANIF 接口无需配置 IP 地址）及骨干网的 OSPF 协议，实现骨干网的三层互通。

（2）在骨干上配置 MPLS 基本能力和 LDP。

说明　因为本示例中 UPE、SPE 和 PE1 之间都有直接连接，所以无需在他们之间建立远端 DLP 会话。

（3）在各 UPE、SPE 上使能 MPLS L2VPN，创建 VSI，指定信令为 LDP，在 SPE 上指定 UPE 为自己的下层 PE，PE1 为 VSI 对等体；在 UPE 和 PE1 上分别指定 SPE 为 VSI 对等体。

（4）在 UPE 和 PE1 上将 VSI 与 AC 接口绑定。

2．具体配置步骤

（1）在各设备上创建所需 VLAN，并把各接口加入到对应的 VLAN 中，配置 VLANIF 接口 IP 地址和骨干网上各节点的 OSPF 协议，实现骨干网三层互通。

  #　CE1 上的配置。

```
<HUAWEI> system-view
[HUAWEI] sysname CE1
[CE1] vlan 10
[CE1-vlan10] quit
[CE1] interface vlanif 10
[CE1-Vlanif10] ip address 10.1.1.1 255.255.255.0
[CE1-Vlanif10] quit
[CE1] interface gigabitethernet 1/0/0
[CE1-GigabitEthernet1/0/0] port link-type trunk
[CE1-GigabitEthernet1/0/0] port trunk allow-pass vlan 10
[CE1-GigabitEthernet1/0/0] quit
```

  #　CE2 上的配置。

```
<HUAWEI> system-view
[HUAWEI] sysname CE2
[CE2] vlan 20
[CE2-vlan20] quit
[CE2] interface vlanif 20
[CE2-Vlanif10] ip address 10.1.1.2 255.255.255.0
[CE2-Vlanif10] quit
[CE2] interface gigabitethernet 1/0/0
[CE2-GigabitEthernet1/0/0] port link-type trunk
[CE2-GigabitEthernet1/0/0] port trunk allow-pass vlan 20
[CE2-GigabitEthernet1/0/0] quit
```

  #　UPE 上的配置。要创建担当 AC 接口的 VLANIF10 和 VLNAIF20 接口，但无需为其配置 IP 地址，然后配置公网 OSPF 路由。

```
<HUAWEI> system-view
[HUAWEI] sysname UPE
[UPE] vlan batch 10 20 30
[UPE] interface vlanif 10
[UPE-Vlanif10] quit
[UPE] interface vlanif 20
```

```
[UPE-Vlanif20] quit
[UPE] interface vlanif 30
[UPE-Vlanif30] ip address 100.1.1.1 255.255.255.0
[UPE-Vlanif30] quit
[UPE] interface gigabitethernet 1/0/0
[UPE-GigabitEthernet1/0/0] port link-type trunk
[UPE-GigabitEthernet1/0/0] port trunk allow-pass vlan 10
[UPE-GigabitEthernet1/0/0] quit
[UPE] interface gigabitethernet 2/0/0
[UPE-GigabitEthernet2/0/0] port link-type trunk
[UPE-GigabitEthernet2/0/0] port trunk allow-pass vlan 20
[UPE-GigabitEthernet2/0/0] quit
[UPE] interface gigabitethernet 3/0/0
[UPE-GigabitEthernet3/0/0] port link-type trunk
[UPE-GigabitEthernet3/0/0] port trunk allow-pass vlan 30
[UPE-GigabitEthernet3/0/0] quit
[UPE] interface loopback 1
[UPE-LoopBack1] ip address 1.1.1.9 255.255.255.255
[UPE-LoopBack1] quit
[UPE] ospf 1
[UPE-ospf-1] area 0.0.0.0
[UPE-ospf-1-area-0.0.0.0] network 1.1.1.9 0.0.0.0
[UPE-ospf-1-area-0.0.0.0] network 100.1.1.0 0.0.0.255
[UPE-ospf-1-area-0.0.0.0] quit
[UPE-ospf-1] quit
```

注意　不要将 PE 上 AC 侧的物理接口（连接 CE 的物理接口）和 PW 侧的物理接口（连接骨干网其他节点的物理接口）加入相同的 VLAN 中，否则可能引起环路。

　　# 　SPE 上的配置。

```
<HUAWEI> system-view
[HUAWEI] sysname SPE
[SPE] vlan batch 30 40
[SPE] interface vlanif 30
[SPE-Vlanif30] ip address 100.1.1.2 255.255.255.0
[SPE-Vlanif30] quit
[SPE] interface vlanif 40
[SPE-Vlanif40] ip address 100.2.1.1 255.255.255.0
[SPE-Vlanif40] quit
[SPE] interface gigabitethernet 1/0/0
[SPE-GigabitEthernet1/0/0] port link-type trunk
[SPE-GigabitEthernet1/0/0] port trunk allow-pass vlan 30
[SPE-GigabitEthernet1/0/0] quit
[SPE] interface gigabitethernet 2/0/0
[SPE-GigabitEthernet2/0/0] port link-type trunk
[SPE-GigabitEthernet2/0/0] port trunk allow-pass vlan 40
[SPE-GigabitEthernet2/0/0] quit
[SPE] interface loopback 1
[SPE-LoopBack1] ip address 2.2.2.9 255.255.255.255
[SPE-LoopBack1] quit
[SPE] ospf 1
[SPE-ospf-1] area 0.0.0.0
[SPE-ospf-1-area-0.0.0.0] network 2.2.2.9 0.0.0.0
[SPE-ospf-1-area-0.0.0.0] network 100.1.1.0 0.0.0.255
```

```
[SPE-ospf-1-area-0.0.0.0] network 100.2.1.0 0.0.0.255
[SPE-ospf-1-area-0.0.0.0] quit
[SPE-ospf-1] quit
```

#　PE1 上的配置。要创建担当 AC 接口的 VLANIF50 接口，但无需为其配置 IP 地址，然后配置公网 OSPF 路由。

```
<HUAWEI> system-view
[HUAWEI] sysname PE1
[PE1] vlan batch 40 50
[PE1] interface vlanif 50
[PE1-Vlanif50] quit
[PE1] interface vlanif 40
[PE1-Vlanif40] ip address 100.2.1.2 255.255.255.0
[PE1-Vlanif40] quit
[PE1] interface gigabitethernet 1/0/0
[PE1-GigabitEthernet1/0/0] port link-type trunk
[PE1-GigabitEthernet1/0/0] port trunk allow-pass vlan 40
[PE1-GigabitEthernet1/0/0] quit
[PE1] interface gigabitethernet 2/0/0
[PE1-GigabitEthernet2/0/0] port link-type trunk
[PE1-GigabitEthernet2/0/0] port trunk allow-pass vlan 50
[PE1-GigabitEthernet2/0/0] quit
[PE1] interface loopback 1
[PE1-LoopBack1] ip address 3.3.3.9 255.255.255.255
[PE1-LoopBack1] quit
[PE1] ospf 1
[PE1-ospf-1] area 0.0.0.0
[PE1-ospf-1-area-0.0.0.0] network 3.3.3.9 0.0.0.0
[PE1-ospf-1-area-0.0.0.0] network 100.2.1.0 0.0.0.255
[PE1-ospf-1-area-0.0.0.0] quit
[PE1-ospf-1] quit
```

以上配置完成后，在 UPE、SPE 和 PE1 上执行 **display ip routing-table** 命令可以看到 UPE、SPE 和 PE1 已学到彼此的 Loopback 接口地址。

（2）配置 MPLS 基本能力和 LDP。

\# UPE 上的配置。

```
[UPE] mpls lsr-id 1.1.1.9
[UPE] mpls
[UPE-mpls] quit
[UPE] mpls ldp
[UPE-mpls-ldp] quit
[UPE] interface vlanif 30
[UPE-Vlanif30] mpls
[UPE-Vlanif30] mpls ldp
[UPE-Vlanif30] quit
```

\# SPE 上的配置。

```
[SPE] mpls lsr-id 2.2.2.9
[SPE] mpls
[SPE-mpls] quit
[SPE] mpls ldp
[SPE-mpls-ldp] quit
[SPE] interface vlanif 30
[SPE-Vlanif30] mpls
[SPE-Vlanif30] mpls ldp
```

```
[SPE-Vlanif30] quit
[SPE] interface vlanif 40
[SPE-Vlanif40] mpls
[SPE-Vlanif40] mpls ldp
[SPE-Vlanif40] quit
```

PE1 上的配置。

```
[PE1] mpls lsr-id 3.3.3.9
[PE1] mpls
[PE1-mpls] quit
[PE1] mpls ldp
[PE1-mpls-ldp] quit
[PE1] interface vlanif 40
[PE1-Vlanif40] mpls
[PE1-Vlanif40] mpls ldp
[PE1-Vlanif40] quit
```

以上配置完成后，在 UPE、SPE 和 PE1 上执行 **display mpls ldp session** 命令可以看到 UPE 和 SPE 之间或 PE1 和 SPE 之间的对等体 Status 项为 "Operational"，即对等体关系已建立。执行 **display mpls lsp** 命令可以看到 LSP 的建立情况。

（3）使能 MPLS L2VPN，创建 VSI，指定信令为 LDP，配置 UPE 与 SPE，以及 SPE 与 PE1 之间的 VSI 对等体关系。假设 VSI 名称为 v123，VSI ID 为 123，UPE、SPE 和 PE1 上这两项参数的配置必须保持一致。

UPE 上的配置。指定 SPE 为 VSI 对等体。

```
[UPE] mpls l2vpn
[UPE-l2vpn] quit
[UPE] vsi v123 static
[UPE-vsi-v123] pwsignal ldp
[UPE-vsi-v123-ldp] vsi-id 123
[UPE-vsi-v123-ldp] peer 2.2.2.9
[UPE-vsi-v123-ldp] quit
[UPE-vsi-v123] quit
```

SPE 上的配置。指定 UPE 为自己的下层 PE，PE1 为 VSI 对等体。

```
[SPE] mpls l2vpn
[SPE-l2vpn] quit
[SPE] vsi v123 static
[SPE-vsi-v123] pwsignal ldp
[SPE-vsi-v123-ldp] vsi-id 123
[SPE-vsi-v123-ldp] peer 3.3.3.9
[SPE-vsi-v123-ldp] peer 1.1.1.9 upe
[SPE-vsi-v123-ldp] quit
[SPE-vsi-v123] quit
```

配置 PE1。指定 SPE 为 VSI 对等体。

```
[PE1] mpls l2vpn
[PE1-l2vpn] quit
[PE1] vsi v123 static
[PE1-vsi-v123] pwsignal ldp
[PE1-vsi-v123-ldp] vsi-id 123
[PE1-vsi-v123-ldp] peer 2.2.2.9
[PE1-vsi-v123-ldp] quit
[PE1-vsi-v123] quit
```

（4）在 UPE 和 PE1 上配置 VSI 与 AC 接口的绑定。

UPE 上的配置。

```
[UPE] interface vlanif 10
[UPE-Vlanif10] l2 binding vsi v123
[UPE-Vlanif10] quit
[UPE] interface vlanif 20
[UPE-Vlanif20] l2 binding vsi v123
[UPE-Vlanif20] quit
```

#　PE1 上的配置。

```
[PE1] interface vlanif 50
[PE1-Vlanif50] l2 binding vsi v123
[PE1-Vlanif50] quit
```

3.　配置结果验证

以上配置完成且网络稳定后，在 SPE 上执行 display vsi name **v123** verbose 命令，可以看到名字为 v123 的 VSI 的状态为 Up，分别与 UPE 和 PE1 建立的 PW 的状态也为 Up（参见输出信息中的粗体字部分）。

```
[SPE] display vsi name v123 verbose

  ***VSI Name                    : v123
     Administrator VSI           : no
     Isolate Spoken              : disable
     VSI Index                   : 0
     PW Signaling                : ldp
     Member Discovery Style      : static
     PW MAC Learn Style          : unqualify
     Encapsulation Type          : vlan
     MTU                         : 1500
     Diffserv Mode               : uniform
     Mpls Exp                    : --
     DomainId                    : 255
     Domain Name                 :
     Ignore AcState              : disable
     P2P VSI                     : disable
     Create Time                 : 0 days, 0 hours, 1 minutes, 3 seconds
     VSI State                   : Up

     VSI ID                      : 123
    *Peer Router ID              : 3.3.3.9
     Negotiation-vc-id           : 123
     primary or secondary        : primary
     ignore-standby-state        : no
     VC Label                    : 4096
     Peer Type                   : dynamic
     Session                     : Up
     Tunnel ID                   : 0x1c5
  ......

   **PW Information:

     *Peer Ip Address            : 1.1.1.9
      PW State                   : Up
      Local VC Label             : 4097
      Remote VC Label            : 4096
      Remote Control Word        : disable
      PW Type                    : MEHVPLS
```

```
        Local    VCCV              : alert lsp-ping bfd
        Remote VCCV                : alert lsp-ping bfd
        Tunnel ID                  : 0x1c3
        Broadcast Tunnel ID        : 0x1c3
        Broad BackupTunnel ID      : 0x0
        Ckey                       : 0x5
        Nkey                       : 0xc
        Main PW Token              : 0x1c3
        Slave PW Token             : 0x0
        Tnl Type                   : LSP
        OutInterface               : Vlanif30
        Backup OutInterface        :
        Stp Enable                 : 0
        PW Last Up Time            : 2014/11/12 11:34:08
        PW Total Up Time           : 0 days, 0 hours, 0 minutes, 22 seconds

       *Peer Ip Address            : 3.3.3.9
        PW State                   : Up
        Local VC Label             : 4096
        Remote VC Label            : 4096
        Remote Control Word        : disable
        PW Type                    : label
        Local    VCCV              : alert lsp-ping bfd
        Remote VCCV                : alert lsp-ping bfd
        Tunnel ID                  : 0x1c5
        Broadcast Tunnel ID        : 0x1c5
        Broad BackupTunnel ID      : 0x0
        Ckey                       : 0x9
        Nkey                       : 0x3
        Main PW Token              : 0x1c5
        Slave PW Token             : 0x0
        Tnl Type                   : LSP
        OutInterface               : Vlanif40
        Backup OutInterface        :
        Stp Enable                 : 0
        PW Last Up Time            : 2014/11/12 11:34:18
        PW Total Up Time           : 0 days, 0 hours, 0 minutes, 12 seconds
```

此时，CE1、CE2 和 CE3 之间应能相互 Ping 通了。

9.4 VPLS 典型故障排除

9.4 节分别介绍 Martini 方式 VPLS 和 Kompella 方式 VPLS 中 VSI 不能 Up 的故障排除方法。

9.4.1 Martini 方式 VPLS 的 VSI 不能 Up 的故障排除

Martini 方式 VPLS 与 Martini 方式 VLL 的工作原理和配置方法基本相同，所以如果发现 VSI 的状态不能 Up，其故障排除方法也与 Martini 方式 VLL 中 VSI 不能 Up 的故障排除方法基本相同，具体排除步骤如下。

（1）在两端 PE 上执行 **display vsi name** *vsi-name* 命令，检查两端的封装类型及 MTU

值配置是否一致。如果两端的封装类型不一致，在 VSI 视图下配置命令 **encapsulation**
{ **ethernet** | **vlan** }，修改其中一端的封装类型，使两端的封装类型一致。仅 AC 链路为以
太网类型时才可配置这两种封装类型。

如果两端配置的 MTU 值不一致，在 VSI 视图下配置命令 **mtu** *mtu-value*，修改其中
一端的 MTU，使两端的 MTU 一致。

（2）如果两端 PE 上配置的封装类型和 MTU 值都一致，则在两端 PE 上执行 **display**
vsi name *vsi-name* **verbose** 命令，检查两端的 VSI ID 值或者协商 ID 值是否一致。

如果两端的 VSI ID 值或者协商 ID 值不一致，则要在一端 PE 的 VSI-LDP 视图下通
过 **vsi-id** *vsi-id* 命令修改 VSI ID 值，通过 **peer** *peer-address* [**negotiation-vc-id** *vc-id*]
[**tnl-policy** *policy-name*] 命令修改协商 VC ID 值，使两端一致。

（3）如果两端的 VSI ID 值或者协商 VC ID 值已经一致，再在上面执行 **display vsi**
name *vsi-name* **verbose** 命令的输出中，检查 Session 字段值是否为 Up，如下例所示。

```
<HUAWEI> display vsi name verbose

    ***VSI Name                     : a2
       Administrator VSI            : no
       Isolate Spoken               : disable
       VSI Index                    : 0
       PW Signaling                 : ldp
       Member Discovery Style       : static
       PW MAC Learn Style           : unqualify
       Encapsulation Type           : vlan
       MTU                          : 1500
       Diffserv Mode                : uniform
       Mpls Exp                     : --
       DomainId                     : 255
       Domain Name                  :
       Ignore AcState               : disable
       P2P VSI                      : disable
       Create Time                  : 0 days, 3 hours, 6 minutes, 43 seconds
       VSI State                    : Up

       VSI ID                       : 2
      *Peer Router ID               : 10.3.3.9
       Negotiation-vc-id            : 2
       primary or secondary         : primary
       ignore-standby-state         : no
       VC Label                     : 1026
       Peer Type                    : dynamic
       Session                      : Up
       Tunnel ID                    : 0x1
       Broadcast Tunnel ID          : 0x1

       ......
```

如果两端的 LDP 会话没有 Up，则要检查骨干网中各公网接口状态是否为 Up，查看
配置文件，看在全局和各节点的各公网接口上是否使能了 MPLS 和 LDP 功能。如果 PE
不是直接连接的，还要看是否正确配置了 PE 间的远端 LDP 会话。

（4）如果 LDP 会话状态已经是 Up，再在以上执行 **display vsi name** *vsi-name* **verbose**

命令后的输出信息中检查 VSI 是否选中隧道。检查 Tunnel ID 字段值是否为 0x0（参见上一步给出的输出示例）。如果 Tunnel ID 字段为 0x0，表明 VSI 没有选中隧道。

如果在 **display vsi name** *vsi-name* **verbose** 命令的输出信息中没有显示 Tunnel Policy Name 字段，表示 VSI 使用的隧道为 LDP LSP，或者没有为 VSI 配置隧道策略。如果 VSI 使用 MPLS-TE 隧道，需要配置隧道策略。Tunnel Policy Name 字段值表示 VSI 使用的隧道策略，可以在隧道策略视图下执行**display this**检查隧道策略的配置。

> **说明**
>
> 如果隧道策略下配置了 **tunnel binding destination** *dest-ip-address* **te { tunnel** *interface-number* }命令，还需要在 Tunnel 接口下使能 **mpls te reserved-for-binding** 命令，使能 TE 隧道只用于隧道绑定策略。如果两端的隧道没有 Up，需按照配套的《华为 MPLS 技术学习指南》一书第 5 章介绍的方法排除 TE 隧道故障。

（5）如果两端的隧道状态已经 Up，并且 TE 接口配置正确，再在上面执行 **display vsi name** *vsi-name* **verbose** 命令后的输出信息中检查两端的 AC 接口状态是否 Up（在输出信息中要找到所使用的对应 AC 接口）。

如果两端的 AC 接口状态没有 Up，则按照不同类型接口故障排除的方法进行排除。

9.4.2 Kompella 方式 VPLS 的 VSI 不能 Up 的故障排除

Kompella 方式 VPLS 中 VSI 不能 Up 的故障排除方法与 9.4.1 小节介绍的 Martini 方式 VPLS 的 VSI 状态不能 Up 的故障排除方法有较大不同，因为其所使用的信令协议不同（Kompella 方式 VPLS 使用的信令协议为 BGP）。具体排除步骤如下所示。

（1）首先在两端 PE 上执行 **display vsi name** *vsi-name* 命令，检查两端的封装类型及 MTU 是否一致。排除方法参见 9.4.1 小节介绍的第（1）步。

（2）在 VSI 视图下执行 **display this** 命令，检查两端配置的 Site ID 是否重复。

如果两端的 site ID 重复，要在一端 PE 上执行 **site** *site-id* [**range** *site-range*] [**default-offset { 0 | 1 }**]命令修改 Site ID 值，使两端的 Site ID 不同。

（3）如果两端的 Site ID 值已经不同，则在两端 PE 上执行 **display bgp vpls peer** [*ipv4-address* **verbose | verbose**] [| **count**] [| **{ begin | exclude | include }** *regular-expression*]命令，检查两端的 BGP 会话状态是否为 Established，如下例所示。

```
<HUAWEI> display bgp peer
 BGP Local router ID : 10.2.3.4
 local AS number : 10
 Total number of peers : 2
 Peers in established state : 1

 Peer        V    AS   MsgRcvd   MsgSent   OutQ   Up/Down     State        PrefRcv

 10.1.1.1    4   100      0         0       0    00:00:07     Idle            0
 10.2.5.6    4   200      32        35      0    00:17:49     Established     0
```

如果两端的 BGP 会话状态不是 Established，需要检查 BGP 配置，使 BGP 会话状态变为 Established。

（4）如果 BGP 会话状态已经为 Established，则在两端 PE 上执行 **display vsi name** *vsi-name* **verbose** 命令，检查 VSI 是否选中隧道。需要检查 Tunnel ID 字段值是否为 0x0 及 Tunnel Policy Name 字段的值，具体参见 9.4.1 小节第（4）步。

（5）如果两端的隧道状态已经 Up 并且 TE 接口配置正确，请检查本端的 Site ID 是否小于远端的 range 与 default offset 之和，且小于本端 range。如果没有，则修改本端 Site ID 和 range，或者修改远端 range 使之满足条件。

（6）如果本地 site ID 已经小于远端 range+default-offset 之和，并且远端 Site ID 小于本端的 range+default-offset 之和，再在前面执行 **display vsi name** *vsi-name* **verbose** 命令的输出信息中，检查两端的 AC 接口状态是否 Up。如果两端的 AC 接口状态没有 Up，需排除接口故障，使 AC 接口状态 Up。